制氢催化剂制备与性能研究

张辉 陈鑫 葛性波 著

化学工业出版社
·北京·

内容简介

本书首先简要介绍了国内外氢能的发展现状，综述了氨分解反应、氨硼烷水解反应、水分解反应制氢催化剂的研究进展；随后概述了相关反应的机理与特点，分章论述了氨分解、氨硼烷水解、水分解制氢反应催化剂的制备与性能研究；最后对其他制氢反应（甲酸分解和甲醇水蒸气重整）催化剂的相关工作进行了综述。

本书具有较强的创新性、应用性和针对性，可供从事制氢多相催化研究的科研人员、工程技术研发人员和管理人员参考，也可供高等学校能源工程、环境科学与工程、化学工程及相关专业师生参阅。

图书在版编目（CIP）数据

制氢催化剂制备与性能研究/张辉，陈鑫，葛性波著. —北京：化学工业出版社，2022. 10

ISBN 978-7-122-41782-4

Ⅰ. ①制… Ⅱ. ①张…②陈…③葛… Ⅲ. ①制氢-催化剂-制备-研究②制氢-催化剂-性能-研究 Ⅳ. ①TE624. 4

中国版本图书馆 CIP 数据核字（2022）第 112647 号

责任编辑：刘兴春　刘　婧

文字编辑：王云霞

责任校对：杜杏然

装帧设计：刘丽华

出版发行：化学工业出版社

（北京市东城区青年湖南街 13 号　邮政编码 100011）

印　　装：北京科印技术咨询服务有限公司数码印刷分部

787mm×1092mm　1/16　印张 23¼　彩插 11　字数 542 千字

2022 年 10 月北京第 1 版第 1 次印刷

购书咨询：010-64518888

售后服务：010-64518899

网　　址：http：//www. cip. com. cn

凡购买本书，如有缺损质量问题，本社销售中心负责调换。

定　　价：148. 00 元

前言

近年来，全球能源需求不断增长，传统能源（石油和天然气等）的过度使用对环境产生了不利影响。因此，能源安全和环境保护是目前人类面临的严峻挑战。氢气无毒、质轻、燃烧性良好，在传统燃料中热值最高，是公认的清洁能源。发展氢能经济是人类摆脱对化石能源的依赖、保障能源安全的永续性战略选择。同时，氢能作为一种高效、清洁、可持续的“二次能源”，是世界能源转型发展的重要方向，是实现碳中和的重要能源形式。在碳中和的背景下，氢的绿色来源是构建氢能经济的重要问题，氢能获取与利用的核心关键为构建新型能源系统——“零碳能源”。因此，以氢能为主体的零碳利用能源系统将解决产氢、用氢、电气化、储运氢的问题，重点聚焦于氢能的高效制备与能源转化等方面，从而实现新能源的零碳利用和高效利用，推动零碳循环经济模式的建立。特别地，在制氢工艺过程中，90%以上的化学反应过程都是通过催化过程实现的。因此，引入高效的制氢催化剂可以有效地提高制氢反应的反应速率。然而，在实际过程中催化剂仍存在破碎、晶格形变、孔结构和比表面积变化、活性组分流失、反应产物在表面上结焦或积炭以及活性和选择性低等缺陷。

经过调研，目前国内外已出版的同类书多立足于制氢的工艺和工程层面，很少将重心聚焦在制氢催化剂的发展上。本书以制氢催化剂的制备与性能研究为主线，立足于对氨分解反应、氨硼烷水解反应、水分解反应和甲烷干重整反应等催化制氢反应的催化剂改性，对各种催化制氢材料进行制备和性能测试。此外，本书也包含基于计算模拟方法的新型催化剂的结构设计以及催化机制研究，通过总结“结构-能效”的关系，达到对新型催化剂的理性设计和性能调控的目的，最终筛选出高催化活性的新型制氢催化剂，旨在发展催化活性高、稳定性好和价格低廉的催化剂，以推进制氢催化剂的发展，为新型催化剂的开发提供新的思路和策略。

本书由张辉、陈鑫、葛性波著。感谢课题组成员为保证本书的质量和顺利出版所付出的艰辛劳动。另外，本书得到了“西南石油大学研究生教材建设项目资助”，在此作者一并表示感谢。

限于著者水平和编写时间，书中存在不足和疏漏之处在所难免，敬请读者提出修改建议。

著者

2022 年 3 月

目 录

第 1 章 绪 论

第 2 章 制氢反应

第 3 章 氨分解制氢贵金属钌基催化剂

第 4 章 氨分解制氢非贵金属催化剂

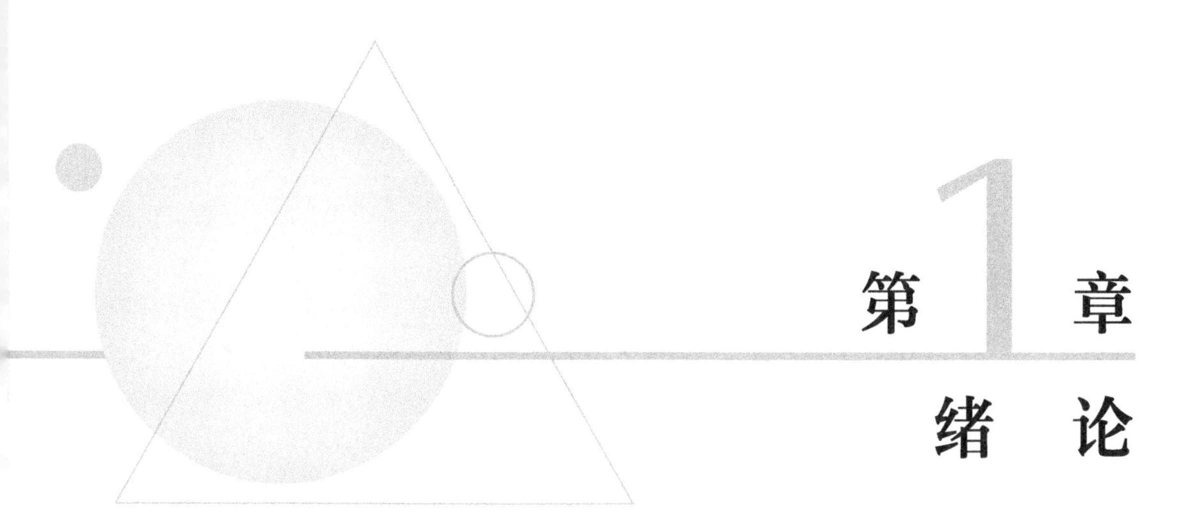

第1章 绪论

1.1 氢能发展现状

能源结构组成多种多样，煤、石油、天然气等化石燃料是目前能源的主要构成。随着社会的绿色发展，对清洁能源的需求量日益增长，开发可替代的清洁能源迫在眉睫。氢能作为世界公认的清洁能源，被誉为“21世纪最具发展前景的二次能源”，其有望帮助人类解决目前所面临的能源问题、环境问题，因此对氢能的探索引起了人们的广泛关注。

氢能作为一种新型清洁能源，相比传统化石能源如石油、天然气等具有无污染、利用率高、危险指数较低等优点。目前，氢能已广泛应用于各个领域，如氢燃料电池、液氢火箭和氢内燃机等。早在1960年，我国为了加快国内航空航天事业的发展，开始探索氢能的应用，并且取得了初步成效。氢燃料电池研究的迅速兴起使得氢能的清洁利用成为现实，与之对应的氢能基础设施建设则是实现氢能利用的坚强支撑。氢能作为二次能源，是一种可媲美电力的理想能源载体，而太阳能、风能等可再生能源常常因其不稳定性导致电力难以持续输送，若能将其剩余能量通过电解法或热解法制备氢气，再经由相关管线网络运输后在需要氢能的领域中应用，可显著减少弃风弃光现象的发生。进入21世纪之后，氢能在轨道交通、船舶、航天物流系统、矿用车等领域中都扮演着越来越重要的角色，各国政府也将氢能写进本国能源发展规划，构建适合本国国情的氢能发展路线，旨在加快本国氢能商业化应用。

(1) 中国氢能发展路线

2016年8月8日，国务院正式发布《“十三五”国家科技创新规划》，氢能和燃料电池首次写入清洁高效能源技术发展规划。同年，全国氢能标准化技术委员会和中国标准化研究院共同编写的《中国氢能产业基础设施发展蓝皮书（2016）》正式发布。该蓝皮书指出，到2050年我国氢能产业将发展为重要的能源产业，产值将突破40000亿元，氢能分布式供能系统及加氢站等能源配套设施将建设完成，燃料电池运输车辆将达到1000万辆，中国未来的氢能市场将是空前的。

（2）美国氢能发展路线

美国能源部于2016年首次提出“H_2@Scale”概念，旨在探索美国大规模氢气生产和利用的潜力，以增强发电和输电行业的弹性。“H_2@Scale”是基于氢有机会充当能源和用途之间中间物的概念，类似于现在所使用的电一样可被广泛应用于各个领域。包括作为运输能源，直接用于燃料电池电动汽车（FCEV）；氢能还可作为高效原料、还原剂和高品质热源直接提供给石化、钢铁、冶金等化工行业；以及用于工业和建筑业的热量和电力存储。自2016年，美国能源部已经召开多次会议推进“H_2@Scale”计划，并投入数亿美元用于氢能存储和基础设施技术创新，希望最终建立起一个围绕“H_2@Scale”的新兴市场。

（3）其他国家氢能发展路线

日本于1973年成立“氢能源协会”，由此拉开了日本氢能研究的序幕并一直延续至今。2017年12月制定的“氢能源基本战略”，更是明确了三大核心技术领域——燃料电池技术领域、电解技术领域和氢供应链技术领域，为建立无碳“氢能社会”提出具体发展目标和实施路径。经过多年积淀和发展，日本已实现“丰田MIRA”氢燃料电池汽车的量产。

2019年2月，欧洲燃料电池和氢能联合组织发布了*Hydrogen Roadmap Europe*报告，指出发展氢能将是欧洲实现脱碳目标的重要手段，同时作为欧洲能源转型的关键，氢能及其相关设施的发展也将为欧洲带来前所未有的经济效益、环境效益。报告展示了欧洲发展氢能的几个重要作用，明确了欧洲在氢能发电、氢燃料电池汽车、家庭和建筑物用氢、工业制氢等方面的具体目标。

尽管氢能备受瞩目并且被寄予厚望，但它在实际应用中却面临着一些问题。第一，目前背景下制氢技术效率有待进一步提高，整个制氢过程中能耗高是制约氢能发展的主要问题之一，这就使得开发较为廉价且方便的制氢方法变得十分重要。现有的制氢技术主要分为电解水制氢、化石燃料制氢和生物质制氢。而石油、天然气等化石燃料的使用也可能引起比较严重的环境污染，危害生态环境。生物质制氢具有能耗低、污染小等优势，但相关制氢技术还不成熟，如何减少制氢过程中焦油和焦炭的产生、降低反应设备体积等还需进一步研究。第二，氢具有易汽化、着火、爆炸的性质，致使其存储、运输易出现事故，能否将制得的氢与其应用领域用户有效对接同时不引发事故将是未来氢能大规模商业化应用的另一个挑战。

1.2 制氢方法概述

氢能是一种二次能源，在人类生存的地球上，几乎没有现成的氢，因此必须将含氢物质加工后方能得到氢气。最丰富的含氢物质是水（H_2O），其次就是各种矿物质燃料（煤、石油、天然气、硫化氢）及各种生物质等。在氢能源经济时代，氢气制备是氢能源应用的基础，就目前氢气生产制备而言，较为成熟的一类方法是通过传统的热化学过程使得含有氢元素的原材料物质在高温条件下重整而产生氢气，如天然气重整制氢、煤气化制氢、生物质气化制氢，以及生物质液体重整制氢[1]。另一类方法则是利用电化学过程电解水产生氢气，利用电能破坏现成化合物中的键能，使其重组成氢分子。这类方法清洁高效，制备的氢气纯度高，然而，这类方法虽然实现了商业化但是成本依然较高，因此目前只能在小区域范围内使用。

此外，太阳能热化学制氢、光化学裂解水制氢、光生物学制氢，以及微生物生物质转化制氢等新兴的、具有前景的制氢方法也相继被开发出来，在相关工艺成熟之后也有望进入商业化实际生产应用[2]。

氢能源是一种非常理想的能源物质，美国、日本、德国等发达国家均把氢能源视为未来能源的主体，其中日本更是计划率先实现氢能源社会。尽管如此，目前在实际能源应用领域，氢能源使用的规模仍然较小。究其根本原因则是氢能源产业基础薄弱、配套存储和运输装备及氢能源自身成本偏高，甚至在氢能源安全性方面仍然存在争议，人们对于氢能源的使用普遍存在疑虑。正是因为如此，我国以及世界各国在政府层面更应该进一步加大氢能源的推广与普及力度，应该制定更多更具体的鼓励发展氢能源的措施，以及出台更多相关的政策法规以促进氢能源的实际使用。笔者认为当下对于氢能源发展最为重要的事情可以分为以下两大点：一是降低氢能源的成本和提高氢能源的效率；二是保证氢能源的安全。

降低氢能源的成本和提高氢能源的效率是扩大氢能源应用规模的基础，而要降低氢能源的成本和提高氢能源效率，则必须依赖相关科技的发展与使用。首先，氢气的制备是氢能源的基础，能够通过低成本、高效率的氢气制备方法得到氢能源，是氢能源普及的必要条件，当然也必须考虑到环境污染以及可持续发展的问题。例如，尽管目前通过传统的热转化（天然气重整、煤炭气化）制备氢气的工艺比较成熟，但是都是化石燃料相关的，因此不是长远的制氢工艺；而电解水制氢则是最有望在近期内能够成为氢能源来源的主要工艺方法，但是电解水的电能来源则必须要从目前的传统电网电能逐渐地转向核能、风能、太阳能、潮汐能等非化石燃料来源的电能。此外，太阳能相关的制氢工艺，例如太阳能热解水制氢，以及光生物学制氢，必须加大研发精力投入，以使其尽早实现商业化应用。提高氢能源的效率则必须重视燃料电池生产技术工艺的研发，氢氧燃料电池作为氢能源利用的终端，提高氢氧燃料电池的氢能转换效率，以及降低氢氧燃料电池的成本，将会直接提升氢能源在能源应用领域的占比。保证氢能源安全，首先得保证氢氧燃料电池的安全，对氢氧燃料电池以及其他氢能源应用终端必须制定严格的安全标准与健全的规范体系，对可能存在的安全隐患务必进行合理的科学实验评估。另外，则是要加大氢能源科普力度，对普通民众进行氢能源相关知识的宣传教育，一方面提高民众的环保意识，使其重视氢能源的使用；另一面消除民众对氢能源的疑虑，使其接受氢能源的使用。

1.3 制氢催化剂研究进展

1.3.1 氨分解催化剂

1.3.1.1 钌基催化剂

钌（Ru）基催化剂被公认为是催化氨分解活性最高的金属催化剂，尤其是在以碳纳米管（CNTs）为载体时，由于 CNTs 的良好导电性能使 Ru 表面电势降低而利于表面氢的重组解吸（又称脱附）[3]。Yin 等[4] 通过大量实验也表明了 CNTs 是性能最好的载体，且 Ru 在其上分散度最高。特别地，向 CNTs 载体中添加适量 MgO 后，催化剂的氨分解活性得到明显提高。Yin 等[4] 进一步探究了碱金属、碱土金属和稀土金属等对 Ru/CNTs 催化剂的作用（见图 1-1），发现碱金属作为助剂能显著提高催化剂活性，促进作用由强到弱的顺序为 K＞Na＞Li＞Ce＞Ba＞La＞Ca。

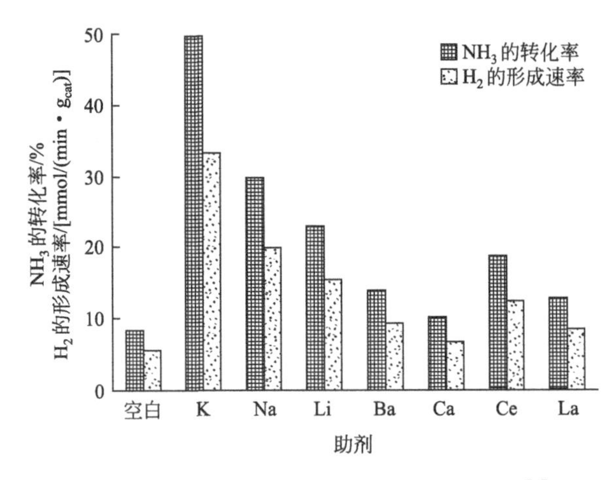

图 1-1 Ru/CNTs 氨分解催化剂的助剂效应[4]

对 Ru 基催化剂而言，氨分解的反应活性与催化剂的结构、形貌等因素密切相关。Zhang 等[5] 研究了 Ru 的平均粒径对 Ru/Al_2O_3 催化剂的氨分解转换频率（TOF）的影响，发现 TOF 受 Ru 颗粒尺寸的影响非常显著。随着 Ru 平均粒径的增大，反应速率呈现出先增大后减小的趋势，当平均粒径为 2.2nm 时催化剂的 TOF 值最大，且平均粒径在 1.9～4.6nm 范围内时的 TOF 值波动较为平缓。而对于 Ru/C 催化剂，Raróg-Pilecka 等[6] 发现 Ru 平均粒径为 8nm 相较平均粒径为 1.2nm 的 TOF 值提高近 8 倍。此外，Karim 等[7] 利用电子显微镜、化学吸附和扩展 X 射线吸收精细结构谱（EXAFS）等技术研究 Ru 颗粒形状对催化性能的影响规律。研究结果首次表明，活性位点（此处为 B_5）的数量高度依赖于颗粒形状，对于细长的纳米颗粒，颗粒尺寸在 7nm 时，B_5 活性位点数量最多，而对于半球形纳米颗粒，B_5 活性中心最大数量却出现在 1.8～3nm 范围内。

Karim 等[7] 采用不同的预处理方式如改变焙烧温度、还原温度等调控 Ru/Al_2O_3 催化剂中活性中心 Ru 颗粒形貌。如图 1-2 所示，类球形 Ru 颗粒晶粒尺寸为 1nm 左右时其 TOF 达到最高值，而扁平形 Ru 颗粒晶粒尺寸为 7nm 左右时其 TOF 达到最佳值，进一步说明了氨分解反应中催化剂的最佳 TOF 值与 Ru 的平均粒径和颗粒形貌密切相关。

1.3.1.2 铁基催化剂

氨分解制氢是合成氨反应的逆反应，合成氨用铁（Fe）基催化剂同样广泛应用于氨分解反应。研究表明 Fe 基催化剂氨分解效果远不及 Ru 基催化剂，但由于其储量丰富、价廉易得，所以仍为氨分解催化剂的研究重点。Cui 等[8] 的研究表明，Fe_3O_4@CeO_2 和

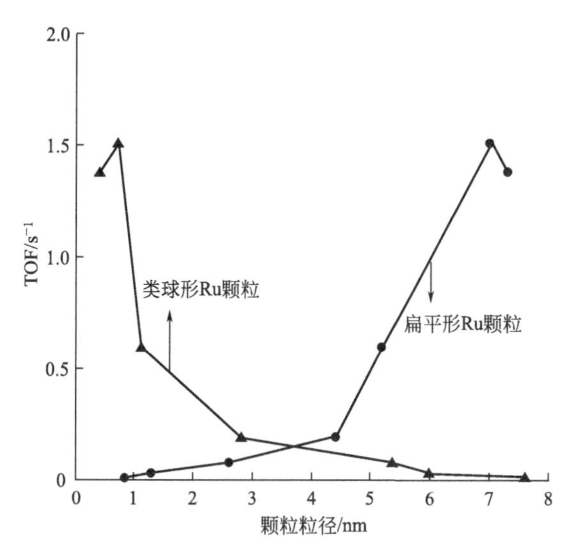

图 1-2 氨分解 TOF 与 Ru 纳米颗粒粒径和分散度之间的关系[7]

Fe_3O_4@TiO_2 核壳结构催化材料具有非常高的催化稳定性。从图 1-3 可观察到 Fe_3O_4@CeO_2 在 600℃下，反应 60h 依然维持着良好的氨分解活性，Fe_3O_4@TiO_2 在氨分解刚开始时活性较低，反应一段时间后其活性逐步提高且明显超越了 Fe_3O_4 催化剂，并在 NH_3 转化率达到 78%时趋于稳定，表明 CeO_2 和 TiO_2 的添加提高了氨分解转化率和催化剂的高温稳定性。

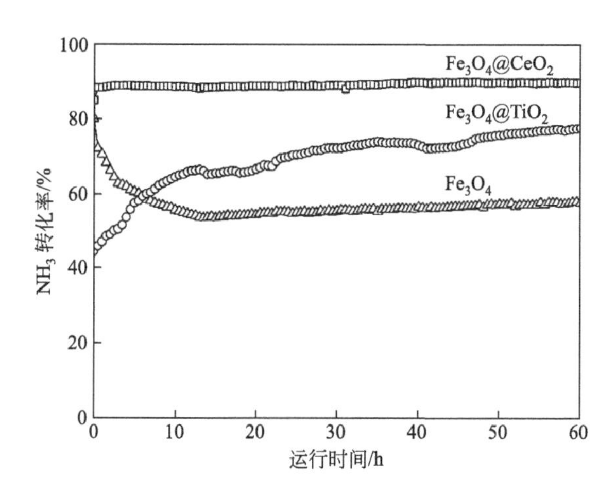

图 1-3 Fe_3O_4、Fe_3O_4@CeO_2 和 Fe_3O_4@TiO_2 在 600℃时的稳定性曲线[8]

研究表明 Fe 的碳化物与氮化物也可用于氨分解催化反应。Kraupner 等[9] 制备了介孔 Fe_3C 材料用于氨分解反应。从图 1-4 发现，制备的 Fe_3C 催化剂具有一定的氨分解催化活性和稳定性，在 700℃时反应的氨气转化率达到 95%，并且在 600℃下催化剂可连续工作 16h 而 NH_3 分解转化率不发生改变。Zhang 等[10] 以碳纳米管（CNTs）为载体负载氮化铁，制备了 Fe_2N/CNTs 催化剂用于氨分解反应，取得了一定成果。由于 CNTs 具有限域作用，制备的催化剂负载均匀，结构稳定。制备的 Fe_2N/CNTs 催化剂具有优异的低温氨分解催化活性，在550℃下氨气转化率接近100%，催化活性高于传统的金属氧化物催化剂。同时，Fe_2N 和 CNTs 的协同效应，也大大提高了催化剂催化性能。而热处理的条件不同，Fe 含量不同，得到的催化剂的活性也有差别。此外，制备的 Fe_2N/CNTs 催化剂具有优良的稳定性。

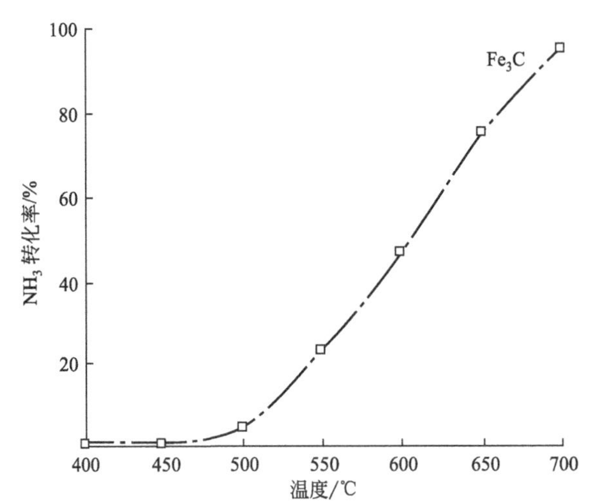

(a) Fe_3C在氨分解中催化活性随温度变化的曲线 [GHSV=15000cm³/(h·g_{cat})，25mg催化剂]

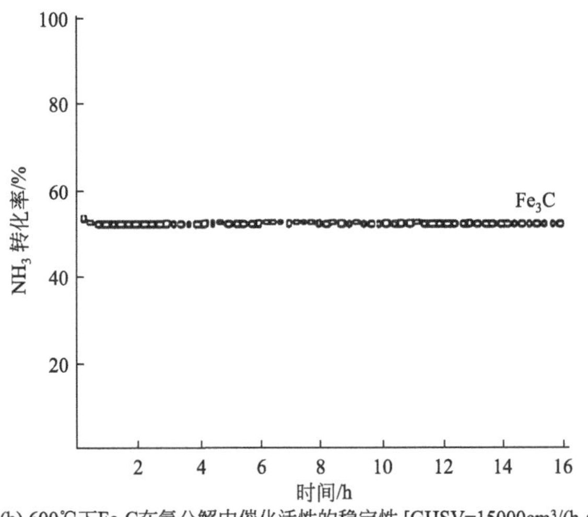

(b) 600℃下Fe_3C在氨分解中催化活性的稳定性 [GHSV=15000cm³/(h·g_{cat})]

图 1-4　Fe_3C 催化剂在氨分解中催化活性随温度的变化及催化活性的稳定性[9]

1.3.1.3　镍基催化剂

镍（Ni）为非贵金属中氨分解催化活性最好的催化材料，具有替代贵金属 Ru 的潜力[11]。中科院大连化学物理研究所 Liu 课题组[12] 用沉积-沉淀法制备以 SBA-15 为载体的 Ni 基催化剂，并详细考察了其氨分解催化性能，结果表明 Ni/SBA-15 催化剂具有很高的催化性能，甚至在某些方面超过 Ru 基催化剂，在温度为 600℃、空速（GHSV）为 46000mL/(h·g_{cat}) 的反应条件下，NH_3 转化率高达 96%。利用 Ce 和 La 对催化剂改性的结果表明，当 Ce(La)/Ni 比率约为 0.3 时可以获得最高的 NH_3 转化率，且在该条件下 La 的助催化效果优于等量的 Ce[12]。Okura 等[13] 研究了 Ni 在不同稀土氧化物（Al_2O_3、CeO_2、Sm_2O_3、Y_2O_3、Gd_2O_3 和 La_2O_3）上的氨分解效应。在所研究的催化剂中，Ni/Y_2O_3 催化剂显示出最好的氨分解性能，其结果如图 1-5 所示。反应动力学结果表明，大多数稀土氧化物载体能有效缓解氨分解反应中的氢抑制现象（氢在吸附状态下不利于 NH_3 的吸附和分解）；氢的解吸行为揭示了 Ni/Y_2O_3 催化剂的高活性，原因是吸附在表面上的氢原子数相对较少。由于 Ni 基催化剂比 Ru 基催化剂便宜，并且氨分解效果优于其他非贵金属催化剂，因此 Ni 基催化剂是具有潜在应用价值的氨分解催化剂。

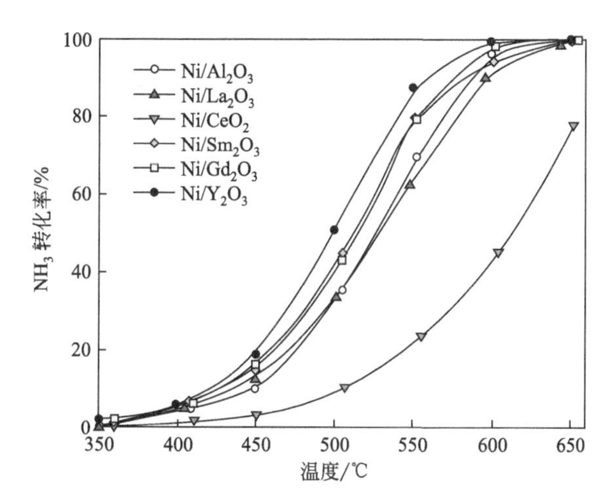

图 1-5 Ni/Y_2O_3、Ni/La_2O_3、Ni/CeO_2、Ni/Sm_2O_3、Ni/Gd_2O_3 和 Ni/Al_2O_3 的氨分解活性[13]

除了可添加稀土金属作为助剂外，Ni 的颗粒尺寸也对催化剂的活性有很大影响。通过改变催化剂制备条件，得到了 Ni 纳米颗粒的尺寸在 1.5～8.0nm 范围内的 Ni/MCF-17 系列催化剂[14]。催化剂氨分解反应测试结果如图 1-6 所示，可以发现，催化活性由大到小的顺序为 NiR110＞NiCR110＞NiCR90≈0.06NiR180＞NiR180＞NiR90＞NiR150＞Ni180。Ni 纳米颗粒尺寸为 3nm 时，催化活性最高。由此可见，制备温度及 Ni 颗粒尺寸对催化剂活性有很大影响。

1.3.1.4 钴基催化剂

与 Fe 基和 Ni 基催化剂相比，钴（Co）基催化剂在氨分解反应中的研究较少。然而，Co 基催化剂的氨分解活性优于 Fe 基催化剂。Zhang 等[15] 通过浸渍法制备了 Co/CNTs、Ni/CNTs 和 Fe/CNTs 三种催化剂，并比较了它们的氨分解效果，发现 Co/CNTs 催化剂在温度为 773K、空速为 6000mL/(h · g_{cat}) 时的氨分解性能远高于其他两种金属催化剂。Lendzion-Bieluń 等[16] 研究了在 673～823K 温度和 10MPa 压力下合成氨反应中 Co 和 Fe 基催化剂的活性，同时也比较了 Co 和 Fe 基催化剂在相同温度范围内的氨分解活性。结果表明，对于合成氨反应，Co 和 Fe 基催化剂的活化能分别为 268kJ/mol 和 180kJ/mol，而对于氨分解反应，Co 和 Fe 基催化剂的活化能分别为 111kJ/mol 和 138kJ/mol。由此可得出结论：与 Fe 基催化剂相比，Co 基催化剂在合成氨方面活性较差，但具有良好的氨分解活性。

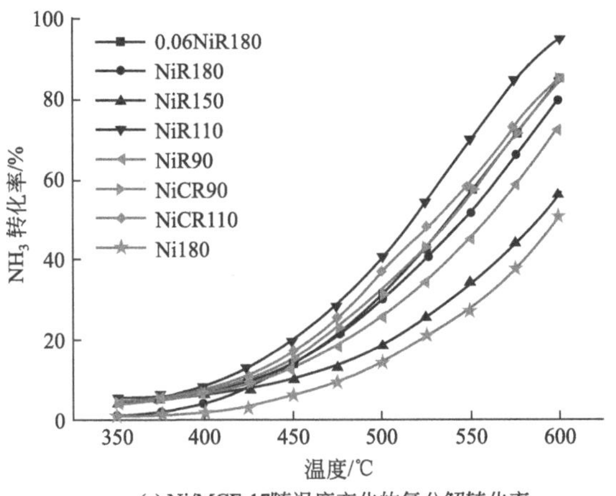

(a) Ni/MCF-17随温度变化的氨分解转化率

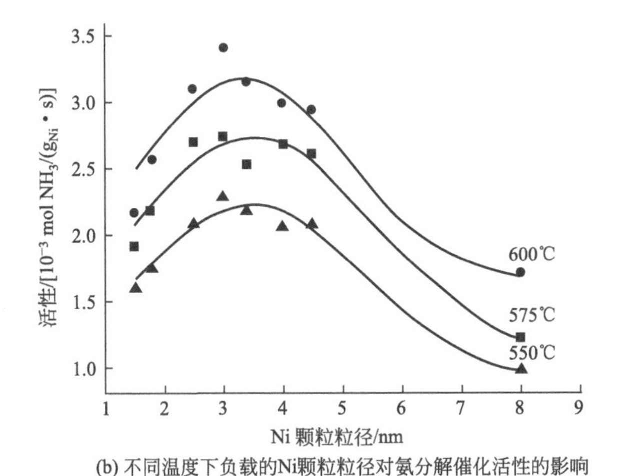

(b) 不同温度下负载的Ni颗粒粒径对氨分解催化活性的影响

图 1-6 Ni/MCF-17 催化剂氨分解反应测试结果[14]

[反应条件：纯 NH_3，GHSV＝6000mL/(h・g_{cat})，0.1MPa]

不同于单壁碳纳米管（SWCNTs），多壁碳纳米管（MWCNTs）具有多层管壁，其夹层结构可以更好地负载催化活性组分。Zhang 等[17] 以多壁碳纳米管为载体，以硝酸钴为前驱体制备了 Co/MWCNTs 催化剂用于氨分解反应。通过改变热处理气氛、负载量、热处理温度等条件控制催化剂微观结构，进而影响氨分解催化性能。对 773K 下不同气氛处理后载钴量 10％的 Co/MWCNTs 催化剂的微观形貌及粒径分布的研究，结果表明在氮气氛下热处理和在氢气氛下热处理后 Co 颗粒平均尺寸分别为 11.4nm 和 7.9nm，说明制备条件确实影响了催化剂的微观结构。对不同条件预处理下的催化剂的活性研究，结果表明氮气氛下热处理的 10％钴载量催化剂的活化能最低（68.6kJ/mol)。

1.3.1.5 双金属催化剂

大多数研究人员认为氮在催化剂表面的吸附效果可以较好地反映催化剂的氨分解活性。研究显示[18,19]，金属表面上氮的吸附能与氨分解活性之间存在火山曲线关系，常见的氨分解单金属催化剂表面氮的吸附能力是 Ni<Co<Ru<Fe<Mo。尽管 Ru 在单金属中具有最合适的氮吸附能和最高的氨分解活性，但高价格和低储量限制了其商业应用。应该注意的是，在不同 NH_3/H_2 摩尔比下，最佳催化剂不同：当 NH_3/H_2 值高时（例如 99% NH_3），N 原子在 Ru 表面的结合能最合适，此时 Ru 更有利于氨分解反应；当 NH_3/H_2 值较低时（例如 0.02% NH_3），N 原子在 Fe 表面的结合能最合适，因此 Fe 更有利于合成氨反应。

通过调节 Ru 两侧金属的摩尔比来制备具有合适 N 原子结合能的双金属催化剂可以制备高活性且廉价的氨分解催化剂。例如，Zhang 等[20] 研究了碳纳米管负载的不同 Fe/Co 比的 Fe-Co 双金属催化剂。通过与 Fe 掺杂形成合金显著提高了催化活性和高温稳定性，当 Fe/Co 摩尔比为 5∶1 时，氨分解活性最高。考虑到 Fe-Co 合金颗粒位于 CNTs 内部的事实，迁移和烧结在高温下不太可能发生，因此具有好的高温稳定性。

1.3.2 氨硼烷水解催化剂

1.3.2.1 单金属催化剂

早在 2003 年，Jaska 等[21] 就发现铑化合物对氨硼烷脱氢表现出催化作用。之后，越来越多的研究者也发现其他过渡金属对氨硼烷水解制氢反应展现出优良的催化性能。Chandra 等[22] 将商业铂黑和钯黑应用于氨硼烷水解制氢研究均表现出催化活性，能够使氨硼烷水解释放出近 3mol 的氢气。之后人们进一步探究了过渡金属在纳米尺度下对氨硼烷水解制氢的催化作用，Durap 等[23] 利用月桂酸作为稳定剂，制备了铑、钌单金属纳米颗粒催化剂，铑颗粒尺寸约 5.2nm，钌颗粒约 2.6nm，用于室温下氨硼烷水解制氢，铑催化性能 TOF 达 $200min^{-1}$，钌催化剂达 $75min^{-1}$。但在随后的重复性测试中，经过 5 次循环使用后，催化活性却出现了不同程度的下降，铑催化剂下降为初始活性的 44%，钌催化剂则下降为初始活性的 53%。通过对循环测试后的催化剂进行透射电镜（TEM）表征发现，纳米颗粒出现了明显团聚，认为这可能是催化剂活性下降的原因之一，而氨硼烷水解反应产生的副产物，如偏硼酸盐等，则可能是造成活性下降的另一个原因。这些副产物往往吸附于催化剂的活性位点上，使参与反应的活性位点减少从而导致活性下降[23,24]。

相比于贵金属催化剂，非贵金属催化剂以其较低的成本同样引起了研究者们的广泛关注，Metin 等[25] 利用聚乙烯吡咯烷酮（PVP）作为稳定剂，制备了钴纳米颗粒催化剂，颗粒平均粒径为 7.2nm，应用于氨硼烷水解制氢性能测试，298K 温度下 TOF 值为 $1.98min^{-1}$，远远低于贵金属催化剂，反应活化能为 46kJ/mol。但是由于 PVP 良好的分散作用，催化剂的稳定性也有所提高，改变反应中钴纳米催化剂浓度，对反应速率进行线性拟合，结果表明为一级反应。

使用稳定剂参与反应制备的金属纳米颗粒往往具有更好的分散性，在氨硼烷水解制氢反应中表现出优异的活性。但随着催化剂重复使用次数增加，纳米颗粒不可避免地出现团聚失活，所以常常使用各种载体来负载分散金属纳米颗粒。这些载体不仅具有大的比表面积，还具有各种各样的表面特性，例如碳材料具有优异的导电性、稀土氧化物具有丰富的氧缺陷，这些优点不仅可以提升催化剂活性中心的稳定性，还能提高催化剂的催化活性。

近年来，多孔碳、碳纳米管和石墨烯等具有独特物理与化学特性的碳材料，被作为优秀的载体广泛使用[26-29]。Metin 等[29] 使用乙酰丙酮镍为前驱体盐，油胺和油酸作为混合溶剂，四丁基溴化铵（TBAB）作为还原剂，制备的镍纳米颗粒平均尺寸为 3.2nm，采用浸渍法负载于科琴黑上，用于氨硼烷水解制氢，性能测试 TOF 值达到 8.8min^{-1}，活化能为 282kJ/mol±2kJ/mol，经过 5 次重复使用后活性仍保持为初始活性的 80%，表现出优异的活性和稳定性。Chen 等[30] 先采用浸渍法将铂盐吸附于碳纳米管上，再通过在惰性气氛下高温还原得到碳纳米管负载铂纳米颗粒催化剂。通过调控铂盐前驱体加入量，制备了一系列不同负载量催化剂。通过氨硼烷水解制氢测试发现，当负载量为 3.0%（质量分数）时，催化剂表现出最佳活性，这主要归功于碳纳米管良好的分散作用和 1.8nm 的最佳颗粒尺寸，使铂纳米颗粒暴露出更多活性位点的同时拥有更好的稳定性。当负载量小于 3%（质量分数）时，尽管获得的铂纳米颗粒尺寸更小，但更容易在碳纳米管上团聚，这使参与反应的表面积和活性中心减少，最终影响催化活性，所以合适的负载量也是至关重要的。Du 等[31] 利用乙二醇作溶剂、抗坏血酸作还原剂，将石墨烯与 $RuCl_3$ 均匀混合后加热至 453K 还原，制备出石墨烯负载的钌纳米颗粒催化剂（Ru/石墨烯）。制备的钌纳米颗粒具有较窄的粒径分布，平均尺寸仅 1.9nm，得益于小尺寸和钌-石墨烯的协同效应，应用于氨硼烷水解制氢反应展现出优异活性，其 TOF 值达到 600min^{-1}。将反应后催化剂进行 TEM 表征，发现颗粒分散情况并没有明显改变，表明石墨烯良好的分散作用使得制备的 Ru/石墨烯催化剂显示出优异的稳定性。

另外，金属纳米颗粒同样可负载于其他金属氧化物上，例如 CeO_2、ZrO_2、HfO_2 和 TiO_2 等，在催化氨硼烷水解时也表现出较好的活性[32]。Akbayrak 等[33] 利用浸渍法制备了 Co/CeO_2 催化剂，Co 纳米颗粒尺寸分布在 3.5～6.0nm 之间，应用于氨硼烷水解制氢测试，其 TOF 值达到 7.0min^{-1}。Khalily 等[34] 利用原子层沉积法将尺寸和组成可控的铂纳米颗粒负载于 3D 网状结构的 TiO_2 纳米线上，样品 TEM 表征如图 1-7 所示，铂颗粒尺寸均一，分散均匀。应用于氨硼烷水解制氢测试，发现所制备的一系列 3D Pt@TiO_2 样品中，仅当铂颗粒尺寸为 2.4nm 时表现出最佳催化活性，TOF 值达到 311min^{-1}。

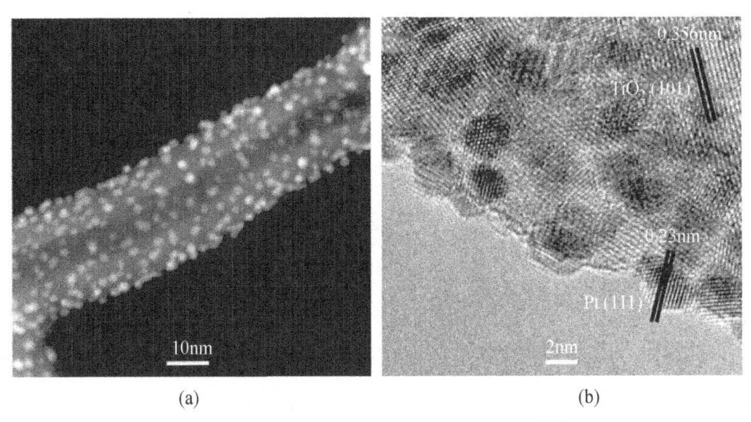

图 1-7　3D Pt@TiO_2 样品 TEM 图[34]

最近也有研究者们使用金属有机骨架（MOF）材料作为催化剂载体，这些 MOF 材料不仅具有大的比表面积还具有丰富的内部孔道，例如 MIL-101 内部就具有 2.9nm 和 3.4nm 两种尺寸的亲水介孔笼。这些 MOF 独特的内部结构可用来控制金属纳米颗粒的生长，最终实现调控金属颗粒大小和形貌的目标。Aijaz 等[35] 使用双溶剂法（DSM）将铂纳米颗粒成功限域在 MIL-101 的介孔笼内，铂颗粒尺寸约 1.8nm，得益于铂纳米颗粒良好的分散性，此催化剂能够快速催化氨硼烷水解制氢，其 TOF 值为 $414min^{-1}$。对反应后催化剂进行 TEM 表征发现限域于 MIL-101 孔道内的铂颗粒依然具备最初的形貌和大小，并未发生团聚，Pt@MIL-101 展现出优异的催化稳定性。

1.3.2.2 双金属催化剂

尽管非贵金属催化剂展现出一定活性，但相对于贵金属催化剂在氨硼烷水解中表现出的更高催化活性，还是存在较大差距。但是贵金属催化剂由于自身高昂的价格，阻碍了其进一步的开发应用。要实现高催化活性的同时具有较低的成本，单一金属的使用往往并不能达到这些要求，常常需要使用两种金属或者多种金属复合制备催化剂。通过控制催化剂中不同金属的组成和结构来调控催化剂的电子结构和表面金属位点，进而影响催化剂和底物之间的相互作用，以期实现最优的催化效果。用于氨硼烷水解制氢的贵金属催化剂主要有 Pt、Rh、Ru、Au 和 Pd 等，是世界上储量较低、价格昂贵的金属，通常向贵金属中掺杂非贵金属 Fe、Co、Ni 和 Cu 来降低贵金属的使用量，既可以降低催化剂成本，还能进一步提升催化剂活性。

近年来，贵金属和其他非贵金属组成的多金属催化剂引起了广泛的关注。Sun 等[36] 制备了组成可控的单分散的 CoPd 纳米颗粒，平均尺寸 8nm，再将纳米颗粒负载于科琴黑上用于氨硼烷水解制氢测试，发现组成为 $Co_{0.35}/Pd_{0.65}/C$ 的催化剂表现出最佳的催化活性，TOF 值达到 $22.7min^{-1}$，这一活性已高于纯钯催化剂。这是因为 $Co_{0.35}/Pd_{0.65}/C$ 催化剂的独特组成与反应物产生了适中的相互作用，如果催化剂与反应物作用太弱则反应物不能被活化，若作用太强则将占据催化剂表面所有可参与反应的活性位点，最终导致催化剂中毒失活，因此合适的钴钯比才会展现出最佳活性。Wang 等[37] 使用 PVP 作稳定剂，硼氢化钠作还原剂，通过控制 Pt 和其他非贵金属之间的比例，制备了一系列 Pt-M（M＝Fe、Co、Ni）合金纳米催化剂。在这些催化剂中，Pt∶Ni＝4∶1 时展现出最佳的催化活性，TOF 值达到 $511min^{-1}$，远高于单一金属 Pt 或 Ni 的催化活性，表明 Ni 的掺杂既可以降低催化剂成本也可以提高催化活性。Mori 等[32] 通过 H_2 还原制备了一系列不同钌镍比 $RuNi/TiO_2$ 催化剂，用于氨硼烷水解制氢测试表明，当 Ru∶Ni＝1∶0.3 时展现出最佳活性，TOF 值达到 $914min^{-1}$，通过 EXAFS 表征表明此时 Ru—Ni 键距为 2.54Å($1Å=10^{-10}m$)，这约等于 B—H 与 H—N 间距（2.68Å），而 Ru—Ru 键长却不能达到，这表明 Ru 和 Ni 金属之间良好的协同作用可能是催化剂表现出优异活性的原因。

Li 等[38] 研究了氧化石墨烯（GO）和聚乙烯亚胺（PEI）改性石墨烯作载体时对催化活性的影响，通过多元醇还原法负载铂钴纳米颗粒于载体上，颗粒尺寸约 2.3nm，其

中 $Pt_{0.17}Co_{0.83}$/PEI-GO 催化剂在氨硼烷水解制氢测试中展现出最佳的活性，TOF 值为 377.83min^{-1}，这主要归因于独特的铂钴比以及 PEI 与前驱体中金属盐离子之间的相互作用。除了组成和载体的影响，双金属催化剂的结构也对催化活性有显著影响。Yang 等[39]利用 Pt、Co 两种金属前驱体在还原电位上的区别，制备出可磁性回收的负载于炭黑上的 Co@Pt/C 核壳结构催化剂。得益于其独特的结构，在氨硼烷水解制氢测试中表现出远高于 Pt、Co 任一单金属催化剂的催化活性，其中 $Co_{0.32}$@$Pt_{0.68}$/C 催化剂 TOF 最高为 4847mL/(min·g)，活化能为 41.5kJ/mol。

1.3.3 水分解催化剂

1.3.3.1 析氢反应催化剂

电解水虽然已经有悠久的历史，但是高成本的缺陷需要持续的技术进步和材料创新加以改进。在材料方面，未来普遍实用的高效催化剂必须是由地球丰富存在的元素组成。在这样的大背景下，研究人员过去一直在探索非贵金属电催化剂，并取得了丰硕的成果。迄今为止，几乎所有的非贵金属析氢反应（HER）电催化剂都由以下几种元素组成：金属元素 Fe、Co、Ni、Cu、Mo、W 和非金属元素 B、C、N、P、S、Se[40]。

众所周知，电极材料的活性取决于它的电子结构。如图 1-8 所示，横坐标表示酸性条件下不同金属 HER 的金属-氢（M—H）结合能，纵坐标是交换电流密度的对数（lg j_0）。这就是快速比较不同金属活性的火山图[41]。所谓火山效应，就是指具有适度能量（适度的吸附键强度及覆盖度）的中间物质具备最高的反应速率。火山图将 HER 动力学描述为一个 M—H 结合能的函数，这个函数通常不考虑其他因素的影响，如 pH 值等。显而易见，Pt 位于火山图的顶端，具有最高的 HER 速率。一些非贵金属如 Ni、Co、Fe、Cu、Mo 和 W 均有较高的潜力代替贵金属 HER 催化剂。

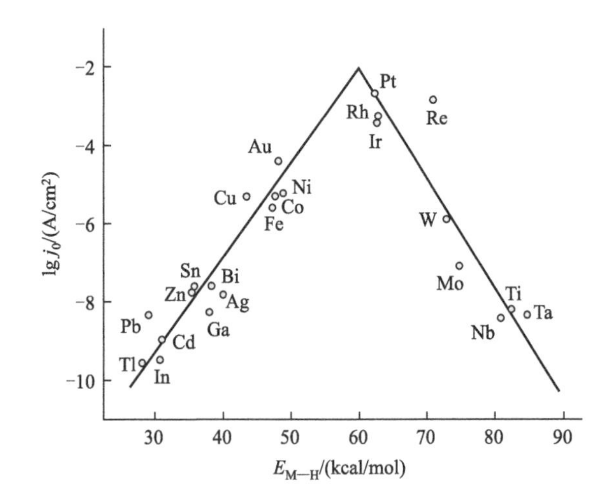

图 1-8 酸性条件下 HER 火山图[42]

(1kcal=4.186kJ)

除了 M—H 结合能以外，多组分材料展现出的“协同效应”也备受关注。“协同效应”指的是多组分电极材料的氢析出超电势低于其组成的任意单组分的氢超电势。

在非贵金属 HER 催化剂的研究过程中，一个典型的例子就是 Ni-Mo 合金。大量研究表明，Ni 和 Mo 的合金材料表面的氢超电势远远低于单金属 Ni 或 Mo。此外，钴、镍和钼的各种组合的合金，在产生氢气的过程中处于较低的过电位时，仍具有很高的阴极电流密度[43,44]。

目前，研究广泛且 HER 性能接近贵金属 Pt 的析氢催化剂材料有：以硫化钼（MoS_2）为代表的金属硫化物，以 Ni-Mo 为代表的金属合金催化剂，以 NiP、CoP 为代表的金属磷化物等。

（1）MoS_2

对于 MoS_2 电化学 HER 的研究可以追溯至 20 世纪 70 年代，当时，科学家就已经得出块体 MoS_2 无催化活性的结论[45]。因此，MoS_2 在当时并未作为一种 HER 电催化剂进行研究，并在未来的很长一段时间未被提及。直到 2005 年，Hinnenmann 等[46] 发现 MoS_2 中（1010）Mo 的边缘结构与固氮酶的活性位点十分相似，并且计算了 MoS_2 结合原子 H 的自由能，结果显示 MoS_2 的边界位点具有与 Pt 十分相近的 HER 电催化活性，确定 MoS_2 可以作为一种高效的析氢催化剂，并为今后 MoS_2 的研究奠定了理论基础。他们在研究中将 MoS_2 纳米颗粒负载在石墨烯上，证实了 MoS_2 的高 HER 催化活性。这是首次提出 MoS_2 的活性位点在边界棱上的研究。

为了进一步确定 MoS_2 活性部位，Jaramillo 等[47] 制备了不同大小的、具有多边界位点的 MoS_2 纳米颗粒，电催化活性分析显示 MoS_2 纳米颗粒的催化性能与边缘态长度（即棱）有关，并不是由边界原子的覆盖面积决定，这项研究直接建立了 MoS_2 的棱与催化活性位点的关系。科学界对于 MoS_2 电催化水分解的研究一直着眼于如何设计催化剂的结构，以增加边界棱的活性位点。

基于 MoS_2 是半导体材料且活性位点相对特殊的特点，目前 MoS_2 的合成策略大致可分为“活性位设计”和“导电设计”两类。活性位设计主要包括 3 个方面：a. 增加活性位点暴露的数量；b. 改善活性位点电接触；c. 增强活性位点的活性。导电性设计有 2 个方面：a. 对 MoS_2 的晶格结构进行合适的杂原子掺杂；b. 连接导电物种，如碳纳米管和石墨烯[41]。

化学剥落 MoS_2 纳米层实验结果显示热力学 2H 相转化为亚稳态的 1T 相[48]。2H 相表示 2 个 S-Mo-S 层组成了三棱柱形 MoS_6 的棱，1T 相表示单个 S-Mo-S 层组成正八面体 MoS_6 的棱。2013 年，Lukowski 等[49] 第一次得出 MoS_2 的 1T 相比 2H 相的导电性强，因此具有更高的金属特性和 HER 活性。Voiry 等[50] 发现 MoS_2 2H 相的活性位点受棱结构的限制，1T 相则主要长于基面。因此，化学剥离单层纳米级的 MoS_2 是制备纳米结构的主流趋势。此外，Kibsgaard 等[51] 在模版硅上电沉积 Mo，然后用 H_2S 硫化，成功合成了一个高度有序的 MoS_2 双网状结构。2011 年，Li 等[52] 首次在石墨烯上水热合成 MoS_2 纳米层结构，并表现出良好的 HER 电催化活性。

迄今为止已有大量的实验研究制备高催化效率的 MoS_2，总结起来大致分为以下几种方法：纳米结构的制备、多孔结构的制备、杂原子掺杂和导电材料的引入。虽然各种形貌特殊、催化性能优异的 MoS_2 已经问世，但科学界从未停止对 MoS_2 的研究，MoS_2 是未来最有希望替代 Pt 等贵金属电催化析氢的材料之一。

(2) Ni-Mo 合金

Ni-Mo 合金在碱性电解液中具有高活性、高稳定性，是另一类备受瞩目的 HER 催化剂[53,54]。现代燃料电池中使用的电催化剂通常由粉末或者胶体制成，一般会选择多孔或者导电物质作为基底（如碳材料）[55,56]，Ni-Mo 合金催化剂的制备通常也是直接电沉积或者直接负载在电极基底上[57-59]。Li 等[60] 将含有 Ni 和 Mo 的蓝色前驱体溶液加热之后制成淡黄色粉末，之后在氢气中还原成黑色，成功制备出自支撑的 Ni-Mo 纳米粉末。实验分析了前驱体中 Ni/Mo 的最优比例为 6：4，并且在碱性条件下展示出卓越的 HER 催化性能。

然而，这样制备出的 Ni-Mo 合金的抗腐蚀性极差，在酸性条件下极易溶解。因此，为了降低催化剂在酸性电解液中的 HER 过电位，Ni-Mo 化合物经常与其他元素混合，如锌、氮等，这样不仅能够增强析氢催化性能，而且能够在酸性或者中性条件下保持长时间稳定[61]。

目前，Ni-Mo 类的合金材料主要存在的问题就是易氧化和易被酸腐蚀。因此，对 Ni-Mo 催化剂的酸稳定性的优化成为合金材料的研究重点之一。

(3) 金属磷化物

研究表明，在电催化析氢领域，P 的掺杂对金属排列顺序和催化性能具有一定的影响。Shi 等[62] 强调，金属磷化物的结构中，P 中心富集了极化感应产生的负电荷，而 P 边界表面会吸附质子并释放电子，因此 P 的掺杂在特定的情况下能够促进 HER，并且 P 含量越高，HER 催化活性越高。与 Co_2P 相比，CoP 具有较高的 HER 性能[63]。同样地，与 Ni_2P、Ni_5P_4 和 $Ni_{12}P_5$ 相比，P 含量最高的 Ni_5P_4 的 HER 催化活性最好[64]。这些 P 不仅可以作为捕捉质子的基底，而且它可以在高 H_{ads}（吸附氢原子）的覆盖表面上增强氢的解吸。Xiao 等[65] 运用密度泛函理论研究了 MoP 表面 P 端位上氢吸收的吉布斯自由能 $\Delta_r G_H^\ominus$。在低 H_{ads} 的覆盖表面上要 $\Delta_r G_H^\ominus$ 极低（$-0.34eV$）才能促进氢的吸附；而在足够高的 H_{ads} 覆盖表面上，$\Delta_r G_H^\ominus$ 需要变为正值去促进氢的解吸。这与最早发现硫化钼中 S 原子边界棱的作用相似。

1.3.3.2 析氧反应催化剂

电化学水分解的另一个半反应是析氧反应（OER）。自 20 世纪以来，科学界已经公认，电化学过电位与电极材料固有特性密切相关[66,67]。图 1-9 描述了在酸性和碱性条件下，金属氧化物析氧活性的火山图[42]。横坐标表示材料表面氧化物的过渡焓。从图中可以明显看出，由于贵金属氧化物 RuO_2 和 IrO_2 具有非常低的氧化还原电位和很强的导电性能，因此居于火山图的顶端。除此之外，Ni、Co、Fe 和 Mn 等的氧化物/氢氧化物同样具有较低的过电位，展现出较高的析氧反应电催化活能，有望代替贵金属催化剂，具有良好的应用潜力。

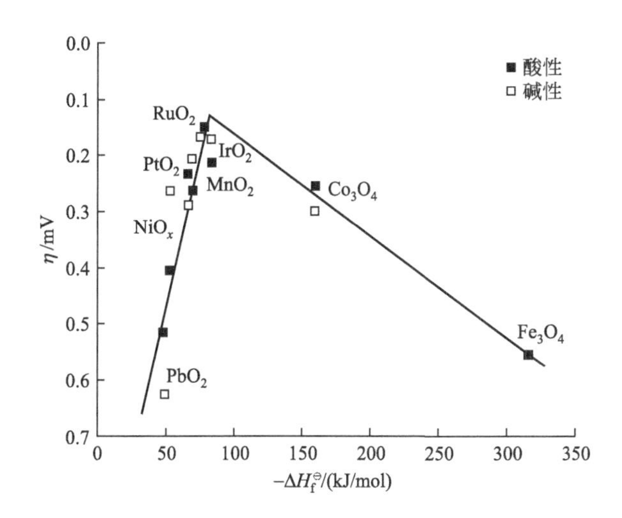

图 1-9 酸性和碱性条件下 OER 火山图[42]

(1) Ni 基氧化物/氢氧化物

大量的研究数据表明，电催化析氧反应一般在氧化物或氢氧化物表面发生。对于 Ni 基氧化物来说，很多学者普遍认为其高 OER 催化活性归功于 β-NiOOH 相，而过高价态的 Ni^{4+} 将导致催化活性降低[68]。研究表明，在氧化镍结构中，纳米颗粒的粒径越小，Ni^{3+} 含量越高，催化剂的比表面积会增大，因此可以增强 OER 活性[69]。

Ni 基氢氧化物通常存在四种形式，即 α-Ni$(OH)_2$、β-Ni$(OH)_2$、α-NiOOH 和 β-NiOOH。β-Ni$(OH)_2$ 能够转化成 β-NiOOH，而 α-Ni$(OH)_2$ 可以氧化为 γ-NiOOH。Nocera 等[70] 在硼酸盐溶液中电沉积活性 Ni 基氢氧化物，且证实了 γ-NiOOH 是这类催化剂的 OER 活性物质。Gao 等[71] 采用水热合成法，成功合成了 α-Ni$(OH)_2$ 和 β-Ni$(OH)_2$ 的纳米晶型结构，同样展示出较高的 OER 活性。有趣的是，研究发现 α-Ni$(OH)_2$ 的 OER 活性和电化学稳定性均高于 β-Ni$(OH)_2$，因此，Ni 基催化剂的研究重点在于 α-Ni$(OH)_2$ 和 γ-NiOOH 在无机械能和材料变形的情况下自由地进行相互转换。之后，Klaus 等[72] 发现 $Ni(OH)_2$/NiOOH 结构的 OER 活性非常可观，可以在碱性条件下保持长时间的催化稳定性，并不是因为他们合成的催化剂材料中 $Ni(OH)_2$ 向 NiOOH 的转化，而是因为电极在无意中加入了少量 Fe 杂质。

在 Ni 氧化物/氢氧化物中引入 Fe 已经被公认是一种有效地提高催化剂 OER 活性的方式之一，这与 Fe 和 Ni 原子之间的相互作用有关。

(2) Fe 基氧化物/氢氧化物

Fe 基氧化物/氢氧化物最大的优点就是成本极低。与 Ni 基氧化物相比，纯 Fe 基氧化物催化剂，尤其是纯 Fe 基氢氧化物并没有被广泛研究，Fe 经常作为掺杂元素被引入 Ni 或 Co 基的催化剂材料中，提高原有 OER 活性。有趣的是，一些学者表示，在 Fe 掺杂的 Ni 或 Co 基氧化物/氢氧化物中，Fe 是主要的活性物质，而其他材料则主要提供导电性、化学稳定性和高表面积[73]，当然，这种说法还有待进一步证实。

通过计算催化剂 OER 的过电位值，对比了几种 NiFe 氧化物的活性大小，其活性顺序为：Fe 掺杂的 β-NiOOH(0.26V) ＞$NiFe_2O_4$＞β-NiOOH＞Fe 掺杂的 γ-NiOOH＞γ-NiOOH＞Fe_3O_4。此外，Fe 掺杂的 β-NiOOH 的热力学活性与 RuO_2 相当[74]。

然而，对 NiFe 氧化物的 OER 研究局限于酸性条件下 4 个电子的转移步骤，NiFe 材料虽然在碱性条件下可以保持较高的活性，但在酸性条件下的研究较少。

(3) Co 基氧化物

Co 基催化剂被广泛应用在电催化水分解的研究中[75,76]。通常，钴基 OER 催化剂可以分为尖晶石型氧化物、层状双氢氧化物和钙钛矿型氧化物。尖晶石型氧化物以其独特的分子结构受到越来越多的关注，目前 Co 基氧化物中已经被大量研究的尖晶石型氧化物就是 Co_3O_4。

纳米结构的催化剂具有比表面积大、活性位点多的优点，因此科学家制备出纳米 Co 基材料作为电催化剂。如有科研人员在碱性条件下将单层钴沉积到 Au 电极上，实验结果表明 CoO_x 的 OER 活性取决于催化剂颗粒的大小和状态，因此可以说明，在 OER 过程中不同 CoO_x 催化剂起催化活性的物质都是一样的[76]。此外，Gerken 等[77] 研究表明层状双氢氧化物的 CoO_x 结构能够采用质子转移的方式来补偿一定的电荷差，进而能够在氧化还原过程中保证最初的配位结构。同时，他们还认为 Co_3O_4 中起主要催化活性的物质是结构重组之后产生的层状双氢氧化物的表面。

Co 基氧化物一直是 OER 催化剂的研究重点之一，近期大量的研究致力于将 Co 基氧化物负载在碳材料或者有机物中，不仅增强了材料的稳定性，而且提高了电催化水分解的活性。

参考文献

[1] Cortright R D, Davda R R, Dumesic J A. Hydrogen from catalytic reforming of biomass-derived hydrocarbons in liquid water [J]. Nature, 2002, 418: 964-967.

[2] Holladay J D, Hu J, King D L, et al. An overview of hydrogen production technologies [J]. Catalysis Today, 2009, 139: 244-260.

[3] 武小满，郭岩岩，李辉，等. Co 修饰碳纳米管作为低碳醇合成 CoMoK 催化剂的高效促进剂 [J]. 厦门大学学报（自然科学版），2007，46（6）：445-450.

[4] Yin S F, Xu B Q, Zhou X P, et al. A mini-review on ammonia decomposition catalysts for on-site generation of hydrogen for fuel cell applications [J]. Applied Catalysis A: General, 2004, 277 (1-2): 1-9.

[5] Zhang J, Xu H Y, Ge Q J, et al. Highly efficient Ru/MgO catalysts for NH_3 decomposition: Synthesis, characterization and promoter effect [J]. Catalysis Communications, 2006, 7 (3): 148-152.

[6] Raróg-Pilecka W, Szmigiel D, Komornicki A, et al. Catalytic properties of small ruthenium particles deposited on carbon. Ammonia decomposition studies [J]. Carbon, 2003, 41 (3): 589-591.

[7] Karim A M, Prasad V, Mpourmpakis G, et al. Correlating particle size and shape of supported Ru/γ-Al_2O_3 catalysts with NH_3 decomposition activity [J]. Journal of the American Chemical Society, 2009, 131 (34): 12230-12239.

[8] Cui H Z, Gu Y Q, He X X, et al. Iron-based composite nanostructure catalysts used to produce CO_x-free hydrogen from ammonia [J]. Science Bulletin, 2016, 61 (3): 220-226.

[9] Kraupner A, Antonietti M, Palkovits R, et al. Mesoporous Fe_3C sponges as magnetic supports and as heterogeneous catalyst [J]. Journal of Materials Chemistry, 2010, 20 (29): 6019-6022.

[10] Zhang H, Gong Q M, Ren S. Implication of iron nitride species to enhanced catalytic activity and stability of carbon nanotubes supported Fe catalysts for carbon-free hydrogen via low temperature ammonia decomposition [J]. Catalysis Science & Technology, 2018, 8 (3): 907-915.

[11] Ganley J C, Thomas F S, Seebauer E G, et al. A priori catalytic activity correlations: The difficult case of hydrogen production from ammonia [J]. Catalysis Letters, 2004, 96 (3-4): 117-122.

[12] Liu H, Wang H, Shen J, et al. Promotion effect of cerium and lanthanum oxides on Ni/SBA-15 catalyst for ammonia decomposition [J]. Catalysis Today, 2008, 131 (1-4): 444-449.

[13] Okura K, Okanishi T, Muroyama H, et al. Ammonia decomposition over nickel catalysts supported on rare-earth oxides for the on-site generation of hydrogen [J]. ChemCatChem, 2016, 8 (18): 2988-2995.

[14] Li Y, Wen J, Ali A M, et al. Size structure-catalytic performance correlation of supported Ni/MCF-17 catalysts for CO_x-free hydrogen production [J]. Chemical Communications, 2018, 54 (49): 6364-6367.

[15] Zhang H, Alhamed Y A, Kojima Y, et al. Cobalt supported on carbon nanotubes. An efficient catalyst for ammonia decomposition [J]. Comptes Rendus de l'Académie Bulgare des Sciences, 2013, 66 (4): 519-524.

[16] Lendzion-Bieluń Z, Pelka R, Arabczyk W. Study of the kinetics of ammonia synthesis and decomposition on iron and cobalt catalysts [J]. Catalysis letters, 2009, 129 (1-2): 119-123.

[17] Zhang H, Alhamed Y A, Wei C, et al. Controlling Co-support interaction in Co/MWCNTs catalysts and catalytic performance for hydrogen production via NH_3 decomposition [J]. Applied Catalysis A: General, 2013, 464: 156-164.

[18] Boisen A, Dahl S, Nørskov J K, et al. Why the optimal ammonia synthesis catalyst is not the optimal ammonia decomposition catalyst [J]. Journal of Catalysis, 2005, 230 (2): 309-312.

[19] Hansgen D A, Vlachos D G, Chen J G. Using first principles to predict bimetallic catalysts for the ammonia decomposition reaction [J]. Nature Chemistry, 2010, 2 (6): 484-489.

[20] Zhang J, MüLler J O, Zheng W, et al. Individual Fe-Co alloy nanoparticles on carbon nanotubes: structural and catalytic properties [J]. Nano Letters, 2008, 8 (9): 2738-2743.

[21] Jaska C A, Temple K, Lough A J, et al. Transition metal-catalyzed formation of boron-nitrogen bonds: catalytic dehydrocoupling of amine-borane adducts to form aminoboranes and borazines [J]. Journal of the American Chemical Society, 2003, 125 (31): 9424-9434.

[22] Chandra M, Xu Q. A high-performance hydrogen generation system: transition metal-catalyzed dissociation and hydrolysis of ammonia-borane [J]. Journal of Power Sources, 2006, 156 (2): 190-194.

[23] Durap F, Zahmakıran M, Özkar S. Water soluble laurate-stabilized rhodium (0) nanoclusters catalyst with unprecedented catalytic lifetime in the hydrolytic dehydrogenation of ammonia-borane [J]. Applied Catalysis A: General, 2009, 369 (1-2): 53-59.

[24] Durap F, Zahmakıran M, Özkar S. Water soluble laurate-stabilized ruthenium (0) nanoclusters catalyst for hydrogen generation from the hydrolysis of ammonia-borane: high activity and long lifetime [J]. International Journal of Hydrogen Energy, 2009, 34 (17): 7223-7230.

[25] Metin O, Özkar S. Hydrogen generation from the hydrolysis of ammonia-borane and sodium borohydride using water-soluble polymer-stabilized cobalt(0) nanoclusters catalyst [J]. Energy & Fuels, 2009, 23 (7): 3517-3526.

[26] Urushizaki M, Kitazawa H, Takano S, et al. Synthesis and catalytic application of Ag_{44} clusters supported on mesoporous carbon [J]. The Journal of Physical Chemistry C, 2015, 119 (49):

27483-27488.

[27] Chen W，Wang Z，Duan X，et al. Structural and kinetic insights into Pt/CNT catalysts during hydrogen generation from ammonia borane [J]. Chemical Engineering Science，2018，192：1242-1251.

[28] Chen W，Li D，Peng C，et al. Mechanistic and kinetic insights into the Pt-Ru synergy during hydrogen generation from ammonia borane over PtRu/CNT nanocatalysts [J]. Journal of Catalysis，2017，356：186-196.

[29] Metin O，Mazumder V，Özkar S，et al. Monodisperse nickel nanoparticles and their catalysis in hydrolytic dehydrogenation of ammonia borane [J]. Journal of the American Chemical Society，2010，132 (5)：1468-1469.

[30] Chen W，Ji J，Feng X，et al. Mechanistic insight into size-dependent activity and durability in Pt/CNT catalyzed hydrolytic dehydrogenation of ammonia borane [J]. Journal of the American Chemical Society，2014，136 (48)：16736-16739.

[31] Du C，Ao Q，Cao N，et al. Facile synthesis of monodisperse ruthenium nanoparticles supported on graphene for hydrogen generation from hydrolysis of ammonia borane [J]. International Journal of Hydrogen Energy，2015，40 (18)：6180-6187.

[32] Mori K，Miyawaki K，Yamashita H. Ru and Ru-Ni nanoparticles on TiO_2 support as extremely active catalysts for hydrogen production from ammonia borane [J]. ACS Catalysis，2016，6 (5)：3128-3135.

[33] Akbayrak S，Taneroğlu O，Özkar S. Nanoceria supported cobalt (0) nanoparticles：A magnetically separable and reusable catalyst in hydrogen generation from the hydrolysis of ammonia borane [J]. New Journal of Chemistry，2017，41 (14)：6546-6552.

[34] Khalily M A，Eren H，Akbayrak S，et al. Facile synthesis of three-dimensional Pt-TiO_2 nano-networks：A highly active catalyst for the hydrolytic dehydrogenation of ammonia-borane [J]. Angewandte Chemie International Edition，2016，55 (40)：12257-12261.

[35] Aijaz A，Karkamkar A，Choi Y J，et al. Immobilizing highly catalytically active Pt nanoparticles inside the pores of metal-organic framework：A double solvents approach [J]. Journal of the American Chemical Society，2012，134 (34)：13926-13929.

[36] Sun D，Mazumder V，Metin Ö，et al. Catalytic hydrolysis of ammonia borane via cobalt palladium nanoparticles [J]. ACS Nano，2011，5 (8)：6458-6464.

[37] Wang S，Zhang D，Ma Y，et al. Aqueous solution synthesis of Pt-M(M=Fe，Co，Ni) bimetallic nanoparticles and their catalysis for the hydrolytic dehydrogenation of ammonia borane [J]. ACS Applied Materials & Interfaces，2014，6 (15)：12429-12435.

[38] Li M，Hu J，Chen Z，et al. A high-performance Pt-Co bimetallic catalyst with polyethyleneimine decorated graphene oxide as support for hydrolysis of ammonia borane [J]. RSC Advances，2014，4 (77)：41152-41158.

[39] Yang X，Cheng F，Tao Z，et al. Hydrolytic dehydrogenation of ammonia borane catalyzed by carbon supported Co core-Pt shell nanoparticles [J]. Journal of Power Sources，2011，196 (5)：2785-2789.

[40] Zou X，Zhang Y. Noble metal-free hydrogen evolution catalysts for water splitting [J]. Chemical Society Reviews，2015，44 (15)：5148-5180.

[41] Trasatti S. Work function，electronegativity，and electrochemical behaviour of metals：Ⅲ. Electrolytic hydrogen evolution in acid solutions [J]. Journal of Electroanalytical Chemistry and Interfacial Electrochemistry，1972，39 (1)：163-184.

[42] Yan Y，Xia B Y，Zhao B，et al. A review on noble-metal-free bifunctional heterogeneous catalysts for overall electrochemical water splitting [J]. Journal of Materials Chemistry A，2016，4 (45)：

17587-17603.
[43] Fan C, Piron D L, Sleb A, et al. Study of electrodeposited nickel-molybdenum, nickel-tungsten, cobalt-molybdenum, and cobalt-tungsten as hydrogen electrodes in alkaline water electrolysis [J]. Journal of The Electrochemical Society, 1994, 141 (2): 382-387.
[44] Arul Raj I, Vasu K I. Transition metal-based hydrogen electrodes in alkaline solution-electrocatalysis on nickel based binary alloy coatings [J]. Journal of Applied Electrochemistry, 1990, 20 (1): 32-38.
[45] Yan Y, Xia B Y, Xu Z, et al. Recent development of molybdenum sulfides as advanced electrocatalysts for hydrogen evolution reaction [J]. ACS Catalysis, 2014, 4 (6): 1693-1705.
[46] Hinnemann B, Moses P G, Bonde J, et al. Biomimetic hydrogen evolution: MoS_2 nanoparticles as catalyst for hydrogen evolution [J]. Journal of the American Chemical Society, 2005, 127 (15): 5308-5309.
[47] Jaramillo T F, Jorgensen K P, Bonde J, et al. Identification of active edge sites for electrochemical H_2 evolution from MoS_2 nanocatalysts [J]. Science, 2007, 317 (5834): 100-102.
[48] Benck J D, Hellstern T R, Kibsgaard J, et al. Catalyzing the hydrogen evolution reaction(HER) with molybdenum sulfide nanomaterials [J]. ACS Catalysis, 2014, 4 (11): 3957-3971.
[49] Lukowski M A, Daniel A S, Meng F, et al. Enhanced hydrogen evolution catalysis from chemically exfoliated metallic MoS_2 nanosheets [J]. Journal of the American Chemical Society, 2013, 135 (28): 10274-10277.
[50] Voiry D, Salehi M, Silva R, et al. Conducting MoS_2 nanosheets as catalysts for hydrogen evolution reaction [J]. Nano Letters, 2013, 13 (12): 6222-6227.
[51] Kibsgaard J, Chen Z, Reinecke B N, et al. Engineering the surface structure of MoS_2 to preferentially expose active edge sites for electrocatalysis [J]. Nature Materials, 2012, 11, 963-969.
[52] Li Y, Wang H, Xie L, et al. MoS_2 nanoparticles grown on graphene: An advanced catalyst for the hydrogen evolution reaction [J]. Journal of the American Chemical Society, 2011, 133 (19): 7296-7299.
[53] Brown D E, Mahmood M N, Man M C M, et al. Preparation and characterization of low overvoltage transition metal alloy electrocatalysts for hydrogen evolution in alkaline solutions [J]. Electrochimica Acta, 1984, 29: 1551-1556.
[54] Brown D E, Mahmood M N, Turner A K, et al. Low overvoltage electrocatalysts for hydrogen evolving electrodes [J]. International Journal of Hydrogen Energy, 1982, 7 (5): 405-410.
[55] Mehta V, Cooper J S. Review and analysis of PEM fuel cell design and manufacturing [J]. Journal of Power Sources, 2003, 114 (1): 32-53.
[56] Litster S, McLean G. PEM fuel cell electrodes [J]. Journal of Power Sources, 2004, 130 (1-2): 61-76.
[57] Raj I A, Venkatesan V K. Characterization of nickel-molybdenum and nickel-molybdenum-iron alloy coatings as cathodes for alkaline water electrolysers [J]. International Journal of Hydrogen Energy, 1988, 13 (4): 215-223.
[58] Divisek J, Schmitz H, Balej J. Ni and Mo coatings as hydrogen cathodes [J]. Journal of Applied Electrochemistry, 1989, 19 (4): 519-530.
[59] Huot J Y, Trudeau M L, Schulz R. Low hydrogen overpotential nanocrystalline Ni-Mo cathodes for alkaline water electrolysis [J]. Journal of The Electrochemical Society, 1991, 138 (5): 1316-1321.
[60] Li H, Tsai C, Koh A L, et al. Activating and optimizing MoS_2 basal planes for hydrogen evolution through the formation of strained sulphur vacancies [J]. Nature Materials, 2016, 15 (1): 48-53.
[61] Chen W F, Sasaki K, Ma C, et al. Hydrogen-evolution catalysts based on non-noble metal nickel-

molybdenum nitride nanosheets [J]. Angewandte Chemie International Edition Angew, 2012, 51 (25): 6131-6135.
[62] Shi Y, Zhang B. Recent advances in transition metal phosphide nanomaterials: Synthesis and applications in hydrogen evolution reaction [J]. Chemical Society Reviews, 2016, 45 (5): 1529-1541.
[63] Callejas J F, Read C G, Popczun E J, et al. Nanostructured Co_2P electrocatalyst for the hydrogen evolution reaction and direct comparison with morphologically equivalent CoP [J]. Chemistry of Materials, 2015, 27 (10): 3769-3774.
[64] Pan Y, Liu Y, Zhao J, et al. Monodispersed nickel phosphide nanocrystals with different phases: Synthesis, characterization and electrocatalytic properties for hydrogen evolution [J]. Journal of Materials Chemistry A, 2015, 3 (4): 1656-1665.
[65] Xiao P, Sk M A, Thia L, et al. Molybdenum phosphide as an efficient electrocatalyst for the hydrogen evolution reaction [J]. Energy & Environmental Science, 2014, 7 (8): 2624-2629.
[66] Caspari W A. Ueber elektrolytische Gasentwickelung [J]. Zeitschrift für Physikalische Chemie, 1899, 30: 89-112.
[67] Tafel J. Über die Polarisation bei kathodischer Wasserstoffententwicklung [J]. Zeitschrift für Physikalische Chemie, 1905, 50: 641-712.
[68] Marrani A G, Novelli V, Sheehan S, et al. Probing the redox states at the surface of electroactive nanoporous NiO thin films [J]. ACS Applied Materials and Interfaces, 2014, 6: 143-152.
[69] Han L, Dong S, Wang E. Transition-metal(Co, Ni, and Fe)-based electrocatalysts for the water oxidation reaction [J]. Advanced Materials, 2016, 28 (42): 9266-9291.
[70] Bediako D K, Surendranath Y, Nocera D G. Mechanistic studies of the oxygen evolution reaction mediated by a nickel-borate thin film electrocatalyst [J]. Journal of the American Chemical Society, 2013, 135 (9): 3662-3674.
[71] Gao M, Sheng W, Zhuang Z, et al. Efficient water oxidation using nanostructured α-nickel-hydroxides as an electrocatalyst [J]. Journal of the American Chemical Society, 2014, 136: 7077-7084.
[72] Klaus S, Cai Y, Louie M W, et al. Effects of Fe electrolyte impurities on $Ni(OH)_2$/NiOOH structure and oxygen evolution activity [J]. The Journal of Physical Chemistry C, 2015, 119 (13): 7243-7254.
[73] Gong M, Dai H. A mini review of NiFe-based materials as highly active oxygen evolution reaction electrocatalysts [J]. Nano Research, 2015, 8 (1): 23-39.
[74] Anantharaj S, Ede S R, Sakthikumar K, et al. Recent trends and perspectives in electrochemical water splitting with an emphasis on sulfide selenide, and phosphide catalysts of Fe, Co, and Ni: A review [J]. ACS Catalysis, 2016, 6 (12): 8069-8097.
[75] Lambert T N, Vigil J A, White S E, et al. Electrodeposited $Ni_xCo_{3-x}O_4$ nanostructured films as bifunctional oxygen electrocatalysts [J]. Chemical Communications, 2015, 51 (46): 9511-9514.
[76] Chou N H, Ross P N, Bell A T, et al. Comparison of cobalt-based nanoparticles as electrocatalysts for water oxidation [J]. ChemSusChem, 2011, 4 (11): 1566-1569.
[77] Gerken J B, Mcalpin J G, Chen J Y C, et al. Electrochemical water oxidation with cobalt-based electrocatalysts from pH 0—14: The thermodynamic basis for catalyst structure, stability, and activity [J]. Journal of the American Chemical Society, 2011, 133 (36): 14431-14442.

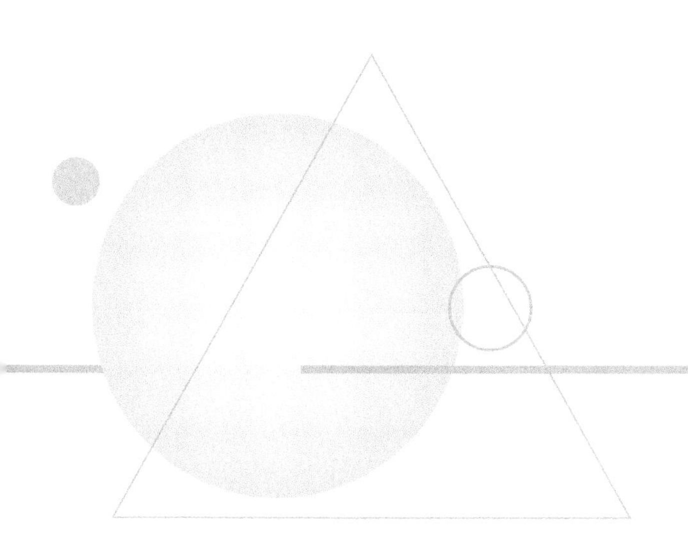

第2章 制氢反应

2.1 氨分解反应

2.1.1 氨分解反应热力学

对于催化氨分解制氢的传统研究主要致力于对氨合成机理的理解和工业上对于 NH_3 废气的减排。近些年来，越来越多的研究和专利将目光转移到氨作为氢源载体进一步制氢的应用上。氨分解反应方程式为：

$$NH_3 \rightleftharpoons 3/2H_2 + 1/2N_2 \tag{2-1}$$

平衡常数：

$$K_p = \frac{p_{N_2}^{\frac{1}{2}} \times p_{H_2}^{\frac{3}{2}}}{p_{NH_3}} \tag{2-2}$$

根据 298K 下热力学数据，通过方程式(2-2)可计算标准大气压下（101325Pa）的氨分解热力学平衡转化率：

$$40010-(25.46T\ln T)+(0.00917T^2)-(103000/T)+64.81T=-RT\ln[1.3x^2/(1-x^2)] \tag{2-3}$$

式中 T——反应温度，K；

x——平衡转化率。

计算所用热力学数据及公式如下：

$$\Delta_r H_m^{\ominus}[NH_3(g), 298.15K] = -46.19 kJ/mol \tag{2-4}$$

$$\Delta_r G_m^{\ominus}[NH_3(g), 298.15K] = -16.63 kJ/mol \tag{2-5}$$

$$\Delta C_p = 25.46 - 0.01833T + 20500T^{-2} \tag{2-6}$$

氨分解在不同温度下的平衡转化率如图 2-1 所示。由图中数据可以看出，在 673K 温度下氨分解转化率达到 99.3%。从热力学角度，开发高效氨分解催化剂在 673K 左右实现氨完全分解转化在理论上是完全可行的。

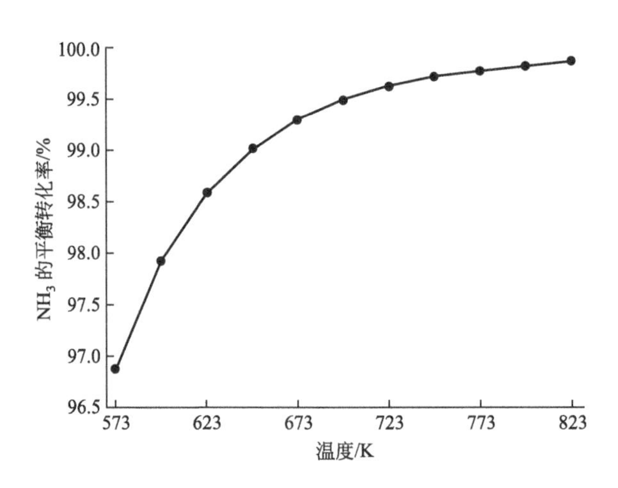

图 2-1 不同温度下氨气的平衡转化率

2.1.2 氨分解反应动力学

早在 20 世纪 90 年代中期，碳负载的 Ru 基催化剂被英国石油集团和凯洛格集团商业化应用于氨分解制氢反应[1]。普林斯顿大学在 2014 年出版的由 M. Boudart 和 G. Djéga-Mariadassou 著的 *Kinetics of Heterogeneous Catalytic Reactions* 一书中提出，N—H 键的断裂和表面 N 原子的解吸是氨分解反应中的速率决定步骤（又称速控步）。通过逐步吸附解离，NH_3 分子被活化，吸附的 N 原子成了最大量的反应活性中间体[2]。特别地，Löffler 等[3] 研究表明这种动力学模型似乎也适用于氨分解 Pt 催化剂。此外，根据 Tsai 等[4] 的研究报道，在低压条件下，NH_3 在 Ru(0001) 表面反应的速控步与反应温度有关。反应温度在 650K 以下时，N 原子的再结合解吸是反应的速控步；而当反应温度高于 750K 以后，N—H 键的断裂为速控步。与此同时，表观活化能从 180kJ/mol 降低到 21kJ/mol。通过与 Shustorovich 等[5] 基于键级守恒（BOC）莫尔斯电势法计算的表观活化能比较，认为在 Ru 作为活性金属的氨分解反应中速率决定步骤是 N 的再结合解吸过程。然而，上述提出的动力学模型都忽略了 H_2 在 Ru 表面的抑制作用。Egawa 等[6] 用含重氢的 NH_3 作为反应物，通过实验现象证实了氢气的抑制作用是建立在吸附的氮原子、气相 NH_3 和气相 H_2 上的一个平衡的结果。同时指出氮原子的再结合解吸是反应的速控步。Vitvitskii 等[7] 通过采用稀释的氨气作为反应物的实验，得出了相同的结论。

为了从动力学的角度研究氢气对反应的影响，同时确定高 TOF 所对应的环境压力，在 Ru/C 催化氨分解实验体系中，通过在 10～90Torr（1Torr≈133Pa）之间改变氨气分压，同时调整 He 气流量控制相同的气体流速，表明 N—H 键的断裂和 N 原子的再结合解吸都是缓慢的动力学步骤。N—H 键的断裂是一个可逆过程［式(2-7)］，而 N 原子再结合解吸是一个不可逆过程［式(2-8)］。

$$2[NH_3^* + * \rightleftharpoons NH_2^* \ * + H^*] \tag{2-7}$$

$$2N^* \longrightarrow N_2 + 2* \tag{2-8}$$

这种动力学模型对氨分解在氢气和氨气分压较高，反应温度为 643K 和 663K 反应条件下的反应数据适应度最高。然而，对于用纯氨作为反应原料是否同样可行并不能确定。Chellappa 等[8] 研究了纯氨在 Ni-Pt/Al_2O_3 表面分解的反应动力学，实验结果表明，纯氨分解的动力学与之前报道的稀释后氨（低浓度氨）分解动力学完全不同。氢的抑制作用受到 NH_3 压力和反应温度的影响，在温度达到 793K 且 NH_3 压力在 100Torr 以上时，氢不存在明显的抑制作用。同时，表观活化能数据表明，N—H 键的断裂不是速控步。Yin 等[9] 的研究同样证实了相同的结论，在纯氨作为反应物的氨分解反应中，N—H 键的断裂不是速控步，而 N 原子的再结合解吸才是速控步。

2.2 氨硼烷水解反应

2.2.1 氨硼烷结构特点

氨硼烷（NH_3BH_3）在 1955 年首次被 Shore 和 Parry 发现[10]，其合成反应方程式见式(2-9)，收率为 45%，其中，$LiBH_4$ 替换为其他金属硼氢化物、NH_4Cl 替换为其他铵盐均能制备氨硼烷。通过改进反应底物，使用 $NaBH_4$ 作为金属硼氢化物原料、四氢呋喃（THF）作为反应溶剂，氨硼烷收率最高可达 96%[11]。

$$LiBH_4 + NH_4Cl \xrightarrow{\text{乙醚}} LiCl + NH_3BH_3 + H_2 \tag{2-9}$$

氨硼烷作为一种简单的硼氮化合物，由三个 B—H 键、一个 B—N 键和三个 N—H 键构成，其立体结构如图 2-2 所示[12]。

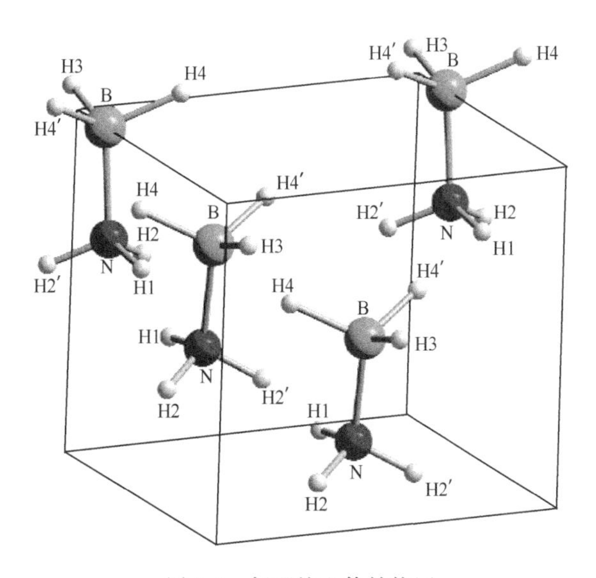

图 2-2 氨硼烷立体结构图

氨硼烷分子中与 B 元素相连的 H 具有负电性（$H^{\delta-}$），与 N 元素相连的 H 具有正电性（$H^{\delta+}$），这两种氢原子由于自身所带电性相反，会产生静电吸引作用而形成双氢键，最终影响氨硼烷的物理化学性质[12]。氨硼烷分子量为 30.8，拥有 19.6%的高质量储氢密度，在标准状况下外观为无色或白色蜡状固体，密度为 0.74g/cm^3，熔点约为 378K，易溶于水和甲醇等极性溶剂[13]。

2.2.2 氨硼烷水解制氢机理

根据氨硼烷的物理化学性质可以推断出，在合适的催化剂存在下，即使在常温常压条件下氨硼烷也能释放出 H_2。将反应方程式表示为式(2-10)[14]：

$$NH_3BH_3 + 2H_2O \xrightarrow{\text{催化剂}} NH_4BO_2 + 3H_2 \tag{2-10}$$

氨硼烷水解制氢涉及电子的得失问题，所以该反应实际上是一个氧化还原反应，在催化剂的催化下，1mol 的氨硼烷中与 B 连接的 H 原子和水中的 H 原子结合可以产生 3mol H_2。如果不添加催化剂，氨硼烷的水溶液是很稳定的，所以不会释放出氢气，添加合适的催化剂将迅速水解氨硼烷以释放氢气[15]。

氨硼烷水解脱氢反应过程如图 2-3 所示，氨硼烷分子首先通过吸附作用与催化剂中金属组分（M）表面相结合，使 B—N 键发生断裂，进而生成了带有负电的活性中间体 M—BH^{3-}，通过吸附作用与催化剂 M 表面相结合的 BH^{3-} 中的 H 原子发生氧化反应从而产生了 H_2 以及相应的副产物，而氧化反应失去的电子通过催化剂 M 再提供给和催化剂 M 表面结合的 H_2O 分子，从而发生还原反应生成另外一部分氢气。我们可以看到，催化剂的功能是让氨硼烷中的 B 原子与催化剂键合，进而活化 B—H 键，使水分子中氧原子的电子攻击变得更加容易，从而断键[16-18]。并且催化水解反应可以在室温和常压条件下发生。

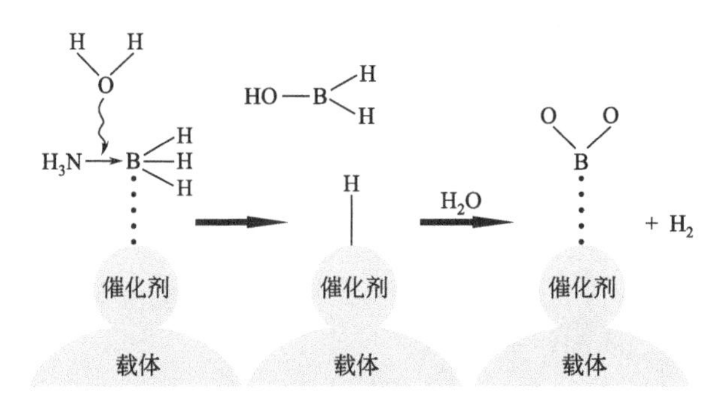

图 2-3 金属催化剂的氨硼烷水解机理

氨硼烷分子与催化剂形成活化的复合物是整个水解过程的速率决定步骤，若没有催化剂的加入，水解过程将是极其缓慢甚至不会发生的。当加入合适的催化剂，便会促进反应在室温下迅速发生，因此寻找高效的、经济的、可重复使用的催化剂对于氨硼烷水解制氢极其重要。

2.3 水分解反应

2.3.1 析氢反应

一般情况下，在酸性介质中析氢反应（HER）容易进行，因为酸性环境里存在大量的质子。在酸性和碱性介质中都存在两种不一样的反应机制，通过实验获得的 Tafel 斜率数据往往可以揭示 HER 的反应机制[19-22]。

简单来说，可以把酸性 HER 的反应途径用下面式子简单表达：

$$H^+ + e^- = H^* \tag{2-11}$$

$$H^* + H^+ + e^- = H_2 \tag{2-12}$$

$$H^* + H^* = H_2 \tag{2-13}$$

式中 *——表面吸附位点。

HER 的第一步，即式(2-11)，是在电极表面质子解离形成吸附氢 H^*，称为 Volmer 反应。此反应的 Tafel 斜率 $b_{1,v}$ 可以用下式表示：

$$b_{1,v} = \frac{2.303RT}{\beta F} \tag{2-14}$$

式中 R——理想气体常数；

T——热力学温度；

F——法拉第常数；

β——对称因素，取值为 0.5。

下一步反应取决于吸附 H^* 的覆盖范围，如果 H^* 的覆盖率较低，且电极表面在 H^* 位点附近存在足够多的活性位点，则被吸附的 H 原子能够与质子和电子同时结合，形成 H_2 分子，即式(2-12)，这一步叫 Heyrovsky 反应，也可以称为电化学脱附。此反应的 Tafel 斜率 $b_{2,v}$ 可以用下式表示：

$$b_{2,v} = \frac{2.303RT}{(1+\beta)F} \tag{2-15}$$

假如吸附 H^* 的覆盖率足够大，两个相邻的 H^* 将以化学方式结合在一起，形成 H_2 分子，即式(2-13)，这一步叫 Tafel 反应，也可以称为化学脱附。此反应的 Tafel 斜率 $b_{3,v}$ 可以用下式表示：

$$b_{3,v} = \frac{2.303RT}{2F} \tag{2-16}$$

在标准情况下，Volmer、Heyrovsky 和 Tafel 反应的 Tafel 斜率计算值分别为 118.2mV/dec、39.4mV/dec 和 29.6mV/dec[23]。对于一个典型的 HER，当计算出的 Tafel 斜率值接近 118.2mV/dec 时，说明 Volmer 反应是反应速率决定步骤（rate-determining step，RDS)，而 H 原子吸附在催化剂表面的动力学是缓慢的。如果 Tafel 斜率值大约是 39.4mV/dec，则 Heyrovsky 反应是反应速率决定步骤，说明 H_2 的产出主要受限于电化学脱附过程。当 Tafel 斜率值为 29.6mV/dec 左右，则 Tafel 反应是反应速率决定步骤，说明被吸附的 H 原子的结合和 H_2 的脱附是反应速率决定步骤。

在碱性条件下，HER 以水的吸附为起点，并通过破坏 H—O—H 键产生吸附态的 H^*[24]。在此条件下，阴极发生以下反应：

$$4e^- + 4H_2O = 4OH^- + 2H_2 \tag{2-17}$$

并且，此反应可以分为两种反应途径：

$$H_2O + e^- = H^* + OH^- \tag{2-18}$$

$$H^* + H_2O + e^- = H_2 + OH^- \tag{2-19}$$

$$H^* + H^* = H_2 \tag{2-20}$$

式中　*——表面吸附位点。

在碱性介质中，如式(2-18) 所示，一个水分子通过一个电子的作用力吸附到催化剂表面，然后离解成为吸附态的 H^* 和 OH^-，这一步叫作 Volmer 反应[24,25]。随后的反应步骤跟在酸性介质中的反应类似。根据 H^* 的覆盖范围，假如吸附态 H^* 覆盖范围小，或覆盖率低，第二步就会发生电化学脱附反应，见式(2-19)，即在吸附态 H^* 附近的电极表面存在充足的活性位点，H^* 与一个水分子和一个电子结合，形成一个氢分子。假如吸附态 H^* 覆盖范围大，覆盖率高，两个吸附态的 H^* 就结合在一起，形成一个氢分子，这一步叫化学脱附反应，见式(2-20)。

如上述所说，碱性电解质中的 Volmer 步骤除了将水分子还原为被吸附的 H^* 外，其还包括两个关键步骤：催化剂表面上水分子的吸附和脱附。因此碱性 HER 比酸性的更加复杂。

2.3.2　析氧反应

由于析氧反应（OER）过程涉及 4 个电子，因此人们普遍认为 OER 比 HER 缓慢得多。OER 在酸性和碱性介质中的反应动力学取决于催化剂材料本身和其中的催化反应机制。一般来说，贵金属如 Ir 或 Ru(包括它们的化合物等）在酸性介质中 OER 比在碱性介质中要容易进行；但是非贵金属（Ni、Co 和 Fe 等）催化剂却相反，它们在碱性介质中更容易驱动 OER[23]。

一般来说，可以将酸性和碱性条件下的析氧反应途径用下面的式子表达[26-28]：

在酸性介质中：

$$2H_2O \longrightarrow OH^* + H_2O + H^+ + e^- \tag{2-21}$$

$$OH^* + H_2O \longrightarrow O^* + H_2O + H^+ + e^- \tag{2-22}$$

$$O^* + H_2O \longrightarrow OOH^* + H^+ + e^- \tag{2-23}$$

$$OOH^* \longrightarrow O_2 + H^+ + e^- \tag{2-24}$$

在碱性介质中：

$$4OH^- \longrightarrow OH^* + 3OH^- + e^- \tag{2-25}$$

$$OH^* + 3OH^- \longrightarrow O^* + 2OH^- + H_2O + e^- \tag{2-26}$$

$$O^* + 2OH^- + H_2O \longrightarrow OOH^* + OH^- + H_2O + e^- \tag{2-27}$$

$$OOH^* + OH^- + H_2O \longrightarrow O_2 + 2H_2O + e^- \tag{2-28}$$

式中　*——表面吸附位点。

无论在酸性还是碱性介质中，OER 过程的前三个步骤都依次形成 OH^*、O^* 和 OOH^* 的中间产物。上述的这四个步骤都是热力学的上坡过程，其中能量势垒最高的步骤称为速率决定步骤，决定了催化剂的效率。

2.3.3　水分解电催化剂评价指标

水分解电催化剂的催化性能可以从不同的角度来评价。其中，最常用的参数是过电位和 Tafel 斜率，它们可以提供催化活性和反应机制的关键信息。另外，质量或特定的活性

(例如，用电化学活性面积代替几何面积进行归一化的活性）以及稳定性也可以用于评估电解水析氢反应催化活性。

2.3.3.1 过电位（η）

理论上，整个水分解反应的分解电压只需要 1.23V，其中 HER 为 0V(相对于 RHE)，OER 为 1.23V(相对于 RHE)。然而，由于在现实情况中存在一定的反应动力学阻碍，导致 HER 和 OER 都需要额外的电位来驱动反应。这部分额外的电位称为过电位(η)。过电位在评价电解水催化性能中起着关键的作用。通常情况下，用起始过电位或电流密度为 $1mA/cm^2$、$10mA/cm^2$、$20mA/cm^2$、$50mA/cm^2$ 甚至 $100mA/cm^2$ 对应的过电位做比较，过电位越小，表明这部分的额外电位越小，催化剂的活性越好。通常情况下为了揭示催化剂真实的活性，需要对其过电位进行欧姆降补偿（IR 降补偿），即将这部分电位扣除溶液电阻的干扰[29]。

2.3.3.2 Tafel 斜率

Tafel 斜率是评价催化剂活性的重要指标之一，对揭示电解水过程的反应动力学有重要的意义。Tafel 斜率可以根据极化曲线和相关公式推算[30-33]。此公式如下：

$$\eta = a + b\lg j \tag{2-29}$$

式中　η——过电位；

a——电流密度为 $1A/cm^2$ 时的过电位值；

b——η-$\lg j$ 图像中直线的斜率，称为 Tafel 斜率；

j——电流密度。

计算得到的 Tafel 斜率与催化剂在 HER 或 OER 过程中的电荷转移系数成反比，具有高电荷转移能力的催化剂具有较小的 Tafel 斜率[23]。根据 Tafel 斜率，还可以推算出催化剂的反应机制。例如，在 HER 中 Volmer、Heyrovsky 和 Tafel 反应的 Tafel 斜率数值分别为 118.2mV/dec、39.4mV/dec 和 29.6mV/dec。假如一个催化剂 HER 的 Tafel 斜率为 90mV/dec，落在 118.2mV/dec 和 39.4mV/dec 之间，说明其反应机制为 Volmer-Heyrovsky 机制。假如其 HER 过程的 Tafel 斜率为 36mV/dec，落在 39.4mV/dec 和 29.6mV/dec 之间，则说明其反应机制为 Volmer-Tafel 机制。

2.3.3.3 稳定性

催化剂的稳定性也是决定其催化性能的重要因素。评价催化剂的稳定性主要有两种方法。一种方法是计时电流法或计时电压法，即记录催化剂在恒定的电流密度或电位下持续不间断长时间工作后的电位或电流的变化程度，在恒定的电流下工作，所需电位保持稳定最好或越小越好，而在恒定的电流下，电流密度保持稳定最好或越大越好。另一种方法是循环伏安法，即将经过长时间循环后的极化曲线和初始的极化曲线做对比。当和初始的极化曲线基本重合或相差不大时，则稳定性良好。

2.3.3.4 电化学活性比表面积

对于微米甚至纳米材料来说，一个重要的参数是电极的比表面积[34]。其中，电化学活性比表面积（ECSA）尤其重要，因为它代表了催化剂的活性部位或活性位点数目。因此，电化学活性比表面积与平面电极的几何面积有本质区别[35]。

一般情况下，电化学催化剂可以充当电容器，并且可在催化剂/电解质界面上积聚电荷。所以，测量催化剂的双电容层（C_{dl}）是测定电化学活性比表面积的有效方法[23]。电化学活性面积与双电容层成正比[36]，而双电容层可以用催化剂电极在非法拉第区间（在不发生电荷转移反应而发生吸收和脱附过程的电位区间）通过循环多次测量出来，需要注意的是每次循环的电位区间必须一致。当电极处于循环时，其不同扫描速率对应的电流密度应该与扫描速率成线性比例，斜率数值为双电容层。

2.3.3.5 电化学阻抗谱（EIS）

电化学阻抗谱（EIS）研究电极的反应动力学和电极与电解质之间的界面反应，它可以将电化学过程拟合为一个电路模型。一般情况下，电解水的电化学阻抗谱的模型可以简单由溶液电阻 R_s、相常数 CPE 和电荷转移阻抗 R_{ct} 三部分组成[37]。溶液电阻指的是参比电极的鲁金毛细管到工作电极的阻抗值，IR 降补偿就是修正溶液阻抗带来的电位差[38]。电荷转移阻抗与电荷转移速率有关，直接对电极的反应动力学产生影响。通常情况下，等效电路的半圆直径可表示电荷转移阻抗的大小，电荷转移阻抗越大，直径越大。

2.3.3.6 质量活性和比活性

质量活性和比活性是评估电催化剂催化活性的重要定量参数。前者归一化所需的参数是质量或负载量，单位通常是 mA/g 或 A/g。后者归一化所需的参数通常是 ECSA 或 Brunauer-Emmett-Teller(BET) 表面积。而 ECSA 可以认为是催化剂暴露在电解质中的活性部分，代表着催化剂具备的活性位点数目。因此，使用 ECSA 归一化能够排除活性面积变化的影响，能够提供一个精确方法去测定具有不同组成、形貌结构的催化剂的催化活性。

参考文献

[1] Yin S F，Xu B Q，Zhou X P，et al. A mini-review on ammonia decomposition catalysts for on-site generation of hydrogen for fuel cell applications [J]. Applied Catalysis A：General，2004，277（1-2）：1-9.

[2] Boudart M，Djéga-Mariadassou G. Kinetics of heterogeneous catalytic reactions [M]. Princeton University Press，2014.

[3] Löffler D G，Schmidt L D. Kinetics of NH_3 decomposition on iron at high temperatures [J]. Journal of Catalysis，1976，44（2）：244-258.

[4] Tsai W，Weinberg W H. Steady-state decomposition of ammonia on the ruthenium（001）surface [J]. Journal of Physical Chemistry，1987，91（20）：5302-5307.

[5] Shustorovich E，Bell A T. Synthesis and decomposition of ammonia on transition metal surfaces：Bond-order-conservation-Morse-potential analysis [J]. Surface Science Letters，1991，259（3）：L791-L796.

[6] Egawa C，Nishida T，Naito S，et al. Ammonia decomposition on（1110）and（001）surfaces of ru-

thenium [J]. Journal of the Chemical Society, 1984, 80 (6): 1595-1604.
[7] Vitvitskii A L, Gaidei T P, Toporkova M E, et al. Kinetics of catalytic decomposition of ammonia [J]. Journal of Applied Chemistry of the USSR, 1990, 63: 1883-1886.
[8] Chellappa A S, Fischer C M, Thomson W J. Ammonia decomposition kinetics over Ni-Pt/Al_2O_3 for PEM fuel cell applications [J]. Applied Catalysis A: General, 2002, 227 (1): 231-240.
[9] Yin S F, Zhang Q H, Xu B Q, et al. Investigation on the catalysis of CO_x-free hydrogen generation from ammonia [J]. Journal of Catalysis, 2004, 224 (2): 384-396.
[10] Shore S G, Parry R W. The crystalline compound ammonia-borane,[1] H_3NBH_3 [J]. Journal of the American Chemical Society, 1955, 77 (22): 6084-6085.
[11] Ramachandran P V, Gagare P D. Preparation of ammonia borane in high yield and purity, methanolysis, and regeneration [J]. Inorganic Chemistry, 2007, 46 (19): 7810-7817.
[12] Klooster W T, Koetzle T F, Siegbahn P E M, et al. Study of the N—H···H—B dihydrogen bond including the crystal structure of BH_3NH_3 by neutron diffraction [J]. Journal of the American Chemical Society, 1999, 121 (27): 6337-6343.
[13] Staubitz A, Robertson A P M, Manners I. Ammonia-borane and related compounds as dihydrogen sources [J]. Chemical Reviews, 2010, 110 (7): 4079-4124.
[14] Chandra M, Xu Q. A high-performance hydrogen generation system: Transition metal-catalyzed dissociation and hydrolysis of ammonia-borane [J]. Journal of Power Sources, 2006, 156 (2): 190-194.
[15] Parsons R. The rate of electrolytic hydrogen evolution and the heat of adsorption of hydrogen [J]. Transactions of the Faraday Society, 1958, 54: 1053-1063.
[16] Yang X, Cheng F, Liang J, et al. Carbon-supported Ni_{1-x}@Pt_x (x = 0.32, 0.43, 0.60, 0.67, and 0.80) core-shell nanoparticles as catalysts for hydrogen generation from hydrolysis of ammonia borane [J]. International Journal of Hydrogen Energy, 2011, 36 (3): 1984-1990.
[17] 杨晓婧，尚伟，李兰兰，等.金属催化氨硼烷制氢研究进展 [J]. 电源技术，2014，38 (7)：1387-1389.
[18] Özgür D Ö, ÖZkan G. Power-law kinetic models for synthesis of ammonia borane [J]. International Journal of Chemical Kinetics, 2017, 49 (12): 875-883.
[19] Shi Y, Zhang B. Recent advances in transition metal phosphide nanomaterials: Synthesis and applications in hydrogen evolution reaction [J]. Chemical Society Reviews, 2016, 45 (6): 1529-1541.
[20] Vesborg P C K, Seger B, Chorkendorff I B. Recent development in hydrogen evolution reaction catalysts and their practical implementation [J]. The Journal of Physical Chemistry Letters, 2015, 6 (6): 951-957.
[21] Xiao P, Chen W, Wang X. A review of phosphide-based materials for electrocatalytic hydrogen evolution [J]. Advanced Energy Materials, 2015, 5 (24): 1500985.
[22] Zhu Y P, Xu X, Su H, et al. Ultrafine metal phosphide nanocrystals in situ decorated on highly porous heteroatom-doped carbons for active electrocatalytic hydrogen evolution [J]. ACS Applied Materials & Interfaces, 2015, 7 (51): 28369-28376.
[23] Anantharaj S, Ede S R, Sakthikumar K, et al. Recent trends and perspectives in electrochemical water splitting with an emphasis on sulfide, selenide, and phosphide catalysts of Fe, Co, and Ni: A review [J]. ACS Catalysis, 2016, 6 (12): 8069-8097.
[24] Chen Z, Duan X, Wei W, et al. Recent advances in transition metal-based electrocatalysts for alkaline hydrogen evolution [J]. Journal of Materials Chemistry A, 2019, 7 (25): 14971-15005.
[25] Mohammed-Ibrahim J, Sun X. Recent progress on earth abundant electrocatalysts for hydrogen evolution reaction (HER) in alkaline medium to achieve efficient water splitting-A review [J]. Journal of Energy Chemistry, 2019, 34: 111-160.

[26] Kim J S, Kim B, Kim H, et al. Recent progress on multimetal oxide catalysts for the oxygen evolution reaction [J]. Advanced Energy Materials, 2018, 8 (11): 1702774.
[27] Suen N T, Hung S F, Quan Q, et al. Electrocatalysis for the oxygen evolution reaction: Recent development and future perspectives [J]. Chemical Society Reviews, 2017, 46 (2): 337-365.
[28] Man I C, Su H Y, Calle-Vallejo F, et al. Universality in oxygen evolution electrocatalysis on oxide surfaces [J]. ChemCatChem, 2011, 3 (7): 1159-1165.
[29] Anantharaj S, Ede S R, Karthick K, et al. Precision and correctness in the evaluation of electrocatalytic water splitting: revisiting activity parameters with a critical assessment [J]. Energy & Environmental Science, 2018, 11 (4): 744-771.
[30] Xiong B, Chen L, Shi J. Anion-containing noble-metal-free bifunctional electrocatalysts for overall water splitting [J]. ACS Catalysis, 2018, 8 (4): 3688-3707.
[31] Fabbri E, Habereder A, Waltar K, et al. Developments and perspectives of oxide-based catalysts for the oxygen evolution reaction [J]. Catalysis Science & Technology, 2014, 4 (11): 3800-3821.
[32] Huang Z F, Wang J, Peng Y, et al. Design of efficient bifunctional oxygen reduction/evolution electrocatalyst: recent advances and perspectives [J]. Advanced Energy Materials, 2017, 7 (23): 1700544.
[33] Yu P, Wang F, Shifa T A, et al. Earth abundant materials beyond transition metal dichalcogenides: a focus on electrocatalyzing hydrogen evolution reaction [J]. Nano Energy, 2019, 58: 244-276.
[34] Trasatti S, Petrii O A. Real surface area measurements in electrochemistry [J]. Journal of Electroanalytical Chemistry, 1992, 327 (1-2): 353-376.
[35] Clark E L, Resasco J, Landers A, et al. Standards and protocols for data acquisition and reporting for studies of the electrochemical reduction of carbon dioxide [J]. ACS Catalysis, 2018, 8 (7): 6560-6570.
[36] Voiry D, Chhowalla M, Gogotsi Y, et al. Best practices for reporting electrocatalytic performance of nanomaterials [J]. ACS Nano, 2018, 12 (10): 9635-9638.
[37] Tong Y Y, Gu C D, Zhang J L, et al. Urchin-like Ni-Co-P-O nanocomposite as novel methanol electro-oxidation materials in alkaline environment [J]. Electrochimica Acta, 2016, 187: 11-19.
[38] Morales-Guio C G, Liardet L, Hu X. Oxidatively electrodeposited thin-film transition metal (oxy) hydroxides as oxygen evolution catalysts [J]. Journal of the American Chemical Society, 2016, 138 (28): 8946-8957.

第3章 氨分解制氢贵金属钌基催化剂

3.1 概述

目前，学者们对氨分解催化剂活性金属组分已经进行了大量的研究，其主要分为贵金属、非贵金属和双金属催化活性组分三类；其中，贵金属的研究主要集中在 Ru[1]、Pt[2]、Pd[3]、Ir[4,5] 和 Rh[6] 等。

Papapolymerou 等[7] 最早在 1985 年就对 NH_3 在贵金属上的分解性能做了研究。报道指出 NH_3 在多晶 Rh 上的分解反应速率符合 Langmuir-Hinshelwood(L-H) 单分子速率表达式，且该表达式误差范围在 20%以内，适用于所有反应温度和压力条件。随后，他们进行了多晶线和片状 Rh 上的氨分解反应研究。该研究进行的气体压力在 0.01～1Torr，反应温度在 500～1700K 之间，结果表明，氨气在 Rh 表面分解出氢气的速率较快，仅次于 Ir。Choudhary 等[8] 考察了 10%的 Ru、Ir 和 Ni 负载在 Al_2O_3 和 SiO_2 上的氨分解反应性能，在相同的金属负载量下得出催化活性顺序为 Ru＞Ir＞Ni。Yin 等[9] 考察了活性金属组分 Ru、Rh、Pt、Pd、Ni 和 Fe 对氨分解性能的影响。用 CNTs 作为载体，在相同反应条件下，活性金属 Ru 上的氨分解转化率最高。反应 TOF 顺序为 Ru＞Rh≈Ni＞Pt≈Pd＞Fe，结果如图 3-1 所示。综上可知，Ru 是氨分解反应中活性最高的金属。同时，在氨合成中 Ru 也是活性最高的金属组分。

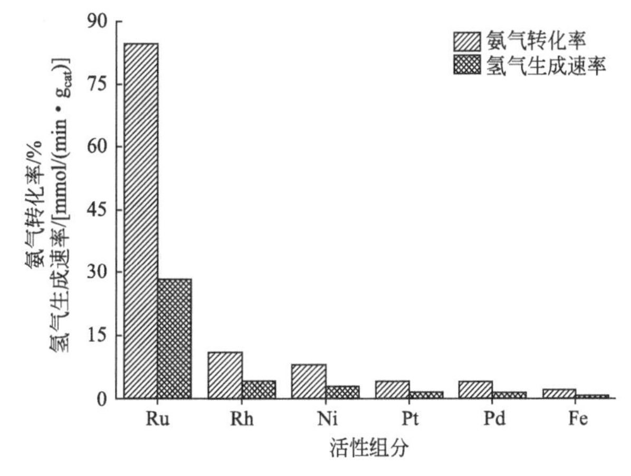

图 3-1 CNTs 负载不同活性金属上的 NH_3 转化率和氢气生成速率[9]

3.2 氮掺杂介孔碳负载钌催化剂

有序多孔碳材料由于具有很多优良特性（如导电性能、化学惰性和热稳定性）以及在很多领域的应用，在近年来受到了广泛的关注。除此之外，许多研究发现氨分解催化剂的载体同时也作为反应中优良的电子转移媒介，因此提高载体电子转移性能是增强催化剂活性直接有效的方式之一。碳载体中掺入杂原子（如 O、N 和 P）是一种具有吸引力的调控载体表面电子结构和表面极性，引入碱性位点和表面缺陷的有效方式。对载体的掺杂势必改变载体为活性组分提供的化学环境，从反应动力学角度分析载体化学环境的改变对催化剂性能的影响及对催化剂的设计具有指导意义。相比于杂原子掺杂碳纳米管的复杂性，对介孔碳材料的掺杂方法更简单且经济。然而，目前对于有序介孔碳材料作为催化剂载体用于氨分解反应的研究报道还很少。

在本节中，主要优化合成了具有高比表面积的有序介孔碳材料和掺杂 N 原子的有序介孔碳材料。同时，选用活性炭和碳纳米管作为对比样品，用常规浸渍法制备出四组催化剂 5% Ru/AC、5% Ru/CNTs、5% Ru/OMC、5% Ru/NOMC(其中，5%为质量分数)。采用 XRD、BET、XPS、HRTEM、H_2-TPR、H_2-TPD、FT-IR、Raman 等一系列表征仪器和技术对合成的载体材料形貌、孔结构、元素组成和催化剂结构进行了表征，着重研究了不同载体与活性金属之间的相互作用以及 N 原子掺杂对反应性能的影响。

3.2.1 催化剂制备

（1）有序介孔碳（OMC）制备

有序介孔碳（OMC）的制备过程如参考文献［10］所述。将 2.2g 三嵌段共聚物 F127 和 1.1g 间苯二酚溶于 52mL 纯水中。待搅拌至完全溶解后，加入 2.0mL 28%氨水。搅拌 30min 后，加入 0.7g 六亚甲基四胺（乌洛托品），在室温下继续搅拌 1h。然后，将得到的墨绿色溶液转入圆底烧瓶中恒温水浴，353K 回流搅拌 24h。将得到的黑色固体产物通过沉淀、抽滤、清洗数次后在 353K 下干燥 12h。将得到的黑色固体粉末在管式高温炉中升温至 623K，N_2 气氛下焙烧 3h 去除模板剂，然后升温至 1073K，N_2 气氛下焙烧 3h 碳化。合成反应如图 3-2 所示。

（2）氮掺杂有序介孔碳（NOMC）制备

氮掺杂有序介孔碳（NOMC）的制备与 OMC 合成机理相近，不同之处在于用间氨基苯酚替换间苯二酚作为碳源以引入 N 元素。采用了与文献［11］相似的方法。将 2.2g F127 和 1.1g 间氨基苯酚溶于 52mL 纯水中。待搅拌完全溶解后，加入 2.0mL 28%氨水。搅拌 30min 后，加入 0.7g 六亚甲基四胺，在室温下继续搅拌 1h。然后，将得到的黄绿色溶液转入圆底烧瓶中恒温水浴，353K 回流搅拌 24h。将得到的棕色固体产物通过沉淀、抽滤、清洗数次后在 353K 下干燥 12h。将得到的棕色固体粉末在高温炉中升温至 623K，N_2 气氛下焙烧 3h 去除模板剂，然后升温至 1073K，N_2 气氛下焙烧 3h 碳化。

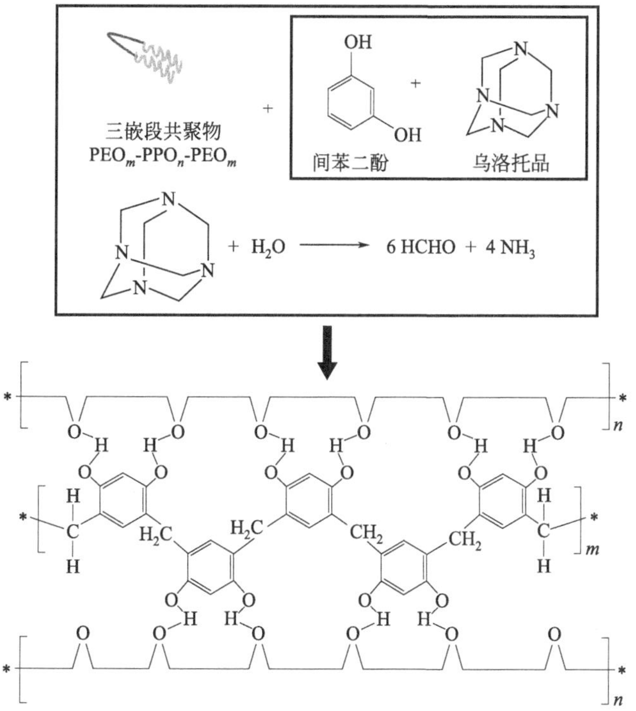

图 3-2　OMC 合成反应

本节中同时使用了碳纳米管和活性炭载体作为对比样品。碳纳米管是中国科学院成都有机化学有限公司生产的表面带羰基的多壁碳纳米管（MWCNTs），内径 8～15nm，长度 0.5～2μm。活性炭（AC）为重庆茂业化学有限公司生产的椰壳粉末活性炭。

(3) 常规浸渍法催化剂制备

本实验 5%(质量分数) Ru 催化剂采用 $RuCl_3 \cdot 3H_2O$ 水溶液湿法浸渍制备。分别将相同计量数的 $RuCl_3 \cdot 3H_2O$ 溶于 4 份 15mL 含 20%乙醇的水溶液中。将 4 组不同类型碳载体（OMC、NOMC、MWCNTs、AC）分别加入上述 4 份溶液中，搅拌浸渍 45min，超声分散 30min(功率：60%)。然后置于 353K 水浴锅中，持续搅拌直至蒸干。然后在干燥箱中 353K 干燥 12h，得到催化剂前驱物。将前驱物在 823K、N_2 气氛下焙烧 2h 得到 4 组催化剂，分别标记为 5% Ru/OMC、5% Ru/NOMC、5% Ru/MWCNTs、5% Ru/AC (其中，5%为质量分数)。

3.2.2　催化剂结构表征

(1) 载体的结构表征

本实验采用软模板法制备介孔碳。三嵌段共聚物 F127 作为模板剂，间苯二酚和间氨基苯酚分别作为 OMC 和 NOMC 的碳源。通过酚醛缩合以及分子间氢键合成酚醛树脂类聚合物，然后高温碳化。合成反应如图 3-2 所示。

OMC 前驱物、NOMC 前驱物以及高温碳化后的 OMC 和 NOMC 红外表征如图 3-3

所示。对图 3-3 中 a 和 b 的谱图进行比较，OMC 前驱物和 NOMC 前驱物共同在 $3400cm^{-1}$、$2870cm^{-1}$、$1620cm^{-1}$、$1400cm^{-1}$ 和 $1090cm^{-1}$ 处有主要的吸收峰。其中，$2870cm^{-1}$ 和 $1090cm^{-1}$ 分别为 sp^3 C—H 键的伸缩振动峰和 sp^3 C—O 键的伸缩振动峰，表明在 OMC 前驱物和 NOMC 前驱物中有模板剂 F127 存在。在 $3120cm^{-1}$ 处有 sp^2 C—H 键的伸缩振动峰，可初步判定前驱物中含有苯环。$1620cm^{-1}$ 和 $1400cm^{-1}$ 处是多取代芳香环的 C—C 伸缩振动峰，结合 $3120cm^{-1}$ 的 C—H 振动，表明合成的前驱物框架为酚醛树脂。在 $3400cm^{-1}$ 处有强的吸收峰，归属于 O—H 伸缩振动，表明有大量酚羟基存在。此外，通过仔细观察图 3-3 中 a、b 在 3000～$3300cm^{-1}$ 区间内的吸收峰，谱图 a 在此区间只有一个较强的吸收峰。而图 3-3 中 b 与 a 不同的是在此区间有两个峰存在。在 $3230cm^{-1}$ 处，谱图 b 存在弱的吸收峰，可能归属为 N—H 的伸缩振动，表明在 NOMC 中有氨基存在。

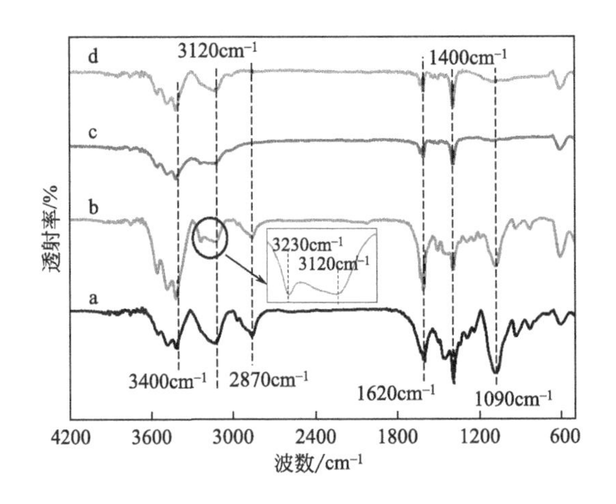

图 3-3 高温焙烧前后的介孔碳材料红外光谱图

a—OMC 前驱物；b—NOMC 前驱物；c—OMC；d—NOMC

将前驱物在 1073K 焙烧后得到图 3-3c 和 d。与谱图 a、b 对比，谱图 c、d 在 $2870cm^{-1}$ 和 $1090cm^{-1}$ 位置的吸收峰消失，表明焙烧后 F127 模板剂被去除。谱图 c 和 d 趋向于平滑，在 $3120cm^{-1}$、$1620cm^{-1}$ 和 $1400cm^{-1}$ 处有较弱的吸收峰，表明有芳香环存在。$3400cm^{-1}$ 处的吸收峰表明 OMC 和 NOMC 中有部分吸附水。

由碳化前后的红外光谱图可初步判定，OMC 和 NOMC 的前驱物骨架为酚醛树脂，且 NOMC 前驱物中成功引入了氨基。是否成功在 NOMC 中掺杂 N 元素，以及 N 的含量，我们需要进一步通过 XPS 进行表征验证，后面会进行详细讨论。1073K 焙烧后，酚醛树脂碳化为芳香环构型的碳物质，模板剂 F127 被去除。F127 形成的胶束在前驱物中作为构型支撑，去除之后留下孔道结构。图 3-4 的 OMC 和 NOMC 的小角度 XRD 进一步证明了这种孔道为有序的介孔结构。

在 $2\theta=0.5°\sim2.5°$ 之间有一个较强的峰和两个弱峰。相对应的晶面间距为 10.89nm、7.67nm 和 6.30nm。晶面间距值对应的比率是 $1:1/\sqrt{2}:1/\sqrt{3}$，对应于具有 Imm 对称轴的面心立方形的（110）、（200）和（211）晶面。表明合成的介孔碳具有高度有序的立方

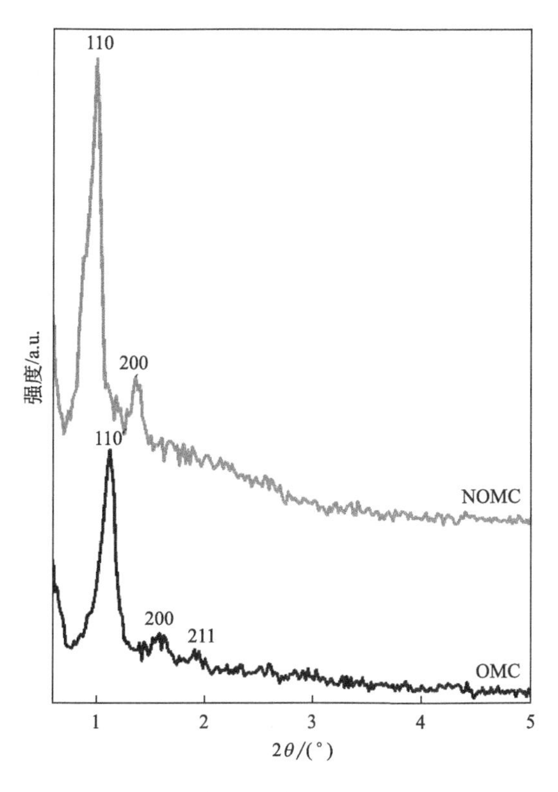

图 3-4　OMC 和 NOMC 小角度 XRD

介孔结构。同时，NOMC 的衍射峰向小角度偏移，意味着 NOMC 的孔道结构比 OMC 的孔道结构扩张。

为了进一步更直观地确定 OMC 和 NOMC 的结构，对 OMC 和 NOMC 做了 TEM 表征，如图 3-5 所示。在图 3-5 中，可以直观清晰地看到分布均匀、呈周期性有序的孔道结构，进一步确定了 OMC 和 NOMC 为有序的 *Imm* 立方介孔结构。同时，从 TEM 图像中估测 OMC 和 NOMC 晶胞参数分别近似为 11.05nm 和 12.36nm，这与 XRD 的表征结果相匹配。

通过低温 N_2 吸附-脱附对 OMC 和 NOMC 的比表面积和孔径分布做了测试。低温 N_2 吸附-脱附等温线以及 BJH（Barrett-Joiner-Halenda）法测得的孔径分布曲线如图 3-6 所示。在图 3-6(a) 中，吸附曲线在低压段平缓上升，表明氮气吸附量平缓增加。在 $p/p_0=0.4\sim0.6$ 有一突增。根据 IUPAC 滞后环类型分类，OMC 和 NOMC 的吸附-脱附等温线属于典型的Ⅳ型，有 H_1 滞后环。OMC 和 NOMC 的吸附-脱附曲线在 $p/p_0=0.4\sim0.6$ 区间内存在明显的毛细凝结步骤。综上表明，催化剂存在分布均匀有序的介孔结构。采用 BET（Brunauer-Emmet-Teller）方法对 $p/p_0=0.05\sim0.25$ 之间的数据进行处理，得到 OMC 和 NOMC 的比表面积。通过 BJH 模型得到 OMC 和 NOMC 的孔径分布，如图 3-6(b) 所示。OMC 和 NOMC 的孔径分布较狭窄，分别为 3.40nm 和 3.61nm 的介孔。OMC 和 NOMC 的比表面积和孔径分布等物理性质如表 3-1 所列。

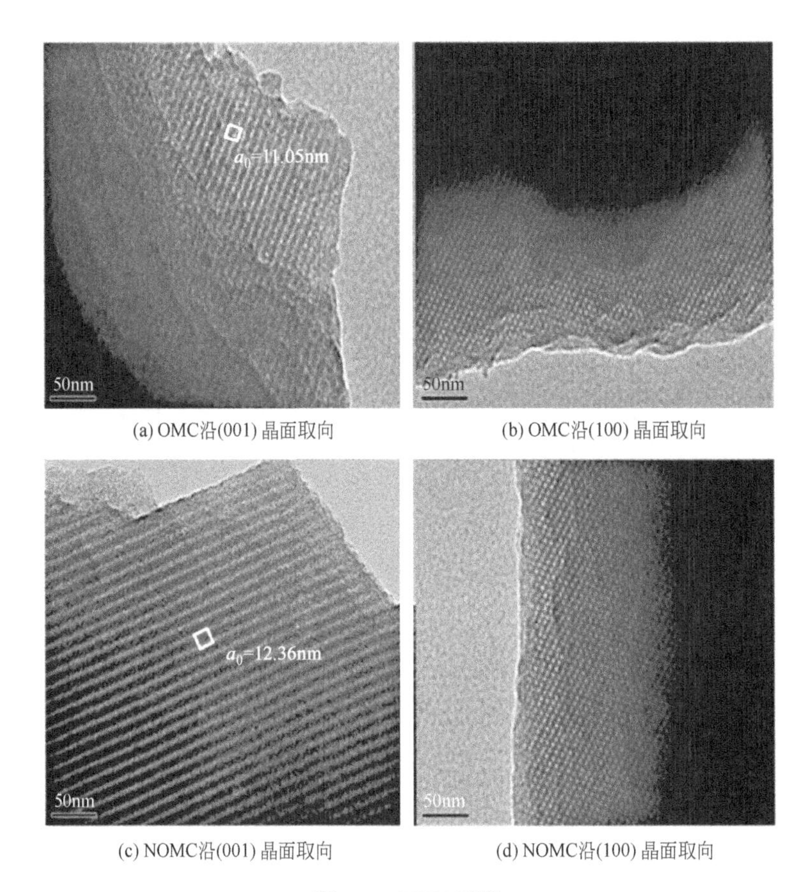

(a) OMC沿(001) 晶面取向　(b) OMC沿(100) 晶面取向

(c) NOMC沿(001) 晶面取向　(d) NOMC沿(100) 晶面取向

图 3-5　TEM 图像

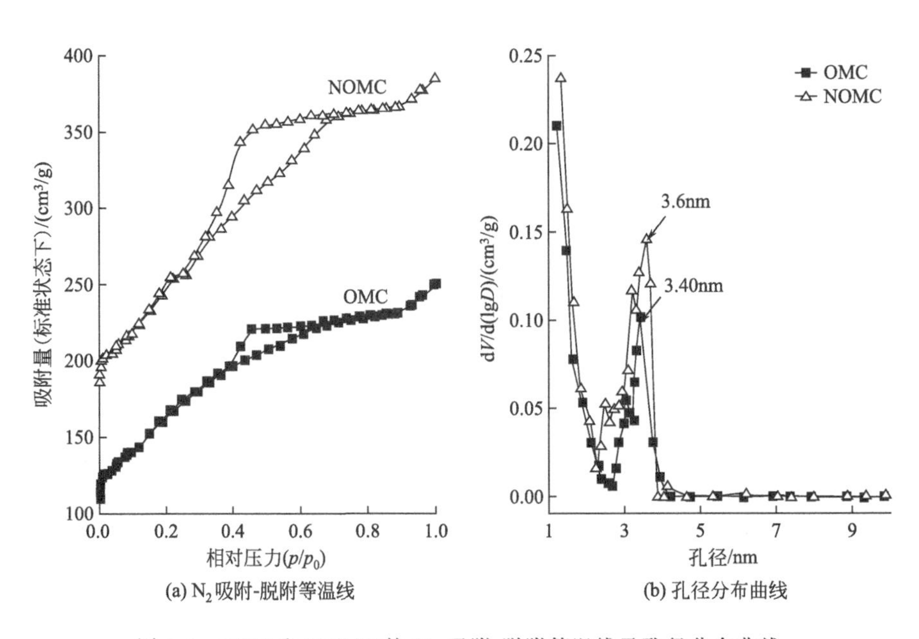

(a) N_2吸附-脱附等温线　(b) 孔径分布曲线

图 3-6　OMC 和 NOMC 的 N_2 吸附-脱附等温线及孔径分布曲线

表 3-1　OMC 和 NOMC 的结构性质

样本	对称轴	$S_{BET}^{①}$/(m^2/g)	$S_{micro}^{②}$/(m^2/g)	V_{total}/(cm^3/g)	$V_{micro}^{②}$/(cm^3/g)	$d_{(110)}^{③}$/nm	$a_0^{③}$/nm	$D_{BJH}^{④}$/nm
OMC	Imm	876	579	0.37	0.16	7.81	11.04	3.40
NOMC	Imm	892	604	0.40	0.19	8.74	12.36	3.61

① 利用 p/p_0=0.05～0.25 相对压力范围内的吸附数据计算了 BET 比表面积（S_{BET}）。

② 微孔体积 V_{micro} 和微孔表面积 S_{micro} 采用 t-曲线图法计算。

③ 通过 $d_{(110)}=\lambda/(2\sin\theta)$ 和 $a_0=2d_{(110)}$ 的小角 X 射线衍射谱计算（110）衍射的 $d_{(110)}$ 间距和单位胞参数 a_0。

④ 孔径 D_{BJH} 由 BJH 法计算得到的孔径分布曲线的最大值。

如表 3-1 中数据所示，OMC 和 NOMC 的比表面积和孔径分布基本一致，比表面积分别为 876m^2/g 和 892m^2/g，介孔分别为 3.40nm 和 3.61nm。由此可见 OMC 和 NOMC 都有较高的比表面积和优良的介孔结构。结果也表明采用不同的碳源对 OMC 和 NOMC 的物理性质几乎没有影响。同时，较高的比表面积和有序的介孔结构使得 OMC 和 NOMC 能够成为理想的负载型催化剂载体。

拉曼（Raman）光谱也是一种对载体结构性质进行表征测试的有力工具。如图 3-7 所示，所有的载体样品在 1315cm^{-1} 和 1600cm^{-1} 位置有两大高峰，分别对应于无定形碳（D-band）和石墨化碳（G-band）。无定形碳和石墨化碳的相对强度 I_D/I_G 的比值决定了碳载体的石墨化程度。I_D/I_G 的比值越小，表明石墨化程度越高。OMC、NOMC、CNTs 和 AC 的 I_D/I_G 值分别为 1.05、1.04、1.11 和 1.15。由测试结果可知，OMC 和 NOMC 的石墨碳相对于无定形碳含量较高，石墨化程度较高。较高的石墨化程度可能得益于 1073K 较高的焙烧温度。石墨化程度较高，也表明 OMC 和 NOMC 有较好的电子传导性能。载体的电子传导性能有利于活性金属表面电荷转移，从而提高催化剂的催化活性。

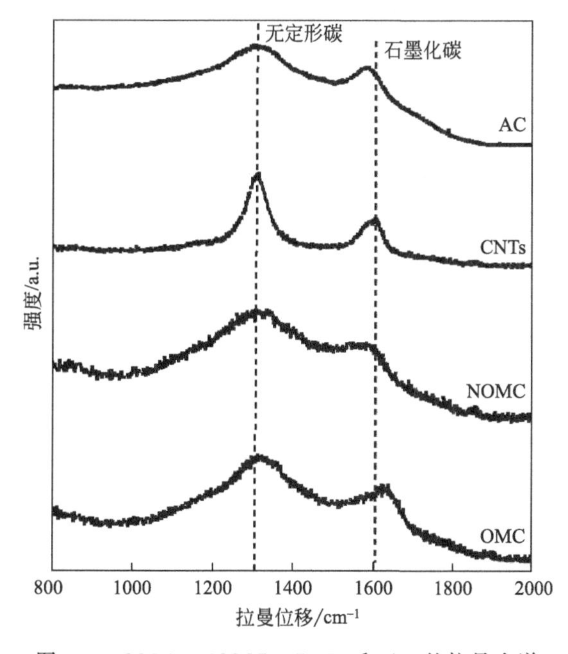

图 3-7　OMC、NOMC、CNTs 和 AC 的拉曼光谱

以上表征结果可以表明，本实验成功制备出具有较高比表面积、优良孔道环境和良好电子传导性能的介孔碳和氮掺杂介孔碳载体。通过改变碳源实现对介孔碳的掺杂，由进一步的 XPS 表征结果说明。

如图 3-8 所示，X 射线光电子能谱（XPS）测定出掺杂氮的含量和类型。由图 3-8(a) 可知，OMC 和 NOMC 的 X 射线光电子总谱在 285.1eV 和 531.1eV 有较强的峰，分别对应于 C 1s 和 O 1s。此外，较弱的 N 1s 信号峰出现在 400eV 位置，对应于 OMC 和

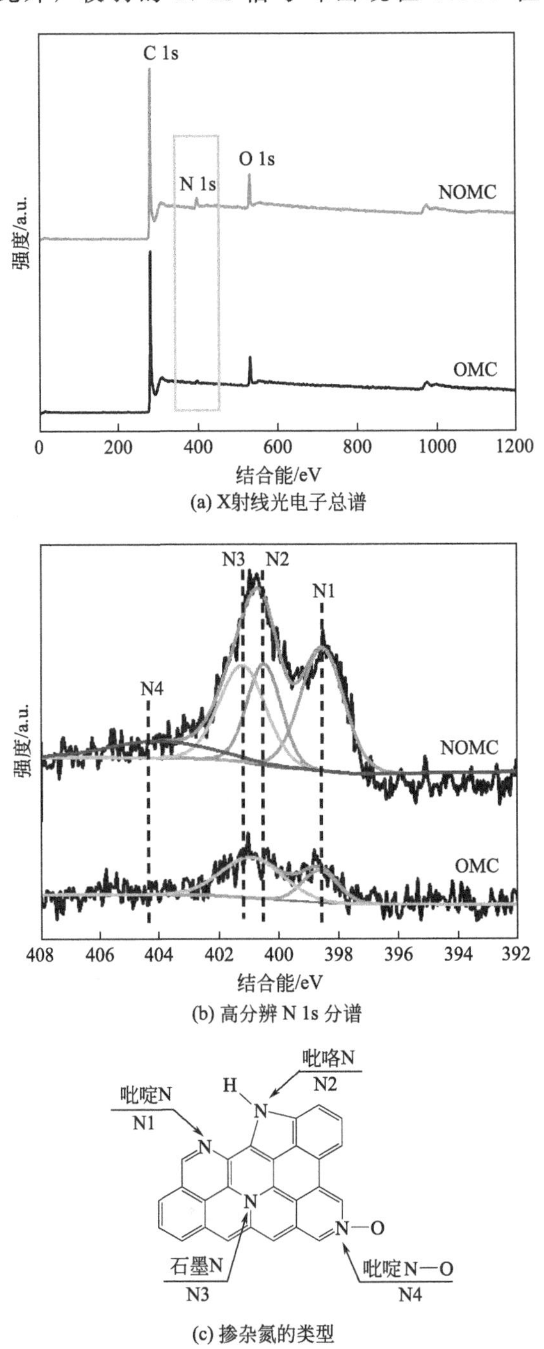

(a) X射线光电子总谱

(b) 高分辨 N 1s 分谱

(c) 掺杂氮的类型

图 3-8　X 射线光电子总谱、高分辨 N 1s 分谱及掺杂氮的类型

NOMC 中的氮含量（原子百分含量）分别为 1.95%与 4.56%。为了进一步区分掺杂氮的类型状态，OMC 和 NOMC 的高分辨 N 1s 分谱分峰拟合为四个单峰，各峰对应键能为 398.5eV、400.5eV、401.2eV 和 404.9eV，分别对应于吡啶氮（N1）、吡咯氮（N2）、石墨氮（N3）和氧化吡啶氮（N4），如图 3-8(b) 所示。不同类型氮结构如图 3-8(c) 所示。

由图 3-8(a) 可以明确看到，NOMC 中成功掺杂上含量为 4.56%(原子百分含量）的氮元素。在未掺杂氮的 OMC 中，XPS 结果也测定出含有 1.95%(原子百分含量）的氮，这是由于在前驱物制备过程中加入了氨水来调节合成的碱性环境，以及在氮气气氛中对前驱物进行焙烧引入了少量的氮杂质。如图 3-8(b) 所示，对 N 1s 谱分峰拟合可知，在 NOMC 中掺杂氮的存在状态主要有四种形式，除了主要的吡啶氮和石墨氮之外，也有部分的吡咯氮和氧化吡啶氮。而在 OMC 中，少量残留的氮元素主要以吡啶氮和石墨氮的形式存在。总氮含量和各种类型氮的含量以及相对比例如图 3-9 和表 3-2 所示。

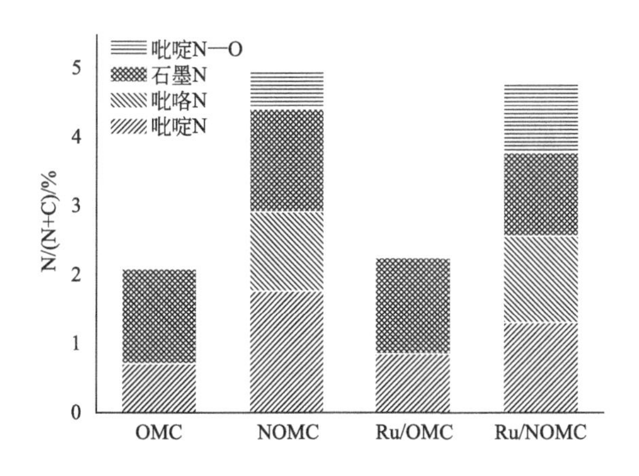

图 3-9　氮含量和不同状态氮分布

表 3-2　XPS 分析各元素含量及 N 1s 拟合氮物种的相对含量

样品	元素含量/%							
	N/(C+N)	C	N	O	N1	N2	N3	N4
OMC	2.11	90.56	1.95	7.49	34.32	0	65.68	0
NOMC	4.96	87.37	4.56	8.07	35.67	22.98	29.96	11.39
Ru/OMC	2.26	86.54	2.00	11.46	37.70	0	62.30	0
Ru/NOMC	4.81	85.44	4.32	10.24	27.19	25.30	25.18	22.33

综合上述表征，证明通过改变反应物种类，成功制备出两种具有高比表面积、有序介孔孔道、良好导电性能以及实现掺杂不同氮含量的介孔碳载体。将这两种载体负载 Ru 作为催化剂，与碳纳米管和活性炭载体负载 Ru 催化剂做比较，研究载体对氨分解反应催化性能的影响。

(2) 负载后催化剂结构表征

催化剂的制备采用湿法浸渍，用 $RuCl_3 \cdot 3H_2O$ 作为前驱物，负载在碳载体上，负载量（质量分数）为 5%；然后在 823K、N_2 气氛下焙烧 2h。

催化剂的XPS表征结果如图3-10所示。Ru/OMC和Ru/NOMC的X射线光电子总谱在285.1eV和531.1eV位置有较强的峰，分别对应于C 1s和O 1s。此外，较弱的N 1s信号峰出现在400eV位置，对应于Ru/OMC和Ru/NOMC中的氮含量（原子百分含量）分别为2.00%与4.32%。XPS表征结果总结在表3-2中。活性金属Ru负载前后，载体OMC和NOMC中的氮元素含量和氮种类基本不变。负载焙烧后催化剂的氧元素含量上升，这是由于823K焙烧后活性金属Ru主要是以RuO_2的形式存在，催化剂中氧的含量上升。由图3-10和表3-2可以看出，NOMC在负载活性金属Ru前后，氮总含量基本不变，而N1相对含量即吡啶氮的含量降低，N4相对含量即氧化吡啶氮的含量增加。说明焙烧过后的催化剂中，有部分RuO_2会与吡啶氮成键形成吡啶氮氧化钌。

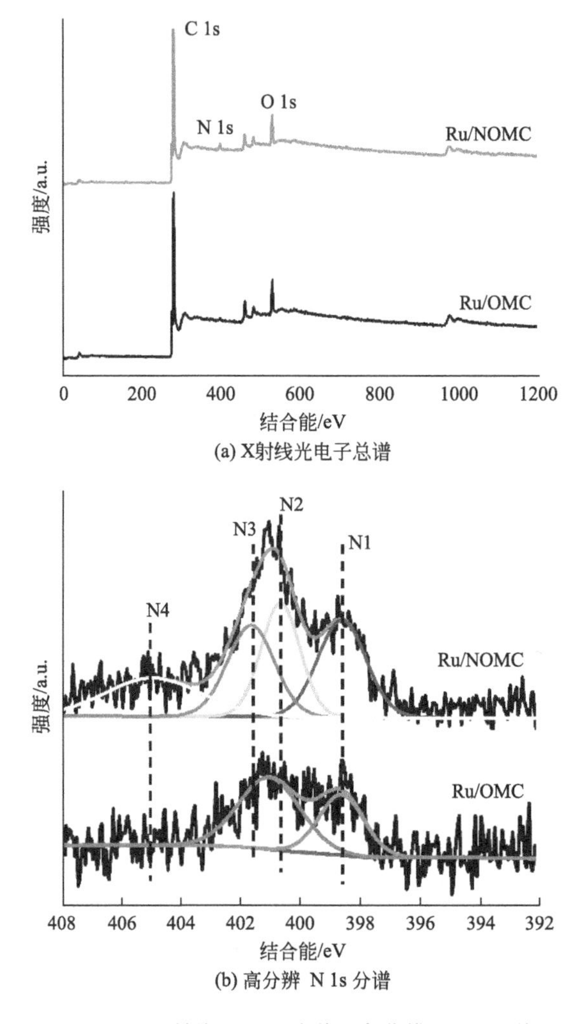

图3-10 X射线光电子总谱和高分辨N 1s分谱

图3-11(a)为Ru/OMC和Ru/NOMC的C 1s分谱，在284.8eV处为C 1s的强峰，在280.4eV处为Ru 3d的信号峰。将Ru 3d的峰通过放大处理，如图3-11(b)所示，在NOMC载体上的Ru 3d信号峰的位置在280.38eV，而在OMC载体上的Ru 3d信号峰的位置在280.48eV。NOMC上Ru 3d峰的位置与OMC上的Ru 3d峰的位置相比，向低结

合能方向偏移 0.1eV。说明在 NOMC 载体上，Ru 的化学环境不同，Ru 与载体相互作用使得 Ru 表面具有富电子特征。Ru 表面高电子密度能加速 N 原子再结合脱附（速控步），因而更有利于氨分解反应。

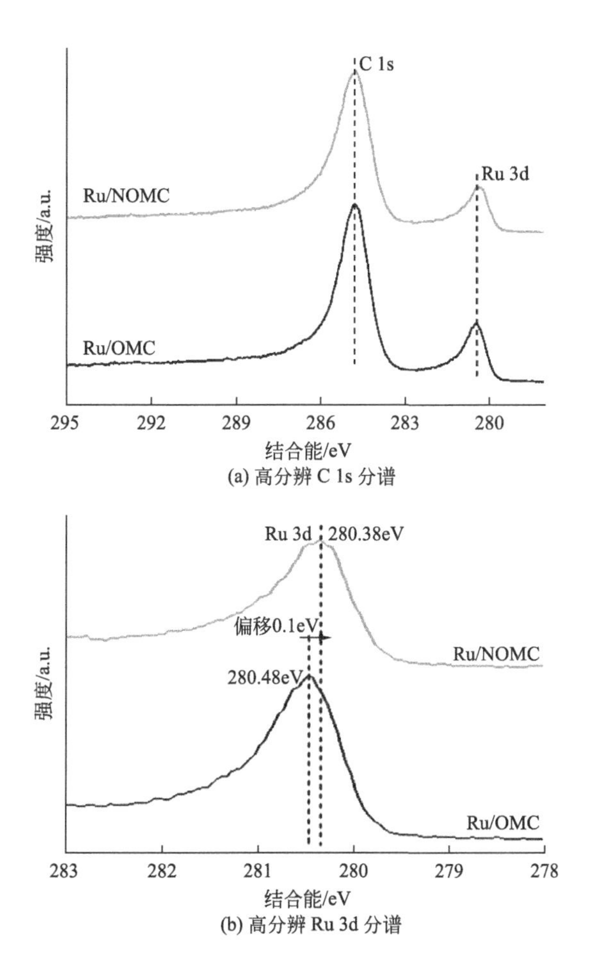

图 3-11　高分辨 C 1s 分谱和高分辨 Ru 3d 分谱

OMC 和 NOMC 浸渍法负载 Ru 前后的 X 射线衍射（XRD）如图 3-12 所示。OMC 和 NOMC 的衍射曲线在 26.5°、42.3°和 44.5°处有衍射峰，分别归属于石墨碳（002）、（100）、（101）晶面（JCPDS89-7213）。负载 Ru 后催化剂 Ru/OMC 和 Ru/NOMC 的衍射峰曲线在 2θ 分别为 38.4°、42.2°、44.0°、58.3°、69.4°和 78.4°处有衍射峰，分别归属于 Ru 的（100）、（002）、（101）、（102）、（110）和（103）晶面（JCPDS70-0274）。根据（102）晶面 2θ 为 58.4°处的衍射峰对钌颗粒尺寸进行估算，催化剂 Ru/OMC 和 Ru/NOMC 的晶粒尺寸分别为 29.6nm 和 28.5nm。

图 3-13 中对比了催化剂 Ru/AC、Ru/CNTs、Ru/OMC 和 Ru/NOMC 的 XRD 衍射峰。由图可见，载体 AC 和 CNTs 有利于活性金属 Ru 的分散，Ru 负载在 AC 和 CNTs 上由于晶粒较小，在碳载体上，背景的干扰下基本没有出现 Ru 的衍射峰。

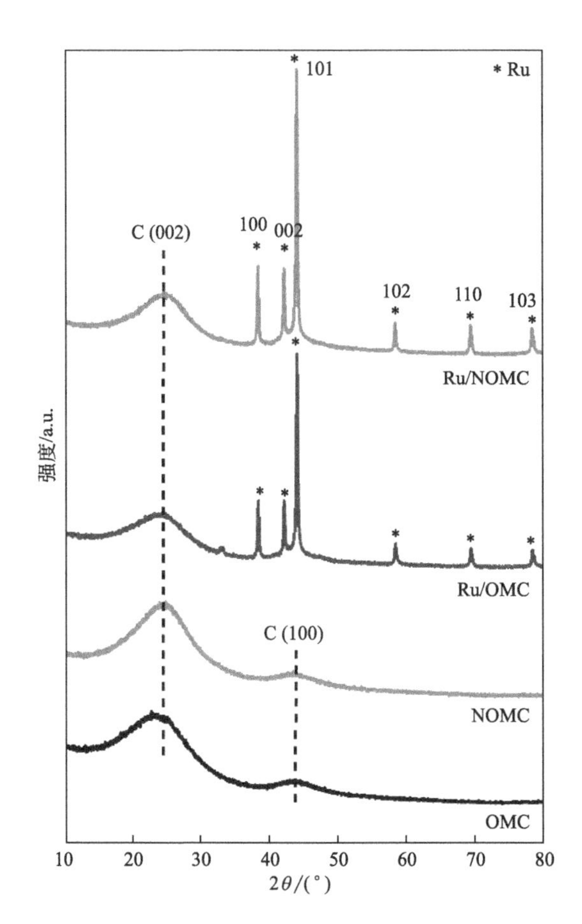

图 3-12 载体和催化剂的 XRD 谱图

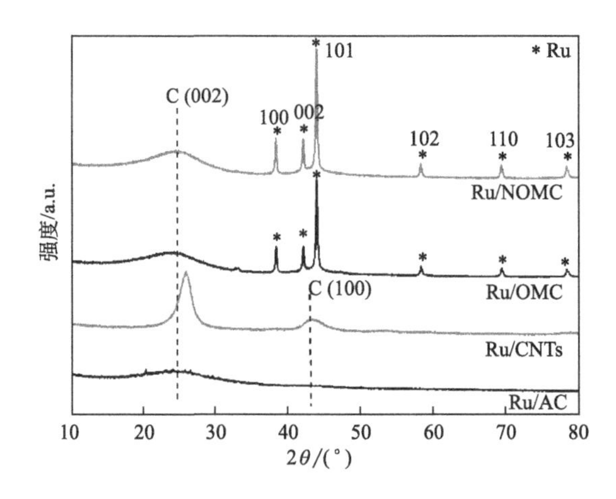

图 3-13 催化剂的 XRD 谱图

为了更清楚直观地看出活性金属 Ru 在载体上的颗粒存在和分布状态，我们对催化剂样品做了 TEM 表征，表征结果如图 3-14 所示。图 3-14(a)～(d) 分别对应于反应前催化剂 5% Ru/OMC、5% Ru/NOMC、5% Ru/CNTs、5% Ru/AC(其中，5%为质量分数)。

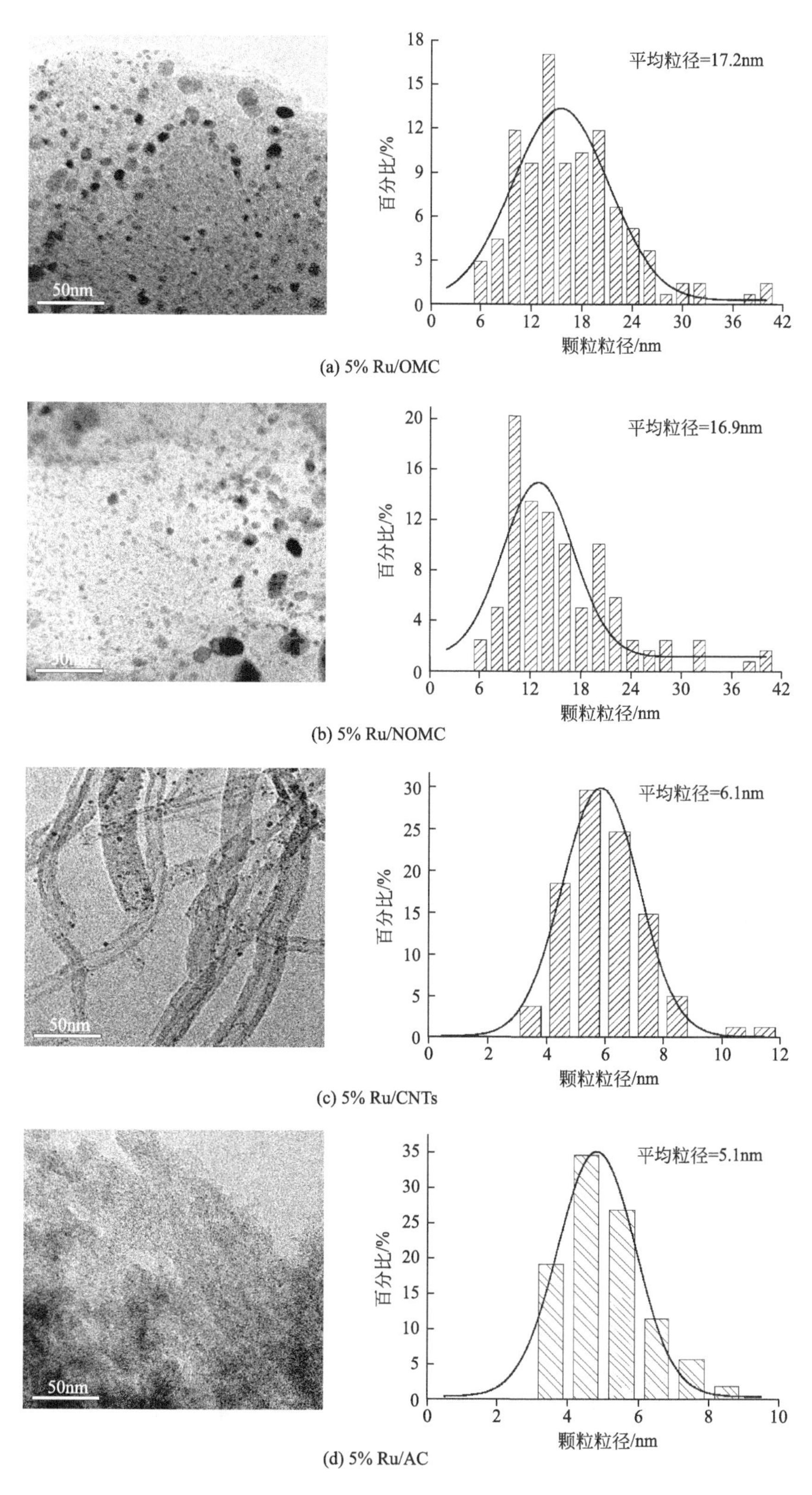

图 3-14 催化剂 TEM 图像和对应的 Ru 晶粒尺寸分布

从放大相同倍数的电镜图（图 3-14）中可以明显地看出，负载在 OMC 和 NOMC 上的 Ru 晶粒尺寸较大，平均粒径分别为 17.2nm 和 16.9nm，并且颗粒分布不均匀，从 6nm 到 40nm 不等。而在 CNTs 和 AC 上的 Ru 晶粒颗粒粒径较小，分别为 6.1nm 和 5.1nm，且分布范围较窄。这与 XRD 表征结果基本一致，XRD 结果比 TEM 表征结果稍大，是因为由 TEM 测出的粒径分布是平均数据。这说明，CNTs 和 AC 更有利于 Ru 的分散，使得制备出的催化剂具有较小的 Ru 晶粒，且分布均匀。而 OMC 和 NOMC 上 Ru 的颗粒粒径较大，并且分布区间更宽。

以上表征结果说明，OMC 和 NOMC 高比表面积和有序的介孔结构在常规的湿法浸渍过程中，并没有使 Ru 具有较好的分散性，在 823K 焙烧后有明显团聚现象。与 CNTs 和 AC 相比，没有表现出有利于活性金属分散的性质。

H_2-TPR 的研究是通过 H_2 程序升温还原对催化剂进行活化，研究结果能提供有用的催化剂性质信息。通常，H_2-TPR 技术用来研究活性组分和载体之间相互作用强度。实验中催化剂的还原温度为 823K。如图 3-15 所示，催化剂的还原温度均低于 700K，说明在反应前催化剂被完全活化。5% Ru/OMC 催化剂的还原温度较高，主要为 690.8K 和 594.7K。其次为 5% Ru/CNTs 催化剂的还原温度，为 687.3K 和 601.4K。说明 5% Ru/OMC 和 5% Ru/CNTs 催化剂中，RuO_2 与载体之间的相互作用较强。

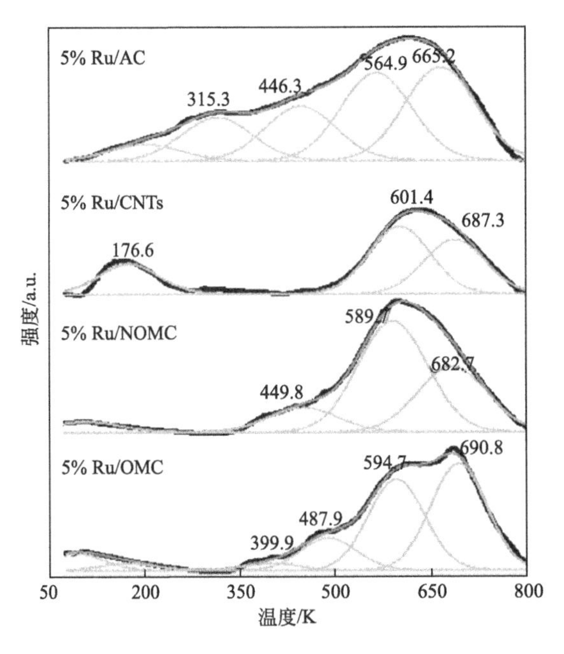

图 3-15　负载 Ru 催化剂 H_2-TPR 表征

当载体掺杂氮元素之后，催化剂的还原温度明显下降。5% Ru/NOMC 的还原温度主要为 589.7K 和 682.7K。实验表明，催化剂前驱物的还原依赖于载体的性质，一方面氮原子的掺杂有利于电子从载体到活性金属 Ru 表面的转移；另一方面 RuO_2 与 NOMC 载体之间的相互作用力减弱。而对于活性炭载体，催化剂还原温度较低但还原温度区间较宽。较低的温度下活性组分不易团聚。

H_2-TPD表征揭示了氢气在催化剂表面的脱附性能。H_2程序升温脱附是将催化剂置于氢气气氛中，待吸附饱和后，程序升温测定脱附温度。最大脱附速率的相应温度取决于催化剂载体。图3-16展示了氢气从Ru催化剂表面的脱附行为。由图可知，H_2在5% Ru/AC催化剂表面的脱附温度较高，因此H_2在5% Ru/AC催化剂表面的吸附能力较强。而其余三种催化剂在300～800K温度区间内，H_2脱附信号逐渐递减，无脱附峰出现，说明氢气较难在其余三种催化剂表面吸附。氨分解是一个脱氢的反应，H_2在催化剂表面不易吸附，将更有利于催化剂的氨分解催化活性。

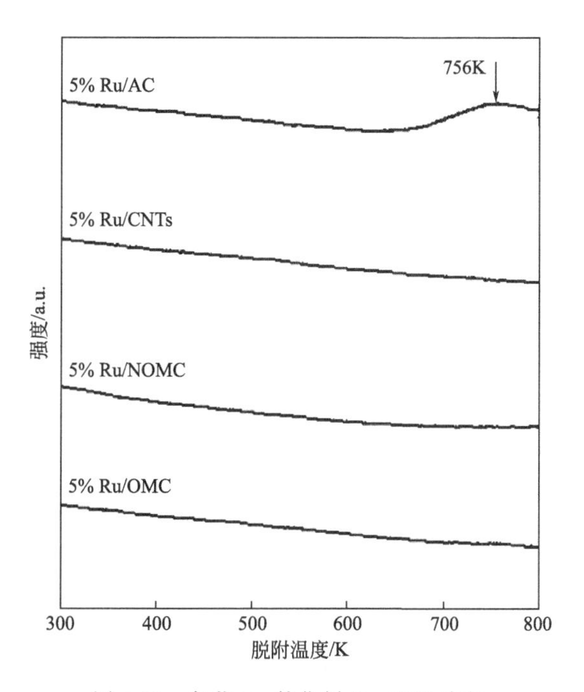

图3-16 负载Ru催化剂H_2-TPD表征

3.2.3 氨分解反应性能

氨分解反应在固定床反应器中进行，不同催化剂的NH_3转化率如图3-17所示，催化剂转换频率（TOF）如图3-18所示。

由图3-17中数据可以明显看到，随着反应温度的升高，氨分解转化率逐渐升高。氨分解是一个吸热反应（$\Delta H=46kJ/mol$），得到的实验数据整体与此趋势吻合。

在图3-17中，5% Ru/AC活性最低，在反应温度升高至823K，NH_3转化率不足60%。相比而言，5% Ru/NOMC活性最高，在773K基本完全转化。在723K下，5% Ru/NOMC上的氨分解转化率为84.52%，5% Ru/CNTs上的转化率为69.46%，5% Ru/AC上的氨分解转化率最低为8.73%。四种不同载体催化剂活性顺序Ru/NOMC＞Ru/CNTs＞Ru/OMC＞Ru/AC。

催化剂的TOF值更能表明催化剂的催化性能。如图3-18所示，不同催化剂的TOF值顺序为Ru/NOMC＞Ru/OMC≈Ru/CNTs≫Ru/AC。在723K下，5% Ru/NOMC上

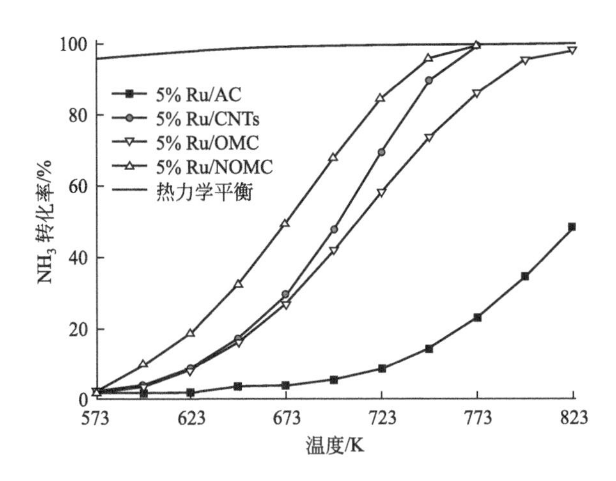

图 3-17　5% Ru 基催化剂随温度升高的 NH_3 转化率

[100mg 催化剂，纯氨进料，温度 573～823K，压力 0.1MPa，空速 6000mL/($h \cdot g_{cat}$)]

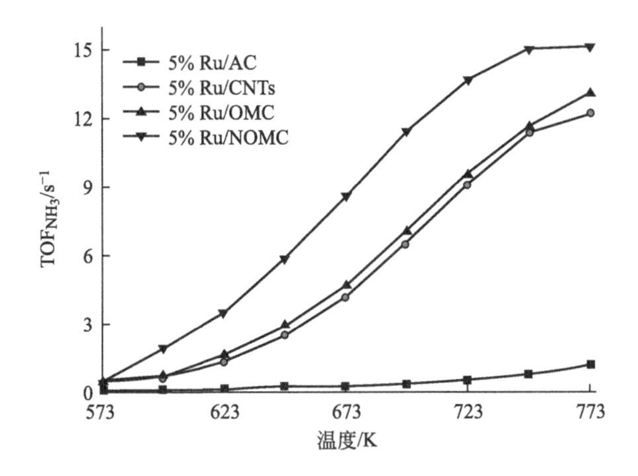

图 3-18　5% Ru 基催化剂氨分解转化 TOF 比较

[100mg 催化剂，纯氨进料，温度 573～773K，压力 0.1MPa，空速 6000mL/($g_{cat} \cdot h$)]

的氨分解 TOF 值为 13.73s^{-1}，5% Ru/CNTs 上的 TOF 值为 9.12s^{-1}，5% Ru/AC 上的氨分解转化率最低，TOF 值为 0.48s^{-1}。

而由 XRD（图 3-13）表征和 TEM(图 3-14）表征可以看出，活性炭上 Ru 的分散性最好，纳米颗粒最小，同时碳纳米管负载的 Ru 催化剂，颗粒粒径同样较小，分散性较好。而活性炭载体上的氨分解转化率并不高，由此推断，Ru 的颗粒粒径并不是影响氨分解催化活性的决定性因素，载体的作用对氨分解催化剂的催化活性同样存在很大影响。同时也证明，在氨分解催化反应中，载体不只是通过改变活性金属的分散性以及颗粒粒径来影响催化剂催化活性的，也与载体本身的其他性质有关，且有很大的相关性。而对于 5% Ru/NOMC 和 5% Ru/OMC 催化剂，活性金属 Ru 在 NOMC 和 OMC 上的分散性及颗粒粒径基本相近，而催化活性却有明显区别。在 773K，5% Ru/NOMC 上的氨分解转化率为 84.52%，而 5% Ru/OMC 的氨分解催化转化率仅为 58.59%，转化率相差25%以上。在通过此前的氮气低温吸附-脱附（图3-6）、小角度XRD(图3-4)、TEM（图3-5）以及拉曼光谱（图3-7）分析可知，OMC和NOMC的比表面积、孔径分布等物理结构基本相同。而XPS表征（图3-8）表明OMC和NOMC在元素组成上有明显不同，NOMC由于掺杂氮元素，氮含量明显比OMC高。因此证明，在NOMC载体上掺杂氮元素使得载体对氨分解转化率起到很好的促进作用，并且这种促进作用并不是通过改变活性金属Ru的分散性和晶粒尺寸来发挥作用的。在XPS(图3-10）表征中，可以看出，N元素的掺杂，使得活性金属Ru附近的化学环境发生变化，导致电子状态也发生改变。

通过NH_3的转化率数据，由Arrhenius方程得到催化剂的表观活化能（E_a），如图3-19所示。如表3-3中数据所列，5% Ru/AC活化能为70.67kJ/mol，远高于5% Ru/OMC(44.56kJ/mol）和5% Ru/CNTs(47.14kJ/mol)。氮元素掺杂改性后的催化剂活化能数值有明显的下降，5% Ru/NOMC的表观活化能E_a为24.61kJ/mol。在相同条件下，不同催化剂的活化能高低直接表现出不同催化剂催化性能的差异。值得注意的是，与其他文献中活化能的差异，一方面与催化剂的性能有关；另一方面受到不同反应条件的影响。

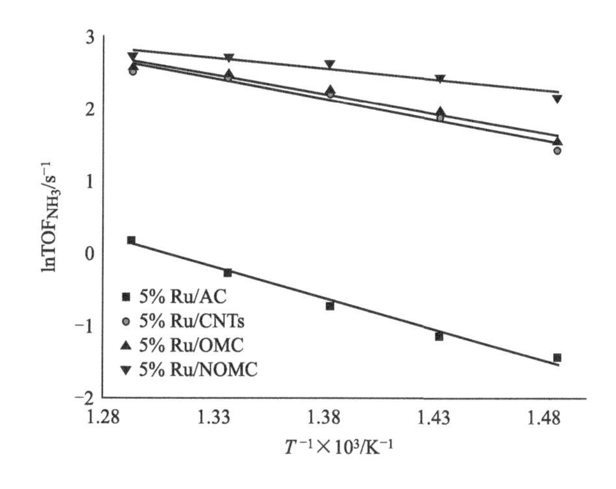

图3-19　催化剂Arrhenius曲线

［100mg催化剂，纯氨进料，温度773K，压力0.1MPa，空速6000mL/(g_{cat}·h)］

表3-3　氨分解5% Ru催化剂物化性质

催化剂	H_2-TPR			分散度/%	NH_3转化率/%	TOF/s^{-1}	E_a/(kJ/mol)
	起始还原温度/K	峰值温度/K	H_2消耗量/(μmol/g)				
5% Ru/OMC	823	594.7,690.8	923	34.1	58.59	13.73	44.56
5% Ru/NOMC	823	589.7,682.7	925	34.2	84.52	9.51	24.61
5% Ru/CNTs	823	601.4,687.3	925	42.3	69.46	9.11	47.14
5% Ru/AC	823	564.9,665.2	921	75	8.73	0.48	70.67

3.3 钌基合金催化剂

尽管 Ru 作为氨分解催化剂的催化性能很好，但由于价格劣势阻碍了 Ru 催化剂的工业应用。双金属之间的协同作用通常表现出更有利于催化反应的特性。采用双金属催化剂，替代或者降低 Ru 的使用从而降低催化剂成本，开发高效经济的氨分解催化剂是研究的目标。

Chen 等[12] 合成出不同 Ni/Ru 比的 Ni-Ru 合金，并应用于氨硼烷脱氢反应。氨硼烷水解动力学数据表明 Ni 增加了合金催化剂表观活化能，从而提高了 Ru 基催化剂的催化性能。同时，Ni/Ru 比最高的 $Ni_{0.74}Ru_{0.26}$ 催化性能最好。与单晶 Ru 和核壳结构 Ni@Ru 双金属相比较，Ni-Ru 合金催化性能更好。在氨分解反应中，较为典型的双金属催化剂研究工作是 Zhang 等[13] 报道的 Fe-Co 双金属催化剂。研究表明，少量 Co 的加入（Fe5Co）增强了 Fe 的氨分解催化性能，同时 Fe5Co 催化剂的稳定性更好。在这些研究报道中，更多的侧重点在于双金属材料的可控制备和反应性能的测试，而对于双金属性能协同作用的原因却并没有很好地揭示清楚。

在 2001 年，Jacobsen 等[14] 以氨合成反应为例，提出一种双金属催化剂设计基础和发展战略型理论。在氨合成反应中，催化剂的催化活性依赖速率决定步骤活化能（氮气分解）和表面吸附氮稳定性的平衡结果，满足一定线性关系（Brønsted-Evans-Polanyi）。反应存在一个最佳的吸附能，这个最佳吸附能反映了两种相互对立的方式之间为实现较高活性达到的妥协平衡点——较低的 N_2 分解活化能垒和反应中表面吸附氮原子低覆盖率之间的平衡，这两个过程分别需要较强的和较弱的氮与催化剂表面的相互作用。也就是说，较高的吸附能有利于 N_2 在催化剂表面活化分解，而降低催化剂表面活性位覆盖率又需要较低的吸附能。因此，较高的 N_2 表面吸附能和较低的吸附能均不利于反应，反应存在一个中间点，即火山形曲线，如图 3-20 所示。Jacobsen 等通过实验数据描述并验证了这种火山形曲线。

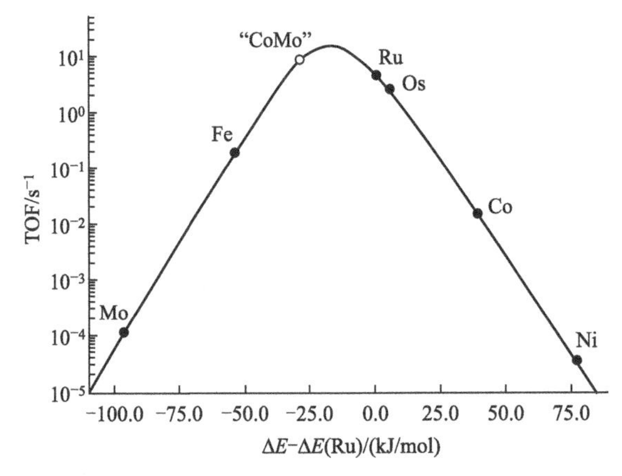

图 3-20 计算所得氨合成转换频率和氮吸附能之间的函数关系[14]

在火山形曲线顶端存在一个最有利于反应的能量中间值。Ru 最接近于火山顶点，因此对于纯金属催化剂，Ru 的氨合成催化活性最高，这与实际的实验数据相一致。一种理想的方式是结合两种催化剂构建一个催化剂面（活性位）得到需要的居于中间的氮相互作用能。这两种金属一种需要有较高的氮吸附能，一种要有较低的氮吸附能。氨分解作为氨合成的逆反应，在反应中应该也同样存在此种火山形曲线。基于此理论在实际实验中考察双金属协调作用，对理论模拟进行补充具有重要的实际意义。

本节通过实验制备出不同比例 Ru-Ni 和 Ru-Fe 双金属催化剂，考察在实际反应体系中双金属催化剂的协同作用机制。

3.3.1 催化剂制备

（1）Ru-Ni 和 Ru-Fe 一步法制备

具体方法如下：在 50mL 三口烧瓶中加入 0.0365mol 硬脂胺，加热至 338K 使其溶解成为澄清透明的淡黄色液体。然后，将一定比例的 $RuCl_3 \cdot 3H_2O$ 和 $Ni(NO_3)_2 \cdot 6H_2O$ 固体粉末同时加入烧瓶中，形成墨绿色溶液。在 Ar 气氛下，将温度升高至 383K 磁力搅拌 30min，除去硬脂胺中的水分及 $RuCl_3 \cdot 3H_2O$ 和 $Ni(NO_3)_2 \cdot 6H_2O$ 中的结合水。此时，溶液由墨绿色转变为透明澄清的黄绿色液体。将温度升高至 533K，在此温度下磁力搅拌并反应 20min 后，得到黑色溶液。加入乙醇，黑色产物分层在烧瓶底部。用乙醇和正己烷混合溶液清洗产品数次后，离心（10000r/min，5min），然后将黑色固体粉末分散在非极性的正己烷中。一步法合成双金属的制备条件及产物粒径如表 3-4 所列。

表 3-4 一步法合成双金属的制备条件及产物粒径

样品	反应物				反应条件	产物粒径
	溶剂	金属前驱物		摩尔比		
Ru-Ni(1∶3)	硬脂胺	$RuCl_3 \cdot 3H_2O$	$Ni(NO_3)_2 \cdot 6H_2O$	1∶3	533K,20min	5.4nm
Ru-Ni(1∶1)	硬脂胺	$RuCl_3 \cdot 3H_2O$	$Ni(NO_3)_2 \cdot 6H_2O$	1∶1	533K,20min	5.2nm
Ru-Ni(3∶1)	硬脂胺	$RuCl_3 \cdot 3H_2O$	$Ni(NO_3)_2 \cdot 6H_2O$	3∶1	533K,20min	4.7nm
Ru-Fe(1∶3)	硬脂胺	$RuCl_3 \cdot 3H_2O$	$C_{12}H_{21}FeO_6$	1∶3	533K,20min	2.4nm
Ru-Fe(1∶1)	硬脂胺	$RuCl_3 \cdot 3H_2O$	$C_{12}H_{21}FeO_6$	1∶1	533K,20min	2.4nm
Ru-Fe(3∶1)	硬脂胺	$RuCl_3 \cdot 3H_2O$	$C_{12}H_{21}FeO_6$	3∶1	533K,20min	4.0nm
Ru-Fe(4∶1)	硬脂胺	$RuCl_3 \cdot 3H_2O$	$C_{12}H_{21}FeO_6$	4∶1	533K,20min	4.2nm

（2）Ni、Fe 和 Co 纳米晶制备

Ni 纳米晶制备[15] 采用油胺-油酸体系，叔丁胺硼作为还原剂。在 Ar 气氛中，将 257mg 乙酰丙酮镍与 15mL 油胺和 0.32mL 油酸混合。加热升温至 383K 停留 20min，形成透明澄清的浅绿色溶液（形成 Ni-油酸络合物）。在 383K 继续停留 1h，除去溶液中的水分和溶解氧。将 264mg 叔丁胺硼溶解于 2mL 油胺中，快速注入上述溶液中。此时，明显观察到绿色透明溶液迅速转变成黑色。用乙醇和正己烷混合溶液清洗产品数次后，离心（10000r/min，5min），然后将黑色固体粉末分散在非极性的正己烷中。

Fe纳米晶制备方法与Ni纳米晶相同，在相同实验体系下用乙酰丙酮铁作为铁的前驱物，353mg乙酰丙酮铁与15mL油胺和0.32mL油酸混合。加热升温至383K停留20min，将还原温度从383K提高至463K。还原的Fe纳米晶清洗、离心分离后分散在正己烷中。

Co纳米晶制备方法与上述方法相同，在相同实验体系下用乙酰丙酮钴作为钴的前驱物，240mg乙酰丙酮钴与15mL油胺和0.32mL油酸混合。加热升温至383K停留20min，将还原温度从383K提高至453K。还原的Co纳米晶清洗、离心分离后分散在正己烷中。

(3) Ni@Ru和Fe@Ru纳米晶制备

首先在50mL三口烧瓶中加入0.0365mol硬脂胺，加热至338K使其溶解成为澄清透明的淡黄色液体。然后将分散在正己烷中的Ni纳米晶加入上述溶液，将反应温度升高至383K，待溶液中正己烷挥发之后，按一定比例加入$RuCl_3 \cdot 3H_2O$。在Ar气氛下搅拌，同时将温度升高至533K，在此温度下磁力搅拌并反应20min后，得到黑色溶液。加入乙醇，黑色产物分层在烧瓶底部。用乙醇和正己烷混合溶液清洗产品数次后，离心(10000r/min，5min)，然后将黑色固体粉末分散在非极性的正己烷中。改变Ni纳米晶和$RuCl_3 \cdot 3H_2O$的相对含量，可制备出不同比例的Ni@Ru纳米晶。

将Fe纳米晶加入上述淡黄色硬脂胺溶液中，将反应温度升高至383K，待溶液中正己烷挥发之后，按一定比例加入$RuCl_3 \cdot 3H_2O$。在Ar气氛下搅拌，同时将温度升高至533K，同样的方式可制备出Fe@Ru纳米晶。

(4) 双金属纳米晶的负载

取2%计量数的上述双金属纳米晶分散在15mL正己烷中，超声分散1h(功率：100%)。取1g碳载体分散在25mL正己烷中，超声分散1h(功率：100%)。然后，将分散在正己烷中的Ru纳米晶溶液逐滴加入碳载体正己烷溶液中，超声分散1h(功率：100%)，室温搅拌12h。搅拌后的悬浊液用离心机分离（3000r/min，5min)，得到的下层固体在333K干燥箱中干燥12h。

本节中制备的催化剂一览如表3-5所列。

表3-5 催化剂一览表

氮掺杂介孔碳负载钌对氨分解催化性能的影响				
催化剂	Ru负载量(质量分数)/%	还原气氛	还原温度/K	晶粒尺寸/nm
5%Ru/OMC	5	H_2	823	17.2
5%Ru/NOMC	5	H_2	823	17.0
5%Ru/AC	5	H_2	823	6.2
5%Ru/CNTs	5	H_2	823	5.1
钌纳米晶尺寸效应对氨分解催化性能的影响				
催化剂	Ru负载量(质量分数)/%	预处理气氛	预处理温度/K	晶粒尺寸/nm
Ru NP-A/CNTs	2	$5\%H_2/(H_2+N_2)$	623	7.4
Ru NP-B/CNTs	2	$5\%H_2/(H_2+N_2)$	623	8.7
Ru NP-C/CNTs	2	$5\%H_2/(H_2+N_2)$	623	5.7
Ru NP-D/CNTs	2	$5\%H_2/(H_2+N_2)$	623	5.7
Ru NP-E/CNTs	2	$5\%H_2/(H_2+N_2)$	623	4.6

双金属催化剂的协同作用对氨分解催化性能的影响				
催化剂	金属负载量(质量分数)/%	预处理气氛	预处理温度/K	晶粒尺寸/nm
Ni/CNTs	2	$5\%H_2/(H_2+N_2)$	623	4.0
Ru-Ni(1∶3)/CNTs	2	$5\%H_2/(H_2+N_2)$	623	5.4
Ru-Ni(1∶1)/CNTs	2	$5\%H_2/(H_2+N_2)$	623	5.2
Ru-Ni(3∶1)/CNTs	2	$5\%H_2/(H_2+N_2)$	623	4.7
Ru@Ni(1∶3)/CNTs	2	$5\%H_2/(H_2+N_2)$	623	5.4
Ru@Ni(3∶1)/CNTs	2	$5\%H_2/(H_2+N_2)$	623	4.7
Fe/CNTs	2	$5\%H_2/(H_2+N_2)$	623	3.0
Ru-Fe(4∶1)/CNTs	2	$5\%H_2/(H_2+N_2)$	623	4.0
Ru-Fe(3∶1)/CNTs	2	$5\%H_2/(H_2+N_2)$	623	4.2
Ru-Fe(1∶1)/CNTs	2	$5\%H_2/(H_2+N_2)$	623	2.4
Ru-Fe(1∶3)/CNTs	2	$5\%H_2/(H_2+N_2)$	623	2.4
Ru@Fe(1∶3)/CNTs	2	$5\%H_2/(H_2+N_2)$	623	2.5
Ru@Fe(3∶1)/CNTs	2	$5\%H_2/(H_2+N_2)$	623	4.3
Co/CNTs	2	$5\%H_2/(H_2+N_2)$	623	3.5

3.3.2 催化剂结构表征

(1) Ru-Ni 双金属催化剂表征

图 3-21 为液相还原 Ru-Ni 双金属纳米晶，颗粒粒径分布在 4.7～5.4nm 之间。随着 Ni 比例增加，纳米晶颗粒粒径有稍许增大，整体的颗粒粒径分布在同一尺度范围。将 2% Ru-Ni 双金属负载在碳纳米管上，负载后的 TEM 表征如图 3-22 所示。

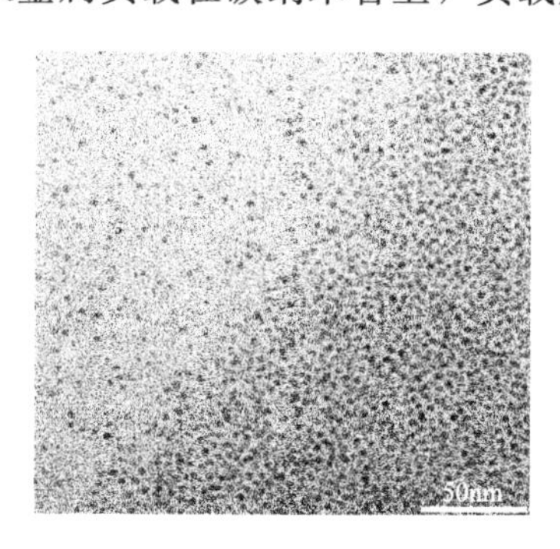

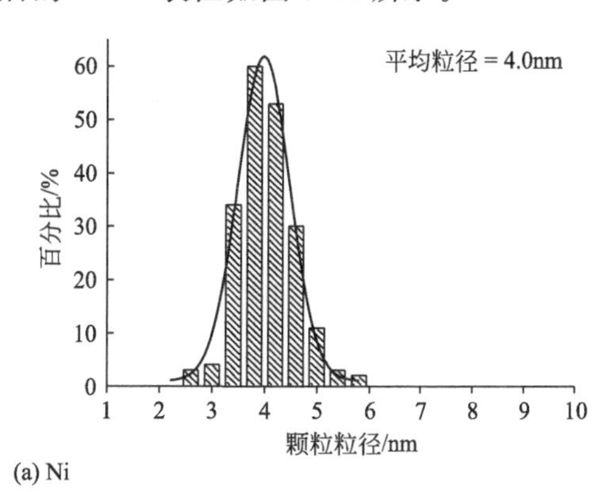

(a) Ni

图 3-21

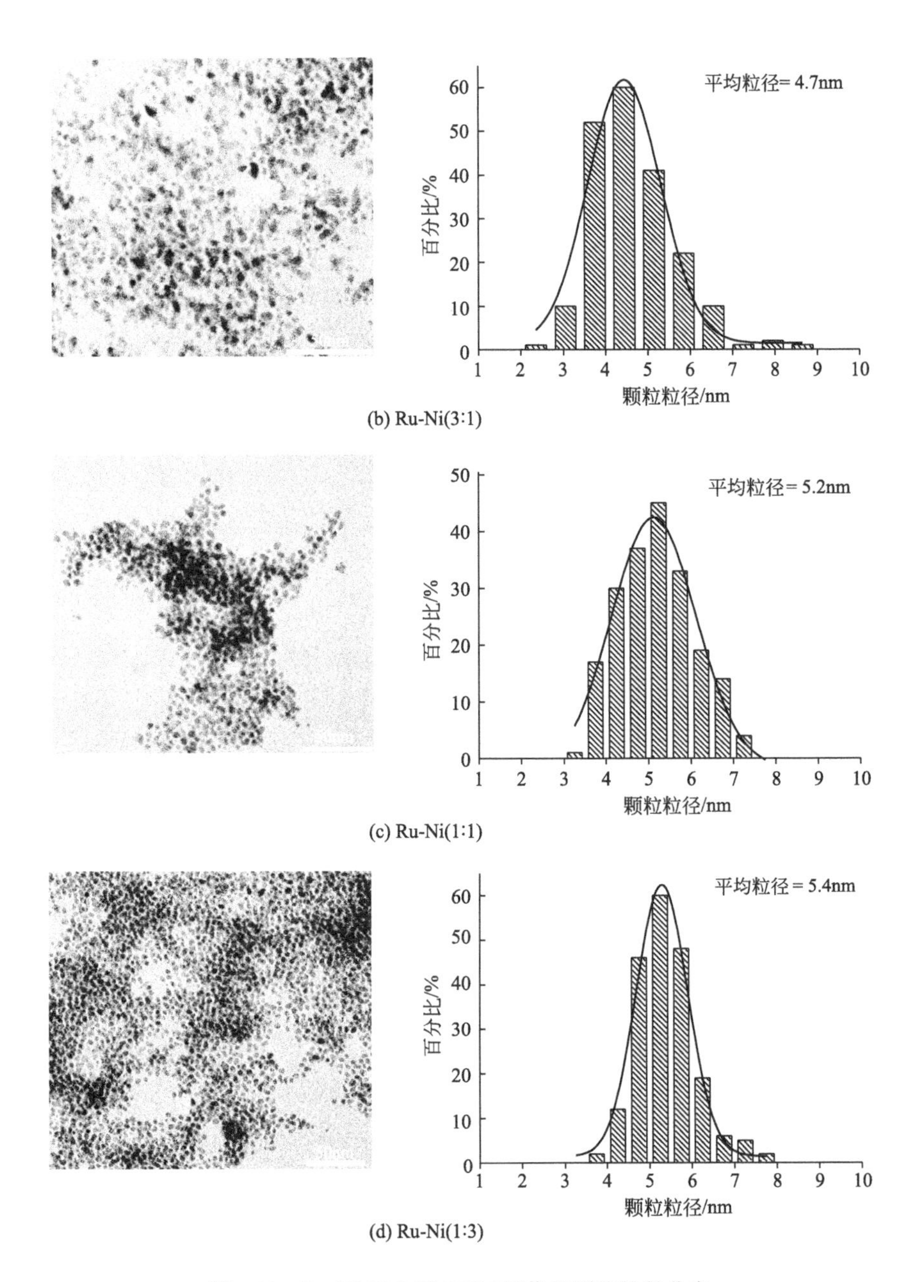

(b) Ru-Ni(3:1)

(c) Ru-Ni(1:1)

(d) Ru-Ni(1:3)

图 3-21　Ru-Ni 双金属 TEM 图像和颗粒粒径分布

如图 3-22 所示，Ni 及 Ru-Ni 双金属纳米晶较均匀分散在碳纳米管上，且颗粒粒径分布较均一。

（2）Ru-Fe 双金属催化剂表征

图 3-23 为不同比例 Ru-Fe 双金属纳米晶，颗粒粒径分布在 2～4nm 之间。由图可以看出，相同的制备方法，Ru-Fe 双金属的纳米颗粒比 Ru-Ni 双金属更小。

Ru-Fe 双金属纳米晶 XRD 谱图如图 3-24 所示（书后另见彩图）。在 XRD 谱图中，可

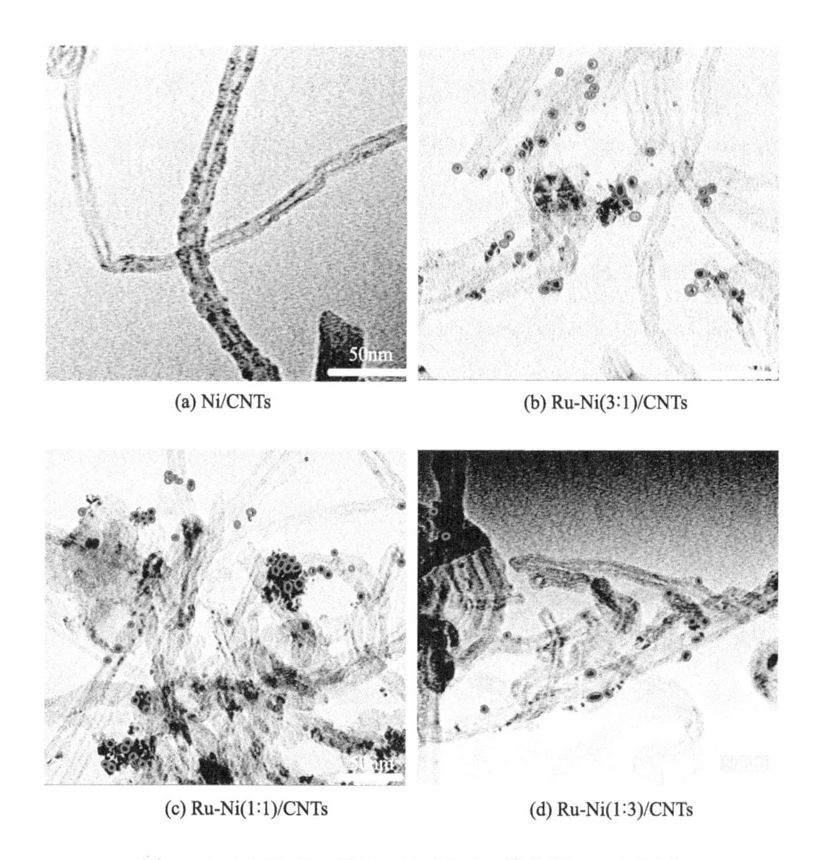

(a) Ni/CNTs　(b) Ru-Ni(3:1)/CNTs

(c) Ru-Ni(1:1)/CNTs　(d) Ru-Ni(1:3)/CNTs

图 3-22　Ni/CNTs 及 Ru-Ni/CNTs 催化剂 TEM 图像

以看出随着 Fe 含量的增加，Fe 的 XRD 峰逐渐明显（JCPDS06-0696），Ru 的峰逐渐减弱（JCPDS06-0663）。此外，在 Ru-Fe 双金属 XRD 谱图中，随着 Fe 比例增加，还存在 FeO 的衍射峰。说明在双金属处理过程中会有部分 Fe 极易被氧化。所以在催化反应之前有必要用 5%H_2/95%Ar 混合气进行预处理。

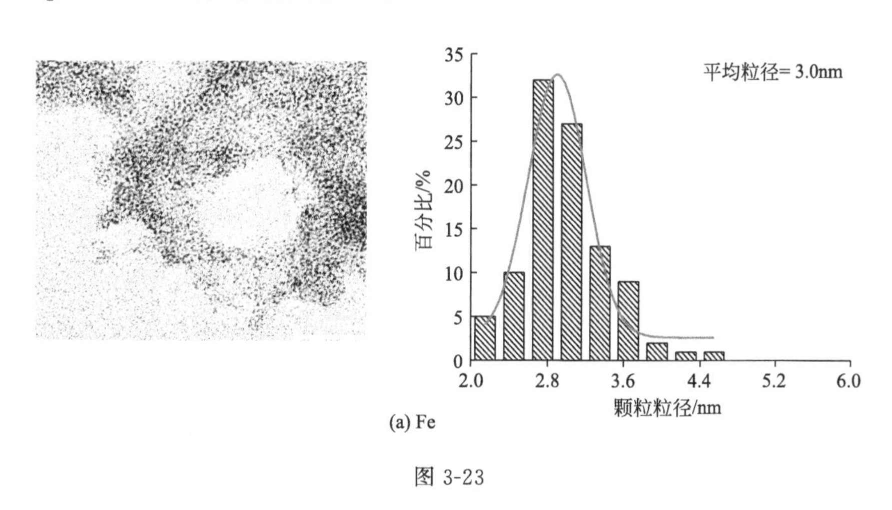

(a) Fe

图 3-23

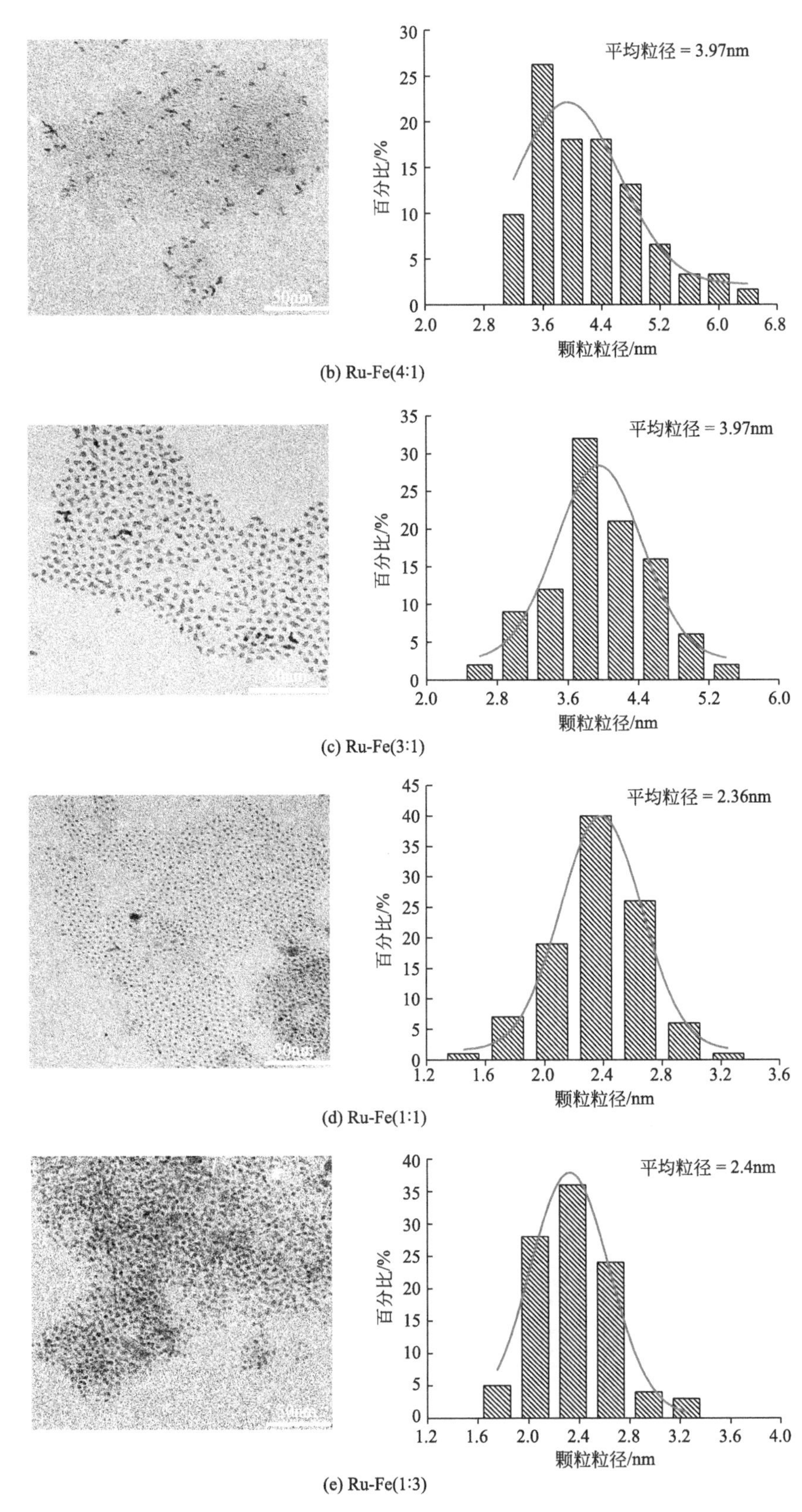

图 3-23　Fe 及 Ru-Fe 双金属 TEM 图像和颗粒粒径分布

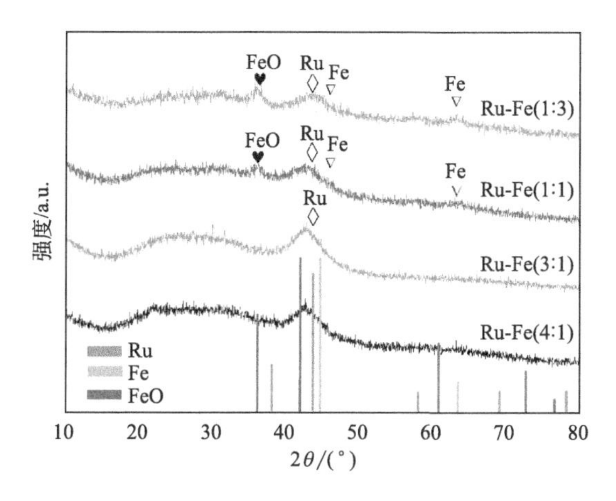

图 3-24　Ru-Fe 双金属纳米晶 XRD 谱图

图 3-25 为 Fe/CNTs 及 Ru-Fe/CNTs 催化剂的 TEM 图像。从图中可以明显看出，通过液相法制备的双金属 Ru-Fe 催化剂，分散性更好，颗粒粒径更均一。Ru-Fe 双金属能较好地分散在碳纳米管上，这将有利于催化反应的进行。

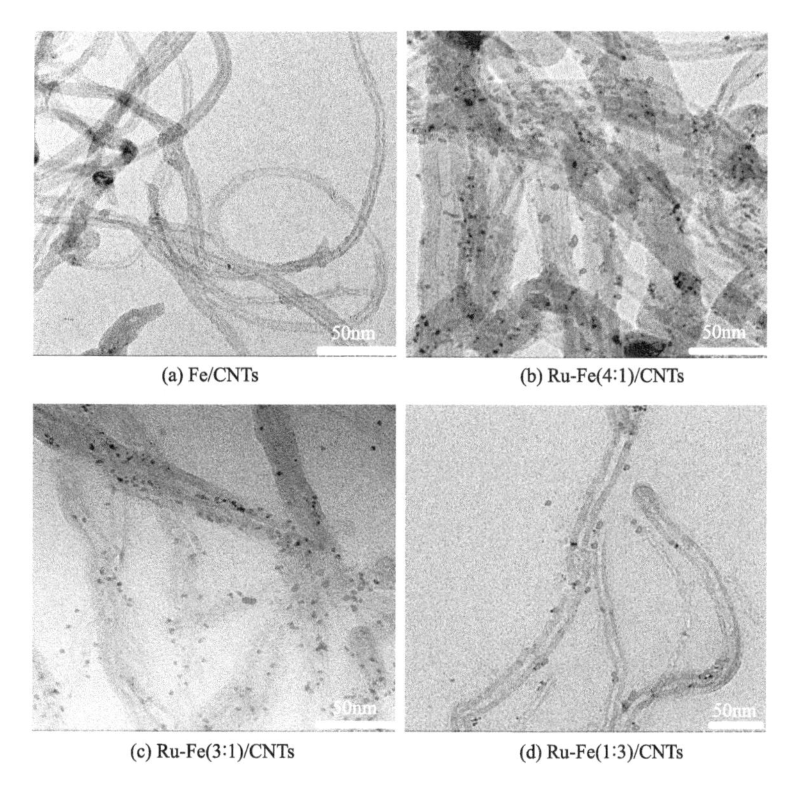

(a) Fe/CNTs　(b) Ru-Fe(4:1)/CNTs

(c) Ru-Fe(3:1)/CNTs　(d) Ru-Fe(1:3)/CNTs

图 3-25　Fe/CNTs 及 Ru-Fe/CNTs 催化剂的 TEM 图像

(3) 催化剂结构分析

如图 3-26 所示，在 Fe/CNTs 催化剂中，反应前存在氧化的 FeO 和部分氧化的

Fe_2O_3(JCPDS07-0322)。随着反应进行，与 Ni 催化剂不同的是，Fe 催化剂主要活性组分为 Fe_2N。同时在反应进行中，也出现颗粒增长的趋势。与 Ru-Fe 双金属催化剂体系相比较（图 3-27），反应前，催化剂中基本不出现氧化态的 Fe，说明 Ru-Fe 双金属增加了 Fe 的稳定性。这是由于 Fe 的电负性较小（$X=1.83$），而 Ru 的电负性较高（$X=2.20$），电负性越小，吸引电子能力越弱，金属越活泼。所以 Fe 容易被氧化。而 Ru 和 Fe 组成的双金属使得电负性升高（比 Fe 高，比 Ru 低），在 Ru-Fe 双金属中的 Fe 元素较稳定，不易被氧化。同时，在反应 60h 之后 XRD 峰强度并没有出现差别，说明 Ru-Fe(3∶1) 催化剂的稳定性较好。

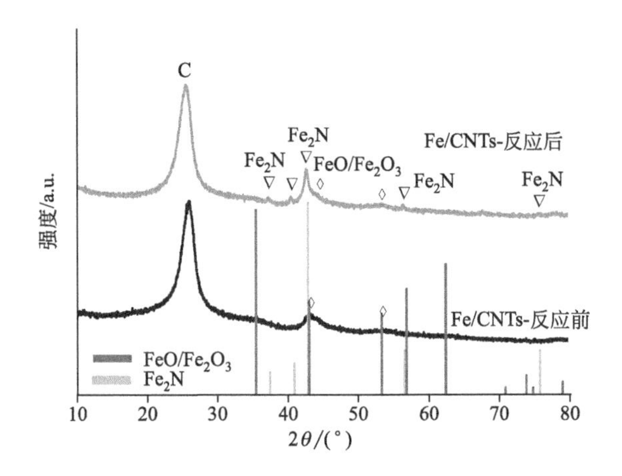

图 3-26　Fe/CNTs 催化剂的 XRD 谱图

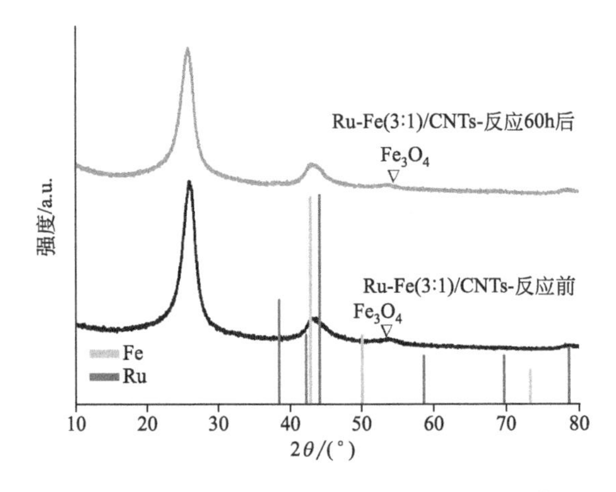

图 3-27　Ru-Fe(3∶1)/CNTs 催化剂的 XRD 谱图

图 3-28 为 Ru/CNTs 催化剂反应前和反应 60h 后的 XRD 谱图，由图可以看出反应 60h 之后，Ru 的 XRD 衍射峰有增强，颗粒粒径变大，催化剂的稳定性下降。这与 TEM 表征结果相吻合（图 3-29，书后另见彩图）。

图 3-29 分别为 Ru/CNTs 和 Ru-Fe(3∶1)/CNTs 催化剂 60h 稳定性测试前后的 TEM 图像。反应前 Ru/CNTs 和 Ru-Fe(3∶1)/CNTs 催化剂上的活性金属颗粒较小，且分散均

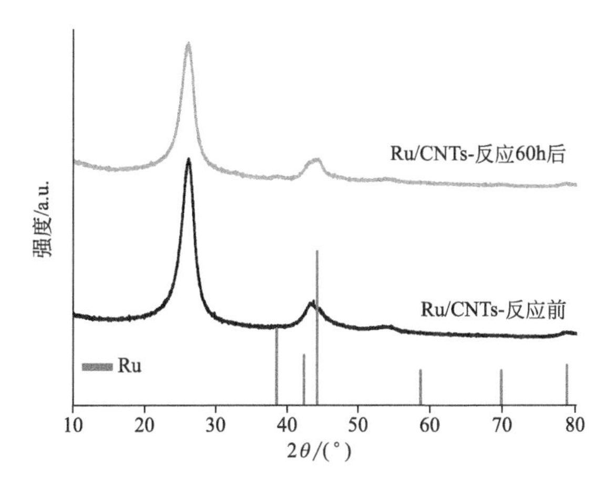

图 3-28　Ru/CNTs 催化剂的 XRD 谱图

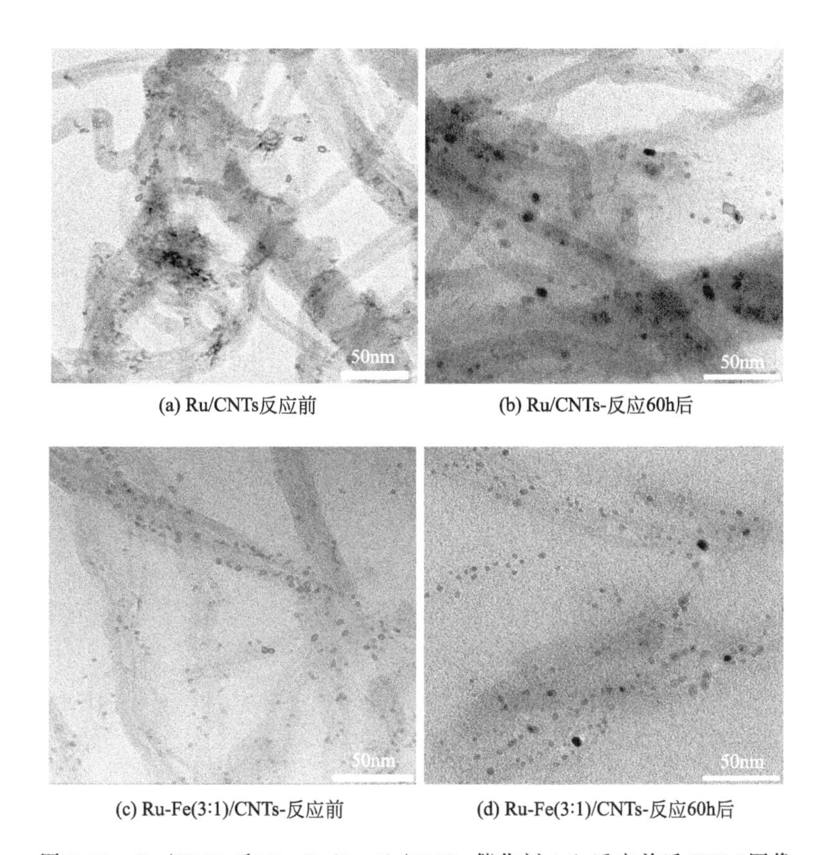

图 3-29　Ru/CNTs 和 Ru-Fe(3∶1)/CNTs 催化剂 60h 反应前后 TEM 图像

匀。60h 反应后，Ru-Fe(3∶1)/CNTs 催化剂上的活性金属颗粒尺寸基本变化不大，只有很少部分颗粒出现增长情况。而在 60h 反应后的 Ru/CNTs 催化剂图像中可以明显看到大颗粒活性金属出现，说明 Ru 纳米颗粒发生团聚增长。结合 XRD 表征测试，这与催化剂稳定性测试结果相印证，后面将会进行详细介绍。

3.3.3 氨分解反应性能

实验对不同比例的 Ru-Ni 和 Ru-Fe 双金属进行了氨分解催化性能测试，以及 60h 催化剂稳定性测试。测试结果如图 3-30～图 3-32 所示。

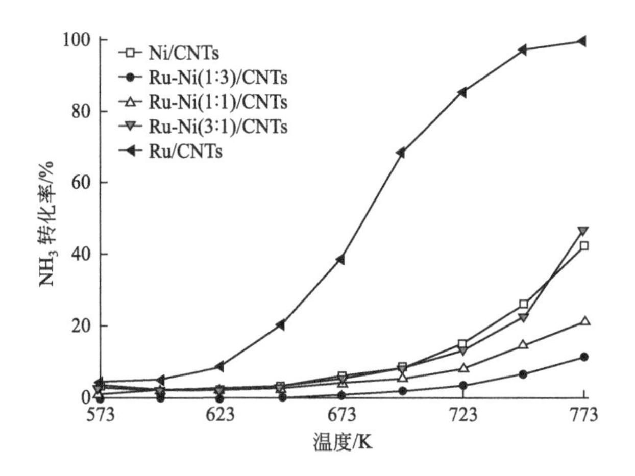

图 3-30 液相还原 Ru-Ni 双金属催化剂随温度升高的氨分解转化率函数

[100mg 催化剂，纯氨进料，温度 573～773K，压力 0.1MPa，空速 6000mL/(g_{cat}·h)]

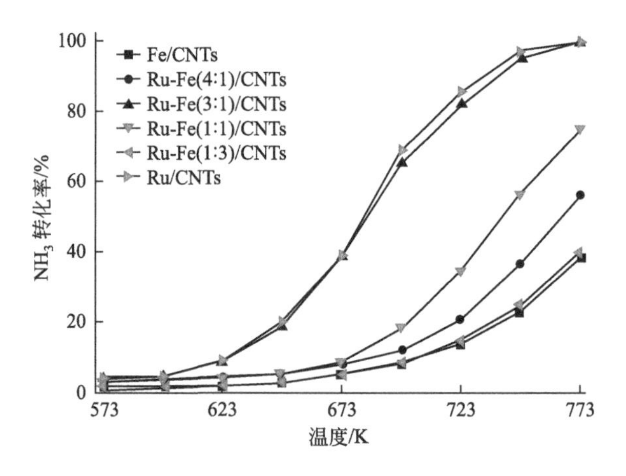

图 3-31 液相还原 Ru-Fe 双金属催化剂随温度升高的氨分解转化率函数

[100mg 催化剂，纯氨进料，温度 573～773K，压力 0.1MPa，空速 6000mL/(g_{cat}·h)]

图 3-30 和图 3-31 分别为不同比例 Ru-Ni 和 Ru-Fe 双金属催化剂氨分解催化转化率，由转化率曲线可以看出，减少 Ru 的使用量而增加 Ni 的含量，催化剂的催化性能出现明显下降。而在 Ru-Fe 双金属催化剂中，降低 Ru 的含量而提高 Fe 的含量，催化剂的催化活性出现先增加后减小的趋势。Ru-Fe 比为 4∶1 时，在 723K 氨分解转化率为 20.63%，而 Ru-Fe 比为 3∶1 时，723K 下的氨分解转化率为 81.78%，与 Ru 的催化转化率接近。当 Fe 的量继续增加，Ru-Fe 比为 1∶1 和 1∶3 时，氨分解转化率又再次降低，723K 下分别为 34.83%和 14.36%。由实验数据可得到 Ru-Fe 双金属的最佳氨分解比例为 3∶1。同

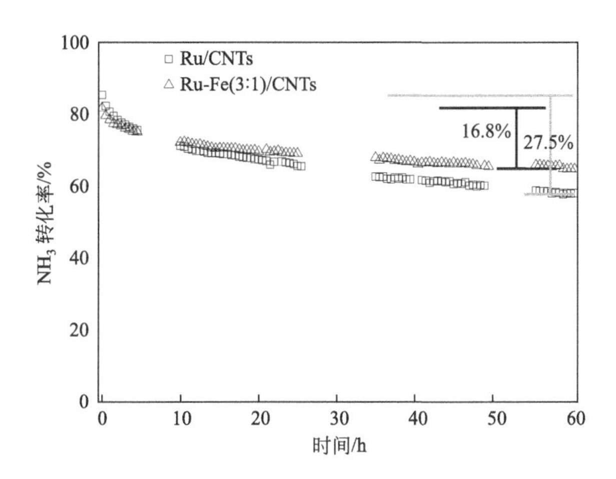

图 3-32 Ru-Fe(3∶1) 双金属催化剂和 Ru 催化剂氨分解稳定性测试

[100mg 催化剂，纯氨进料，温度 773K，压力 0.1MPa，空速 6000mL/(g_{cat}·h)]

时，实验对 Ru-Fe(3∶1) 和 Ru 催化剂进行了稳定性测试，测试温度为 723K，反应 60h，如图 3-32 所示。

由图 3-32 可以看出，Ru-Fe(3∶1) 催化剂的稳定性优于 Ru 催化剂，反应在 723K 下进行 60h 之后，Ru-Fe(3∶1) 催化剂氨分解转化率下降 16.8%，而 Ru 催化剂氨分解转化率下降 27.5%。同时，Ru-Fe(3∶1) 催化剂氨分解转化率逐渐趋于稳定，而 Ru 催化剂氨分解转化率有继续降低的趋势。可见，Ru-Fe(3∶1) 氨分解催化剂一方面降低了贵金属 Ru 的使用量；另一方面增强了催化剂的稳定性。

3.4 基于 UiO-66 系列衍生碳基材料负载钌基催化剂

金属有机骨架（MOF）是一种新型的晶态多孔材料，具有可调控的组成成分、形貌结构多样性、微观孔径可调、比表面积较大等特点，在催化、能量储存和转化、气体储存等诸多方面受到了广泛的关注。另外，基于 MOF 的结构与组成，其被用作制备各种形式的纳米多孔碳材料以及新的多功能碳基复合材料的通用前体。与单个组件组装的复合材料相比，它往往表现出更优越的功能特性（导电性能、刚性的骨架、优良的化学性质和热稳定性）。MOF 衍生多孔碳基材料可以通过精心设计掺入杂原子（如 N、P 和 S）和纳米金属粒子或金属簇，以此来调控碳骨架的表面电子结构、改变表面极性、引入碱性位点和增加表面缺陷等。改变 MOF 衍生碳基材料的无机金属中心和桥连的有机配体能改变载体为活性组分提供的化学环境，从反应动力学角度分析载体化学环境的改变对催化剂性能的影响对催化剂的设计具有指导意义。目前对 MOF 衍生多孔碳基材料作为催化剂载体用于氨分解反应的研究报道基本没有。

在本节中，主要合成了正八面体并具有高比表面积的 UiO-66 系列 MOF 材料，在惰性气体下高温焙烧形成多孔碳基骨架材料。以此作为载体，用等体积浸渍法制备出 8 组催化剂，即 1% $Ru-ZrO_2/C$、1% $Ru-ZrO_2/CN$、1% Ru/C、1% Ru/CN、2% $Ru-ZrO_2/C$、2% $Ru-ZrO_2/CN$、2% Ru/C 和 2% Ru/CN（其中，1%和 2%均为质量分数）。采用 XRD、TEM、BET、H_2-TPR 和 Raman 等一系列表征仪器和技术对合成的载体材料形貌、孔结构、元素组成和催化剂结构进行了表征，着重研究 MOF 衍生碳基材料与活性金属之间的相互作用，以及其中高度分散的 ZrO_2 纳米颗粒与钌金属的协同作用对氨分解催化性能的影响。

3.4.1 催化剂制备

（1）UiO-66 的制备

UiO-66 的制备方法在之前的报道[16] 下做了一些修改。将 $ZrCl_4$（83.92mg，0.36mmol）和 H_2BDC（对苯二甲酸，59.92mg，0.36mmol）的混合物溶解在装有 80mL DMF（N,N-二甲基甲酰胺）的烧杯中，用玻璃棒充分搅拌并完全溶解后，加入 9.6mL 乙酸。将这些混合溶液超声 30min，然后转移至配有聚四氟乙烯内衬的高压反应釜中，放入预热至 393K 的烘箱中反应 24h。之后将产物以 6000r/min 转速离心 3min，并用乙醇和 DMF 的混合剂（$v_1/v_2=1:4$）洗涤 3 次，最后将产物在 103K 下真空干燥 12h，得到白色粉末状物质。

（2）UiO-66-NH_2 的制备

UiO-66-NH_2 的制备方法在之前的报道[16] 下做了一些修改。将 $ZrCl_4$（83.92mg，0.36 mmol）和 H_2BDC-NH_2（65.2mg，0.36mmol）的混合物溶解在装有 80mL DMF 的烧杯中，用玻璃棒充分搅拌并完全溶解后，加入 9.6mL 乙酸。将这些混合溶液超声 30min，然后转移至配有聚四氟乙烯内衬的高压反应釜中，放入预热至 393K 的烘箱中反应 24h。之后将产物以 6000r/min 转速离心 3min，并用乙醇和 DMF 的混合剂（$v_1/v_2=1:4$）洗涤 3 次，最后将淡黄色的产物在 103K 下真空干燥 12h，得到淡黄色粉末状物质。

（3）ZrO_2/C 和 ZrO_2/CN 的制备

将 UiO-66 和 UiO-66-NH_2 粉末分别装进长方形瓷舟中，放入管式炉，在氩气氛围下加热至 973K 并在此温度下热处理 3h。冷却到室温后，将黑色粉末状产物收集并保存。

（4）C 和 CN 的制备

将 ZrO_2/C 和 ZrO_2/CN 黑色粉末分别分散在含有 0.1mol HF 的 15mL H_2O 中，充分搅拌 2h，然后将产物以 10000r/min 转速离心 5min。之后，将合成的产物用乙醇和 DMF 的混合剂（$v_1/v_2=1:4$）洗涤 3 次，最后将黑色产物在 373K 下真空干燥为下一步做准备。

3.4.2 催化剂结构表征

（1）载体结构表征

本节采用水热法，将 $ZrCl_4$ 作为金属节点，将 H_2BDC 和 H_2BDC-NH_2 作为有机基团配合物，在 393K 下充分结晶形成 UiO-66 和 UiO-66-NH_2，然后将这两种金属有机骨架前驱体在 973K 的高温下进行焙烧，分别得到 ZrO_2/C 和 ZrO_2/CN 两种多孔碳基材料，再将上述两种碳材料在 HF 溶液中充分刻蚀除去 ZrO_2 纳米颗粒得到 C 和 CN。

UiO-66 和 UiO-66-NH_2 的 X 射线衍射（XRD）如图 3-33 所示。从谱图可以发现两种 MOF 都具有良好的晶体结构，在 2θ=7.4°、8.5°、14.8°、17.1°、25.8°和 30.8°处有六个主要特征峰，分别为 UiO-66 和 UiO-66-NH_2 的（111）、（200）、（222）、（400）、（442）和（711）晶面，其主要峰的峰位和峰强与 Cavka 等[17] 报道的一致。另外，在 12.0°处的弱峰归因于对角连接基团的存在以及 UiO-66 骨架中有机连接体-无机金属基团的强相互作用[18]。高温热处理后的 ZrO_2/CN 和 ZrO_2/C 的 X 射线衍射如图 3-34 所示。通过对比可以发现在 2θ = 30.1°、34.9°、50.2°和 59.8°有明显的特征峰，分别对应（111）、（200）、（220）和（311）晶面，是显著的氧化锆四方体晶型特征峰。其衍射峰数量明显减少，归因于在高温焙烧过程中，UiO-66 和 UiO-66-NH_2 的有机骨架原位转化为多孔碳，多孔碳由纳米 ZrO_2 晶体装饰。从图 3-35 的 XRD 谱图可以发现 C 和 CN 经过 HF 溶液充分刻蚀可以腐蚀掉惰性的 ZrO_2 纳米粒子，从而得到单一的碳骨架。

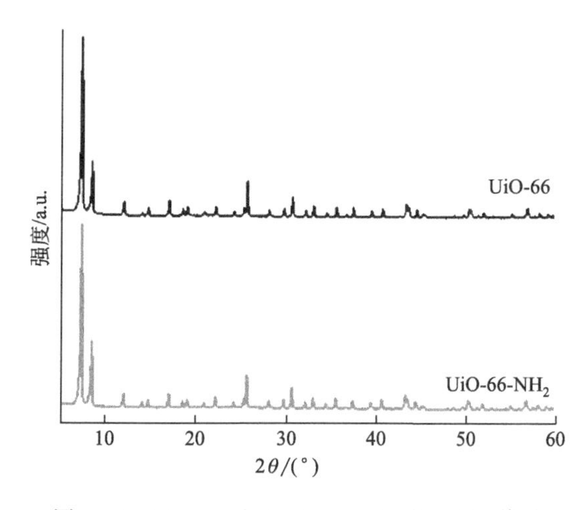

图 3-33 UiO-66 和 UiO-66-NH_2 的 XRD 谱图

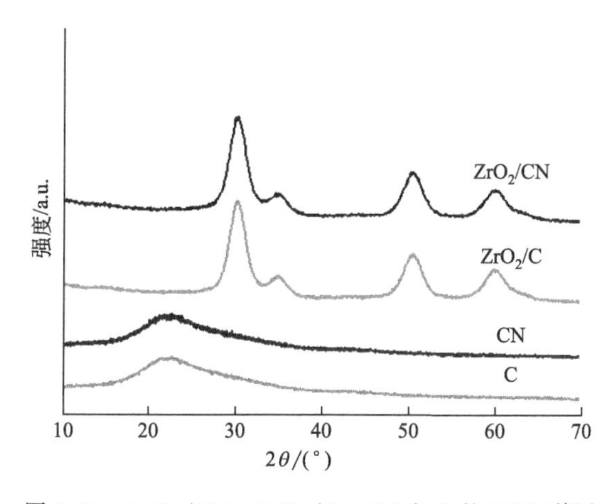

图 3-34 ZrO_2/CN、ZrO_2/C、CN 和 C 的 XRD 谱图

为了进一步探究四种多孔碳材料的整体结构性质，使用拉曼光谱这一有力工具进行表征测试。如图3-35所示，ZrO_2/C、ZrO_2/CN、C和CN四种碳载体样品在$1580cm^{-1}$和$1360cm^{-1}$位置有两大高峰，分别对应于石墨化碳（G-band）和无定形碳（D-band），与环状结构sp^2碳原子的径向呼吸模以及链形和环形结构中sp^2碳原子的伸缩振动有关。其中无定形碳和石墨化碳的相对强度I_D/I_G的可以表示此材料的石墨化程度。I_D/I_G的比值越小，表明石墨化程度越高。ZrO_2/CN、ZrO_2/C、CN和C的I_D/I_G值分别为0.93、0.91、0.96和0.95。由测试结果可知，四种碳材料的石墨化程度都较高，这归因于较高的焙烧温度。ZrO_2/CN和ZrO_2/C的石墨化程度比CN和C要高一些，表明在HF溶液的刻蚀过程中增加了多孔碳材料的缺陷而提高了无序度。

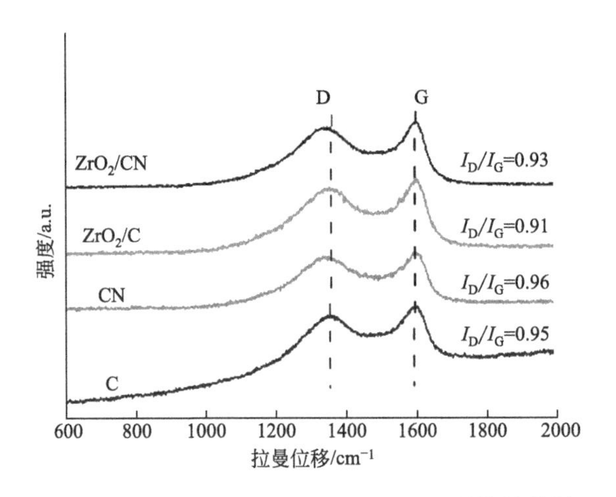

图3-35 ZrO_2/C、ZrO_2/CN、C和CN的拉曼谱图

较高的石墨化程度，也表明ZrO_2/CN和ZrO_2/C有较好的电子传导性能。具有较好的电子传导性能的多孔碳材料作为载体，有利于活性中心金属表面电荷转移，这对催化剂的催化性能有较好的促进作用。

为了进一步更直观准确地观察UiO-66、UiO-66-NH_2、ZrO_2/C、ZrO_2/CN、C和CN形貌结构，我们对上述材料做了TEM表征，如图3-36～图3-38所示。在图3-36中，我们可以直观清晰地观察到UiO-66和UiO-66-NH_2都具有非常规整的正八面体形貌，也再次验证了其良好的结晶度。这两种MOF的大小分布在150～300nm之间。如图3-37所示，在973K的高温焙烧下，相较于UiO-66和UiO-66-NH_2，ZrO_2/C和ZrO_2/CN的棱角平滑了一些，但是整体上依旧保持着正八面体的结构，没有发现明显的结构坍塌，证明了其良好的热稳定性。而且可以观察到，碳骨架固定了很多氧化锆纳米颗粒，正是由于碳骨架的固定和隔离作用，可以有效地避免氧化锆颗粒在高温下发生明显的团聚现象，并且其粒径分布在1.5～4nm之间。如图3-38所示，经过HF溶液充分刻蚀后，整体形貌依旧保持着正八面体，证明UiO-66和UiO-66-NH_2经过高温焙烧后的拓扑骨架结构也具有较好的耐酸性。其中C和CN的TEM衬度明显浅于UiO-66、UiO-66-NH_2、ZrO_2/C和ZrO_2/CN，并且没有观察到氧化锆纳米颗粒的存在，与XRD的结果保持一致。通过一系列的TEM图像表征，可以发现此多孔碳材料具有较好的热稳定性、耐酸性和固定隔离作用。

(a) UiO-66　　(b) UiO-66

(c) $UiO-66-NH_2$　　(d) $UiO-66-NH_2$

图 3-36　UiO-66 和 $UiO-66-NH_2$ 的 TEM 图像

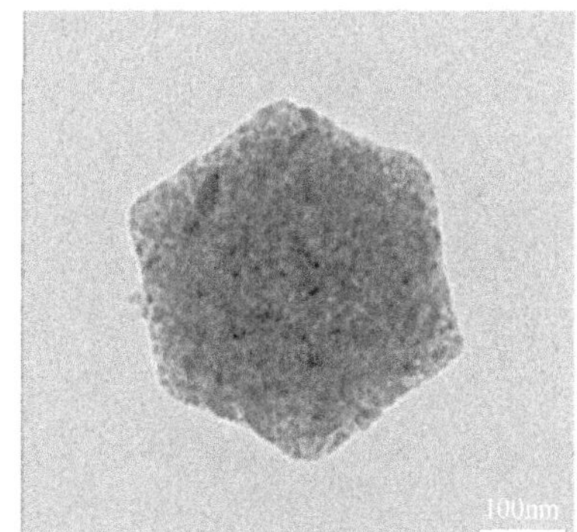

(a) ZrO_2/C　　(b) ZrO_2/C

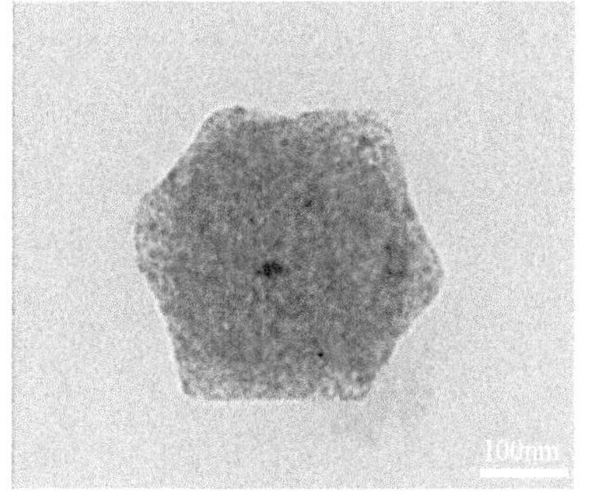

(c) ZrO_2/CN　　(d) ZrO_2/CN

图 3-37　ZrO_2/C 和 ZrO_2/CN 的 TEM 图像

(a) C (b) C (c) CN (d) CN

图 3-38 C和CN的TEM图像

通过低温 N_2 吸附-脱附对 ZrO_2/CN、ZrO_2/C、CN和C的比表面积和孔径分布做了测试。低温 N_2 吸附-脱附等温线以及BJH法测得的孔径分布曲线如图3-39和图3-40所示。在图3-39中，CN和C吸附曲线在低压段 $p/p_0=0.05\sim0.35$ 上升较快，表明此阶段氮气吸附量较快增加，在 $p/p_0=0.5\sim0.9$ 吸附曲线处于平缓上升，当 $p/p_0>0.9$ 时吸附曲线出现急速上升，根据IUPAC滞后环类型分类，CN和C的吸附-脱附等温线属于典型的Ⅰ型，有 H_4 滞后环。ZrO_2/CN和 ZrO_2/C在 $p/p_0=0.05\sim0.9$ 保持平稳上升，$p/p_0>0.9$ 有一突增，其吸附-脱附等温线也属于典型的Ⅰ型，有 H_4 滞后环。在 $p/p_0=0.5\sim0.8$ 时，ZrO_2/CN、ZrO_2/C、CN和C的吸附-脱附曲线为不完全可逆吸附，存在毛细凝结步骤。综上所述，这四种材料是微孔型载体。采用BET(Brunauer-Emmet-Teller)方法对 $p/p_0=0.05\sim0.9$ 之间数据进行处理，得到 ZrO_2/CN、ZrO_2/C、CN和C的比表面积。通过BJH(Barrett-Joiner-Halenda)模型得到 ZrO_2/CN、ZrO_2/C、CN和C的孔径分布，如图3-40所示。ZrO_2/CN、ZrO_2/C、CN和C的孔径分布狭窄，平均孔径分别为1.665nm、1.666nm、1.751nm和1.750nm，可以发现经过HF刻蚀后的多孔碳孔径略微变大。ZrO_2/CN、ZrO_2/C、CN和C的比表面积分别为 $122m^2/g$、$240m^2/g$、$1472m^2/g$ 和 $1496m^2/g$。

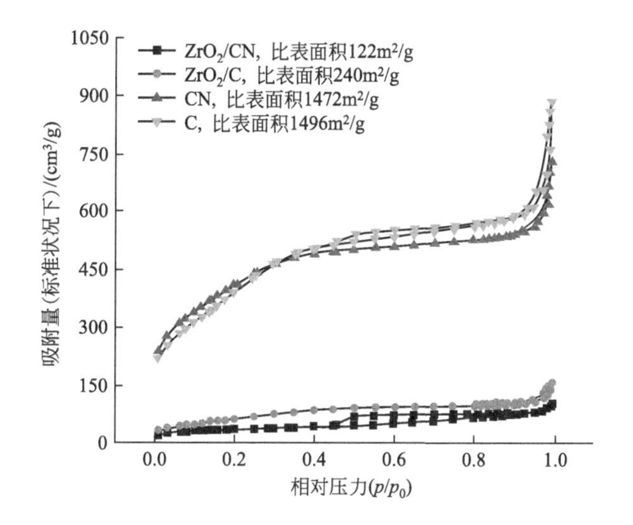

图 3-39 ZrO_2/CN、ZrO_2/C、CN 和 C 的氮气吸附等温线

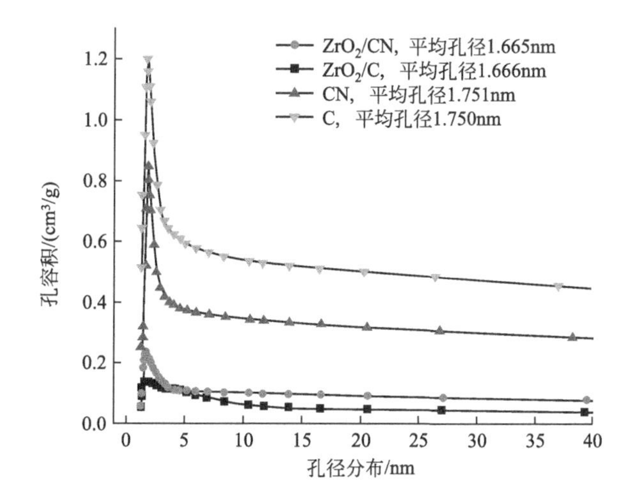

图 3-40 ZrO_2/CN、ZrO_2/C、CN 和 C 的孔径分布

可以明显观察到经过 HF 溶液刻蚀后 CN 和 C 的比表面积显著增大，这是因为氧化锆纳米颗粒会很大程度地堵塞孔道，导致 ZrO_2/CN 和 ZrO_2/C 的比表面积大大下降。其中 ZrO_2/C 的比表面积是 ZrO_2/CN 的接近 2 倍，归因于氮的掺杂导致多孔碳材料有序度下降，石墨化程度降低，微孔孔道减少。结果表明采用不同的碳源对 ZrO_2/CN 和 ZrO_2/C 的物理性质有一定程度的影响。同时，较高的比表面积和丰富的微孔结构使得 ZrO_2/CN、ZrO_2/C、CN 和 C 拥有成为理想载体的潜质。

综上所述，实验证明采用热解 MOF 前驱体，可以成功制备出具有高比表面积、丰富微孔孔道、较高石墨化程度、引入氮元素以及实现碳骨架固定氧化锆纳米颗粒的多孔碳载体。将这四种载体负载不同含量的 Ru 作为催化剂，进行相互对照，研究 UiO 衍生多孔碳载体对氨分解反应催化性能的影响。

(2) 负载后催化剂结构表征

催化剂的制备采用等体积浸渍法，用 $RuCl_3 \cdot 3H_2O$ 作为前驱物，负载在多孔碳载体上，负载量（质量分数，下同）为1%和2%。然后在673K、H_2 气氛下焙烧3h。

ZrO_2/CN、ZrO_2/C、CN 和 C 等体积浸渍法负载 Ru 后的 X 射线衍射（XRD）如图3-41和图 3-42 所示。图 3-41 中曲线分别为 1% Ru-ZrO_2/CN、1% Ru-ZrO_2/C、2% Ru-ZrO_2/CN 和 2% Ru-ZrO_2/C 的衍射曲线，在 30.1°、34.9°、50.2°和 59.8°处有衍射峰，在 38.4°、42.2°、44.0°、58.3°、69.4°和 78.4°处并没有发现常见的 Ru 金属衍射峰，这是因为负载的 Ru 颗粒晶粒较小或者结晶度不好，而且在碳载体背景的干扰下，较弱的 Ru 衍射峰可能会被掩盖。图 3-42 中衍射曲线分别为 1% Ru/CN、1% Ru/C、2% Ru/CN 和 2% Ru/C，可观察到无定形的碳峰，但也无法观测到 Ru 衍射峰。

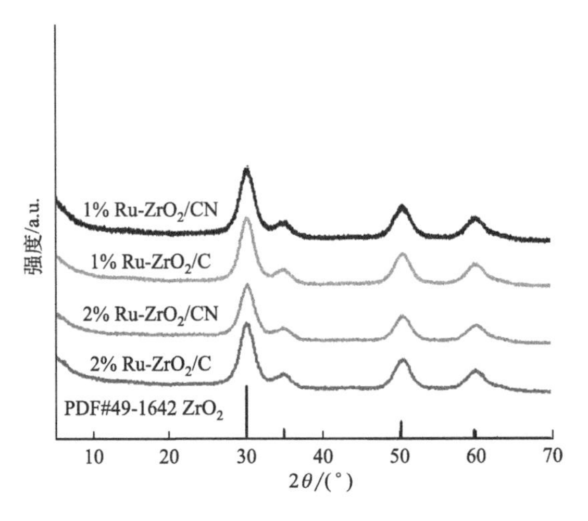

图 3-41 1% Ru-ZrO_2/CN、1% Ru-ZrO_2/C、2% Ru-ZrO_2/CN 和 2%Ru-ZrO_2/C 的 XRD 谱图

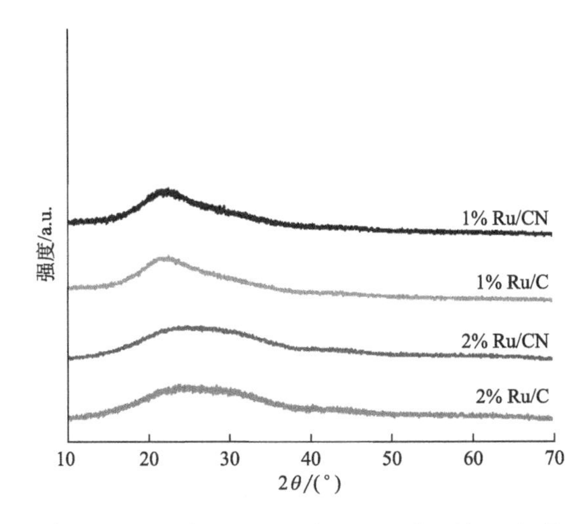

图 3-42 1% Ru/CN、1% Ru/C、2% Ru/CN 和 2% Ru/C 的 XRD 谱图

为了更清楚直观地观察活性金属 Ru 在多孔碳载体上的颗粒存在和分布状态，我们对催化剂样品做了 TEM 表征，表征结果如图 3-43 和图 3-44 所示。分别对应于反应前催化剂 2% Ru-ZrO_2/CN、2% Ru-ZrO_2/C、2% Ru/CN 和 2% Ru/C。

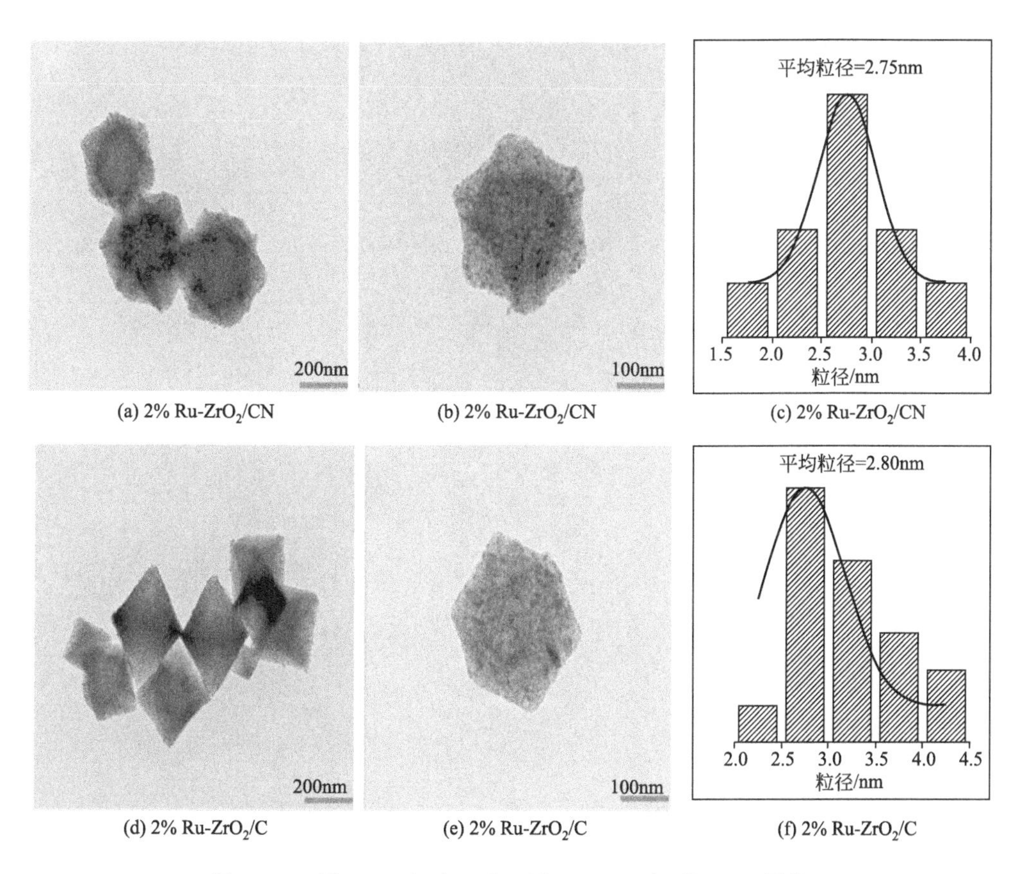

图 3-43 2% Ru-ZrO_2/CN 和 2% Ru-ZrO_2/C 的 TEM 图像及对应的 Ru-ZrO_2 晶粒粒径分布

在图 3-43 和图 3-44 电镜图中可以观察到，在 ZrO_2/CN、ZrO_2/C、CN 和 C 上等体积负载 Ru 并在 673K 下氢气还原后，多孔碳材料依旧保持着良好的形貌，并且晶粒尺寸较小，平均粒径分别为 2.75nm、2.80nm、2.33nm 和 2.75nm，颗粒分布较均匀，分布范围较窄，主要分布在 2～4nm 之间，与 XRD 表征结果保持一致。其中 ZrO_2/CN 和 ZrO_2/C 等体积负载 Ru 后，Ru 纳米颗粒与氧化锆纳米颗粒紧密贴合，形成 Ru-ZrO_2 纳米颗粒。Ru/CN 和 Ru/C 可清楚地观察到 Ru 颗粒均匀分散在多孔碳骨架上。综上所述，这四种多孔碳材料有利于 Ru 的分散，使得制备出的催化剂具有很小的 Ru 颗粒，且分布均匀。

由以上表征结果说明，ZrO_2/CN、ZrO_2/C、CN 和 C 的高比表面积和丰富的微孔孔道结构在等体积浸渍过程中，可以良好地吸附 $RuCl_3 \cdot 3H_2O$，并且在高温 H_2 还原过程中，碳骨架发挥固定和限域的作用，让均匀吸附在孔道内的钌盐，发生还原反应形成颗粒时可以有效地避免颗粒聚集，因此使 Ru 纳米颗粒具有很好的分散性。

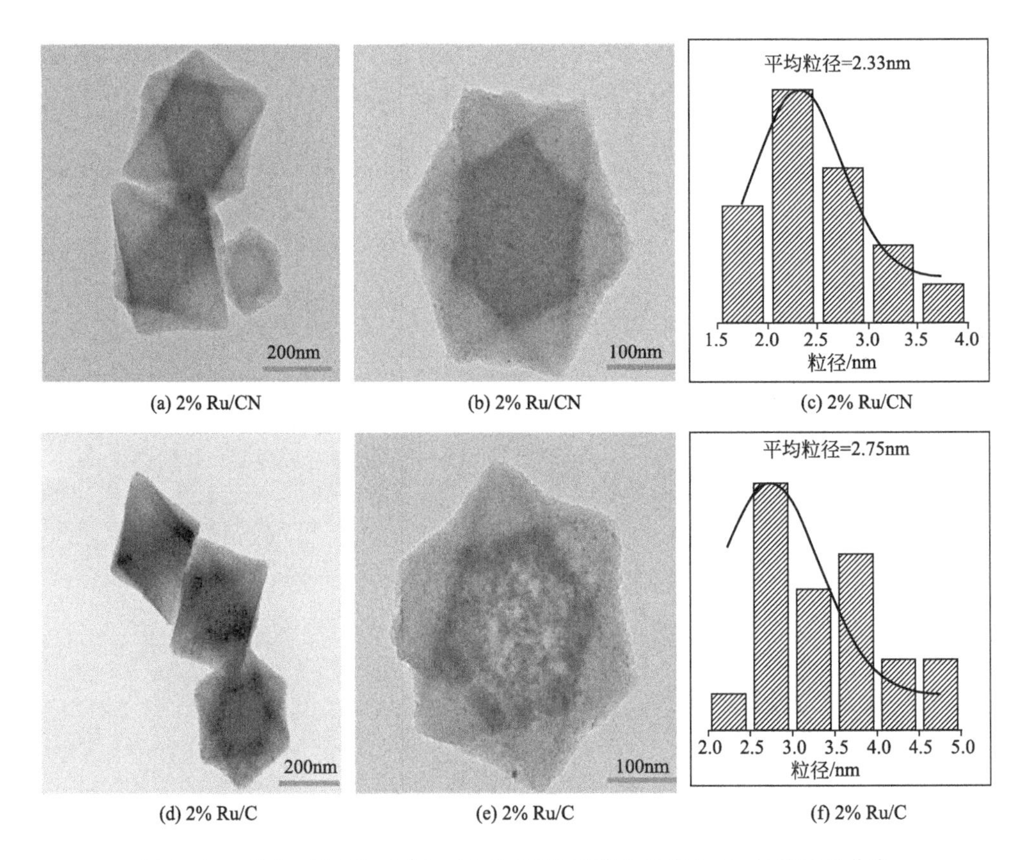

(a) 2% Ru/CN (b) 2% Ru/CN (c) 2% Ru/CN

(d) 2% Ru/C (e) 2% Ru/C (f) 2% Ru/C

图 3-44 2% Ru/CN 和 2% Ru/C 的 TEM 图像及对应的 Ru 晶粒粒径分布

3.4.3 氨分解反应性能

氨分解反应在固定床反应器中进行，具体反应条件可见第 3.3 节相关实验部分。不同催化剂的催化转化率如图 3-45 所示，2% Ru-ZrO_2/CN 催化剂氨分解稳定性测试如

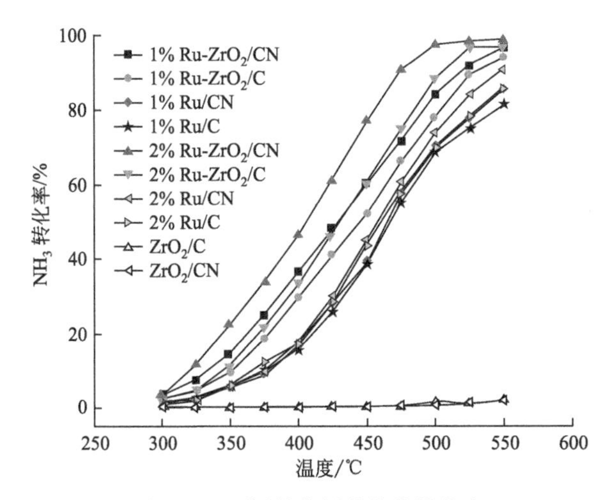

图 3-45 不同催化剂的催化转化率

图 3-46 所示，催化剂 Arrhenius 曲线及其活化能如图 3-47 所示。在标准大气压下，氨气空速为 6000mL/(h·g_{cat})，反应温度区间为 573～823K(300～550℃)。

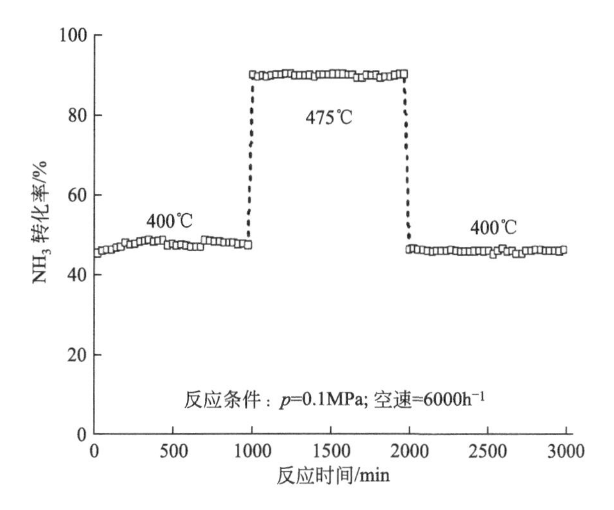

图 3-46　2% Ru-ZrO_2/CN 催化剂氨分解稳定性测试

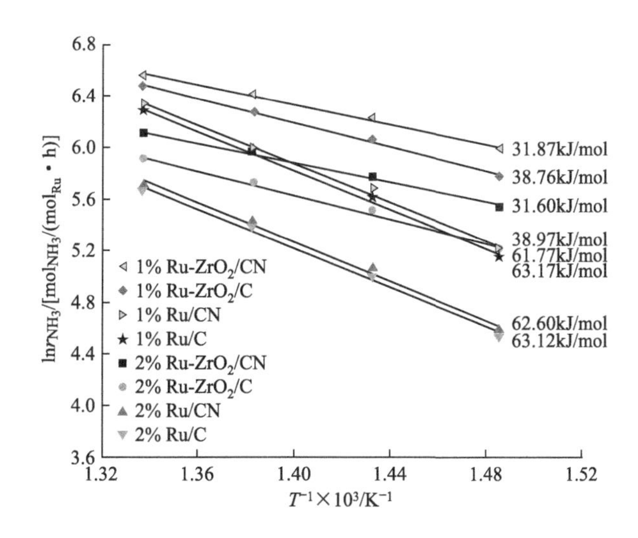

图 3-47　不同催化剂的 Arrhenius 曲线

由图 3-45 中可以明显看到，随着反应温度的升高，氨分解转化率逐渐升高。氨分解本身是一个吸热反应（ΔH=46kJ/mol），随着反应温度升高转化率升高，本实验得到的氨分解性能整体数据趋势符合氨分解理论分析。

在图 3-45 中，可以发现随着 Ru 负载量的增加，催化活性也会相应提高。在相同负载量的情况下进行比较，1% Ru/C 和 2% Ru/C 的活性最低，反应温度升高至 823K(550℃)，转化率分别为 81.56%和 86.10%。相比而言，1% Ru/CN 和 2% Ru/CN 活性比前者高，在 823K 的反应温度下，活性分别为 85.41%和 91.21%，这两种碳载体在石墨化程度、比表面积和孔径大小上均无太大差异，其活性差异主要归因于氮元素的掺杂。未经 HF 溶液刻蚀且保留氧化锆纳米颗粒的 Ru-ZrO_2/CN 和 Ru-ZrO_2/C 催化剂的氨分解性能比 Ru/C 和 Ru/CN 更好，而且相较于后两者，比表面积要小得多，在石墨化程度上差异也并不大，所以氨分解性能的提高主要归因于氧化锆纳米颗粒与钌颗粒的协同作用。2% Ru-ZrO_2/CN 和 2% Ru-ZrO_2/C 在 823K 的温度下转化率分别为 99.01%和 97.21%，基本转化完全，在 623～723K(350～450℃）的温度区间内，前者氨分解活性比后者高 30%左右，可以发现，氮元素的掺杂能大大提高氨分解的活性。2% Ru-ZrO_2/CN 与 2% Ru/C 相比，前者在 798K(525℃）基本转化完全，而后者在相同温度下转化率只有 78.66%，在 673～748K(400～475℃）的温度区间内，前者整体转化率比后者高出 1 倍左右，可推断出氧化锆和氮元素的共同作用可大大提高钌催化剂的活性。四种不同碳载体催化剂活性顺序为 Ru-ZrO_2/CN>Ru-ZrO_2/C>Ru/CN>Ru/C。由 XRD 表征和 TEM 表征可以看出，Ru 在四种载体上的分散性都很好，纳米颗粒都在 2.5nm 左右，因此，本实验 Ru 颗粒尺寸对氨分解催化活性的影响可忽略不计。在氮气低温吸附-脱附表征中，ZrO_2/CN 和 ZrO_2/C 载体的比表面积比 CN 和 C 要小很多，但是前者的催化活性却明显优于后者，由此推断，氧化锆纳米颗粒和氮掺杂对钌基催化剂的氨分解催化活性存在很大影响。

选取反应后的 2% Ru-ZrO_2/CN 样品进行氨分解稳定性测试，测试条件为 673K（400℃）和 758K(475℃)，空速为 6000mL/(h・g_{cat})，测试时间为 3000min，其测试结果如图 3-46 所示。由图可知，当催化剂在 673K 进行稳定性测试时，前 500min 催化活性有略微的升高。再将温度升至 748K 保持 1000min，最后降至 673K，氨气转化率并没有明显的下降，归因于碳骨架的固定和隔离作用使活性组分颗粒间有效避免发生团聚，以及氮掺杂形成的缺陷位有利于固定钌颗粒。总体上来说此催化剂具有较好的热稳定性，氨分解转化率保持稳定。

通过 NH_3 的转化率数据，由 Arrhenius 方程得到催化剂的表观活化能，如图 3-47 所示。1% Ru-ZrO_2/CN 和 2% Ru-ZrO_2/CN 活化能分别为 31.87kJ/mol 和 31.60kJ/mol，远低于 1% Ru/C(63.17kJ/mol) 和 2% Ru/C(63.12kJ/mol)。钌协同氧化锆纳米颗粒和氮元素掺杂改性的催化剂活化能数值有明显的下降。可以发现，不同负载量对活化能的影响并不大。在相同条件下，不同催化剂的活化能高低直接表现出不同催化剂催化性能的差异。值得注意的是，本实验得出的活化能与其他文献中的差异，一方面与催化剂的性能有关；另一方面受到不同反应条件的影响。

综上所述：

① 具有较高比表面积和有序介孔结构的有序介孔碳（OMC）以及氮掺杂有序介孔碳（NOMC）材料，通过 Raman 表征，OMC 和 NOMC 与碳纳米管和活性炭相比具有较高的石墨化程度，有利于电子传导。因此，OMC 和 NOMC 具有较好的物理性质，能作为优良的氨分解催化剂载体。用湿法浸渍 5% Ru 后，测试氨分解催化性能。通过与碳纳米管载体和活性炭载体比较，以及 XPS、H_2-TPR、TEM 等表征测试得出：催化剂中活性组分的颗粒尺寸和分散性并不是决定催化剂催化性能的决定性条件，载体对催化剂催化性能也有很大的影响；同时，载体对催化剂的影响并不一定是通过改变活性组分的颗粒尺寸以及分散性而产生作用，载体自身的化学性质是决定性因素；氮的掺杂使得活性组分在载体上所处的化学环境发生改变，活性组分 Ru 表面整体表现出富电子特性，这有利于活性组分 Ru 的还原，也是催化性能提高的主要原因。

② 对于 Ru 基合金催化剂而言，Ru-Ni 双金属催化剂中 Ni 的加入并没有提高氨分解催化性能。而 Ru-Fe(3∶1) 却表现出较好的氨分解催化活性。一方面 Ru-Fe(3∶1) 催化剂催化活性较好，同时降低了 Ru 含量；另一方面 Ru-Fe 双金属的加入使得 Ru-Fe(3∶1) 催化剂的稳定性相对于 Ru 有明显增强。

③ 对于使用 UiO 系列为前驱体，通过热处理得到 MOF 衍生多孔碳材料，再通过等体积浸渍法将钌金属负载到碳载体上。ZrO_2/CN 和 ZrO_2/C 比表面积分别为 $122m^2/g$ 和 $240m^2/g$，孔尺寸分别为 1.665nm 和 1.666nm。ZrO_2/CN 和 ZrO_2/C 具有良好的物化性质，多孔碳骨架结构有助于钌盐的充分吸附和颗粒均匀生长，是优良的氨分解催化剂载体。通过与 HF 刻蚀的 CN 和 C 催化剂的性能做对比，发现多孔碳材料的石墨化程度和比表面积对氨分解催化性能影响并不大，本实验催化性能主要取决于氧化锆纳米颗粒和氮元素掺杂。同时，三者的协同作用可以将催化剂性能进一步提高。

参考文献

[1] Wang S J, Yin S F, Li L, et al. Investigation on modification of Ru/CNTs catalyst for the generation of CO_x-free hydrogen from ammonia [J]. Applied Catalysis B: Environmental, 2004, 52 (4): 287-299.

[2] Guthrie W L, Sokol J D, Somorjai G A. The decomposition of ammonia on the flat (111) and stepped (557) platinum crystal surfaces [J]. Surface Science, 1981, 109 (2): 390-418.

[3] Itoh N, Oshima A, Suga E, et al. Kinetic enhancement of ammonia decomposition as a chemical hydrogen carrier in palladium membrane reactor [J]. Catalysis Today, 2014, 236: 70-76.

[4] Choudhary T V, Santra A K, Sivadinarayana C, et al. Ammonia decomposition on Ir (100): From ultrahigh vacuum to elevated pressures [J]. Catalysis Letters, 2001, 77: 1-5.

[5] Chen W, Ermanoski I, Madey T E. Decomposition of ammonia and hydrogen on Ir surfaces: Structure sensitivity and nanometer-scale size effects [J]. Journal of the American Chemical Society, 2005, 127 (14): 5014-5015.

[6] Vāvere A, Hansen R S. Decomposition of ammonia on rhodium crystals [J]. Journal of Catalysis, 1981, 69 (1): 158-171.

[7] Papapolymerou G, Bontozoglou V. Decomposition of NH_3 on Pd and Ir comparison with Pt and Rh [J]. Journal of Molecular Catalysis A: Chemical, 1997, 120 (1-3): 165-171.

[8] Choudhary T V, Sivadinarayana C, Goodman D W. Catalytic ammonia decomposition: CO_x-free hydrogen production for fuel cell applications [J]. Catalysis Letters, 2001, 72: 197-201.

[9] Yin S F, Zhang Q H, Xu B Q, et al. Investigation on the catalysis of CO_x-free hydrogen generation from ammonia [J]. Journal of Catalysis, 2004, 224 (2): 384-396.

[10] Liu D, Lei J H, Guo L P, et al. One-pot aqueous route to synthesize highly ordered cubic and hexagonal mesoporous carbons from resorcinol and hexamine [J]. Carbon, 2012, 50 (2): 476-487.

[11] Wang J, Liu H, Gu X, et al. Synthesis of nitrogen-containing ordered mesoporous carbon as a metal-free catalyst for selective oxidation of ethylbenzene [J]. Chemical Communications, 2014, 50: 9182-9184.

[12] Chen G Z, Desinan S, Rosei R, et al. Synthesis of Ni-Ru alloy nanoparticles and their high catalytic activity in dehydrogenation of ammonia borane [J]. Chemistry—A European Journal, 2012, 18 (25): 7925-7930.

[13] Zhang J, Müller J O, Zheng W, et al. Individual Fe-Co alloy nanoparticles on carbon nanotubes:

Structural and catalytic properties [J]. Nano Letters，2008，8 (9)：2738-2743.
[14] Jacobsen C J H，Dahl S，Clausen B S，et al. Catalyst design by interpolation in the periodic table：Bimetallic ammonia synthesis catalysts [J]. Journal of the American Chemical Society，2001，123 (34)：8404-8405.
[15] Metin Ö，Mazumder V，Özkar S，et al. Monodisperse nickel nanoparticles and their catalysis in hydrolytic dehydrogenation of ammonia borane [J]. Journal of the American Chemical Society，2010，132 (5)：1468-1469.
[16] Wang X，Chen W，Zhang L，et al. Uncoordinated amine groups of metal-organic frameworks to anchor single Ru sites as chemoselective catalysts toward the hydrogenation of quinoline [J]. Journal of the American Chemical Society，2017，139 (28)：9419-9422.
[17] Cavka J H，Jakobsen S，Olsbye U，et al. A new zirconium inorganic building brick forming metal organic frameworks with exceptional stability [J]. Journal of the American Chemical Society，2008，130 (42)：13850-13851.
[18] 周奇，吴宇恩. 热解法制备 MOF 衍生多孔碳材料研究进展 [J]. 科学通报，2018，63 (22)：2246-2267.

第4章 氨分解制氢非贵金属催化剂

4.1 铁基催化剂

4.1.1 负载型氮化铁催化剂

负载型铁基催化剂在许多催化反应中展现出比其他3d非贵过渡金属更好的性能，到目前为止，有关负载型铁基催化剂的合成与反应已有诸多报道。Galvis课题组[1]合成了不同尺寸的Fe纳米颗粒，并将其负载于碳纳米纤维上，考察在高温下Fe碳化物颗粒尺寸对合成气制低碳烯烃催化性能的影响，结果表明较小的碳化铁颗粒具有较高的比表面活性。Deng等[2]通过简单的化学气相沉积方法制备出包裹在N掺杂碳纳米管（NCNTs）中的3d非贵过渡金属催化剂，这些催化剂在酸性电解质中展现出优异的电化学析氢性能。

本节采用液相还原法、常规浸渍法以及氨气原位活化法构筑负载型氮化铁催化剂，通过考察活化温度以及活性物种含量确定制备负载型氮化铁催化剂的最优条件，采用TEM、XRD、XPS等一系列表征仪器和技术对催化剂形貌、结构以及元素组成进行表征，揭示负载型氮化铁催化剂的微观结构对氨分解催化活性的影响。

4.1.1.1 催化剂的制备及催化性能测试

(1) 负载型氮化铁催化剂的制备

1) Fe_3O_4 纳米颗粒的制备[3]

在该反应体系中，有机铁盐作为前驱体，在有机胺和有机酸作用下，*N*-甲基吡咯作为还原剂，制备出尺寸均匀、粒径分布窄的 Fe_3O_4 纳米颗粒。该技术路线原理如式(4-1)所示：

$$nFe(acac)_3+\frac{17}{12}nO_2+3nC_5H_7N \longrightarrow \frac{1}{3}nFe_3O_4+(C_9H_{15}N_3)_n+3nCH_3COCH_2COCH_3+\frac{3}{2}nH_2 \tag{4-1}$$

2）具体制备过程

将 0.285g 的 $Fe(acac)_3$（三乙酰丙酮铁）置于三口圆底烧瓶中，并加入 5.0mL 有机酸和 4.6mL 有机胺，磁力搅拌下从室温升至设定温度。然后，将 0.21mL *N*-甲基吡咯溶解于 0.4mL 有机胺，并快速注入上述反应体系中，反应很快发生，伴随有白色烟雾生成。待继续搅拌 1.5h 后，将三口烧瓶取出，迅速冷却至室温，所得溶液放置 24h。随后，加入适量正己烷与乙醇将所得产物进行离心分离（10000r/min，5min），得到黑色沉淀物质。

3）Fe_3O_4/CNTs 的制备

采用常规浸渍法将该纳米颗粒均匀负载于碳纳米管（CNTs）。具体过程：取一定计量数的 Fe_3O_4 纳米颗粒分散在正己烷中。将 1.0g 碳纳米管溶于 40mL 正己烷中，超声分散 1.0h（功率：100%），磁力搅拌下将分散在正己烷中的 Fe_3O_4 纳米颗粒溶液逐滴加入上述悬浮液中，经超声、搅拌、分离，并在 333K 干燥箱中干燥 12h，即制得 Fe_3O_4/CNTs 粉末。

4）负载型氮化铁催化剂的制备

将所得到的 Fe_3O_4/CNTs 在氨气流下原位活化，即可制得负载型氮化铁催化剂。

制备过程示意如图 4-1 所示。

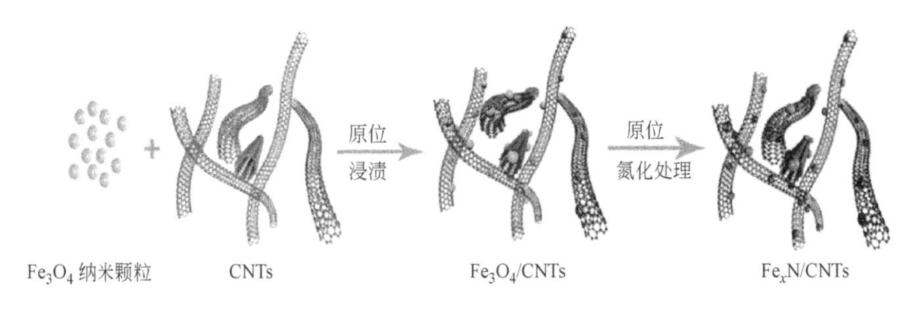

图 4-1　负载型氮化铁催化剂的制备过程示意

（2）催化性能测试

催化剂的氨分解性能测试在自制石英玻璃（内径＝4mm，长度＝330mm）微型固定床反应器中进行。将 100mg 催化剂装入反应管中，通入氨气（10mL/min），反应采用程序升温控制器控制反应温度，升温速率 5K/min，在每个反应温度下，需恒温停留 30min 达到稳定状态，选取 3 个连续点取其平均值，即得该温度下氨气的含量。反应前，将催化剂在氨气流中 773K 下原位活化 2h，整个测试过程不需切换气体。反应气体采用 SC-200 气相色谱仪进行在线分析，载气为氩气。氨分解转化率由式(4-2）计算：

$$X_{NH_3}=\frac{A_{NH_3,in}-A_{NH_3,out}}{A_{NH_3,in}} \tag{4-2}$$

式中　$A_{NH_3,in}$，$A_{NH_3,out}$——氨气的总进样量和未转化的氨气的量，数据在设定温度下反应达到稳定状态时得出。

4.1.1.2　结果与讨论

（1）Fe_3O_4/CNTs 与 Fe_xN/CNTs 样品氨分解催化性能对比

本小节首先根据图 4-1 中催化剂的制备思路，选取氮化后的纯碳纳米管样品、CNTs

负载的 Fe_3O_4 样品以及 CNTs 负载的 Fe_xN 样品（Fe_3O_4/CNTs 样品经 NH_3 氮化所得）进行氨分解催化性能的考察。负载型样品中活性金属铁的理论负载量（质量分数）为 10%。其性能测试结果如图 4-2 所示。由图 4-2 可明显得出，经氮化后的纯 CNTs 几乎没有反应活性，并且 Fe_xN/CNTs 样品具有比 Fe_3O_4/CNTs 更加优异的低温氨分解催化活性，在反应温度为 723K 时，Fe_xN/CNTs 氨分解转化率接近 60%；随着反应温度升高，在 748K 时，Fe_xN/CNTs 和 Fe_3O_4/CNTs 样品氨分解转化率逐渐接近，可能是由于高温下 Fe_3O_4 纳米颗粒被逐渐氮化形成了 Fe_xN 物种，导致二者在高温段（>748K）催化性能几乎一致。由此可知，Fe_xN 物种具有较高的低温氨分解催化活性，也进一步表明在此温度下，Fe_3O_4 纳米颗粒被完全氮化。

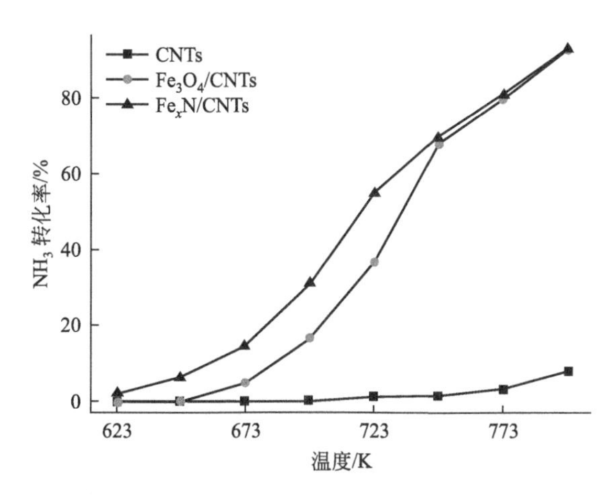

图 4-2 氨分解催化性能测试对比图

(2) 负载型氮化铁样品表征

1）样品 TEM 分析

首先在有机胺和有机酸作为溶剂，*N*-甲基吡咯作为还原剂的条件下合成了 Fe_3O_4 纳米颗粒，所制备的纳米颗粒高度单分散在有机溶剂中，样品具有磁性，如图 4-3 所示。图 4-4(a) 是所合成的 Fe_3O_4 纳米颗粒的透射电镜（TEM）图和相应颗粒的尺寸分布，颗粒尺寸分布数据来源于 TEM 图像中随机选取的 200 多个纳米颗粒。由图 4-4(a) 可知，Fe_3O_4 纳米颗粒具有较窄的尺寸分布，平均粒径大小约为 5.4nm，说明采用液相还原方法可制备高度分散且尺寸、形貌均匀的纳米颗粒。将铁理论负载量（质量分数）为 10% 的 Fe_3O_4 纳米颗粒采用常规浸渍法将其负载在碳纳米管（CNTs）上，其透射电镜图如图 4-4(b) 所示。从图 4-4(b) 中可以看出，Fe_3O_4 纳米颗粒均匀负载在碳纳米管外壁上，颗粒尺寸无明显变化，在 CNTs 载体表面保持较高的分散性。将 Fe_3O_4/CNTs 样品在氨气下活化，形成 Fe_xN/CNTs 物种，其透射电镜图如图 4-4(c) 所示，可以看出，经氨气活化后的样品，纳米颗粒在载体上仍旧保持较好的分散性，并且经高温氨气活化，颗粒尺寸没有明显变化。

2）样品 XRD 分析

图 4-5 为碳纳米管载体、10% Fe_3O_4/CNTs 和 10% Fe_xN/CNTs 样品的 X 射线衍射

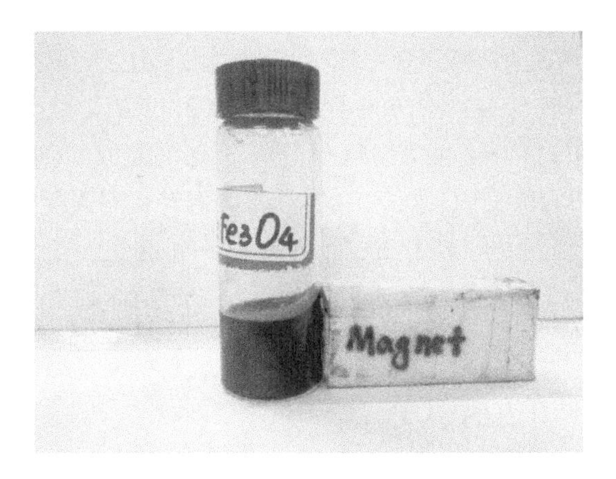

图 4-3 液相还原法所制备的 Fe_3O_4 纳米颗粒

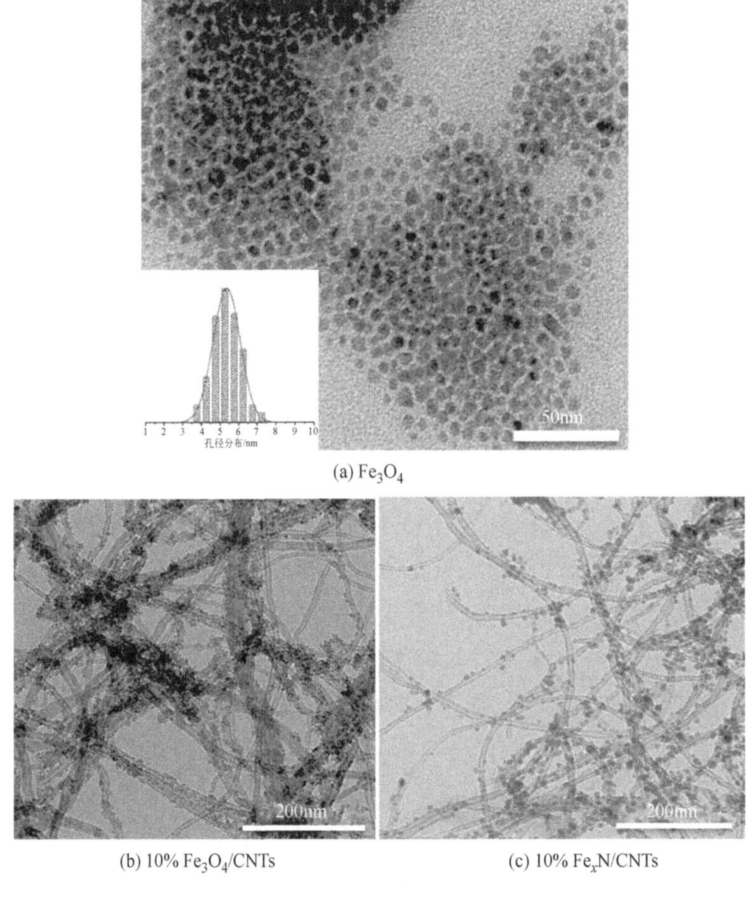

(a) Fe_3O_4

(b) 10% Fe_3O_4/CNTs

(c) 10% Fe_xN/CNTs

图 4-4 Fe_3O_4 纳米颗粒的 TEM 图像和相应的尺寸分布及 10% Fe_3O_4/CNTs 与 10% Fe_xN/CNTs 的 TEM 图像

(XRD) 谱图。由图 4-5 可知，3 个样品在 26.5°左右均出现了一个较强的衍射峰，为 CNTs 的特征衍射峰，归属于石墨碳的 (002) 晶面 (PDF No. 89-8487)，与纯 CNTs 相比，10% Fe_3O_4/CNTs 样品在 2θ 分别位于 35.7°、43.5°、53.9°、57.5°和 63.2°左右出现了新的衍射峰，归属于 Fe_3O_4 的 (311)、(400)、(422)、(511) 和 (440) 晶面 (PDF No. 75-0449)，这也表明负载后的样品活性组分仍以 Fe_3O_4 物相存在于 CNTs 载体上。Fe_3O_4/CNTs 样品经高温氮化后，归属于 Fe_3O_4 物相的特征衍射峰消失，Fe_2N 物相的特征衍射峰出现，与六方晶系 Fe_2N 物相的标准 PDF 卡片 (PDF No. 72-2126) 完美匹配。10% Fe_2N/CNTs 样品中，在 2θ 分别位于 40.9°和 42.9°左右的衍射峰，归属于 Fe_2N 的 (002) 和 (011) 晶面。以上结果表明，将 Fe_3O_4 纳米颗粒负载在 CNTs 上，样品中活性金属物相仍为 Fe_3O_4，经高温氮化后，Fe_3O_4 物相转变为 Fe_2N 物相。结合 TEM 表征，我们可以得出活性金属纳米颗粒成功负载在 CNTs 载体上。

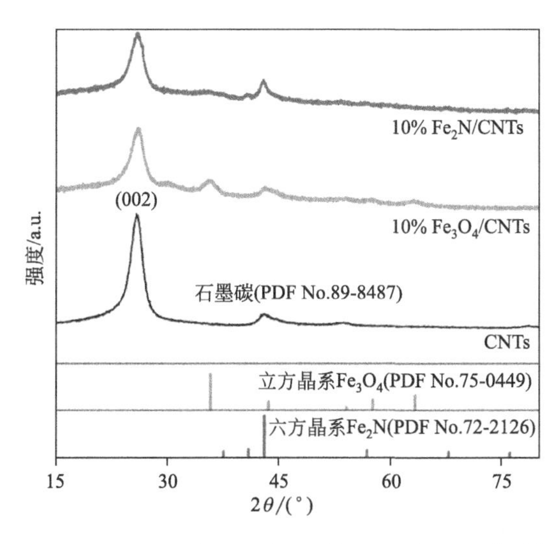

图 4-5 CNTs、10% Fe_3O_4/CNTs 和 10% Fe_xN/CNTs 样品的 XRD 谱图

3) 样品 XPS 分析

X 射线光电子能谱 (XPS) 是研究元素的种类以及化学价态的定性和定量分析方法。在图 4-6 中，样品的 X 射线光电子总谱在结合能 (BE) 为 284.8eV、530.8eV 和 711.4eV 有较强的峰，分别对应于 C 1s、O 1s 和 Fe 2p。在活化后样品的谱图中，在 398.8eV 处还有一个较弱的 N 1s 信号峰出现，由 Fe_3O_4 物种氮化形成 Fe_2N 物种所致。图 4-7 分别为 10% Fe_3O_4/CNTs 中 Fe 2p XPS 分谱和 O 1s XPS 分谱。在 Fe 2p 分谱中可明显观察到两个不同的峰，在 BE 为 711.2eV 为 Fe $2p_{3/2}$，BE 为 724.9eV 为 Fe $2p_{1/2}$，两个电子自旋轨道能差约为 13.7eV，为 Fe_2O_3 的结构特征[4]。Fe $2p_{3/2}$ 可进一步分成 FeO 和 Fe_2O_3 中不同的铁元素对应的价态。同时，分别位于 719.4eV 和 733.3eV 附近相应的卫星峰也同样表明了样品中 Fe^{3+} 的存在[5]。样品中 O 1s 各自的高分辨率峰，是 Fe_2O_3 和 Fe_3O_4 的典型峰，该不对称峰由图中 3 个组分拟合。位于 530.6eV 附近的峰毫无疑问地对应于样品表面 Fe—O 键的形成，在 531.9eV 和 533.2eV 附近的峰归因于载体碳纳米管中的 O—C 和 O═C 键。表明 Fe_3O_4/CNTs 样品中载体表面的活性物种为氧化铁。

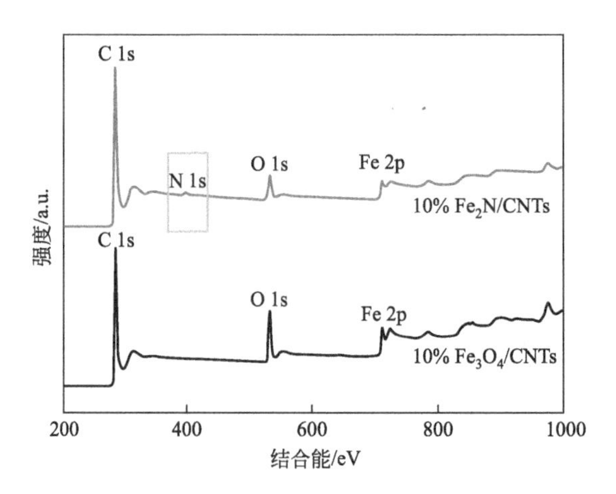

图 4-6　10% Fe_3O_4/CNTs 和 10% Fe_xN/CNTs 样品 XPS 总谱

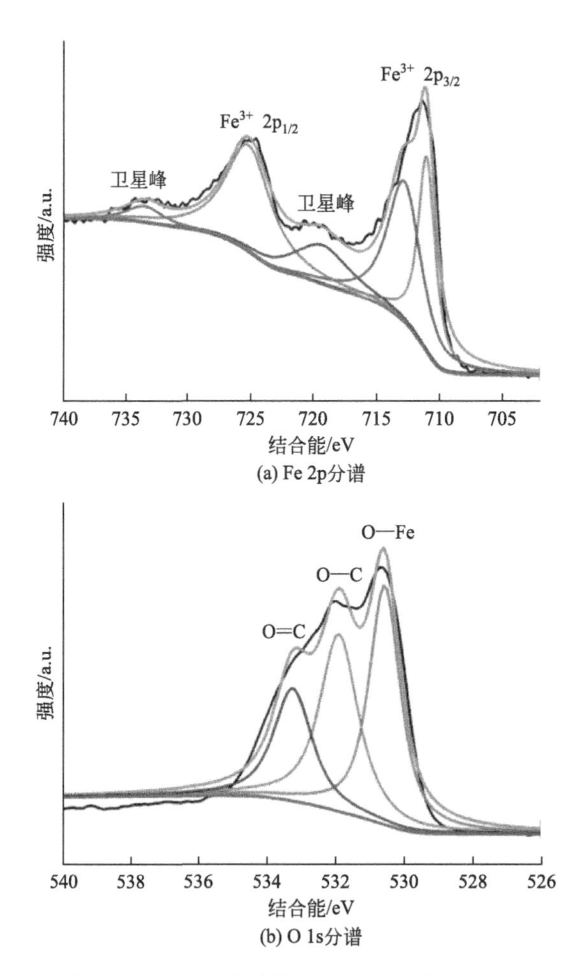

图 4-7　10% Fe_3O_4/CNTs 高分辨 Fe 2p XPS 分谱和 O 1s XPS 分谱

图 4-8(a)、(b) 分别为 10% Fe_2N/CNTs 高分辨 Fe 2p XPS 分谱和 N 1s XPS 分谱。Fe 2p 分谱与活化前的谱图类似，但在 BE 为 707.9eV(Fe $2p_{3/2}$) 附近出现了新的峰，符合 Fe—N 键，可认为是金属氮化铁[6]。其他的峰则归为氮化铁表面氧化形成的氧化铁物种，产生该现象的可能原因是氮化铁在高温退火过程中，不可避免会被空气中的氧气氧化，形成几十层原子厚度的氧化铁物种，此种情况已有文献报道。但在 XRD 谱图（图 4-5）中，发现 10% Fe_2N/CNTs 样品中无法检测到氧化铁物相的存在，说明样品中的主要存在相为铁氮化物。N 1s XPS 分谱由两个峰组成，在 BE 为 399.7eV 处的峰符合吡咯氮化合物的峰[7]，在 397.1eV 处的峰归属于金属氮化物峰。结合 TEM 以及 XRD 分析，我们可以得出，Fe_3O_4/CNTs 样品在活化以后成功形成了氮化铁物种。

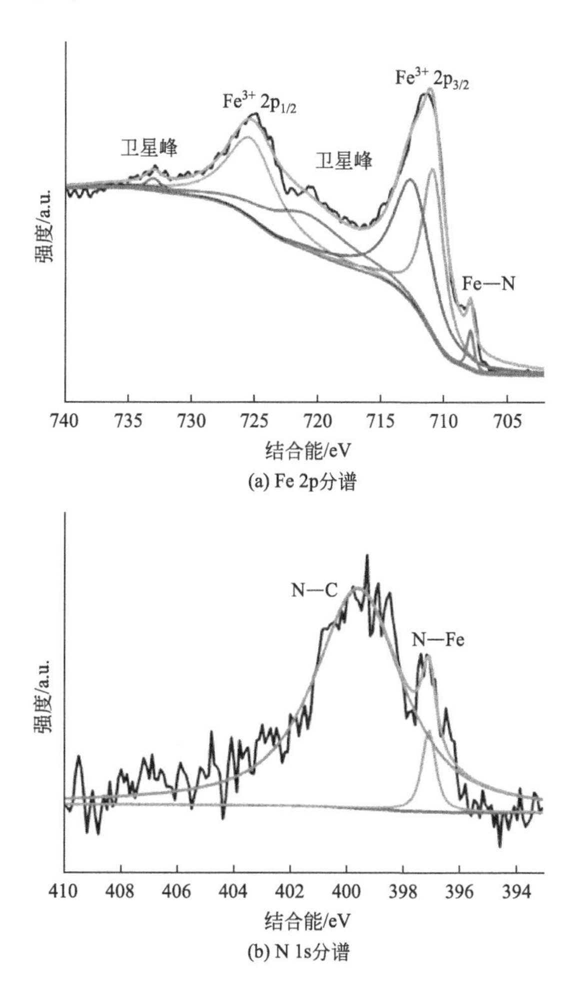

图 4-8　10% Fe_2N/CNTs 高分辨 Fe 2p XPS 分谱和 N 1s XPS 分谱

将 Fe_2N/CNTs 反应后的样品同样进行 XPS 表征，其光电子总谱以及高分辨 Fe 2p XPS 分谱和 N 1s XPS 分谱如图 4-9 和图 4-10 所示，其谱图与 Fe_2N/CNTs 样品谱图并无明显区别。在总谱的 BE 为 398.8eV 附近出现了 N 1s 信号峰，在 Fe 2p XPS 分谱的 BE 为 707.9eV 附近的峰归属于 Fe—N 键，以及在 N 1s XPS 分谱的 BE 为 397.1eV 附近的峰仍旧归属于 Fe—N 键，以上说明催化剂经氨分解反应后，样品中的活性组分仍旧为氮化铁物种。

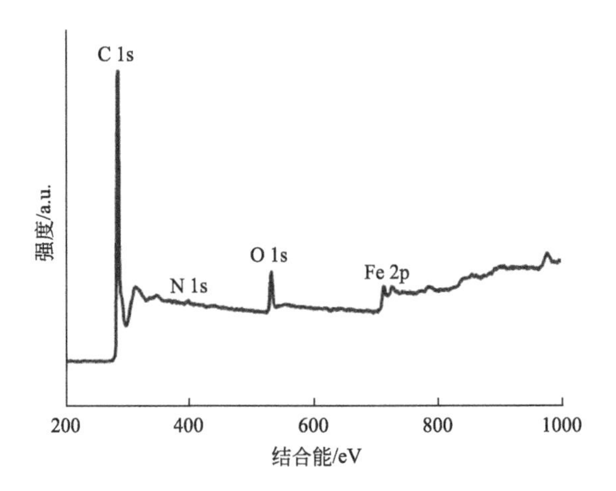

图 4-9　10% Fe_2N/CNTs 反应后 XPS 总谱

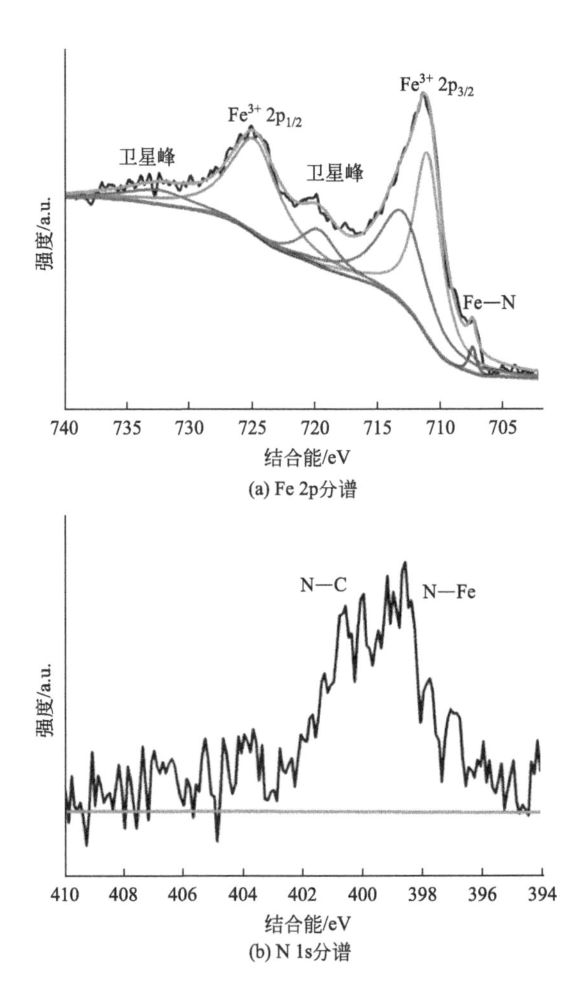

图 4-10　10% Fe_2N/CNTs 氨分解反应后高分辨 Fe 2p XPS 分谱和 N 1s XPS 分谱

(3) 催化剂氨分解反应条件考察

过渡金属氧化物在氨气气氛下高温处理能够产生氮化铁物种，拟采用高温氨气热处理方法研制过渡金属铁氮化物，通过调控热处理温度、活性金属负载量等工艺参数进行氨分解反应条件考察，以获得具有高活性的负载型氮化铁催化剂。

1）活化温度考察以及催化剂表征

选取 10% Fe_3O_4/CNTs 样品考察氨气活化温度对氨分解催化性能的影响，测试结果如图 4-11 所示。由图可知，在反应温度为 723K 时，经 773K 活化后的催化剂具有较高的低温氨分解催化活性，氨分解转化率已达到 55%，经 673K 活化的样品转化率为 34%，而经 873K 活化的样品此时的转化率仅为 24%。随着反应的进行，673K 与 773K 活化的样品转化率逐渐接近，可能原因是经 673K 活化的样品中氧化铁活化不完全，未完全形成氮化铁活性物种，随着反应温度升高，样品在 NH_3 气氛下逐渐氮化，完全形成氮化铁物种。而经 873K 活化的样品中，高温使得活性物种氮化铁发生烧结，颗粒间发生团聚，活性位点减少，致使其氨分解转化率一直低于其他温度下活化的样品。

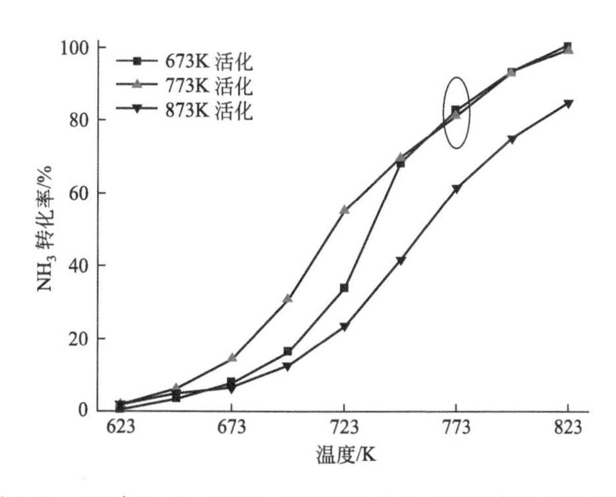

图 4-11　10% Fe_3O_4/CNTs 在不同活化温度下的氨分解转化率

为验证笔者的猜想，将不同温度下活化后的样品进行 XRD 表征，如图 4-12 所示。可以发现，活化后的样品均形成了氮化铁，归属于六方晶系的 Fe_2N 物种，经 673K 活化的样品衍射峰较弱，有部分 Fe_3O_4 物相存在，在 873K 下活化的样品中 Fe_2N 衍射峰半高宽变窄，衍射峰强度明显高于其他样品，说明经 873K 活化的样品，由于活化温度高，出现了活性金属颗粒的团聚，颗粒尺寸变大，并且研究表明活性金属颗粒的团聚会使催化剂表面活性位点减少，不利于氨分解反应的进行。因此，为使催化剂保持较高的催化活性，且催化剂活性组分能完全形成氮化铁物种，笔者选择 773K 作为 Fe_3O_4/CNTs 样品的活化温度。

2）活性金属负载量考察以及催化剂表征

为探究活性金属负载量对氨分解催化性能的影响，笔者选取铁理论负载量（质量分数）为 2%、5%、8%、10%以及 15%的样品进行氨分解催化性能考察。

首先，对负载后的样品进行 TEM 表征，如图 4-13 所示。可以很明显看出，随着

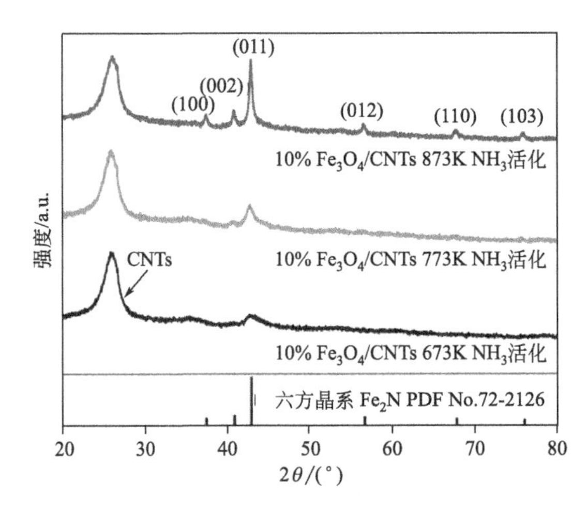

图 4-12　10% Fe_3O_4/CNTs 在不同活化温度下的 XRD 谱图

Fe_3O_4 负载量的增加，颗粒在载体上分布密度逐渐增大，当活性金属负载量达到 15%时，由于负载量较多，颗粒间不可避免发生了部分团聚。同时，也可以发现，当铁理论负载量为 2%时仍不可避免会有颗粒的部分团聚，这主要归因于碳纳米管载体上的羟基等官能团的影响，官能团分布不均使活性物种颗粒不能完全均匀锚定在载体表面。由于颗粒在载体上的负载条件一致，排除了制备条件差异对催化性能的影响。

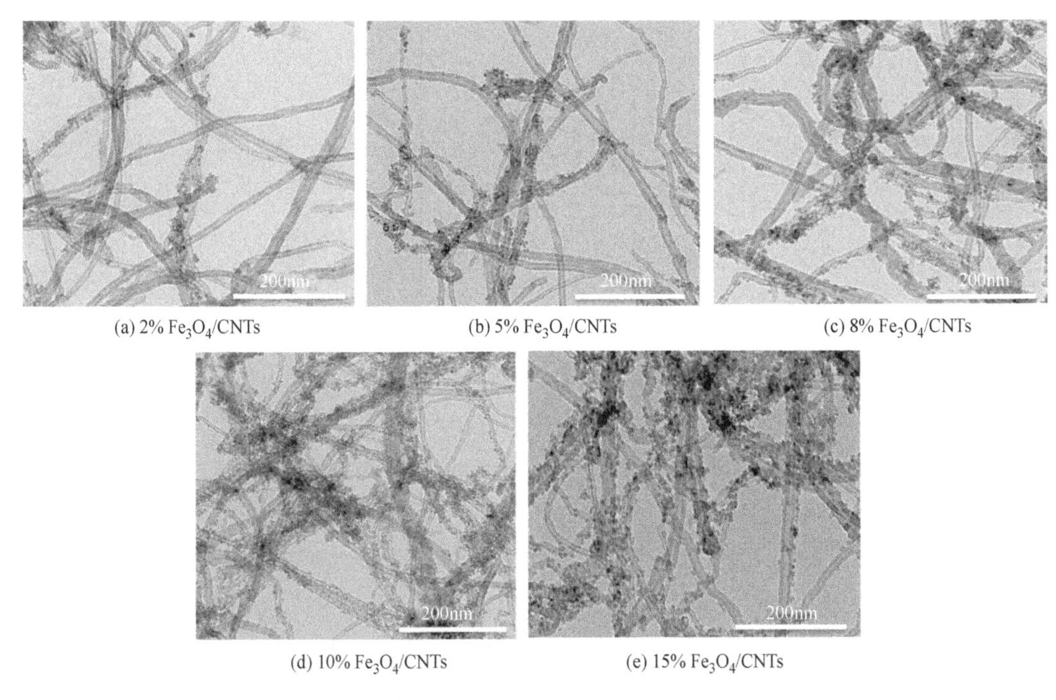

(a) 2% Fe_3O_4/CNTs　(b) 5% Fe_3O_4/CNTs　(c) 8% Fe_3O_4/CNTs

(d) 10% Fe_3O_4/CNTs　(e) 15% Fe_3O_4/CNTs

图 4-13　不同铁负载量 Fe_3O_4/CNTs 样品的 TEM 图像

对不同负载量的样品进行 XRD 分析，如图 4-14 所示。可以看出，负载后的样品仍以立方 Fe_3O_4 物相存在，在 2θ 为 35.7°、43.1°、53.5°、57.0°和 62.6°的衍射峰，归属于 Fe_3O_4 的（311）、（400）、（422）、（511）和（440）晶面，随着活性金属负载量的增加，衍射强度依次增大，结合样品的TEM图像，不难得出，较高的负载量使得活性金属颗粒间团聚较为明显。

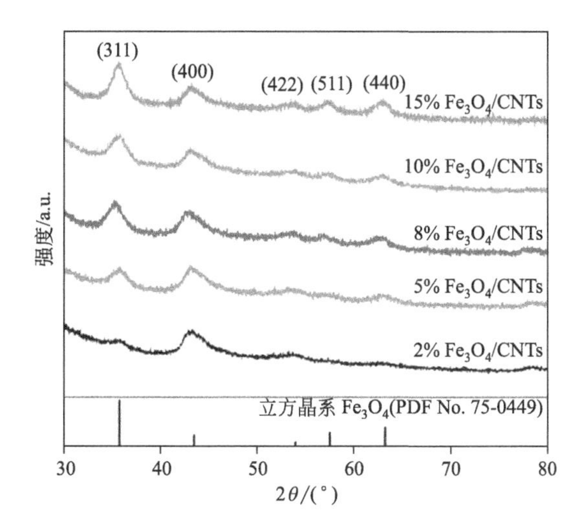

图4-14 不同负载量 Fe_3O_4/CNTs XRD谱图

不同含量 Fe_3O_4 负载在碳纳米管后的催化剂氨分解性能测试结果如图4-15所示。由电感耦合等离子光谱（ICP）测得铁的实际含量（质量分数）为1.98%、5.21%、7.12%、8.66%和14.22%（与文中Fe理论含量相差不大，故仍以理论含量表示）。随着活性金属含量的增加，氨分解催化活性逐渐提高，当活性金属负载量由10%提高到15%时，催化活性并没有明显增加，除2%的样品外，其余样品在823K时的氨分解转化率均高于90%，接近完全转化。由此可知，增加活性组分的量可以提供更多的活性位点增加催化活性，但活性金属的含量过高并不能更大程度地提高催化活性，可能原因是对于负载型催化剂而言，金属含量过多会导致颗粒聚集，金属活性位点相对减少。由此可知，在活性金属负载量与催化活性之间存在一个最优值。

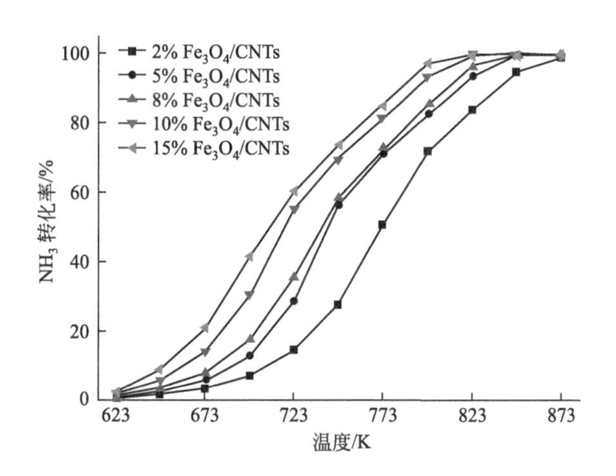

图4-15 不同负载量 Fe_3O_4/CNTs 氨分解性能测试

[100mg催化剂，纯氨进料，温度623～873K，压力0.1MPa，空速6000mL/(g_{cat}·h)]

图 4-16 为不同铁负载量 Fe_3O_4/CNTs 氨分解反应后的 XRD 谱图，反应后的物种除了六方相的 Fe_2N 外，还出现了立方相的 Fe_4N，并且衍射峰强度随着活性组分负载量的增加而逐渐增大，表明在反应过程中发生了活性金属颗粒间的团聚，负载量越大，团聚越明显。结合图 4-4 和图 4-6，可以看出催化剂金属组分在氨分解反应前，活化后以及反应后经历了从 Fe_3O_4 到 Fe_2N 再到 Fe_2N、Fe_4N 的过程，高温下 Fe_2N 会分解形成 Fe_4N 物种，已有研究表明 Fe_4N 的存在会降低氨分解反应速率[8]，但关于 Fe_2N 的氨分解作用机制仍需进一步研究探讨。

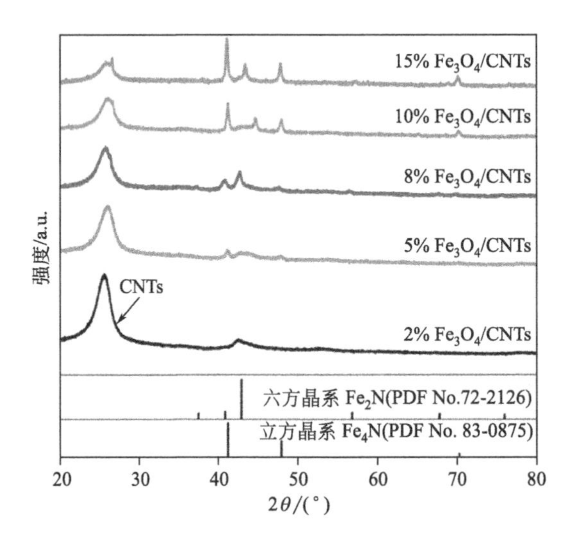

图 4-16　不同负载量 Fe_3O_4/CNTs 氨分解反应后 XRD 谱图

不同负载量 Fe_3O_4/CNTs 反应后的 TEM 表征如图 4-17 所示，可以看出，催化剂在氨分解反应后，金属颗粒在 CNTs 载体表面依旧保持较好的分散性，但经高温反应，活性金属组分均发生了不同程度的团聚，当活性金属负载量为 15%时团聚现象最为严重，这也可以从反应前样品的 TEM 表征（图 4-13）中得知。由此可知，提高催化剂的稳定性，减少活性金属的团聚，或许能在一定程度上提高氨分解催化反应活性。

最后，选取反应后的 10% Fe_3O_4/CNTs 样品进行氨分解稳定性测试，测试条件为 823K，空速为 6000mL/(g_{cat}·h)，测试时间为 1500min，其测试结果如图 4-18 所示。由图可知，当催化剂在 873K 进行催化反应后，再降至 823K 进行稳定性测试，氨气转化率比之前的测试数据降低了约 8%，可能原因是催化剂经高温反应，活性组分颗粒间不可避免发生团聚，催化剂活性位点减少，反应活性降低，以及在反应后生成的 Fe_4N 物种不利于反应的进行。但从总体上来说催化剂具有较好的结构稳定性，氨分解转化率一直保持在 90%左右。

4.1.2　基于 Fe_2O_3 构建氮化铁催化剂

在目前氨分解催化剂中，虽然钌表现出很好的反应活性，然而高昂的成本以及高温下严重的失活限制了其在工业化上的应用。全世界都在不停地探索，并追求能够替代金属钌的催化剂。近期，由于铁作为合成氨的高活性催化剂，根据微观可逆性原理，铁基催化剂

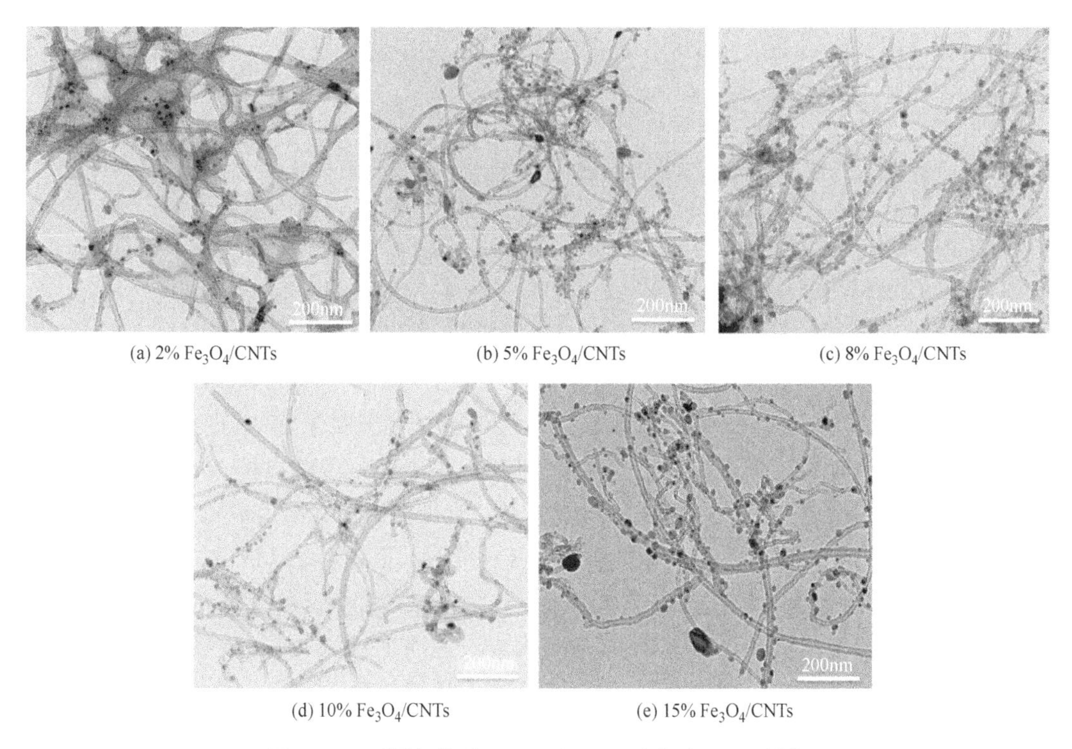

(a) 2% Fe_3O_4/CNTs (b) 5% Fe_3O_4/CNTs (c) 8% Fe_3O_4/CNTs

(d) 10% Fe_3O_4/CNTs (e) 15% Fe_3O_4/CNTs

图 4-17 不同负载量 Fe_3O_4/CNTs 反应后 TEM 图像

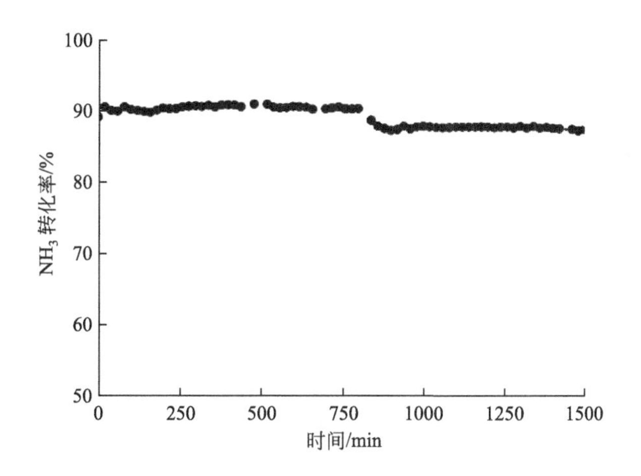

图 4-18 10% Fe_3O_4/CNTs 氨分解稳定性测试

[100mg 催化剂，纯氨进料，温度 823K，压力 0.1MPa，空速 6000mL/(g_{cat}·h)]

也是有着很好的氨分解活性，尤其是氮化铁、碳化铁一类。然而，如果直接采取固相混合，再高温氮化，往往由于形貌不可控制，只能得到无规则的大块颗粒。这样的颗粒往往只会表现出非常低的催化活性而难以令人满意。同时，合成具有规整形貌的氮化铁纳米晶目前仍然是一项挑战。

因此，为了解决上述问题，在本节中笔者采取硬模板法，先利用溶剂热合成形貌均一的羟基氧化铁（FeOOH），之后进行氧化，形成特定形貌的氧化铁，再进一步原位氮化，形成暴露特定晶面的多孔氮化铁。这样一类材料具有特定的催化晶面，更为重要的是在氮化过程中形成的孔道有利于氨气在活性中心的吸附以及氮气的脱附，使得氨分解在相对较低的温度下获得较高的转化率。

4.1.2.1 催化剂的制备及催化性能测试

(1) 氮化铁催化剂的制备

1) 不同形貌 FeOOH 的制备[9,10]

通过液相溶剂热法合成具有规整形貌的 FeOOH 作为结构稳定的 Fe_2O_3 前躯体。棒状的制备过程：将 5.0mmol $Fe(NO_3)_3 \cdot 9H_2O$ 溶于 20mL 去离子水形成棕黄色溶液，30mmol NaOH 溶于 10mL 去离子水形成无色透明溶液，搅拌下将 NaOH 水溶液逐滴加入 $Fe(NO_3)_3$ 水溶液中，形成棕红色悬浊液，溶液 pH＞13，继续搅拌 10min 后将上述溶液移至 50mL 水热反应釜中，在 453K 下反应 6h。所得棕黄色沉淀用水和无水乙醇清洗数次，放入 333K 真空干燥箱 12h，即得到棒状 FeOOH。立方状的制备过程：将 10mmol $Fe(NO_3)_3 \cdot 9H_2O$ 溶于 20mL 去离子水形成棕红色溶液，6.0mmol NaOH 溶于 10mL 去离子水形成无色透明溶液，搅拌下将 NaOH 水溶液逐滴加入 $Fe(NO_3)_3$ 水溶液中，形成红褐色溶液，溶液 pH＜2，继续搅拌 10min 后将上述溶液移至 50mL 水热反应釜中，在 453K 下反应 12h。所得红褐色沉淀用水和无水乙醇清洗数次，放入 333K 真空干燥箱 12h，即得到立方状 FeOOH。盘状的制备过程：将 2.0mmol $Fe(NO_3)_3 \cdot 9H_2O$ 溶于 10mL 去离子水形成棕黄色溶液，逐滴加入碱式乙酸铝溶液（1.0mmol 溶于 20mL 去离子水），得到棕黄色悬浊液，搅拌 5min，再将 10mL 氨水溶液逐滴加入上述溶液中，得到深棕色悬浊液，继续搅拌 10min 后将上述溶液移至 50mL 水热反应釜中，在 433K 下反应 16h。所得红褐色沉淀用水和无水乙醇清洗数次，放入 333K 真空干燥箱 12h 即得到盘状 FeOOH。

2) Fe_2O_3 的制备

将上述制得的三种不同形貌的 FeOOH 在马弗炉中 623K 焙烧 4h，即得到相应的 Fe_2O_3 样品。

3) Fe_2N 催化剂制备

将所得到的不同形貌的多孔 Fe_2O_3 在氨气流下原位活化，即可得到氮化铁催化剂。采用该模板法合成的材料具有很好的形貌可控性性、结构稳定性和单分散性。催化剂合成过程示意如图 4-19 所示。

(2) 催化性能测试

催化剂的氨分解性能测试方式与 4.1.1.1 部分一致，采用课题组自制的固定床石英管反应器，将 100mg Fe_2O_3 与 150mg 石英砂（60～120 目）均匀混合，填入反应管中央，插入热电偶，不同形貌的 Fe_2O_3 均在气体空速为 $6000mL/(g_{cat} \cdot h)$ 下纯氨气进行测试，以 5K/min 的升温速率升至设定温度，并在该温度处稳定 30min，取样分析，利用式(4-2)得出转化率。在进行催化反应前，将催化剂在氨气流中 773K 下原位活化 2h，形成氮化铁物种，再降至反应温度，进行催化性能评价。

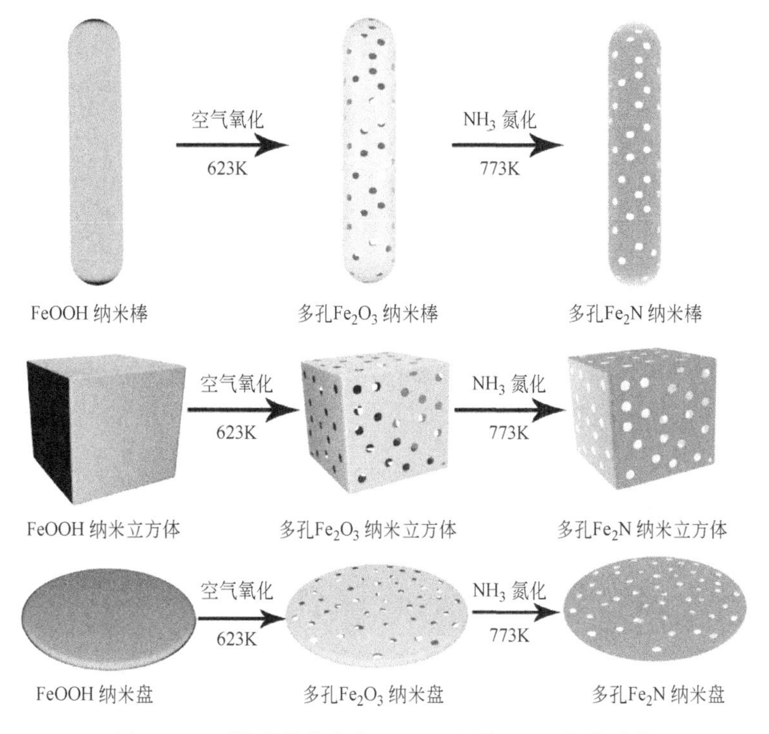

图 4-19　不同形貌的多孔 Fe_2O_3 以及 Fe_2N 合成示意

4.1.2.2　结果与讨论

(1) 棒状氮化铁催化剂的制备与表征

本节实验中，按照不同形貌氮化铁催化剂的制备思路，通过控制不同的操作条件，我们首先在碱性条件下（pH>13）一步法制备了棒状的 FeOOH，经空气下焙烧，形成稳定的 Fe_2O_3 物种，最后将 Fe_2O_3 在氨气下原位活化，形成 Fe_2N 催化剂。图 4-20 为所制备棒状样品的宏观图片（书后另见彩图），直观上可明显观察到样品从棕黄色的 FeOOH [图 4-20(a)] 变为红棕色的 Fe_2O_3 [图 4-20(b)]，最后变为黑褐色的 Fe_2N 物种 [图 4-20(c)]，这表明样品经历了物相的改变。

(a) FeOOH　(b) Fe_2O_3　(c) Fe_2N

图 4-20　棒状 FeOOH、Fe_2O_3 和 Fe_2N 样品图片

为进一步研究样品的微观形貌，对所制备的样品进行扫描电镜（SEM）分析，电镜图片如图 4-21 所示。图中可以看到，所制备的 FeOOH 具有非常均匀规整的棒状结构［图 4-21(a)］，样品在空气下高温退火形成 Fe_2O_3，其宏观形貌并没有发生改变［图 4-21(b)］，说明 Fe_2O_3 具有非常稳定的棒状结构。将 Fe_2O_3 经氨气高温氮化形成 Fe_2N 催化剂，其棒状结构仍能很好保持，只是由于高温作用，棒状样品之间发生部分连接［(图 4-21(c)］，这也表明，催化剂经氨分解反应，并不会造成样品形貌本质的破坏。

(a) FeOOH (b) Fe_2O_3 (c) Fe_2N

图 4-21 棒状 FeOOH、Fe_2O_3 和 Fe_2N SEM 图片

通过透射电子显微镜（TEM）照片［图 4-22(a)］可以看出，FeOOH 具有特定的棒状结构，在比例标尺上，发现纳米棒的长度约为 200nm，宽度约为 50nm。其结果跟扫描电镜一致。由于羟基化合物本身的不稳定性，因此，为了获得较为稳定的物相，将样品通过空气下的热退火处理，合成更稳定的氧化铁。图 4-21(b) 显示了其宏观形貌基本保持不变，但是从 TEM 图［图 4-22(b)］上仔细观察发现该棒状结构跟 FeOOH 有明显不同，在氧化铁表面和内部形成了多孔结构。进一步，通过选区电子衍射［图 4-22(c)］表征，发现棒状都是单晶结构，进一步拟合出两个同心圆，计算出其晶面间距分别为 0.367nm 和 0.253nm，其间距完美地匹配六方晶系三氧化二铁的（012）和（110）两个衍射面。通过高分辨电镜［图 4-22(d)］可进一步分辨出晶格条纹间距为 0.253nm 的（110）晶面。图 4-22(e) 的高角环形暗场像和图 4-22(f) 的 EDX 元素分布图显示了棒状氧化铁中的铁和氧元素均匀分布于整个纳米棒中。通过上述实验，我们合成了高质量和高纯度的三氧化二铁物种。进一步，为了将氧化铁转变为有很高催化活性的氮化铁，样品再次通过高温，以氧化铁为前驱体，在氨气下退火。样品的透射电镜照片［图 4-22(g)］显示其棒状形貌基本保持不变，但是，我们在高分辨电镜下［图 4-22(h)］，并没有发现该样品具有明显的晶格条纹，这源于氮化物在空气下其表面极容易形成几十层原子厚的非晶氧化物。因此，我们所得的高分辨结果其表面是非晶的氧化铁，内部的晶体为氮化铁。通过样品 EDX 元素的 mapping 图［图 4-22(i)］，发现铁和氮基本是均匀地分散于整个棒状结构上。综上所述，棒状的氮化铁可成功通过两步可控的热处理得到。

不同棒状样品的 X 射线衍射（XRD）如图 4-23 所示。图中可看出样品经正交晶系的

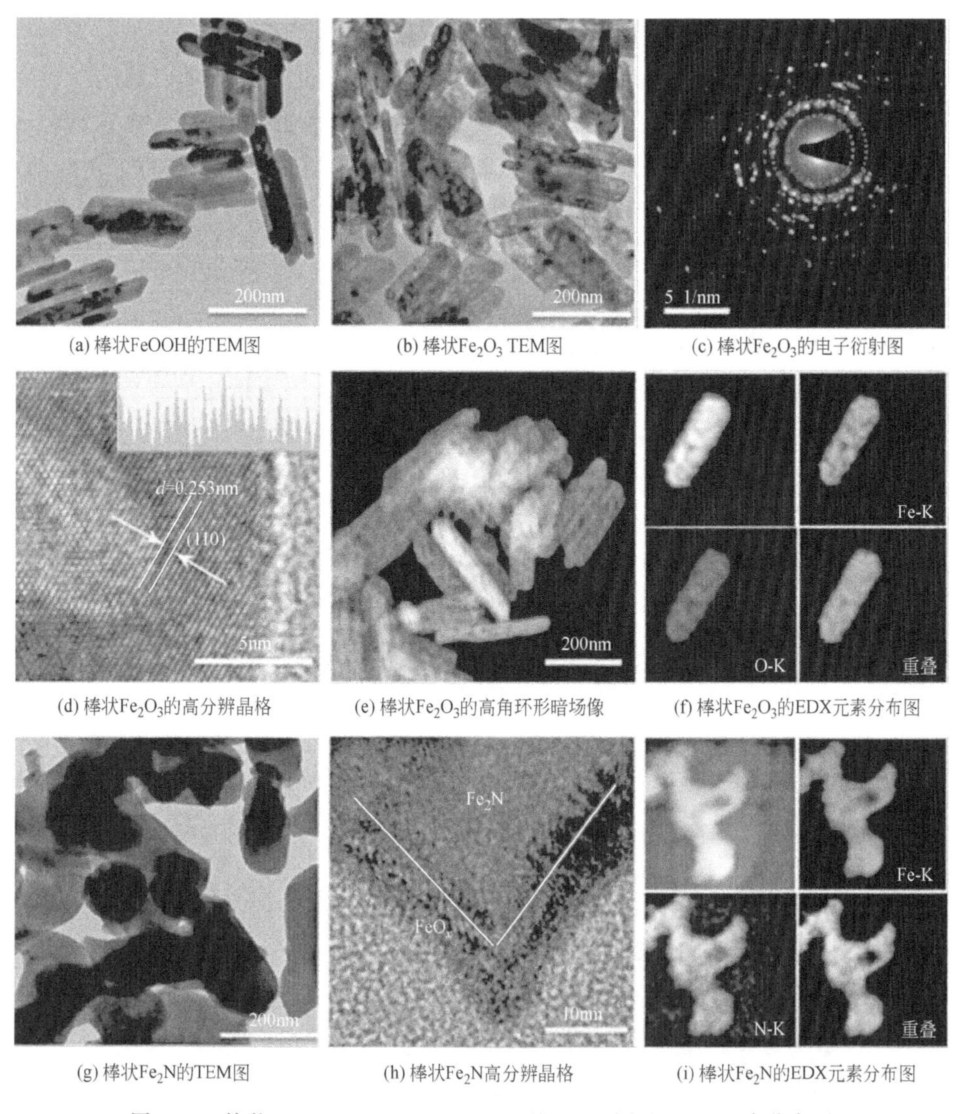

图 4-22　棒状 FeOOH、Fe_2O_3、Fe_2N 的 TEM 图及 EDX 元素分布图

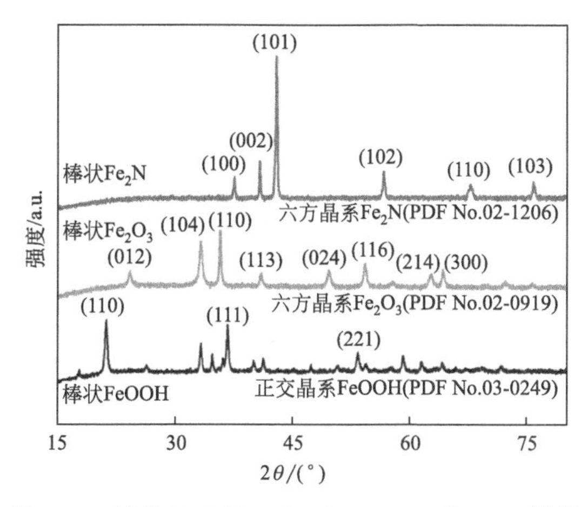

图 4-23　棒状 FeOOH、Fe_2O_3、Fe_2N 的 XRD 谱图

羟基氧化铁到六方晶系的氧化铁再到六方晶系的氮化铁的物相转变，说明氮化铁催化剂样品的成功制备。FeOOH 中，在 2θ 分别位于 21.2°、36.8°和 53.2°左右出现的衍射峰，归属于 FeOOH 的（110）、（111）和（221）晶面，样品经空气下焙烧，FeOOH 特征衍射峰消失，Fe_2O_3 衍射峰出现，在 2θ 分别位于 24.2°、33.3°和 35.7°左右出现的衍射峰，归属于 Fe_2O_3 的（012）、（104）和（110）晶面，与样品的电子衍射结果相符。最后，将 Fe_2O_3 经氨气氮化形成了 Fe_2N，从衍射谱图上可知，在 2θ 分别位于 40.8°、43.0°和 56.8°左右出现的衍射峰，归属于 Fe_2N 的（002）、（101）和（102）晶面。

（2）立方与盘状氮化铁催化剂制备与表征

为了探究形貌或者不同暴露晶面的差异对最后的氨分解催化性能的影响，我们进一步通过调节反应体系 pH 值，最终获得不同形貌的纳米立方体和纳米盘状氮化铁催化剂。图 4-24 为立方和盘状 FeOOH 与 Fe_2O_3 的 SEM 图，与棒状样品一样，立方和盘状样品都具有比较规整的宏观形貌。FeOOH 经高温焙烧，在如此剧烈的氧化环境中，Fe_2O_3 的宏观形貌还是得以完美保持，只是尺寸上有轻微收缩，而并没有本质的破坏［图 4-24(b)、(d)］。将样品进行 TEM 表征，如图 4-25 所示。从比例标尺中可以看出，纳米立方体的尺寸平均为 100nm，纳米盘的直径约为 400nm，棒状长度约为 200nm，这三个形貌的尺寸都属于同一个数量级，因此在催化上，我们完全排除材料的纳米尺寸效应对催化的影响。更为重要的是，从 TEM 图［图 4-22(b) 和 4-25(b)、(e)］中看出，不管是纳米棒、纳米立方体还是纳米盘的 Fe_2O_3，它们的表面和内部都存在明显的孔隙，相对于一开始的实心结构，这些孔隙的形成往往使得样品有着更大的比表面积，更有利于在催化上与反应

(a) 立方FeOOH　(b) 立方Fe_2O_3
(c) 盘状FeOOH　(d) 盘状Fe_2O_3

图 4-24　立方和盘状样品 SEM 图

底物氨气的接触，提高分子的扩散速率，同时孔壁的缺陷也会进一步形成新的活性中心。至此，我们提出一个可能的形成多孔氧化铁机理：由于一开始溶解热合成的 FeOOH 晶胞结构里面不可避免地会含有大量的结晶水，而这样的结晶水一般在 373K 下可以稳定存在，当我们将反应温度提高到 623K 的时候，原本的 FeOOH 结构发生局部坍塌，使得结晶水挥发出来而形成空隙，具体真实的机理也正在进一步探究中。之后，为了同样得到相同的氮化铁，即在氨气、773K 下，预先由氧化物形成氮化物。图 4-22(g) 和 4-25(c)、(f) 显示出在氨气氮化后，纳米棒、纳米立方体和纳米盘的宏观形貌基本保持。图 4-19 完整地记录了这部分合成的主要过程。

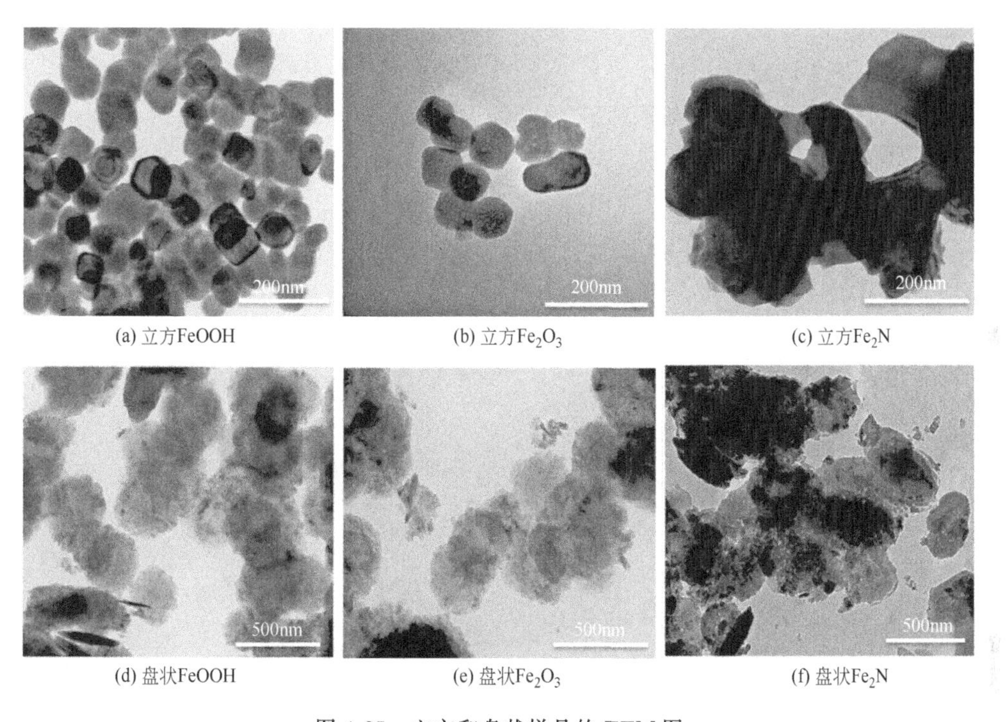

(a) 立方FeOOH　(b) 立方Fe_2O_3　(c) 立方Fe_2N

(d) 盘状FeOOH　(e) 盘状Fe_2O_3　(f) 盘状Fe_2N

图 4-25　立方和盘状样品的 TEM 图

之后，再采取相同的策略，样品先通过空气下热退火，形成 Fe_2O_3，从图 4-26 和图 4-27 的 XRD 谱图中可以看出，立方与盘状样品都经历了与棒状样品完全相同的相转变过程，形成了六方相的 α-Fe_2O_3 衍射峰，完美的对应于 PDF 卡片号 02-0919。样品经高温氮化后，从衍射谱图中，发现样品的 Fe_2O_3 信号峰基本完全消失，成功形成了六方相的 Fe_2N 物种。立方体形貌的样品形成的氮化物结晶性很高，跟 PDF 卡片号 02-1206 基本完全吻合。而盘状样品结晶性较差，主峰位有偏移，主要由于盘状的样品相对于棒状和立方体较薄，使得样品三维取向受限，只能沿着二维方向生长，导致其具有较低的结晶度。

(3) 不同形貌样品结构分析

通过低温 N_2 吸附-脱附对不同形貌 Fe_2O_3 及其氮化后样品的比表面积做了测试，低温 N_2 吸附-脱附等温线如图 4-28 所示。在相对压力＜0.8 时，吸附曲线平缓上升，低压端（$p/p_0=0.0\sim0.1$）的吸附曲线偏横坐标，说明氮气与样品作用力弱，高压端

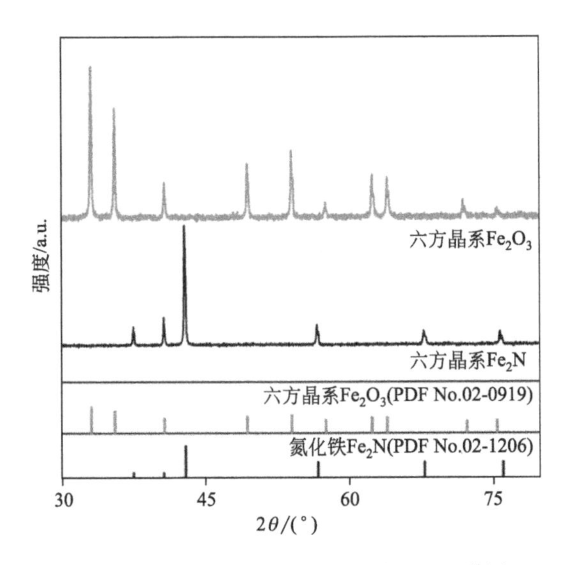

图 4-26 立方状 Fe_2O_3、Fe_2N 的 XRD 谱图

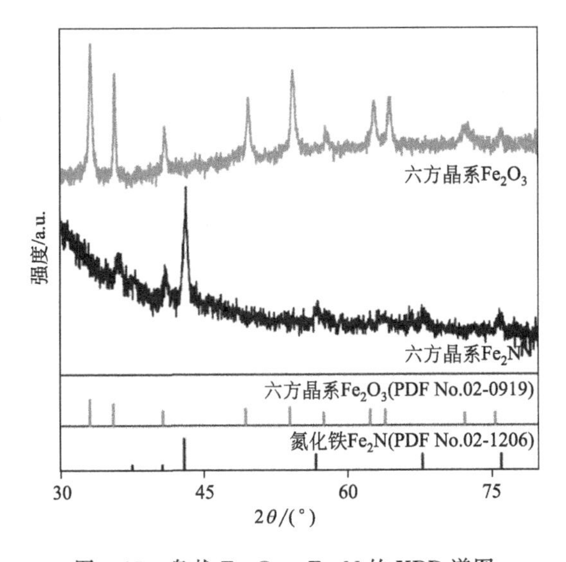

图 4-27 盘状 Fe_2O_3、Fe_2N 的 XRD 谱图

（$p/p_0=0.9\sim1.0$）的吸附曲线急剧上升，根据 IUPAC 分类，样品的吸附曲线归属于Ⅲ型，回滞环很小，属 H_3 滞后环，表明样品含有介孔和微孔结构。另外，棒状 Fe_2N 样品的回滞环较大，表明样品具有更多的介孔结构，而介孔结构更有利于反应物与产物在催化剂内部的扩散，提高催化活性。催化剂样品的比表面积和孔径分布等物理性质如表 4-1 所列。虽然氮化经历剧烈的晶体结构转变，三个不同形貌的样品的比表面积有所降低，孔容有所减小，但是，从 TEM 图中看出，它们的整体骨架并没有坍塌，基本形貌也没有太大的变化。

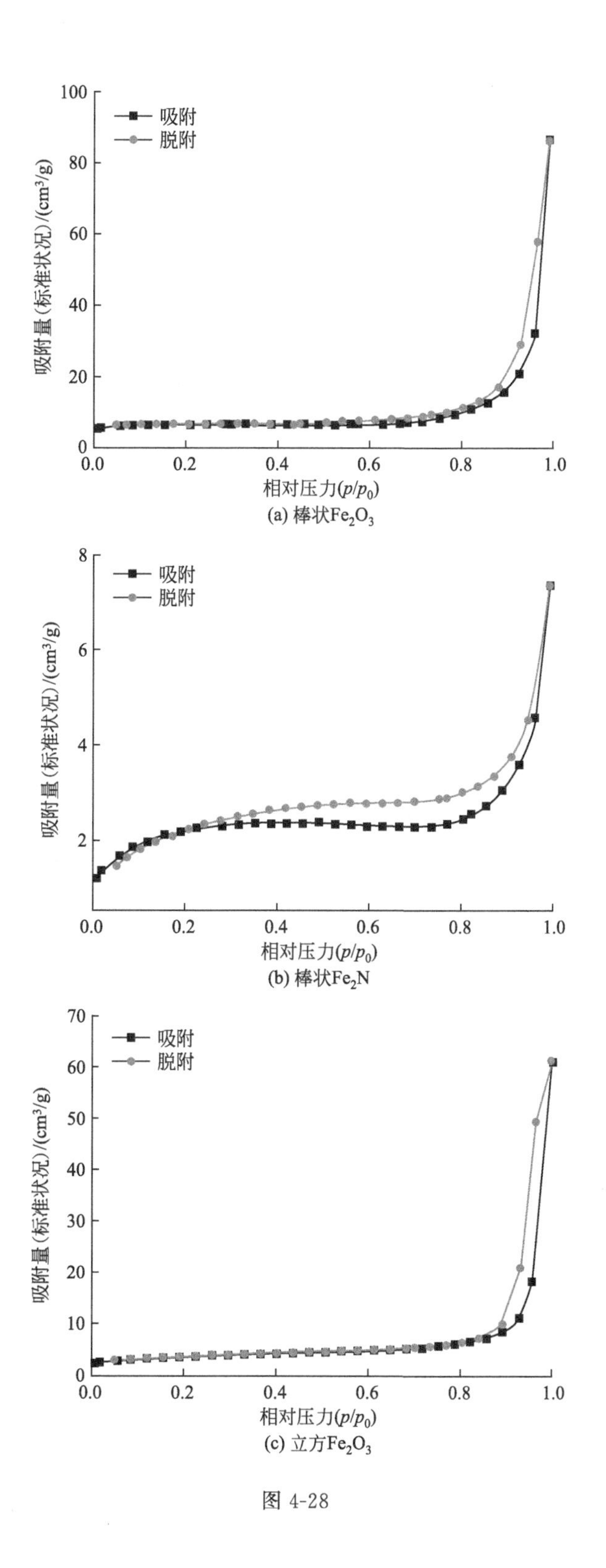

(a) 棒状Fe_2O_3

(b) 棒状Fe_2N

(c) 立方Fe_2O_3

图 4-28

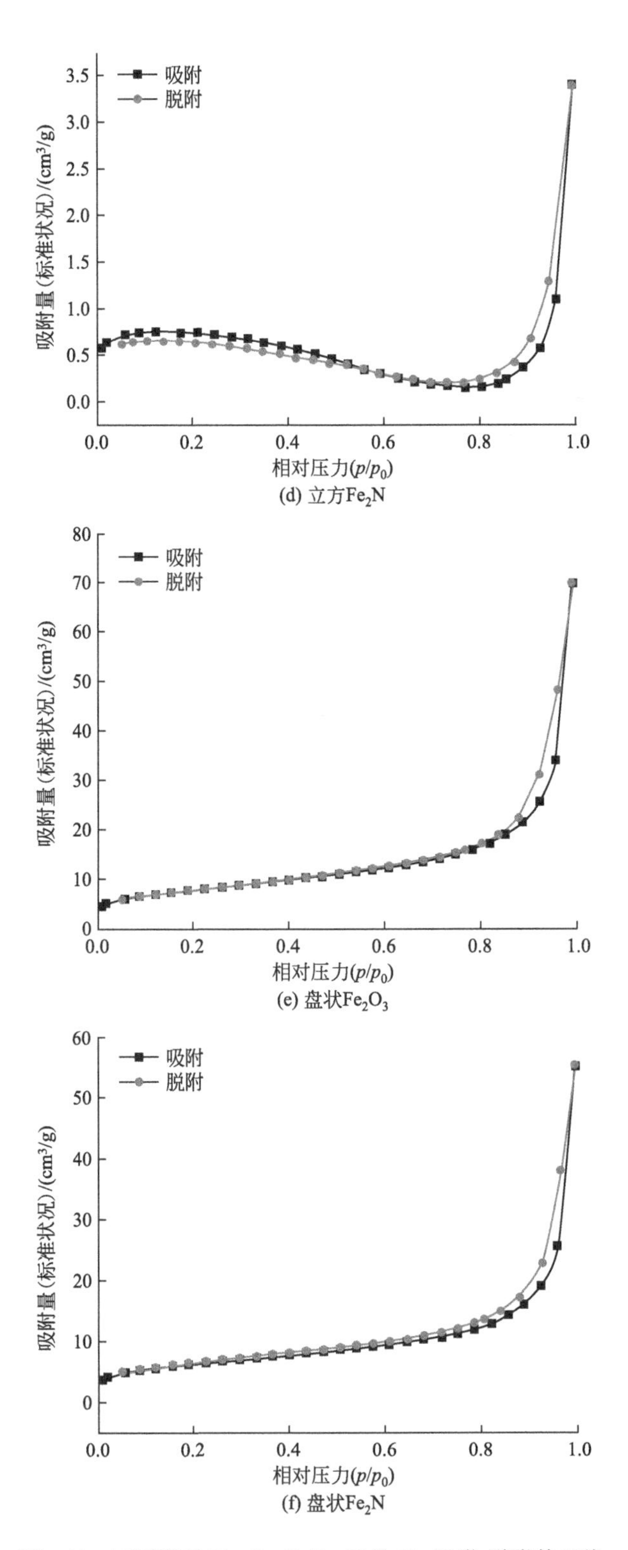

图 4-28 不同形貌 Fe_2O_3 及 Fe_2N 的 N_2 吸附-脱附等温线

表 4-1 不同形貌 Fe_2O_3 及 Fe_2N 样品的结构性质

样品	比表面积/(m^2/g)	孔体积/(cm^3/g)	平均孔径/nm
棒状 Fe_2O_3	20.14	0.13	35.4
立方 Fe_2O_3	11.75	0.09	35.2
盘状 Fe_2O_3	27.49	0.10	17.2
棒状 Fe_2N	7.25	0.01	14.8
立方 Fe_2N	2.13	0.005	26.3
盘状 Fe_2N	21.96	0.08	18.2

为研究 Fe_2O_3 氮化前后的化学状态，我们将样品做了 XPS 表征。不同形貌的 X 射线光电子总谱以及高分辨 Fe 2p XPS 分谱和 N 1s XPS 分谱如图 4-29～图 4-32 所示。从样品的总谱中可以观察到样品中 Fe、O、N、C 元素的存在，无其他的杂元素，O 元素归因于氮化铁表面形成的无定形氧化铁物种，这在棒状氮化铁的高分辨表征中已经讨论过。从 Fe 2p 分谱中均可发现，在结合能为 707.9eV(Fe $2p_{3/2}$) 附近出现了金属氮化铁的峰，表明样品中铁氮化物的形成，其他的三价铁元素的峰归属于氮化铁表面的氧化所致，这跟高分辨数据保持一致。N 1s XPS 分谱在 397.8eV 处的峰符合铁氮化合物的峰[11]，在 397.1eV 处的峰归属于金属氮化物峰。以上结果表明氮化铁物种的生成。不同形貌的铁氮化物中铁和氮元素含量以及相对原子比例如表 4-2 所列，可知棒状 Fe_2O_3 氮化后形成的氮化铁催化剂中 N 元素含量更高，能有效降低催化剂对产物分子的吸附，使产物分子有效脱附，提高催化效率[12]。

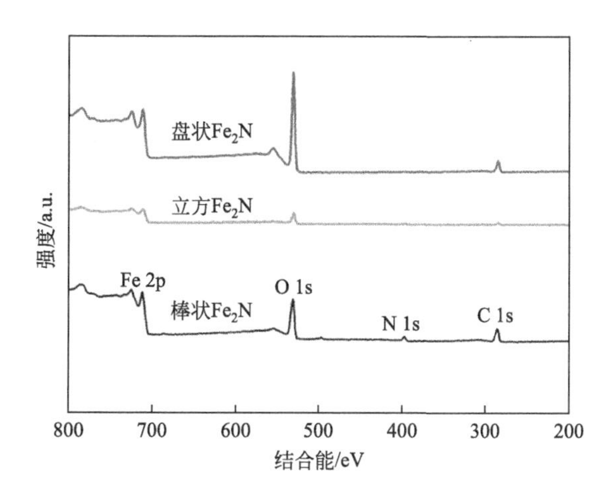

图 4-29 不同形貌样品 X 射线光电子总谱

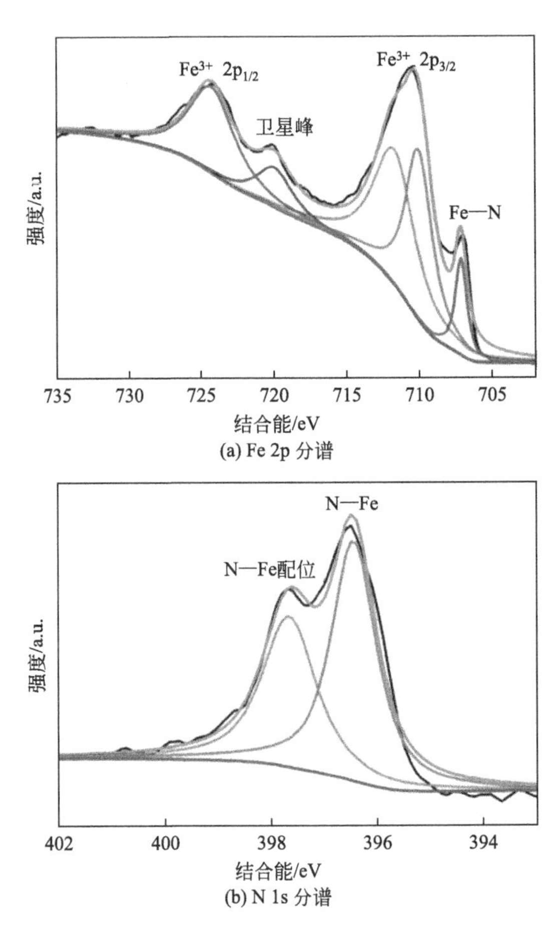

(a) Fe 2p 分谱

(b) N 1s 分谱

图 4-30　棒状 Fe_2N 高分辨 Fe 2p XPS 分谱和 N 1s XPS 分谱

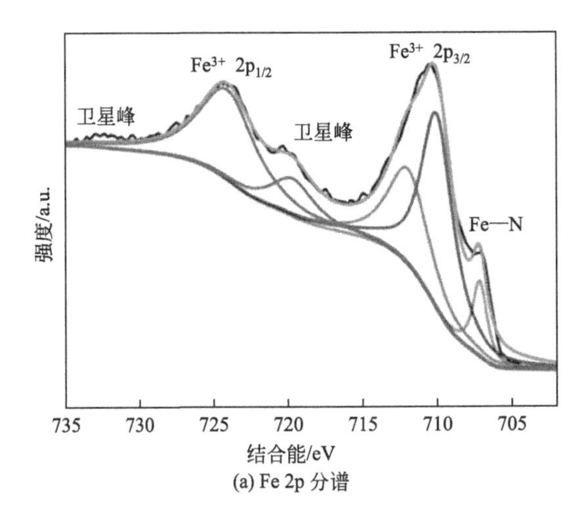

(a) Fe 2p 分谱

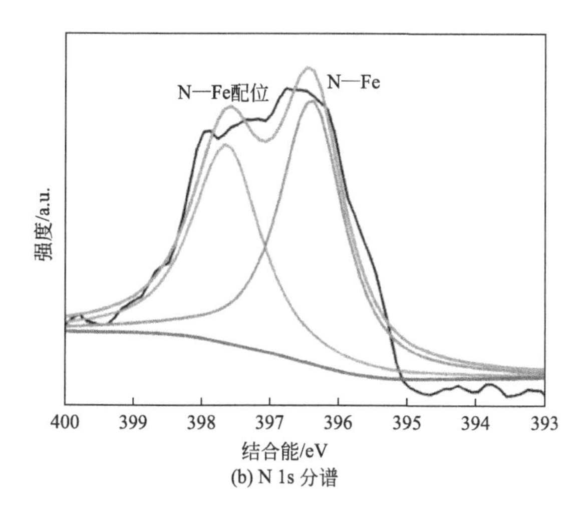

图 4-31 立方 Fe_2N 高分辨 Fe 2p XPS 分谱和 N 1s XPS 分谱

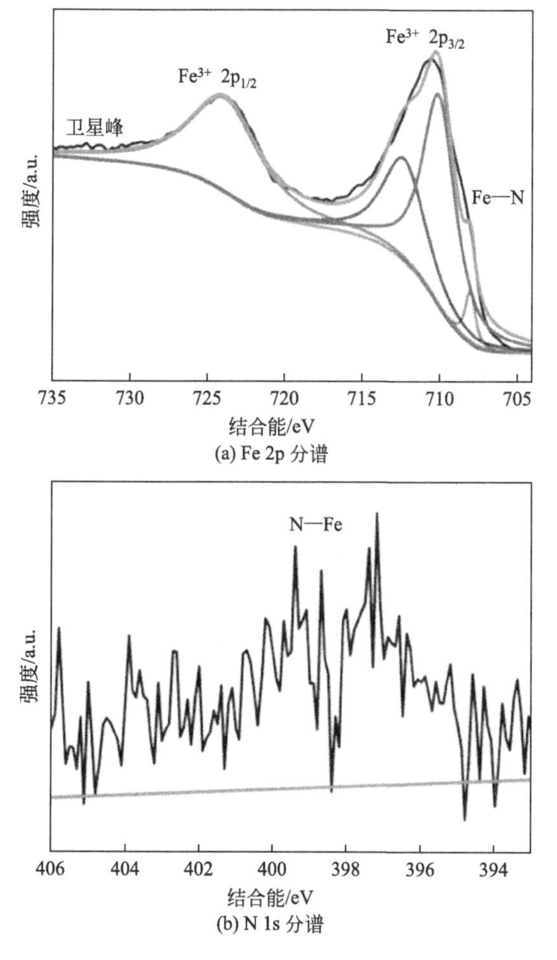

图 4-32 盘状 Fe_2N 高分辨 Fe 2p XPS 分谱和 N 1s XPS 分谱

表 4-2 XPS 分析 Fe 和 N 含量以及相对比例

样品	元素原子百分含量/%		N/Fe/%
	Fe	N	
棒状 Fe_2N	18.93	5.97	31.54
立方 Fe_2N	28.16	7.47	26.53
盘状 Fe_2N	15.64	1.07	6.84

(4) 不同形貌样品氨分解性能测试

将合成的3个样品(纳米棒、纳米立方体和纳米盘)用于氨分解性能测试。如图4-33所示,从图中的曲线看出3个不同形貌的催化剂在低温下都有非常高的转化率。其中棒状的 Fe_2O_3 氮化后的催化活性远远大于立方体和盘状的氮化铁物种,在748K的温度点棒状氮化铁的氨气转化率为60%,而立方体的氮化铁和盘状氮化铁氨气的转化率分别为25%和15%。由此可见,棒状的氮化铁催化活性约是盘状和立方体的3倍,而且其他温度点下,棒状的氮化铁活性也是远远高于盘状和立方体。最后,我们给出推测,棒状氮化铁的高催化活性可能与棒状 Fe_2O_3 暴露的特定晶面有关,这样的晶面会大大增加氨气的吸附,同时 N_2 能够尽快地从活性中心脱附而释放活性中心。相比较盘状和立方体氮化铁所暴露的晶面而言,棒状氮化铁暴露的晶面有着更好的氨分解催化活性。但具体的机理等待进一步深入研究。

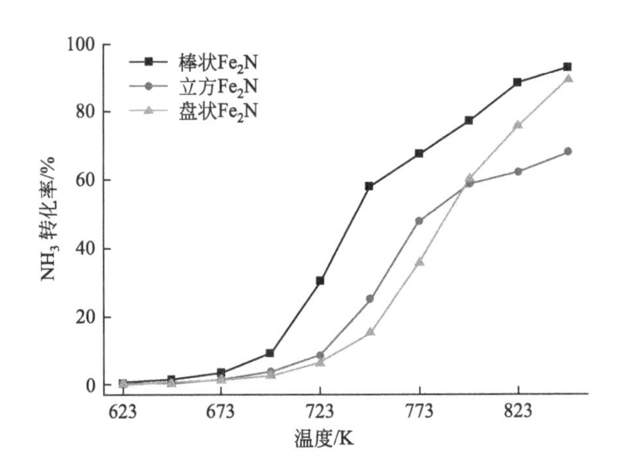

图 4-33 不同形貌氮化铁氨分解性能测试

[100mg 催化剂,纯氨进料,温度 623~873K,压力 0.1MPa,空速 6000mL/(g_{cat}·h)]

最后,我们选取棒状 Fe_2O_3 氮化后的样品进行氨分解稳定性测试,测试条件为823K,反应时间为1500min,测试结果如图4-34所示。由图可以看出,棒状的氮化铁不仅具有较好的氨分解催化活性,而且在较高的反应温度下该催化剂具有优异的催化稳定性,在反应进行1500min之后氨分解转化率仅下降5%左右。

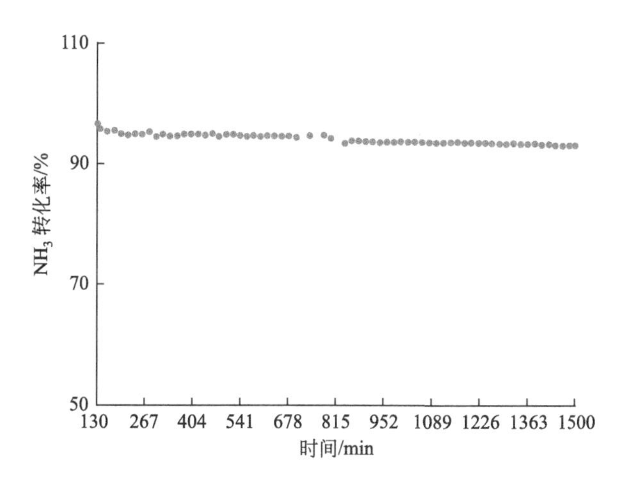

图 4-34　棒状氮化铁氨分解稳定性测试

[100mg 催化剂，纯氨进料，温度 823K，压力 0.1MPa，空速 6000mL/(g_{cat} · h)]

4.1.3　氮化铁-钌双金属催化剂

由于 Ru 价格昂贵，阻碍了 Ru 催化剂的工业应用。越来越多的研究者也开始致力于研究可替代贵金属的氨分解双金属催化剂，许多研究也表明，双金属之间的协同作用通常表现出更有利于催化反应的特性。Zhang 等[13] 报道了 Fe-Co 双金属催化剂用于氨分解反应中，研究表明，少量 Co 的加入增强了 Fe 的氨分解催化性能，同时 Fe_5Co(Fe 和 Co 摩尔比为 5∶1) 催化剂的稳定性最好。受此启发，本节在单组分氮化铁催化剂的基础上，将 Ru 纳米颗粒负载于 Fe_2O_3 上，经氨气原位活化构筑氮化铁-钌双金属催化剂，考察双金属协同效应对氨分解催化性能的影响，为进一步提高催化剂的效率，拟将电子助剂 Li 掺入催化剂中，考察助剂和活性金属在实际反应体系中氨分解作用机制。

4.1.3.1　催化剂的制备及催化性能测试

(1) 氮化铁-钌双金属催化剂的制备

1) Ru 纳米颗粒的制备

在该反应体系中，采取液相还原法制备单分散 Ru 纳米颗粒，无机钌盐作为 Ru 前驱体，有机胺作为表面活性剂、溶剂和还原剂。该技术路线原理如式(4-3) 和式(4-4) 所示：

$$C_{18}H_{35}NH_2 \xrightarrow{\Delta} C_{18}H_{35}NH_2^+ + e^- \tag{4-3}$$

$$Ru^{3+} + 3e^- \xrightarrow[\Delta]{\text{有机胺}} Ru \tag{4-4}$$

2) 具体制备过程

在 50mL 三口烧瓶中加入 12mL 有机胺，放入电热套中，加热至 333K，形成澄清透明的淡黄色液体，然后将 0.053g 的 $RuCl_3 \cdot 3H_2O$ 加入烧瓶中，溶液变为墨绿色，通入氩气，并升温至 383K，搅拌 20min，排除体系中的水分和氧气，在此过程中溶液逐渐变为澄清透明的红棕色液体。继续将温度升至 523K，停留反应 20min，得到黑色溶液，将该溶液用有机溶剂清洗数次，离心 (1000r/min，5min)，管壁得到黑色的固体产物 Ru，将产物分散在适量有机溶液中。

3）$Ru\text{-}Fe_2O_3$ 及 $Ru\text{-}Fe_2N$ 的制备

在本节实验中直接采用常规浸渍法将制备的 Ru 纳米颗粒均匀负载于棒状 Fe_2O_3 上，即得 $Ru\text{-}Fe_2O_3$，Ru 的负载量（质量分数）为 2%，再将此样品在氨气流下原位活化即可得到氮化铁-钌双金属催化剂。

4）$LiRu\text{-}Fe_2N$ 的制备

制备方式与 $Ru\text{-}Fe_2N$ 相似，但在负载 Ru 纳米颗粒前先将 Li 负载于棒状 Fe_2O_3 上，再将样品进行氨气原位活化。

（2）催化性能测试

催化剂的氨分解性能测试方式与 4.2.1.1 部分一致，采用课题组自制的固定床石英管反应器，将 100mg 样品与 150mg 石英砂（60～120 目）均匀混合，在气体（纯氨气）空速为 $6000mL/(g_{cat} \cdot h)$ 下进行测试，将催化剂在氨气流中 773K 下原位活化 2h，形成氮化铁物种，再降至反应温度，进行催化性能评价。

4.1.3.2 结果和讨论

在有机胺还原体系中，有机胺既作为溶剂分散 Ru^{3+}，又作为还原剂将 Ru^{3+} 还原到 Ru^0，同时在 Ru^0 表面形成配体稳定 Ru 纳米颗粒。图 4-35 为有机胺还原 Ru 纳米颗粒 TEM 图，采用液相还原方法可制得单分散油溶性 Ru 纳米颗粒，颗粒整体呈现蠕虫状，形貌与尺寸较均匀。将 Li、Ru 负载在棒状上，其 TEM 图如图 4-36 所示，利用羟基氧化铁在焙烧过程中形成 Fe_2O_3 产生的孔道结构，可使 Li、Ru 均匀吸附在棒状 Fe_2O_3 表面。从图 4-36(c)、(d) 中可清楚地看到 Ru 纳米颗粒均匀分布于 Fe_2O_3 上，而图 4-36(b) 中却无法观察到 Li 颗粒的存在，这因为 Li 为轻金属，原子序数较小，在透射模式下其电子散射角太小，而无明显衬度差别。

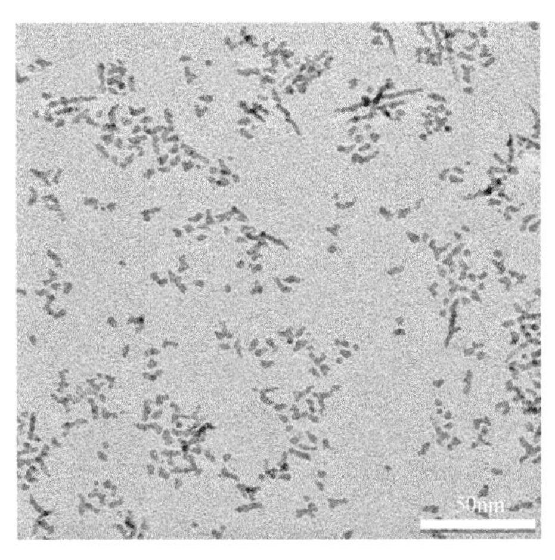

图 4-35 Ru 纳米颗粒 TEM 图

图 4-37 为 Li、Ru 负载 Fe_2O_3 样品的 XRD 谱图。各样品中均存在六方晶系的 Fe_2O_3 物相，在 2θ 分别位于 24.2°、33.3°、35.7°左右出现的衍射峰，归属于 Fe_2O_3 的（012），（104）和（110）晶面（PDF No. 02-0919）。在 $Ru\text{-}Fe_2O_3$ 样品中，无法检测到 Ru 的衍射

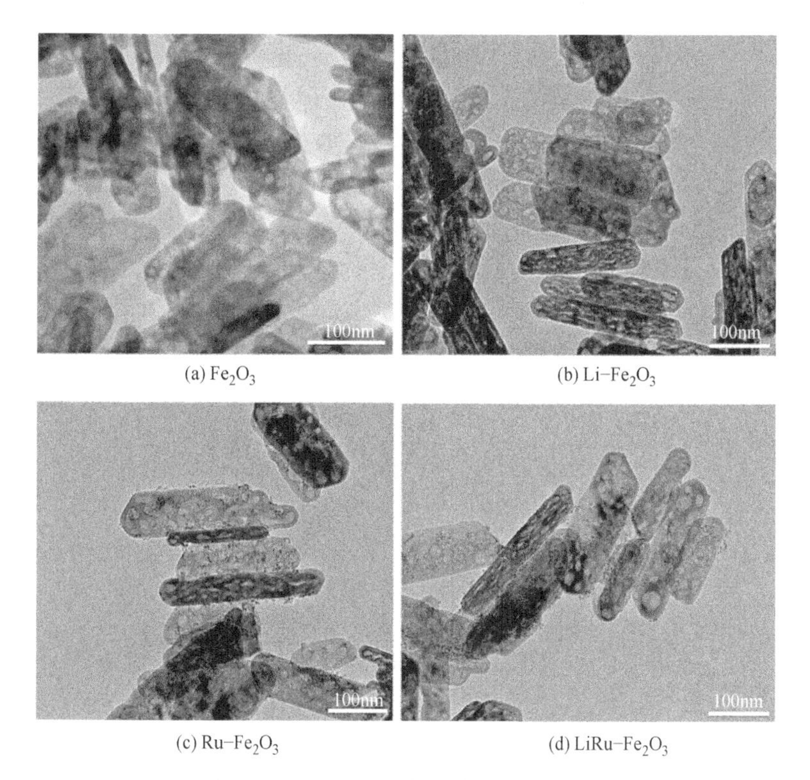

(a) Fe_2O_3　(b) Li-Fe_2O_3　(c) Ru-Fe_2O_3　(d) LiRu-Fe_2O_3

图 4-36　Fe_2O_3 及改性后样品的 TEM 图

峰，结合 TEM 图分析，可知这可能是由 Ru 纳米颗粒尺寸较小以及在 Fe_2O_3 上高度分散所致。另外，与 Ru-Fe_2O_3 不同的是，在 Li-Fe_2O_3 和 LiRu-Fe_2O_3 样品的衍射谱图中，在 2θ 为 21.4°左右均出现了一个小的衍射峰，归属于含锂的混合物峰。结合样品的 TEM 图以及 XRD 谱图，可知 Li 和 Ru 成功负载到 Fe_2O_3 上。

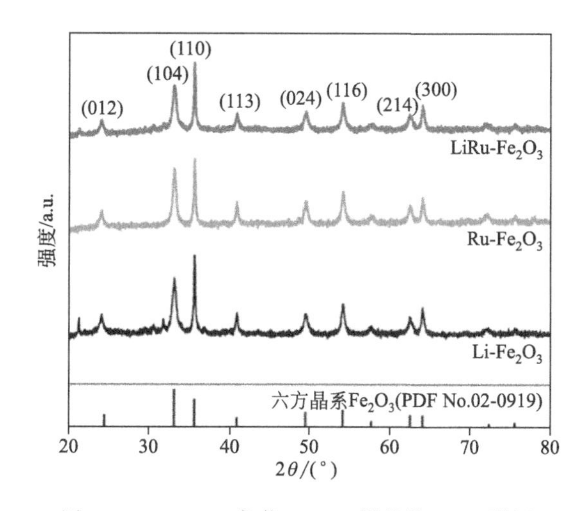

图 4-37　Li、Ru 负载 Fe_2O_3 样品的 XRD 谱图

将负载后的催化剂在氨气下原位活化，形成 Li 和 Ru 改性的催化剂，考察氮化铁-钌双金属催化剂对氨分解性能的影响，其催化性能测试结果如图 4-38 所示。图中可以很明

显看出，虽然 Ru 的含量只有 2%，相比于未掺杂 Ru 的氮化铁催化剂而言，氨分解转化率提高了近 20%，说明了 Ru 的高效催化活性。与以往的文献[14-17] 关于将 Ru 负载于 MgO、TiO_2 等金属氧化物载体上用于氨分解反应进行对比，可以发现我们所制备的双金属催化剂具有较高的氨分解催化活性。另外，经 Li 助剂改性的催化剂同样也具有高效的催化活性，但将 Li、Ru 同时负载到 Fe_2O_3 上，其催化活性反而降低，其可能原因是 Li、Ru 同时加入相互覆盖了催化剂的活性位点。催化剂性能的进一步提高以及反应机理仍需更进一步深入研究。

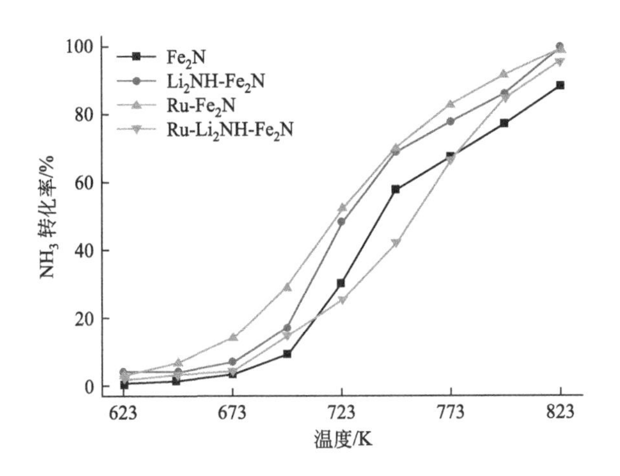

图 4-38 氮化铁-钌双金属氨分解性能测试

[100mg 催化剂，纯氨进料，温度 623～823K，压力 0.1MPa，空速 6000mL/(g_{cat}·h)]

最后，将反应后的氮化铁-钌双金属催化剂在 823K 下进行氨分解稳定性测试，测试时间 800min，空速为 6000mL/(g_{cat}·h)，其结果如图 4-39 所示，可发现所制备的催化剂具有优异的稳定性，氨分解转化率一直保持在 90%左右。

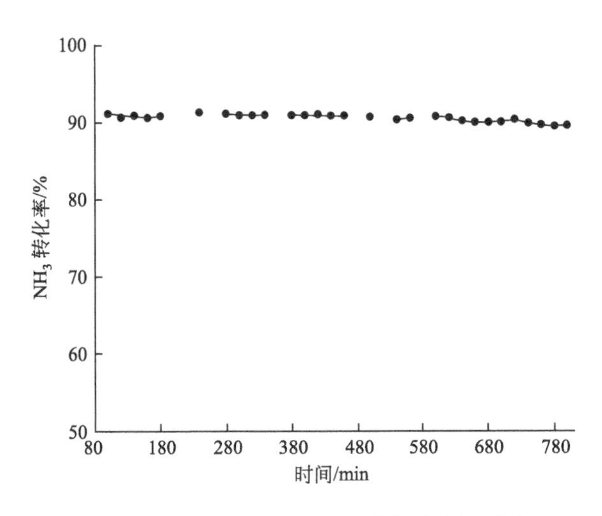

图 4-39 氮化铁-钌双金属氨分解稳定性测试

[100mg 催化剂，纯氨进料，温度 823K，压力 0.1MPa，空速 6000mL/(g_{cat}·h)]

4.2 钴基催化剂

4.2.1 载体对钴基催化剂催化性能的影响

活性炭（AC）的主要成分是 C，此外还有少量 H、O、N、S 和灰分。这些物质含量虽少，但它们对活性炭性质有一定影响，尤其是将活性炭用作催化剂及催化剂载体时，这些微量成分所起的作用就更大。活性炭具有不规则的石墨结构，在 573～1073K 下焙烧时表面会产生酸性基团，而在 1073～1273K 下焙烧时又形成碱性基团，故使活性炭能呈现酸性或碱性，而且因制备方法不同，可以得到具有不同比表面积的活性炭，有的甚至可超过 2000m^2/g。所以，活性炭不仅是一种优良的吸附剂，也常用作催化剂载体，但由于活性炭的机械强度较差，所以主要用来制备负载型催化剂。

碳纳米管是（CNTs）是近年来最引人注目的新型材料之一。这类新型材料不仅在微电子、聚合物添加剂以及高容量储氢等方面具有较好的应用潜力，而且很可能是一类很有潜力的催化剂载体。Yin 等[18] 考察了 CNTs、MgO、ZiO_2、Al_2O_3 和 AC 等载体对 Ru 基催化剂催化性能的影响，在 623～823K 温度范围内 Ru/CNTs 的催化活性最高，认为 Ru/CNTs 的高催化活性是由于载体 CNTs 显著提高了活性组分 Ru 的分散度；另外，CNTs 的导电性能够使电子从助剂更加顺利地传递到活性组分上。

本节选取不同适量碳载体（60～80 目，在 363K 烘箱中烘干 1h）分别用 0.5mol/L 的 $Co(NO_3)_2$ 溶液进行湿浸渍，充分搅拌后在室温下静置 40min。将以上样品置入 363K 恒温水浴锅进行搅拌直至蒸干，置入 363K 烘箱中干燥过夜。在 723K 温度下通入保护性气体 N_2(20ml/min) 焙烧 5h，制得的催化剂分别标记为 Co/AC-1、Co/AC-2、Co/AC-3 及 Co/CNTs 催化剂。

4.2.1.1 催化剂制备

将一定量的 $Ni(NO_3)_2 \cdot 6H_2O$ 溶解于一定量的去离子水和无水乙醇混合溶液中（乙醇含量为 20%），充分溶解混合后，分别浸渍到碳载体上，并同时搅拌浸渍 30min 后，置于 353K 水浴蒸干，363K 烘箱内过夜干燥，制得催化剂前驱体。将催化剂前驱体置于管式中，并在惰性气体保护下进行焙烧 5h，制得质量分数为 5%或 10%的负载型钴基催化剂。

4.2.1.2 催化剂表征

(1) BET 表征

对不同碳载体进行了 BET 比表面分析，分别测得几组样品的比表面积、孔隙率及平均孔径，结果见表 4-3。

表 4-3 不同碳载体 BET 表征结果

催化剂	S_{BET}/(m^2/g)	孔隙率/(cm^3/g)	平均孔径/nm	Co(质量分数)/%	预处理条件
CNTs	169.3	0.41	9.65	—	723K 氮气中焙烧 5h(20mL/min)
AC-1	2954.0	1.56	2.11	—	
AC-2	695.2	0.41	2.37	—	
AC-3	71.3	0.08	4.51	—	
Co/CNTs	—	—	—	5	
Co/AC-1	—	—	—	5	
Co/AC-2	—	—	—	5	
Co/AC-3	—	—	—	5	

从表 4-3 可以看出，不同的活性炭载体的比表面积差别非常明显，由大到小依次为 AC-1(2954.0m^2/g) >AC-2(695.2m^2/g) >AC-3(71.3m^2/g)。其中孔隙率随比表面积减小而减小，由大到小依次为 AC-1（1.56cm^3/g）> AC-2（0.41cm^3/g）> AC-3（0.08cm^3/g）；而平均孔径则随之增大，由小到大依次为 AC-1（2.11nm）< AC-2（2.37nm）<AC-3(4.51nm)。其中，碳纳米管的比表面积为 169.3m^2/g，仅高于 AC-3 的 71.3m^2/g，但它的孔隙率与 AC-2 相当，且拥有最大的平均孔径，其平均孔径为 9.65nm，远远高于几组活性炭。

(2) XRD 表征

对四种催化剂焙烧后的物相进行了 XRD 分析，所得 XRD 谱图见图 4-40。从图中可发现 C(2θ=26.7°) 和 Co_3O_4(JCPDS#43-1003) 的特征峰。

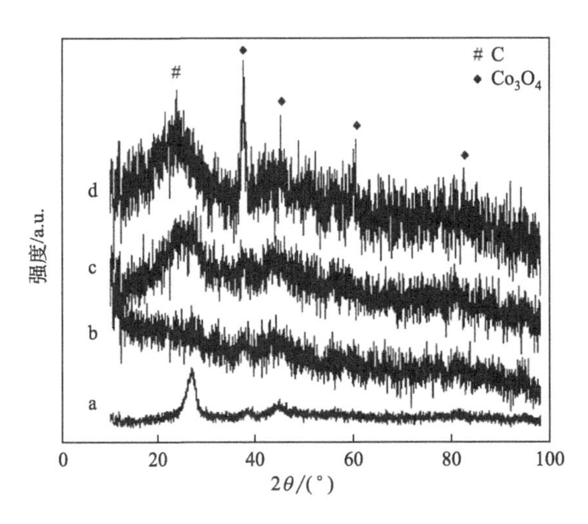

图 4-40 焙烧后钴基催化剂 XRD 谱图

a—Co/CNTs；b—Co/AC-1；c—Co/AC-2；d—Co/AC-3

将不同载体钴基催化剂焙烧后进行了 XRD 分析，分析结果见表 4-4。X 射线衍射可以通过谢乐公式半定量进行颗粒尺寸计算。根据衍射角 2θ=36.8°处的衍射峰，由谢乐公式计算得到不同载体催化剂中 Co_3O_4 的晶粒尺寸如表 4-4 所列。三种活性炭载体中，

AC-1 负载钴基催化剂晶粒尺寸为 1.9nm，远远小于其他两种活性炭负载钴催化剂的晶粒尺寸。碳纳米管负载钴基催化剂的晶粒尺寸为 4.7nm，稍大于 Co/AC-1 催化剂的晶粒尺寸。四种催化剂中晶粒尺寸大小关系为 Co/AC-3>Co/AC-2>Co/CNTs>Co/AC-1。

表 4-4　焙烧后钴基催化剂 XRD 谱图分析结果

催化剂	Co_3O_4 晶粒尺寸/nm	焙烧后主要物相
Co/CNTs	4.7	C、Co_3O_4
Co/AC-1	1.9	C、Co_3O_4
Co/AC-2	36.8	C、Co_3O_4
Co/AC-3	54.4	C、Co_3O_4

结合之前的不同碳载体的 BET 数据，CNTs 载体及 AC-1 载体负载钴基催化剂在焙烧后得到较小的 Co_3O_4 晶粒，这两者中活性组分的分散性都较好，应该与其载体的比表面结构有一定关系。比表面积大小、孔隙率大小及孔径大小都对钴物种的分布有一定影响，其中影响最大的因素为孔径。

(3) TEM 表征

图 4-41 展示了不同载体催化剂在 773K 温度下经 H_2 还原 2h 后的 TEM 图。

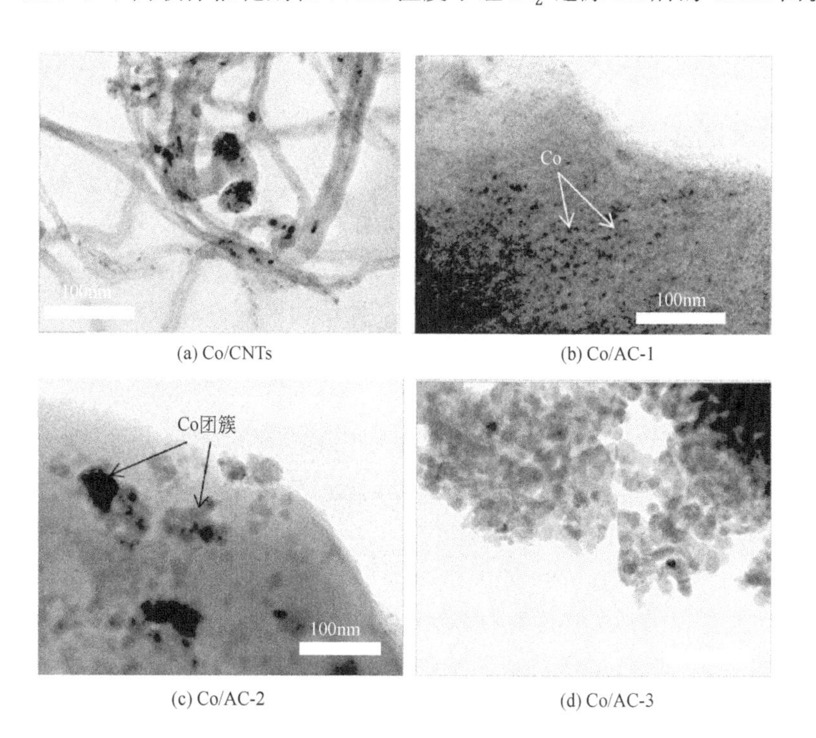

(a) Co/CNTs　(b) Co/AC-1　(c) Co/AC-2　(d) Co/AC-3

图 4-41　还原后钴基催化剂 TEM 图

由图 4-41 所展示的碳纳米管及不同活性炭载体上的金属钴颗粒均呈现出球状的形态。附着在碳纳米管上的钴颗粒平均粒径为 4.8nm。在 AC-1 载体上观察到的钴颗粒平均粒径最小，且分散度最高，其平均粒径为 2.3nm。AC-2 和 AC-3 载体上的钴颗粒则有着较大的平均粒径和更低的分散度，其平均粒径分别为 19.9nm 和 21.4nm。TEM 图的结果与 XRD 表征的结果基本吻合。从图 4-41(a) 中看出，在 CNTs 载体中有一部分 Co_3O_4 颗粒附着在管内，这一现象使得其中 Co_3O_4 颗粒拥有较小的粒径，且有关文献的研究表明，对于碳纳米管负载金属催化剂，当活性组分附着碳纳米管内壁中时催化剂具有更好的催化活性。图 4-41(b) 中可以看出，Co_3O_4 颗粒较为均匀地分散在载体表面，且颗粒的粒径也明显小于其他两组活性炭负载钴基催化剂。图 4-41(c)、(d) 中的 Co_3O_4 颗粒则附着于较大的 C 颗粒上，结合 TEM 结论，说明焙烧过程中载体的孔结构受到破坏，导致 Co 物种的附着受到影响，Co_3O_4 晶粒在载体表面聚集长大。

(4) CO 化学吸附

通过 CO 化学吸附表征进一步测定金属钴颗粒的粒径，实验温度 313K，化学计量比 Co/CO 为 1∶1，载气为 He。结果列于表 4-5。

表 4-5　还原后钴基催化剂 CO 化学吸附结果

催化剂	比表面积/(m^2/g)	粒径/nm	分散度/%
Co/CNTs	1.19	4.7	3.5
Co/AC-1	2.96	1.9	8.7
Co/AC-2	0.15	36.8	0.5
Co/AC-3	0.10	54.4	0.3

注：比表面积是指每克催化剂中金属钴晶粒的表面积。

CO 化学吸附结果与之前 XRD 结果大致吻合，在 Co/AC-1 中测得的金属钴晶粒粒径为 1.9nm，分散度为 8.7%，其粒径远小于 Co/AC-2(36.8nm) 和 Co/AC-3(54.4nm)，分散度远大于 Co/AC-2(0.5%) 和 Co/AC-3(0.3%)。而在 Co/CNTs 中粒径和分散度分别为 4.7nm 和 3.5%。因此，根据 CO 化学吸附结果，从 Co_3O_4 晶粒的粒径大小和分散度两方面来看，Co/CNTs 和 Co/AC-1 两组样品中活性组分的附着情况无疑是要优于其他两组样品的。

(5) XPS 表征

通过 XPS 表征对焙烧后钴基催化剂进行表面分析，XPS 谱图见图 4-42。

从图 4-42 中看出，催化剂 Co/AC-1 中 Co $2p_{3/2}$ 的结合能为 780.2eV，并伴随一个强度最大的伴峰，纵观几种不同载体催化剂，其 Co $2p_{3/2}$ 的结合能从大到小依次为 Co/CNTs(780.7eV) ＞Co/AC-1(780.6eV) ＞Co/AC-2(780.5eV) ＞Co/AC-3(780.2eV)，伴峰强度从大到小依次为 Co/AC-3＞Co/AC-2＞Co/AC-1＞Co/CNTs，结果表明钴物种与载体 AC-1 和 AC-2 的相互作用强于 AC-3，而在几种载体中与 CNTs 的相互作用最强。同时也表明在几种焙烧后的催化剂中，Co 的主要物种都为 Co_3O_4，不受载体的影响。

由 XPS 表征测得的催化剂表面元素组成列于表 4-6。根据表 4-6 的数据来看，拥有较小 Co_3O_4 颗粒粒径以及较好分散性的 Co/CNTs、Co/AC-1 两组样品，其 Co 原子在催化剂表面的元素组成中的比例要低于其他两组样品。由此说明，Co 物种在 AC-2 及 AC-3 载体中的分布，更多是附着于载体表面，在加热焙烧过程中容易烧结，于载体表面形成较大

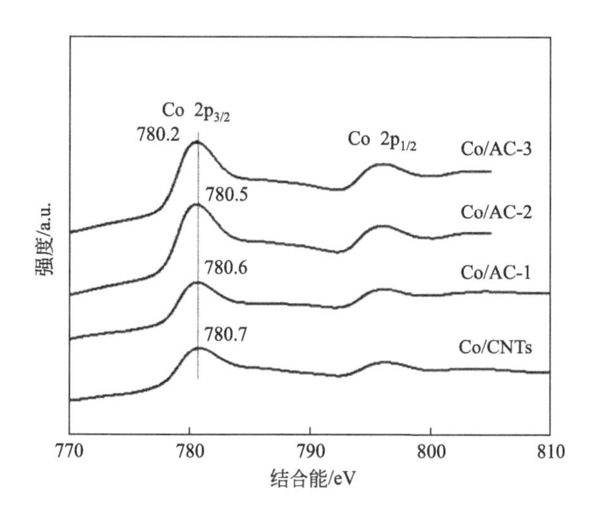

图 4-42 焙烧后钴基催化剂的 XPS 谱图

表 4-6 不同碳载体负载钴基催化剂的表面元素组成

催化剂	表面元素组成(原子百分比)/%		
	Co	O	C
Co/CNTs	0.8	6.6	92.6
Co/AC-1	1.2	8.3	90.5
Co/AC-2	1.9	12.5	85.6
Co/AC-3	3.5	20.0	76.5

晶粒，这对催化活性的影响是不利的。而在 Co/CNTs 及 Co/AC-1 催化剂中，Co 物种则更多进入载体内部，有效利用了碳载体的孔结构，尤其对于 Co/CNTs 催化剂，前面提到的一部分 Co 物种附着于碳纳米管内壁，在这种附着方式下，活性组分能发挥出更高的催化活性。

(6) H_2-TPR 表征

由于氨分解反应是发生在催化剂表面的氧化还原反应，因而催化剂所具有的活性必然与其自身的氧化还原能力存在一定的联系。为了深入研究氨分解催化剂的作用机理，从理论上探寻降低氨分解温度的途径，选取 Co/CNTs、Co/AC-1、Co/AC-2、Co/AC-3 四种催化剂进行了 H_2-TPR 分析。分析谱图见图 4-43。

从图 4-43 中可以看出，每组样品中都出现 4 个还原峰，出峰的温度各有不同。除 Co/AC-2 外，其余几组样品测试的 4 个出峰位置依次分为以下几个温度段：473～573K、573～673K、673～773K 以及 773K 以上，而 Co/AC-2 催化剂 H_2-TPR 测得的前 3 个还原峰与其他样品比较，向高温方向移动。第一个还原峰出现在 473～573K 温度段，对应于未分解完全的硝酸钴发生还原。接下来的两个还原峰位于 573～773K，归结于 Co_3O_4 的两步式还原，先形成中间产物 CoO，然后还原为金属 Co。

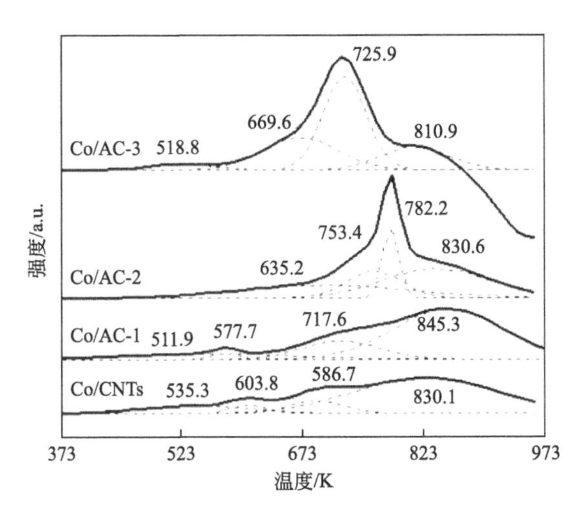

图 4-43　不同碳载体担载钴基催化剂的 H_2-TPR 谱图

4.2.1.3　催化剂性能评价结果

(1) 反应温度的影响

图 4-44 显示了 100mg 催化剂，反应气体为纯氨，空速为 6000mL/(g_{cat}·h) 条件下，几组催化剂在 673～773K 温度范围内的氨分解活性［图中空管实验的空白样氨转换率几乎为零，说明当前温条件下反应器对氨分解反应无影响］。可以看出，随着温度的升高，氨的转换率明显提升，尤其在高温段，转化率增加的趋势更加突出，且在 773K 时 Co/CNTs 样品已接近氨分解反应的平衡状态。4 组催化剂的催化活性从大到小顺序为：Co/CNTs＞Co/AC-1＞Co/AC-2＞Co/AC-3。根据氨分解反应氨转换率计算可得氢气生成速率，列于表 4-7。

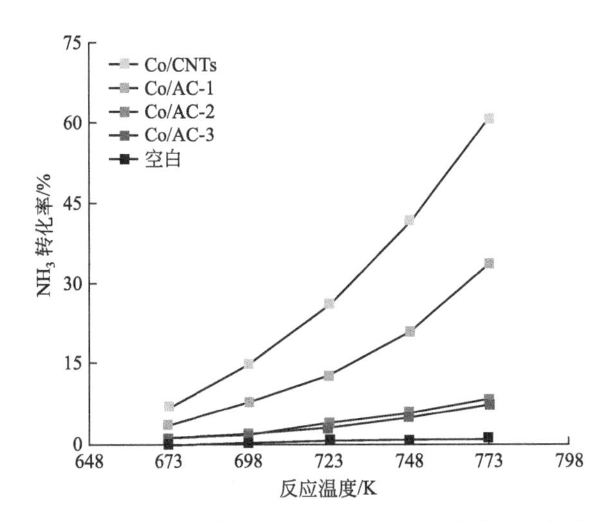

图 4-44　不同载体钴基催化剂在 673～773K 温度条件下的氨分解活性

［100mg 催化剂，纯氨进料，压力 0.1MPa，空速 6000mL/(g_{cat}·h)］

表 4-7 不同载体催化剂氨分解反应 H_2 生成速率

反应温度/K	不同催化剂下 H_2 生成速率/[mmol/(min·g)]			
	Co/CNTs	Co/AC-1	Co/AC-2	Co/AC-3
673	0.47	0.24	0.07	0.06
698	0.99	0.52	0.13	0.13
723	1.75	0.86	0.26	0.22
748	2.80	1.40	0.38	0.36
773	4.07	2.25	0.56	0.48

注：H_2 生成速率为每克催化剂每分钟对应 H_2 生成的物质的量。

表 4-7 中可以看出，673～773K 温度范围内，Co/AC-1 上的 H_2 生成速率整体高于 Co/AC-2 和 Co/AC-3，而 Co/CNTs 上的 H_2 生成速率为所有样品中最高，在 773K 时比 Co/AC-1 样品高 1.82mmol/(min·g)。

(2) 反应空速的影响

取 100mg 钴基催化剂，反应气纯氨进料，反应温度 773K，压力 0.1MPa，分别于空速 6000mL/(g_{cat}·h)、12000mL/(g_{cat}·h)、18000mL/(g_{cat}·h) 及 24000mL/(g_{cat}·h) 条件下进行氨分解活性评价实验，结果见图 4-45。

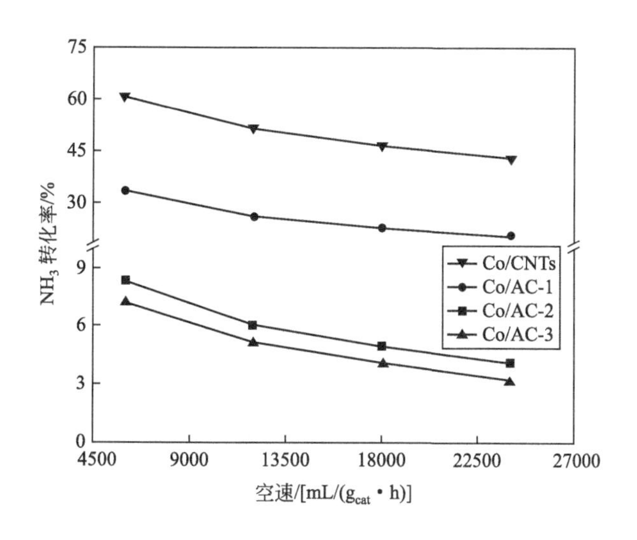

图 4-45 不同载体钴基催化剂氨转化率随空速的变化

从反应结果上看，空速在一定程度上影响着催化剂的活性，随空速不断增大，氨转化率逐渐减小。在空速为 6000mL/(g_{cat}·h) 时，几组样品中氨转化率分别达到最高。然而，无论在任何空速条件下，碳纳米管负载钴基催化剂的催化活性都高于几组活性炭负载的钴基催化剂。

因此，综合图 4-44 和图 4-45 的结果来看，最佳载体选择为碳纳米管，最佳反应条件为温度 773K、空速 6000mL/(g_{cat} · h)。

4.2.1.4 催化剂稳定性研究

在温度 773K，空速 6000mL/(g_{cat} · h)，纯氨进料条件下，选用 Co/CNTs 催化剂，对氨分解催化反应进行时长 1200min 的稳定性实验，测得氨转化率及氢气生成速率随时间变化情况，结果见图 4-46。

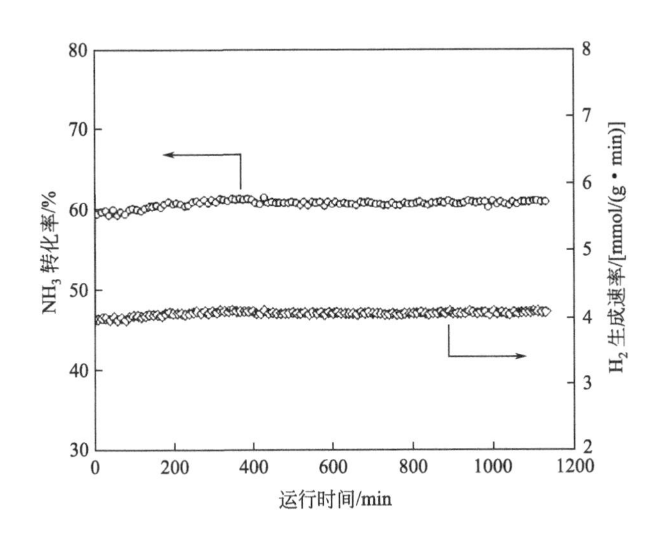

图 4-46 氨催化分解反应 NH_3 转化率及 H_2 生成速率随时间变化情况

[100mg 催化剂，纯氨进料，温度 773K，压力 0.1MPa，空速 6000mL/(g_{cat} · h)]

从图 4-46 中可以看出，通过 20h 的稳定性测试，NH_3 转化率及 H_2 生成速率在达到最高水平后基本维持不变，无明显下降的趋势。说明 Co/CNTs 催化剂在氨分解反应中表现出良好的稳定性。

(1) TEM 表征

图 4-47 中从上到下依次为低分辨率和高分辨率的 TEM 图像，HRTEM 统计得出反应前后钴晶粒的平均粒径（统计样本数量为 100 个晶粒，统计范围为 2～14nm）。反应条件为：催化剂 Co/CNTs，反应时间 1200min，温度 773K，空速 6000mL/(g_{cat} · h)，纯氨进料。

从对比结果可知，反应前后钴颗粒形态都呈现球状，反应前平均粒径为 4.8nm，反应后平均粒径为 5.6nm，仅增加 0.8nm，从而说明 Co/CNTs 催化剂在反应过程中相当稳定。

(2) XPS 表征

对比反应前后的 Co/CNTs 催化剂的 XPS 谱图（图 4-48），发现经过 1200min 的反应过后，Co $2p_{3/2}$ 的结合能（780eV）与反应前相同。根据 XPS 谱图中峰面积估算反应前后 Co/CNTs 催化剂表面元素组成，结果见表 4-8。

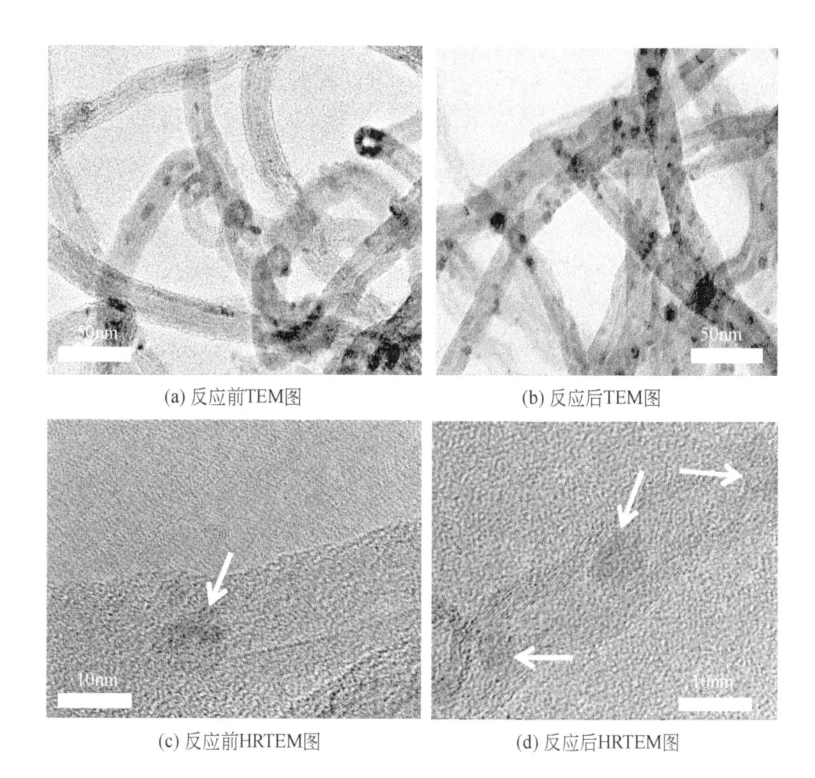

图 4-47　Co/CNTs 催化剂反应前后 TEM 图像及 HRTEM 图像

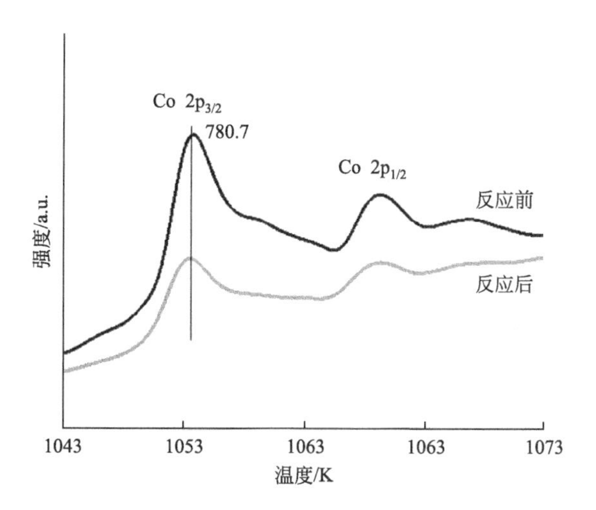

图 4-48　反应前后 Co/CNTs 催化剂 XPS 谱图

表 4-8　反应前后 Co/CTNs 催化剂表面元素组成

催化剂	表面元素组成(原子百分比)/%		
	Co	O	C
Co/CNTs-反应前	0.8	6.6	92.6
Co/CNTs-反应后	0.4	4.5	95.1

反应前 Co/CNTs 催化剂表面 Co 元素占比为 0.8%，经过 1200min 反应之后这一比例下降了 50%，Co 占表面元素组成的 0.4%。说明反应后 Co/CNTs 催化剂中的 Co 颗粒稍大于反应前，这与之前 TEM 分析得出的结论相吻合，其中反应前后 Co 所占元素比例改变不大，说明在反应过程中催化剂的结构变化不大，结构比较稳定。

4.2.2 助剂对碳纳米管负载钴基催化剂催化性能的影响

4.2.2.1 催化剂制备

将不同量的硝酸铈与硝酸钴一同溶于 20%乙醇溶液中，充分溶解混合后，再浸渍于碳纳米管载体上，并同时搅拌浸渍 30min 后，置于 353K 水浴锅中蒸干，363K 烘箱内过夜干燥，制得催化剂前驱体。然后将前驱体置于管式炉中，在 773K 氮气条件下焙烧 5h，制得 Ce 改性 Co/CNTs 催化剂，根据 Ce 掺杂量不同（0%、2%、5%、8%和 10%，质量分数）依次命名为 0Ce、2Ce、5Ce、8Ce 和 10Ce。La 和 Mg 改性纳米钴基催化剂制备过程及命名规则同上。

4.2.2.2 钴含量催化性能评价

分别对 Co 含量为 5%和 10%的催化剂做了温度范围 673～773K 氨分解活性测试以及时间为 1200min 温度 773K 的稳定性测试，其中空速都为 6000mL/(g_{cat}·h)，结果见图 4-49 和图 4-50。从活性测试结果来看，两组催化剂中氨转化率都随反应温度升高而增加，而且在所有温度条件下，Co 含量为 10%的催化剂的催化活性比 Co 含量为 5%的催化剂更高。从稳定性实验结果来看，两组催化剂在 1200min 的长时间反应过程中都表现出良好的稳定性，其中 Co 含量 5%的催化剂活性在反应进行到 400min 达到较高水平并维持稳定，而 Co 含量 10%的催化剂则随反应时间延长活性一直有小幅度上升，在 900min 左右达到较高水平并稳定。综上，Co 含量为 10%的催化剂其催化性能要优于 Co

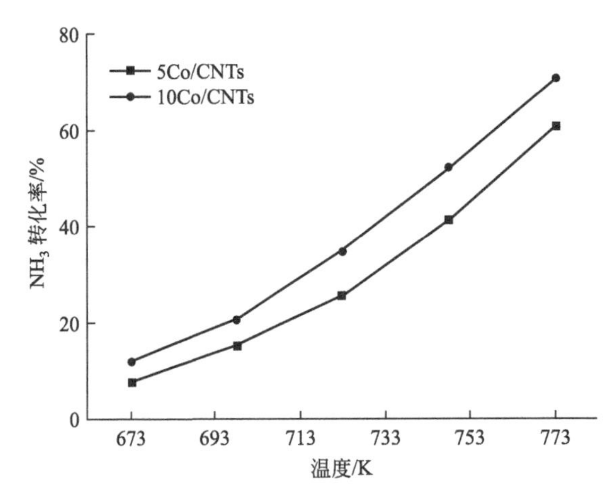

图 4-49 不同 Co 含量催化剂活性评价

[100mg 催化剂，纯氨进料，温度 673～773K，压力 0.1MPa，空速 6000mL/(g_{cat}·h)]

含量为5%的催化剂，因此，对于本节接下来的实验里所讨论的催化剂，其中Co的负载量都取10%。

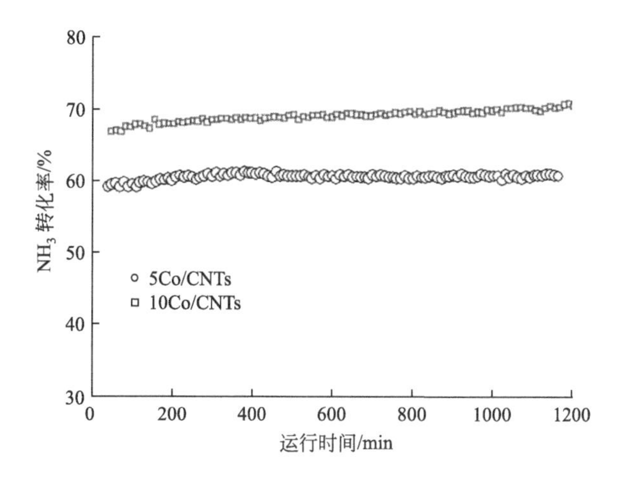

图4-50　不同Co含量催化剂稳定性评价

[100mg催化剂，纯氨进料，温度773K，压力0.1MPa，空速6000mL/(g_{cat}·h)]

4.2.2.3　助剂对催化性能影响规律

(1) Ce助剂的促进作用

1）催化性能评价

取Co负载量同为10%而Ce含量分别为0%、2%、5%、8%、10%的5组催化剂在673～773K温度范围内进行氨分解反应活性测试，反应结果见图4-51。

从图4-51中可以看出，几组催化剂的催化活性随温度升高而增加，在反应温度达到723K及以上时，活性随Ce掺杂量变化的曲线大致相似，即掺杂量分别为0%和5%时活性较低，掺杂量为2%、8%和10%时活性较高，其中掺杂量为10%的样品其催化活性在相

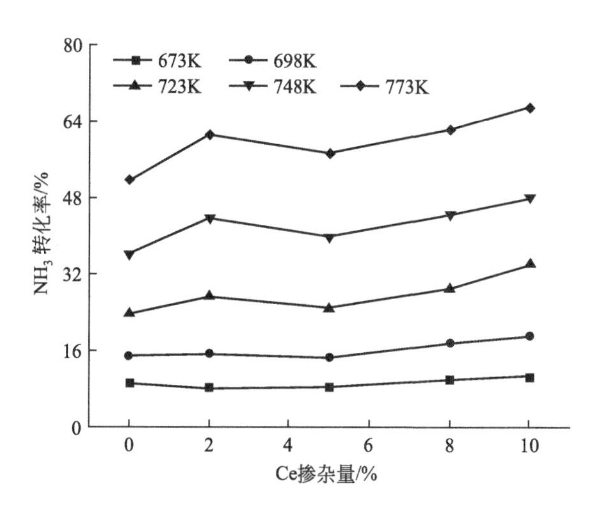

图4-51　Ce改性10Co/CNTs催化剂催化性能

[100mg催化剂，纯氨进料，温度673～773K，压力0.1MPa，空速6000mL/(g_{cat}·h)]

同温度条件明显高于其他样品。

2）催化稳定性研究

在温度 773K，空速 6000mL/(g_{cat} • h)，纯氨进料条件下，选用不同 Ce 掺杂量催化剂，对氨分解催化反应进行时长 1440min 的稳定性实验，测得氨转化率随时间变化情况，结果见图 4-52。

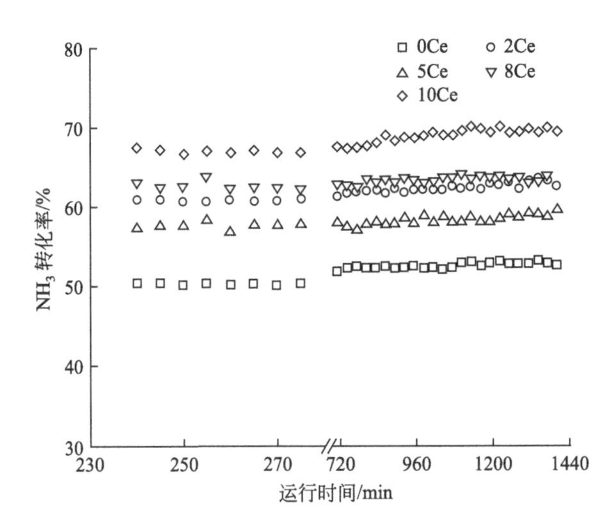

图 4-52 催化剂活性随反应时间变化情况

[100mg 催化剂，纯氨进料，温度 773K，压力 0.1MPa，空速 6000mL/(g_{cat} • h)]

从图 4-52 中可以看出，经过 23h 氨分解反应稳定性测试，几组样品中氨转化率在长时间反应过程中基本保持稳定，其中 Ce 掺杂量为 10%的样品催化活性高于其他几组样品，且随着反应时间的延长，催化活性逐渐升高，在 900min 左右达到一个较高水平并保持稳定。

3）XRD 表征

对不同 Ce 掺杂量催化剂进行反应前后 XRD 表征并将其谱图进行比较，结果见图 4-53 和图 4-54。

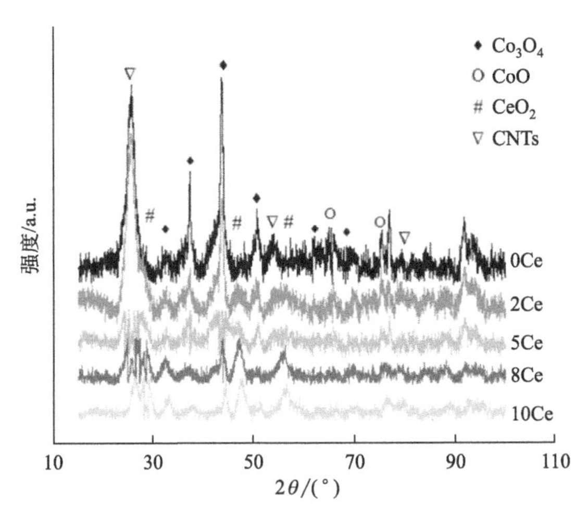

图 4-53 反应前催化剂的 XRD 谱图

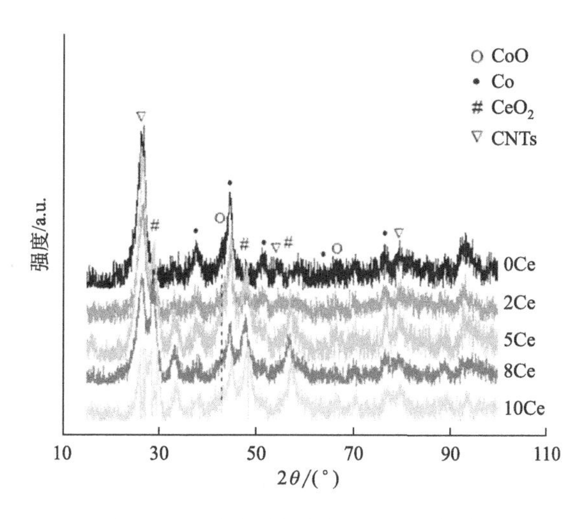

图 4-54　反应后催化剂的 XRD 谱图

由图 4-53 可知，反应前几组样品中 Co 物种的主要物相为 Co_3O_4，并存在少量的 CoO。而对于 Ce 掺杂的样品，其中 Ce 主要以 CeO_2 的形式存在。从图中明显看出，随着 Ce 掺杂量的升高，谱图中几个主要衍射峰的强度均呈现下降趋势，尤其是 5Ce 样品相对 2Ce 样品下降程度最大，而 5Ce、8Ce 和 10Ce 样品的谱图大致相同。说明高含量的 Ce 掺杂有助于提高 Co/CNTs 催化剂的分散度，降低晶粒尺寸。

从图 4-54 中看出，经过氨分解反应之后，几组样品中均出现了明显的金属 Co 衍射峰，这是由于氨分解反应中反应气氛为强还原状态，导致大量的 Co 单质生成，然而这一还原过程却并未导致可观测的金属 Ce 的衍射峰的形成。反应后，C、Co_3O_4、CoO 及 CeO_2 的衍射峰强度均有一定程度的增强，其中 5Ce 和 8Ce 样品中峰强度的增加较为显著，10Ce 样品的峰强度则依旧维持在较低水平，说明 10Ce 样品在反应过程中形态较为稳定，晶粒大小及分散性变化不大。

4）H_2-TPR 表征

从图 4-55 中看出，在所有样品中均检测出 3 个还原峰，其还原温度范围为 473～648K，对应于 Co_3O_4 转化为 CoO 的过程；还原温度范围 648～773K 的还原峰对应 CoO 转化为金属 Co 的过程，以及温度范围 773K 以上的还原峰则由 CNTs 和氢气反应气化产生的。其中 2Ce 和 5Ce 样品中 Co_3O_4 和 CoO 还原峰位置相较 0Ce 样品向低温段转移，其中 Co_3O_4 还原峰面积有明显程度的减小，而 CoO 还原峰面积明显增大，说明少量 Ce 的引入，有效增加了 Co 物种与载体的相互作用，降低了其发生还原反应的难度，然而在 8Ce 和 10Ce 中，Co_3O_4 和 CoO 还原峰位置又回到与样品 0Ce 相近的温度。另外，0Ce 样品中 CoO 还原峰的面积比其他样品中的面积小，说明其他样品催化剂在焙烧后有更多的 CoO 生成，即由于 Ce 的掺杂，增加了 Co 物种被载体还原的程度。

5）H_2-TPD 表征

H_2-TPD 法是测定还原态金属催化剂活性表面的有效方法之一，脱附温度的高低可以反映 H_2 在金属表面吸脱附的难易，且脱附峰面积的大小在一定程度上也可以反映吸脱附量的多少。对不同含量 Ce 改性纳米钴基催化剂进行了 H_2-TPD 表征，结果见图 4-56。

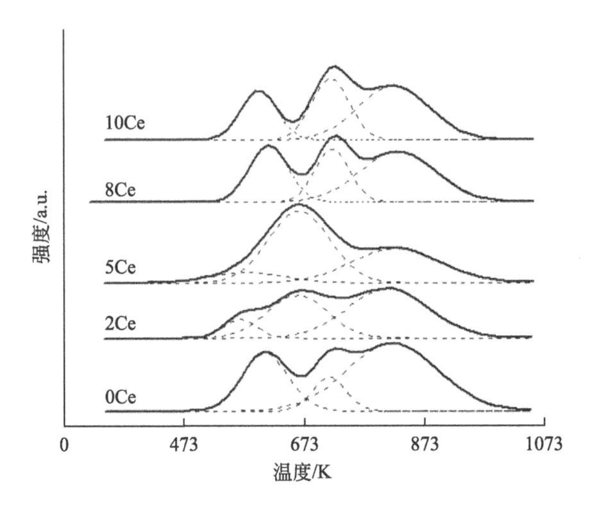

图 4-55　不同 Ce 含量催化剂 H_2-TPR 曲线

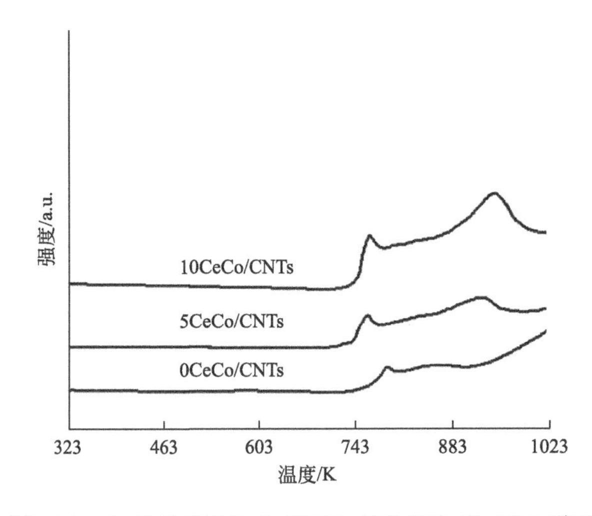

图 4-56　Ce 助剂促进的 Co/CNTs 催化剂的 H_2-TPD 谱图

从 H_2-TPD 谱图中可以看出，不同 Ce 含量催化剂在 323～1023K 范围内主要存在 2 个脱附峰，其中 0Ce 催化剂在 1023K 时还有一个峰未出峰完全。考察 743～813K 温度范围内的第一个脱附峰，只有 5Ce 和 10Ce 样品的峰顶位于 773K 之前，而 0Ce 样品的峰顶所处温度则高于 773K，并且该峰的强度及面积随 Ce 掺杂量增加而升高，表明了 Ce 助剂的添加一方面增强了氨分解反应中产物氢与活性位之间的相互作用，另一方面降低了氢从活性位脱附所需的温度，因此 Ce 的掺杂对于氨分解反应起了促进作用。对于 813K 以上的温度段，脱附峰的位置则随 Ce 含量增加而向高温方向转移，而峰面积则明显增大。因此，在 773K 条件下的氨分解反应中 Ce 含量为 10％的钴基催化剂有最好的催化活性。

6）XPS 表征

为进一步揭示不同 Ce 含量修饰对催化剂表面结构的影响，对还原后的几组催化剂进行了 XPS 表征。结果见图 4-57 及表 4-9。

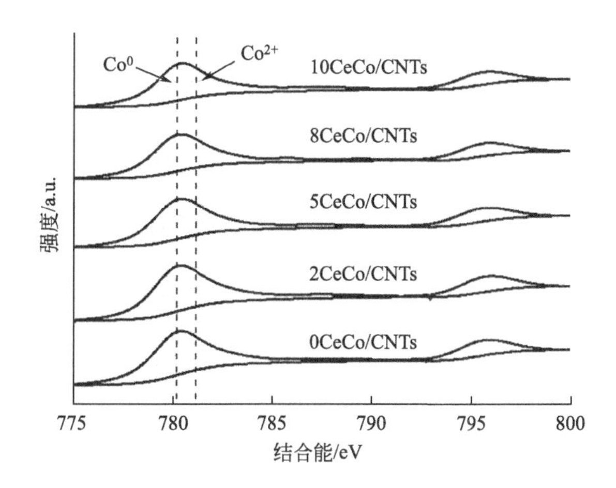

图 4-57 Ce 助剂促进的 Co/CNTs 催化剂的 XPS 谱图

表 4-9 Ce 助剂促进的纳米钴基催化剂的表面元素组成

催化剂	表面元素组成(原子百分含量)/%			
	Co	Ce	C	O
0CeCo/CNTs	4.6	0	84.2	11.2
2CeCo/CNTs	4.7	3.9	81.2	10.2
5CeCo/CNTs	3.9	6.8	77.3	12.0
8CeCo/CNTs	3.7	8.8	76.5	11.0
10CeCo/CNTs	3.5	11.0	75.0	10.5

根据 XPS 表征结果，不同 Ce 含量修饰催化剂中的 Co $2p_{3/2}$ 结合能（约 780eV）和旋轨耦合（约 15.0eV）与 Co_3O_4 的特征峰相符合。说明 Co_3O_4 是催化剂中 Co 物种的主要物相。另外，谱图中出现 786eV 处的一个较弱的伴峰为 Co^{2+} 的特征峰。通过定量分析催化剂表面元素组成，发现催化剂表面 Co 原子密度受 Ce 掺杂量的影响。在 Ce 掺杂量为 2%时，Co 原子所占比例为 4.7%，稍高于未掺杂 Ce 助剂的催化剂（4.6%），而随着 Ce 含量的增加，这一比例则逐渐下降，5Ce、8Ce 和 10Ce 中 Co 原子比例依次为 3.9%，3.7%和 3.5%。其中 Ce 掺杂量从 2%提高到 5%时，Co 原子比例降低的趋势最为显著，说明随着助剂 Ce 掺杂量提高，其对活性组分的分散效果也逐渐加强。

(2) La 助剂的促进作用

1）催化性能评价

取 Co 含量 10%，La 掺杂量分别为 0%、2%、5%、8%和 10%的 Co/CNTs 催化剂进行活性测试。从图 4-58 中结果来看，在 673～773K 温度范围内，几组催化剂的催化活性随温度升高而增强，其中 773K 是最佳的反应温度。La 的掺杂对催化剂的活性也有一定影响，当掺杂量为 2%时，催化剂的催化活性最高，同时随着掺杂量的升高，催化剂活性逐渐下降，活性大小顺序为 2La>5La≈0La>8La>10La，因此可考虑通过少量添加助剂 La 来提升催化剂的催化活性。

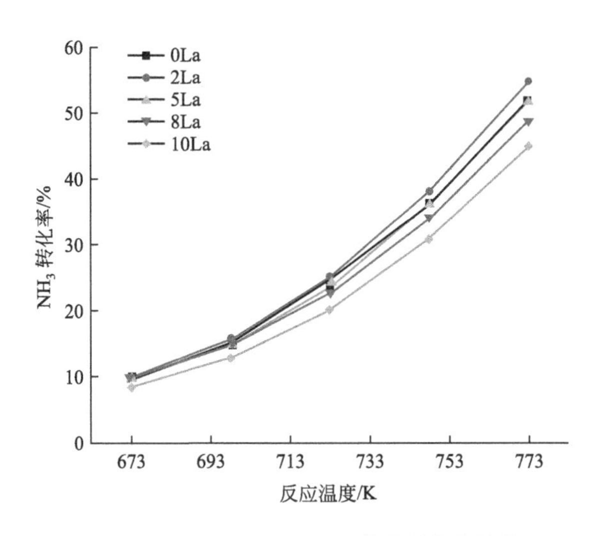

图 4-58 La 改性 Co/CNTs 催化剂催化性能

[100mg 催化剂，纯氨进料，温度 673～773K，压力 0.1MPa，空速 6000mL/(g_{cat}·h)]

2）催化稳定性研究

选取不同助剂掺杂量的 La 改性 Co/CNTs 催化剂分别于 673～773K 温度下（温度变化顺序为：升温—降温—升温）进行时长 800min 的氨催化分解稳定性实验，结果见图 4-59（书后另见彩图）。从反应结果可以看出，在经历一定时间的升温降温反应过程回到同一温度条件后，不同催化剂的催化活性基本维持稳定，其中 773K 时催化剂反应活性最高，并且有着最佳催化性能的 La 掺杂量为 2%的催化剂，在长时间变温反应中其催化活性也表现出良好的稳定性。

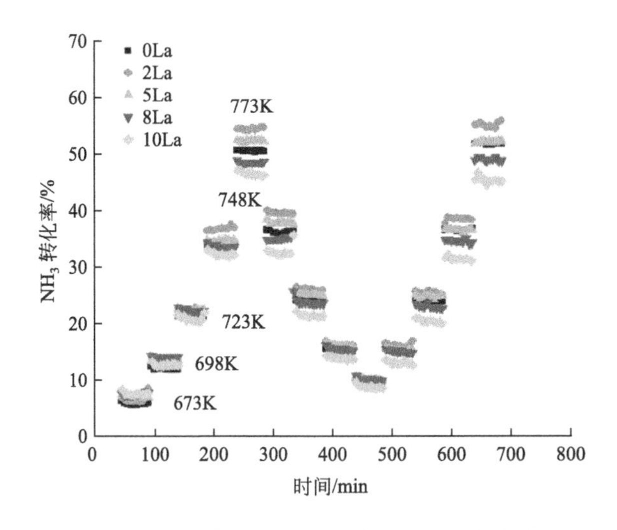

图 4-59 La 改性 Co/CNTs 催化剂稳定性评价

[100mg 催化剂，纯氨进料，温度 673～773K，压力 0.1MPa，空速 6000mL/(g_{cat}·h)]

3）H_2-TPR 表征

从图 4-60 中看出，在所有样品中均检测出低温、中温、高温 3 个还原峰，其中低温

还原峰对应 Co_3O_4 转化为 CoO 的过程；中温还原峰对应 CoO 转化为金属 Co 的过程；温度范围 773K 以上的高温还原峰对应 CNTs 的气化过程。图谱中 Co_3O_4 还原峰随着 La 掺杂量提高而明显地向高温方向转移，表明 La 掺杂增强了活性组分与载体相互作用，使 Co_3O_4 越来越难以被还原，应该是 Co 物种进入 CNTs 的晶格中以至于形成了固溶体。其中，La 掺杂量从 2%提高到 5%时，H_2-TPR 曲线形状有较大的变化，表现为 CoO 还原峰强度及面积随 La 掺杂量提高而明显变大，说明可被还原的 CoO 逐渐增多，然而 CoO 还原峰的位置则相对固定，不受 La 含量的影响。

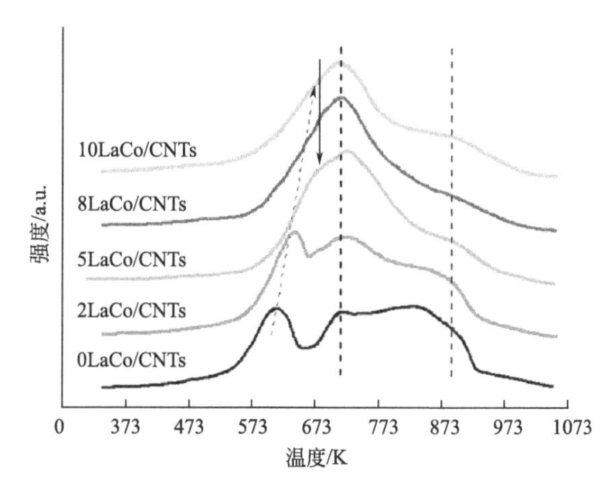

图 4-60　La 改性催化剂 H_2-TPR 曲线

(3) Mg 助剂的促进作用

1）催化性能评价

取 Co 含量 10%，Mg 掺杂量分别为 0%、2%、5%、8%和 10%的 Co/CNTs 催化剂在 673～773K 温度范围进行活性测试，反应结果见表 4-10。

表 4-10　Mg 助剂促进的 Co/CNTs 催化剂的氨分解催化性能

催化剂	反应温度					活化能/(kJ/mol)
	673K	698K	723K	748K	773K	
Co/CNTs	5.67	11.86	20.82	33.61	50.29	93.8
2MgCo/CNTs	4.80	8.32	15.21	25.64	41.53	94.1
5MgCo/CNTs	4.19	8.01	14.12	25.27	40.40	98.4
8MgCo/CNTs	2.20	4.00	8.80	18.40	27.50	113.9
10MgCo/CNTs	1.08	2.27	5.68	12.54	22.18	134.2

注：反应条件为 100mg 催化剂，纯氨进料，温度 673～773K，压力 0.1MPa，空速 6000mL/(g_{cat}·h)。

从反应的结果上看，Mg 助剂的添加非但没有提高催化剂的活性，反而所有温度条件下，均表现出随掺杂量增加造成催化活性逐渐下降。其中 Mg 含量从 5%增加到 8%时，这种活性下降的趋势最为明显。反应活性的降低从活化能的变化上也能体现出来，可以看出，随着 Mg 含量增加，反应所需的活化能逐渐增加。

2）催化稳定性研究

在反应温度773K，空速6000mL/(g_{cat}·h）条件下，对Mg改性催化剂做了时间为1200min的催化剂稳定性实验。从图4-61中可以看出，经过20h氨分解反应稳定性测试，几组样品中氨转化率在长时间反应过程中基本保持稳定，其中Mg掺杂量为0的样品催化活性高于其他几组样品，且随着反应时间的延长，催化活性逐渐升高，在750min左右达到一个较高水平并保持稳定。

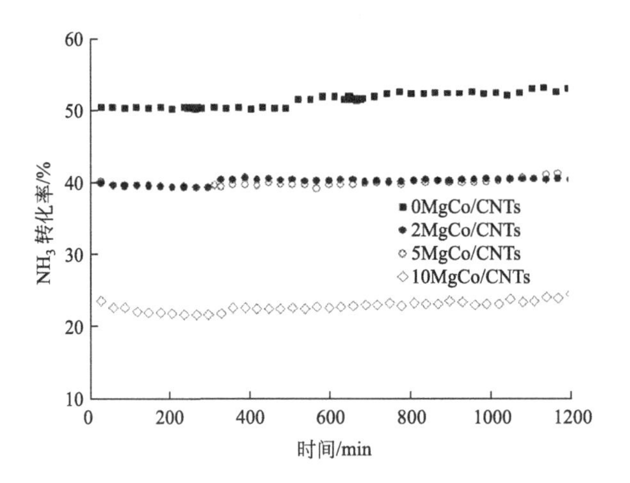

图4-61　Mg助剂促进的Co/CNTs催化剂氨分解催化稳定性

［100mg催化剂，纯氨进料，温度773K，压力0.1MPa，空速6000mL/(g_{cat}·h)］

3）H_2-TPR表征

从图4-62中可以看出，Mg改性纳米钴基催化剂同样存在低温段、中温段及高温段3个还原峰，分别对应Co_3O_4还原峰、CoO还原峰以及载体CNTs气化峰。其中在Mg含量为10%的催化剂样品中，Co_3O_4还原峰相较其他样品向高温方向转移，且随着Mg含量增加，Co_3O_4还原峰面积逐渐减小，说明Mg助剂的添加在提高Co_3O_4还原温度的同时减少了可被还原的Co_3O_4的量。而对于CoO还原峰，其在2MgCo/CNTs样品中峰顶

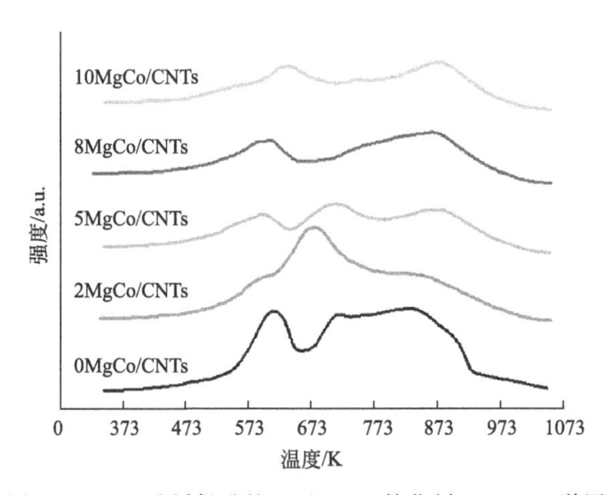

图4-62　Mg助剂促进的Co/CNTs催化剂H_2-TPR谱图

位置温度最低，随着 Mg 含量升高，还原峰向高温方向转移，同时峰强度及面积迅速减小，在 10MgCo/CNTs 样品中，CoO 还原峰已变得很弱。可见 Mg 助剂的添加不利于催化剂的还原，尤其对于预处理时焙烧温度以及还原温度为 773K 的钴基催化剂，催化剂中 Co 物种被还原的程度相比未添加助剂的催化剂有所降低，这对催化剂的催化活性是不利的。

4.3 镍基催化剂

虽然氨分解有较好的应用前景，但也存在一些待解决的问题：第一，氨分解反应依然需要较高的温度条件，能量消耗较大；第二，氨分解是一个结构敏感型的反应，其催化剂在反应中的催化机理需要深入研究[19,20]；第三，能否寻找到氨分解催化效果较好的非贵金属催化剂也是决定氨分解能否大规模应用的关键问题。因此，研究非贵金属催化剂氨分解反应机理，设计合成性能优良的非贵金属催化剂具有重要的意义。

深入理解氨分解反应机理需要研究不同催化剂的催化过程以及反应中间体的本质和特征，但现有的实验手段并不能完全满足上述要求。而密度泛函理论（DFT）的快速发展为利用计算机设计催化剂提供了可能性，现有的计算方法能够处理复杂、大型的体系。它们能提供气体与金属表面原子的相互作用能，而且能够给出反应的热力学和动力学数据，从而准确地描述过渡金属以及合金的反应趋势，因此可以有效地弥补实验手段的不足。

4.3.1 基于 DFT 方法研究 Ni_{13}、Cu_{13} 以及 $Ni_{12}Cu$ 团簇的氨分解反应活性

4.3.1.1 计算方法

计算使用 Materials Studio 中的 $DMol^3$ 模块[21]。在这项研究中，使用广义梯度近似法（GGA）的 Perdew-Burke-Ernzerh(PBE) 泛函[22] 来计算交换关联泛函，使用 DNP 基组和 DFT 半芯核势来处理重金属 Ni 和 Cu 的内部电子。费米热拖尾效应设为 0.005Ha (1Ha=27.2114eV)。收敛标准中 energy change、max force 和 max displacement 分别为 2×10^{-5}Ha、0.004Ha/Å 和 0.005Å(1Å=10^{-10}m)。

4.3.1.2 结构稳定性

经过几何优化后，我们发现 Ni_{13}、Cu_{13} 以及 $Ni_{12}Cu$ 团簇拥有稳定的二十面体构型，$Ni_{12}Cu$ 团簇是 Ni_{13} 团簇表面有一个 Ni 原子被替换成 Cu 原子，在图 4-63 中，三个团簇的结构稳定性通过内聚能进行评价，内聚能被定义为（以 Ni_{13} 团簇为例）：

$$E_{coh}=\frac{\left|E_{Ni_{13}}-13\times E_{Ni}\right|}{13} \tag{4-5}$$

式中　$E_{Ni_{13}}$——整个 Ni_{13} 团簇的能量；

E_{Ni}——单个 Ni 原子的能量。

内聚能值越大表示团簇结构稳定性越高。从图 4-63 中我们可以看出 Ni_{13} 和 $Ni_{12}Cu$ 团簇具有相对较高的稳定性，换句话说，这两种团簇能够在催化氨分解过程中维持结构稳定。

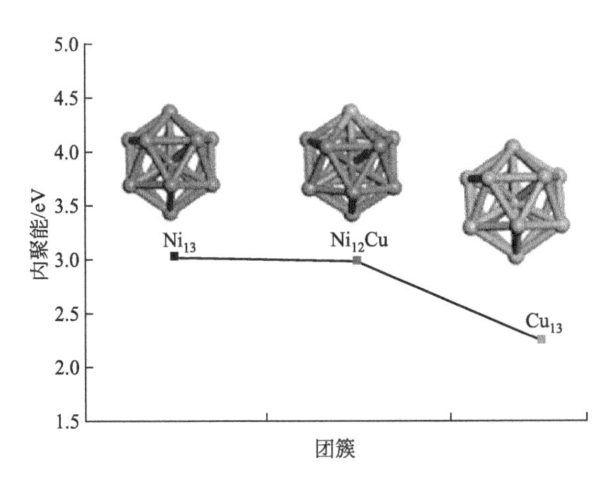

图 4-63 Ni_{13}、Cu_{13} 以及 $Ni_{12}Cu$ 团簇结构稳定性

4.3.1.3 反应中间体的吸附性质

吸附能用以下公式进行定义：

$$E_{ads}=E_{system}-E_{adsorbate}-E_{cluster} \tag{4-6}$$

式中 E_{system}——团簇与吸附中间体的总能量；

$E_{cluster}$——团簇的能量；

$E_{adsorbate}$——吸附中间体的能量。

我们对吸附中间体在三个团簇表面的吸附能以及吸附位置进行了详细的探究。对于 Ni-Cu 合金团簇，我们只考虑局部的 Ni-Cu 吸附位置。吸附中间体的吸附能以及吸附的几何尺寸结果分别列于表 4-11 和表 4-12 中。最稳定的吸附位置在图 4-64 中（书后另见彩图）。

表 4-11 吸附中间体在 Ni_{13}，Cu_{13} 和 $Ni_{12}Cu$ 团簇上的吸附能

团簇	NH_3	NH_2	NH	N	H
Cu_{13}	−1.16(T)	−3.57(B) −3.09(H)	−5.10(H) −2.63(T)	−5.08(H)	−3.02(H) −3.00(B)
Ni_{13}	−1.30(T)	−3.99(B)	−5.77(H) −3.80(T)	−6.36(H)	−3.22(H) −3.21(B) −2.91(T)
$Ni_{12}Cu$	−1.36(T_{Ni}) −0.95(T_{Cu})	−3.71(B) −2.89(T_{Cu})	−5.49(H_{Ni-Cu})	−5.93(H_{Ni-Cu}) −2.59(T_{Cu})	−3.25(H_{Ni-Ni}) −3.21(B) −2.58(T_{Cu})

注：T 代表顶位；B 代表桥位；H 代表洞位。

表 4-12 团簇表面吸附中间体的几何尺寸

团簇	参数	NH_3	NH_2	NH	N	H
Ni_{13}	$d_{M-N(H)}$/Å	1.982	1.940	1.886	1.769	1.752
	d_{N-H}/Å	1.024	1.025	1.026		
	∠HNH/(°)	108.00	106.95			
Cu_{13}	$d_{M-N(H)}$/Å	2.026	1.959	1.912	1.858	1.775
	d_{N-H}/Å	1.023	1.022	1.025		
	∠HNH/(°)	107.57	107.54			
$Ni_{12}Cu$	$d_{M-N(H)}$/Å	1.970(2.038)	1.936(1.996)	1.871(1.957)	1.750(1.911)	1.751
	d_{N-H}/Å	1.024(1.024)	1.024	1.026		
	∠HNH/(°)	107.76(107.25)	106.86			

注：1. $d_{M-N(H)}$ 为 N(H) 原子到金属原子最近的距离；d_{N-H} 为 N 原子到 H 原子最近的距离；∠HNH 为 H—N—H 的键角。

2. 对于双金属合金，括号里面的数字表示 N 原子到 Cu 原子最近的距离以及对应的角度大小。

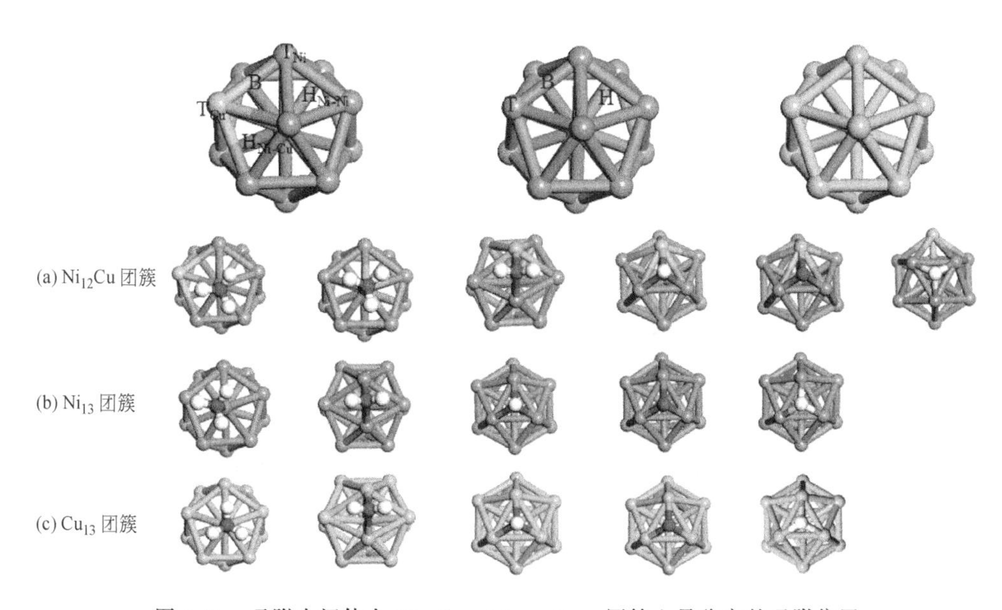

图 4-64 吸附中间体在 $Ni_{12}Cu$、Ni_{13}、Cu_{13} 团簇上最稳定的吸附位置

（蓝颜色原子代表 N 原子，白色原子代表 H 原子）

由于 NH_3 吸附是 NH_3 分解过程的第一步，其吸附性能对确定整个反应的速率和活性高低具有重要意义。从图 4-64 中可以清楚地看出，NH_3 优先吸附在 Cu_{13} 和 Ni_{13} 团簇的顶位，N 原子垂直键合到 Cu 原子金属表面上，而 N 原子在 Ni 金属表面上稍微倾斜。其在 Cu_{13} 和 Ni_{13} 团簇表面上的吸附能分别为 −1.16eV 和 −1.30eV。这些计算出来的吸附能符合以前的文献报道[23,24]。同时我们发现 Ni(111) 晶面上 NH_3 的吸附能比 Cu(111) 晶面上的更大，且 NH_3 上的 N 原子与 Ni_{13} 和 Cu_{13} 金属表面的最近距离分别为 1.982Å 和 2.026Å。可以看出，NH_3 上的 N 原子吸附位置越靠近金属表面，NH_3 与整个金属团簇之间的相互作用就越强。此外，如表 4-12 所列，在 Ni_{13} 团簇表面，吸附的 NH_3

物种的 N—H 键长和 H—N—H 键角分别为 1.024Å 和 108°，结果与 Ni(111) 表面上相比非常接近[25]。而 Cu_{13} 团簇表面 NH_3 上 N—H 键长和 H—N—H 键角分别为 1.023Å 和 107.57°，与单独的 NH_3 分子相比，吸附的 NH_3 分子在 Ni_{13} 团簇表面上的 H—N—H 键角有明显的变化，这可能是导致吸附能较大的原因之一。而对于双金属合金表面，存在两个不同的吸附位置（T_{Ni} 和 T_{Cu}），T_{Ni} 位点的吸附能明显比 T_{Cu} 位点大，说明前者的吸附构型比后者更稳定。

就 NH_2 吸附中间体而言，在 Cu_{13} 团簇上，NH_2 中间体可以吸附在顶部和桥位，由于吸附在桥位时，NH_2 的吸附能较大（−3.57eV），因此 NH_2 吸附在桥位更加稳定。对于 $Ni_{12}Cu$ 团簇，NH_2 的吸附能为 −3.71eV，略低于 Ni_{13} 团簇（−3.99eV）。观察其吸附在桥位的构型，NH_2 上的 N 原子与金属表面最接近的距离为 1.936Å，N—H 键长为 1.024Å，而 H—N—H 键角由最初的 107.76°下降至 106.86°。

对于 NH 吸附，在 Ni_{13} 和 Cu_{13} 团簇表面上存在两种稳定的吸附位置——顶位和洞位。在两种纯金属团簇上，NH 上的 N 原子与 3 个 Ni(Cu) 原子相互作用并在洞心位置形成 3 个 Ni—N(Cu—N) 键，这是 NH 中间体最稳定的吸附位置。而在双金属团簇表面，在洞位稳定吸附的 NH 中间体的吸附能为 −5.49eV，N—Ni 和 N—Cu 键长分别为 1.871Å 和 1.957Å，N 原子与 Ni 原子的距离更近，表明 NH 上的 N 原子与 Ni 原子之间的相互作用比 N 原子与 Cu 原子之间的相互作用更强。

关于 N 的吸附，有文献报道[26]，N 原子的吸附能能够很好评价氨分解反应中催化剂的催化性能，研究表明使用动力学模拟出的火山形曲线的峰值（N 原子的吸附能）在 134kcal/mol(−5.81eV) 附近。对于 $Ni_{12}Cu$ 双金属团簇来说，吸附中间体 N 的最稳定的吸附位置是洞位，且 N 与两个 Ni 原子和一个 Cu 原子相互作用，形成两个 Ni—N 键和一个 N—Cu 键，其对应的吸附能为 −5.93eV，处于火山形曲线峰值的附近，说明 $Ni_{12}Cu$ 是潜在的具有高催化活性的催化剂。

对于 H 的吸附，在 $Ni_{12}Cu$ 团簇表面，稳定吸附在洞位的 H 的吸附能为 −3.25eV，稳定吸附在桥位的 H 的吸附能为 −3.21eV，稳定吸附在顶位的 H 的吸附能为 −2.58eV。因此吸附中间体 H 更倾向于吸附稳定在洞位。

根据表 4-11 的结果，对于三个团簇来说，中间体 NH_3 最稳定的吸附位置是在顶位，NH_2 最稳定的吸附位置是在桥位，而 NH、N 和 H 最稳定的吸附位置是在洞位。此外，在 $Ni_{12}Cu$ 和 Ni_{13} 团簇上，随着 NH_x（x=1～3）中间体的 H 原子数量的减少，N 配位的 Ni 原子数量的增加，N 原子和 Ni 原子之间的距离会减小，其对应的吸附强度会有所增加。

4.3.1.4 氨分解过程热力学性质分析

如上所述，在 $Ni_{12}Cu$ 团簇上吸附中间体 N 的吸附能与文献报道的火山形曲线的峰值十分接近[26]。为了进一步探究 $Ni_{12}Cu$ 团簇的热力学性质并准确评估其催化性能，我们系统地研究了在三个团簇表面上的 NH_3 分解反应过程（图 4-65，书后另见彩图）。而对于双金属合金，我们只关注 Ni 原子和 Cu 原子之间局域的相互作用。

对于脱氢反应的第一步，NH_3 首先在三个团簇的顶位吸附，然后随着 N—H 键的断

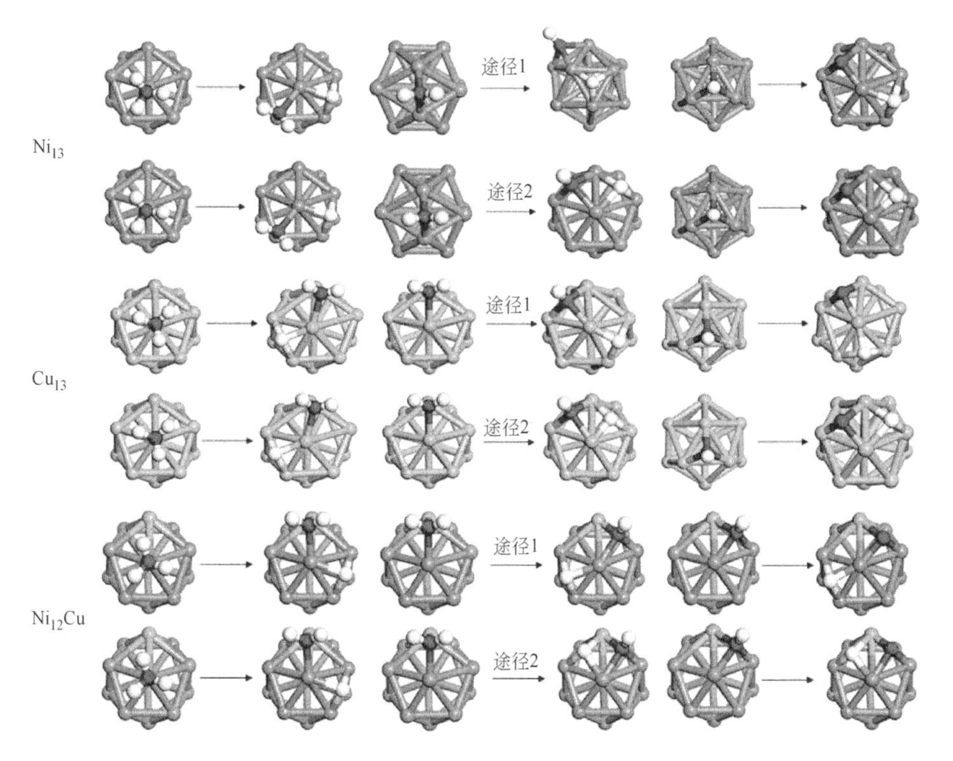

图 4-65 在三个团簇上的可能的氨分解过程

裂而分解为 NH_2 和 H 中间体。与此同时，NH_2 中间体移动到桥位，H 中间体移动到洞位。在 Cu_{13}、$Ni_{12}Cu$ 和 Ni_{13} 团簇上，第一步脱氢反应都是放热过程，反应能分别为 −0.42eV、−0.51eV 和 −0.82eV。对于 Ni_{13} 和 Cu_{13} 团簇，在脱氢反应的第二步，NH_2 首先在桥位吸附，然后解离成 NH 和 H 中间体。在解离过程中，NH 和 H 中间体分别移动到两个相间的洞位上，反应能分别为 −0.64eV 和 −0.17eV。对于 $Ni_{12}Cu$ 团簇，因为 H 吸附中间体不能吸附在由 Ni—Cu—Ni 键形成的 H_{Ni-Cu} 位置，所以 H 吸附中间体只能通过途径 1 移动到 H_{Ni-Ni} 位置，其反应能为 −0.63eV(见图 4-66)。类似地，对于脱氢反应的第三步，NH 最初位于洞位并分解为 N 和 H。N 原子保持原来 NH 的位置不变，H 原子移动到洞位上。在 Ni_{13}、$Ni_{12}Cu$ 和 Cu_{13} 团簇上，第三步脱氢步骤的反应能分别为 0.02eV、0.14eV 和 0.82eV，这表明 NH 中间体的脱氢步骤是速率决定步骤，因为此过程是氨分解反应中的唯一的吸热步骤。

综合分析得到的结果表明，$Ni_{12}Cu$ 团簇的反应热曲线从总体趋势上介于 Ni_{13} 和 Cu_{13} 团簇之间（见图 4-66)，与 N 原子在三个团簇表面上的吸附能的顺序一致。

还应指出的是，在催化领域，活化能是评价催化剂活性的一个非常重要的参数。然而，最近研究发现，对于许多小分子催化反应而言，其反应过程的活化能与中间体的吸附能是呈线性关系的[27,28]。这种 Brønsted-Evans-Polanyi(BEP) 关系通常被用来描述多相催化过程机理以及预估催化剂活性的高低。Duan 等[27] 阐明了为什么 N 原子的吸附能与 N 原子再结合脱附过程的能量是呈线性关系的，因为 N 原子的吸附位置与 N 原子再结合脱附过程时过渡态的几何构型是相似的，且 N 原子的吸附能与 N 原子再结合脱附的能量

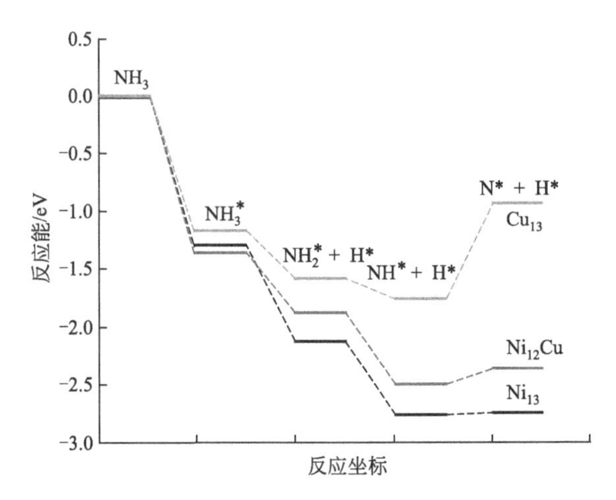

图 4-66　在 Ni_{13}、Cu_{13} 和 $Ni_{12}Cu$ 团簇上氨分解过程的热力学性质

主要是由金属的 D 带中心决定的。金属的 D 带中心越大，N 原子的吸附能就越强，N 原子重组反应过程的活化能就越低。这样的规律适用于 Cu(111) 面与 Ni(111) 面，这说明 BEP 关系在一定程度上也适用于 $Ni_{12}Cu$ 团簇。

DFT 方法已经被证明是计算固体电子结构最准确的方法之一[29]。由于 N 原子的吸附能是氨分解催化活性的重要评价指标之一，为了解释在不同的纳米团簇上 N 原子的吸附能的差异问题，我们计算了这些团簇的 D 带的投影态密度。

图 4-67(a)、(b) 展示了三种纳米粒子催化剂的 D 带投影态密度。以往的研究表明，对于金属材料来说，D 带中心越靠近费米能级，吸附中间体的吸附能就越高[30]。结果表明 Ni_{13}、$Ni_{12}Cu$ 和 Cu_{13} 团簇的 D 带中心分别为－3.47eV、－3.60eV 和－4.73eV。显然，Ni_{13} 的 D 带中心离费米能级最近，因此在 Ni_{13} 团簇上吸附物种 N 原子的吸附能最高，这是与前面计算的吸附能结论一致。而在 $Ni_{12}Cu$ 团簇表面的 N 原子的吸附能是合适的，因为 $Ni_{12}Cu$ 团簇的 D 带中心是介于两个纯金属团簇之间的。

在图 4-67(c)、(d)、(e) 和 (f) 中，对于 Ni_{13} 团簇中，－15.73～－13.90eV 的能量范围，总 DOS(态密度) 主要由中间体 N 的 2s 轨道贡献，而在其他能量区域总的 DOS 主要由 N 2p 轨道贡献。观察 Ni 原子轨道，－15.73～－13.90eV 和－7.50～－0.61eV 能量范围内，总的 DOS 主要由 Ni 3d 轨道贡献。通过对态密度数据的分析，在－14.80eV、－5.00eV 和－0.66eV 附近，Ni 3d 轨道和 N 2p 轨道之间的相互作用相当强，对应成键态。然而，在费米能级以上约 1.47eV 附近，对应反键态。

4.3.2 镍纳米粒子催化氨分解反应的尺寸效应

4.3.2.1 计算方法

计算使用 Materials Studio 中 $DMol^3$ 模块。在这项研究中，使用广义梯度近似法 (GGA) 的 Perdew-Burke-Ernzerh(PBE) 泛函来计算交换关联泛函，使用 DNP 基组和 DFT 半芯核势来处理重金属 Ni 的内部电子。费米热拖尾效应设为 0.008Ha(1Ha＝

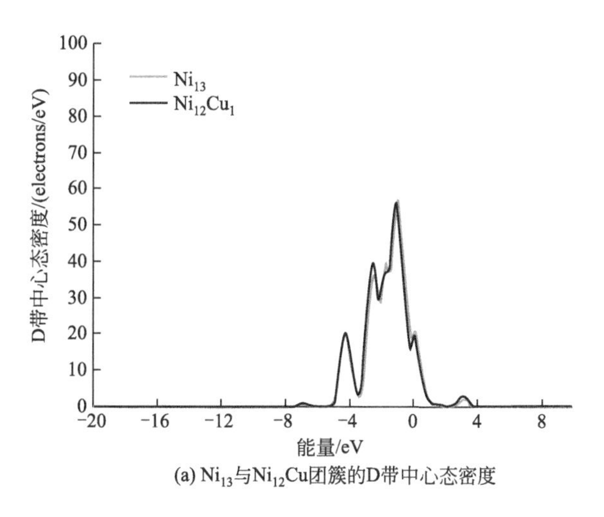

(a) Ni_{13}与$Ni_{12}Cu$团簇的D带中心态密度

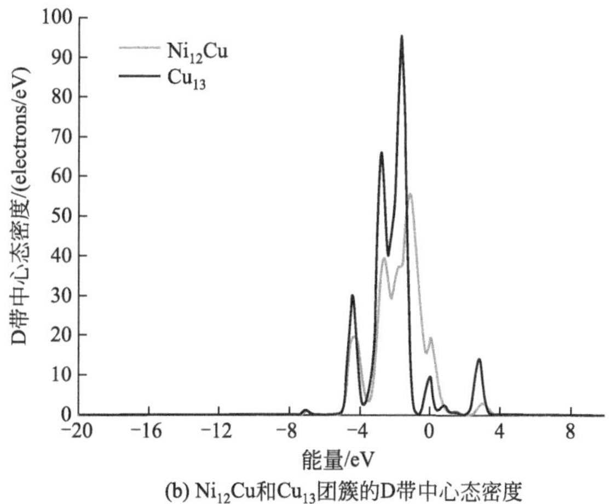

(b) $Ni_{12}Cu$和Cu_{13}团簇的D带中心态密度

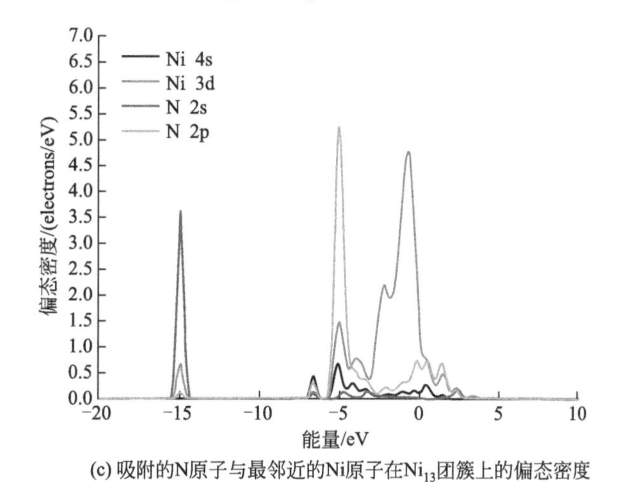

(c) 吸附的N原子与最邻近的Ni原子在Ni_{13}团簇上的偏态密度

图 4-67

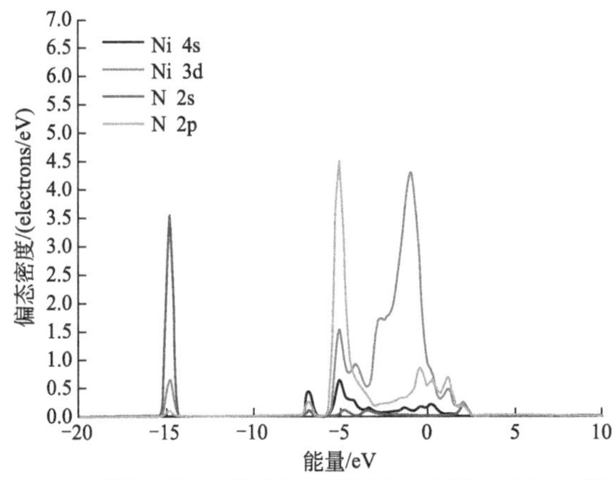

(d) 吸附的N原子与最邻近的Ni原子在Ni_{13}团簇上的偏态密度

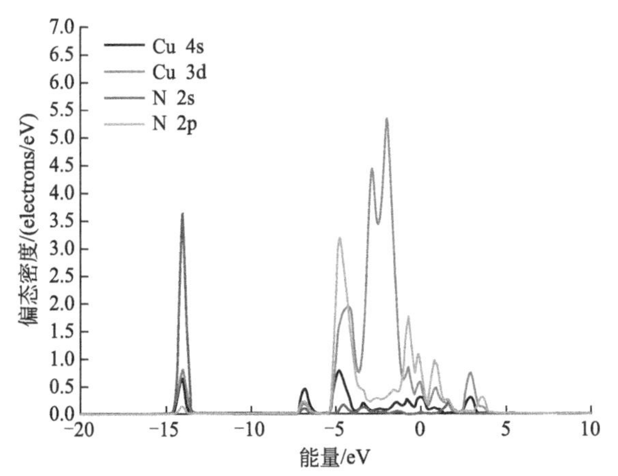

(e) 吸附的N原子与最邻近的Cu原子在$Ni_{12}Cu$团簇上的偏态密度

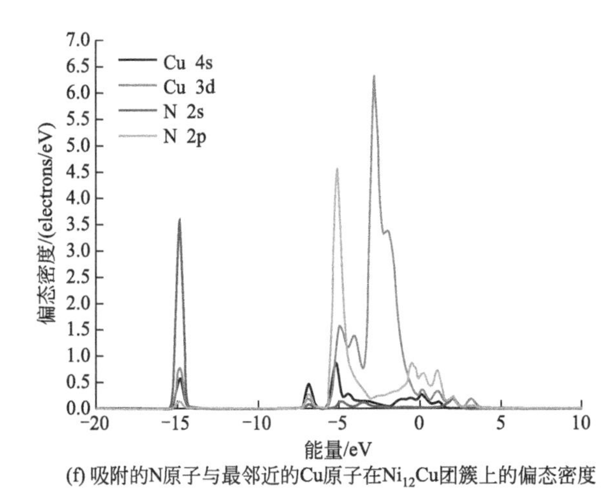

(f) 吸附的N原子与最邻近的Cu原子在$Ni_{12}Cu$团簇上的偏态密度

图 4-67　Ni_{13}、Cu_{13}、$N_{12}Cu$ 团簇的 D 带中心态密度
及吸附的 N 原子与最邻近的 Ni(Cu) 原子在其上的偏态密度（书后另见彩图）

27.2114eV)。收敛标准中 energy change、max force 和 max displacement 分别为 2×10^{-5} Ha、0.004Ha/Å 和 0.005Å。

为了准确描述这些特殊形貌材料与 Ni(111) 和 Ru(0001) 表面的催化性能的差异，我们根据以前的研究方法，使用了 35 个原子的三层 Ni 团簇（Ni_{35}）来模拟 Ni(111) 表面（图 4-68）[31,32]。而对于 Ru(0001) 表面，Herron 等[33] 已经通过研究确定了在其表面最稳定的吸附构型，计算了相应的结合能以及绘制了氨分解过程的相对能量图。我们的研究将和他们的研究进行比较。

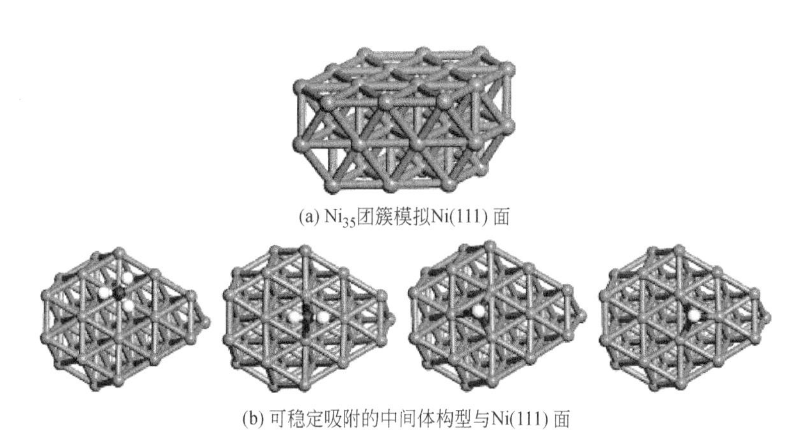

(a) Ni_{35}团簇模拟Ni(111) 面

(b) 可稳定吸附的中间体构型与Ni(111) 面

图 4-68　模拟的 Ni(111) 面及可能的吸附构型

4.3.2.2　Ni 纳米颗粒稳定性

作为 NH_3 分解催化剂，拥有稳定的结构特性和良好的热稳定性至关重要。因此，我们使用内聚能来评价催化剂的结构稳定性，内聚能定义为纳米团簇的总能量与各组分原子能量之和的差值。在图 4-69 中，我们可以看到 Ni_{19}、Ni_{44}、Ni_{85} 和 Ni_{146} 纳米团簇的内聚能分别为 3.31eV、3.69eV、3.93eV 和 4.08eV。换言之，随着纳米团簇尺寸的增大，结构稳定性增强。为进一步研究纳米团簇的热稳定性能，我们使用动力学来研究 Ni 纳米团簇在高温（1000K）下的热稳定性，以 Ni—Ni 键长的平均变化率为评价指标。在 1000 次

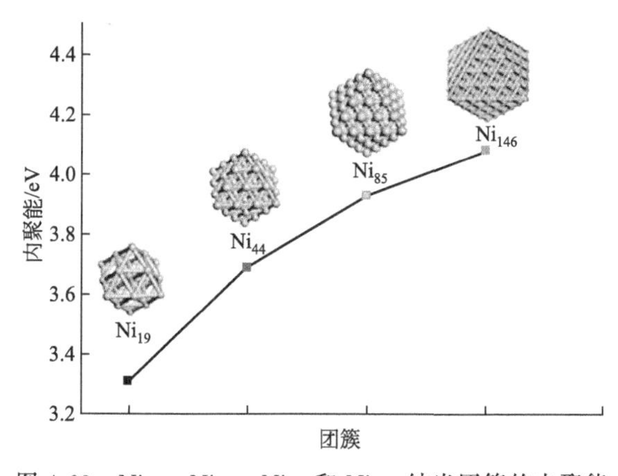

图 4-69　Ni_{19}、Ni_{44}、Ni_{85} 和 Ni_{146} 纳米团簇的内聚能

的循环中，Ni 纳米团簇中的各个原子几乎处于原来位置，只发生了很小的形变。如表 4-13 所列，Ni_{44} 纳米团簇的平均键长变化率略高，而 Ni_{85} 和 Ni_{146} 纳米团簇的平均键长几乎没有变化，结果表明较大尺寸（Ni_{85} 和 Ni_{146}）的镍纳米颗粒具有较强的热稳定性，因而能够稳定地催化 NH_3 分解过程。

表 4-13　分子动力学计算前后纳米团簇表面上的 Ni—Ni 键的平均键长以及键长变化率

结构	平均 Ni—Ni 键长/Å	变化率/%	结构	平均 Ni—Ni 键长/Å	变化率/%
Ni_{19}	2.4006(2.3999)	0.029	Ni_{85}	2.4353(2.4354)	0.004
Ni_{44}	2.4231(2.4223)	0.033	Ni_{146}	2.8785(2.8785)	0

注：1. 括号中为初始纳米团簇表面上的 Ni—Ni 键的平均键长。

2. 变化率值为相对于初始纳米团簇平面键长的变化。

4.3.2.3　吸附中间体的吸附性质

对于不同尺寸的八面体纳米团簇，在纳米团簇的（111）面上发现了四种稳定的吸附位点：顶位（T）、桥位（B）、面心立方位（fcc）和（4）密排六方位（hcp）。我们在这四个可能的位置上研究了吸附构型的相对稳定性，并将最稳定的构型用于进一步的研究。

吸附能（E_{ads}）被定义为 $E_{ads}=E_{system}-E_{adsorbate}-E_{cluster}$，其中 E_{system}、$E_{adsorbate}$ 和 $E_{cluster}$ 分别表示纳米团簇以及被吸附的中间体的总能量、分离的中间体的能量和纳米团簇的能量。负的吸附能表明被吸附的物质倾向于吸附到催化剂表面上。在这项研究中，NH_3 吸附中间体在所有纳米团簇上的模型都进行了充分的几何优化，且所有原子都没有进行固定（图 4-70，书后另见彩图）。因吸附位置在不同尺寸的纳米颗粒上都类似，因此为了更简洁地呈现我们的研究内容，只将 Ni_{44} 纳米团簇上吸附中间体的构型展示在图 4-71 中，而所有纳米团簇 Ni(111) 面上反应中间体的吸附能结果如表 4-14 所列。

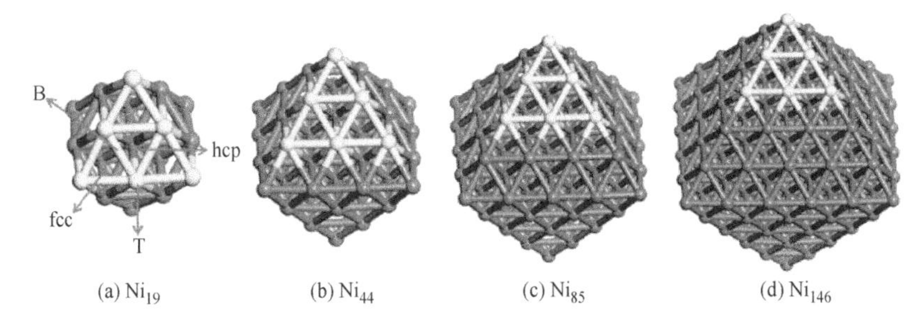

图 4-70　在四种不同尺寸的镍纳米颗粒上吸附中间体可能稳定的吸附位置

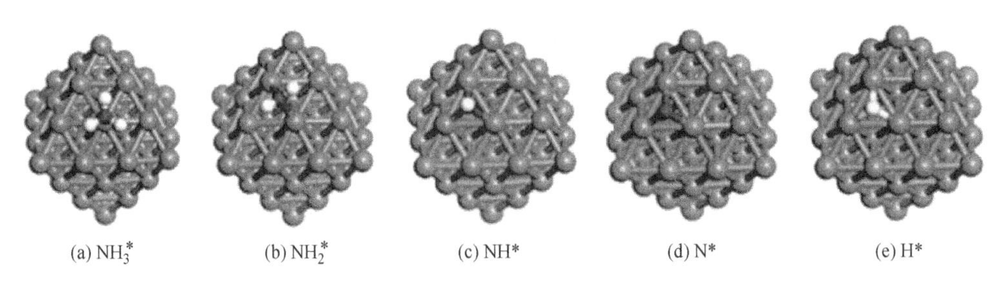

图 4-71　Ni_{44} 团簇上吸附中间体最稳定的吸附位置

表 4-14 在 Ni_{19}、Ni_{44}、Ni_{85} 和 Ni_{146} 纳米团簇以及 Ni(111) 面上吸附中间体的吸附能

单位：eV

团簇	NH_3	NH_2	NH	H
Ni_{19}	−1.00(T)	−3.09(B)	−4.94(fcc)	−2.93(fcc)
			−4.67(hcp)	−2.95(hcp)
Ni_{44}	−0.91(T)	−3.14(B)	−5.06(fcc)	−3.04(fcc)
			−4.75(hcp)	−2.90(hcp)
Ni_{85}	−0.88(T)	−3.10(B)	−5.02(fcc)	−3.01(fcc)
			−4.70(hcp)	−2.86(hcp)
Ni_{146}	−0.91(T)	−3.11(B)	−5.02(fcc)	−3.01(fcc)
			−4.70(hcp)	−2.86(hcp)
Ni(111)	−0.80(T)	−3.00(B)	−4.78(fcc)	−2.99(fcc)
			−4.62(hcp)	−2.94(hcp)

吸附能决定了整个 NH_3 分解过程中催化剂的催化活性，因为吸附能与 N_2 脱附步骤的难易程度相关[34]。在每个纳米团簇的最上面三层（图 4-70 中的黄色区域），我们对 NH_3、NH_2、NH 和 H 的吸附性质进行了评估。首先，NH_3 更倾向于吸附在 Ni_{19}、Ni_{44}、Ni_{85} 和 Ni_{146} 纳米团簇的顶位，其吸附构型为 N 原子与 Ni 原子键合，而 H 原子指向外部，其对应的吸附能分别为−1.00eV、−0.91eV、−0.88eV 和−0.91eV，其中 N 原子与表面上金属原子最近的距离分别为 2.015Å、2.018Å、2.033Å 和 2.033Å（表 4-15）。对于 NH_2 吸附，计算结果发现在 Ni_{19}、Ni_{44}、Ni_{85} 和 Ni_{146} 纳米团簇上，吸附中间体优先吸附在桥位，吸附能分别为−3.09eV、−3.14eV、−3.10eV 和−3.11eV。从计算结果来看，计算出来的值与 Mahata 计算的结果一致[35]。对于 NH 中间体，在 Ni_{19}、Ni_{44}、Ni_{85} 和 Ni_{146} 纳米团簇上，在 fcc 和 hcp 位上 NH 吸附中间体均能稳定吸附，而 N 原子与三个 Ni 原子相互作用，吸附在 fcc 位置并形成三个 Ni—N 键，是最稳定的吸附位。对于 H 吸附，对模型进行几何优化后，观察到两个稳定的结构（fcc 和 hcp）。除 Ni_{19} 纳米团簇外，最稳定的位置仍然是 fcc 位点。而在这些纳米团簇（Ni_{19}、Ni_{44}、Ni_{85} 和 Ni_{146}）上 H 的吸附能分别为−2.95eV、−3.04eV、−3.01eV 和−3.01eV。

表 4-15 团簇表面吸附中间体的几何尺寸　　单位：Å

团簇		NH_3	NH_2	NH	N	H
Ni_{19}	$d_{M-N(H)}$	2.015	1.959	1.836	1.736	1.745
	d_{N-H}	1.023	1.023	1.025		
Ni_{44}	$d_{M-N(H)}$	2.018	1.946	1.845	1.767	1.691
	d_{N-H}	1.023	1.024	1.024		
Ni_{85}	$d_{M-N(H)}$	2.033	1.943	1.844	1.769	1.698
	d_{N-H}	1.023	1.024	1.024		
Ni_{146}	$d_{M-N(H)}$	2.033	1.941	1.842	1.768	1.699
	d_{N-H}	1.024	1.024	1.024		

注：$d_{M-N(H)}$ 为 N(H) 原子到金属原子最近的距离；d_{N-H} 为 N 原子到 H 原子的距离。

Hansgen 等[26] 研究表明氮原子的化学吸附能能够很好地评价氨分解催化剂的催化活性。因此，我们在纳米团簇的表面选择了一些具有代表性的 N 的吸附位点来研究其吸附性质。在 Ni_{19} 团簇上选择 2 个可能的 N 吸附位点（fcc 和 hcp 位点），在 Ni_{44} 上选择 3 个可能的 N 吸附位点（2 个 fcc 和 1 个 hcp 位点），在 Ni_{85} 上选择 6 个可能的 N 吸附位点（4 个 fcc 和 2 个 hcp 位点），在 Ni_{146} 上选择 7 个可能的 N 吸附位点（4 个 fcc 和 3 个 hcp 位置），如图 4-72 和表 4-16 所示。在纳米团簇上，最有利的 N 吸附位置取决于原子分布。以 Ni_{146} 纳米团簇为例，在 fcc1、fcc2、fcc3 和 fcc4 吸附位点上，N 的吸附能分别为－5.57eV、－5.70eV、－5.66eV 和－5.55eV。此外，hcp1 和 hcp2 位 N 的吸附能都是－5.44eV，而 hcp3 位 N 的吸附能是－5.41eV。这表明位于面上的吸附位点与边缘位置或顶角位置的吸附位点相比，吸附中间体表现出相对较弱的吸附性质。另外，其他纳米团簇也遵循相同的规律。

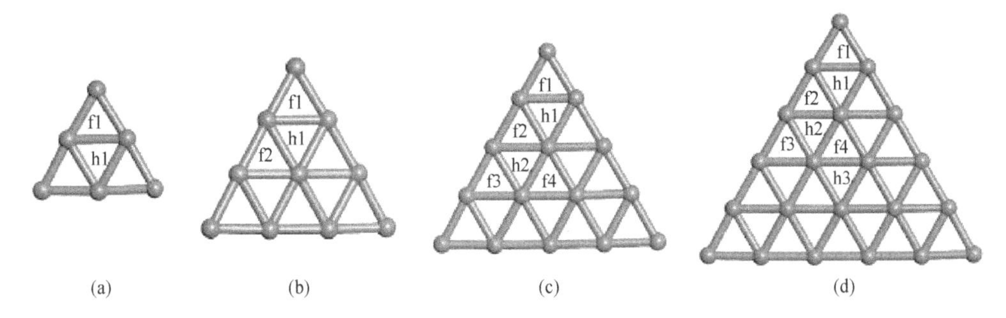

图 4-72 在 Ni_{19}、Ni_{44}、Ni_{85} 和 Ni_{146} 团簇上可能的稳定的吸附中间体 N 的吸附位置

表 4-16 纳米团簇在可能的吸附位置的 N 的吸附能

团簇	N 吸附能/eV				
Ni_{19}	－5.78(fcc1)	－5.46(hcp1)			
Ni_{44}	－5.64(fcc1)	－5.78(fcc2)	－5.51 (hcp1、hcp2)		
Ni_{85}	－5.59(fcc1)	－5.70(fcc2)	－5.70(fcc3)	－5.60(fcc4)	－5.45 (hcp1、hcp2)
Ni_{146}	－5.57(fcc1)	－5.70(fcc2)	－5.66(fcc3)	－5.55(fcc4)	－5.44(hcp1、hcp2) －5.41(hcp3)

根据表 4-15 与表 4-16 的结果，笔者发现 NH_3 在所有纳米团簇的顶部位置都能被有利地吸附。NH_2 优先吸附在桥位上，而 NH 和 N 优先吸附在 fcc 位上。此外，在 4 个纳米团簇中，NH_x（$x=0\sim3$）中间体的 H 原子越少，NH_x 的吸附能越高，因为更多的金属原子与 N 配位，而且 N 原子更加接近金属表面。另一方面，4 个纳米团簇的 N 吸附能均强于 Ni(111) 表面，表明八面体团簇较 Ni(111) 面催化活性更好。

4.3.2.4 氨分解过程热力学性质分析

为了获得 Ni_{19}、Ni_{44}、Ni_{85} 和 Ni_{146} 纳米团簇的 NH_3 分解的势能图，笔者计算了吸附中间体共吸附的能量。对于 NH_x（$x=1\sim3$）脱氢过程，笔者选择纳米团簇吸附中间体

(NH_x) 最稳定的吸附构型作为初始状态。而对于 N 原子再结合脱附过程，笔者将吸附在两个相邻的 fcc 位的两个 N^* 原子作为初始状态。此外，需要申明的是纳米团簇上最稳定的共吸附构型具有最高的共吸附能。

对于 Ni 八面体纳米团簇上的 NH_3 的脱氢过程，首先吸附在顶部的 NH_3 的 N—H 键伸长随后断裂。接着 NH_2 吸附中间体移动到桥位，而 H 移动到 fcc 位。在 Ni_{19}、Ni_{44}、Ni_{85} 和 Ni_{146} 纳米团簇上，第一步脱氢步骤的反应能分别为 −0.07eV、−0.24eV、−0.16eV 和 −0.13eV。而对于 NH_2 的脱氢过程，NH_2 吸附中间体开始稳定吸附在桥位，随后断裂为 NH 和 H，它们俩稳定地吸附在两个相邻的 fcc 位置。在第三步脱氢过程中，随着最后的 N—H 键断裂，在 Ni_{19}、Ni_{44}、Ni_{85} 和 Ni_{146} 纳米团簇上吸附的 N 与表面上的金属形成新的三个 Ni—N 键，反应能分别为 0.22eV、0.40eV、0.25eV 和 0.26eV。在整个 NH_3 分解过程中，从热力学的观点来看，由于最后一步是吸热反应，因此是不利于反应进行的（图 4-73，书后另见彩图）。

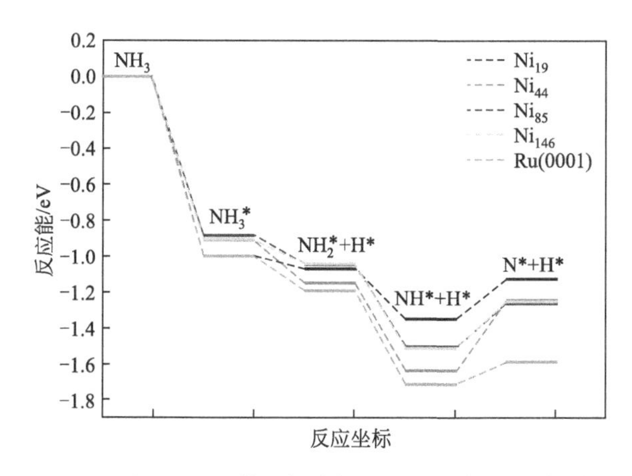

图 4-73　在 Ni_{19}、Ni_{44}、Ni_{85} 和 Ni_{146} 团簇上氨分解过程的热力学性质并与 Ru(0001) 面比较[33]

为了阐述整个催化氨分解过程，我们还计算了 N 原子再结合脱附过程。对于 N 原子再结合脱附过程，两个吸附的 N^* 原子最初位于 fcc 位置，随后两个 N^* 原子合并成 N_2，垂直吸附在催化剂表面（Ni_{19}、Ni_{44}、Ni_{85} 和 Ni_{146}）上的，此步骤的反应能分别为 −0.20eV、−0.38eV、0.11eV 和 0.11eV。最后，吸附的 N_2^* 从催化剂表面释放，此步骤的反应能分别为 1.08eV、0.75eV、0.65eV 和 0.65eV。从整个氨分解及 N 原子再结合脱附过程来看，由于 N_2 脱附过程是一个强吸热过程，因此 N_2 脱附过程是速率决定步骤（图 4-74，书后另见彩图）。

与 Ru(0001) 表面的 N_2 脱附过程相比，在 Ni_{146} 纳米团簇上 N_2 表现出更容易从催化剂表面脱附的性质，因而可以使得催化进程更容易进行。综合分析计算得到的数据，并同以往的文献工作相比较[36]，发现在氨分解过程中，Ni_{44} 纳米团簇的反应热曲线与 Ru(0001) 面最接近，表明相对于其他纳米团簇，Ni_{44} 的催化活性更好。然而，在 N_2 脱附的过程（速率决定步骤）中 Ni_{146} 吸热最少，且前面论述中提到 Ni_{146} 团簇具有最佳的结构稳定性及热稳定性。综合稳定性和催化活性，可以得出相比于其他团簇，Ni_{146} 纳米团簇具有最优的催化活性及稳定性，尺寸接近 2nm，与实验结果一致[37]。

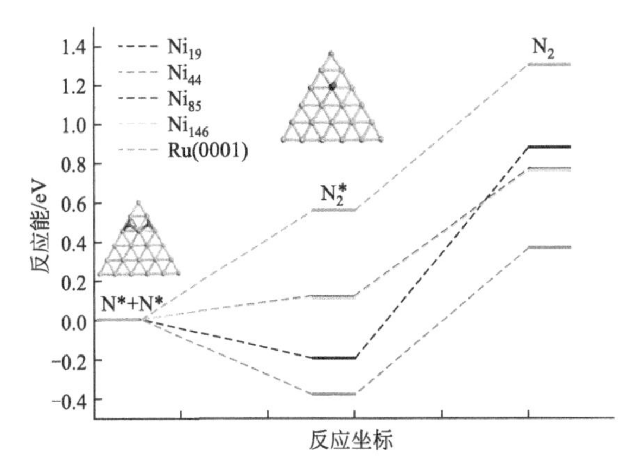

图 4-74 在 Ni_{19}、Ni_{44}、Ni_{85} 和 Ni_{146} 团簇上 N_2 脱附过程的热力学性质并与 Ru(0001) 面比较[33]

4.3.2.5 电子结构分析

电子结构分析可以使我们对吸附物与催化剂表面相互作用的理解更深入。由于 N 原子的吸附是整个氨分解过程的关键，因此我们将讨论中间体 N 原子吸附在纳米团簇上的电子结构特征。在 Ni_{19} 和 Ni_{146} 纳米团簇上某些具有代表性的 N 原子吸附位点的电荷布局如图 4-75 所示。

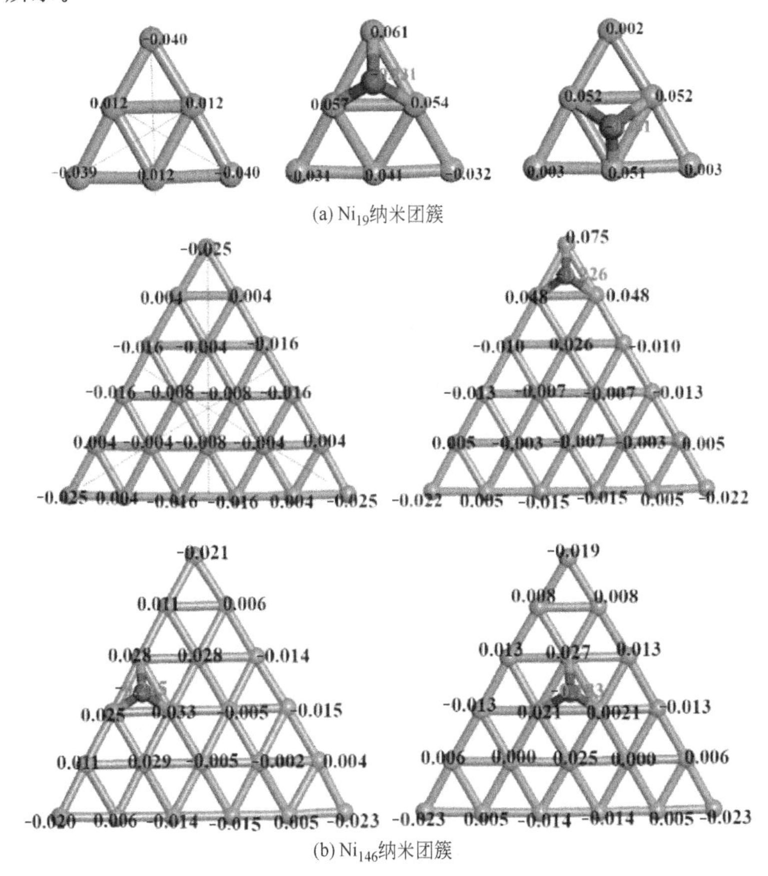

图 4-75 Ni_{19} 纳米团簇和 Ni_{146} 纳米团簇上的 Mulliken 电荷分布

电荷根据纳米团簇上的三个对称轴对称分布。换句话说，可以看出，所有的镍纳米团簇表面电荷布局被分成六部分。由于各部分的等价性，只需要将其中的一部分用于研究即可。对于吸附的 N 原子，由于 N 具有较高电负性，在三个邻近的 Ni 原子上会出现正电荷。换句话说，电子转移到了吸附的 N 原子上。这些带负电荷的 Mulliken 区域更有利于吸附 N，并作为活性中心。此外，由于 Ni 团簇表面边缘或顶部与 Ni 团簇的面内相比具有更多的负电荷，所以边缘或顶部位置上的 N 原子吸附能强于面内吸附位置 N 原子的吸附能。例如，吸附在 fcc4 位上的 N 原子的电子布局为－0.183，比在 fcc1 或 fcc2 位点上（－0.215～－0.226）吸附的 N 附近的电荷少，这可能是电子从金属原子上转移的原因，在纳米团簇内 N 吸附时电荷进行了再分配，由差分电荷图可看出（图 4-76）。

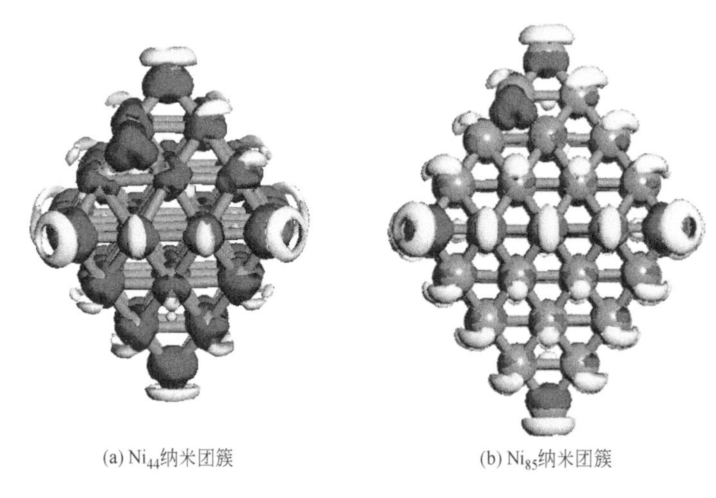

图 4-76　Ni_{44} 纳米团簇和 Ni_{85} 纳米团簇上的差分电荷图

综上所述：

① 通过对 Fe 基催化剂研究，结果表明 Fe 理论含量为 10%左右时，催化活性最好。测试结果表明所制备的棒状氮化铁催化剂具有较多的介孔结构以及较高的 N/Fe 原子比，有利于催化反应的进行，提高催化活性，催化剂具有较高的低温氨分解催化活性以及稳定性；另外，棒状的 Fe_2O_3 暴露更多高活性的晶面，形成的 Fe_2N 物种表现出相对于立方体和盘状 Fe_2N 催化剂更加优异的催化效率。对构筑的氮化铁-钌双金属催化剂的氨分解测试结果表明双金属协同效应不仅使催化剂具有优异的氨分解催化活性，同时也具有较好的催化稳定性。

② 通过对 Co 基催化剂研究，结果表明碳纳米管负载钴基催化剂及活性炭 AC-1 担载钴基催化剂中，Co 物种的分布情况较好，其中的 Co_3O_4 晶粒尺寸较小，且分散度较高，而且相比于另外两组活性炭负载钴基催化剂，前者 Co 物种更多附着于载体的内部，使得碳载体的孔结构得到了较好的利用。选定的最佳载体为碳纳米管，最佳反应条件为温度 773K、空速 6000mL/(g_{cat}·h)。Ce 助剂的引入提高了钴基催化剂的氨分解活性，其催化活性随 Ce 掺杂量增加而升高，在 Ce 含量达 10%时，催化剂活性最高。钴基催化剂的氨分解活性随 La 助剂掺杂量增加呈现出先增后减的趋势，其中 La 含量为 2%时，催化剂活性最高。Mg 助剂则对 CNTs 负载的钴基催化剂活性没有促进作用，相反，随着 Mg 含量

上升，催化剂的活性逐渐下降。几种助剂中，10%Ce 掺杂对催化剂活性提升最明显，因此 Ce 可作为 CNTs 负载钴基催化剂的理想助剂。

③ 通过密度泛函理论对 Ni 基材料氨分解过程的分析和讨论，计算结果表明反应中间体 N 在 $Ni_{12}Cu$ 团簇上的吸附能为-5.93eV，与氨分解火山形曲线的最佳值（-5.81eV）非常接近。相对能量图显示，NH 中间体的脱氢过程是吸热的，因此该步是速率决定步骤。四种团簇的催化性能顺序为 $Ni_{44}>Ni_{146}\approx Ni_{85}>Ni_{19}$，且 Ni_{146} 团簇在 N_2 脱附的过程中，表现出易于在催化剂表面脱附的性质。分子动力学计算表明，较大的团簇具有较高的热力学稳定性。综合计算结果表明 Ni_{146}（约 2nm）纳米粒子相对于较小的纳米粒子具有较高的催化活性以及稳定性。Ru-Ni 合金催化剂具有与纯金属 Ru 相当的氨分解催化性能。电子结构分析表明催化性能主要由核金属的 D 带电子以及核金属与壳金属的协同效应共同影响。

参考文献

[1] Galvis H M T，Bitter J H，Davidian T，et al. Iron particle size effects for direct production of lower olefins from synthesis gas [J]. Journal of the American Chemical Society，2012，134（39）：16207-16215.

[2] Deng J，Ren P，Deng D，et al. Highly active and durable non-precious-metal catalysts encapsulated in carbon nanotubes for hydrogen evolution reaction [J]. Energy & Environmental Science，2014，7：1919-1923.

[3] Tan Y，Zhuang Z，Peng Q，et al. Room-temperature soft magnetic iron oxide nanocrystals：Synthesis，characterization，and size-dependent magnetic properties [J]. Chemistry of Materials，2008，20（15）：5029-5034.

[4] Saja A K，Salim A H，Toru M，et al. Composition，electronic and magnetic investigation of the encapsulated $ZnFe_2O_4$ nanoparticles in multiwall carbon nanotubes containing Ni residuals [J]. Nanoscale Research Letters，2015，10：262.

[5] Abidov A，Allabergenov B，Lee J，et al. X-ray photoelectron spectroscopy characterization of Fe doped TiO_2 photocatalyst [J]. International Journal of Materials，Mechanics and Manufacturing，2013，1：294-296.

[6] Ali-Löytty H，Louie M W，Singh M R，et al. Ambient-pressure XPS study of a Ni-Fe electrocatalyst for the oxygen evolution reaction [J]. The Journal of Physical Chemistry C，2016，120（4）：2247-2253.

[7] Li Q，Zhang S，Dai L，et al. Nitrogen-doped colloidal graphene quantum dots and their size-dependent electrocatalytic activity for the oxygen reduction reaction [J]. Journal of the American Chemical Society，2012，134（46）：18932-18935.

[8] Pelka R，Kiełbasa K，Arabczyk W. Catalytic ammonia decomposition during nanocrystalline iron nitriding at 475℃ with NH_3/H_2 mixtures of different nitriding potentials [J]. The Journal of Physical Chemistry C，2014，118（12）：6178-6185.

[9] Liu X，Liu J，Chang Z，et al. Crystal plane effect of Fe_2O_3 with various morphologies on CO catalytic oxidation [J]. Catalysis Communications，2011，12（6）：530-534.

[10] Liu J，Yang S，Wu W，et al. 3D flowerlike α-Fe_2O_3@TiO_2 core-shell nanostructures：General synthesis and enhanced photocatalytic performance [J]. ACS Sustainable Chemistry & Engineering，2015，3（11）：2975-2984.

[11] Cui Q, Chao S, Wang P, et al. Fe-N/C catalysts synthesized by heat-treatment of iron triazine carboxylic acid derivative complex for oxygen reduction reaction [J]. RSC Advances, 2014, 4: 12168-12174.

[12] Yeo S C, Han S S, Lee H M. Mechanistic investigation of the catalytic decomposition of ammonia (NH_3) on an Fe(100) surface: A DFT study [J]. The Journal of Physical Chemistry C, 2014, 118 (10): 5309-5316.

[13] Zhang J, Müller J O, Zheng W, et al. Individual Fe-Co alloy nanoparticles on carbon nanotubes: Structural and catalytic properties [J]. Nano Letters, 2008, 8 (9): 2738-2743.

[14] Yin S F, Zhang Q H, Xu B Q, et al. Investigation on the catalysis of CO_x-free hydrogen generation from ammonia [J]. Journal of Catalysis, 2004, 224 (2): 384-396.

[15] Yin S F, Xu B Q, Zhu W X, et al. Carbon nanotubes-supported Ru catalyst for the generation of CO_x-free hydrogen from ammonia [J]. Catalysis today, 2004, 93 (1): 27-38.

[16] Yin S F, Xu B Q, Ng C F, et al. Nano Ru/CNTs: A highly active and stable catalyst for the generation of CO_x-free hydrogen in ammonia decomposition [J]. Applied Catalysis B: Environmental, 2004, 224 (2): 384-396.

[17] Yin S F, Xu B Q, Wang S J, et al. Magnesia-carbon nanotubes(MgO-CNTs) nanocomposite: Novel support of Ru catalyst for the generation of Co_x-free hydrogen from ammonia [J]. Catalysis Letters, 2004, 96: 113-116.

[18] Yin S F, Xu B Q, Zhou X P, et al. A mini-review on ammonia decomposition catalysts for on-site generation of hydrogen for fuel cell applications [J]. Applied Catalysis A: General, 2004, 277: 1-9.

[19] Duan X, Qian G, Liu Y, et al. Structure sensitivity of ammonia decomposition over Ni catalysts: A computational and experimental study [J]. Fuel Processing Technology, 2013, 108: 112-117.

[20] Karim A M, Prasad V, Mpourmpakis G, et al. Correlating particle size and shape of supported Ru/γ-Al_2O_3 catalysts with NH_3 decomposition activity [J]. Journal of the American Chemical Society, 2009, 131: 12230-12239.

[21] Delley B. From molecules to solids with the $DMol^3$ approach [J]. The Journal of Chemical Physics, 2000, 113: 7756-7764.

[22] Perdew J P, Burke K, Ernzerhof M. Generalized gradient approximation made simple [J]. Physical Review Letters, 1996, 77: 3865.

[23] Duan X, Ji J, Qian G, et al. Ammonia decomposition on Fe(110), Co(111) and Ni(111) surfaces: A density functional theory study [J]. Journal of Molecular Catalysis A: Chemical, 2012, 357: 81-86.

[24] Jiang Z, Qin P, Fang T. Mechanism of ammonia decomposition on clean and oxygen-covered Cu (111) surface: A DFT study [J]. Chemical Physics, 2014, 445: 59-67.

[25] Duan X, Qian G, Fan C, et al. First-principles calculations of ammonia decomposition on Ni(110) surface [J]. Surface Science, 2012, 606: 549-553.

[26] Hansgen D A, Vlachos D G, Chen J G. Using first principles to predict bimetallic catalysts for the ammonia decomposition reaction [J]. Nature Chemistry, 2010, 2: 484-489.

[27] Duan X, Ji J, Qian G, et al. Ammonia decomposition on Fe(110), Co(111) and Ni(111) surface: A density functional theory study [J]. Journal of Molecular Catalysis A: Chemical, 2012, 357: 81-86.

[28] Bligaard T, Nørskov J K, Dahl S, et al. The Brønsted-Evans-Polanyi relation and the volcano curve in heterogeneous catalysis [J]. Journal of Catalysis, 2004, 224: 206-217.

[29] Reshak A H, Parasyuk O V, Fedorchuk A, et al. Optical spectra and band structure of $Ag_xGa_xGe_{1-x}Se_2$ (x=0.333, 0.250, 0.200, 0.167) single crystals: experiment and theory [J]. The

Journal of Physical Chemistry B, 2013, 117: 15220-15231.
[30] Hammer B, Nørskov J K. Why gold is the noblest of all the metals [J]. Nature, 1995, 376: 238-240.
[31] Jacob T, Goddard W A. Water formation on Pt and Pt-based alloys: A theoretical description of a catalytic reaction [J]. ChemPhysChem 2006, 7: 992-1005.
[32] Chen X, Chen S, Wang J. Screening of catalytic oxygen reduction reaction activity of metal-doped graphene by density functional theory [J]. Applied Surface Science, 2016, 379: 291-295.
[33] Herron J A, Tonelli S, Mavrikakis M. Atomic and molecular adsorption on Ru(0001) [J]. Surface Science, 2013, 614: 64-74.
[34] Boisen A, Dahl S, Nørskov J K, et al. Why the optimal ammonia synthesis catalyst is not the optimal ammonia decomposition catalyst [J]. Journal of Catalysis, 2005, 230: 309-312.
[35] Mahata A, Rawat K S, Choudhuri I, et al. Octahedral Ni-nanocluster (Ni_{85}) for efficient and selective reduction of nitric oxide (NO) to nitrogen (N_2) [J]. Scientific Reports, 2016, 6: 25990.
[36] Zhang J, Xu H, Li W. Kinetic study of NH_3 decomposition over Ni nanoparticles: The role of La promoter, structure sensitivity and compensation effect [J]. Applied Catalysis A: General, 2005, 296: 257-267.
[37] Ferrando R, Jellinek J, Johnston R L. Nanoalloys: From theory to applications of alloy clusters and nanoparticles [J]. Chemical Reviews, 2008, 108: 845-910.

第5章 氨硼烷水解制氢催化剂

5.1 概述

氨硼烷拥有19.6%的高质量储氢密度，能在合适的催化剂作用下快速水解释放近似3mol氢气，是一种理想的固体储氢材料。氨硼烷水解脱氢是释放储存在其中的氢的最有效方法，但由于氨硼烷在常温常压条件下性质相对稳定，所以研究高效的氨硼烷水解催化剂具有一定现实意义。其中贵金属Rh、Pt等在氨硼烷水解产氢过程中表现出非常出色的催化活性，而贵金属成本相对较高，需要进一步提高贵金属催化剂的催化性能和耐久性，开发经济、高效、可重复使用的贵金属催化剂从而提升其竞争优势，使其能够在氨硼烷水解制氢上得到较广泛的应用。本节针对这一问题进行了系统的研究。此外，对氨硼烷水解制氢领域的典型的非贵金属催化剂也进行了一定量的综述，系统地了解此领域的催化剂发展进程。

5.2 铂基催化剂

5.2.1 铂基纳米晶催化剂

铂基催化剂被广泛应用于氨硼烷水解制氢研究中。铂元素属于过渡金属元素，具有独特的外层电子排布，其最外层和次外层轨道均未被电子填满，所以外层能级中分布着未成对电子。在化学吸附过程中，这些未成对电子可与反应物的电子发生配对，从而生成反应中间物使反应物分子活化，促进反应的发生。铂作为氨硼烷水解制氢催化剂表现出优异活性，但铂价格昂贵，通常需要非贵金属的掺杂来制备双金属催化剂降低成本。镍元素同样为过渡金属元素，被广泛应用于催化剂的制备，其价格相对较低，在氨硼烷水解制氢研究中也表现出可观的活性，但一般仍低于贵金属催化剂。将镍掺杂进贵金属铂催化剂中，不仅可以降低贵金属铂的使用量从而降低催化剂成本，还可以通过铂、镍双金属之间的协同作用展现出比单一金属更加优异的催化活性。

溶剂热法用于制备金属纳米催化剂，不仅成本低廉、操作简便而且反应速度快，在溶剂中加入稳定剂，如聚乙烯吡咯烷酮（PVP）、月桂酸酯、油胺等，能有效防止生成的纳米颗粒团聚，被广泛应用于金属纳米颗粒的还原制备，所制备的纳米颗粒往往具有较小的粒径和较窄的尺寸分布，是一种极有前景的制备方法。如 Wu 等[1] 使用溶剂热法成功制备了结晶良好的八面体、截角八面体和立方体形貌的铂镍纳米晶。这些纳米颗粒不仅形貌均一，由于反应过程中稳定剂 PVP 的加入，使得其还具有良好的水溶性和分散性。应用于苯亚甲基丙酮、苯乙烯、硝基苯的加氢反应，表现出优异的催化性能。

在本节中通过这种经典的溶剂热法，将铂与镍前驱体金属盐、表面活性剂、还原剂等按步骤加入反应釜中，制备出铂纳米晶和铂镍纳米晶，比较了两种催化剂应用于氨硼烷水解制氢反应的活性表现，考察了温度对铂镍纳米晶催化活性的影响，并进行了重复性和耐受性测试；在铂镍纳米晶耐受性测试的基础上研究了催化剂活性下降的原因。

5.2.1.1 铂基纳米晶的制备

铂基纳米晶制备过程如图 5-1 所示，称取 8mg 乙酰丙酮铂［$Pt(acac)_2$］和 80mg 聚乙烯吡咯烷酮（PVP）溶解于 5mL 苯甲醇中，搅拌 30min 后滴加 0.1mL 苯胺，再搅拌 10min 后将溶液转移至 10mL 反应釜中，将反应釜置于烘箱里，升温至 433K(160℃）反应 12h，反应结束后自然冷却至室温。之后先加入过量丙酮进行沉淀，静置一段时间后，倒掉上层清液，用丙酮和乙醇的混合溶剂离心洗涤样品 3 次，最后将样品转移至 5mL 水中密封保存[1]。制备铂镍纳米晶在铂纳米晶制备方法基础上多加入 10mg 乙酰丙酮镍［$Ni(acac)_2$］，其他条件一致。

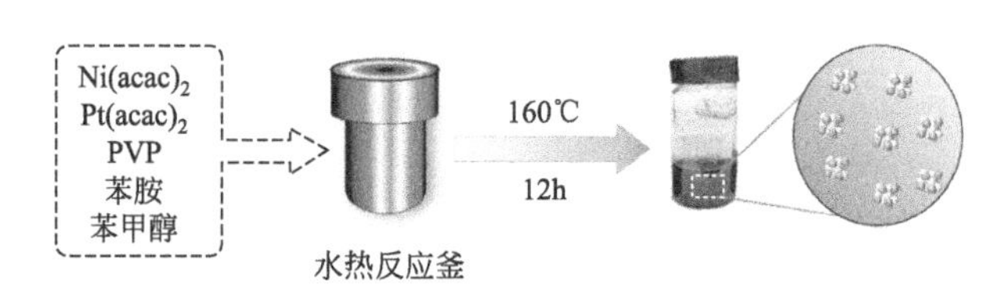

图 5-1　铂基纳米晶制备示意

5.2.1.2 催化剂性能测试

通过图 5-2 所示装置进行氨硼烷水解制氢性能测试，采用排水法将气体导入锥形瓶中，同时测量所排出水质量，即得到所产生气体体积。测试步骤如下：首先将密封保存的催化剂超声 30min 分散均匀后，量取 1mL 纳米晶催化剂分散液于 10mL 三口烧瓶中，加入 4mL 去离子水超声分散均匀，将三口烧瓶置于恒温水浴锅中，打开搅拌，封住三口烧瓶左、右口，中口连接气体测量装置，检查装置气密性。之后称取 30mg 氨硼烷并加入 0.2mL 去离子水溶解，取下左口瓶塞，用注射器迅速将氨硼烷溶液注射进三口烧瓶中，封住左口，通过电子天平称量烧杯中水的质量来测量产生氢气的体积。氨硼烷水解制氢速率（TOF）是指单位时间内单位催化剂所产生氢气的物质的量，是衡量催化剂活性的重要参数，被广泛用于评价和比较催化剂性能。通过式(5-1) 计算，式中催化剂物质的量仅以贵金属 Pt 理论加入量代入计算，其单位为 $mol_{H_2}/(min \cdot mol_{cat})$，常简写为 min^{-1}。

$$TOF = \frac{n_{H_2}}{n_{cat} \times t} \tag{5-1}$$

式中 TOF——氨硼烷水解制氢速率，min^{-1}；

n_{H_2}——单位时间内氨硼烷催化水解产生氢气的物质的量，mol；

n_{cat}——催化剂物质的量，mol；

t——氨硼烷催化水解反应时间，min。

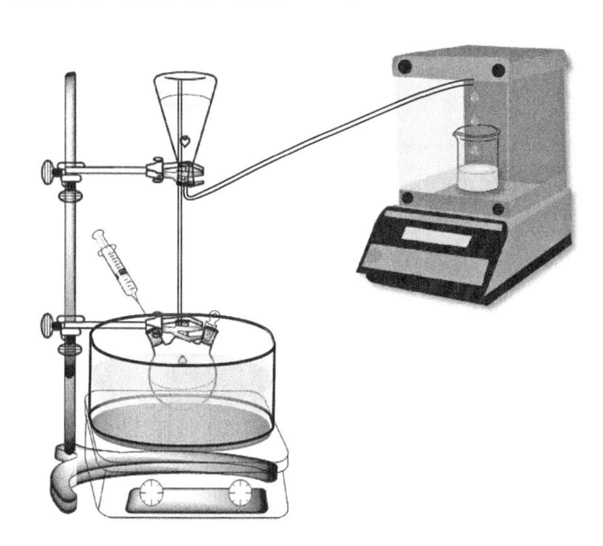

图 5-2 氨硼烷水解制氢气性能测试装置

氨硼烷水解制氢活化能测试用于衡量在催化剂作用下反应发生的难易程度，通过在一系列温度梯度的水浴条件下进行反应测得制氢速率常数 k，然后代入 Arrhenius 方程式，见式(5-2)，计算活化能 E_a，单位为 kJ/mol。E_a 值越小说明反应越容易发生。

$$\ln k = \ln A - \frac{E_a}{RT} \tag{5-2}$$

式中 k——制氢速率常数；

A——指前因子；

E_a——活化能，kJ/mol；

R——理想气体常数，8.314J/(mol · K)

T——反应温度，K。

氨硼烷水解制氢重复性测试用于衡量催化剂重复使用性能。在 298K 恒温水浴下进行，一次测试结束后，取出催化剂经过洗涤后再加入氨硼烷反应，连续循环 5 次获得重复性测试结果。

氨硼烷水解制氢耐受性测试用于衡量催化剂对反应副产物耐受性能。在 298K 恒温水浴下进行，一次测试结束后，再向反应体系中加入氨硼烷继续反应，连续循环 5 次获得耐受性测试结果。

5.2.1.3 铂基纳米晶形貌及结构表征

对铂纳米晶和铂镍纳米晶进行 TEM 表征，结果如图 5-3 所示。图 5-3(a) 为铂纳米晶 TEM 图，从图中可以看出铂纳米晶颗粒分散均匀，从中随机选取约 90 个纳米颗粒进行尺寸统计，统计数据如图 5-3(c) 所示，表明铂纳米颗粒具有较窄的尺寸分布，平均粒径约为 4nm。图 5-3(b) 为铂镍纳米晶 TEM 图，表明铂镍纳米晶分散均匀，形貌均一，从图中随机选取约 90 个纳米颗粒进行尺寸统计，统计数据如图 5-3(d) 所示，表明铂镍纳米晶尺寸分布较窄，较铂纳米晶尺寸有所增大，平均粒径约为 9nm。以上结果表明使用溶剂热法制备出了形貌均一、尺寸分布窄的铂纳米晶和铂镍纳米晶。

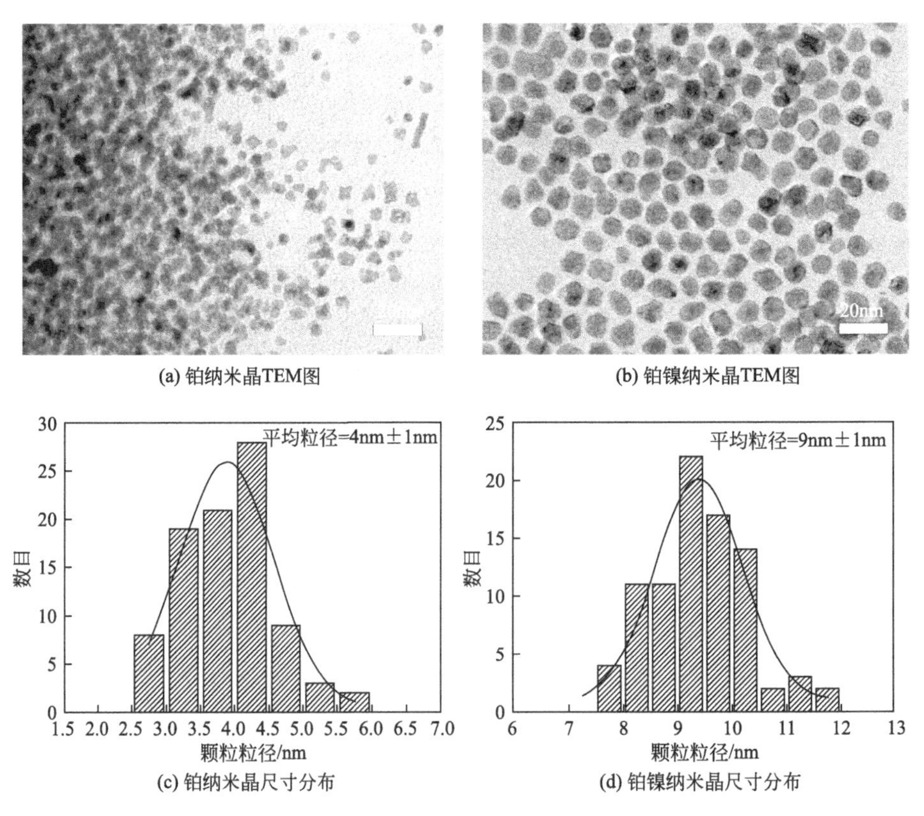

图 5-3 铂纳米晶和铂镍纳米晶的 TEM 图及其尺寸分布

图 5-4 为铂镍纳米晶 HRTEM 图，从图中可以看出铂镍纳米晶具有明显的连续晶格条纹，表现出单晶特性，通过测量晶格间距为 0.213nm，对应铂镍纳米晶的 (111) 晶面。该间距小于纯铂晶体 (111) 晶面的晶格间距 (0.23nm)，表明具有较小半径的 Ni 原子成功与较大半径的 Pt 原子形成铂镍合金，造成了晶体的晶格收缩，使铂镍合金小于纯铂的晶格间距。对该区域晶格条纹进行傅里叶变换，结果如图 5-4 左上角插图所示，表明铂镍纳米晶主要暴露 (111) 和 (100) 晶面。

为进一步确定铂镍纳米晶的物相组成，对催化剂进行 XRD 表征，结果如图 5-5 所示。可以看出 PtNi 纳米晶在 42.4°和 49.5°处出现了明显衍射峰，分别对应面心立方晶体的 (111) 和 (200) 晶面，出峰位置在 Pt(PDF＃04-0802) 和 Ni(PDF＃04-0850) 的标准峰

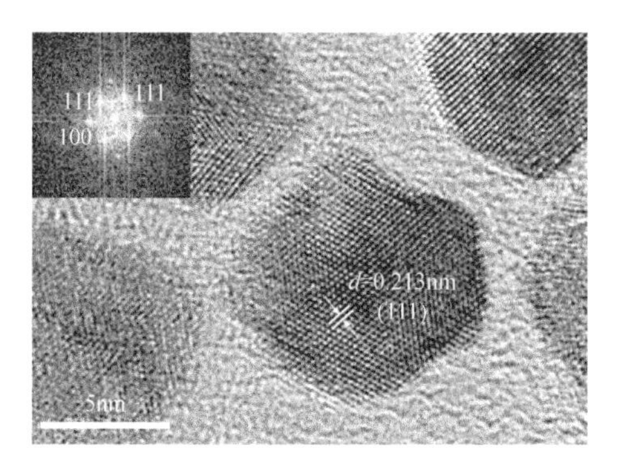

图 5-4　铂镍纳米晶 HRTEM 图（左上角为图中晶格条纹傅里叶变换）

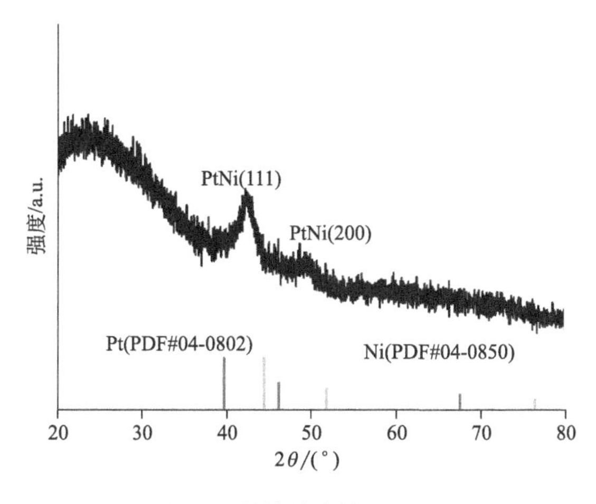

图 5-5　铂镍纳米晶 XRD 图

之间，说明出峰为 Pt-Ni 合金峰，颗粒为铂镍合金纳米晶，而非铂和镍单金属的机械混合。根据布拉格方程，见式(5-3)，可计算出铂镍纳米晶（111）晶面间距为 $d=0.213\text{nm}$，与 HRTEM 所得数据相符。

$$2d\sin\theta = n\lambda \tag{5-3}$$

式中　d——晶面间距，nm；

θ——布拉格角，(°)；

λ——入射波长，nm；

n——常数。

根据 HRTEM 电镜可知，颗粒具有明显的晶格条纹证明颗粒结晶度高，所以 XRD 显示较宽的衍射峰并不是因为结晶度低，而是由于纳米颗粒具有较小的颗粒尺寸导致的。由 XRD 表征得到（111）晶面半高宽为 0.0197rad(1rad=57.3°)，根据谢乐公式［式(5-4)］，可计算粒度大小，计算得到的铂镍纳米晶粒径为 7.9nm，与 TEM 所测数据基本相符。

$$D = \frac{k\lambda}{\beta\cos\theta} \tag{5-4}$$

式中　D——为晶粒尺寸，nm；

θ——为衍射角，(°)；

β——为衍射峰的半高宽，rad；

λ——为单色入射 X 射线波长，nm；

k——为谢乐常数。

图 5-6 为铂纳米晶、铂镍纳米晶和 PVP 的红外谱图。纯 PVP 在 $1289cm^{-1}$、$1429cm^{-1}$ 和 $1661cm^{-1}$ 处出峰分别对应 C—N、C—C 和 C ═O 的伸缩振动峰[2]。铂纳米晶和铂镍纳米晶与 PVP 在出峰位置上没有明显不同，但在 $2000\sim1500cm^{-1}$ 的 C ═O 伸缩振动范围内，纯 PVP 出峰位置为 $1661cm^{-1}$，且强度更强，而纳米晶出峰位置则偏向稍低的 $1643cm^{-1}$，这是因为 PVP 链上的一小部分羰基键合至纳米晶表面导致了出峰位置偏移[3]。这些结果表明所制备的铂纳米晶、铂镍纳米晶表面存在有一层 PVP，这使纳米晶在溶液中拥有更好的分散性和稳定性。

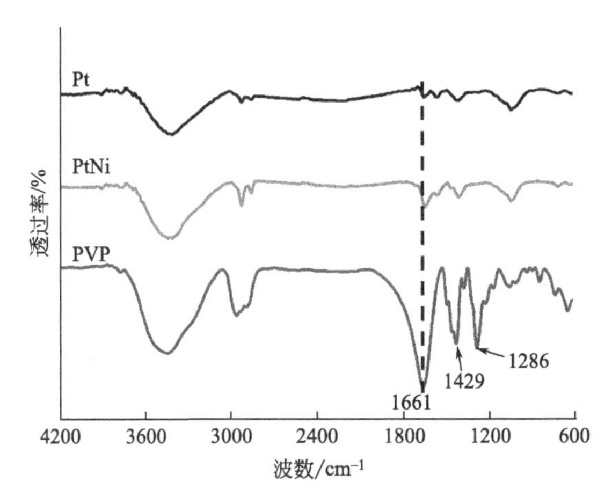

图 5-6 铂纳米晶、铂镍纳米晶和 PVP 的红外谱图

5.2.1.4 铂基纳米晶催化性能评价

综合 TEM 和 XRD 两种表征来看，成功制备出了铂纳米晶和铂镍纳米晶。在 298K 下对所制备的铂纳米晶和铂镍纳米晶进行氨硼烷水解制氢性能测试，结果如图 5-7 所示。

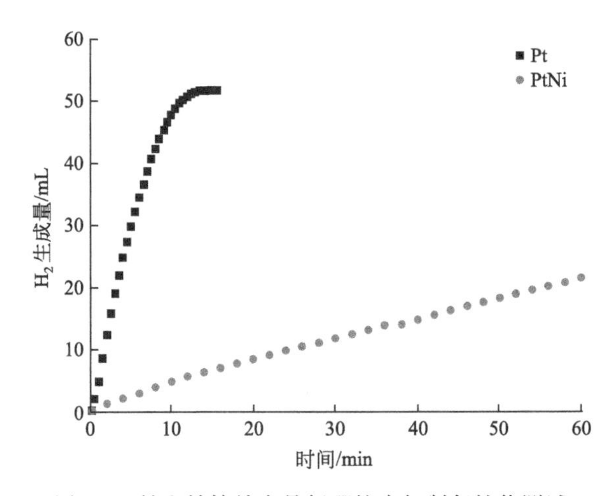

图 5-7 铂和铂镍纳米晶氨硼烷水解制氢性能测试

从图 5-7 中可知铂镍纳米晶催化反应 8min 后，产生氢气 42.40mL，再继续反应 5min 后，到达反应终点，共产生氢气 51.66mL，取线性部分计算 TOF 为 58min^{-1}。实验中每次加入 30mg 氨硼烷理论产氢量约为 63mL，由于实验过程中存在一定损耗，所以到达反应终点时其实际产氢量一般小于理论值。铂纳米晶催化剂反应 60min 后，产生氢气 21.56mL，此时仍未到达反应终点，TOF 为 4min^{-1}。以上实验结果表明，铂镍纳米晶催化性能远远优于铂纳米晶，这可能归因于 Pt、Ni 元素之间良好的协同作用。HRTEM 和 XRD 表征表明 Ni 元素的掺杂改变了铂纳米晶的晶格间距，这可能是因为增加了催化剂在反应中的活性位点，导致了催化活性的增强[4]。

为探究温度对铂镍纳米晶催化氨硼烷水解制氢反应的影响，进行了 298K、303K、308K 和 313K 四个温度下氨硼烷水解制氢测试，结果如图 5-8 所示。可以看出氢气产生速率随着反应温度的升高而增加。由不同温度下制氢测试曲线可得到氢气产生速率 k 值，以 $\ln k$ 为纵坐标，T^{-1} 为横坐标，作出 Arrhenius 图（$\ln k$-T^{-1}），如图 5-8(b) 所示，通过线性拟合可得直线方程，见式(5-5)。

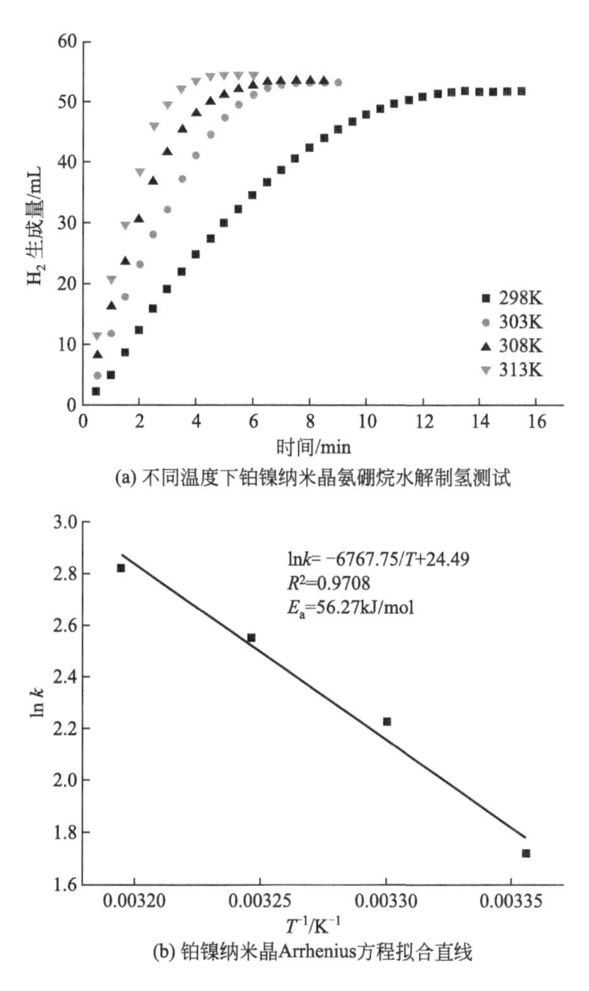

(a) 不同温度下铂镍纳米晶氨硼烷水解制氢测试

(b) 铂镍纳米晶Arrhenius方程拟合直线

图 5-8　不同温度下铂镍纳米晶氨硼烷水解制氢测试及 Arrhenius 方程拟合直线

$$\ln k = \frac{-6767.75}{T} + 24.49 \tag{5-5}$$

代入式(5-2) 计算得到 $E_a = 56\text{kJ/mol}$。

为探究铂镍纳米晶催化剂重复使用性，进行了氨硼烷水解制氢重复性测试，结果如图 5-9 所示。随着重复测试次数增加，催化剂活性逐渐降低，当重复性测试进行到第 4 次时，反应时间已经超过 50min，从图中 TOF 表可以看出 TOF 值下降至 6min^{-1}，且到达反应终点时产氢量远小于理论值，结合催化剂回收后其再分散液颜色变浅的实验现象分析，这可能是由于催化剂在回收和洗涤过程中出现损失，催化剂量减少导致析氢速率过慢已经无法产生足够的压强将水排出。当催化剂长时间反应时观察到反应溶液颜色逐渐变得透明，这是由于铂镍纳米晶具有磁性，会慢慢吸附于搅拌所用的搅拌子上，造成催化剂分散性变差，所以反应时间越长，催化剂的活性也越低。

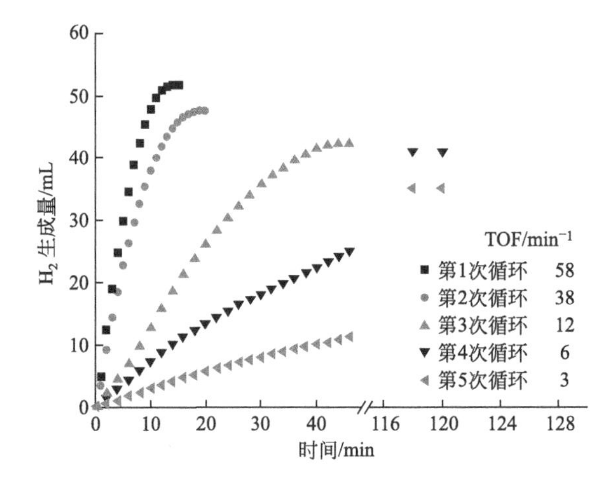

图 5-9　铂镍纳米晶氨硼烷水解制氢重复性测试

为探究铂镍纳米晶催化剂对氨硼烷水解制氢副产物的耐受性，进行了催化剂耐受性测试，结果如图 5-10 所示。随着循环测试次数增加，催化剂活性逐渐降低。从图中 TOF 表

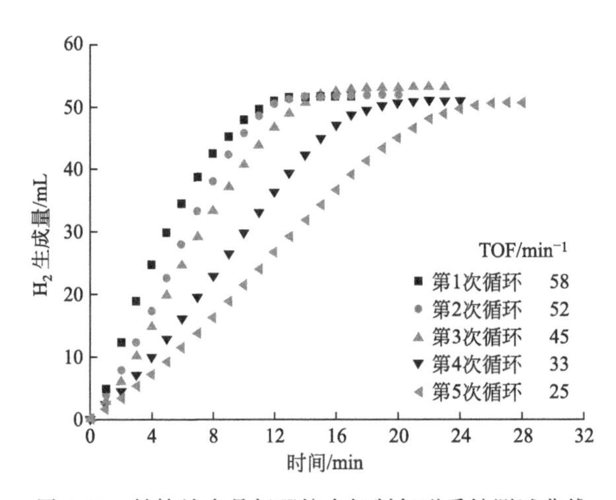

图 5-10　铂镍纳米晶氨硼烷水解制氢耐受性测试曲线

可以看出，当进行第5次耐受性测试时，TOF值下降为$25min^{-1}$，仅为初始活性的43%，这可能是由于氨硼烷分解产生的副产物使催化剂出现团聚，从而导致活性下降。

为进一步探究催化剂活性下降的原因，将第5次耐受性测试后的催化剂进行TEM表征，结果如图5-11所示。从图中可以看出铂镍纳米晶在使用后出现了严重团聚，另外纳米颗粒自身具有磁性，在搅拌条件下也容易发生团聚，从而导致活性下降。

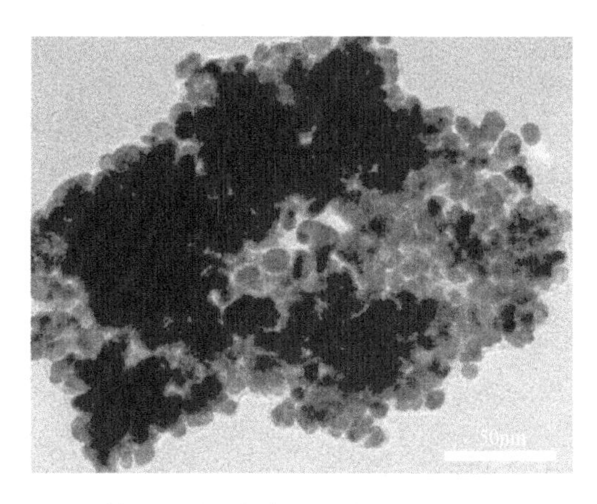

图5-11 铂镍纳米晶进行氨硼烷水解制氢测试后TEM图

5.2.2 碳纳米管负载铂基催化剂

上一节我们使用PVP作稳定剂，苯甲醇和苯胺作溶剂和还原剂，通过溶剂热法制备了平均粒径为4nm的铂纳米晶和9nm的铂镍纳米晶。所制备的铂镍纳米晶催化剂展现出比单金属铂纳米晶更加优异的催化活性，这主要归功于Ni元素的掺杂形成了双金属协同作用，增加了催化剂的活性位点，表明Ni元素的掺杂可以在降低催化剂成本的同时进一步提升催化剂活性。但是由于铂镍纳米晶仅靠PVP稳定分散于水溶液中，当进行氨硼烷水解制氢催化反应时，由于氨硼烷分解过程中副产物的产生，不可避免地出现了催化剂的团聚，并且催化剂自身具有磁性也容易吸附在磁力搅拌子上，这些情况常常导致催化剂在长时间反应后活性逐渐降低。科学的设计和可控制备具有良好分散性、可重复使用性、低价高效的铂基纳米催化剂对氨硼烷制氢反应体系走向实际应用具有重要意义。

近年来，碳纳米管因其具有类石墨结构的管壁、纳米级孔道、大的比表面、良好的热学和电学性能、高机械强度等众多特性，被作为优良的载体广泛应用于催化剂的制备中。使用碳纳米管所负载的纳米颗粒拥有良好的分散性和稳定性，同时碳纳米管与负载纳米颗粒之间的相互作用将带来意外的性能提升，尤其是用于氧化还原反应，独特的石墨结构管壁增强了催化剂的导电性，使其用于这类反应往往更能提高催化剂活性。所以本章选用羧基化碳纳米管作为载体制备铂基催化剂。不同的贵金属负载量将直接影响所负载颗粒的尺寸及分散性，一般贵金属负载量相对非贵金属更低，而已有研究报道当铂负载量在3%左右时，催化剂表现出较小的尺寸、良好的分散性和更好的催化活性，所以本章选择铂负载量为3%[5,6]。

多元醇法也常常用于制备负载型催化剂，由于多元醇一般具有高沸点和高黏度，可以有效防止生成的纳米颗粒团聚，而且在反应前和反应中可以使用超声和搅拌等操作，让反应底物充分混合，使生成产物分散均匀，更能通过改变 pH 值、还原温度等实验条件灵活地调控所制备催化剂的组成和结构。如 Nassr 等[7] 使用乙二醇作溶剂和还原剂，在不添加任何表面活性剂作稳定剂的条件下，通过多元醇法制备出碳纳米管负载铂镍纳米颗粒催化剂，铂镍纳米颗粒在碳纳米管表面分散良好，粒径为 2～3nm，用于甲醇氧化反应表现出优异的电催化活性。

本节研究思路是以羧基化碳纳米管作为载体，使用溶剂热法和多元醇法制备碳纳米管负载的铂基催化剂，并比较两种方法制备的催化剂的结构及性能。进一步使用多元醇法通过控制 H_2PtCl_6 和 $NiCl_2$ 前驱体盐比例，制备出一系列不同铂镍比的 PtNi(x ∶ y)/FCNTs-D 催化剂，探究了镍掺杂量对催化剂结构的影响。通过测试不同铂镍比催化剂在氨硼烷水解过程中的活性，找到最佳铂镍比催化剂。

5.2.2.1 碳纳米管负载铂基催化剂的制备以及催化剂性能测试

溶剂热法：称取 8mg 乙酰丙酮铂、10mg 乙酰丙酮镍、130mg 羧基化碳纳米管（FCNTs）和 80mg 聚乙烯吡咯烷酮分散于 5mL 苯甲醇中，将混合液超声 30min 搅拌过夜后滴加 0.1mL 苯胺，再搅拌 10min 后将溶液转移至 10mL 反应釜中，将反应釜置于烘箱里，升温至 433K 反应 12h，反应结束后自然冷却至室温。之后先加入过量丙酮进行沉淀，静置一段时间后，倒掉上层清液，用丙酮和乙醇的混合溶剂离心洗涤 3 次，在 338K 下真空干燥过夜得到 PtNi(1∶0.5)/FCNTs-R。

多元醇法：在一种经典的多元醇法基础上做微小变动来制备碳纳米管负载铂基催化剂，过程如图 5-12 所示[8]。称取 100mg 羧基化碳纳米管超声分散于 30mL 乙二醇中，再称量 8mg $H_2PtCl_6 \cdot 6H_2O$ 和 6mg $NiCl_2 \cdot 6H_2O$ 溶于 20mL 乙二醇中，完全溶解后，在搅拌条件下将盐溶液滴加进羧基化碳纳米管的乙二醇分散液中，滴加完毕后超声 30min 搅拌过夜。之后转移至 100mL 烧瓶中，用 2mol/L 氢氧化钠的乙二醇溶液调节 pH 值至 11，使用油浴加热至 433K 还原 4h，反应结束降至室温后加入丙酮沉淀，经离心分离得到固体样品，用丙酮和乙醇的混合溶剂洗涤 3 次，在 338K 下真空干燥过夜得到样品 PtNi(1∶0.5)/FCNTs-D。不同 Pt/Ni 比催化剂通过改变镍盐前驱体量制备，并以不同铂镍比命名为 PtNi(x ∶ y)/FCNTs-D。

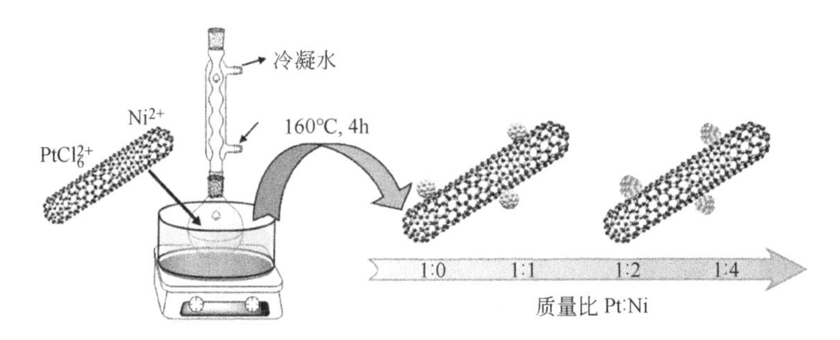

图 5-12 多元醇法制备碳纳米管负载铂基催化剂示意

性能测试：采用与上一节相同装置进行氨硼烷水解制氢测试，称取 5mg 所制备的催化剂于 10mL 三口烧瓶中，加入 5mL 去离子水超声分散均匀后，将三口烧瓶置于恒温水浴锅中，打开搅拌，封住三口烧瓶左、右口，中口连接气体测量装置，检查装置气密性。之后取下左口瓶塞，称取 30mg 氨硼烷并加入 0.2mL 去离子水溶解后，用注射器迅速将氨硼烷溶液注射进三口烧瓶中，封住左口，通过排水法测量产生气体体积。氨硼烷水解制氢重复性测试、耐受性测试和活化能测试，采用与上一节相同测试方法进行。通过式(5-1)计算氨硼烷水解制氢速率（TOF），当催化剂为双金属催化剂时，仅以贵金属 Pt 理论加入物质的量代入计算，计算结果单位简写为 min^{-1}。

5.2.2.2 溶剂热法和多元醇法制备催化剂比较

(1) 溶剂热法和多元醇法制备催化剂表征

将溶剂热法制备所得 PtNi(1∶0.5)/FCNTs-R 样品进行 SEM 表征，结果如图 5-13(a) 所示。从图中可以看出样品分散性较差，这是因为在溶剂热反应过程中缺少搅拌，羧基化碳纳米管会逐渐沉淀到反应釜底部而出现团聚。另外羧基化碳纳米管之间也有部分颗粒以团聚形式存在，这是因为反应过程中缺少搅拌，生成的铂镍纳米晶无法均匀负载于碳纳米管之上。将多元醇法制备所得 PtNi(1∶0.5)/FCNTs-D 样品进行 TEM 表征，结果如图 5-13(b) 所示。从图中可以看出样品分散性较好，羧基化碳纳米管之间没有观察到明显的颗粒团聚，且直径较 PtNi(1∶0.5)/FCNTs-R 更小，这是因为溶剂热法制备过程中加入的 PVP 覆盖于碳纳米管上，所以会展现出更大的直径。

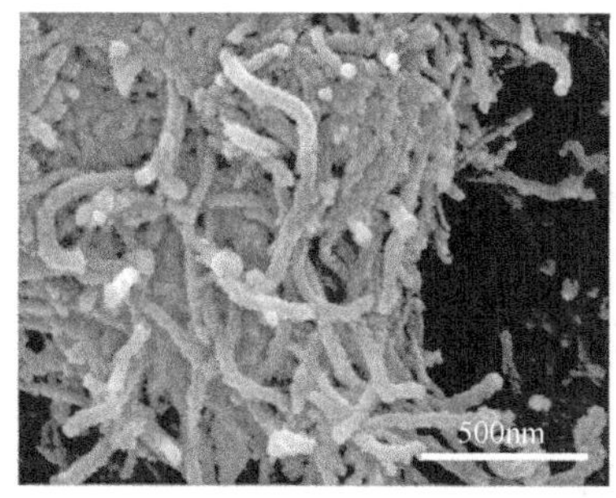

(a) PtNi(1∶0.5)/FCNTs-R催化剂SEM图

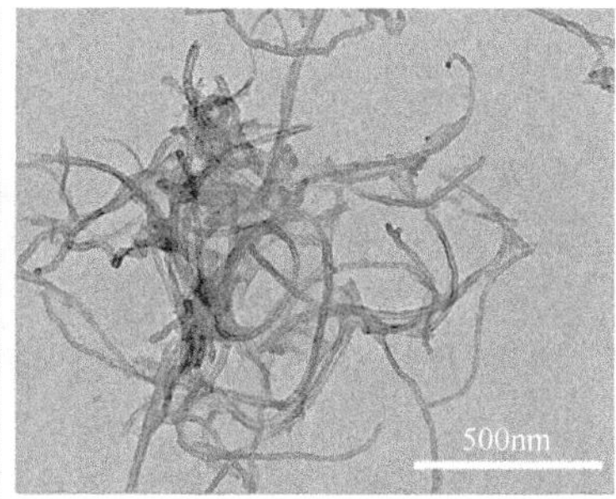

(b) PtNi(1∶0.5)/FCNTs-D催化剂TEM图

图 5-13　PtNi(1∶0.5) FCNTs-R 与 PtNi(1∶0.5)/FCNTs-D 催化剂的 TEM 图

为进一步确定 PtNi(1∶0.5)/FCNTs-R 和 PtNi(1∶0.5)/FCNTs-D 催化剂的物相组成，对样品进行 XRD 表征，结果如图 5-14 所示。可以看出两种方法制备的样品均在 25.6°处出现明显衍射峰，与纯羧基化碳纳米管出峰一致，对应石墨碳的（002）晶面。PtNi(1∶0.5)/FCNTs-D 在 42.8°处出现一个较小峰，与纯羧基化碳纳米管出峰一致，对应石墨碳的（101）晶面。特别地，从 XRD 图中并没有明确发现 PtNi 合金衍射峰。

为进一步表征两种方法制备催化剂的表面基团，对催化剂进行红外表征，结果如图 5-15 所示。可以看出三个样品出峰基本一致，均在 $3419cm^{-1}$ 处出现了明显的—OH 伸缩振动峰，但 PtNi(1∶0.5)/FCNTs-R 在 $1624cm^{-1}$ 和 $1419cm^{-1}$ 处拥有更强的 C═O 和 C—C 伸缩振动峰，这主要归因于羧基化碳纳米管表面存在着一层 PVP。

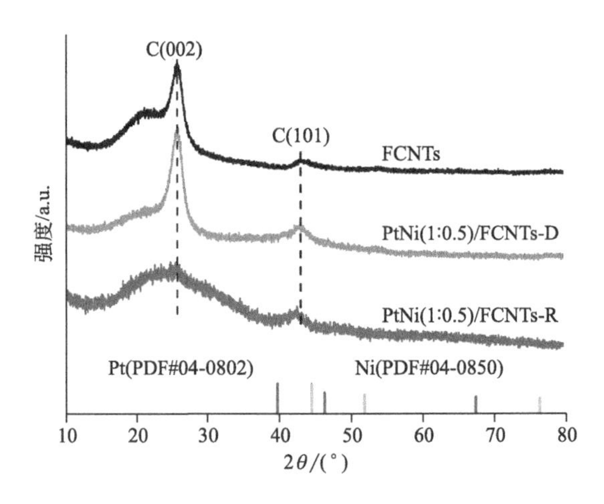

图 5-14 PtNi(1∶0.5)/FCNTs-R 和 PtNi(1∶0.5)/FCNTs-D 催化剂和羧基化碳纳米管的 XRD 谱图

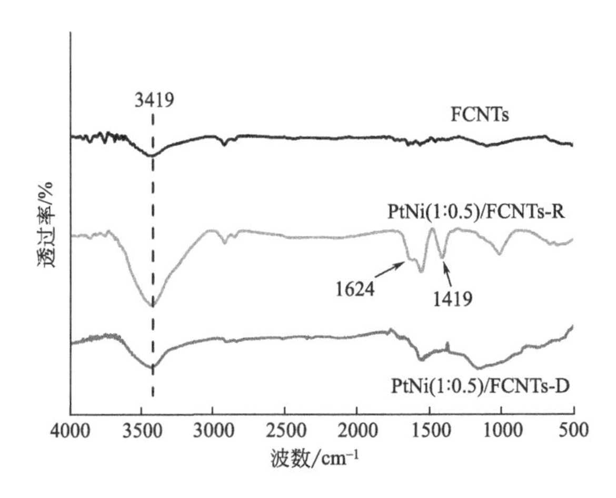

图 5-15 PtNi(1∶0.5)/FCNTs-R 和 PtNi(1∶0.5)/FCNTs-D 催化剂的红外谱图

(2) 溶剂热法和多元醇法制备催化剂性能评价

将两种方法制备的催化剂应用于氨硼烷水解制氢测试，结果如图 5-16 所示。PtNi(1∶0.5)/FCNTs-R 样品反应 12min 即产生 42.77mL 氢气，TOF 值达到 $206min^{-1}$，活性明显高于未负载的铂镍纳米晶催化剂，表明碳纳米管的加入不仅可以加强催化剂的分散性，还可以提升催化剂活性。而 PtNi(1∶0.5)/FCNTs-D 样品表现出比 PtNi(1∶0.5)/FCNTs-R 更优异的催化活性，TOF 值为 $411min^{-1}$，这表明多元醇法制备的催化剂具有更好活性，这可能归因于后者在制备过程中拥有更好的分散条件，使得铂镍纳米颗粒在羧基化碳纳米管上拥有更好的分散性。

5.2.2.3 镍掺杂量对铂基催化剂的影响

多元醇法制备的羧基化碳纳米管负载铂镍催化剂比溶剂热法制备的催化剂分散性更好、活性更高，所以我们选择多元醇法来进一步探究镍掺杂量对铂基催化剂的影响。我们

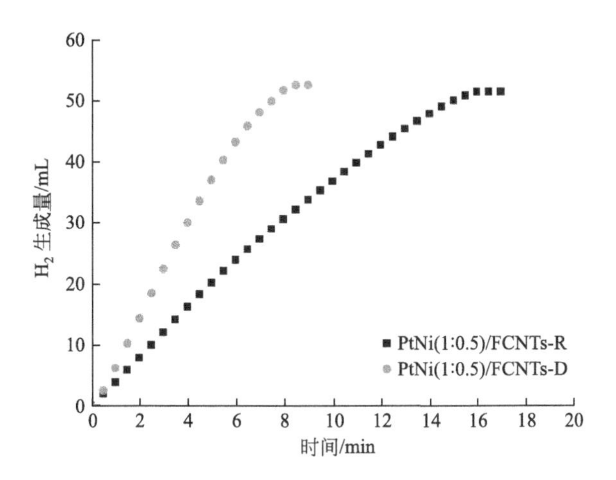

图 5-16　PtNi(1∶0.5)/FCNTs-R 和 PtNi(1∶0.5)/FCNTs-D 催化剂氨硼烷水解制氢性能测试

通过控制镍前驱体盐加入量来控制所合成催化剂中活性中心的铂镍比例，制备了 PtNi(1∶0)/FCNTs-D、PtNi(1∶1)/FCNTs-D、PtNi(1∶2)/FCNTs-D、PtNi(1∶4)/FCNTs-D 四个比例催化剂。

(1) 不同镍掺杂量催化剂表征

对所制备的碳纳米管负载的不同铂镍比催化剂进行 TEM 表征，结果如图 5-17(a)～(d) 所示。在所有样品中，均观察到有明显的纳米颗粒负载于羧基化碳纳米管上，且高度分散未出现团聚，这主要归因于乙二醇溶剂和搅拌操作对羧基化碳纳米管的良好分散作用，防止了局部出现羧基化碳纳米管的聚集，使纳米颗粒可以被均匀地还原于羧基化碳纳米管上。随着前驱体镍盐成倍增加，但羧基化碳纳米管上负载纳米颗粒密度并没有明显改变。PtNi(1∶0)/FCNTs-D 样品颗粒尺寸分布如图 5-17(e) 所示，从图中可以看出铂颗粒尺寸分布极窄，平均粒径仅为 1.35nm，这是由于反应溶液 pH＝11，在碱性条件下乙二醇可以电离出乙醇酸根离子，而溶液中大量存在的乙醇酸根离子将使生成的铂纳米颗粒也带有负电，这阻止了铂纳米颗粒的进一步长大和聚集[7,8]。在保持 Pt 负载量不变的条件下，加入相同 Ni 负载量前驱体盐即得到 PtNi(1∶1)/FCNTs-D 样品，其粒径统计如图 5-17(f) 所示，铂镍颗粒平均粒径为 1.85nm，表明加入镍前驱体盐后，生成的颗粒尺寸明显增大。再进一步增加 Ni 含量，粒径统计如图 5-17(g)、(h) 所示，PtNi(1∶2)/FCNTs-D、PtNi(1∶4)/FCNTs-D 样品中铂镍颗粒平均粒径均为 1.95nm，表明继续增加 Ni 含量，颗粒尺寸变化不大。

为进一步确定催化剂的物相组成，对所制备的不同铂镍比催化剂和纯羧基化碳纳米管进行 XRD 表征，结果如图 5-18 所示，所有样品均在 25.8°和 42.8°处出现了明显衍射峰，对应羧基化碳纳米管的特征衍射峰，分别归属于石墨碳的 (002) 晶面和 (101) 晶面。除这两个峰外，所有负载样品均未出现明显的纯铂相或者纯镍相或者铂镍合金衍射峰，结合 TEM 表征分析可知，这可能是由羧基化碳纳米管上负载颗粒粒径较小或者颗粒为无定形态导致样品不出峰。

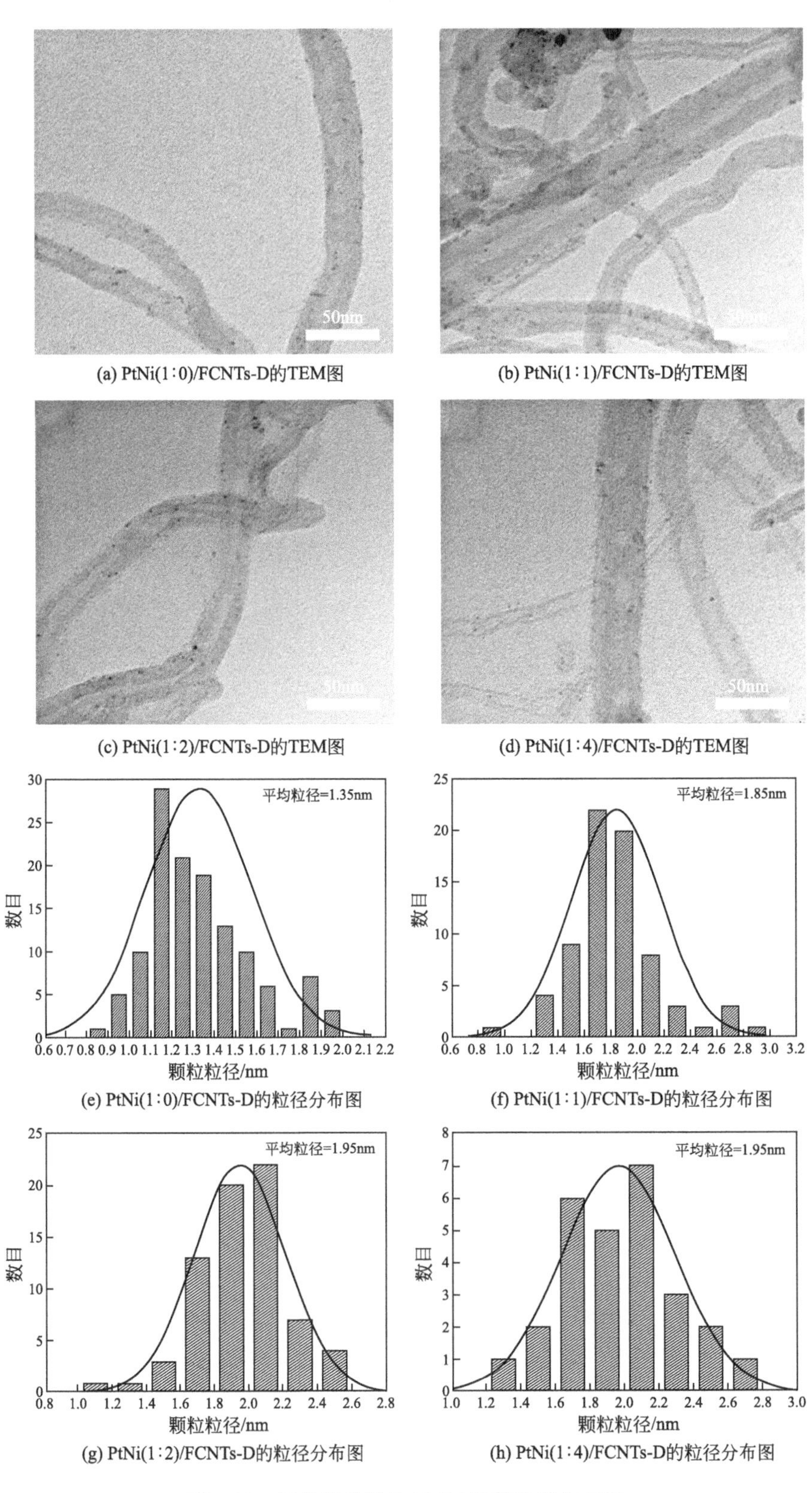

图 5-17　四种催化剂的 TEM 及其粒径分布图

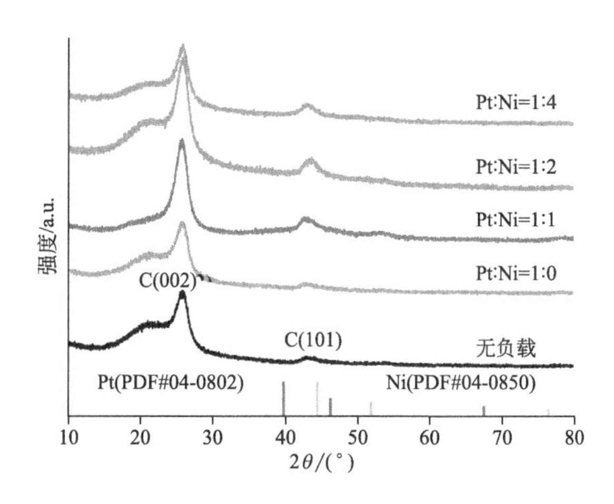

图 5-18 不同铂镍比 PtNi(x ∶ y)/FCNTs-D 催化剂和羧基化碳纳米管的 XRD 谱图

为了进一步分析 Pt 和 Ni 元素在碳纳米管上的物质组成及价态分布，对所制备的不同铂镍比催化剂进行 XPS 表征。XPS 表征总谱如图 5-19(a) 所示，所有样品在 72.0eV、284.5eV、532.16eV 附近出峰，分别对应 Pt 4f、C 1s、O 1s 峰，随着 Ni 的掺杂，样品在 856.54eV 出现了 Ni 2p 峰[9,10]。图 5-19(b) 为不同铂镍比 PtNi(x ∶ y)/FCNTs-D 催化剂 Pt 4f 的高分辨分谱，在结合能为 71.80eV($4f_{7/2}$)、75.15eV($4f_{5/2}$) 附近出峰对应金属铂单质 Pt^0，在结合能为 72.70eV($4f_{7/2}$)、76.30eV($4f_{5/2}$) 附近出峰对应 Pt^{2+}，在 74.90eV($4f_{7/2}$)、78.10eV($4f_{5/2}$) 附近出峰对应 Pt^{4+}，从图中可以看出，随着 Ni 元素的加入，在更低的结合能 69eV 处出现了 Ni 3p 峰，对应 $Ni(OH)_2$ 出峰[11]。Pt 元素在样品中各种价态的分峰数据如表 5-1 所列，从表中可以看出，随着 Ni 元素的加入，Pt^0 的出峰位置开始向更低结合能偏移，这意味着存在从 Ni 向 Pt 原子的电子转移，导致 Pt 元素化学位移负向移动，即 Pt^0 结合能变低，而 PtNi(1 ∶ 2)/FCNTs-D 样品拥有较多的 Ni 含量，所以表现出较低结合能。在所有样品中，可看出 Pt^0 分峰约占总峰的 50%，说明样品中 Pt 元素主要以单质形式存在。图 5-19(c) 为不同铂镍比 PtNi(x ∶ y)/FCNTs-D 催化剂 Ni 2p 的高分辨谱，在结合能为 852.35eV($2p_{3/2}$)、869.75eV($2p_{1/2}$) 附近的微弱出峰对应 Ni^0，在 856.65eV($2p_{3/2}$)、874.85eV($2p_{1/2}$) 附近出峰及卫星峰对应 Ni^{2+}[9]。Ni 元素在样品中各种价态的分峰数据如表 5-1 所列，在所有样品中，可看出 Ni^{2+} 分峰约占总峰的 96%以上，这主要是因为 $NiCl_2$ 和 H_2PtCl_6 在 433K 共热还原过程中，$NiCl_2$ 难以被乙二醇还原成单质镍，仅能生成 $Ni(OH)_2$ 和 NiO，即使生成了少量单质镍，也会由于镍的还原电位低于铂，发生置换反应而被消耗掉，所以 Ni 元素主要以 Ni^{2+} 形式存在[12]。综上所述，XPS 表征表明 PtNi(x ∶ y)/FCNTs-D 样品中主要存在 Pt^0、Pt^{2+}、Pt^{4+} 及 Ni^{2+}，几乎没有 Ni^0 存在。结合 TEM 表征分析，同时加入铂、镍前驱体盐后，碳纳米管上负载的颗粒尺寸比仅加入铂前驱体时更大，这可能是生成的 NiO 和 $Ni(OH)_2$ 增加了纳米颗粒的尺寸。

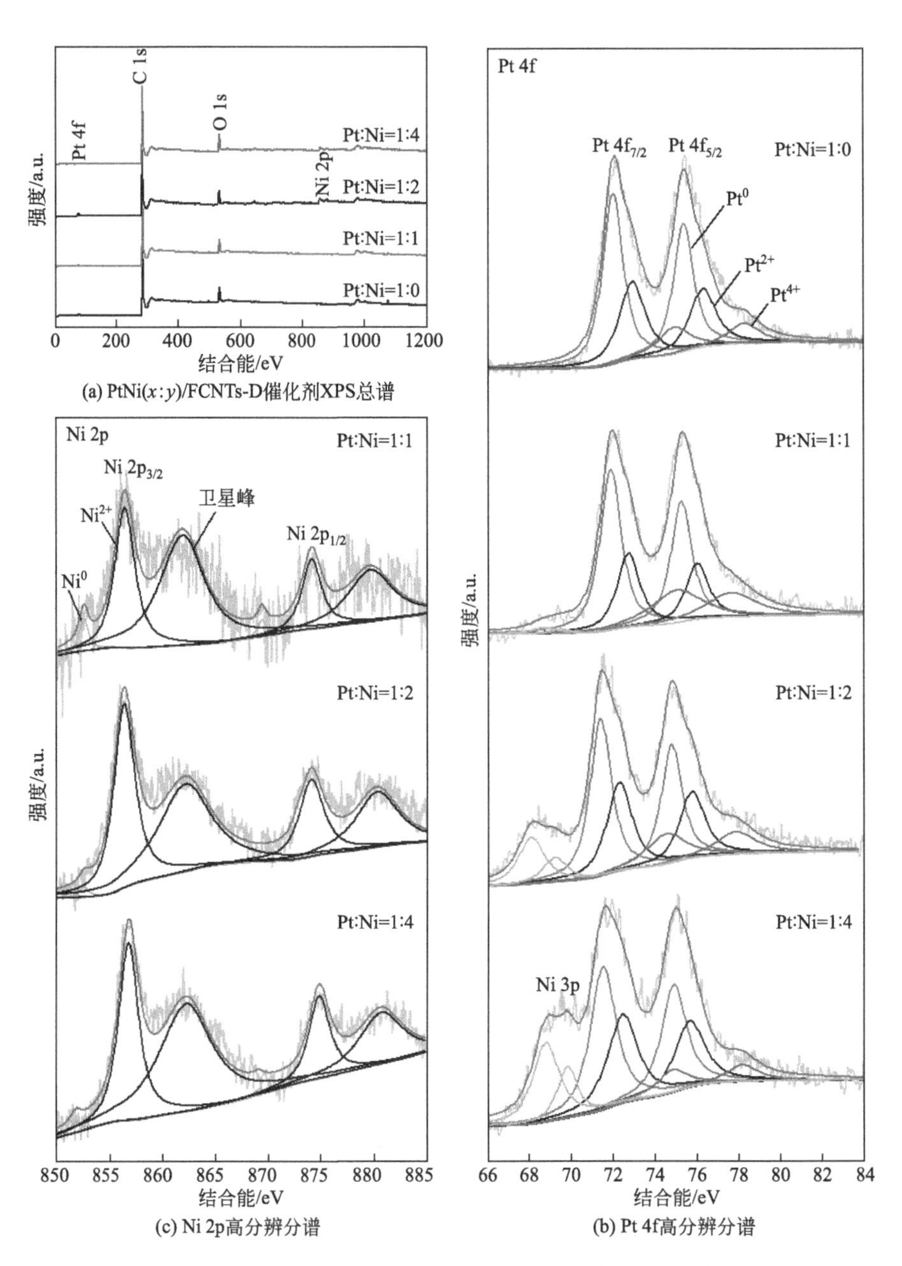

图 5-19 PtNi(x : y)/FCNTs-D 催化剂 XPS 总谱、Pt 4f 高分辨谱和 Ni 2p 高分辨谱（书后另见彩图）

表 5-1 不同铂镍比 PtNi(x : y)/FCNTs-D 催化剂元素不同化学状态组成

催化剂	物种[结合能/eV/分峰占总峰的百分比/%]				
	Pt^0	Pt^{2+}	Pt^{4+}	Ni^0	Ni^{2+}
PtNi(1 : 0)/FCNTs-D	72.01/55	72.93/32	75.10/13	—	—
PtNi(1 : 1)/FCNTs-D	71.89/51	72.73/25	74.99/24	852.64/4	856.65/96
PtNi(1 : 2)/FCNTs-D	71.44/49	72.32/33	74.50/18	852.67/1	856.59/99
PtNi(1 : 4)/FCNTs-D	71.52/52	72.44/38	74.76/10	851.91/1	857.00/99

不同铂镍比 PtNi(x ∶ y)/FCNTs-D 催化剂中 Pt 和 Ni 含量如表 5-2 所列，可知 Pt 含量接近 3%的理论负载量，而 Ni 含量并没有随着前驱体镍盐成比例增加而增加，这与 TEM 表征结果一致，PtNi(1 ∶ 4)/FCNTs-D 样品所负载颗粒尺寸并没有进一步增大。

表 5-2 XPS 分析不同铂镍比 PtNi(x ∶ y)/FCNTs-D 催化剂 Pt 和 Ni 含量

催化剂	元素含量(质量分数)/%	
	Pt	Ni
PtNi(1 ∶ 0)/FCNTs-D	2.92	0.00
PtNi(1 ∶ 1)/FCNTs-D	2.15	1.16
PtNi(1 ∶ 2)/FCNTs-D	2.92	6.63
PtNi(1 ∶ 4)/FCNTs-D	2.10	3.30

(2) 不同镍掺杂量催化剂性能评价

通过对多元醇法制备的不同铂镍比 PtNi(x ∶ y)/FCNTs-D 催化剂进行结构表征分析，证明镍元素成功掺杂，羧基化碳纳米管均匀负载活性纳米颗粒，且铂镍元素并非以合金形式存在。为进一步研究不同镍掺杂量对催化剂活性的影响，对系列催化剂进行氨硼烷水解制氢性能测试。

图 5-20(a) 显示了在 298K 下，不同铂镍比样品在氨硼烷水解制氢中的催化活性。当仅负载铂时，PtNi(1 ∶ 0)/FCNTs-D 样品展现出较好的催化活性，TOF 值达到 $165min^{-1}$，这与之前报道的纯铂催化剂的催化活性相似[13]。当固定铂负载量，加入相同质量分数的 Ni 元素，催化剂 TOF 值急剧增加为 $476min^{-1}$。继续加倍增加镍前驱体盐，样品 PtNi(1 ∶ 2)/FCNTs-D 仅反应 5.5min 即达到终点，TOF 为 $597min^{-1}$。再加倍加入镍前驱体盐，所得 PtNi(1 ∶ 4)/FCNTs-D 样品 TOF 却下降至 $377min^{-1}$。将不同铂镍比样品活性作柱状图，如图 5-20(b) 所示，可以明显发现催化剂活性先上升后下降，其中样品 PtNi(1 ∶ 2)/FCNTs-D 显示出最佳的催化活性。查阅文献可知这种现象可以用 Sabatier 原理解释，Sabatier 原理是非均相催化的一般解释，它指出在合适反应中间体的催化表面上，具有最佳的吸附自由能，从而使催化剂表现出最佳催化活性[14,15]。如果中间体的结合力太弱，那么在催化剂表面则很难活化底物，但是如果它们的结合力太强，底物将占据所有可反应的表面位点并毒化催化剂[16]。因此 Pt 与 Ni 之间存在最佳比例，以显示最高的催化活性，经过探究发现最佳组成为 PtNi(1 ∶ 2)/FCNTs-D。

由 TEM 和 XPS 表征结果可知，PtNi(x ∶ y)/FCNTs-D 样品中 Pt 元素主要以 Pt^0 形式存在，而 Ni 元素则主要以 Ni^{2+} 形式存在于羧基化碳纳米管表面。当镍前驱体加入量增加至 Pt ∶ Ni=1 ∶ 2 时，导致生成的 Pt^0 向更低结合能处偏移，此时催化剂活性较高。但是当镍前驱体加入量进一步增加至 Pt ∶ Ni=1 ∶ 4 时，Pt^0 的结合能反而开始升高，催化活性又出现下降。这表明 Pt^0 结合能越低，催化活性越高，催化剂此时具有最佳吸附自由能。

为了探究温度对最佳活性催化剂 PtNi(1 ∶ 2)/FCNTs-D 催化氨硼烷水解制氢反应的影响，进行了 298K、303K、308K、313K 四个温度下氨硼烷水解制氢测试，结果如图 5-21(a) 所示，可以看出随着温度的升高，催化剂活性逐渐增强。由不同温度下氨硼烷水解制

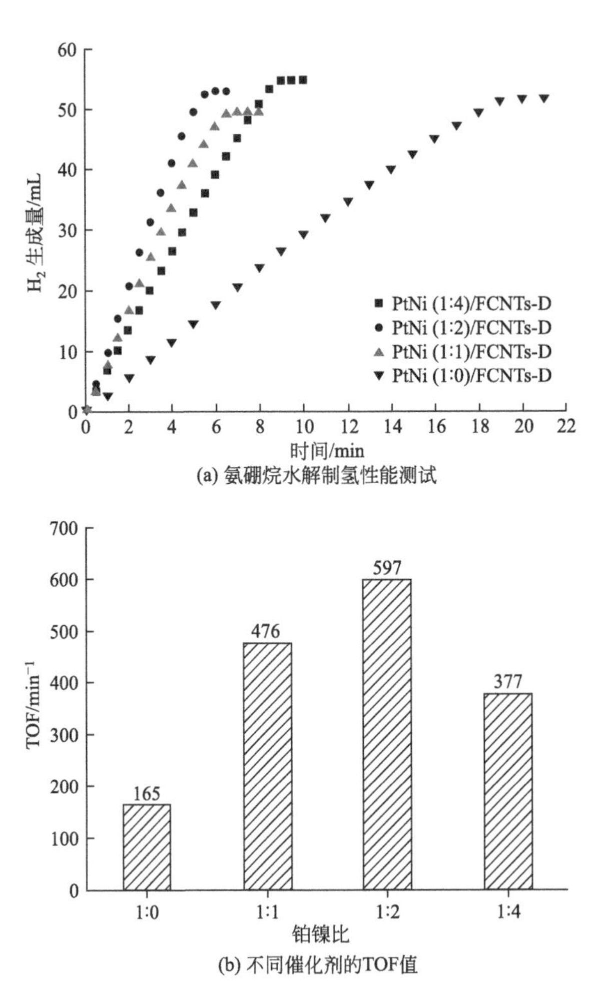

图 5-20　不同铂镍比 PtNi(x ∶ y)/FCNTs-D 催化剂氨硼烷水解制氢性能测试和 TOF 值

氢测试曲线可得到氢气产生速率 k 值，以 ln$k$ 为纵坐标，T^{-1} 为横坐标，作出 Arrhenius 图（ln$k$-T^{-1}），如图 5-21(b) 所示，通过线性拟合可得直线方程，见式(5-6)。

$$\ln k=\frac{-3829.01}{T}+15.28 \tag{5-6}$$

代入 Arrhenius 公式计算得到 E_a=32kJ/mol。

图 5-22 展示了最佳活性催化剂 PtNi(1∶2)/FCNTs-D 的氨硼烷水解制氢重复性测试，从图中可以看出，随着测试循环次数增加，催化剂活性逐渐降低。从图 5-22 中的 TOF 值表可以直观地看出，当进行第 2 次重复性测试时催化活性即出现明显下降，TOF 值为 372min^{-1}，约为初始活性的 62%，这可能是回收清洗催化剂的过程中造成了催化剂上活性中心的脱落，从而导致活性下降。当反应 5 次后 TOF 值为 287min^{-1}，约为初始活性的 48%，仍高于纯铂催化剂 PtNi(1∶0)/FCNTs-D 的活性。

为进一步探究 PtNi(1∶2)/FCNTs-D 催化剂重复使用活性下降的原因，对经历 5 次重复性循环测试后催化剂进行 TEM 表征，结果如图 5-23 所示。从图中可以看出羧基化

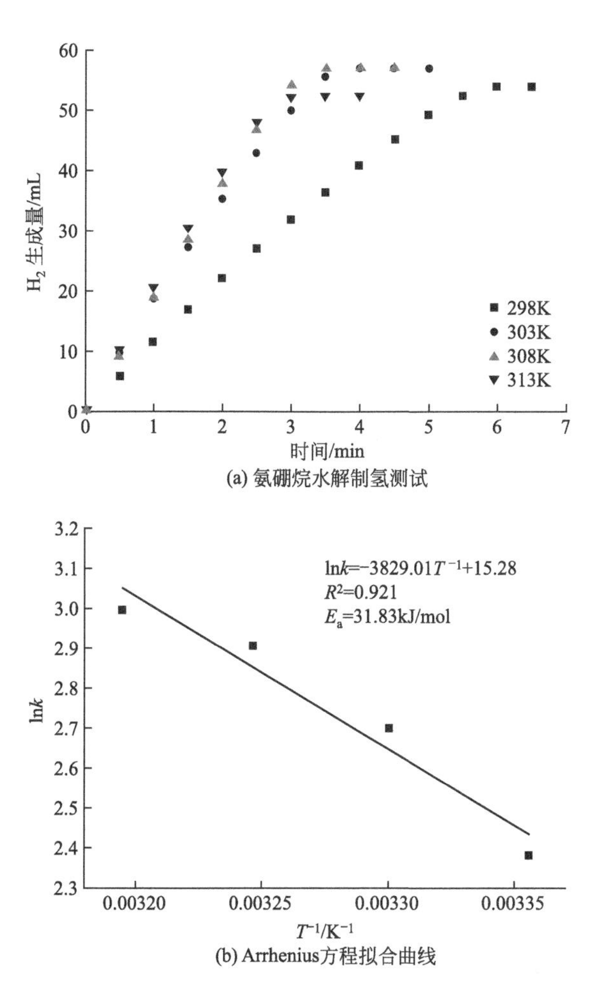

图 5-21 不同温度下 PtNi(1∶2)/FCNTs-D 催化剂氨硼烷水解制氢测试及相应的 Arrhenius 方程拟合曲线

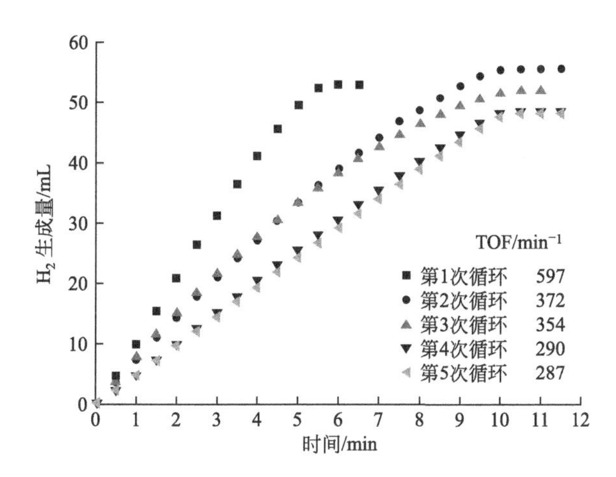

图 5-22 PtNi(1∶2)/FCNTs-D 催化剂氨硼烷水解制氢重复性测试

碳纳米管互相交织在一起出现了明显团聚，这是由于碳纳米管独特的一维线性结构在重复使用过程中会互相缠绕从而导致催化剂团聚，另外碳纳米管之间也出现了可能是清洗过程中纳米颗粒脱落造成的团聚阴影。

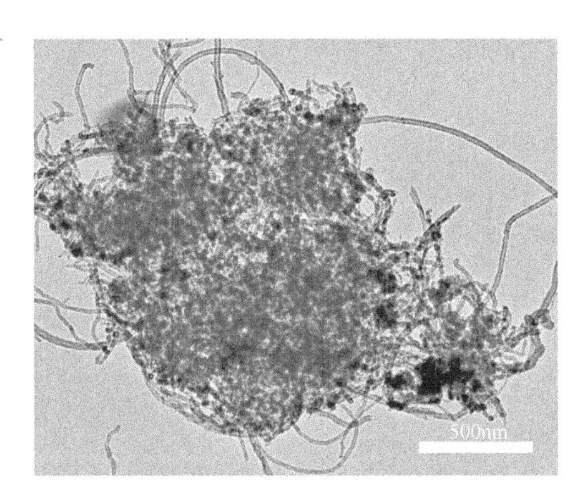

图 5-23　PtNi(1∶2)/FCNTs-D 进行氨硼烷水解制氢测试后 TEM 图

图 5-24 展示了最佳活性催化剂 PtNi(1∶2)/FCNTs-D 的氨硼烷水解制氢耐受性测试，从图中可以看出，随着测试循环次数增加，催化剂活性逐渐降低。从图 5-24 中的 TOF 值表可以直观地看出，当进行第 2 次反应时催化剂活性基本保持不变，但在第 3 次反应时催化剂活性出现小幅下降，TOF 值为 457min^{-1}，下降为初始活性的 77%。这可能是由于前两次反应留下的副产物 BO_2^- 等的逐渐积累，对催化剂产生毒害作用，造成催化剂活性下降。反应 5 次后 TOF 值下降至 304min^{-1}，为初始活性的 51%。

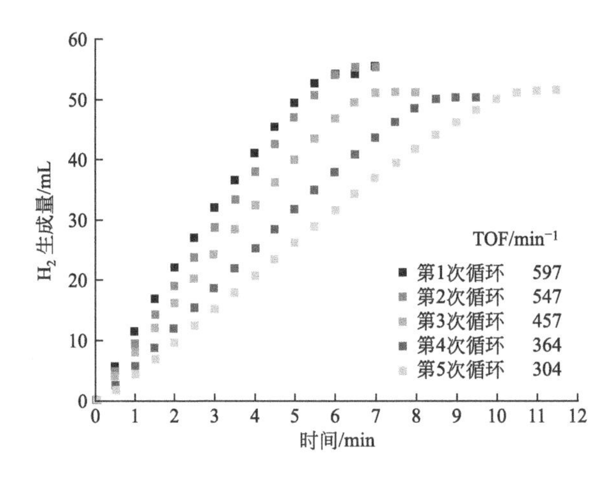

图 5-24　PtNi(1∶2)/FCNTs-D 催化剂氨硼烷水解制氢耐受性测试

为进一步探究 PtNi(1∶2)/FCNTs-D 催化剂进行氨硼烷水解反应后活性下降的原因，对反应前后催化剂进行红外表征，结果如图 5-25 所示。可以看出使用过的催化剂出现了许多新特征峰，其中在 3200～3400cm^{-1} 处出峰归属于 O—H 键伸缩振动峰，在 1450cm^{-1} 附近出峰归属于 B—O 键伸缩振动峰，在 780cm^{-1} 附近出峰归属于 B—O 键弯曲振动峰[16]。这些出峰归属于氨硼烷水解反应所产生的 BO_2^- 等副产物，同时表明这些反应副产物会吸附于催化剂上，从而占据催化剂上可参与反应的活性位点，导致催化剂活性下降。

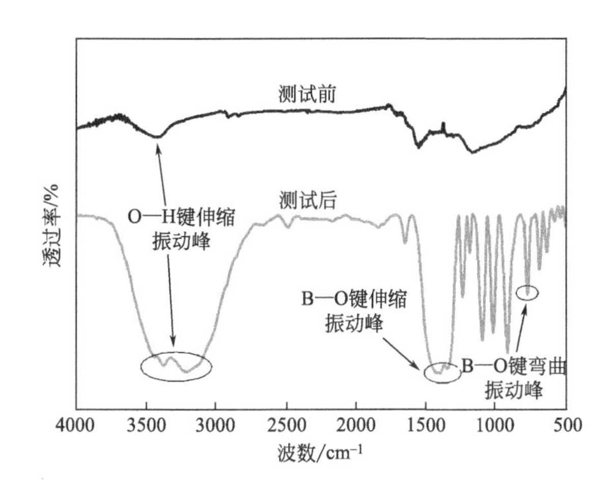

图 5-25　PtNi(1∶2)/FCNTs-D 催化剂进行氨硼烷水解制氢测试前后红外谱图对比

5.2.3　碳限域铂基催化剂

上一节使用多元醇法制备了羧基化碳纳米管负载的铂基催化剂，探究了不同镍掺杂量对铂基催化剂催化氨硼烷水解制氢性能的影响，发现 PtNi(1∶2)/FCNTs-D 催化剂表现出最佳活性，但催化剂在 5 次重复使用循环后活性出现了明显下降，通过 TEM 表征发现使用后催化剂出现了明显团聚，同时清洗过程也可能使所负载的纳米颗粒出现脱落，这些都将导致活性中心分散性降低进而影响催化性能。

最近，已有相关文献[17] 报道使用双溶剂法将金属纳米颗粒限域在 MOF 材料的孔道内，以提升催化剂活性和稳定性。双溶剂法其本质也是浸渍法的一种，为等体积浸渍法，但双溶剂法能够将活性中心均匀分散于载体内部，减少活性中心的损失。其原理是利用了多孔材料内孔道的亲水性，通过毛细现象将前驱体盐的水溶液吸收进去，再一次性使用过量强还原剂将孔道内的盐溶液还原为金属单质颗粒，将其限域在孔道内。该方法制备的催化剂纳米颗粒不仅具有小尺寸和良好的分散性，而且由于限域效应的影响，催化剂活性和稳定性往往都有极大提升。如 Liu 等[18] 使用双溶剂法将金属纳米颗粒限域于 MIL-101 的孔道内，得益于 MIL-101 较小的内孔道，所负载的 Au、Ag、Pd 和 AuPd 活性中心高度分散，粒径分别为 2.9nm±0.7nm、1.9nm±0.6nm、2.1nm±0.6nm 和 2.8nm±0.7nm。将催化剂用于对硝基苯酚还原性能评价，其活性是常规浸渍法制备的 Pd 和 AuPd 催化剂的 9.6 倍和 8.3 倍，在 3 次循环后双溶剂法制备的催化剂的结构和活性仍然没有明显变化。

上一节中使用碳纳米管作载体时催化剂表现出优异的催化活性，这与碳材料出色的导电性是密不可分的。若能使用双溶剂法将金属纳米颗粒限域于碳材料孔道内，在提高催化剂活性的同时，还能依靠限域作用增强活性中心的分散性以及催化剂的稳定性。酚醛树脂作为三大热固性树脂之一被广泛使用，具有原料易得、价格低廉、碳化温度较低、残碳率高等优点，且合成的酚醛树脂内孔道具有良好的亲水性。可将酚醛树脂作为限域载体，通过双溶剂法将铂盐溶液限域于内孔道，再通过高温碳化，在得到碳球的同时将铂盐还原为金属单质，从而制得碳限域铂基催化剂。

所以本节通过合成的热固性酚醛树脂球作为碳源，利用酚醛树脂球内部丰富的孔道结构以及良好的亲水性，使用双溶剂法将铂盐溶液限域于酚醛树脂球内，再通过在惰性气氛下高温焙烧，一步制备出碳限域的铂基催化剂。通过氨硼烷水解制氢重复性测试研究了催化剂可重复使用性。并制备出碳球外负载铂基催化剂，通过氨硼烷水解制氢测试研究限域效应对催化剂性能的影响。

5.2.3.1 碳限域铂基催化剂的制备

酚醛树脂球的制备：由一种经典合成方法制备酚醛树脂球，将 0.1mL 氨水溶液与 30mL 去离子水混合均匀后，加入 0.1g 的 3-氨基苯酚，并在 303K 下持续搅拌 30min。然后将 0.14mL 甲醛溶液添加到反应溶液中，并在 303K 下搅拌 4h。待反应结束后加水离心洗涤，经过 338K 真空干燥过夜得到酚醛树脂球，记作 RNS[19]。

碳限域铂基催化剂的制备：碳限域铂基催化剂制备过程如图 5-26 所示，称取 100mg 酚醛树脂球于 30mL 正己烷中，超声分散 30min 再磁力搅拌 10min 后，滴加 50μL 含有 4mg $H_2PtCl_6 \cdot 6H_2O$ 的水溶液，搅拌 4h 后将粉末离心分离。在不同条件下干燥后将样品转移至管式炉中进行碳化还原，以 2K/min(2℃/min) 的升温速率从室温升温至 873K，恒温 3h 反应结束后自然冷却至室温，整个碳化过程均在氩气保护下进行。根据上一步不同的干燥条件对样品进行命名，其中在 338K 下常压干燥 4h 后碳化样品记作 Pt@CRNS-1；在真空度 0.06MPa、338K 下真空干燥 8h 后碳化样品记作 Pt@CRNS-2；在真空度 0.06MPa、358K 下真空干燥 16h 后碳化样品记作 Pt@CRNS-3。

碳球外负载铂基催化剂的制备：称取一定量酚醛树脂球置于管式炉中，以 2K/min 的

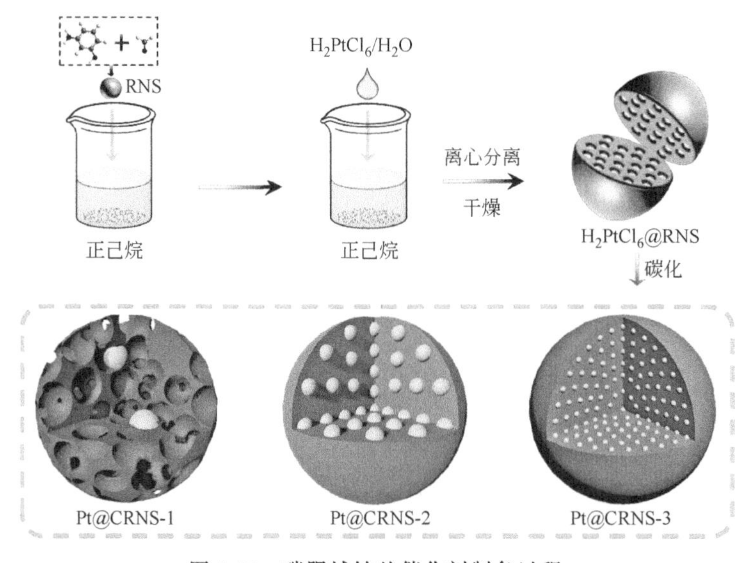

图 5-26 碳限域铂基催化剂制备过程

升温速率从室温升温至 873K，恒温 3h 反应结束后自然冷却，将制得的碳球命名为 CRNS，整个碳化过程均在氩气保护下进行。称量 100mg 制得的碳球超声分散于 30mL 乙二醇中，在搅拌条件下滴加溶有 8mg $H_2PtCl_6 \cdot 6H_2O$ 的 20mL 乙二醇溶液，滴加完毕超声 30min，搅拌过夜。之后将上述溶液转移至 100mL 烧瓶中，用 2mol/L 氢氧化钠的乙二醇溶液调节 pH 值至 11，再加热至 433K 还原 4h，待反应结束降至室温后加入丙酮沉淀，经离心分离得到固体样品，用丙酮和乙醇的混合溶剂洗涤 3 次后，在 338K 下真空干燥过夜得到样品，命名为 Pt/CRNS。

5.2.3.2 碳限域铂基催化剂表征及性能评价

(1) 酚醛树脂球形貌及热重分析

3-氨基苯酚与甲醛在碱性条件下进行脱水缩合制得热固性酚醛树脂球，经洗涤干燥后为黄色粉末，如图 5-27(a) 所示。对所制备的酚醛树脂球进行 SEM 表征，结果如图 5-27(b) 所示，可以看出所制备的酚醛树脂球形貌均一、分散均匀，球与球之间界限分明，表面光滑无杂质。对酚醛树脂球进行尺寸统计，结果如图 5-27(c) 所示，酚醛树脂球尺寸分布较窄，平均直径为 238nm。

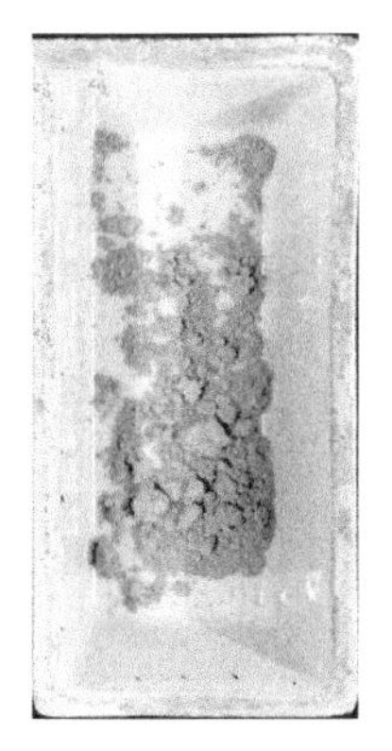

(a) 酚醛树脂球样品图

(b) 酚醛树脂球的SEM图

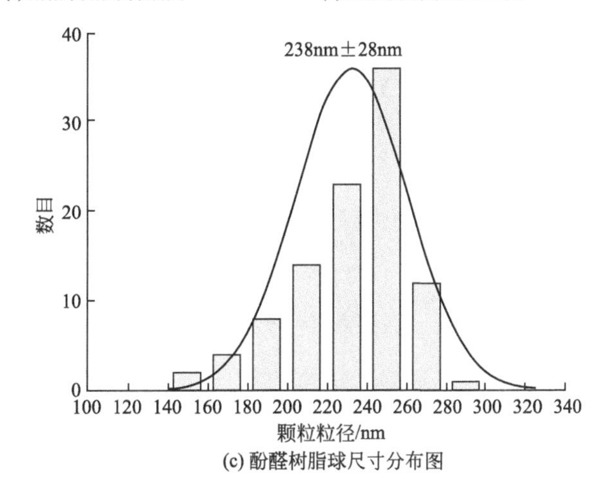

(c) 酚醛树脂球尺寸分布图

图 5-27 酚醛树脂球样品图、SEM 图及尺寸分布图

将酚醛树脂球经碳化所得碳球进行 TEM 表征，结果如图 5-28 所示，可以看出经过高温碳化后球形貌保持完整且没有坍塌变形，球与球之间界限分明，表面光滑无缺陷，对图中碳球进行尺寸统计，结果表明碳球尺寸分布较窄，碳化后球直径收缩至 200nm 左右，内部未观察到明显孔道。

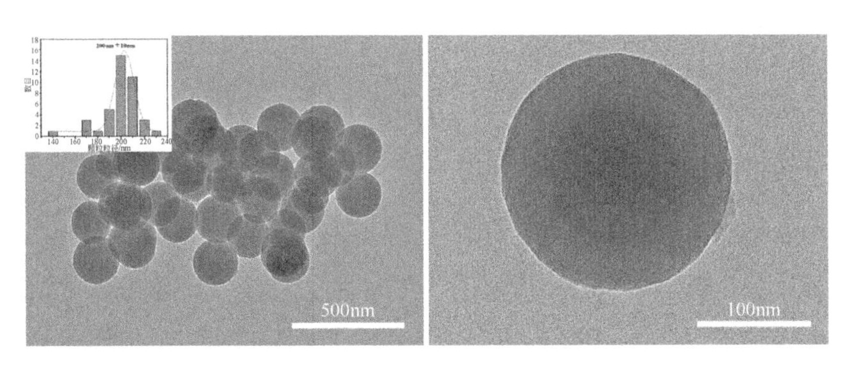

图 5-28　CRNS 的 TEM 图及尺寸统计

为研究酚醛树脂球的碳化过程，对其进行热重分析，结果如图 5-29 所示。可以看出失重过程分为 4 个阶段：第 1 阶段为室温至 393K，失重约 6%，为表面吸附水的脱附；第 2 阶段为 393～513K，失重约 5%，主要为酚醛树脂球内部孔道的水及自身结合水的脱出；第 3 阶段为 513～713K，酚醛树脂发生裂解反应和解聚反应，失重约 16%，产物包括烷基酚、水、一氧化碳和甲烷等；第 4 阶段为 713～873K，发生酚醛树脂脱氢、成环反应，失重约 10%，包括氢气、水和甲烷[20]。酚醛树脂在 873K 下恒温 60min 处于恒速失重阶段，该阶段失重约 9%，最终质量为初始质量的 54%。

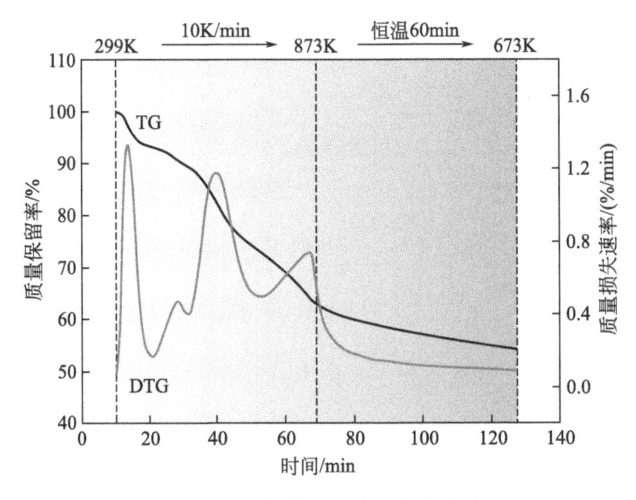

图 5-29　酚醛树脂球热失重曲线

(2) 干燥条件对催化剂形貌及结构的影响

本节所制备酚醛树脂为热固性树脂，当酚醛树脂球吸收铂盐溶液后，由于酚醛树脂球具有固化性质，可通过不同的干燥条件来控制酚醛树脂球的固化程度，这将极大地影响高温碳化阶段所制备催化剂的形貌。

对所制备的碳限域铂基催化剂进行 TEM 表征，结果如图 5-30 所示。由图 5-30(a)、(d) 的 Pt@CRNS-1 样品 TEM 图可知，碳球形貌保持完整，尺寸收缩至约 206nm，出现了明显的孔道结构，其中铂颗粒尺寸在 25nm 左右，约等于孔道直径。结合酚醛树脂固化性质及热重分析，推测这是由于酚醛树脂球吸收铂盐溶液后，经过低温常压干燥酚醛树脂球内部水分虽然减少，但酚醛树脂球并未完全固化。当进行高温碳化时，随着温度升高至 393K 以上，未固化的酚醛树脂球内部逐渐变为半熔融状态，而同时铂盐伴随着水分的流失逐渐析出为更大的盐颗粒，并以固体形式在半熔融酚醛树脂球内部游动。随着温度进一步升高，以及加热时间的延长，酚醛树脂球逐渐固化，大颗粒铂盐被限域在内部不再活动，其之前移动的路径已变为固定孔道。当温度升高至 513K 以上时，酚醛树脂开始分解碳化并产生氢气等气体，使铂盐逐渐被还原为铂单质，最终制备出碳限域的铂基催化剂。由图 5-30(b)、(e) 的 Pt@CRNS-2 样品 TEM 图可知，碳球形貌保持完整，尺寸收缩至约 197nm，负载铂颗粒尺寸在 8nm 左右，内部保留多孔结构但已无铂颗粒移动后的明显

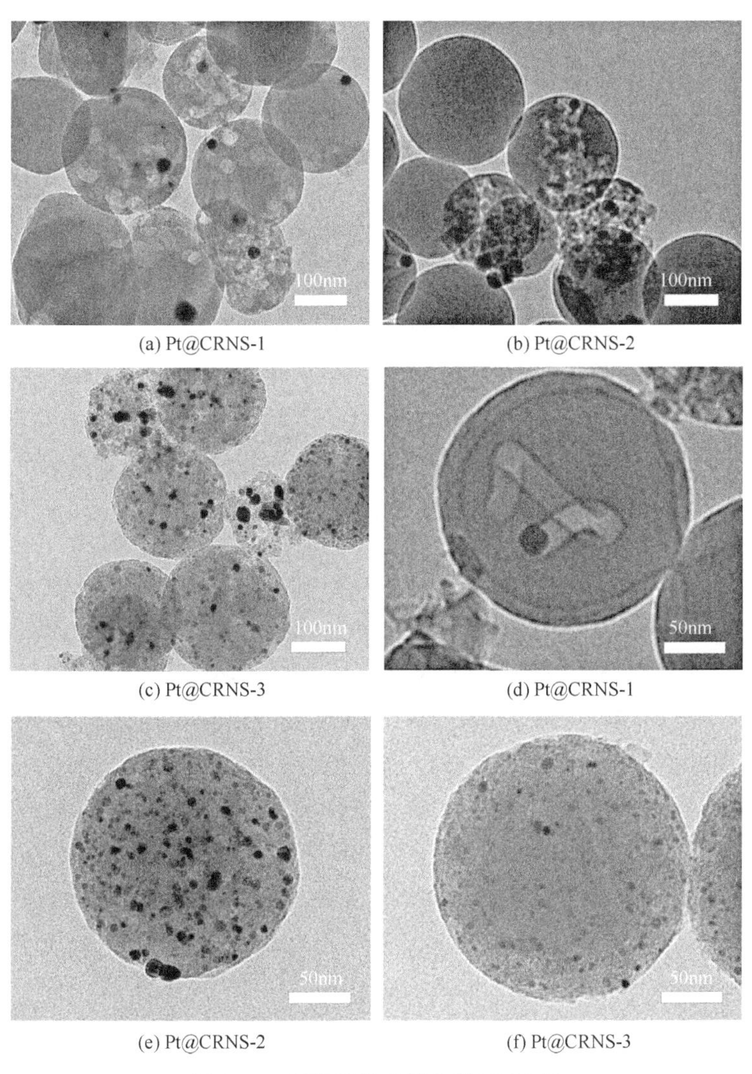

(a) Pt@CRNS-1　(b) Pt@CRNS-2

(c) Pt@CRNS-3　(d) Pt@CRNS-1

(e) Pt@CRNS-2　(f) Pt@CRNS-3

图 5-30　碳限域铂基催化剂 TEM 图

孔道。这是因为吸收铂盐溶液的酚醛树脂球经过更高条件干燥后，其固化程度相对较高，此时酚醛树脂球内部已经比较坚固，铂盐颗粒被限域而不能完全自由移动。由图5-30(c)、(f)的Pt@CRNS-3样品TEM图可知，碳球形貌保持完整，尺寸收缩至约196nm，负载铂颗粒尺寸为5nm左右，内部有多孔结构。在制备此样品的干燥条件下酚醛树脂球固化程度最高，此时铂盐小颗粒已经被固化的酚醛树脂球良好限域，无法再进行移动。得益于酚醛树脂球良好的限域作用，被还原的铂纳米颗粒保持着较小的尺寸，均匀地分散在碳球内部。

对所制备的碳球（CRNS）和碳限域铂基催化剂进行XRD表征，结果如图5-31所示。可以看出碳球样品并未出现明显的石墨碳衍射峰，仅在22°、43.9°处分别出现一个宽峰，对应为无定形碳峰。三个碳限域铂基催化剂样品均在39.8°、46.2°和67.5°处出现明显衍射峰，对应面心立方晶体Pt(JCPD#04-0802)的（111)、(200）和（220）晶面，表明单质铂成功负载于载体上，且三个样品的出峰都非常尖锐，表明样品结晶度高，晶粒尺寸较大。

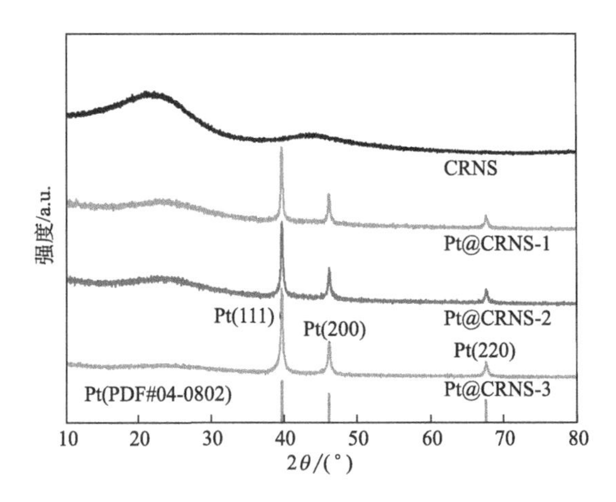

图5-31　碳限域铂基催化剂XRD图

综合上述表征可知，Pt@CRNS-3干燥温度最高、时间最长，碳球限域的铂颗粒尺寸也最小，分散也更均匀。为进一步分析Pt@CRNS-3催化剂组成及Pt元素化学状态，对所制备的Pt@CRNS-3催化剂进行XPS表征，XPS总谱如图5-32(a）所示，可以看出样品在72.20eV、284.50eV、398.87eV、532.51eV附近出峰，分别对应Pt 4f、C 1s、N 1s、O 1s峰。图5-32(a）中表格为XPS元素分析各种元素在催化剂中所占比例，Pt元素占比为15.49%，远高于3%的理论负载量，这是因为XPS表征仅能探测样品表面一定厚度内的元素浓度，而碳球直径达到196nm，在碳球表面可能存在更高浓度的铂含量导致表征结果偏高。图5-32(b）为Pt@CRNS-3催化剂Pt 4f的高分辨分谱，在结合能为71.35eV($4f_{7/2}$)、74.70eV($4f_{5/2}$）附近出峰对应金属铂单质Pt^0，占Pt元素总量的26%。在结合能为72.40eV($4f_{7/2}$)、75.67eV($4f_{5/2}$）附近出峰对应Pt^{2+}，占Pt元素总量的60%。在73.90eV($4f_{7/2}$)、76.85eV($4f_{5/2}$）附近出峰对应Pt^{4+}，占Pt元素总量的14%。这表明催化剂中单质Pt已部分氧化，导致Pt^0占比下降。

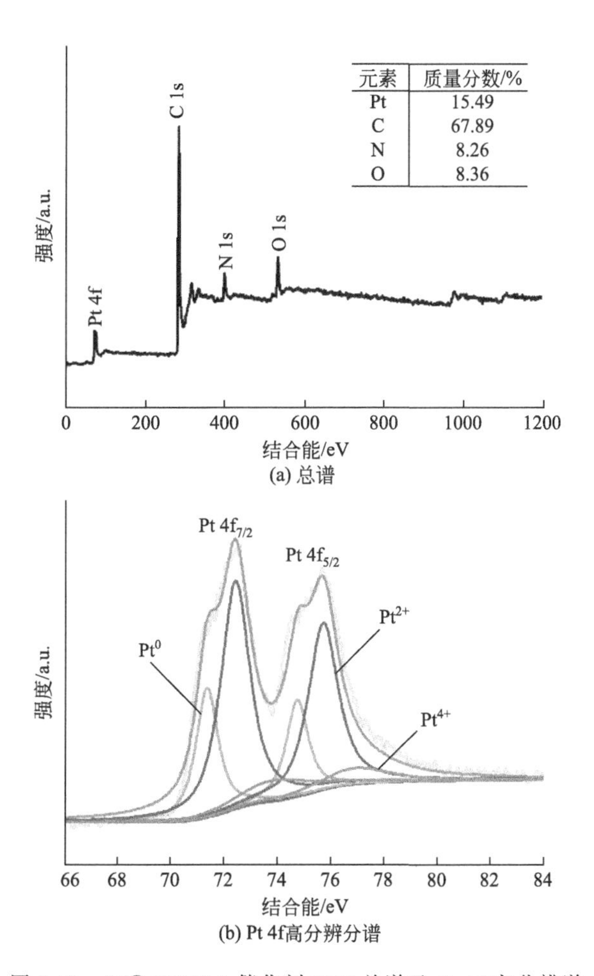

图 5-32 Pt@CRNS-3 催化剂 XPS 总谱及 Pt 4f 高分辨谱

Pt@CRNS-3 催化剂拉曼光谱如图 5-33 所示，在 1364cm^{-1} 和 1579cm^{-1} 处出现了两个明显峰，分别对应 D 峰（无定形碳峰）和 G 峰（石墨化碳峰）。这两个峰的相对强度之比（I_G/I_D）可以代表样品的石墨化程度。Pt@CRNS-3 的 $I_G/I_D=1.05$，这表明

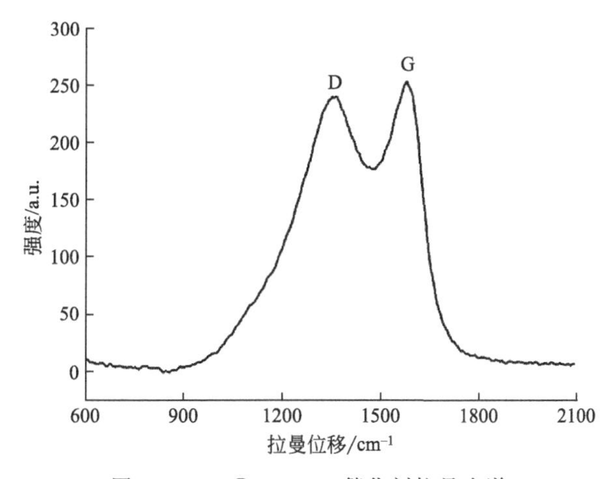

图 5-33 Pt@CRNS-3 催化剂拉曼光谱

样品的石墨化程度较碳纳米管更低，主要以无定形碳形式存在，这与 XRD 表征结果相符[21]。

图 5-34 为酚醛树脂球和 Pt@CRNS-3 催化剂的红外表征图，从图中可以看出在碳化前酚醛树脂球具有更多的特征峰，如 838cm^{-1}、1184cm^{-1} 和 1511cm^{-1} 处出峰分别对应 C—H 键的面外弯曲振动峰、C—O—C 键的伸缩振动峰和苯环上 C═C 键的伸缩振动峰。在 1621cm^{-1} 处出峰为 N—H 键的面内弯曲振动峰，2851cm^{-1} 和 2925cm^{-1} 处出峰对应—CH_2—上 C—H 键的伸缩振动峰，3361cm^{-1} 处出峰对应羟基的伸缩振动峰。从 Pt@CRNS-3 的红外表征图可以看出，由于碳化过程中酚醛树脂球发生了裂解和解聚反应，导致大多数峰都消失了，例如—CH_2—、—OH 和—NH—，但在 1593cm^{-1} 处仍保留有一个较宽峰，表明样品中仍然有许多芳香环存在，但缺少羟基[22]。

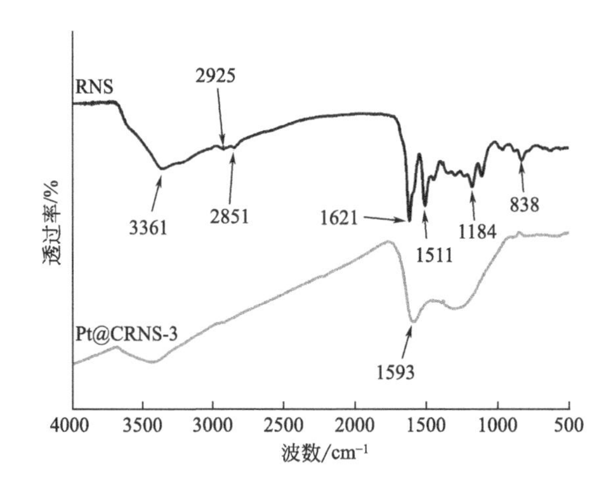

图 5-34　RNS 和 Pt@CRNS-3 催化剂红外谱图

(3) 碳限域铂基催化剂性能评价

对所制备的碳限域铂基催化剂进行氨硼烷水解制氢性能测试，结果如图 5-35 所示。可以看出 Pt@CRNS-3 催化剂 30min 后最先结束反应，表现出最佳的催化活性，TOF 为 107min^{-1}，其次是 Pt@CRNS-2 的 TOF 为 95min^{-1}，而 Pt@CRNS-1 催化活性最差，TOF 仅为 62min^{-1}，这归因于 Pt@CRNS-3 在碳限域条件下拥有较小的铂颗粒尺寸和良好的分散性。但与第 3 章中 PtNi(1∶0)/FCNTs-D 催化剂相比活性更低，这可能是因为酚醛树脂球碳化后石墨化程度不高，电子传导能力变差，另外煅烧还原过程使铂颗粒尺寸变大，导致活性更低。

图 5-36 展示了最佳活性催化剂 Pt@CRNS-3 的氨硼烷水解制氢重复性测试，从图中可以看出，随着测试循环次数增加，催化剂活性逐渐降低。图中 TOF 表可以直观地看出反应 3 次后 TOF 并没有明显下降，仍然保持着 101min^{-1}。但在第 4 次循环时，催化剂活性出现下降，并在第 5 次循环后下降至 84min^{-1}，为初始活性的 79%。与第 3 章中碳纳米管负载铂基催化剂相比，Pt@CRNS-3 展现出更好的可重复使用性。

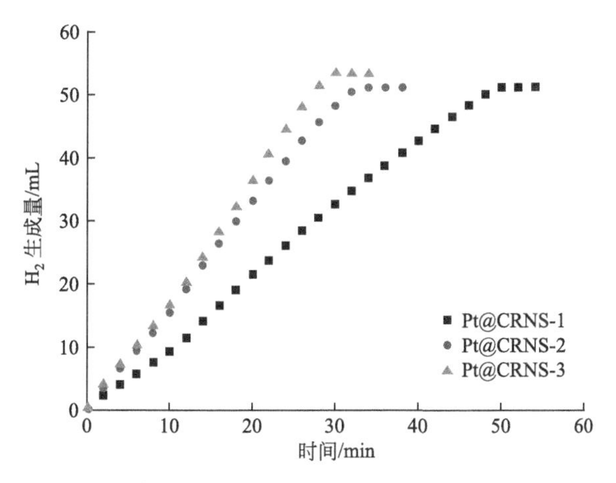

图 5-35 碳限域铂基催化剂氨硼烷水解制氢性能测试

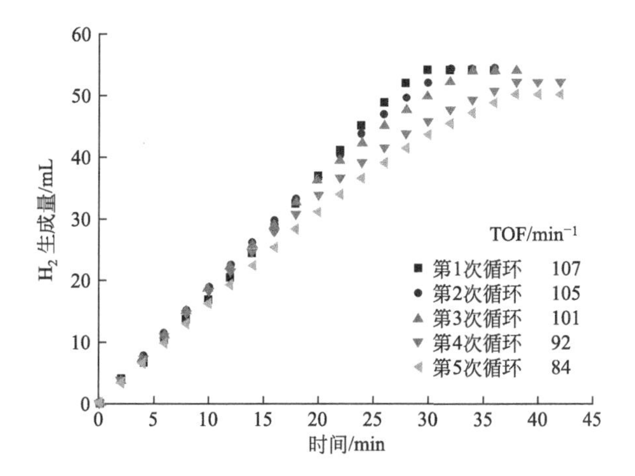

图 5-36 Pt@CRNS-3 催化剂氨硼烷水解制氢重复性测试曲线

5.2.3.3 碳球内限域与外负载催化剂比较

为进一步探究限域效应与高温碳化还原对催化剂活性的影响，笔者采用相同碳化条件制备的碳球作载体，使用多元醇法制备了碳球外负载的铂基催化剂，并进行了结构表征和性能测试。

对所制备的碳球外负载铂基催化剂进行 TEM 表征，结果如图 5-37 所示。可以看出碳球之间界限分明、分散均匀，碳球表面有明显的纳米颗粒存在，但是所负载的纳米颗粒大小并不均一，尺寸在 5～35nm 之间。

对所制备的碳球外负载铂基催化剂进行 XRD 表征，结果如图 5-38(a) 所示。可以看出样品在 22°处出现一个较大的鼓包峰，对应无定形碳峰。在 39.8°、46.2°和 67.5°处出现明显衍射峰，对应面心立方晶体 Pt(JCPD＃04-0802) 的 (111)、(200) 和 (220) 晶面，表明铂成功负载于载体上。与碳限域催化剂相比，多元醇法制备的外负载催化剂出峰更宽，表明所负载铂颗粒粒径更小，这与 TEM 表征结果相符。

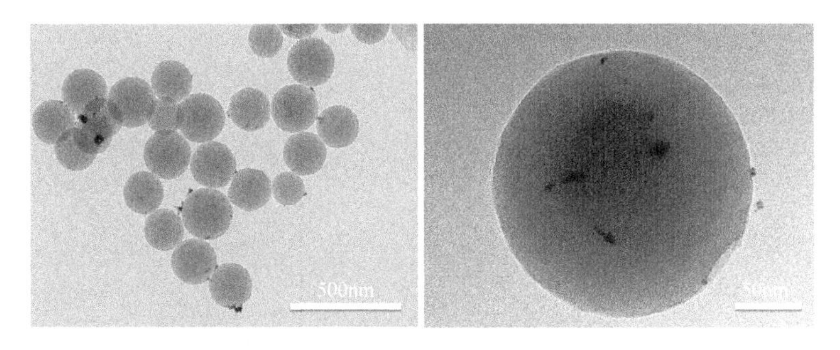

图 5-37 碳球外负载铂基催化剂 TEM 图

对所制备的碳球外负载铂基催化剂进行红外表征，结果如图 5-38(b) 所示。从图中可以看出样品出峰与 Pt@CRNS-3 一致，在 $1586cm^{-1}$ 处出峰对应苯环上 C ═C 键的伸缩振动峰，并无其他不同，表明使用多元醇还原制备的碳球外负载铂基催化剂表面并无新基团产生。

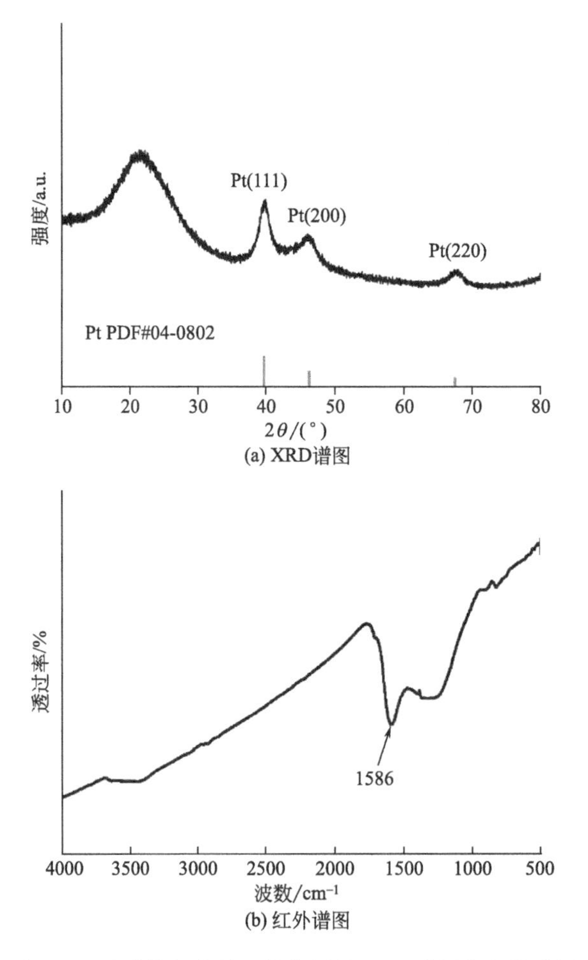

图 5-38 碳球外负载铂基催化剂的 XRD 谱图与红外谱图

对碳球外负载铂基催化剂进行氨硼烷水解制氢性能测试，结果如图 5-39 所示。从图中可以看出，外负载催化剂在反应 60min 后仍未能达到反应终点，其 TOF 为 $37min^{-1}$，远小于相同负载量的碳球内限域催化剂。查阅文献可知，由于碳限域铂基催化剂中金属 Pt 纳米颗粒被限域在碳球内，不仅可以避免外负载铂纳米颗粒在反应过程中脱落、团聚现象的发生，而且还会产生限域效应，即限域孔道会影响反应物的吸附和扩散，这些结果可能导致了碳限域催化剂具有更加优异的活性[22,23]。

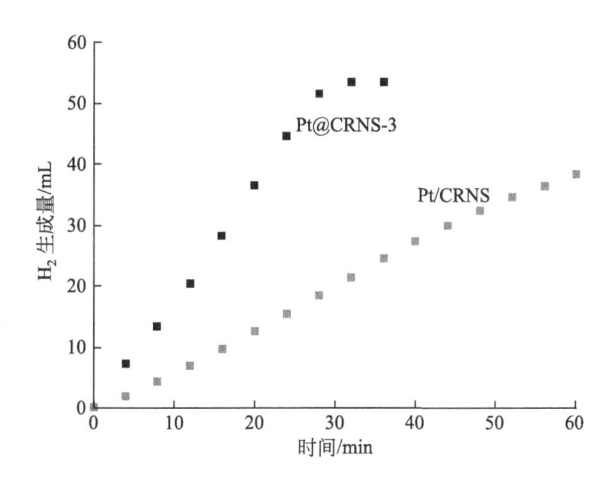

图 5-39 碳球内限域与外负载催化剂性能比较图

5.3 铑基催化剂

5.3.1 铑纳米颗粒催化剂

目前，在氨硼烷催化水解领域报道的催化剂主要是金属材料催化剂，其中以贵金属催化剂的催化效果最佳，但成本比较高，丰度低，难以满足实际应用。因此，如何提高其利用率和催化效果已成为研究的重点之一[24-27]。基础研究表明，金属催化剂的催化效果与其比表面积息息相关。而纳米材料具有高的比表面积、独特的晶体结构和表面化学特性，所以催化选择性和活性大大高于传统材料，在催化领域得到了迅速的发展和应用。

由此可以得出，为了提高 Rh 的催化性能，提高催化剂的比表面积是有效的。而表面活性剂的引入可以有效包裹合成的纳米粒子，防止其聚集，提高纳米粒子的分散性，从而有效控制颗粒尺寸，提高比表面积和表面原子占有率，同时暴露出更多的晶面。这些因素对氨硼烷的催化水解反应都有显著的影响，因此，选出合适的表面活性剂对水溶性 Rh 纳米颗粒催化剂的合成具有重要的意义[28-30]。

本节通过液相还原法成功地制备出了 Rh 纳米颗粒催化剂，探讨了不同表面活性剂的加入对合成 Rh 纳米颗粒催化剂的影响。研究结果显示：与未加入表面活性剂的 Rh 纳米颗粒相比，采用聚乙烯吡咯烷酮（PVP）与十六烷基三甲基溴化铵（CTAB）合成的 Rh 纳米颗粒的单分散性更好，颗粒之间未发生相互团聚，其中 PVP 包裹的 Rh 纳米颗粒分散性最好，粒径最小。实验以氨硼烷的催化水解为研究对象，进行了相关性能测定与研究，并利用了 XRD、EDS、TEM 等一系列测试对催化剂的结构和组成进行了系统的表征。

5.3.1.1 催化剂制备和性能测试

(1) 催化剂制备

本实验采用液相还原法制备 Rh 纳米颗粒催化剂，制备过程如图 5-40 所示，制备方法如下：将 8mg $RhCl_3 \cdot nH_2O$ 和 10mg PVP 溶于 45mL 去离子水中，在 323K 下超声处理 2h，然后将 0.030g $NaBH_4$ 溶于 5mL 去离子水，在超声条件下一次性加入上述溶液中。颜色从红色变为黑色，表明 Rh^{3+} 还原为 Rh 纳米颗粒。继续超声 15min，最后在室温条件下磁力搅拌 5h，经离心分离得到黑色 Rh 纳米颗粒，用乙醇洗涤多次后溶于 10mL 去离子水中备用。

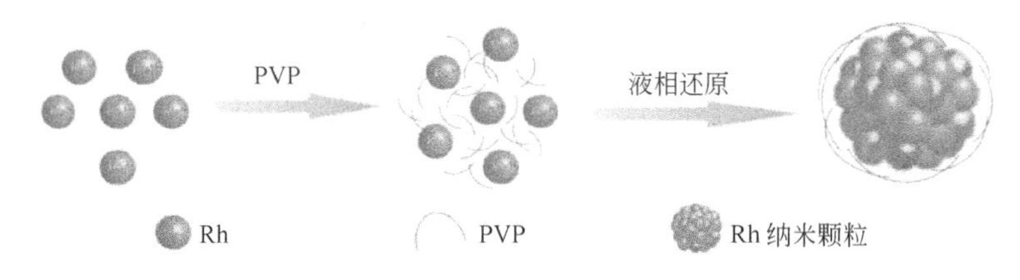

图 5-40 Rh 纳米颗粒的制备流程

采用 CTAB 作为表面活性剂所制备的 Rh 纳米颗粒催化剂与上述方法类似，只需将 10mg PVP 替换为 10mg CTAB。同时实验还制备了未加入表面活性剂的 Rh 纳米颗粒催化剂用于对比分析。

(2) 催化剂性能测试

催化剂的催化活性均通过测量氨硼烷催化水解脱氢速率来确定，所有实验均在与文献报道相同的反应条件下进行[31]。具体如图 5-41：将 3mL 合成的 Rh 纳米颗粒催化剂水溶液和 2mL 蒸馏水的混合物添加到三口圆底烧瓶中，再将烧瓶置于室温和大气压下的水浴中。将定制的管连接到反应烧瓶，用排水法测量氢释放速率。此后，通过注射器将 30mg 氨硼烷溶于 200μL 水中注入三口圆底烧瓶。测量氢的释放速率直至反应结束。其中 Rh 和氨硼烷的摩尔比固定为 0.0103。

5.3.1.2 实验结果与讨论

(1) X 射线粉末衍射 (XRD) 表征

本节通过液相还原法成功合成出了 Rh 纳米颗粒，实验 XRD 表征结果如图 5-42 所示。由图可以看出，15°～25°出现的大峰为载玻片的峰，在 $2\theta=41.07°$ 出现了 Rh 的特征峰，来源于合成的 Rh 纳米颗粒[32]。其中加入了 PVP 的 Rh 纳米颗粒的衍射峰最明显，峰值最高，表示其结晶度相对更好，而未加入表面活性剂所还原的 Rh 纳米颗粒的衍射峰相对较弱，表明了其结晶度不佳。表征结果说明了表面活性剂的引入可以有效控制纳米颗粒成核，使结晶效果更好。

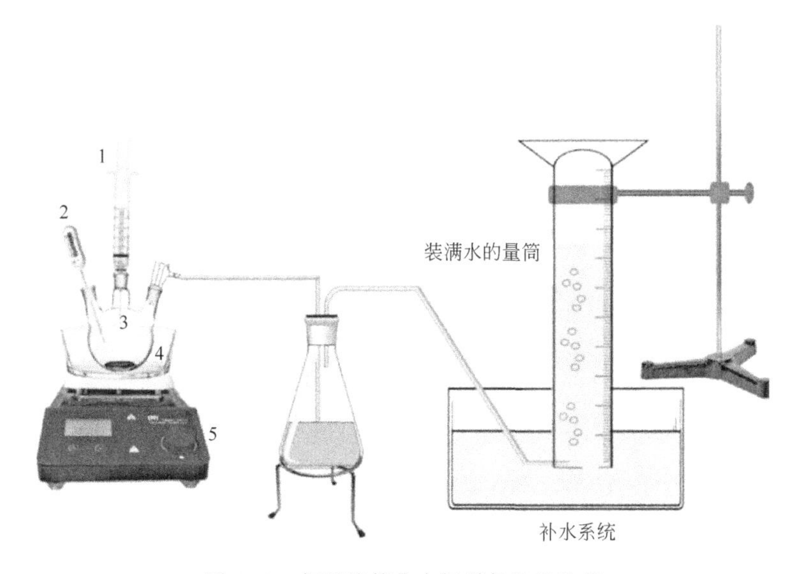

图 5-41　氨硼烷催化水解脱氢实验装置

1—NH_3BH_3 溶液进料注射器；2—温度计；3—反应器；4—水浴；5—磁力搅拌器和加热器

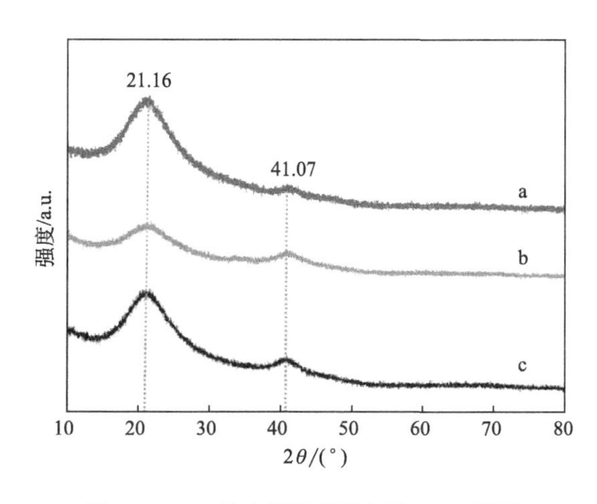

图 5-42　Rh 纳米颗粒催化剂的 XRD 谱图

a—未加入表面活性剂的 Rh 纳米颗粒；b—加入 CTAB 的 Rh 纳米颗粒；c—加入 PVP 的 Rh 纳米颗粒

(2) 透射电镜 (TEM) 分析

为了进一步分析 Rh 纳米颗粒状态与分布，通过 TEM 测试对所制备的三种 Rh 纳米颗粒催化剂进行了表征，表征结果如图 5-43 所示。由图 5-43 可知，加入表面活性剂 PVP 所制备的 Rh 纳米颗粒粒径和分布较为均匀，呈单分散状态，形状为球形，颗粒粒径在 3nm 左右。加入表面活性剂 CTAB 所制备的 Rh 纳米颗粒分散也较为均匀，形状呈球形，颗粒粒径在 5nm 左右。而未加入表面活性剂所制备的 Rh 纳米颗粒出现了明显的聚集，且颗粒形状与分布不太均匀，尺寸在 5nm 左右。通过粒径分布图 5-43(c)、(f) 和 (i) 可以得出，采用 PVP 作为表面活性剂制备出的水溶性 Rh 纳米颗粒催化剂的颗粒粒径和标准差更小，说明其相对于其他两种催化剂的颗粒粒径更加均匀，具有更大的比表面积，暴露出了更多的晶面。

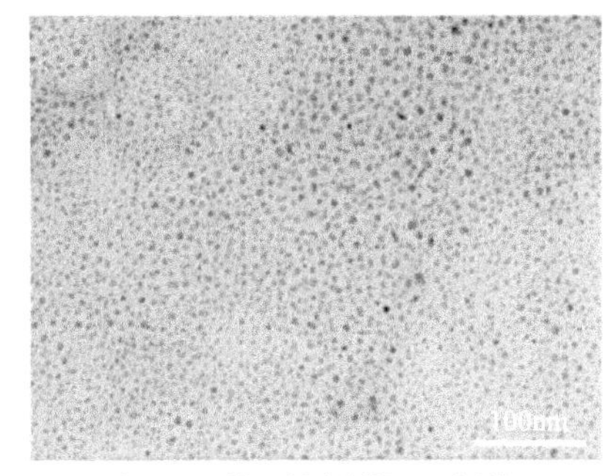

(a) 加入PVP的Rh纳米颗粒TEM图像

(b) 加入PVP的Rh纳米颗粒TEM图像

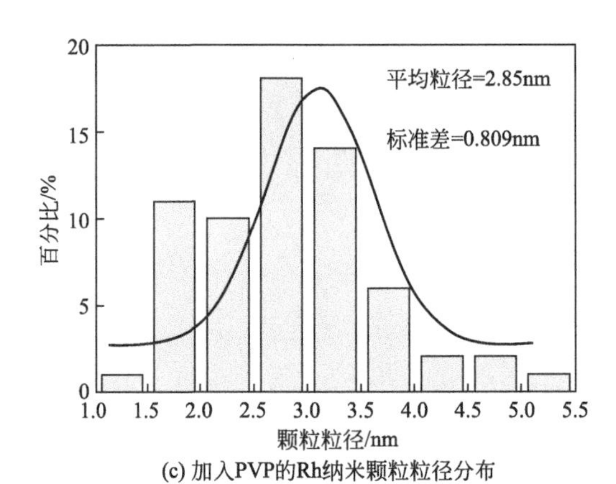

(c) 加入PVP的Rh纳米颗粒粒径分布

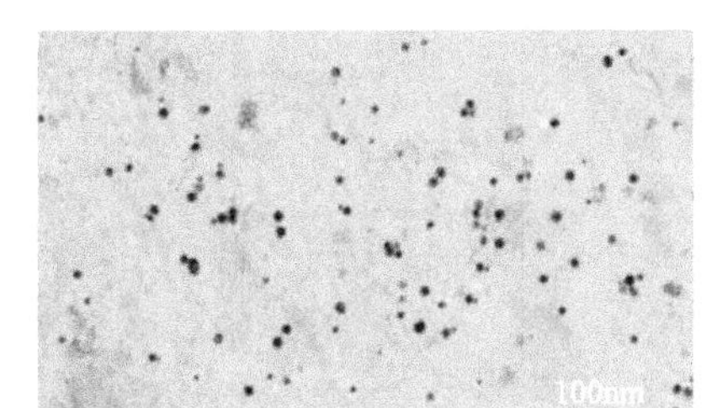

(d) 加入CTAB的Rh纳米颗粒TEM图像

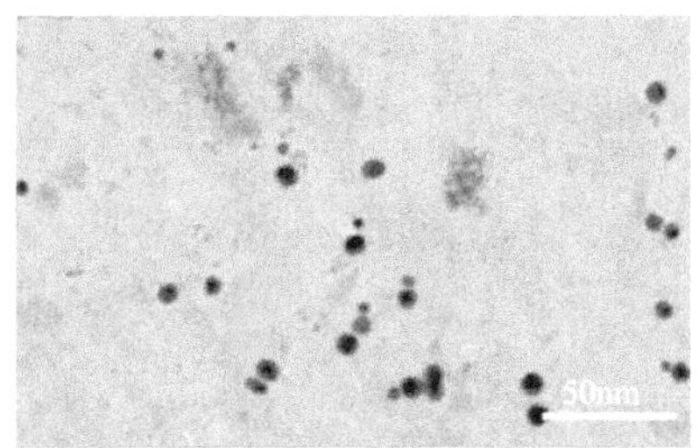

(e) 加入CTAB的Rh纳米颗粒TEM图像

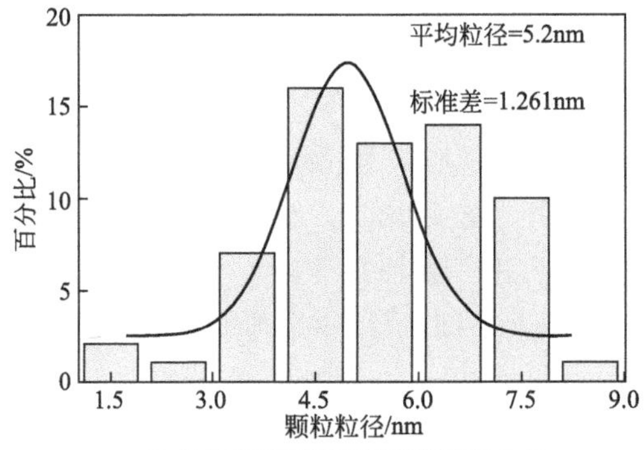

(f) 加入CTAB的Rh纳米颗粒粒径分布

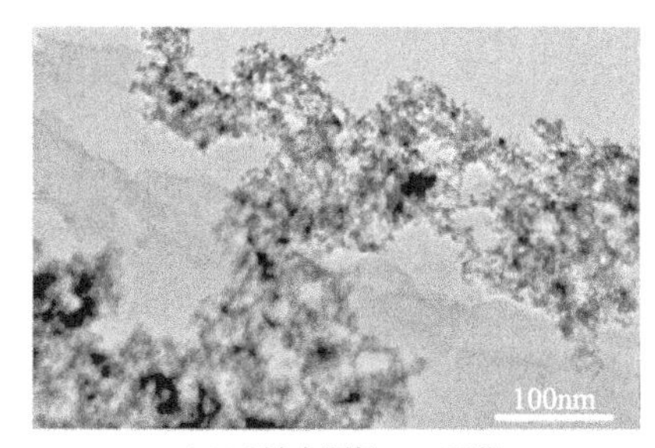

(g) Rh纳米颗粒TEM图像

(h) Rh纳米颗粒TEM图像

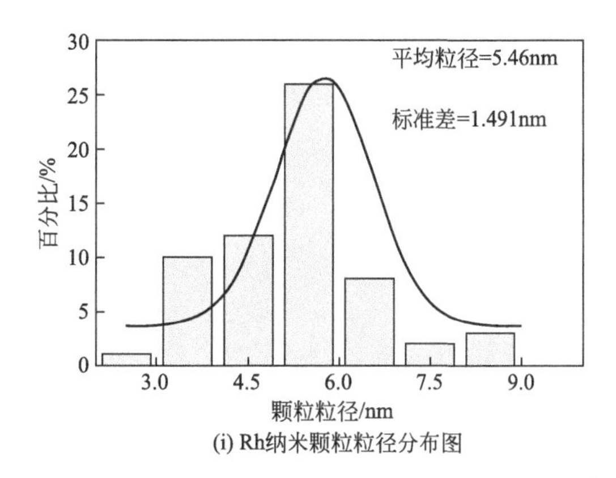

(i) Rh纳米颗粒粒径分布图

图 5-43　三种 Rh 纳米颗粒催化剂的 TEM 图像和粒径分布

（3）EDS 能谱分析

为了表明制备的 Rh 纳米颗粒的元素构成，对三个样品进行了进一步的 EDS 能谱分析。EDS 能谱分析结果如图 5-44 所示，图中显示三种 Rh 纳米颗粒催化剂的元素出峰均有 C、O、Si、Rh 和 Cu，其中 Cu、C、O 和 Si 是 TEM 微栅中的干扰峰，图中峰面积最高的为 Rh 元素，来源于 Rh 纳米颗粒，表明了样品中 Rh 元素的存在。

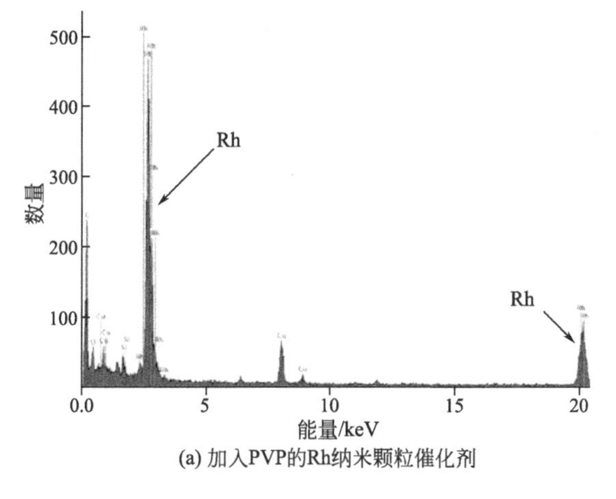

(a) 加入PVP的Rh纳米颗粒催化剂

图 5-44

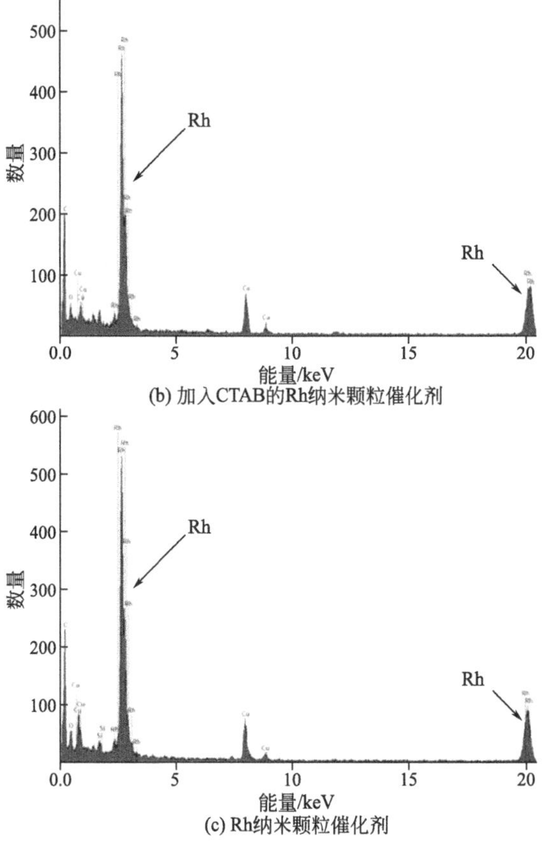

(b) 加入CTAB的Rh纳米颗粒催化剂

(c) Rh纳米颗粒催化剂

图 5-44 Rh 纳米颗粒催化剂的 EDS 能谱图像

5.3.1.3 催化性能

(1) Rh 纳米颗粒催化剂催化性能测试

为了探讨不同表面活性剂的引入是否会对制备的 Rh 纳米颗粒催化剂的催化活性产生影响，分别对制备的三种 Rh 纳米催化剂进行氨硼烷水解脱氢性能测试，测试均在常压、室温条件下进行，氨硼烷水解脱氢曲线如图 5-45 所示。从曲线可以看出，加入 PVP 制备

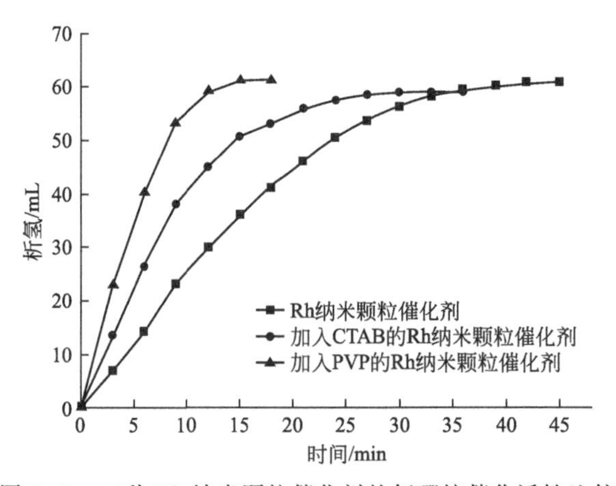

图 5-45 三种 Rh 纳米颗粒催化剂的氨硼烷催化活性比较

的 Rh 纳米颗粒催化剂相对于加入 CTAB 和未加入表面活性剂的 Rh 纳米颗粒催化剂而言，水解脱氢速率明显提升，活性最佳，达到完全释氢的反应时间为 15min 左右，反应的转换频率（TOF）为 25.65min^{-1}。未加入表面活性剂的催化剂催化效果最差，原因可能在于加入 PVP 制备的水溶性 Rh 纳米颗粒催化剂在溶液中的分散性更好，尺寸更加均匀，具有更大的比表面积，而未加入表面活性剂的 Rh 纳米颗粒催化剂在催化过程中更容易发生团聚，影响了催化剂的催化活性。

(2) 反应温度对催化剂催化性能的影响

为了研究反应温度对 3 种 Rh 纳米颗粒催化剂的氨硼烷催化效果的影响，在不同温度范围条件下进行了相关实验测试，测试温度设为 298K、303K、308K、313K，反应速率曲线如图 5-46 所示，可明显观察到，水解脱氢速率随着反应温度升高而升高。不同温度条件下的水解 TOF 值如表 5-3～表 5-5 所列，最大 TOF 值分别为 58.74min^{-1}、43.26min^{-1} 和 36.16min^{-1}。

表 5-3 不同温度条件下加入 PVP 的 Rh 纳米颗粒催化剂的氨硼烷催化水解 TOF 值数据

温度/K	TOF/min^{-1}	温度/K	TOF/min^{-1}
298	25.65	308	40.03
303	31.42	313	58.74

表 5-4 不同温度条件下加入 CTAB 的 Rh 纳米颗粒催化剂的氨硼烷催化水解 TOF 值数据

温度/K	TOF/min^{-1}	温度/K	TOF/min^{-1}
298	14.73	308	32.69
303	27.43	313	43.26

表 5-5 不同温度条件下 Rh 纳米颗粒催化剂的氨硼烷催化水解 TOF 值数据

温度/K	TOF/min^{-1}	温度/K	TOF/min^{-1}
298	9.21	308	24.83
303	16.36	313	36.16

(3) 活化能计算

活化能是评价氨硼烷催化反应进行难易程度的重要指标，活化能可以通过使用 Arrhenius 方程进行计算，如式(5-2) 所示。

氨硼烷催化水解为一级反应，根据不同温度条件下的反应速率 k 的对数值（ln$k$）对 T^{-1} 作图（不同温度条件下反应速率参照图 5-46），得到 Arrhenius 曲线图，如图 5-47 所示，再根据 Arrhenius ［$\ln k = \ln A - E_a/(RT)$］ 方程，可进一步计算相关反应活化能，得到加入 PVP 的 Rh 纳米颗粒催化剂、加入 CTAB 的 Rh 纳米颗粒催化剂和未加表面活性剂的 Rh 纳米颗粒催化剂的活化能分别为 53.1kJ/mol、82.54kJ/mol 和 61.06kJ/mol。加入 PVP 的 Rh 纳米颗粒催化剂的活化能最低，表明了相同条件下其氨硼烷水解反应更易发生。实验结果显示了表面活性剂 PVP 可用于制备具有高效氨硼烷水解脱氢活性的铑基纳米颗粒催化剂。

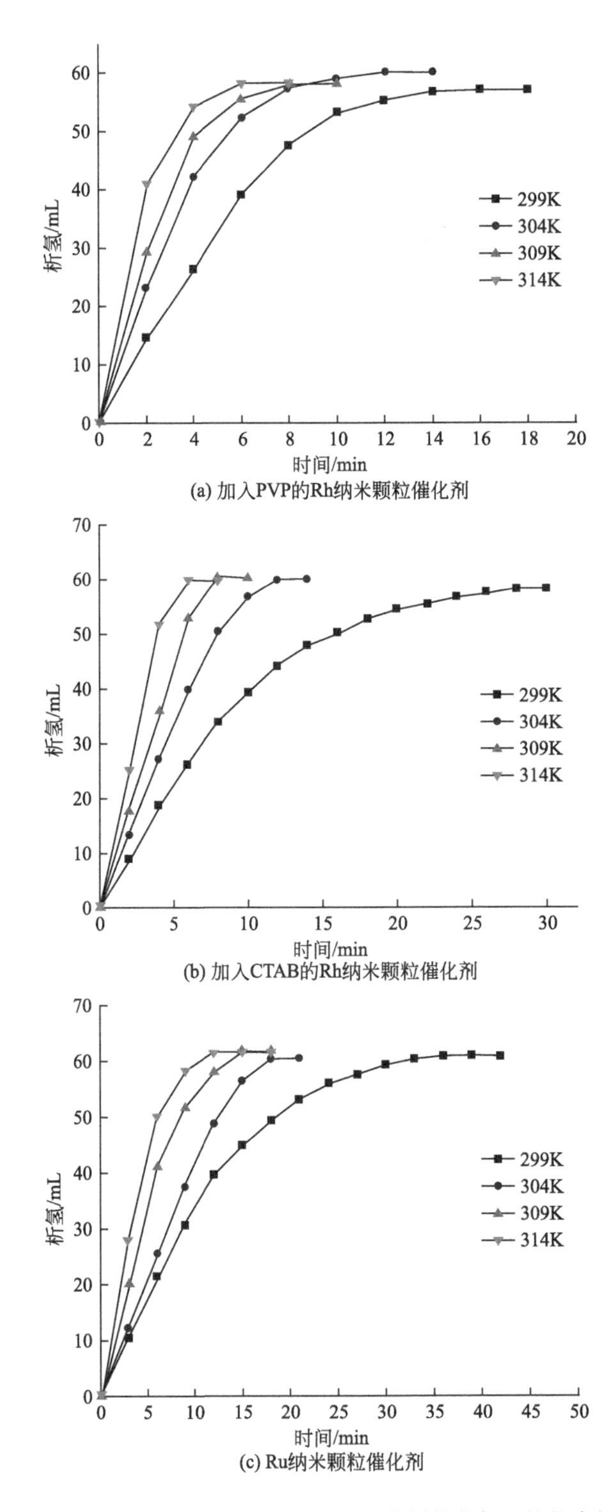

(a) 加入PVP的Rh纳米颗粒催化剂

(b) 加入CTAB的Rh纳米颗粒催化剂

(c) Ru纳米颗粒催化剂

图 5-46　不同反应温度下三种 Rh 纳米颗粒催化剂催化氨硼烷的水解脱氢曲线

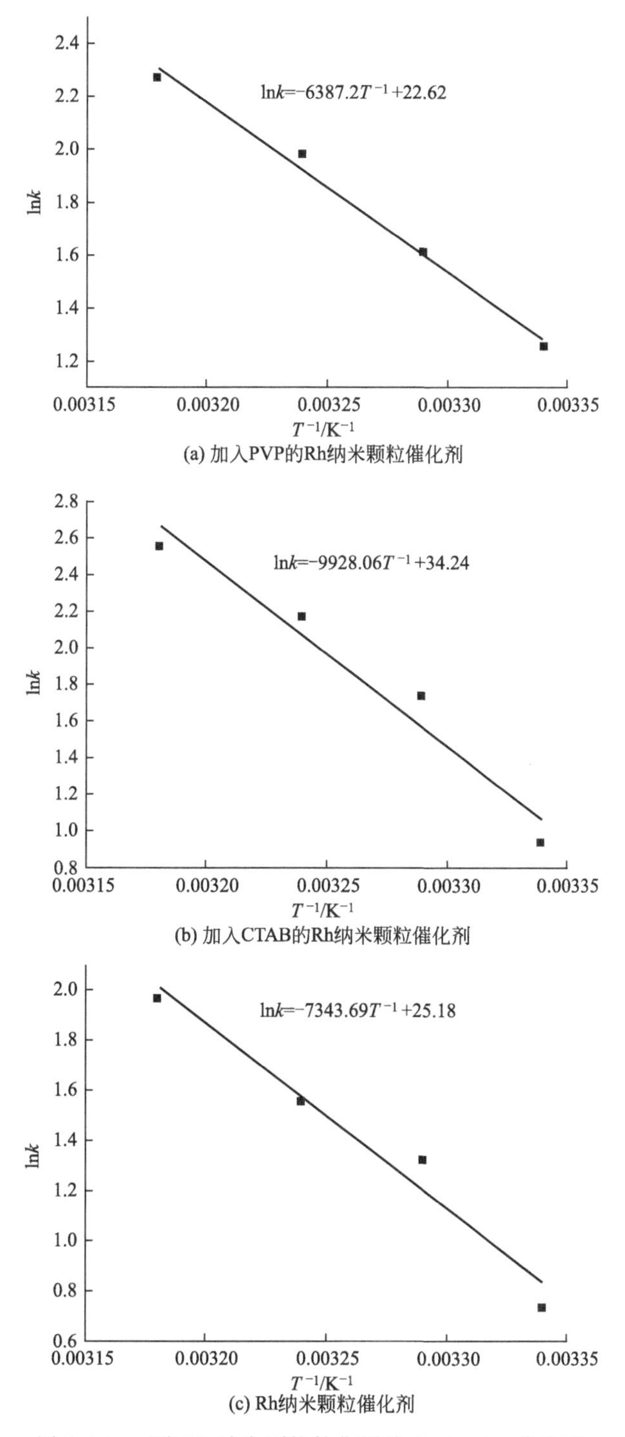

(a) 加入PVP的Rh纳米颗粒催化剂

(b) 加入CTAB的Rh纳米颗粒催化剂

(c) Rh纳米颗粒催化剂

图 5-47　三种 Rh 纳米颗粒催化剂的 Arrhenius 曲线图

(4) Rh 纳米颗粒催化剂的循环稳定性能

催化剂的重复性和稳定性是判断催化剂性能的重要指标[33,34]，本节使用离心分离的方法进行催化剂的回收，并用乙醇多次洗涤，真空干燥后得到回收的 Rh 纳米颗粒催化剂，再将回收的催化剂进行氨硼烷水解脱氢测试。以上步骤重复多次，所得循环稳定性能测试结果如图 5-48 所示。图 5-48(c) 可以看出未加入表面活性剂的 Rh 纳米颗粒催化剂在循环测试中失活迅速，第 2 次循环测试释氢量只能达到首次的 30%左右，原因是催化过程中发生了大范围团聚导致了催化剂失活。由图 5-48(a) 和 (b) 可以看出，表面活性剂的引入可以有效抑制 Rh 纳米颗粒催化剂在氨硼烷水解过程中的团聚，其中加入 PVP

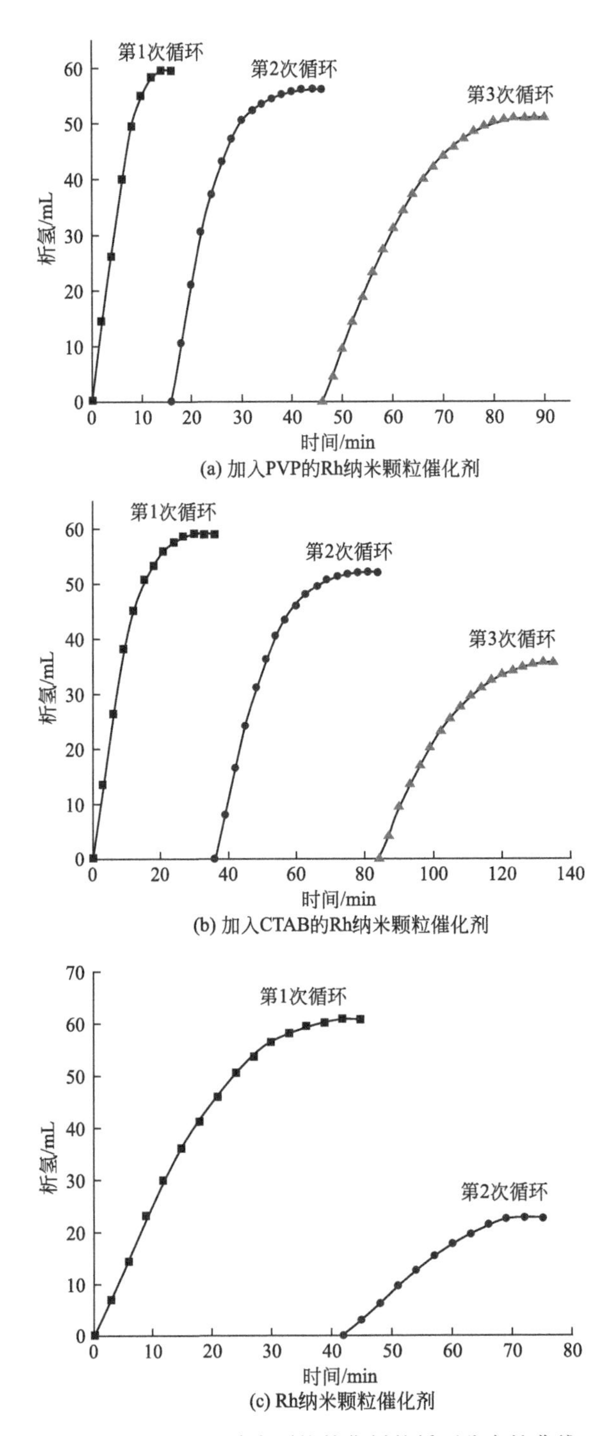

图 5-48　三种 Rh 纳米颗粒催化剂的循环稳定性曲线

的 Rh 纳米颗粒催化剂在重复 3 次后仍能达到首次释氢量的 88%。

5.3.2 负载型铑基纳米催化剂

相关文献表明，由负载在高比表面积载体材料上的各种金属纳米颗粒形成的催化剂对于氨硼烷水解制氢是非常有效果的[35,36]。特别是在非均相催化反应中，相比于金属纳米颗粒催化剂，负载型催化剂的稳定性更好，利于回收且不易失活，可以有效增加反应的活性位点从而提升反应速率。例如，上节中制备的 Rh 纳米颗粒催化剂在催化反应中容易团聚导致失活，使催化剂的重复循环使用性不够理想，失活较快。通常金属组分作为催化反应的活性中心，载体一般使用高比表面积的微孔和中孔材料。

基于文献，本节使用贵金属铑作为氨硼烷催化水解的活性中心，载体选择了多孔分子筛材料 SBA-15 和新兴的多孔金属有机骨架材料 MOF(UIO-66)。与常规载体材料诸如沸石、炭黑、Al_2O_3、SiO_2、TiO_2 和 MCM-41 等相比，SBA-15 的历史很短，这是 Yao 等[37] 首先合成并报道的，具有均一的孔道直径分布[38,39]。UIO-66 是近年来发展迅速的一种基于 Zr 的 MOF，具有高孔隙率、大比表面积、热稳定性好的特点，在材料科学和催化领域引起了广泛关注[40,41]。这些特点使 SBA-15 和 UIO-66 可以作为理想的催化剂载体，较大的比表面积可以有效地固定贵金属 Rh，使其在催化过程中不易发生团聚造成催化剂失活，提高催化剂的耐久性。

本节采用软模板法合成 SBA-15 分子筛，水热法制备 MOF(UIO-66)，液相还原法合成 Rh 纳米粒子，最后通过浸渍负载合成 Rh/SBA-15 和 Rh/UIO-66 催化剂，采用 XRD、TEM、HRTEM、Mapping、EDS 和 ICP-MS 等一系列表征仪器和技术对催化剂的结构和元素组成进行分析，研究重点是载体与活性金属之间的相互作用及对氨硼烷催化制氢效果的影响。

5.3.2.1 催化剂制备和性能测试

(1) SBA-15 的制备

本节以模板法制备 SBA-15，用的模板剂为三嵌段共聚物 P123，硅源是 TEOS(正硅酸乙酯)。为了使合成的分子筛孔道有序，反应条件需要控制为强酸性 ($pH<2$)。具体合成方法：首先称取 4.0g P123 放入烧杯中，加入 105mL 水和 20mL 浓盐酸，放置于水浴锅中搅拌 6h 至溶液澄清，温度设置为 313K，再缓慢滴入 8.6mL TEOS，继续搅拌 24h，最后将得到的白色溶胶装入反应釜中晶化 48h，温度设置为 373K。结束后取出冷却至室温，多次过滤洗涤为中性，放入烘箱干燥 10h，研磨得到所需 SBA-15 白色粉末。

(2) MOF(UIO-66) 的制备

准确称取 0.123g 对苯二甲酸和 0.125g 四氯化锆溶解于 15mL DMF 中，并滴加 1mL 盐酸。超声 25min 使溶液中未见固状物为止。然后将混合物装入聚四氟乙烯内衬的反应釜中，放入烘箱反应 24h，温度设置为 393K。反应结束后取出冷却至室温。离心分离得到所需产物，用 DMF 和甲醇混合溶液多次洗涤。最后在 393K、真空条件下干燥 12h 得到白色 UIO-66 粉末。

(3) Rh 纳米颗粒的制备

本节 Rh 纳米颗粒采用液相还原法合成，制备方法与上节相同，表面活性剂是 PVP。

(4) Rh/SBA-15 催化剂的制备

Rh/SBA-15 采用液相浸渍法制备，将 100mg 制备的 SBA-15 分散于 30mL 去离子水中，超声处理 20min。然后将溶解在去离子水中的新鲜制备的 Rh 纳米颗粒溶液逐滴添加到含 SBA-15 的溶液中，将其连续搅拌 3h，然后离心。真空下干燥 6h 后收集，将其用于催化反应（图 5-49）。

(5) Rh/UIO-66 催化剂的制备

Rh/UIO-66 采用液相浸渍法制备，制备方法与（4）相同，只需要将 100mg 制备的 SBA-15 替换为 UIO-66。不同负载量催化剂需要调节加入的 Rh 纳米颗粒溶液的物质的量，1%、2%、3%、4%和 5%(质量分数）负载量分别对应 0.0097mmol、0.0194mmol、0.0291mmol、0.0388mmol 和 0.0485mmol Rh 纳米颗粒（图 5-49）。

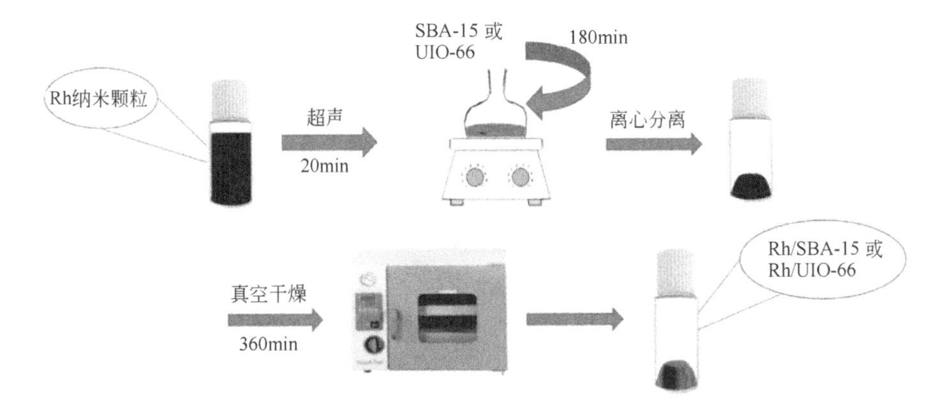

图 5-49　负载型铑基催化剂的制备实验流程

(6) 催化剂性能测试

催化剂的催化活性测试同上一小节。只需将 3mL 合成的纳米 Rh 催化剂水溶液换成 21mg Rh/SBA-15 和 Rh/UIO-66 固体粉末催化剂。

5.3.2.2　实验结果与讨论

(1) X 射线粉末衍射（XRD）

负载型 Rh/SBA-15 催化剂和空白 SBA-15 的 XRD 图谱如图 5-50 所示。图像显示只有 SBA-15 的特征峰，并且没有观察到 Rh 纳米颗粒的特征衍射峰，这可能是 Rh 在 SBA-15 载体上的负载量较低以及分散性好所致。小角度 XRD 谱图显示在图 5-50(a) 中。可以看到，SBA-15 载体在 $2\theta=0.6°\sim2°$之间表现出三个特征衍射峰，分别对应于（100）、（110）和（200）晶面。负载 Rh 纳米颗粒之后峰型基本一致，表明了负载过程中 SBA-15 的结构未被破坏。此外，负载金属纳米晶体后的催化剂衍射峰明显向大角度移动。原因是某些 Rh 金属纳米晶体在负载后进入 SBA-15 孔道，导致孔和壁表面的衍射强度减弱。

由图 5-51 可以看出，经过浸渍负载过程后，Rh/UIO-66 催化剂在 XRD 谱图中未显

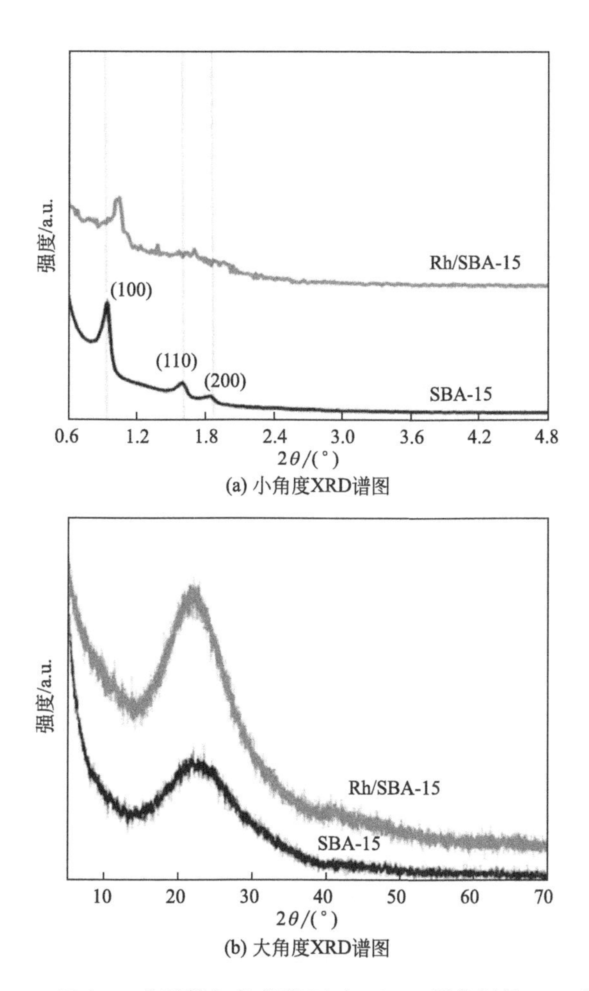

图 5-50　SBA-15 分子筛与负载型 Rh/SBA-15 催化剂的 XRD 谱图

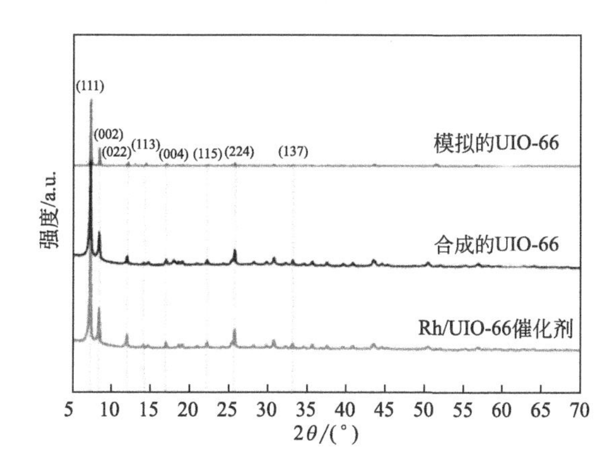

图 5-51　模拟的 UIO-66、合成的 UIO-66 和 Rh/UIO-66 催化剂的 XRD 谱图

示出任何结晶度损失，与 UIO-66 的衍射图基本一致。UIO-66 的 XRD 谱图分别在 $2\theta=7.36°$、8.48°、12.04°、14.15°、17.08°、22.25°、25.68°和 33.12°处出现特征峰，分别对应于（111)、(002)、（022)、（113)、（004)、（115)、（224）和（137）晶面。它表明 UIO-66 框架结构没有发生破坏或坍塌。此外，Rh/UIO-66 催化剂未检测到 Rh 纳米粒子的衍射峰，Rh 纳米粒子 X 射线衍射峰的损失可能是金属纳米粒子的高分散性和低载量造成的[42-44]。

（2）透射电镜（TEM、HRTEM）分析

图 5-52 为制备的 Rh/SBA-15 催化剂的 TEM 图像和粒径分布图。图 5-52(a)、（b）和（c）可以观察到载体 SBA-15 具有高度有序的介孔孔道，表明了负载过程中载体的结

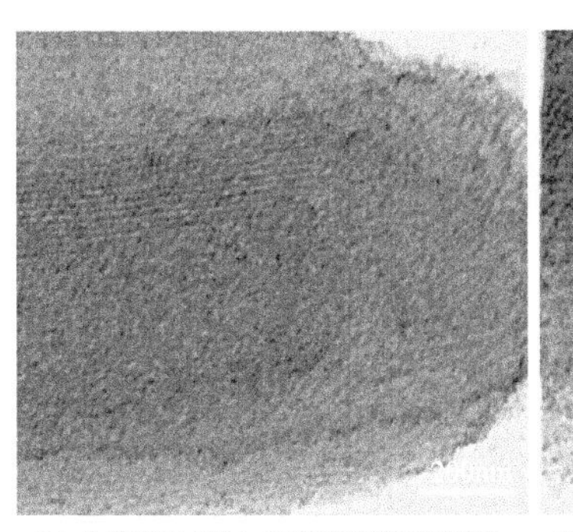

(a) 负载型Rh/SBA-15催化剂的TEM图

(b) 负载型Rh/SBA-15催化剂的TEM图

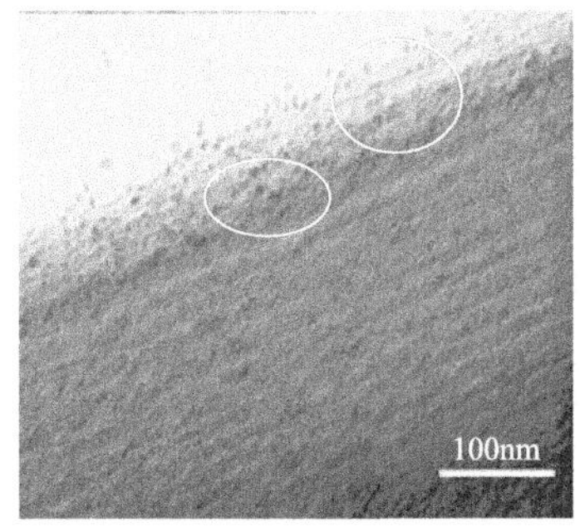

(c) 负载型Rh/SBA-15催化剂的TEM图

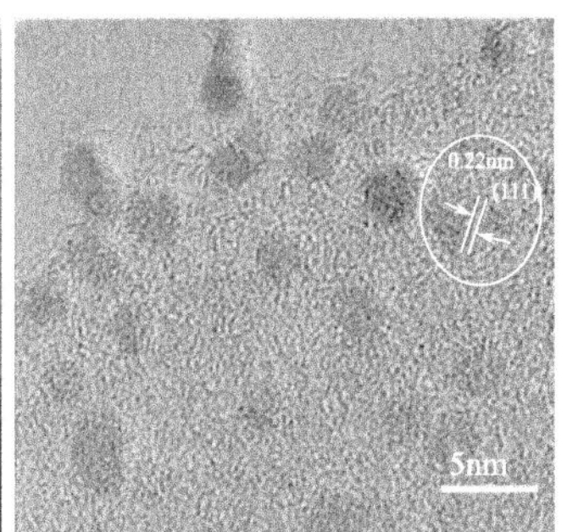

(d) 负载型Rh/SBA-15催化剂的TEM图

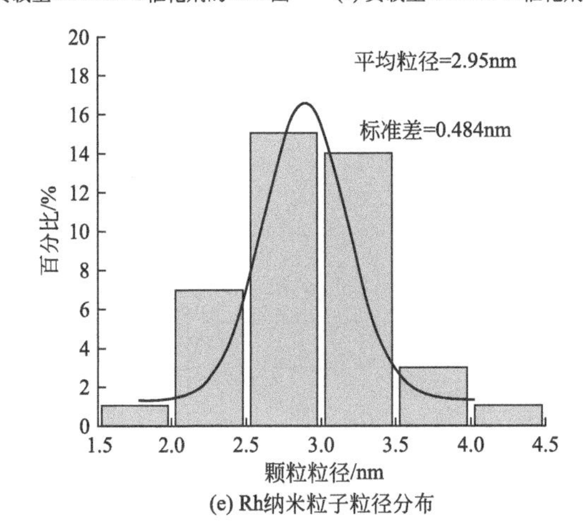

(e) Rh纳米粒子粒径分布

图 5-52　负载型 Rh/SBA-15 催化剂的 TEM 图和 Rh/SBA-15 催化剂中 Rh 纳米粒子的粒径分布

构未被破坏。从图 5-52(d) 可以看出负载的 Rh 颗粒在载体表面分布较为均匀，Rh 纳米颗粒平均粒径在 2.95nm 左右。

Rh/UIO-66 催化剂的透射电子显微镜（TEM)、高分辨率 TEM(HRTEM) 图像和粒径分布如图 5-53 所示，由图 5-53(a) 和 (b) 可得 Rh 纳米颗粒在 MOF 表面均匀分布，没有出现明显的颗粒聚集，负载型 Rh/UIO-66 催化剂表面的 Rh 纳米颗粒的平均粒径为 3.1nm。

根据图 5-52(d) 和 5-53(d) 可得，单个颗粒的晶格间距约为 0.22nm，与 Rh 的 (111) 晶面非常匹配，这清楚地证明了负载型催化剂中 Rh 纳米颗粒的存在，催化剂 Rh/SBA-15 和 Rh/UIO-66 被成功制备。

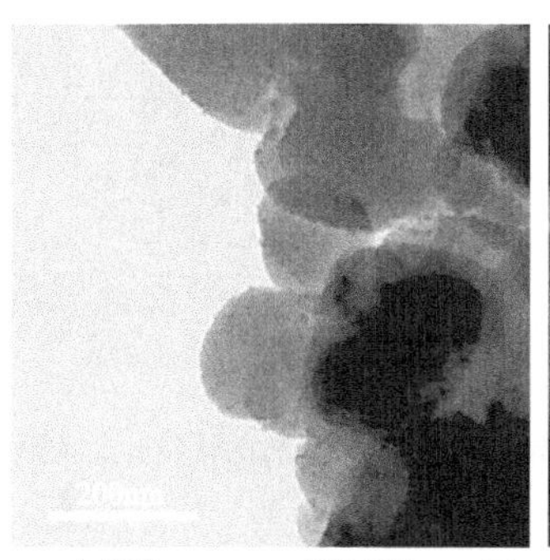

(a) 负载型Rh/UIO-66催化剂的TEM图　(b) 负载型Rh/UIO-66催化剂的TEM图

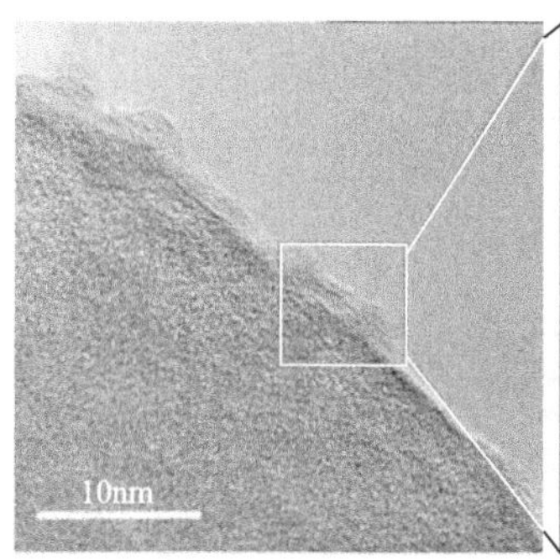

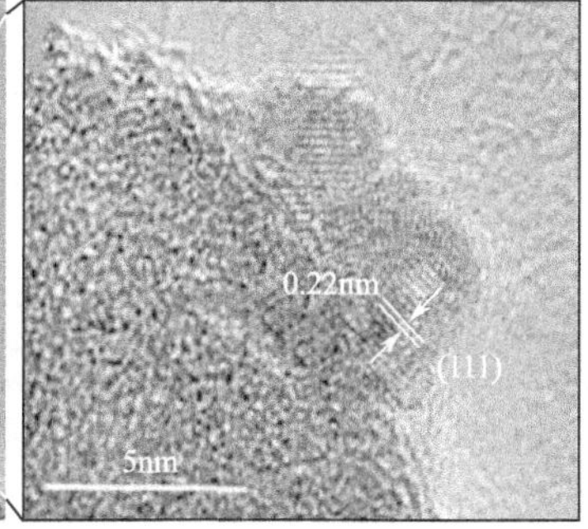

(c) 负载型Rh/UIO-66催化剂的TEM图　(d) 负载型Rh/UIO-66催化剂的TEM图

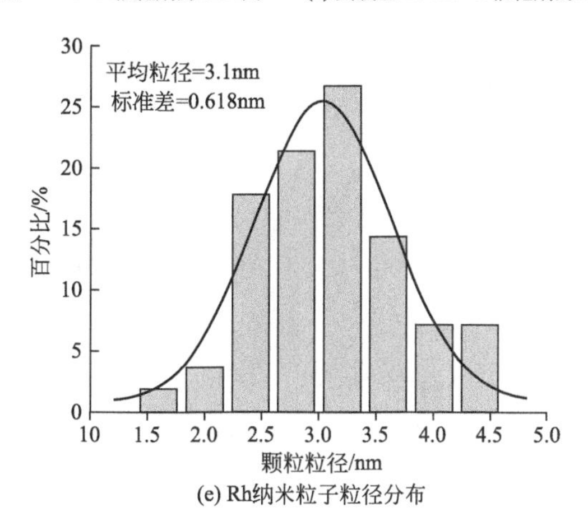

(e) Rh纳米粒子粒径分布

图 5-53　负载型 Rh/UIO-66 催化剂的 TEM 图和 Rh/UIO-66 催化剂中 Rh 纳米粒子的粒径分布

(3) EDS能谱分析

为了进一步探究制备的负载型Rh/SBA-15和Rh/UIO-66催化剂的元素构成，对两个样品进行了进一步的EDS能谱分析。EDS能谱分析结果如图5-54所示，图5-54(a)中的Si和O峰对应于分子筛SBA-15，图5-54(b)中的C、O和Zr峰对应MOF(UIO-66)。图中均显示Rh元素出峰，表明了Rh纳米颗粒被成功引入了载体表面。

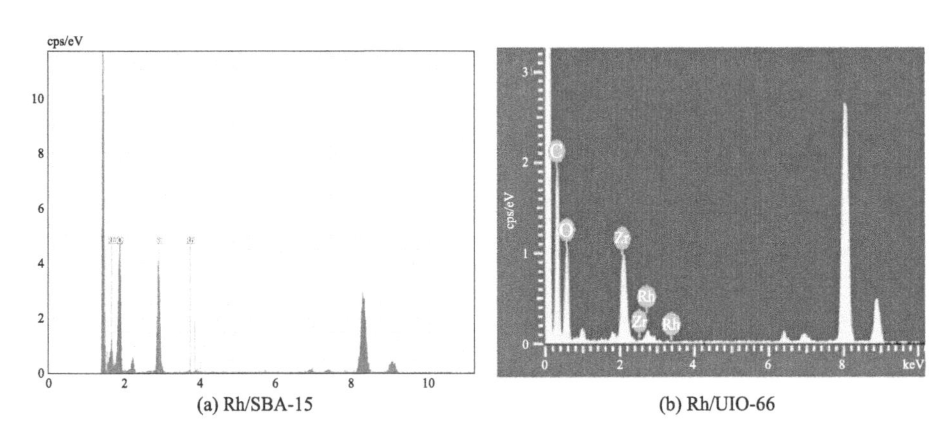

(a) Rh/SBA-15　(b) Rh/UIO-66

图5-54　负载型Rh/SBA-15和Rh/UIO-66催化剂的EDS能谱图

(4) EDX-mapping分析

为了表明负载型Rh/SBA-15催化剂的元素分布状态，对样品进行了进一步的能量色散X射线光谱仪元素映射（EDS-mapping）分析（见图5-55，书后另见彩图）。EDS-mapping可以用来表征催化剂的元素构成和分布情况。从图5-55中可以看出，Rh/SBA-15的主元素为Si、O和Rh，其中红色点代表Rh元素，绿色点表示Si元素，蓝色点表示

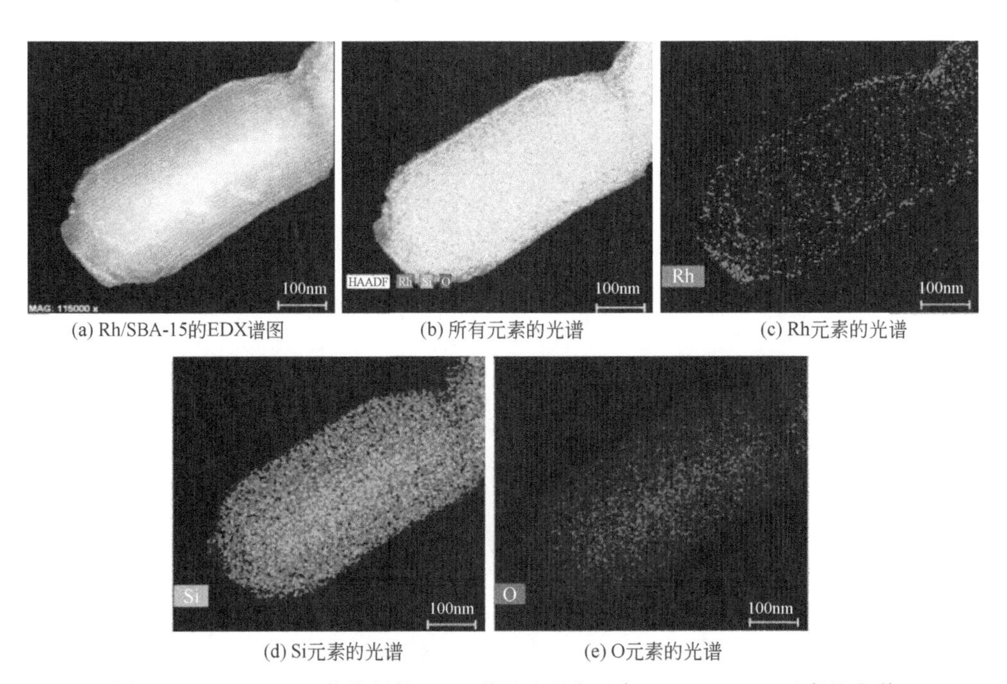

(a) Rh/SBA-15的EDX谱图　(b) 所有元素的光谱　(c) Rh元素的光谱

(d) Si元素的光谱　(e) O元素的光谱

图5-55　Rh/SBA-15催化剂的EDX谱图及所有元素、Rh、Si、O元素的光谱

O元素。由图5-55(c)我们可以知道：Rh纳米颗粒被成功负载于SBA-15上。Rh在SBA-15表面上均匀分布，没有出现大面积的聚合。表明通过浸渍负载Rh纳米颗粒的方法比较成功，负载型Rh/SBA-15催化剂被成功制备。

负载型Rh/UIO-66催化剂的元素分布状态同样使用了能量色散X射线光谱仪元素映射（EDS-mapping）分析，Rh/UIO-66的主元素为Rh、Zr、O和C，其中红色点代表Rh元素，来自负载的Rh纳米颗粒（见图5-56，书后另见彩图）。由图5-56(c)可以知道：Rh在MOF(UIO-66)表面上呈均匀分布，没有出现大面积的聚合。Rh/UIO-66催化剂被成功合成。表明了本节中负载型催化剂制备方法的可行性。

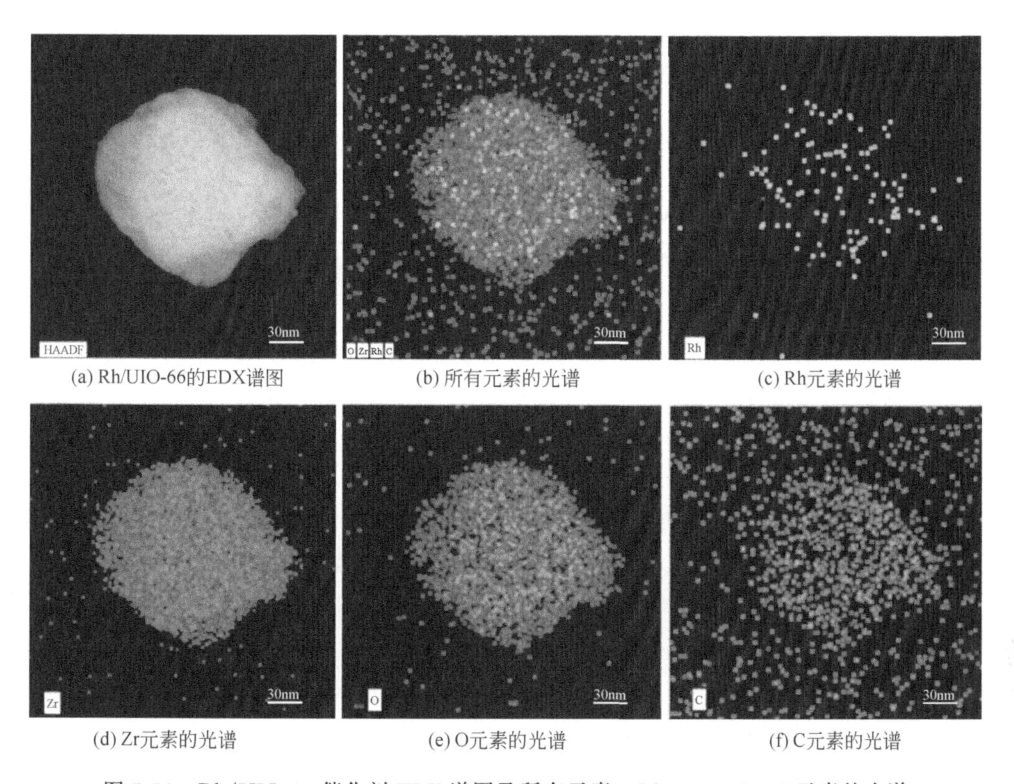

(a) Rh/UIO-66的EDX谱图 (b) 所有元素的光谱 (c) Rh元素的光谱

(d) Zr元素的光谱 (e) O元素的光谱 (f) C元素的光谱

图5-56 Rh/UIO-66催化剂EDX谱图及所有元素、Rh、Zr、O、C元素的光谱

5.3.2.3 催化性能

为了评价制备的催化剂的催化活性及载体与Rh活性组分之间的配伍作用是否可以提升氨硼烷的水解脱氢催化效果，对Rh纳米颗粒、SBA-15分子筛、MOF(UIO-66)、Rh/SBA-15和Rh/UIO-66催化剂分别进行氨硼烷水解脱氢测试，反应均在常压、温度为298K条件下进行。测试结果如图5-57所示，纵坐标为产生氢气体积。可以得出单独的SBA-15分子筛和MOF(UIO-66)没有催化活性，随着反应时间的延长，几乎没有氢气产生。然而，负载型Rh/UIO-66和Rh/SBA-15催化剂具有比未负载的Rh纳米颗粒更好的脱氢速率，在5min和11min左右达到了理论释氢量（Rh和氨硼烷的摩尔比为0.0072），TOF分别为57.03min^{-1}和36.88min^{-1}，分别约为Rh(20.91min^{-1})纳米颗粒的2.7倍和1.8倍（表5-6）。表明载体与活性成分之间的相互作用可有效提高反应的催化速率。

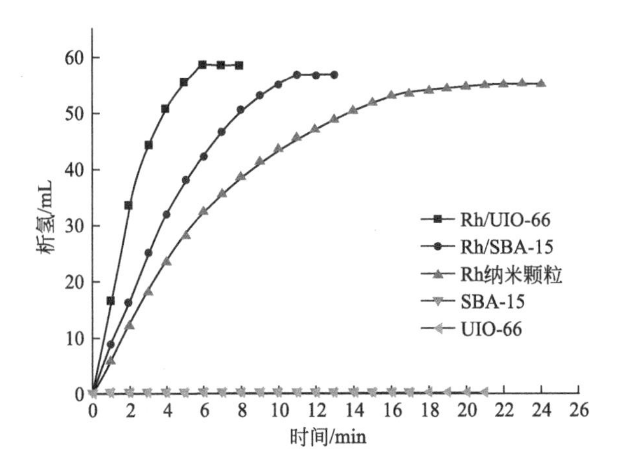

图 5-57　催化剂的氨硼烷催化效果比较

表 5-6　不同催化剂的氨硼烷水解 TOF 值

样品	温度/K	TOF/min^{-1}
加入 PVP 的 Rh 纳米颗粒	298	20.91
Rh/SBA-15	298	36.88
Rh/UIO-66	298	57.03

(1) 不同负载量催化剂的催化性能测试

根据以上实验结果，负载型 Rh/UIO-66 催化剂的催化效果更好，为了进一步考察负载量对反应的影响，分别对 1%、2%、3%、4%、5%负载量的 Rh/UIO-66 催化剂进行氨硼烷催化水解测试（不同负载量催化剂的 ICP-MS 测试结果列于表 5-7），反应均在常压、温度为 298K 条件下进行。测试结果如图 5-58 所示，纵坐标为产生氢气体积，反应速率随着负载量的提高而上升，TOF 值如表 5-8 所列，可以得出随着负载量的提升 TOF 值先增大后减小，在负载量为 3%时的 TOF 值最高，活性金属组分与载体之间的相互作用达到了最佳值，催化效率最好。

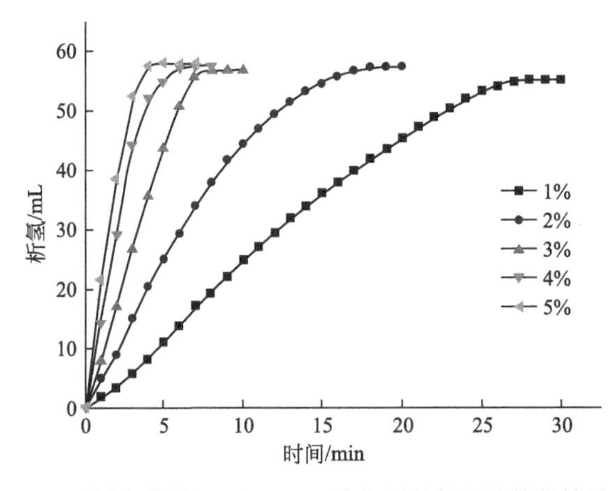

图 5-58　不同负载量 Rh/UIO-66 催化剂的氨硼烷催化效果比较

表 5-7　不同负载量催化剂的 ICP-MS 测试结果

样品	铑含量理论值/%	铑含量测量值/%	样品	铑含量理论值/%	铑含量测量值/%
Rh/UIO-66	1	1.22	Rh/UIO-66	4	4.16
Rh/UIO-66	2	1.93	Rh/UIO-66	5	5.31
Rh/UIO-66	3	3.05			

表 5-8　不同负载量 Rh/UIO-66 催化剂对应的氨硼烷水解 TOF 值

样品	负载量/%	温度/K	TOF/min^{-1}	样品	负载量/%	温度/K	TOF/min^{-1}
Rh/UIO-66	1	298	41.39	Rh/UIO-66	4	298	56.87
Rh/UIO-66	2	298	48.29	Rh/UIO-66	5	298	51.52
Rh/UIO-66	3	298	63.35				

(2) 反应温度对催化剂催化性能的影响

催化剂的活性受到温度的影响，本节考察了温度在 298K、303K、308K、313K 时 Rh/SBA-15 和 Rh/UIO-66 两种负载型催化剂的氨硼烷水解脱氢速率，结果如图 5-59 所示。可明显观察到，水解脱氢速率随着反应温度升高而升高。在温度 313K 时脱氢速率最

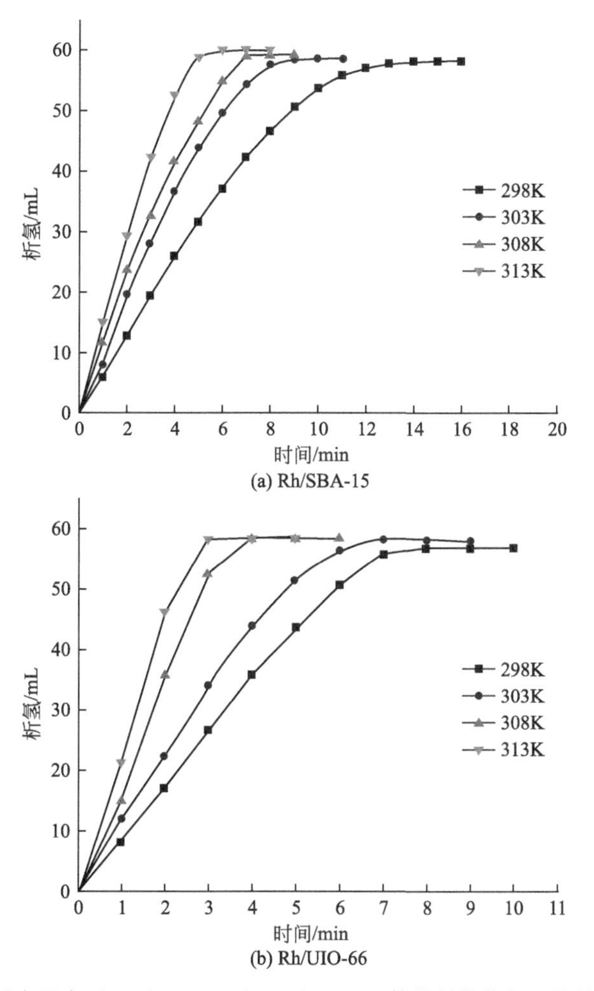

图 5-59　不同反应温度下 Rh/SBA-15 和 Rh/UIO-66 催化剂催化氨硼烷的水解脱氢曲线

快，TOF 值分别达到了 93.62min^{-1} 和 154.68min^{-1}（表 5-9 和表 5-10）。

表 5-9 不同反应温度下 Rh/SBA-15 催化剂对应的氨硼烷水解 TOF 值

样品	温度/K	TOF/min^{-1}	样品	温度/K	TOF/min^{-1}
Rh/SBA-15	298	40.49	Rh/SBA-15	308	66.19
Rh/SBA-15	303	57.35	Rh/SBA-15	313	93.62

表 5-10 不同反应温度下 Rh/UIO-66 催化剂对应的氨硼烷水解 TOF 值

样品	温度/K	TOF/min^{-1}	样品	温度/K	TOF/min^{-1}
Rh/UIO-66	298	63.35	Rh/UIO-66	308	116.23
Rh/UIO-66	303	81.76	Rh/UIO-66	313	154.68

（3）活化能计算

负载型 Rh/SBA-15 和 Rh/UIO-66 催化剂的催化反应难易程度可以用活化能来进行评价，绘制的 Arrhenius 曲线如图 5-60 所示。得到 Rh/SBA-15 催化剂催化氨硼烷水解的

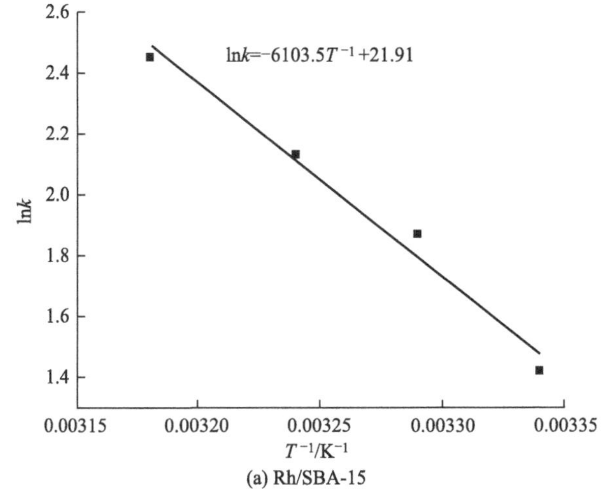

(a) Rh/SBA-15

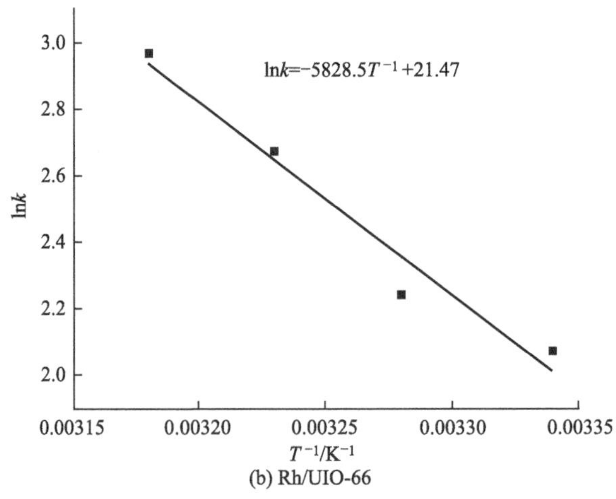

(b) Rh/UIO-66

图 5-60 Rh/SBA-15 和 Rh/UIO-66 催化剂的 Arrhenius 曲线

活化能 E_a 为 50.74kJ/mol，Rh/UIO-66 催化剂的活化能 E_a 为 48.46kJ/mol。与加入 PVP 的 Rh 纳米颗粒催化剂的活化能（53.1kJ/mol）相比均有不同程度下降，表明载体与活性组分之间的相互作用有利于降低反应的活化能，促进氨硼烷的催化水解脱氢。

(4) 负载型催化剂的循环稳定性能

催化剂性能的优劣，不仅要考虑催化速率和活化能，还要将其重复性和稳定性纳入评价指标。本节使用离心分离的方法进行催化剂的回收，并用乙醇多次洗涤，真空干燥后得到回收的 Rh/SBA-15 和 Rh/UIO-66 催化剂，回收的催化剂以 5.3.2.1 部分的方法进行氨硼烷催化脱氢测试。以上步骤重复多次，所有循环稳定性能实验测试结果如图 5-61 所示。Rh/UIO-66 催化剂在重复 3 次催化后仍能达到首次释氢量，但两种催化剂的催化活性均有不同程度降低，反应结束时间延长。失活原因来源于 Rh 纳米颗粒在催化过程中发生脱落和团聚，但相比于单独的 Rh 纳米颗粒催化剂，负载型催化剂的稳定性和循环使用性能得到了极大提升，说明载体可以起到固定金属活性中心的作用，从而有效抑制金属组分的团聚失活。

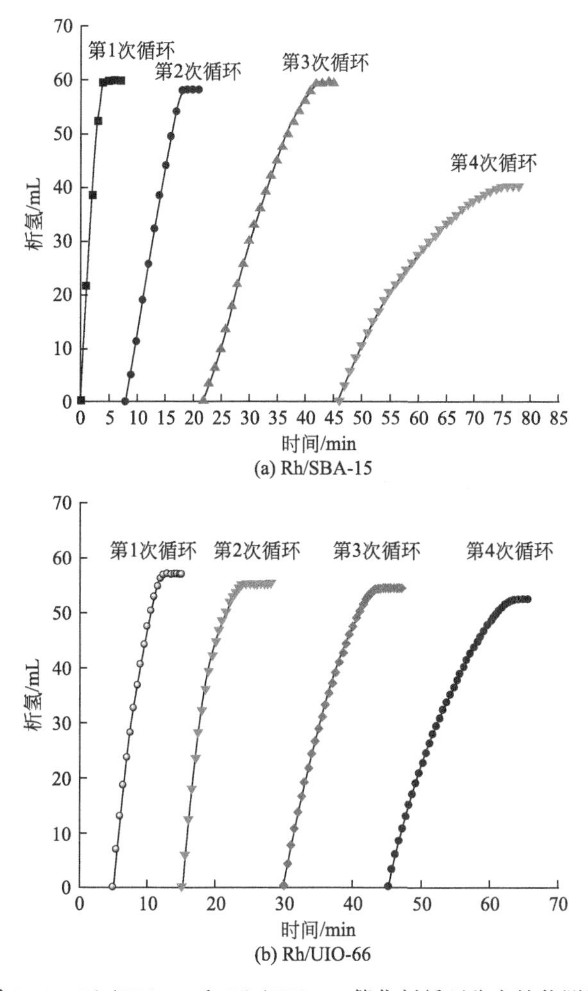

图 5-61　Rh/SBA-15 和 Rh/UIO-66 催化剂循环稳定性能测试

5.4 非贵金属催化剂

尽管 Ru、Pd、Pt 和 Rh 等贵金属基催化剂具有很高的硼氨烷水解活性，但从实际应用的角度来看，开发高效、低成本、稳定的催化剂，在适当的条件下进一步提高氨硼烷水解产氢的动力学性能是非常重要的。其中，非贵金属催化剂（Co、Ni、Cu 和 Fe 等）由于来源丰富、价格低廉等优势在氨硼烷水解产氢催化剂研究领域备受关注。Xu 等[45] 首次研究了负载型非贵金属在室温下对氨硼烷水解制氢的催化性能。研究发现负载 Co、Ni 和 Cu 是最具催化活性的，而负载 Fe 则对该反应无催化活性。对于不同的载体（γ-Al_2O_3、SiO_2 和 C）负载的 Co 纳米颗粒，Co/C 表现出最高的催化活性。且负载型催化剂的活性随着非贵金属纳米颗粒粒径的减小而增强。进一步系统研究了无负载的 3d 过渡金属纳米颗粒的催化活性[46-49]。研究结果表明，催化剂的催化活性与催化剂的粒径、结晶度、组成等因素密切相关。此外，对于纳米 Fe 催化氨硼烷水解脱氢的化学储氢研究，开发了一种简单而有效的方法来制备非晶态 Fe 纳米粒子，即使在空气中其仍具有较高的催化活性，且很容易回收[47]。这是第一个在水中和空气中使用且没有保护层的 Fe 纳米颗粒例子。非晶态铁催化剂的高活性归因于非晶态铁催化剂比 $NaBH_4$ 预还原的晶态铁催化剂具有更大的结构畸变，因此具有更高的催化活性中心浓度。

关于各种镍基催化剂水解硼氨烷的报道相当多。Wang 等[50] 2017 年报道了基于沸石咪唑啉骨架 MOF 材料（ZIF-8）制备的高度分散无配体的传统过渡金属 Fe、Cu、Co、Ni 纳米颗粒。通过对氨硼烷水解的催化性能的研究，在这些金属纳米颗粒催化剂中，NiNPs/ZIF-8 催化剂具有最好的催化活性，且在室温下能达到最高 TOF 值为 $85.7min^{-1}$，这是迄今为止报道的非贵金属催化剂的最佳 TOF 值。甚至比一些贵金属纳米粒子性能都好。此外，详细的机理研究表明在 Ni 纳米颗粒表面上硼氨烷水解的速率决定步骤为 H_2O 的 O—H 键的断裂。Zhang 等[51] 采用原子层沉积（ALD）法制备了多壁碳纳米管（CNTs）负载的高分散、均匀、负载可控的 Ni 纳米颗粒催化剂用于氨硼烷水解制氢。研究了不同 ALD 循环数制备的 Ni/CNTs 纳米催化剂对氨硼烷（AB）在水中水解的催化性能。结果表明：所有 Ni/CNTs 纳米催化剂对硼氨烷水解均表现出良好的催化活性，其中 200 个 ALD 循环生成的 Ni/CNTs 产氢速率最高，TOF 值高达 $26.2min^{-1}$，这比以往文献报道的大多数镍基催化剂都要高。水解完成时间为 4.5min，AB 水解活化能为 32.3kJ/mol。研究结果表明 ALD 是一种有前途的技术，可以设计和制造高效、经济、非贵金属纳米催化剂水解氨硼烷。

采用溶剂化金属原子分散（SMAD）法能成功合成 Cu 纳米颗粒。根据不同的反应条件，SMAD 制备的铜胶体氧化后能得到 Cu@Cu_2O 核壳结构（7.7nm±1.8nm）或 Cu_2O 纳米颗粒。Cu 纳米颗粒催化剂在氨硼烷水解反应中表现出比纯铜纳米颗粒更强的产氢活性[52]。相较于 Ni 和 Cu 纳米颗粒，Co 纳米颗粒对氨硼烷的水解反应更活跃[53]。Yan 等[54] 在不添加分散剂的情况下，在室温条件下于水溶液中原位制备了非晶态、分散性良好（粒径小于 10nm）的 Co 纳米颗粒。合成的 Co 纳米颗粒具有较高的催化活性［1116L/

(mol·min)] 和良好的循环性能（5 次循环活性均不损失），可用于氨硼烷水溶液在室温条件下制氢。

非贵金属催化剂的催化活性相比于贵金属催化剂还有一定的差距，实际的催化效果和催化剂的稳定性还有待进一步提高。而利用非贵金属间的协同作用可以有效提高催化剂的催化效果[55]。因此，双组分和多组分的非贵金属催化剂被制备出来用于氨硼烷水解制氢反应。2009 年，Yan 等[48] 首次原位合成了 Fe-Ni 合金用于氨硼烷水解。所制备的纳米合金具有类似 Pt 的高催化活性。后来的研究表明，双金属或多金属复合催化剂通过组分调控可以实现对催化剂的电子结构的调控从而展现了优异的催化活性，这是不同金属之间的协同作用所导致的[56-58]。Zhang 等[59] 利用 Ni 纳米球涂覆细小的 Cu 立方体制备了 Cu@Ni 立方笼微结构。XPS 表征证实了电子从 Cu 向 Ni 转移，Cu 含量的增加会促进更多电荷向 Ni 转移。金属组分之间的协同作用导致催化剂表面活性位点数量增加。Wang 等[60] 研究了不同 Co 基合金的电子结构与水解氨硼烷活性之间的关系。结果表明，该合金的产氢速率与 D 带中心呈火山倾向趋势，当电子结构适宜时，会影响对水和氨硼烷分子的吸附，从而获得优异的活性。此外，相比于单组分的 Cu 基或 Co 基催化剂，将 Cu 和 Co 复合构成的双组分催化剂也表现出更加优异的催化性能[61-63]。Feng 等[64] 制备了负载在氧化石墨烯载体上的 Cu-Co 双金属氧化物颗粒的催化剂，用于氨硼烷水解制氢。催化剂具有优异的催化性能，TOF 值为 $70min^{-1}$。双金属催化剂的催化活性随催化剂中 Cu 含量的增加而增强，但是没有 Co 的存在，催化剂的活性会大幅降低。说明 Cu 在反应中起主要的催化作用，Co 可以加强金属粒子与载体石墨烯间的相互作用。原位同步辐射表征表明，Cu 的电子结构在反应前后变化明显，反应前由于水分子在催化剂表面的吸附，Cu 处于还原态，水分子的吸附有利于反应的继续进行；反应中 Cu 由还原态变为氧化态，加速了反应的进行。由于多组分金属结合后，金属间的协同作用对催化剂的提升作用十分明显，近些年来的研究越来越多地集中到了多组分催化剂的制备。高效多组分催化剂的制备也将是今后氨硼烷水解制氢的重要发展方向。

综上所述：

① 通过对铂基催化剂的研究，结果表明所制备催化剂中铂镍纳米晶表现出最低的催化活性和重复使用性，TOF 仅 $58min^{-1}$，5 次重复性循环测试后活性小于初始值的 50%。当使用碳纳米管作载体制备得到 PtNi(1∶2)/FCNTs-D，表现出最高催化活性，TOF 达到 $597min^{-1}$，但 5 次重复性循环后活性仅保留 48%。碳限域的铂基催化剂 Pt@CRNS-3 活性虽然次之，TOF 为 $107min^{-1}$，却拥有最佳的重复使用性，经过 5 次重复性循环后活性依旧保留 78%。

② 通过对铑基催化剂的研究，结果表明不同表面活性剂引入所制备的催化剂对氨硼烷水解脱氢速率有明显影响，其中加入 PVP 的 Rh 纳米颗粒催化剂的活性最佳，常温常压下的 TOF 和 E_a 分别为 $25.65min^{-1}$ 和 53.1kJ/mol。相比于负载前的 Rh 纳米颗粒，Rh/SBA-15 和 Rh/UIO-66 催化剂均具有更好的催化性能和更低的活化能，TOF 分别为 $36.88min^{-1}$ 和 $57.03min^{-1}$，分别约为 Rh($20.91min^{-1}$) 纳米颗粒的 1.8 倍和 2.7 倍，活化能降低为 50.74kJ/mol 和 48.46kJ/mol。限域型和负载型催化剂对氨硼烷水解的催化活性存在显著差异。Rh@UIO-66 具有比 Rh/UIO-66 更好的催化性能，提高了约 3.5 倍

的脱氢速率，且与 Rh/UIO-66 催化剂相比，经过 4 个反应周期后 Rh@UIO-66 催化剂的催化活性几乎保持不变，表明了限域效应可以有效提升催化剂的催化效果。

参考文献

[1] Wu Y，Cai S，Wang D，et al. Syntheses of water-soluble octahedral，truncated octahedral，and cubic Pt-Ni nanocrystals and their structure-activity study in model hydrogenation reactions [J]. Journal of the American Chemical Society，2012，134：8975-8981.

[2] 田程程. 交联聚乙烯吡咯烷酮负载型催化剂的性能研究 [D]. 沈阳：沈阳工业大学，2018.

[3] Metin Ö，Özkar S. Synthesis and characterization of poly(*N*-vinyl-2-pyrrolidone)-stabilized water-soluble nickel(0) nanoclusters as catalyst for hydrogen generation from the hydrolysis of sodium borohydride [J]. Journal of Molecular Catalysis A：Chemical，2008，295 (1-2)：39-46.

[4] Mori K，Miyawaki K，Yamashita H. Ru and Ru-Ni nanoparticles on TiO_2 support as extremely active catalysts for hydrogen production from ammonia-borane [J]. ACS Catalysis，2016，6 (5)：3128-3135.

[5] Fu W，Han C，Li D，et al. Polyoxometalates-engineered hydrogen generation rate and durability of Pt/CNT catalysts from ammonia borane [J]. Journal of Energy Chemistry，2020，41：142-148.

[6] Chen W，Ji J，Duan X，et al. Unique reactivity in Pt/CNT catalyzed hydrolytic dehydrogenation of ammonia borane [J]. Chemical Communications，2014，50 (17)：2142-2144.

[7] Nassr A B A A，Sinev I，Grünert W，et al. PtNi supported on oxygen functionalized carbon nanotubes：in depth structural characterization and activity for methanol electrooxidation [J]. Applied Catalysis B：Environmental，2013，142-143：849-860.

[8] Oh H S，Oh J G，Hong Y G，et al. Investigation of carbon-supported Pt nanocatalyst preparation by the polyol process for fuel cell applications [J]. Electrochimica Acta，2007，52 (25)：7278-7285.

[9] Ma L，Zhang Q，Wu C，et al. PtNi bimetallic nanoparticles loaded MoS_2 nanosheets：Preparation and electrochemical sensing application for the detection of dopamine and uric acid [J]. Analytica Chimica Acta，2019，1055：17-25.

[10] Kaewsai D，Hunsom M. Comparative study of the ORR activity and stability of Pt and PtM(M=Ni，Co，Cr，Pd) supported on polyaniline/carbon nanotubes in a pem fuel cell [J]. Nanomaterials，2018，8 (5)：299.

[11] Choi J S，Ahn C W，Bae J S，et al. Identifying a perovskite phase in rare-earth nickelates using X-ray photoelectron spectroscopy [J]. Current Applied Physics，2020，20 (1)：102-105.

[12] Yang X，Cheng F，Liang J，et al. Pt_xNi_{1-x} nanoparticles as catalysts for hydrogen generation from hydrolysis of ammonia borane [J]. International Journal of Hydrogen Energy，2009，34 (21)：8785-8791.

[13] Xu Q，Chandra M. A portable hydrogen generation system：catalytic hydrolysis of ammonia-borane [J]. Journal of Alloys and Compounds，2007，446-447：729-732.

[14] Demirci U B，Garin F. Garin. Ru-based bimetallic alloys for hydrogen generation by hydrolysis of sodium tetrahydroborate [J]. Journal of Alloys and Compounds，2008，463 (1-2)：107-111.

[15] Greeley J，Jaramillo T F，Bonde J，et al. Computational high-throughput screening of electrocatalytic materials for hydrogen evolution [J]. Nature Materials，2006，5 (11)：909-913.

[16] Liu C H，Wu Y C，Chou C C，et al. Hydrogen generated from hydrolysis of ammonia borane using cobalt and ruthenium based catalysts [J]. International Journal of Hydrogen Energy，2012，37 (3)：2950-2959.

[17] Zhu Q L，Li J，Xu Q. Immobilizing metal nanoparticles to metal-organic frameworks with size and

location control for optimizing catalytic performance [J]. Journal of the American Chemical Society, 2013, 135 (28): 10210-10213.

[18] Liu Y, Jia S Y, Wu S H, et al. Synthesis of highly dispersed metallic nanoparticles inside the pores of MIL-101 (Cr) via the new double solvent method [J]. Catalysis Communications, 2015, 70: 44-48.

[19] Zhao J, Niu W, Zhang L, et al. A template-free and surfactant-free method for high-yield synthesis of highly monodisperse 3-aminophenol-formaldehyde resin and carbon nano/microspheres [J]. Macromolecules, 2013, 46 (1): 140-145.

[20] 黄娜，刘亮，王晓叶. 热重质谱联用技术对酚醛树脂热解行为及动力学研究 [J]. 宇航材料工艺，2012, 42 (2): 99-102.

[21] Kim J D, Yun H, Kim G C, et al. Antibacterial activity and reusability of CNT-Ag and GO-Ag nanocomposites [J]. Applied Surface Science, 2013, 283 (1): 227-233.

[22] Zhang H, Huang M, Wen J, et al. Sub-3 nm Rh nanoclusters confined within a metal-organic framework for enhanced hydrogen generation [J]. Chemical Communications, 2019, 55 (32): 4699-4702.

[23] June R L, Bell A T, Theodorou D N. Theodorou. Molecular dynamics studies of butane and hexane in silicalite [J]. The Journal of Physical Chemistry, 1992, 96 (3): 1051-1060.

[24] Zahmakıran M, Özkar S. Zeolite framework stabilized rhodium(0) nanoclusters catalyst for the hydrolysis of ammonia-borane in air: Outstanding catalytic activity, reusability and lifetime [J]. Applied Catalysis B: Environmental, 2009, 89 (1-2): 104-110.

[25] Erdogan H, Metin Ö, Özkar S. In situ-generated PVP-stabilized palladium(0) nanocluster catalyst in hydrogen generation from the methanolysis of ammonia-borane [J]. Physical Chemistry Chemical Physics, 2009, 11 (44): 10519-10525.

[26] Ayvalı T, Zahmakıran M, Özkar S. One-pot synthesis of colloidally robust rhodium(0) nanoparticles and their catalytic activity in the dehydrogenation of ammonia-borane for chemical hydrogen storage [J]. Dalton Transactions, 2011, 40 (14): 3584-3591.

[27] Sun D, Li P, Yang B, et al. Monodisperse AgPd alloy nanoparticles as a highly active catalyst towards the methanolysis of ammonia borane for hydrogen generation [J]. RSC Advances, 2016, 6 (107): 105940-105947.

[28] Li H, Wang G F, Zhang F, et al. Surfactant-assisted synthesis of CeO_2 nanoparticles and their application in wastewater treatment [J]. RSC Advances, 2012, 2 (32): 12413-12423.

[29] Rakap M. PVP-stabilized Ru-Rh nanoparticles as highly efficient catalysts for hydrogen generation from hydrolysis of ammonia borane [J]. Journal of Alloys and Compounds, 2015, 649: 1025-1030.

[30] Rakap M. Hydrogen generation from hydrolysis of ammonia borane in the presence of highly efficient poly(*N*-vinyl-2-pyrrolidone)-protected platinum-ruthenium nanoparticles [J]. Applied Catalysis A: General, 2014, 478: 15-20.

[31] Cai Z X, Song X H, Wang Y R, et al. Electrodeposition-assisted synthesis of Ni_2P nanosheets on 3D graphene/Ni foam electrode and its performance for electrocatalytic hydrogen production [J]. ChemElectroChem, 2015, 2 (11): 1665-1671.

[32] 姚含波，钱家盛，夏茹，等. 磁性碳纳米管负载铑催化剂在丁腈橡胶氢化方面的应用研究 [J]. 化工新型材料，2019, 47 (4): 204-208.

[33] Arthur E E, Li F, Momade F W Y, et al. Catalytic hydrolysis of ammonia borane for hydrogen generation using cobalt nanocluster catalyst supported on polydopamine functionalized multiwalled carbon nanotube [J]. Energy, 2014, 76: 822-829.

[34] Wang H, Zhao Y, Cheng F, et al. Cobalt nanoparticles embedded in porous N-doped carbon as

long-life catalysts for hydrolysis of ammonia borane [J]. Catalysis Science & Technology. 2016, 6 (10): 3443-3448.

[35] Yan J M, Zhang B, Han S, et al. Synthesis of longtime water/air-stable Ni nanoparticles and their high catalytic activity for hydrolysis of ammonia-borane for hydrogen generation [J]. Inorganic Chemistry, 2009, 48 (15): 7389-7393.

[36] Wei W, Wang Z, Xu J, et al. Cobalt hollow nanospheres: Controlled synthesis, modification and highly catalytic performance for hydrolysis of ammonia borane [J]. Science Bulletin, 2017, 62 (5): 326-331.

[37] Yao Q, Lu Z H, Yang K, et al. Ruthenium nanoparticles confined in SBA-15 as highly efficient catalyst for hydrolytic dehydrogenation of ammonia borane and hydrazine borane [J]. Scientific Reports, 2015, 5: 15186.

[38] Lai S W, Lin H L, Lin Y P, et al. Hydrolysis of ammonia-borane catalyzed by an iron-nickel alloy on an SBA-15 support [J]. International Journal of Hydrogen Energy, 2013, 38 (11): 4636-4647.

[39] Patel N, Fernandes R, Gupta S, et al. Co-B catalyst supported over mesoporous silica for hydrogen production by catalytic hydrolysis of ammonia borane: A study on influence of pore structure [J]. Applied Catalysis B: Environmental, 2013, 140-141: 125-132.

[40] Zhu Q L, Xu Q. Metal-organic framework composites [J]. Chemical Society Reviews, 2014, 43: 5468-5512.

[41] Choi K M, Na K, Somorjai G A, et al. Chemical environment control and enhanced catalytic performance of platinum nanoparticles embedded in nanocrystalline metal-organic frameworks [J]. Journal of the American Chemical Society, 2015, 137 (24): 7810-7816.

[42] Alotaibi M A, Kozhevnikova E F, Kozhevnikov I V, et al. Deoxygenation of propionic acid on heteropoly acid and bifunctional metal-loaded heteropoly acid catalysts: Reaction pathways and turnover rates [J]. Applied Catalysis A General, 2012, 447-448: 32-40.

[43] Lee K J, Kumar P A, Maqbool M S, et al. Ceria added Sb-V_2O_5/TiO_2 catalysts for low temperature NH_3 SCR: Physico-chemical properties and catalytic activity [J]. Applied Catalysis B: Environmental, 2013, 142-143: 705-717.

[44] Steinhauer B, Kasireddy M R, Radnik J, et al. Development of Ni-Pd bimetallic catalysts for the utilization of carbon dioxide and methane by dry reforming [J]. Applied Catalysis A General, 2009, 366 (2): 333-341.

[45] Xu Q, Chandra M. Catalytic activities of non-noble metals for hydrogen generation from aqueous ammonia-borane at room temperature [J]. Journal of Power Sources, 2006, 163: 364-370.

[46] Yan J M, Zhang X B, Han S, et al. Iron-nanoparticle-catalyzed hydrolytic dehydrogenation of ammonia borane for chemical hydrogen storage [J]. Angewandte Chemie International Edition. 2008, 47 (12): 2287-2289.

[47] Umegaki T, Yan J M, Zhang X B, et al. Preparation and catalysis of poly(*N*-vinyl-2-pyrrolidone) (PVP) stabilized nickel catalyst for hydrolytic dehydrogenation of ammonia borane [J]. International Journal of Hydrogen Energy, 2009, 34 (9): 3816-3822.

[48] Yan J M, Zhang X B, Han S, et al. Magnetically recyclable Fe-Ni alloy catalyzed dehydrogenation of ammonia borane in aqueous solution under ambient atmosphere [J]. Journal of Power Sources, 2009, 194 (1): 478-481.

[49] Umegaki T, Yan J M, Zhang X B, et al. Hollow Ni-SiO_2 nanosphere-catalyzed hydrolytic dehydrogenation of ammonia borane for chemical hydrogen storage [J]. Journal of Power Sources, 2009, 191 (2): 209-216.

[50] Wang C, Tuninetti J, Wang Z, et al. Hydrolysis of ammonia-borane over Ni/ZIF-8 nanocatalyst: High efficiency, mechanism, and controlled hydrogen release [J]. Journal of the American Chemi-

cal Aociety, 2017, 139 (33): 11610-11615.

[51] Zhang J, Chen C, Yan W, et al. Ni nanoparticles supported on CNTs with excellent activity produced by atomic layer deposition for hydrogen generation from the hydrolysis of ammonia borane [J]. Catalysis Science & Technology, 2016, 6 (7): 2112-2119.

[52] Kalidindi S B, Vernekar A A, Jagirdar B R. Jagirdar. Co-Co_2B, Ni-Ni_3B and Co-Ni-B nanocomposites catalyzed ammonia-borane methanolysis for hydrogen generation [J]. Physical Chemistry Chemical Physics, 2009, 11: 770-775.

[53] Kalidindi S B, Indirani M, Jagirdar B R. Jagirdar. First row transition metal ion-assisted ammonia-borane hydrolysis for hydrogen generation [J]. Inorganic Chemistry, 2008, 47 (16): 7424-7429.

[54] Yan J M, Zhang X B, Shioyama H, et al. Room temperature hydrolytic dehydrogenation of ammonia borane catalyzed by Co nanoparticles [J]. Journal of Power Sources, 2010, 195 (4): 1091-1094.

[55] Singh A K, Xu Q. Synergistic catalysis over bimetallic alloy nanoparticles [J]. ChemCatChem, 2013, 5 (3): 652-676.

[56] Yang K, Yao Q L, Lu Z H, et al. Facile synthesis of cumo nanoparticles as highly active and cost-effective catalysts for the hydrolysis of ammonia borane [J]. Acta Physico-Chimica Sinica, 2017, 33 (5): 993-1000.

[57] Furukawa S, Nishimura G, Takayama T, et al. Enhanced catalytic activity of NiM(M = Cr, Mo, W) nanoparticles for hydrogen evolution from ammonia borane and hydrazine borane [J]. International Journal of Hydrogen Energy, 2017, 42 (7): 6840-6850.

[58] Furukawa S, Nishimura G, Takayama T, et al. Highly active Ni- and Co-based bimetallic catalysts for hydrogen production from ammonia-borane [J]. Frontiers in Chemistry, 2019, 7: 138.

[59] Zhang J, Li H, Zhang H, et al. Porously hierarchical Cu@Ni cubic-cage microstructure: Very active and durable catalyst for hydrolytically liberating H_2 gas from ammonia borane [J]. Renewable Energy, 2016, 99: 1038-1045.

[60] Wang C, Li L, Yu X, et al. Regulation of d-band electrons to enhance the activity of Co-based non-noble bimetal catalysts for hydrolysis of ammonia borane [J]. ACS Sustainable Chemistry & Engineering, 2020, 8 (22): 8256-8266.

[61] Xu M, Huai X, Zhang H. Highly dispersed CuCo nanoparticles supported on reduced graphene oxide as high-activity catalysts for hydrogen evolution from ammonia borane hydrolysis [J]. Journal of Nanoparticle Research, 2018, 20 (12): 329.

[62] Wang H, Zhou L, Han M, et al. CuCo nanoparticles supported on hierarchically porous carbon as catalysts for hydrolysis of ammonia borane [J]. Journal of Alloys and Compounds, 2015, 651: 382-388.

[63] Zheng H, Feng K, Shang Y, et al. Cube-like CuCoO nanostructures on reduced graphene oxide for H_2 Generation from ammonia borane [J]. Inorganic Chemistry Frontiers, 2018, 5 (5): 1180-1187.

[64] Feng K, Zhong J, Zhao B, et al. $Cu_xCo_{1-x}O$ nanoparticles on graphene oxide as a synergistic catalyst for high-efficiency hydrolysis of ammonia-borane [J]. Angewandte Chemie International Edition, 2016, 128 (39): 12129-12133.

第6章 水分解制氢贵金属催化剂

6.1 概述

常见的三种制氢方式为甲烷重整制氢、煤炭气化制氢以及水分解制氢[1]，而甲烷重整以及煤炭气化两种制氢方法对环境存在一定影响。一方面，二者均会排放大量的二氧化碳，形成温室效应影响环境；另一方面，这两种制氢方法在转化过程存在大量副产物，为氢气提纯造成了极大的困难。相比之下水分解制氢则高效环保得多，其主要原材料水来源丰富，而其反应产物较为单一有利于提纯。水分解制氢又可分为热解水制氢、光解水制氢、生物制氢以及电解水制氢。其中，光解水制氢技术[2]与生物制氢技术[3]并未成熟，存在转化效率偏低的问题；热解水制氢需采用高温高压环境，对设备材质要求高，同时能耗大经济效益偏低[4]；而电解水制氢技术则相对成熟得多。通过电解水制氢技术与风能、水能、潮汐能发电技术相结合产生氢气实现能源储备，可以避免能源的浪费。此外，电解水制氢技术发展迅猛，具有较高的转化效率，商业价值较高。

仅从催化活性上看 IrO_2 的性能要低于 Ir，但其稳定性比纯金属 Ir 要高 2～3 个数量级，因此工业应用上常将 IrO_2 作为阳极电极材料[5]。但完全使用 IrO_2 作为阳极电极材料会使设备的造价成本过于昂贵。因此 Russell 等[6]在 1973 年的第一篇质子交换膜（PEM）电解槽文章中，便提出了关于减少 PEM 的贵重材料负载的初步想法。到目前为止，已经有大量研究着眼于降低贵金属 Ir 的使用量。

6.1.1 氧化铱粉体材料

多相催化领域认为催化剂的颗粒越小，活性越高；认为催化反应发生在催化剂表面，因此暴露于表面的原子越多，催化剂的催化活性就越高。金属原子的利用率增加，相应的金属用量便可减少，降低催化剂的生产成本，因此增加暴露于催化剂表面的原子是多相催化历来的研究热点。这一理论同样适用于电催化领域，更大的电化学活性表面积、更高的原子分散度成为研究所关注的热点。

受燃料电池催化剂研究成果的启发，纳米粉体催化剂开始应用在PEM电解槽的催化层上。这种纳米粉体催化剂涂敷工艺可以使催化层与电解质更加完全地接触，提升催化剂的活性表面积从而提升电化学活性。常见的制备金属纳米颗粒工艺有亚当斯法、湿化学法、热分解法。Bonet等[7] 通过多元醇法，一步合成平均粒径为3nm的Ir纳米粒子。Nguyen等[8] 采用多元醇退火法，将三氯化铱水合物、聚乙烯吡咯烷酮以及乙二醇一步合成IrO_2纳米颗粒后，于空气中焙烧，制备出平均粒径为6.8nm的IrO_2纳米颗粒，展现出较好的电化学活性（2.66A/g_{oxide}@1.53V）。Song等[9] 通过亚当斯熔融法以及溶胶-凝胶法合成了两种IrO_2，其中溶胶-凝胶法制备出的IrO_2有更优秀的电化学活性。他推测这种结果是由于电催化剂在聚合物电解质中的分散性更好，结晶度更高，电催化剂的电导率更高。溶胶-凝胶法制备的IrO_2样品的X射线衍射峰的半峰宽比亚当斯熔融法制备的IrO_2样品的半峰宽更小，表明前者的结晶度略高。同时溶胶-凝胶法制备的IrO_2样品的比表面积要比亚当斯熔融法制备的IrO_2样品高得多。Siracusano等[10] 通过亚硫酸盐偶联法制备出平均粒径在2～3nm的IrO_2纳米颗粒（图6-1），这相较于其他工艺制备的IrO_2在粒子粒径（7～12nm）[11] 上有了重大突破。但这些工艺受限于收率、重复性、尺寸效益以及稳定性等缺陷，无法完全被工业界所利用。研究者开始寻找降低贵金属用量的新方法。

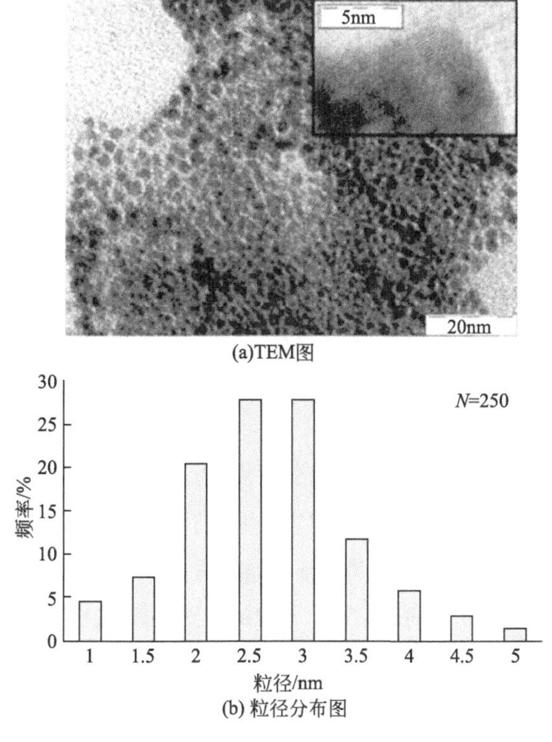

图6-1 亚硫酸盐偶联法制备IrO_2的TEM图和粒径分布[10]

析氧反应催化剂的活性与其结构与形态是息息相关的。具备高比表面积的催化材料往往具备更高的电催化活性，因此模板法开始进入广大研究者的视野。模板法的优势在于重复性较高、制备工艺较为简单。以模板为载体可以使催化剂具备较高的比表面积，从而暴露更多的活性位点，增强电化学活性。而模板法中模板剂的选择对催化剂形貌有至关重要的作用，常见的模板剂是聚合物微球以及两亲嵌段共聚物。

Lim 等[12] 在传统的亚当斯熔融法中加入半胱胺盐酸盐作为模板剂，成功制备出了超薄的纳米针型 IrO_2。这种纳米粒子的平均直径为 2nm±0.5nm，同时通过对比发现，反应中生成的半胱胺凝胶对纳米针的形成起到了至关重要的作用。Li 等[13] 以 SBA-15 为模板剂制备了介孔 IrO_2，其比表面积为 287.8m^2/g，与亚当斯法制备的 IrO_2 相比增加近 3 倍。同时在相同负载下，1A/cm^2 所需电压降低 50mV。Li 等[14] 在传统的亚当斯法中引入 $NH_3 \cdot H_2O$ 并成功制备出具有纳米多孔结构的 IrO_2，其比表面积为 363.3m^2/g，这是目前报道的 IrO_2 粉体材料中比表面积最高的。同时其电催化性能也有较大的提升，10mA/cm^2 所需电压相较于传统亚当斯法制备 IrO_2 样品降低了 30mV。Ortel 等[15] 使用两亲性三嵌段共聚物 PEO-PB-PEO 合成了介孔 IrO_2。这种介孔 IrO_2 相较于未模板化 IrO_2 在 10A/cm^2 下所需电压下降 40mV。Liu 等[16] 使用胶体法以聚甲基丙烯酸甲酯（PMMA）作为模板剂制备了三维有序大孔结构的 IrO_2，与未使用模板剂的 IrO_2 材料相比大孔状 IrO_2 在 0.5mA/cm^2 所需电压下降 30mV。

但模板法制备的催化剂稳定性偏差，同时模板剂给催化剂的清洁和提纯带来了很大的困难，因此研究人员开始寻找新策略来提高贵金属原子利用效率。

6.1.2 金属掺杂氧化铱粉体材料

研究人员寻找到的另一种降低贵金属负载的方法是在 IrO_2 金红石结构中掺杂非贵金属原子，这类方法可以通过改变催化剂结构以及电子分布来提高活性以及稳定性[17]。掺杂是指使用其他元素取代原主相结构的元素位置的改性方法，可以分为固溶体掺杂和非固溶体掺杂，前者是指掺杂元素同样具有主相物质的结构；而非固溶体掺杂往往是指掺杂元素并没有主相物质的结构，因此只能部分取代，而这种取代往往会伴随着晶格氧的产生。

6.1.2.1 钌掺杂氧化铱

RuO_2 和 IrO_2 均为非化学计量结构的氧化物，RuO_2 是缺氧结构（RuO_{2-x}），而 IrO_2 是富氧结构（IrO_{2+x}），两者具备协同作用并且 Ru^{4+} 与 Ir^{4+} 的原子半径较为接近，这就为两种元素形成固溶体结构提供了有利条件[18]。

Kötz 等[19] 通过磁控溅射法制备了 Ir 和 Ru 的混合氧化物，在 Ir 含量为 20%时混合氧化物的腐蚀速率下降至 RuO_2 的 4%。这种材料结合了 IrO_2 的稳定性以及 RuO_2 的高催化活性。$Ir_{0.2}Ru_{0.8}O_2$ 复合材料的成功制备使得研究人员开始进一步探索基于 Ir 和 Ru 的复合催化材料[20-23]。Balko 等[24] 发现 RuO_2 在释放 O_2 的过程中生成 RuO_4 从而使催化剂解离，而 Ir 的加入可以抑制 RuO_4 生成从而提高催化剂的稳定性。Danilovic 等[25] 因此得到启发设计了以 Ir 为骨架的 Ir-Ru 复合氧化物，其稳定性为常规 Ir-Ru 混合氧化物的 4 倍。但 Ir-Ru 混合氧化物的成本依旧较高，并没有弥补贵金属氧化物作为电催化剂的成本劣势，同时研究人员发现电催化析氧反应往往发生在催化剂表面，而通过过渡金属元素的掺杂可以在调控催化剂表面的同时降低催化剂中贵金属的含量。

6.1.2.2 3d过渡金属掺杂氧化铱

不同于传统金属优先与氧发生结合，铂系金属会优先与 Fe、Ni、Cu 以及 S 等元素进行结合[26]。同时大量文献表明 Fe、Ni、Co、Cu 与 IrO_2 结合会改变原材料固有的电子结构，从而提升材料的析氧活性[27-39]。但常见的掺杂元素受原子半径以及晶相结构的影响，无法与 Ir 形成固溶体结构。因此多数情况下，这些过渡金属的掺杂不会超过 30%（摩尔分数）[29,40,41]。

Moghaddam 等[42] 通过胶体法制备了 $IrNi_yO_x$ 材料，其最佳原子比为 Ir∶Ni＝8∶1。在 1.47V 电压下，最佳比例 $IrNi_yO_x$ 的质量活性约为 IrO_2 的 1.6 倍。同时经过实验对比发现与同样使用胶体法制备的 IrO_2 相比，$IrNi_yO_x$ 的电化学活性表面积并无明显优势，因此推测 Ni 的掺杂更多的是改变 IrO_2 材料的本征催化活性。而 Reier 等[43] 研究发现当 Ni 掺杂 IrO_2 的摩尔分数超过 30%时，产物会出现除 IrO_2 金红石相以外的氧化物杂相（图 6-2）。

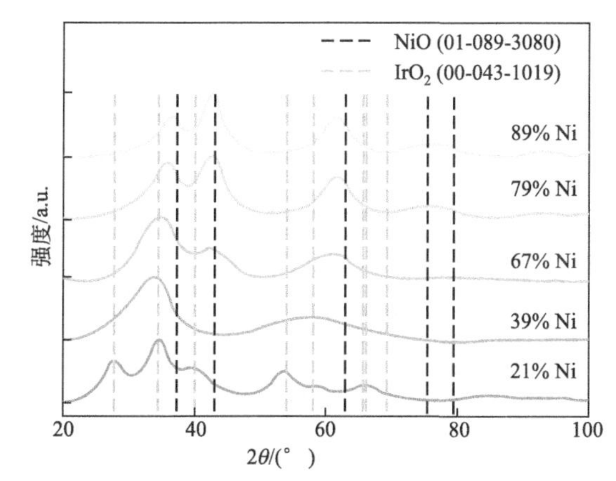

(a)不同Ni原子含量XRD谱图

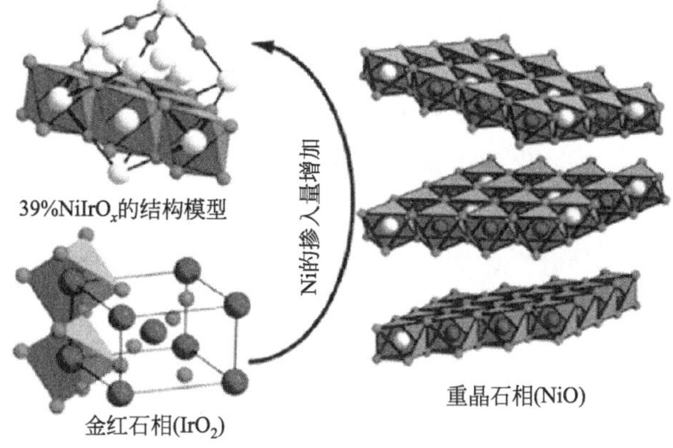

(b)晶相中的结构模型

图 6-2 不同 Ni 原子含量 XRD 谱图及晶相中的结构模型[43]

但这种非固溶体 Ni 掺杂的 IrO_2 材料却产生了较为特别的现象，Nong 等[44] 通过多元醇-酸洗的方法合成的 IrO_x@IrNi 核壳纳米粒子，在 Ni 的原子含量约为 77%时 IrO_x@IrNi 核壳纳米粒子性能最优，其质量活性约为 Ir 的 7 倍且具备接近的稳定性，这大大降低了贵金属的用量。而 Jin 等[45] 通过对比催化剂析氧反应前后的元素分布，发现随着析氧反应的进行，Ir 不断从 IrNi 中析出形成无定形 IrO_x 包裹在 IrNi 外侧，而 Ni 则会溶解在电解质中。通过 X 射线吸收光谱发现生成的 IrO_x 键合强度明显低于 IrO_2，这会降低析氧中间体 *OOH 所需吸附能，从而提高析氧反应动力学。同时通过 DFT 计算发现 Ni 元素的掺杂会调控水分子在 IrO_2 催化剂表面的吸附能，近而提升催化剂析氧活性。

另一种常见的掺杂元素是 Co，一方面 Co 的掺杂同样可以达到调控 IrO_2 催化剂键能的效果[39]；另一方面，Co 的氧化物具有良好的耐腐蚀性，在经过酸洗处理后可以保持一定量的 Co 存留在催化剂中，降低贵金属含量。Hu 等[29] 通过热分解后酸洗的处理办法制备了 $Ir_{0.7}Co_{0.3}O_x$，与未经过酸洗的样品相比，酸洗后材料的比表面积增大、电子传导效率更高。其在 1.6V 下的电流密度约为 IrO_2 的 2 倍，同时其稳定性也有所提高。Alia 等[35] 通过电偶置换法制备了 Ir、IrNi、IrCo 三种纳米线，其中 IrCo 纳米线相较于 Ir 纳米线有更高的质量活性与电化学活性表面积。Tran 等[46] 通过胶体法制备了 Ir-Co_3O_4@Co_3O_4 中空核壳结构纳米粒子，这种纳米粒子不仅具备了较好的质量活性与长效的稳定性，同时其 Ir 含量仅为 14%（质量分数）。这是目前报道中核壳类纳米粒子中 Ir 含量最低的酸性催化剂。

6.1.2.3 锡掺杂氧化铱

与掺杂 Ni、Co、Fe、Cu 的金属不同，Sn^{4+}（0.083nm）与 Ir^{4+}（0.077nm）的原子半径较为接近[47,48]，同时 SnO_2 与 IrO_2 均为金红石相氧化物，因此 Sn 可以以固溶体结构与 IrO_2 结合。此外，SnO_2 在高温和酸性条件下均有较好的稳定性，这便使得 Sn 成为掺杂 IrO_2 的良好选择。研究者在制备 Sn 掺杂 IrO_2 的过程中发现，产物往往会形成两个独立的饱和固溶体相，一相富含 SnO_2，而另一相富含 IrO_2[7,47,49]。Xu 等[49] 认为这种相分离是反应过程中 SnO_2（$\Delta G=-186.5kJ/mol$）率先生成，从而使 IrO_2（$\Delta G=-510kJ/mol$）[47] 包裹在其外侧[49]，而 SnO_2-IrO_2 在之后的反应中发生偏析造成了这种相分离。而这种相分离现象会使电子在传导过程中经过更多相界面，降低了催化剂材料的导电性[47,50,51]。

如图 6-3 所示，有研究表明使用表面活性剂辅助合成 $Ir_xSn_{1-x}O_2$ 可以避免出现产物相分离的现象，Li 等[52] 通过化学还原后老化的方法制备 $Ir_xSn_{1-x}O_2$，在化学还原中加入表面活性剂 F127 使产物具有高孔隙、高分散度以及无定形结构；而这种晶相结构均匀的 $Ir_xSn_{1-x}O_2$ 具备更好的导电性。而部分研究学者[53] 通过将 Sb 元素掺杂进 $Ir_xSn_{1-x}O_2$ 固溶体结构从而提高导电性。

6.1.3 其他晶型结构铱基氧化物粉体材料

尽管金属掺杂 IrO_2 在催化剂性能以及贵金属用量上均取得了不俗的效果，但其晶体结构复杂、活性位点难以判定。这对进一步认知析氧催化材料产生了较大的困难，因此研

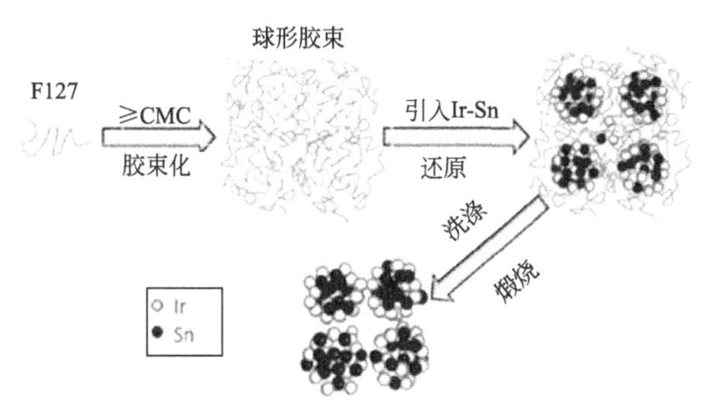

图 6-3 表面活性剂辅助制备 $Ir_xSn_{1-x}O_2$ 纳米粒子示意[52]

CMC—临界胶束浓度

究人员开始思考将 Ir 固定在其他稳定的晶型结构中来探索其高活性的原因，常见的两种晶型结构为烧绿石结构与钙钛矿结构。

烧绿石是一类复杂的化合物，其通式为 $A_2B_2O_{6.5+x}$。通式中 A 代表碱土金属（Bi、Pb 和 Ae），而 B 代表贵金属（Ir、Ru 和 Os）。通常制备烧绿石材料需要高温煅烧，这会使材料难以获得较高的比表面积，但铱基烧绿石材料依旧有着不俗的电催化析氧活性。这种有趣的现象为研究人员研究烧绿石结构铱基氧化物提供了较大的动力。Shih 等[54] 和 Lebedev 等[55] 等分别通过亚当斯法以及高温煅烧法制备了 $Y_2Ir_2O_7$ 材料，发现具有较大比表面积差异的两种材料电流密度却较为接近。研究人员在后续的研究中发现，随着析氧反应的进行，$Y_2Ir_2O_7$ 结构中 Y 元素不断浸出，使催化剂表面形成无定形 IrO_x 结构，使催化剂形成更多的活性位点而其电化学表面积也随之发生变化[56]。Shang 等[57] 采用高温煅烧法制备了一系列 $R_2Ir_2O_7$（R＝Ho、Tb、Gd、Nd 和 Pr），他们发现随着 R 元素的离子半径降低，$R_2Ir_2O_7$ 的催化活性大幅提高。研究表明 R 元素在析氧反应过程中在催化剂表面发生质子化使溶液中的水分子脱离溶剂化的状态，这样便降低了溶液中氢键的作用力，使催化剂可以更加直接地与水分子吸附结合从而降低析氧反应所需活化能。

与烧绿石结构类似，钙钛矿材料结构可以使活性金属以混合价态存在，从而产生晶格氧，因此钙钛矿材料具有传统催化剂材料所不具备的特点。Diaz-Morales 等[58] 使用高温煅烧法制备了一系列 Ir 基双钙钛矿结构催化剂 Ba_2MIrO_6（其中，M＝La、Ce、Pr、Nd、Tb 和 Y），Ba_2YIrO_6 材料在 Ir 含量降低了 32%（质量分数）的情况下具备与 IrO_2 相同的电流密度及稳定性，同时他认为调节 M—O 的键能可以影响催化剂材料的局部电荷分布从而达到调控 OER 催化性能的效果。Liang 等[59] 通过热分解法制备了 Ir-STO（$SrTi_{1-x}Ir_xO_3$，$0 \leqslant x \leqslant 0.67$），在贵金属负载相同的前提下其 1.55V 下的电流密度约为 IrO_2 电流密度的 5 倍。Zhang 等[60] 通过高温煅烧法制备了 $Sr_2MIr(V)O_6$（M＝Fe 和 Co），在测试时发现经过活化的催化剂材料均有较为一致的催化活性，同时这种催化活性与参杂的 Fe 和 Co 无关。通过对活化后的电解质分析发现，$Sr_2MIr(V)O_6$ 材料在活化过程中 Fe、Co、Sr 和 Ir 均有析出现象，但随着反应的进行溶液中 Ir 重新沉积在催化剂表面形成无定形 IrO_x 使催化剂表面形成溶解与沉积的平衡，而其他元素则会浸出于电解质溶液中，因此其催化活性与 Fe、Co 等元素无关。

6.2 氧化铱薄膜催化剂

电解水与可再生能源的结合可以成为解决能源危机和环境污染的有效手段，电解水将可再生能源转化成氢能储存从而克服太阳能、潮汐能、风能等的间歇性问题[61-65]，然而电解水中阳极析氧半反应所需的高电势是当下面临的重要挑战。同时在电流密度、转化效率以及安全性上，酸性聚合物电解槽相较于碱性电解槽有更大的优势[66]。然而 PEM 电解槽的酸性环境要求使用稀有且昂贵的贵金属 Ru 或 Ir 作为阳极催化剂[66,67]。因此制备低负载量、高分散、高原子利用率的 Ir 基阳极催化剂是当下研究的重点。

相较于粉末催化剂，薄膜材料具有更高的应用前景，常见的 IrO_2 薄膜制备如化学气相沉积[68]、原子层沉积[69,70]、电沉积[71-73]、脉冲激光电沉积[56,74]、热分解[61,75]、磁控溅射[76]。

目前，非晶 IrO_x[61,73,75,77-81] 被认为是最佳的酸性氧化剂，非晶 IrO_x 的无定形结构使其产生更多的配位缺陷，粒子具有更高的活性。但常见的水热法[61]、溶胶-凝胶法[75]以及热分解法[77] 均在制备薄膜方面存在一定的缺陷。首先水热法并不适合制备薄膜材料；而溶胶-凝胶法溶胶制备过程复杂，后续的成膜工艺难以使粒子分布均匀；传统热分解法则受到前驱体溶液的制约，催化剂负载较低。

本章采用聚乙烯吡咯烷酮-氯铱酸复合溶液，在导电玻璃表面旋涂后热处理制备氧化铱薄膜材料。一方面使 IrO_2 在基底表面原位形成从而与基底可以更好地结合，另一方面 PVP 起到成膜剂以及分散剂的作用，可以使铱原子在表面更均匀分散的同时在热处理时 PVP 可以抑制铱原子的聚集，使所得材料具有更好的电催化活性。

6.2.1 催化剂材料制备

(1) 基底预处理

将导电玻璃（SnO_2：F，简称 FTO，其面积为 15mm×15mm）置于洗净的烧杯中，向其中加入适量的溶剂。顺序依次为丙酮、无水乙醇、去离子水，放入超声清洗机中。每次超声清洗时间为 20min 以去除表面的油污和灰尘。之后将清洗好的导电玻璃放入烘箱中，于 333K 干燥 30min。最后将处理好的导电玻璃放入等离子体清洗机中处理 15min。

(2) 不同氯铱酸前驱体溶液的配制

将预先购买的 1g 氯铱酸-盐酸溶液（$HIrCl_6 \cdot xH_2O/HCl$，Ir≥36%）使用三种溶剂［乙醇（ethanol，EA）、去离子水（deionized water，DI）以及二甲基甲酰胺（*N*,*N*-dimethylformamide，DMF）］定容至 50mL，分别表示为氯铱酸-乙醇溶液、氯铱酸-去离子水溶液以及氯铱酸-二甲基甲酰胺溶液，待后续使用。

(3) 旋涂溶液的配制

分别移取 1mL、3mL、5mL 氯铱酸-乙醇溶液、氯铱酸-去离子水溶液以及氯铱酸-二甲基甲酰胺溶液并以相同溶剂稀释至 5mL，最后向其中加入 0.5g 成膜剂超声并搅拌均匀，其中成膜剂有两种分别为聚乙烯吡咯烷酮（polyvinyl pyrrolidone，PVP）和聚丙烯腈（polyacrylonitrile，PAN）。旋涂溶液具体成分如表 6-1 所列。

表 6-1 旋涂溶液成分及配比

氯铱酸浓度/(g/mL)	成膜剂	溶剂	能否完全溶解
0.004	PVP	DI	能
0.012	PVP	DI	能
0.020	PVP	DI	能
0.004	PVP	EA	否
0.004	PVP	DMF	否
0.004	PAN	EA	能
0.004	PAN	DMF	能

(4) 旋涂

使用真空泵将导电玻璃固定在匀胶机上，移取 50μL 旋涂溶液涂敷在导电玻璃（FTO）上。匀胶过程为 500r/min 持续 10s，旋涂过程为 2000r/min 持续 180s。

(5) 热处理

将旋涂后的导电玻璃放入马弗炉中以 1K/min 的升温速度升温至 573K、673K、773K、873K，在该温度下保持 3h，将制备好的样品标记为 S-300、S-400、S-500、S-600。

(6) 等离子体处理

将 573K（300℃）煅烧后的样品放入等离子体清洗机中处理 5min、10min、15min，将制备好的样品标记为 S-P-5、S-P-10、S-P-15。

(7) 电化学性能测试工作电极制备方法

同时使用激光直写在适合大小的聚酰亚胺（polyimide，PI）胶带上固定出 0.5cm×0.5cm 区域，并将其粘贴在负载催化剂薄膜的 FTO 上。为避免电化学析氧过程中气泡带来的影响，线性伏安测试扫描速率为 5mV/s。

6.2.2 旋涂条件优化

在旋涂法制备 IrO_2 薄膜前体中前驱体溶液的配比是极为重要的，实验中选取了 PVP 和 PAN 两种常见的成膜剂进行对比，同时在溶剂上选择了 EA、DI 以及 DMF 三种溶剂作为对比。但在实验中发现 PVP 在氯铱酸-乙醇溶液以及氯铱酸-二甲基甲酰胺溶液中会发生团聚，无法完全溶解。

而在进行旋涂工艺时需保证溶液在旋涂过程中挥发完全形成聚合物薄膜，这样可以减少聚合物在干燥时团聚所带来的影响。经过多次尝试将旋涂工艺规范为：移取 50μL 旋涂溶液均匀滴落在 FTO 表面，匀胶过程参数为 500r/min 持续 10s，旋涂过程参数为 2000r/min 持续 180s。旋涂后可以得到均与的聚合物薄膜。

再经过热处理步骤后，将制备好的薄膜分别使用乙醇、去离子水浸泡 1h。

首先需对前驱体溶液中成膜剂以及溶剂的选择进行筛选，向 5mL 氯铱酸溶液（0.02g/mL）中加入 0.5g 成膜剂，具体成分如表 6-2 所列。

表 6-2 样品部分制备条件

成膜剂	溶剂	煅烧温度	样品标记
PVP	DI	873K	PVP-DI
PAN	EA	873K	PAN-EA
PAN	DMF	873K	PAN-DMF

将制备好的材料使用三电极体系进行电化学表征，优化前驱体溶液的具体指标为 OER 电流密度 $5mA/cm^2$ 所对应的析氧过电位。

从图 6-4(a) 中可知 PVP-DI 样品的电化学析氧活性远超其他两种样品，为了更直观地比较三种样品的活性，将 $5mA/cm^2$ 电流密度下的析氧电位进行比较［图 6-4(b)］，PVP-DI 在 1.6V 电压下便可实现 $5mA/cm^2$ 的电流密度，远远低于 PAN-EA（1.66V）和 PAN-DMF（1.73V）。其次在 1.75V 电压下 PVP-DI 样品的电流密度约为 PAN-EA 样品的 5 倍、PAN-DMF 样品的 3 倍。产生这种结果的原因可能是 PVP 可以与溶液中的 Ir^{3+} 结合，从而降低后续热处理过程中纳米粒子的团聚，而 PAN 在前驱体溶液中只能起到成膜剂的作用，无法阻止纳米粒子在高温下的团聚。针对 PAN-EA 相对于 PAN-DMF 的高性能，推测为溶剂蒸发效率的差异，相较于 DMF 溶液，无水乙醇具有更低的沸点可以更快蒸发，从而降低聚合物的团聚。因此选择 PVP-DI 体系作为前驱体溶液。

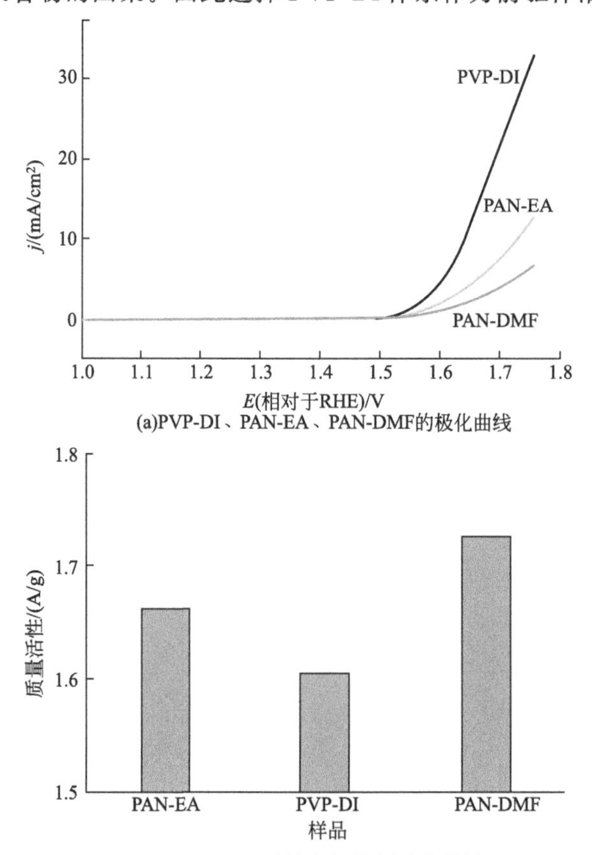

图 6-4 PVP-DI、PAN-EA、PAN-DMF 的极化曲线（95% *IR* 降）及 $5mA/cm^2$ 电流密度所需电位柱状图

6.2.3 氯铱酸浓度的影响

在经过对前驱体溶液成分进行筛选后，本节考察氯铱酸浓度以及煅烧温度对 IrO_2 薄膜电催化性能的影响，移取 1mL、3mL 和 5mL 配制好的氯铱酸-去离子水溶液，使用去离子水将其稀释至 5mL 并向其中添加 0.5g PVP，最终其成分配比见表 6-3。

表 6-3 部分样品制备条件

氯铱酸浓度/(g/mL)	氯铱酸：PVP(质量比)	煅烧温度/K	样品标记
0.004	1∶25	573	S-4-300
0.012	3∶25	573	S-12-300
0.020	1∶5	573	S-20-300
0.004	1∶25	873	S-4-600
0.012	3∶25	873	S-12-600
0.020	1∶5	873	S-20-600

PVP 与氯铱酸的配比对于 IrO_2 薄膜催化剂的制备是极为重要的，适量的 PVP 可以抑制 IrO_2 纳米粒子的团聚[80,81] 同时可以使粒子较为均匀地分布在基底表面。而过量的 PVP 会降低催化剂的电化学活性表面积，此外，PVP 需要经由乙炔合成，对环境存在一定的伤害[1]。而煅烧温度也是实验中较为重要的参数，催化剂的催化性能由粒子固有的催化活性以及暴露的活性位点数目共同决定，而适当的煅烧温度可以在两者中达到平衡使催化剂活性最大化。

为了准确评估催化剂的固有活性，需要将不同浓度的前驱体溶液制备的 IrO_2 薄膜中 Ir 元素含量测量出来，旋涂后基底表面留存的化合物含量是由其前驱体溶液的黏度与表面张力共同决定的，而前驱体溶液中氯铱酸含量不同可能导致其表面张力和黏度发生变化，因此需要对薄膜中 Ir 元素含量进行评估来消除由不同贵金属负载引起的催化剂性能差异。具体实验为将旋涂后未煅烧的 IrO_2 薄膜前体浸泡于 5mL 无水乙醇中，超声 30min 后静置过夜。不同氯铱酸浓度溶液标记为 IrO_2-4、IrO_2-12、IrO_2-20，将浸泡后的溶液使用 ICP-OES 分析 Ir 元素含量，将其归一到单位面积 FTO 后其结果见表 6-4。

表 6-4 单位面积 Ir 元素含量

样品名称	IrO_2-4	IrO_2-12	IrO_2-20
Ir 含量/($\mu g/cm^2$)	4.38	5.7	15.0

通过对 S-4-300、S-12-300、S-20-300 三个样品的极化曲线分析发现，S-20-300 在三种薄膜材料中起始电位最低，相同电位下电流密度最高。但将其电流密度归一为质量活性时发现 S-20-300 样品的质量活性反而要低于 S-12-300 和 S-20-300 两个样品，推测为高浓度的 PVP 包裹在 Ir 元素周围从而降低了煅烧所带来的纳米粒子团聚现象，使 S-12-300 薄膜样品中的 IrO_2 纳米粒子具备更高的分散度，暴露出更多的活性位点。而三种样品的 Tafel 斜率和电化学阻抗谱［图 6-5(a) 和 (b)］也表明 S-12-300 和 S-20-300 样品中 IrO_2 纳米粒子的本征活性相差较小，纳米粒子的分散度起到主导因素。

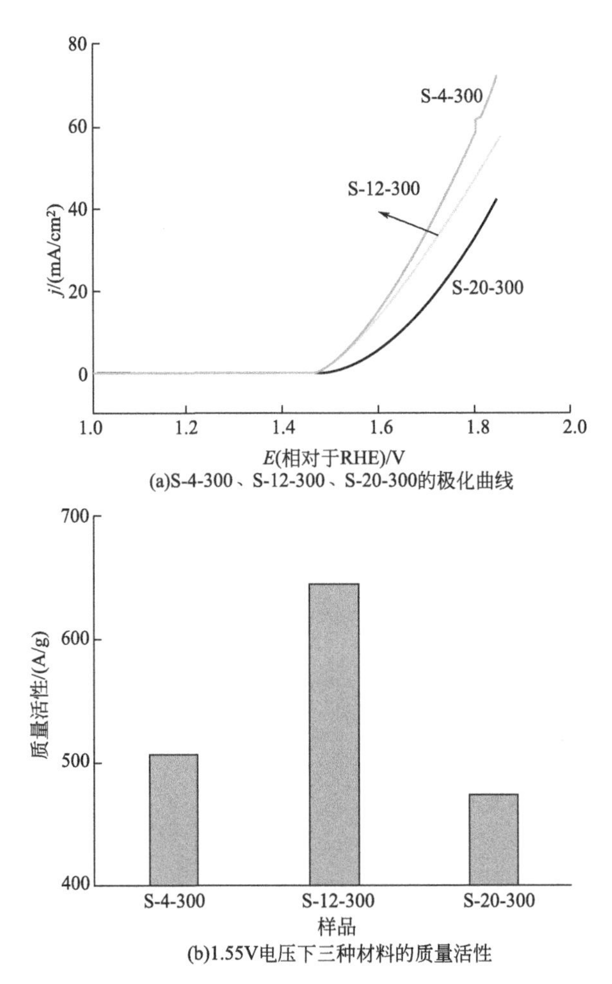

图 6-5 S-4-300、S-12-300、S-20-300 的极化曲线（95% *IR* 降）及 1.55V 电压下三种材料的质量活性

值得注意的是，具有更高 PVP 配比的 S-4-300 材料的质量活性要远低于 S-12-300。同时 S-4-300 材料的起始电位也相对滞后，通过对比 Tafel 斜率以及电化学阻抗曲线发现，S-4-300 材料的电化学阻抗图谱中低频半圆的直径较大，析氧动力学相对滞后；同时其 Tafel 斜率与其他两种材料接近，代表其粒子的本征动力学较为接近。结合热重推测为样品中的 PVP 并未完全降解，产生的残碳降低了材料整体的导电性。提高煅烧温度后其质量活性的提升以及电化学阻抗谱的变化也证明了这一观点。

三种样品的极化曲线见图 6-6，S-20-600 样品在相同电位下的电流密度均高于其他两种样品，同时在起始电位上较之其他样品也偏低。将其电流密度归一为质量活性时发现 S-4-600 的质量活性要高于其他两种样品，但其质量活性的增幅要远低于 573K 下的煅烧样品。

同时通过对比三种样品的 Tafel 斜率和电化学阻抗谱发现，S-20-600 样品的 Tafel 斜率相较于其他样品有较大变化，推测在煅烧温度提升至 873K 后薄膜中的 PVP 基本被除去，同时在高浓度 PVP 包裹下制备的 IrO_2 纳米粒子具有更高的本征活性，此时纳米粒子的分散度对催化剂活性的影响不再占据主导因素。

值得注意的是，通过对比发现 573K 下煅烧样品的质量活性要远高于 873K 下煅烧样品的质量活性。

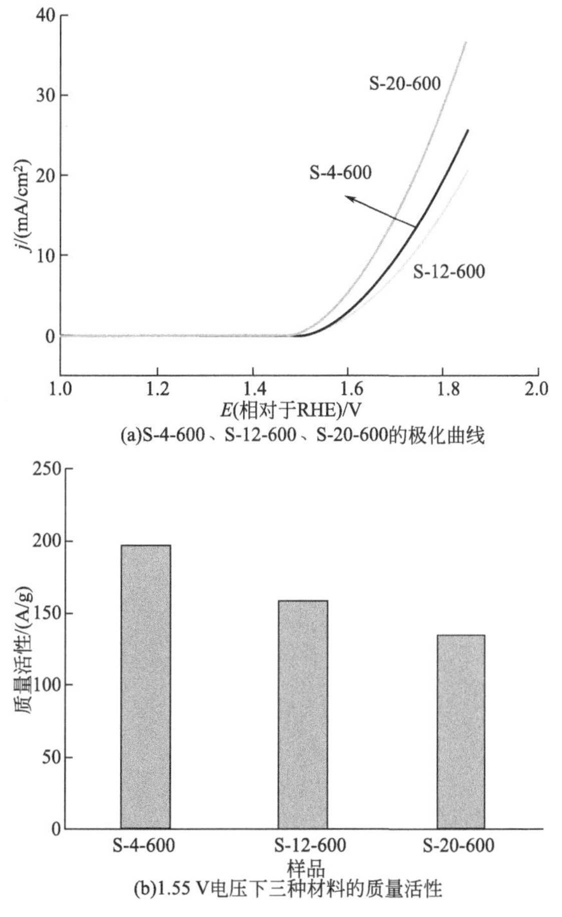

图 6-6 S-4-600、S-12-600、S-20-600 的极化曲线（95% *IR* 降）
及 1.55V 电压下三种材料的质量活性

6.2.4 煅烧温度的影响

为了进一步优化 IrO_2 薄膜材料的制备工艺，研究了煅烧温度对 IrO_2 薄膜性能的影响。将 0.02g/mL 氯铱酸-去离子水溶液 5mL 与 0.5g PVP 混溶，并以不同煅烧温度（573K、673K、773K 和 873K）制备了一系列催化剂，将其标记为 S-300、S-400、S-500 和 S-600。

6.2.4.1 不同煅烧温度样品的物性分析

为确定 S-300、S-400、S-500 以及 S-600 样品的晶型结构，使用 XRD 对薄膜材料的晶相结构进行表征，图 6-7 为不同煅烧温度样品的 XRD 谱图。首先 S-300 样品的衍射峰均为 FTO，未观察到 IrO_2 金红石晶型的衍射峰，尽管 $IrCl_3 \cdot xH_2O$ 在 523K 下已经开始转化为 IrO_2[82]，这可能归因于 573K 下生成了无定形 IrO_x。而 IrO_2 金红石晶型的衍射峰在 S-400 样品上出现，具体可以观察 28°附近衍射峰变化。同时随着煅烧温度的提高 IrO_2 衍射峰变得尖锐，这表明 IrO_2 纳米粒子的晶粒尺寸开始增大。这与其他研究者通过金属盐热解制备的 IrO_2 的研究结果一致[61,75,83]。

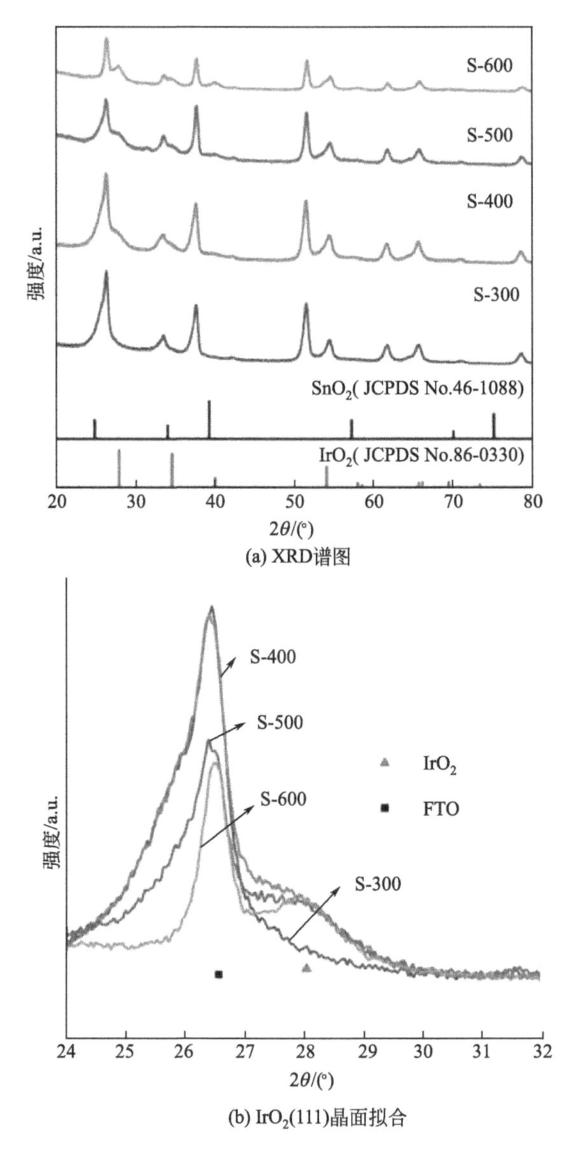

图 6-7 不同煅烧温度样品的 XRD 谱图与 IrO_2（111）晶面拟合

通过 TG-DTG 曲线可以发现到涂敷在 FTO 上的 $IrCl_3 \cdot xH_2O$-PVP 材料主体分解温度在 588K 左右，同时在 313～588K 之间存在少量质量下降，推测为材料中结晶水分子的解离与 $IrCl_3$ 的少量分解[84-86]。同时与单独煅烧 PVP（637K 左右）[87] 相比，$IrCl_3 \cdot xH_2O$-PVP 材料的分解温度降低，这可能与 Ir 可以加速聚合物降解有关[86]。聚合物在空气中会发生解聚与氧化还原两种反应，而 Ir 元素的引入可以与聚合物解聚后的自由基发生氧化还原反应，体系中的自由基含量进一步下降从而达到催化聚合物降解的作用。

为了观察不同煅烧温度对制备 IrO_2 薄膜的影响，采用扫描电子显微镜对 S-300、S-400、S-500 和 S-600 的微观形貌进行了表征，结果如图 6-8 所示。573K 煅烧后样品涂层表面较为平整，同时在表面可以观察到部分较小的颗粒；而在 673K 煅烧后样品涂层表面开始出现一定颗粒的同时表面存在少量裂痕；773K 煅烧后涂层出现大量褶皱并且伴有大块裂纹产生。当煅烧温度达到873K时涂层上有大量断层产生，涂层发生皲裂现象。而这种现象可能是PVP聚合物涂层高温下热收缩所产生的张力所引起的。

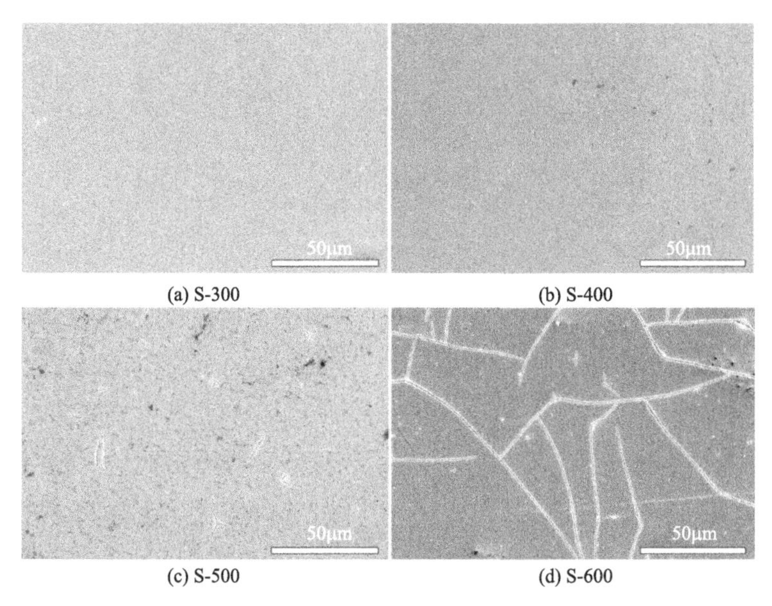

(a) S-300　(b) S-400　(c) S-500　(d) S-600

图 6-8　不同煅烧温度下样品的 SEM 图（1）

进一步放大观察样品表面涂层，如图6-9所示。四种样品表面的薄膜材料均由 IrO_2 纳米粒子组成，其中S-300样品表面 IrO_2 纳米粒子的粒径为纳米级，而随着煅烧温度的提高样品表面的纳米粒子开始不断积聚，粒径也有所增大。这表明PVP对微小纳米粒子的形成起着极为重要的作用。

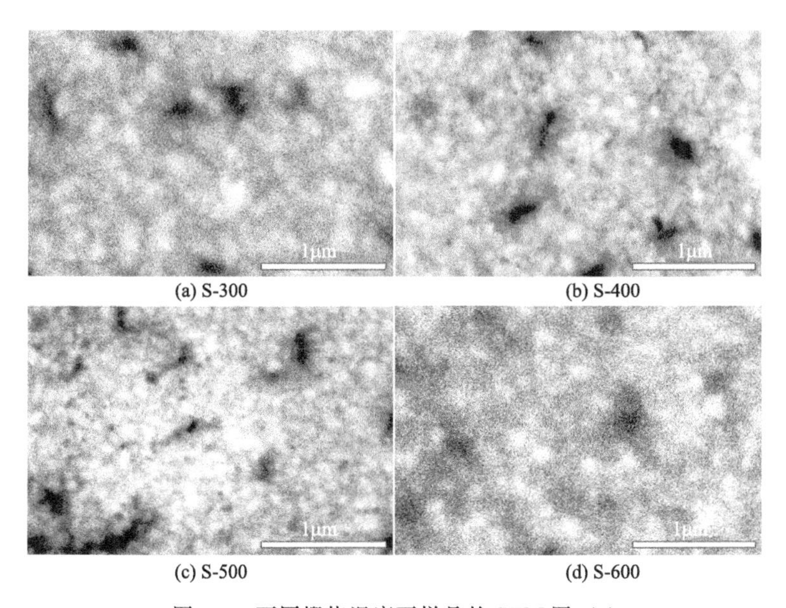

(a) S-300　(b) S-400　(c) S-500　(d) S-600

图 6-9　不同煅烧温度下样品的 SEM 图（2）

通过观察S-300样品的截面信息［图6-10］，可以发现热处理后的薄膜厚度较小，仅为50～60nm。

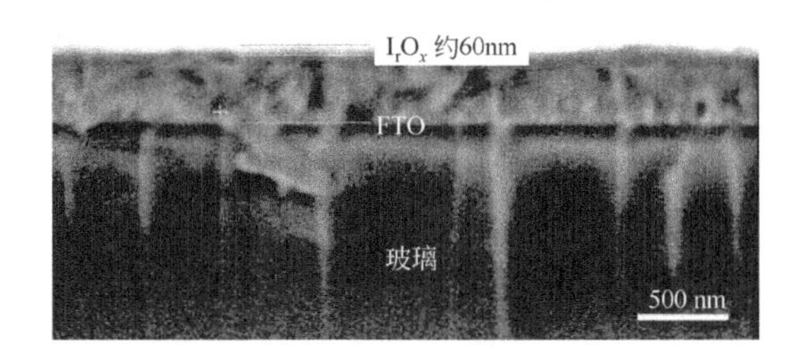

图 6-10 S-300 样品的截面 SEM 图

采用 XPS 对 S-300、S-400、S-500 以及 S-600 四种样品的表面元素状态进行分析，如图 6-11 所示。其中四种样品的 Ir 4f 光谱中均可以在 65.2eV 以及 62.2eV 左右观察到两个主峰，可归结为 $4f_{5/2}$ 以及 $4f_{7/2}$。同时四种样品的 Ir 4f 双峰均具有不对称的峰形，并且其结合能与 IrO_2 的峰值较为接近[43]。Kahk 等[88] 认为这种峰形的不对称是源于 IrO_2 的金属特性。与直接热分解金属盐制备 IrO_2 不同[77]，当煅烧温度从 573K 提升至 773K 时，Ir 4f 峰向高结合能方向小幅度移动，推测为聚合物分解产生的自由基与 IrO_2 发生氧化还

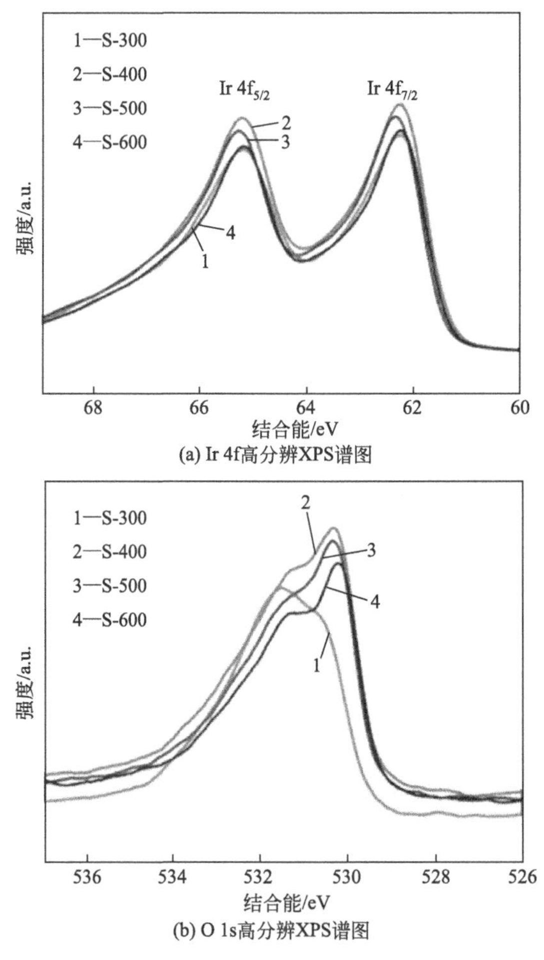

图 6-11 S-300、S-400、S-500 以及 S-600 四种样品的 Ir 4f 和 O 1s 高分辨 XPS 谱图

原反应，从而产生高结合能的 Ir 物种使结合能升高[61]。这与热重分析曲线的结果一致，在 573K 时聚合物并未发生分解，而 673K 聚合物开始大量分解，当温度达到 773K 时聚合物基本分解完成，最后 873K 时部分低价态的 Ir 进一步发生氧化从而使结合能降低。图 6-11(b) 为 O 1s 高分辨 XPS 谱图，O 1s 峰的移动趋势与 Ir 4f 相同，当温度从 673K 提高至 873K 时，主峰从 530.0eV 向低结合能方向转变。这可能归结于高温下氧化物的氧化程度提高。

为了进一步了解 S-300 样品表面元素的状态，我们对其 XPS 谱图进行了拟合。图 6-12

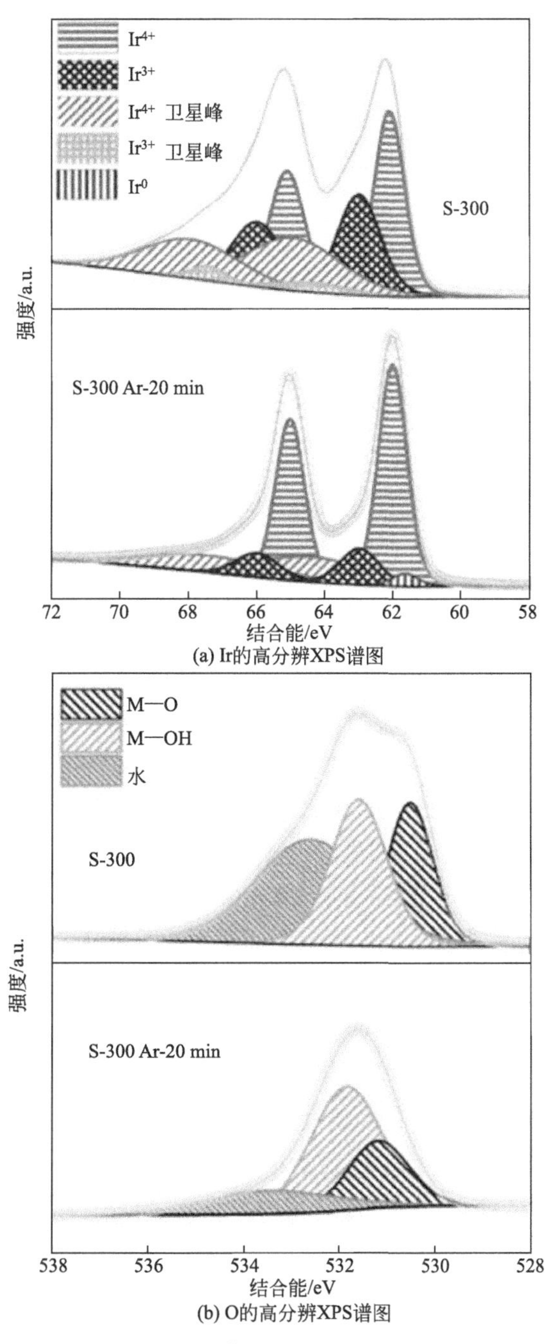

图 6-12　S-300 样品使用 Ar 等离子体处理 20min 前后 Ir 和 O 的高分辨 XPS 谱图

为 Ir 4f XPS 谱图拟合结果，其显示样品表面主要存在两种类型的 Ir 元素：一种为 Ir^{4+}，其 Ir $4f_{7/2}$ 结合能较低，为 62.1eV 左右；另一种为 Ir^{3+}，其结合能较高，为 63.0eV 左右。这与无定形 IrO_x 较为相似[89]，其中 Ir^{4+} $4f_{7/2}$ 和 $4f_{5/2}$ 的峰值分别为 62.2eV 和 65.2eV，与文献中较为一致[89-91]，Ir^{3+} $4f_{7/2}$ 和 $4f_{5/2}$ 的峰值分别为 63.1eV 和 66.0eV，与文献中较为一致[90]。而 O 1s XPS 谱图拟合显示三种类型的 O 元素：吸附水 (532.6eV)、Ir—OH (531.6eV)、Ir—O (530.5eV)。使用 Ar 等离子体刻蚀 S-300 样品表面 20min 后，Ir 4f XPS 谱图中 Ir^{4+} 占比增大、结合能降低并且出现少量 Ir^0，推测为 $IrCl_3 \cdot xH_2O$ 在与聚合物自由基发生反应时被还原为金属 Ir，而处在样品表面的金属 Ir 可以接触到高浓度的氧气被氧化为 IrO_2，而内部的金属 Ir 无法接触到高浓度的氧气便无法被氧化，保留了下来。同时 O 1s 吸附水与 Ir—OH 含量大量降低也可以用相同机理来解释。

为了进一步研究煅烧温度对样品表面元素状态的影响，我们对 S-400、S-500、S-600 的 XPS 谱图进行了拟合，如图 6-13 所示，通过对比不同样品 Ir^3/Ir^4 比例可以看出，在煅烧温度由 573K 提升至 673K 时 Ir^3 所占比例大幅上升，而 Ir^4 则大幅下降。当煅烧温度由 673K 提升至 873K 时 Ir^{3+} 所占比例则不断减少，Ir^{4+} 不断升高。这可以归因于 PVP 在降解过程中对 IrO_2 的还原作用。而煅烧温度为 873K 时，样品表面仍存有一定量的 Ir^{3+}，这可能与 $IrCl_3 \cdot xH_2O$ 未被完全分解有关[84-86]。同时随着煅烧温度的提高，样品表面的羟基覆盖度逐渐下降，而 Ir—O 含量逐渐提高，这可能是高温煅烧使 IrO_2 结晶度升高所导致的。

6.2.4.2 不同煅烧温度样品的电化学性能表征

为了说明煅烧温度对样品电化学性能的影响，对 S-300、S-400、S-500 以及 S-600 的电催化析氧性能进行了测试，其对应的 OER 极化曲线如图 6-14(a) 所示。从图中不难看出，S-300 样品的起始电位最低，且其达到 $10mA/cm^2$ 所需过电位为 340mV，远低于其他样品 (S-400 360mV、S-500 381mV 和 S-600 427mV)。而通过 Tafel 方程拟合不同样品的极化曲线可得到其 Tafel 斜率，如图 6-14(b) 所示。S-300、S-400、S-500 和 S-600 的 Tafel 斜率依次为 54.7mV/dec、58.7mV/dec、67.8mV/dec 和 90.8mV/dec。其中 S-300 的 Tafel 斜率最低，这代表其在 4 个样品中本征催化活性最高。综上所述，通过 4 个样品的 Tafel 斜率、$10mA/cm^2$ 所需过电位以及起始电位的对比表明，S-300 样品的酸性析氧性能要优于其他 4 个样品。而其优异的本征活性可归功于无定形 IrO_x 表面极高的羟基覆盖度。羟基是无定形 IrO_x 优异性能的重要原因之一。与碱性电解质不同，酸性析氧反应需要吸附水分子来发起反应[92]，而酸性电解质中水分子多以溶剂化的 H_3O^+ 形式存在，因此将水分子吸附在活性位点需要打破溶剂化 H_3O^+ 的氢键[93]。而羟基自由基一方面可以与 H_3O^+ 发生去质子化反应，使水分子可以吸附在活性位点上，另一方面 IrO_x 在羟基自由基上解离后，铱原子的化学势下降并形成 O^{n-} 即晶格氧，这种晶格氧原子具有较高的电负性可以直接与水分子中的氧作用形成 O—O 键，从而避免了形成 HO* 和 O* 所需要的热力学能垒，降低了反应所需活化能[94,95]。

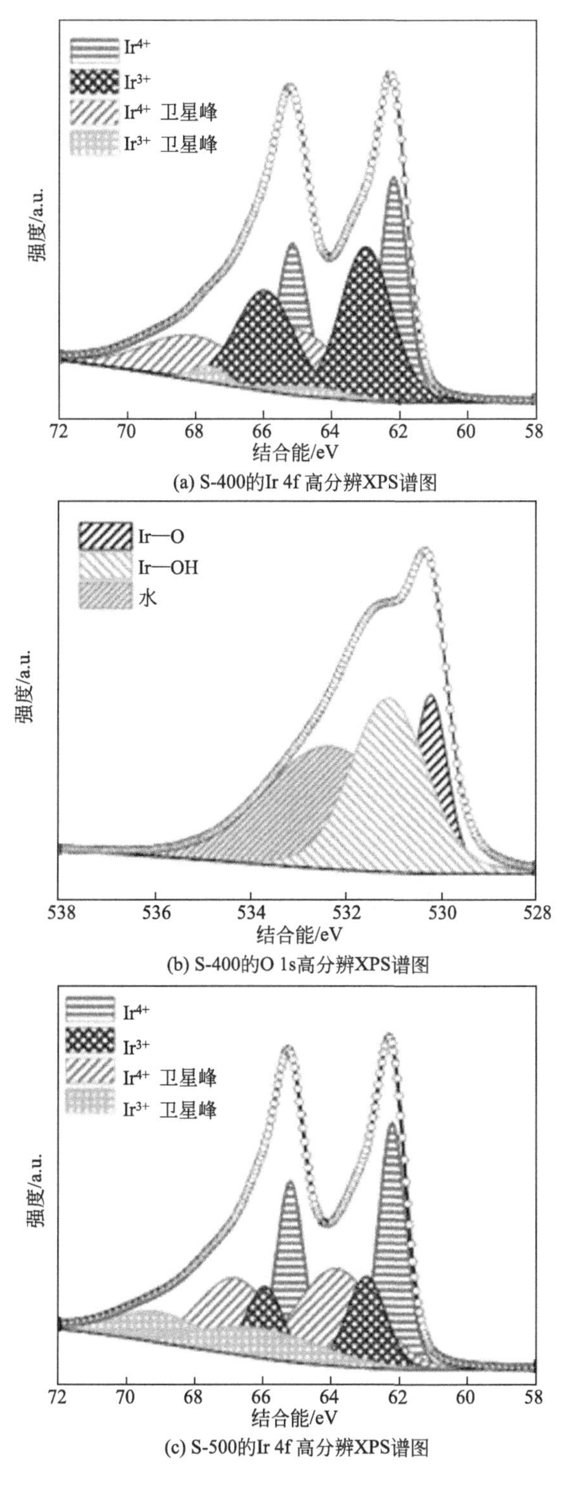

(a) S-400的Ir 4f 高分辨XPS谱图

(b) S-400的O 1s高分辨XPS谱图

(c) S-500的Ir 4f 高分辨XPS谱图

图 6-13

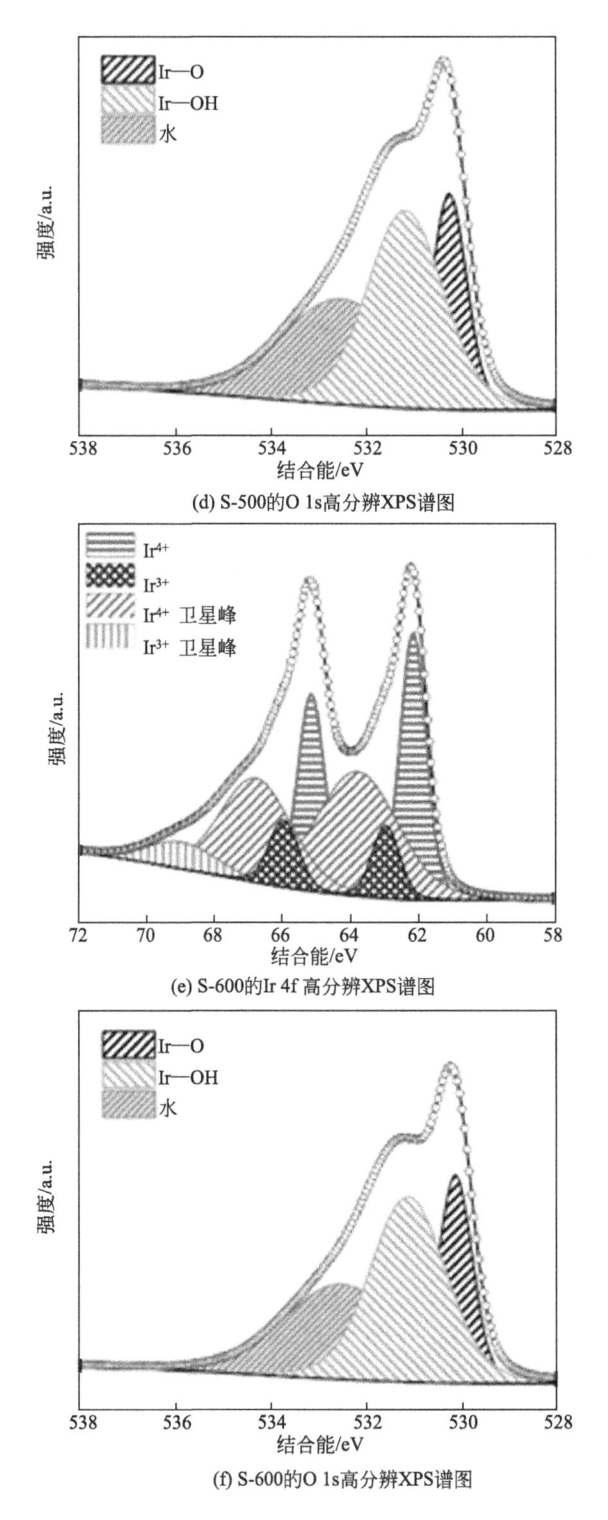

(d) S-500的O 1s高分辨XPS谱图

(e) S-600的Ir 4f 高分辨XPS谱图

(f) S-600的O 1s高分辨XPS谱图

图 6-13 S-400 S-500 S-600 上 Ir 4f 和 O 1s 的高分辨 XPS 谱图

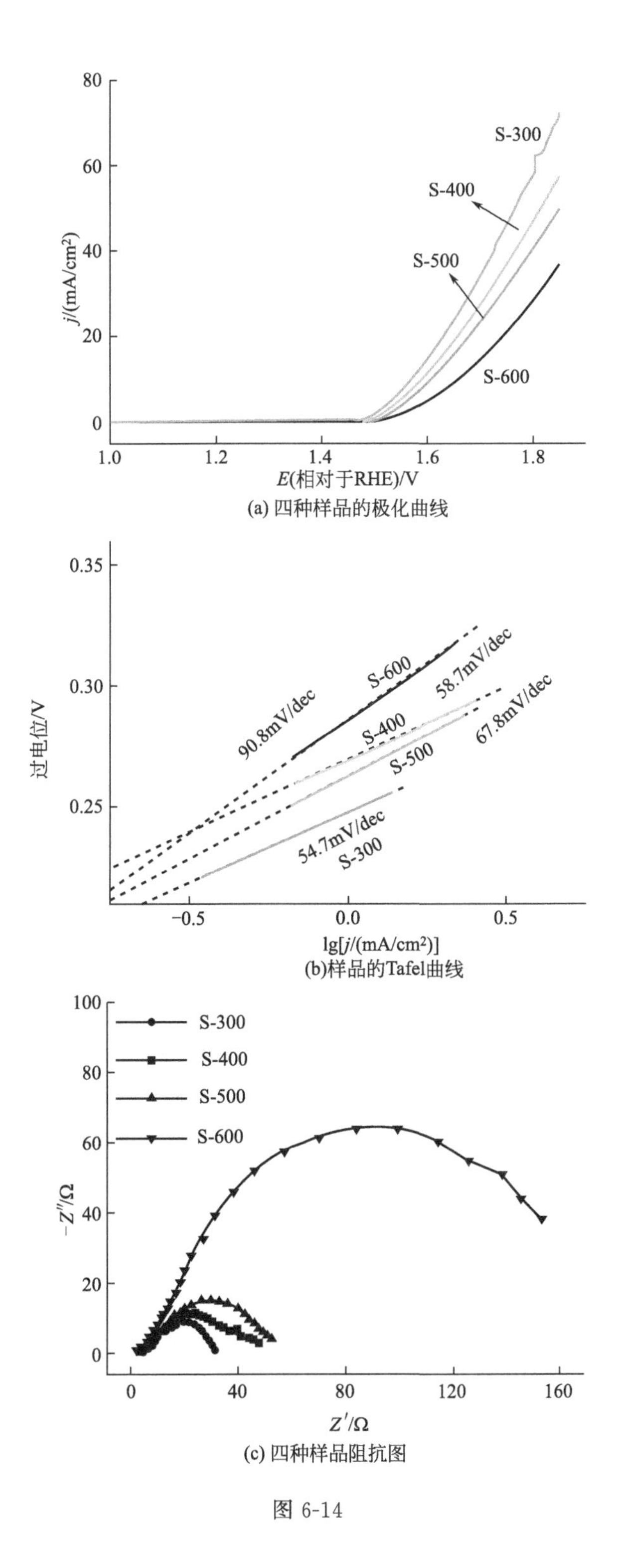

(a) 四种样品的极化曲线

(b)样品的Tafel曲线

(c) 四种样品阻抗图

图 6-14

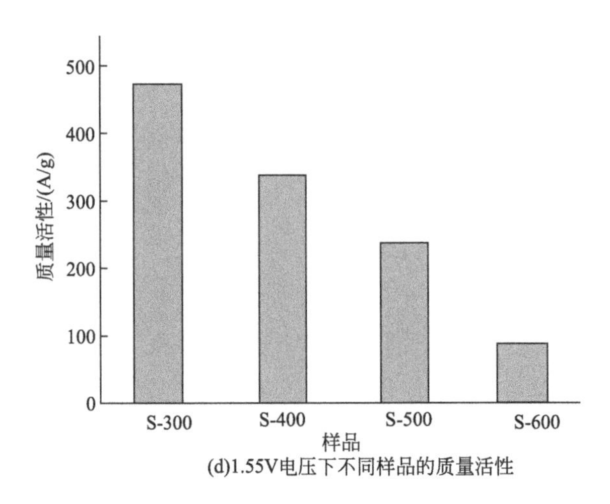

(d)1.55V电压下不同样品的质量活性

图 6-14　S-300、S-400、S-500 以及 S-600 样品的电化学性能表征

在 1.55V 电压下对 4 个样品进行电化学阻抗谱（EIS）测量，以理解不同煅烧温度样品的电催化析氧动力学。测试结果如图 6-14 所示，图中可以观察到 4 个样品的电化学阻抗均由两个强耦合的半圆组成，这是一种较为常见的金属氧化物阻抗模型。其中高频半圆代表电极电阻[96]，其形成原因存在较大争议：部分研究者认为其代表降解聚合物后低价 Ir 的氧化动力学[97,98]，而另一部分研究者则将其归结为质子在氧化物颗粒表面的扩散[29,99]。而低频半圆代表析氧动力学，随着煅烧温度的升高，低频半圆的直径逐渐增大，表明析氧动力学逐渐变缓，这与 4 个样品的极化曲线结果一致。为了更直观地评价 4 个样品的催化活性，将 1.55V 电压下 4 个样品的电流密度归一为质量活性，从图 6-14 中可以看出 S-300 样品的质量活性为 475A/g，大大超过其余样品。

同时为了进一步评估催化剂的酸性析氧性能，对 4 个样品的双电层电容进行了测试，见图 6-15。从图中可以看出 4 个样品的循环伏安曲线均呈准矩形，这表明样品在测量区间内均显示了电容性质，拟合结果见图 6-15(e)。如图所示所有样品的线性扫描伏安曲线均呈准矩形，表明样品在测试区间内均显示了电容性质。其中 S-300 的双电层电容为 $6.09mF/cm^2$，远高于 S-400（$3.25mF/cm^2$）、S-500（$2.95mF/cm^2$）、S-600（$1.24mF/cm^2$）3 个样品。

6.2.5　等离子体处理的影响

同时我们在实验中发现，S-300 催化剂中还存在少量残碳，降低了 S-300 的酸性析氧活性，因此我们通过等离子体处理 S-300 催化剂，实现去除残碳的同时保留纳米粒子活性。

为了研究等离子体处理时间对 S-300 样品的影响，采用 XRD 对等离子体处理 5min（S-P-5）、等离子体处理 10min（S-P-10）、等离子体处理 15min（S-P-15）的晶相结构进行了表征，结果如图 6-16 所示。从图可以看出等离子体处理并未对无定形 IrO_x 的晶型结构发生影响。

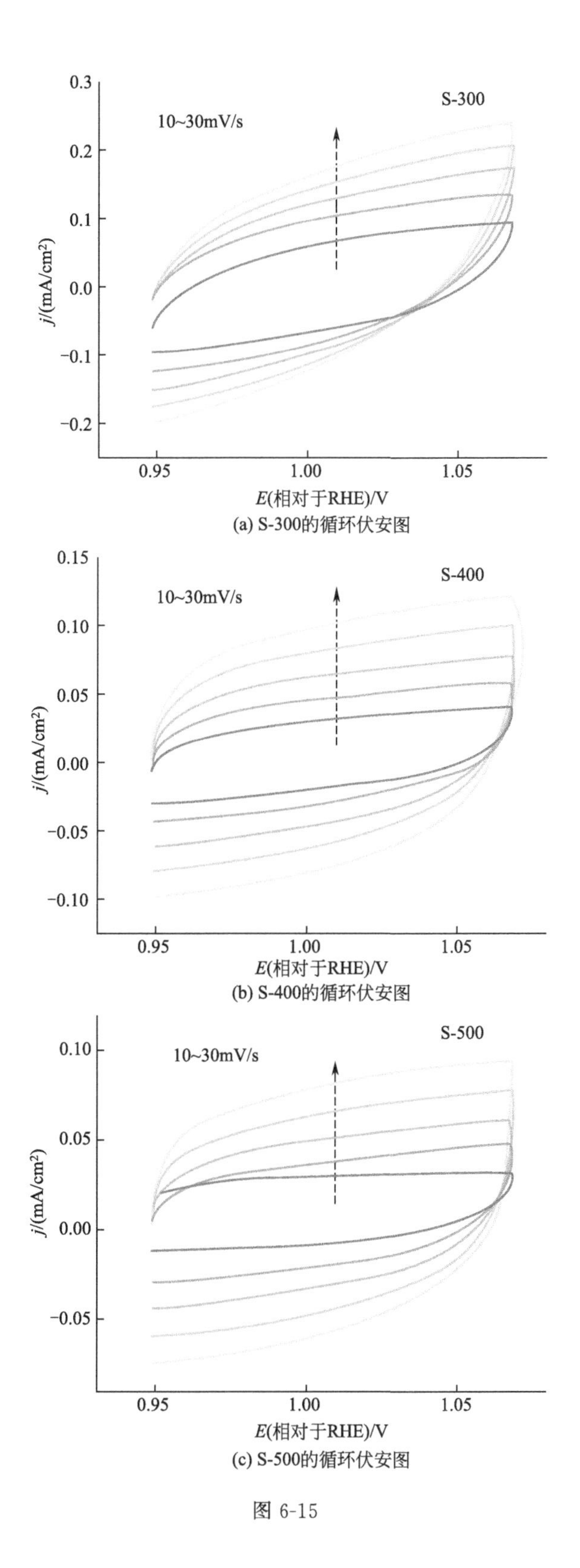
S-300
10~30mV/s
0.3
0.2
0.1
0.0
−0.1
−0.2
j/(mA/cm²)
0.95
1.00
1.05
E(相对于RHE)/V
(a) S-300的循环伏安图
S-400
10~30mV/s
0.15
0.10
0.05
0.00
−0.05
−0.10
j/(mA/cm²)
0.95
1.00
1.05
E(相对于RHE)/V
(b) S-400的循环伏安图
S-500
10~30mV/s
0.10
0.05
0.00
−0.05
j/(mA/cm²)
0.95
1.00
1.05
E(相对于RHE)/V
(c) S-500的循环伏安图

图 6-15

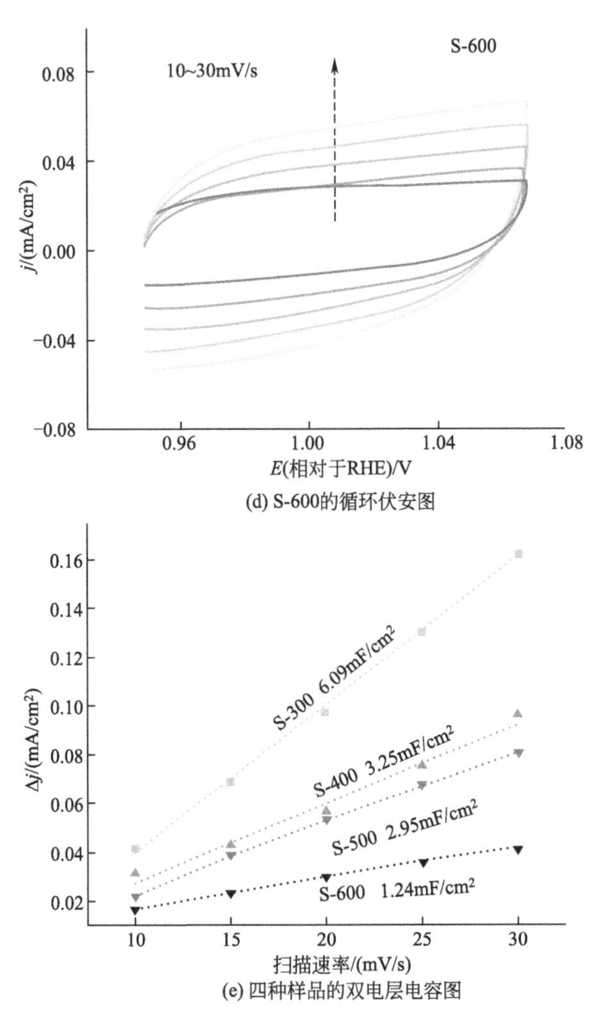

图 6-15 不同扫描速度下（10～30mV/s）S-300、S-400、S-500、S-600 的循环伏安图及对应的双电层电容图

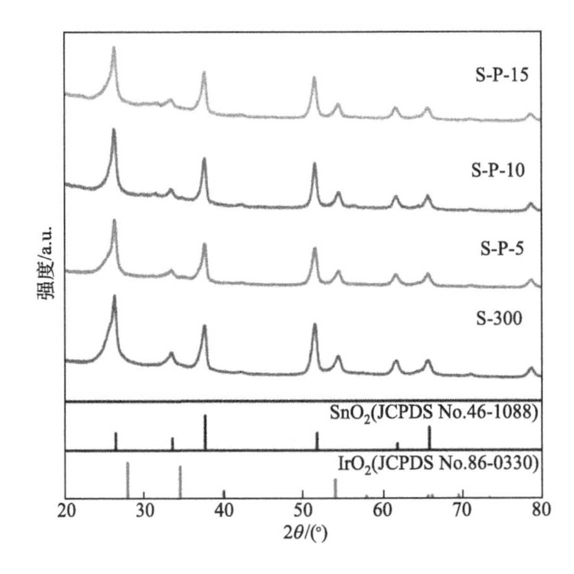

图 6-16 等离子体处理前后 XRD 图谱

为了进一步了解 S-P-10 样品表面元素的状态，对其 XPS 谱图进行了拟合，结果如图 6-17 所示。从图中可以看出等离子体处理 10min 后，样品表面的 Ir^{3+} 含量大幅升高，同时表面羟基覆盖度进一步提高，这种变化可以归因于煅烧后 S-300 样品表面存在部分 PVP 分解所得残碳，而经过等离子体处理 10min 后，表面残碳被完全清除使部分金属铱暴露于表面被氧化成 Ir^{3+}，同时催化剂内部的羟基更好地暴露出来。这与 Ar 等离子体清洗 20min 后的 S-300 样品情况较为一致。

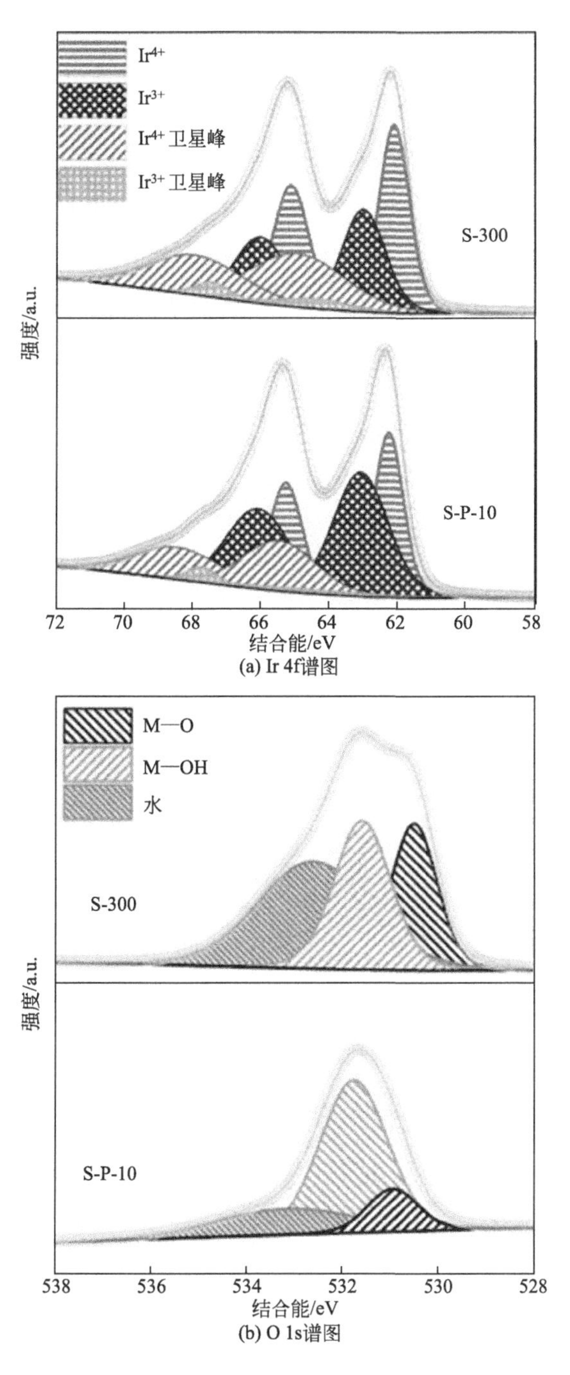

图 6-17　等离子体处理 10min 后 XPS 窄谱对比

为了说明等离子体处理对样品电化学性能的影响，对 S-P-5、S-P-10 以及 S-P-15 进行了电催化析氧性能了测试，其对应的电化学析氧极化曲线如图 6-18(a) 所示，从图 6-18(a) 中可以看出经过等离子体处理的样品其起始电位均有大幅提高，并在相同电位下具有更高的电流密度。而通过 Tafel 方程拟合不同样品的极化曲线后得到其 Tafel 斜率如图 6-18(b) 所示，S-P-5、S-P-10、S-P-15 的 Tafel 斜率依次为 55.1mV/dec、55.4mV/dec 和 82.5mV/dec。其中 S-P-5 以及 S-P-10 样品的 Tafel 斜率与 S-300 样品较为接近，表明等离子体处理 5min 以及 10min 后样品的本征活性并未改变。而当等离子体处理时间达到 15min 时样品的 Tafel 斜率增至 82.5mV/dec，样品的本征活性大幅下降。而通过测量样品的双电层电容［图 6-18(e)］，发现经过等离子体处理后，所有样品的双电层电容均有所提高。其中 S-P-10 样品的双电层电容为 24.94mF/cm^2，大大超出了 S-P-5（19.15mF/cm^2）、S-P-15（17.62mF/cm^2）。将 S-P-10 样品的电流密度归一到质量活性，可以发现其质量活性接近 1000A/g，远超其余 S-P-5（816A/g）、S-P-15（786A/g）样品。而经过等离子体处理后样品性能大幅提升的原因可能有两方面：一方面等离子体处理可以将样品中的残碳清除，进一步提升催化剂的电子传导能力，这在电化学阻抗谱中可以体现；另一方面是催化剂表面的羟基比例进一步提升，而羟基自由基对析氧性能是有促进作用的，这可以通过 Ar 等离子体处理前后的 XPS 变化得以验证。

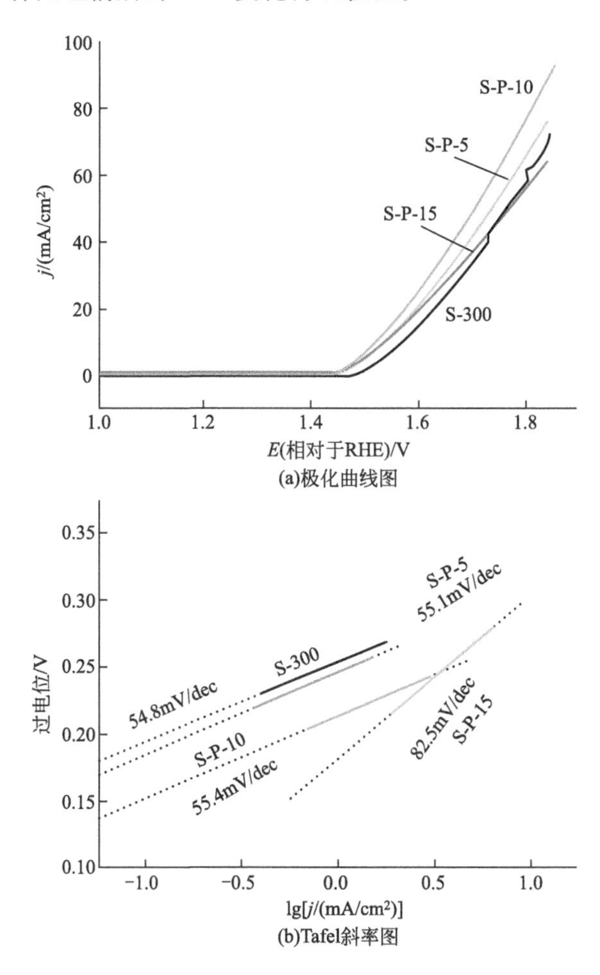

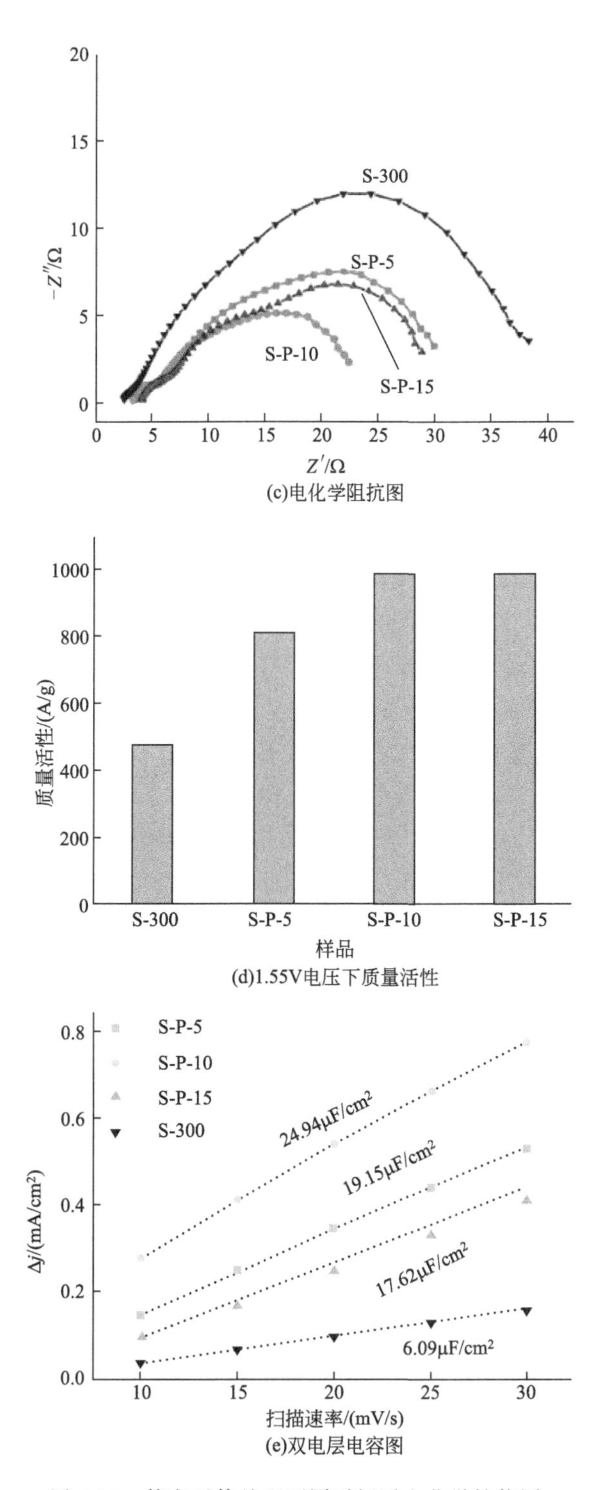

图 6-18 等离子体处理不同时间后电化学性能图

6.3 铱基纳米粒子催化剂

催化剂的活性比表面积是影响其性能的重要因素之一。催化剂的活性表面积越高暴露的活性位点便会更多，原子的利用效率也会随着提升。因此制备高比表面积的电催化剂成为设计催化剂的重点。静电纺丝法可以使纳米粒子以三维网状结构排列[100]，这种网状结构可以带来较高的表面积进而提升催化剂活性表面积。

静电纺丝设备主要由高压电源、针头以及接收装置构成。静电纺丝生产纳米纤维与诸多因素相关，如前驱体溶液黏度、溶液导电性、表面张力、电源电压、接收距离和空气湿度等，这些因素都会直接影响纤维的直径、孔隙分布、比表面积以及成型均匀性[101-103]。

传统的静电纺丝设备使用单针头注射的方式输入前驱体溶液，这种方式一方面纺丝效率过低、时间过长；另一方面在前驱体溶液输入的过程中存在堵塞针头的现象，影响后续实验的进行。而新型无针静电纺丝设备舍弃了传统的针头输液，采用线电极涂抹的方式进行纺丝，前驱体溶液在涂抹在线电极上时受到黏度以及表面张力的影响形成小液滴；工作时设备内产生高压，当电场力足够大时，聚合物液滴突破表面张力的束缚，形成丝状细流喷发，在喷发过程中溶剂会蒸发，最终落在接收设备上形成类似纺织布的纤维网状结构。而线电极上每一个小液滴均可以起到针头注射的效果[104]。这在根本上解决了传统静电纺丝生产效率的问题，使大规模工业生产成为可能。

本节采用无针静电纺丝设备制备了网状堆积的 Ir/IrO_2 纳米颗粒，并通过改变前驱体溶液中 PVP 实现了 Ir/IrO_2 催化剂中 Ir 与 IrO_2 之间的调控；此外还通过调控溶液中十六烷基三甲基溴化铵（CTAB）的含量实现了提升催化剂电化学表面积的目的。这为大批量生产具有高分散度的酸性析氧催化剂提供了新的实验思路。

6.3.1 材料制备

6.3.1.1 纳米纤维前驱体的制备

（1）前驱体溶液的配制

首先准确称取 0.2g 醋酸铱（iridium acetate，IrAc），将其溶解于 150mL 无水乙醇中，超声 1h 并静置过夜。将所得溶液使用 0.22μm 亲水聚四氟乙烯滤膜进行抽滤，抽滤后，溶液储存在容量瓶中备用。

移取一定量的提纯溶液置于锥形瓶中，使用乙醇将溶液稀释至 25mL。称取一定量十六烷基三甲基溴化铵（hexadecyl trimethyl ammonium bromide，CTAB）放入溶液中搅拌，待溶液变为澄清透明后，再加入一定质量的聚乙烯吡咯烷酮（polyvinyl pyrrolidone，PVP）置于锥形瓶中。使用磁力加热器进行搅拌，加热温度设置为 313K，搅拌过夜。可以得到均一、黏稠的 IrAc/CTAB/PVP 前驱体溶液，最后静置一段时间以除去气泡。

（2）铱基纳米纤维薄膜前驱体的制取

首先使用除湿机对房间进行除湿工作，保证室内湿度为 40%～50% RH 后方进行纤维制备工作。使用静电纺丝设备 NS LAB 2G（格林施有限公司，捷克）进行纺丝，将获得的溶液转倒入仪器内部的塑料容器（25mL）中，使用铝箔纸作为接收基底进行纺丝。静电纺丝参数设置：工作电压为 60kV，移动速度为 30mm/s，接收距离为 15cm。纺丝时，往复运动溶液均匀地涂在 300mm 长的铁丝上，在高压作用下，将 IrAc/CTAB/PVP 前驱体溶液纺成纤维，将负载有薄膜前驱体的铝箔放入烘箱中 343K 干燥 2h，随后收集在铝箔上形成薄膜。

(3) 铱基纳米粒子的制备

将制备的 IrAc/CTAB/PVP 纳米纤维薄膜置于三氧化二铝瓷舟中，使用马弗炉进行 823K 的高温热处理。升温速率为 5K/min，保温时长为 3h。在高温下，PVP、IrAc 以及 CTAB 以进行氧化、分解以及还原等复杂的反应，最终得到铱基纳米颗粒。

6.3.1.2 PVP 含量影响实验

除前驱体溶液配制方法不同外，其余实验步骤均与纳米纤维前驱体实验方案相同。

前驱体溶液配制方法：移取 3mL 提纯 IrAc-乙醇溶液，并使用无水乙醇将其稀释至 25mL。准确称取 0.05g CTAB 并将其溶解在溶液中，待溶液变为澄清透明后，分别加入 0.9g、1.1g、1.5g、2.0g 以及 2.3g PVP 于配制好的溶液中。使用磁力加热器进行搅拌，加热温度设置为 313K，搅拌过夜，得到均一、黏稠的 IrAc/CTAB/PVP 前驱体溶液，最后静置一段时间以除去气泡。将煅烧好的样品依次标记为 S-0.9、S-1.1、S-1.5、S-2.0 以及 S-2.3。

6.3.1.3 CTAB 含量实验

除前驱体溶液配制方法不同外，其余实验步骤均与纳米纤维前驱体实验方案相同。

前驱体溶液配制方法：移取 3mL 提纯 IrAc-乙醇溶液，并使用无水乙醇将其稀释至 25mL。准确称取 0.05g、0.1g 以及 0.3g CTAB 并将其溶解在溶液中，待溶液变为澄清透明后，分别加入 1.5g PVP 于配制好的溶液中。使用磁力加热器进行搅拌，加热温度设置为 313K，搅拌过夜。可以得到均一、黏稠的 IrAc/CTAB/PVP 前驱体溶液，最后静置一段时间以除去气泡。将煅烧后的样品依次标记为 CTAB-0.05、CTAB-0.1、CTAB-0.3。

6.3.1.4 电化学测试

电化学性能测试采用玻碳电极作为工作电极，催化剂负载玻碳电极的制备步骤为：使用精密天平准确称取 3mg 催化剂材料，将其加入至异丙醇、去离子水以及 5%（质量分数）Nafion 溶液的混合溶液中（混合溶液组成：240μL 异丙醇、760μL 去离子水以及 40μL Nafion 溶液），超声分散 30min 后，取 5μL 混合溶液滴于表面积为 0.072cm^2 的玻碳电极上，在室温下自然风干，通过计算得知催化剂的负载量约为 0.20g/cm^2。为避免电化学析氧过程中气泡带来的影响，本章中线性扫描测试扫描速率为 20mV/s；循环伏安测试扫描速率为 50mV/s。

6.3.2 结构与成分表征

为了观察不同 PVP 浓度纳米纤维煅烧前的微观形貌，使用扫描电子显微镜对其进行观察，如图 6-19 所示，不同 PVP 浓度的前驱体溶液经过静电纺丝后均呈现纳米纤维结构，同时随着 PVP 浓度的提高样品中开始出现直径较大的纳米纤维。但纳米纤维整体取向较乱、直径分布不均，这可能是前驱体溶液的电导率较低、不同纳米纤维表面的库仑力较小所导致的。

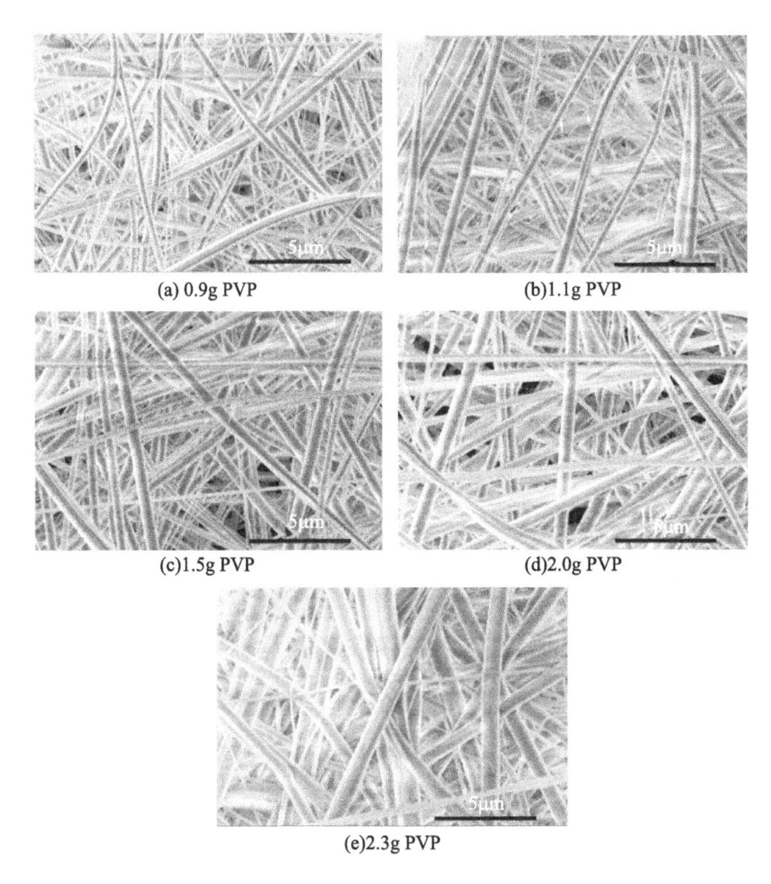

图 6-19 煅烧前纳米纤维 SEM 图像

为了确定不同 PVP 浓度煅烧后样品的晶型结构，采用 XRD 对其进行了晶型表征，结果如图 6-20(a) 中可以看出未经过煅烧的样品由于大量有机物的存在，没有显现出较为凸出的衍射峰峰型，而 1.5g 纳米纤维经过煅烧后其衍射峰位置与 Ir (JCPDS No. 88-2342) 以及 IrO_2 (JCPDS No. 86-0330) 的峰位置较为一致。

不同 PVP 含量纳米纤维煅烧后 XRD 对比图如图 6-20(b) 所示，当 PVP 含量为 0.9g 时，其煅烧后样品的衍射峰与 Ir (JCPDS No. 88-2342) 以及 IrO_2 (JCPDS No. 86-0330) 的峰位置较为一致。随着 PVP 含量的升高，样品中金属 Ir 的衍射峰强度不断增大，这表明样品中金属 Ir 含量的不断增加。同时金属 Ir 的衍射峰半峰宽也有所降低，这代表更大粒径的金属 Ir 产生。而与之相反，IrO_2 的衍射峰强度有所下降，这表明 IrO_2 在样品中的

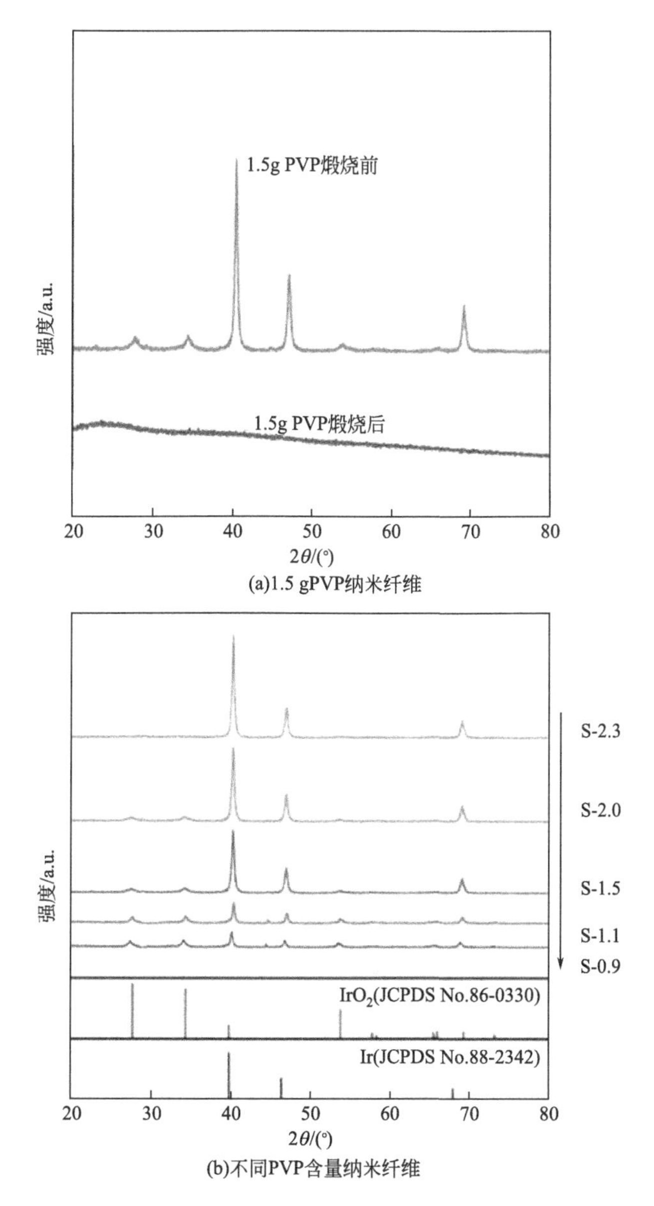

图 6-20　1.5g 纳米纤维与不同 PVP 含量纳米纤维煅烧后 XRD 对比图

含量有所下降。当 PVP 达到 2.3g 时，样品中 IrO_2 所代表的衍射峰完全消失。取而代之的是极强的金属 Ir 衍射峰。而出现这种情况的原因在于样品中 Ir 离子对 PVP 的降解有着一定的促进作用，Odziomek 等[86] 认为聚合物在空气中煅烧会发生解聚与氧化还原两种反应，而 Ir 元素的引入可以与聚合物解聚后的自由基发生氧化还原反应，体系中的自由基含量进一步下降从而达到催化聚合物降解的作用。随着 PVP 含量的升高，体系中自由基含量也不断增多，而高浓度的自由基会与空气中的氧气形成竞争关系，使体系内大量 Ir 离子被还原，金属 Ir 含量的占比被提升。

为了进一步观察煅烧后样品的微观形貌，对不同 PVP 含量样品进行了微观表征，如图 6-21 所示。从图中可以观察到纳米纤维在经过煅烧后均呈现纳米颗粒堆积现象，推测为金属离子浓度过低无法维持纳米纤维状态。在常见的氧化物纳米纤维形成过程中金属离子往往均匀分布在 PVP 纤维内部，而经过煅烧后纤维中 PVP 被除去，金属纳米粒子开始结晶并通过奥斯瓦尔德熟化作用逐渐生成大尺寸晶粒包裹在纳米纤维表面[105]。而当金属离子浓度较低时，粒子浓度同样较低便无法维持纳米纤维结构，形成较小的纳米颗粒。

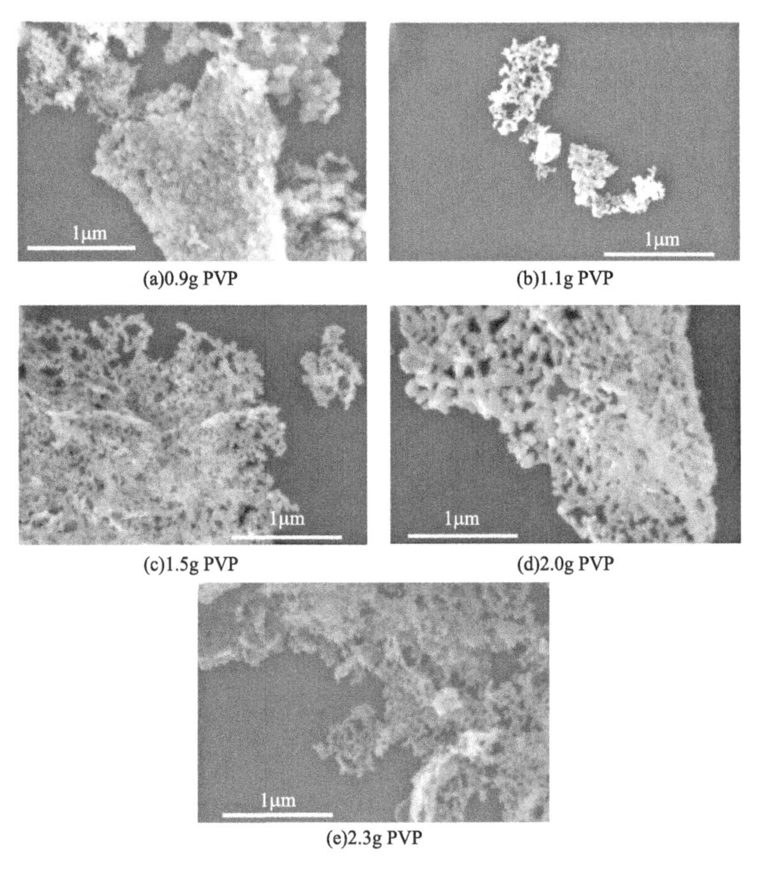

(a)0.9g PVP　(b)1.1g PVP　(c)1.5g PVP　(d)2.0g PVP　(e)2.3g PVP

图 6-21　不同含量 PVP 样品 SEM 图像

为了进一步观察 S-1.5 样品的微观形貌，对其进行 TEM 分析，如图 6-22 所示，TEM 图像中可以看到部分保留纳米纤维形状解离的状态，这与我们之前推测的形成纳米粒子的原因一致。

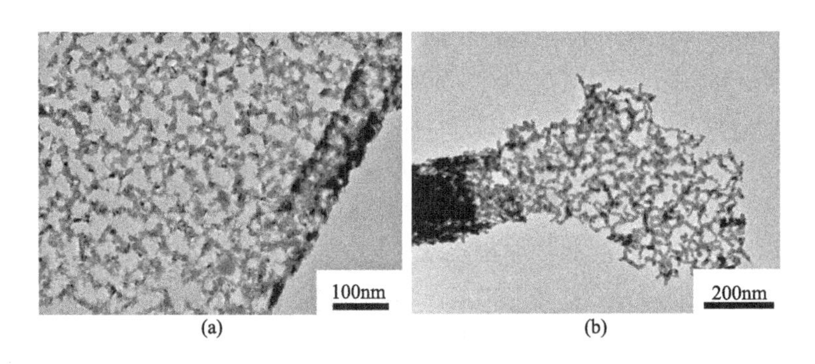

(a)　(b)

图 6-22　S-1.5 样品的 TEM 图像

6.3.3 PVP 含量对电化学性能的影响

分析不同浓度 PVP 煅烧样品的电化学析氧性能是通过线性扫描伏安法（LSV）来进行的，其酸性析氧性能如图 6-23 所示，不同浓度 PVP 煅烧样品的电化学活性呈现抛物线状分布，S-1.5 样品的析氧活性最高，其起始过电位约为 236mV。电流密度达到 $10mA/cm^2$ 时所需过电位仅为 294mV，同时其 Tafel 斜率曲线如图 6-23(b) 所示，Tafel 斜率是评价反应动力学的有效手段[106]，而 S-1.5 样品的 Tafel 斜率仅为 50.4mV/dec，这代表了其良好的本征催化活性。而 1.55V 电压下质量活性对比中，S-1.5 的质量活性约 100A/g，远超其他样品。

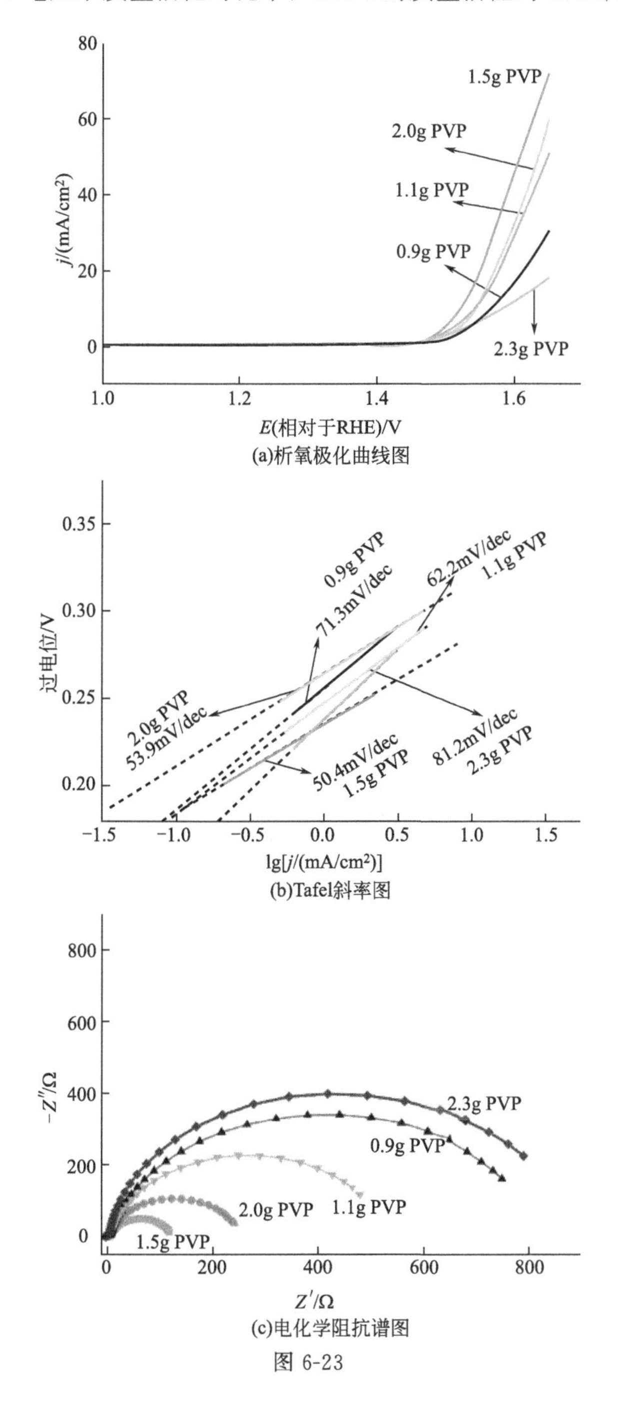

图 6-23

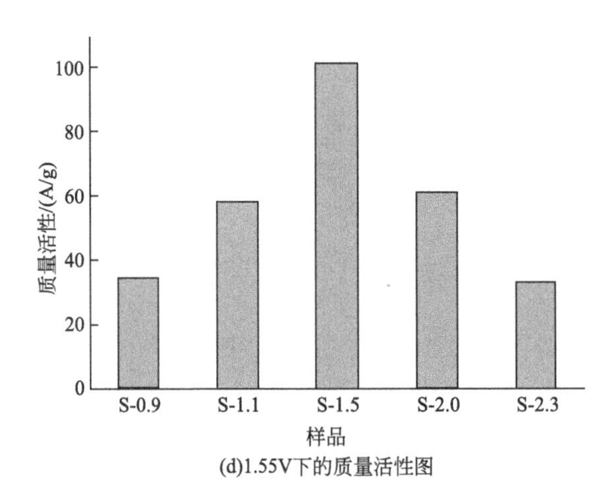

(d)1.55V下的质量活性图

图 6-23 不同 PVP 含量煅烧样品的电化学性能图

在 1.55V 电压下测试不同样品的电化学阻抗谱，如图 6-23(c) 所示，从图中可以看出所有样品的电化学阻抗曲线均为两个半圆耦合而成，这是一种非常典型的氧化物阻抗图谱，其中高频半圆代表电极电阻[96]，其形成原因存在较大争议。部分研究学者认为是氧化物中较低价态金属元素向更高价态的氧化动力学[97,98]；而另一部分学者则认为是溶液中质子在氧化物颗粒表面的扩散动力学[29,99]。而阻抗谱中低频半圆则代表催化剂的析氧动力学，其半径越小则代表其析氧动力学越为迅速。其中 S-1.5 样品的析氧动力学较之其他样品更为迅速，其结果也与极化曲线、Tafel 斜率结果一致。

而 S-1.5 样品的优异析氧活性可归因于 Ir/IrO_2 复合材料的相互作用，传统金属氧化物在导电性上存在天然劣势，而金属 Ir 颗粒的产生一定程度上弥补了 IrO_2 纳米粒子在导电性上的弱势。而 S-1.5 样品一方面存在由 PVP 还原所产生的 Ir 纳米粒子，另一方面也具备部分空气氧化所产生的 IrO_2 纳米粒子，二者形成了最佳比例的耦合。随着 PVP 含量的降低，IrO_2 纳米粒子的所占比例较高样品的整体导电性下降，而随着 PVP 含量的升高，Ir 粒子所占比例升高同时其 IrO_2 粒子所占比例下降，而 Ir 粒子更高的表面能会促使它形成粒径更大的金属颗粒，使催化剂活性降低，如图 6-23(d) 所示。这一观点与 XRD 谱图的结论较为一致。同时 Moon 等[107] 制备的 Au 掺杂 IrO_2 纳米纤维中也同样出现相似现象。

为了进一步研究 S-1.5 样品优异的析氧活性，使用循环伏安测试法在 0.05～1.3V (相对于 RHE) 下进行了测试。在此电势窗口存在两组氧化还原电对，0.4～0.8V 左右为 Ir^{3+} 转化为 Ir^{4+} 的电势区间[108,109]，0.8～1.2V 为 Ir^{4+} 转化为 Ir^{5+} 的电势区间[110,111]。在 0.05～1.3V 电势区间内其电流响应由两个部分组成——氧化还原赝电容以及双层电容，两者均与电化学活性表面积（ESCA）有关[16]。在相同扫速下对循环曲线积分可以得到活性纳米粒子的伏安电荷。以固定样品的伏安电荷作为基准，将其他样品的伏安电荷进行归一化可以得到活性纳米粒子的相对含量。将电流密度以活性纳米粒子的相对含量进行归一化可以得到单位纳米粒子的相对电流密度，其在一定程度上可以反映纳米粒子的本征活性[112,113]。

因此对 S-1.5 样品的循环伏安曲线进行积分并以其为基准，计算其他样品的相对含量，其值见表 6-5，将 1.55V 电压下的电流密度对相对含量归一化可得其相对电流密度。从表 6-5 中可以看到其相对电流密度趋势与 Tafel 斜率完全相同。

表 6-5 不同样品的伏安电荷相对含量、Tafel 斜率以及相对电流密度

样品	S-0.9	S-1.1	S-1.5	S-2.0	S-2.3
相对含量/%	45.1	61.5	100	61.3	50.5
Tafel 斜率(mV/dec)	71.3	62.2	50.4	53.9	81.2
相对电流密度/(mA/cm^2)	15.152	18.695	20.220	19.696	13.015

将不同扫描速率下的循环伏安曲线拟合得到双电层电容，如图 6-24 所示。在非法拉第电势窗口内以不同扫描速率进行循环伏安测试，其结果见图 6-24(a)、(b)。从如中可以看出 S-1.5 样品在 0.4～1.2V 电势区间内存在两组较为明显的氧化还原电对。其余样品在 0.4～1.2V 电势区间内仅存在一组较为明显的氧化还原电对。将循环伏安曲线进行拟合，以电位中点的阴极、阳极电流密度差值的 1/2 作为纵坐标，以扫描速率为横坐标，对直线斜率进行拟合可以得到样品的双电层电容（C_{dl}），如图 6-24(f) 所示，而 C_{dl} 与其电化学活性表面积（ECSA）成正比。因此通过比较不同样品的双电层电容便可判断其电化学活性表面积的大小关系。从图中可以看出 S-1.5 样品的双电层电容为 $1.65mF/cm^2$，远超其余 PVP 含量下煅烧样品，这表明其催化剂样品具有更大的活性表面积，结合 SEM 与 TEM 图片可以得出其催化剂分散程度更高，暴露出更多的活性位点从而带来了更大的电流密度。

稳定性是催化剂从实验阶段迈入应用阶段的重要指标，本节中采用循环伏安法对 S-1.5 样品的稳定性进行表征，以 500mV/s 的扫描速度，在 1.3～1.6V（相对于 RHE）的电势区间内扫描 5000 循环后，比较其析氧前后极化曲线的变化。如图 6-25 所示，从图中可以看出经历过 5000 循环后样品的电流密度大幅下滑，但这并不能代表样品的稳定性存在较大问题。一方面样品与电解液的浸润性较差，使产生的氧气集聚后方能排除，在长时间循环测试的过程中催化剂与电极的结合力会长期受到氧气的冲击，使部分催化剂掉落于溶液中；另一方面玻碳电极并不是测试酸性粉末催化剂稳点性的最佳选择[114]，传统碳材料在酸性氧化环境中会发生分解反应[48]，如下式所示：

$$C+2H_2O \longrightarrow CO_2+4H^++4e^-$$

$$E^0=0.207V(相对于 SHE)$$

$$C+H_2O \longrightarrow CO+2H^++2e^-$$

$$E^0=0.518V(相对于 SHE)$$

部分研究学者表明将涂敷有 IrO_2 颗粒的玻碳电极进行稳定性测试时，玻碳电极表面会被腐蚀分层从而使催化剂稳定性降低[115]。因此，无论从催化剂的负载工艺还是工作电极的材质都会对 IrO_2 粉体材料的稳定性测试产生较负面的影响。而 S-1.5 材料的循环伏安曲线对比并不能真实地反映催化剂在析氧反应中的真实稳定性。

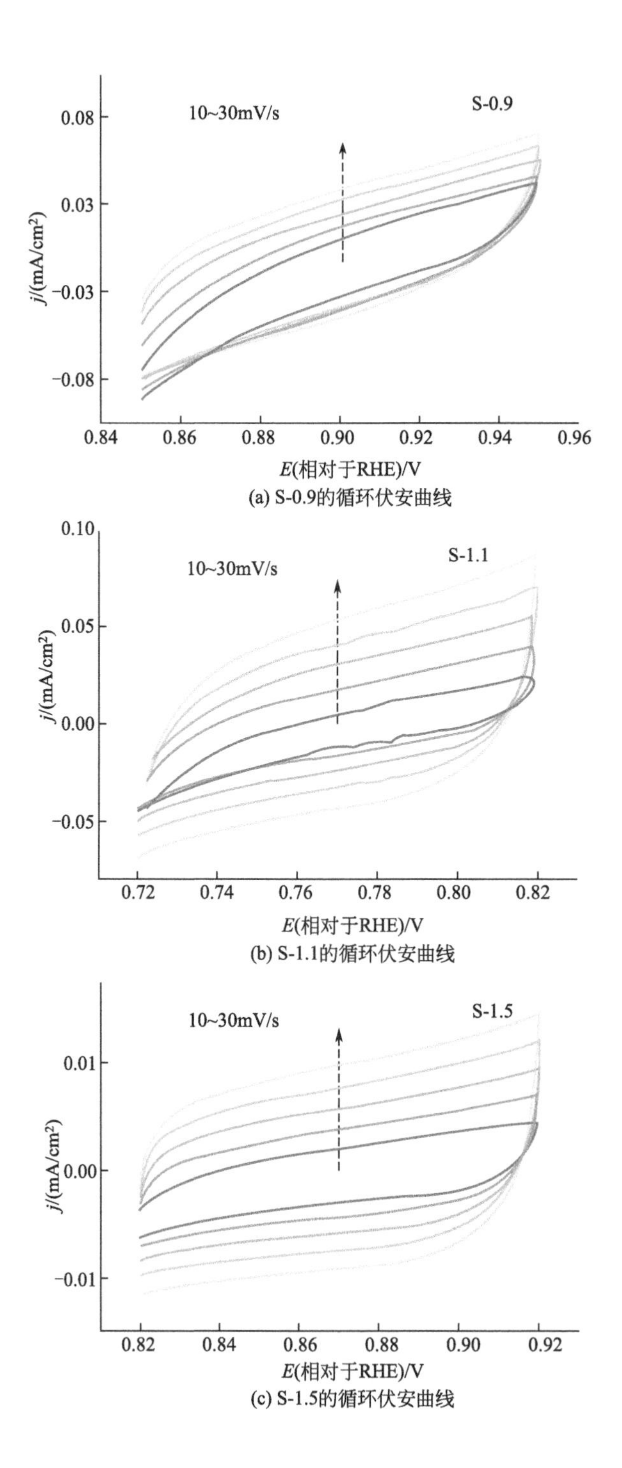

(a) S-0.9的循环伏安曲线

(b) S-1.1的循环伏安曲线

(c) S-1.5的循环伏安曲线

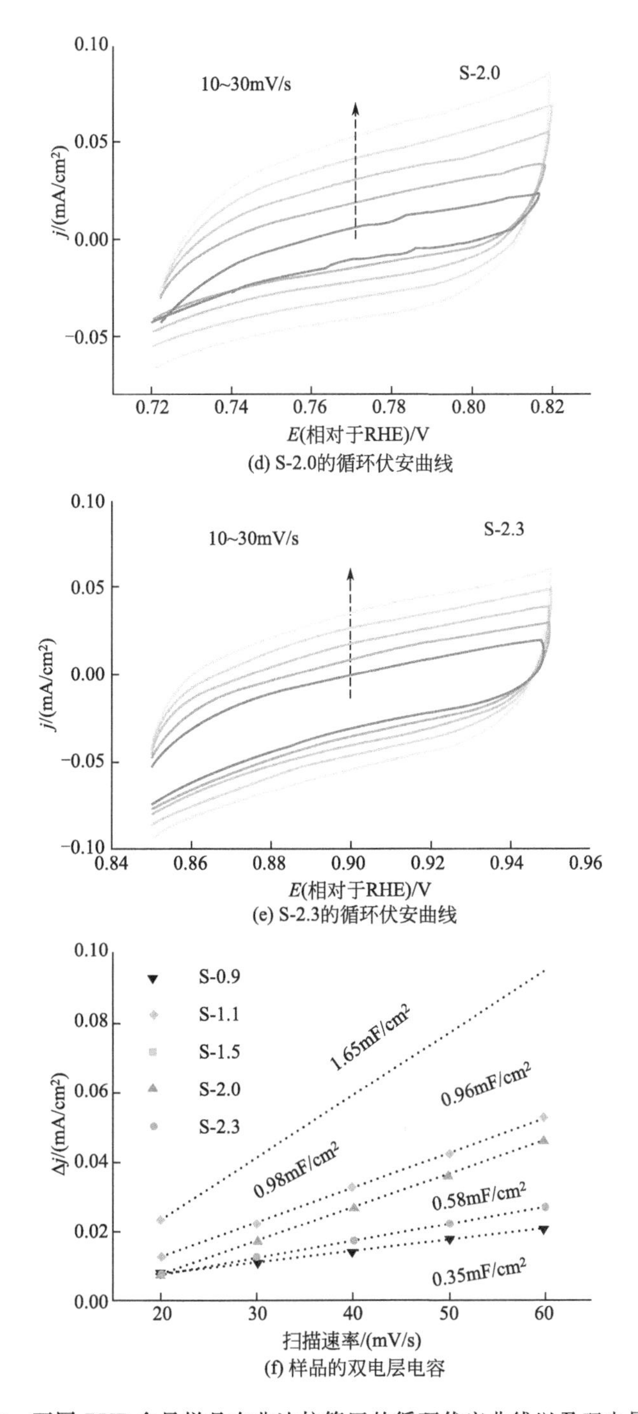

图 6-24 不同 PVP 含量样品在非法拉第区的循环伏安曲线以及双电层电容

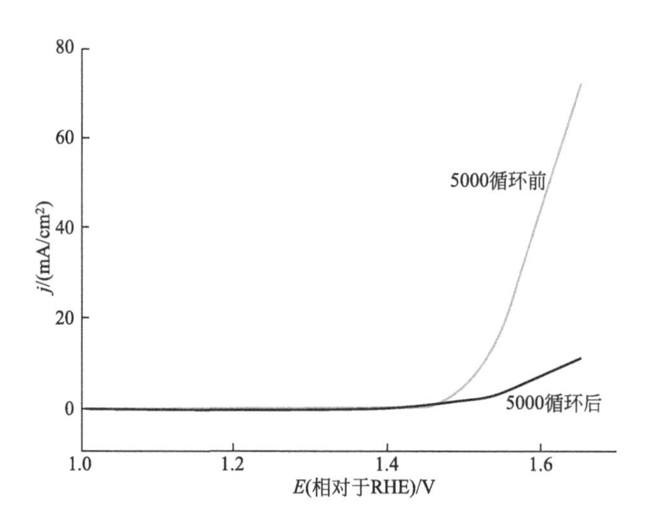

图 6-25　S-1.5 样品经过 5000 循环前后的极化曲线对比

6.3.4　CTAB 含量对电化学性能的影响

为了进一步优化静电纺丝工艺参数，我们开始对 CTAB 含量的影响进行研究。在前驱体溶液的构成中，CTAB 主要起到降低溶液的表面张力以及提升导电性的作用。受限于 Ir^{3+} 较大的离子半径以及其在乙醇溶液中较低的溶解度，单纯使用 IrAc/PVP 溶液并不能通过静电纺丝工艺制备纳米纤维前驱体。因此离子型表面活性剂的加入极为重要，一方面溶液的表面张力会因为表面活性剂而减弱，使前驱体溶液的可纺性提升、成丝率提高；此外离子型表面活性剂也可以在一定程度上提升溶液的电导率。

在进行 CTAB 含量影响的实验过程中设计了三种不同浓度 CTAB 的样品，分别为 CTAB-0.05、CTAB-0.1 以及 CTAB-0.3。当 CTAB 含量低于 0.05g 时，溶液的可纺性较差，无法稳定成丝；而当 CTAB 含量高于 0.3g 时，溶液表面张力过低，在进行静电纺丝实验时会发生射流现象，无法收集样品。

分析不同含量 CTAB 煅烧样品的电化学析氧性能是通过线性扫描伏安法（LSV）来进行的，其酸性析氧性能如图 6-26 所示。随着 CTAB 含量的增高，Ir/IrO_2 催化剂的电流密度有小幅增加，CTAB-0.05、CTAB-0.1、CTAB-0.3 样品的 $10mA/cm^2$ 电流密度过电位依次为 294mV、288mV 以及 285mV；并且其起始电位依次为 236mV、232mV 以及 226mV。通过对比可得随着前驱体溶液中 CTAB 含量的增高，Ir/IrO_2 催化剂活性有小幅提升。另一方面从其 Tafel 斜率曲线［图 6-26(b)］可以看出，Tafel 斜率随着 CTAB 含量的提高也有所降低。其 1.55V 电压下所得电化学阻抗谱均为两个强耦合的半圆组成，其低频半径随 CTAB 含量的增高也有所降低。同时将 1.55V 电压下的电流密度归一为质量活性，如图 6-26(d) 所示，CTAB-0.3 样品的质量活性较 CTAB-0.05 样品提升近 50A/g。

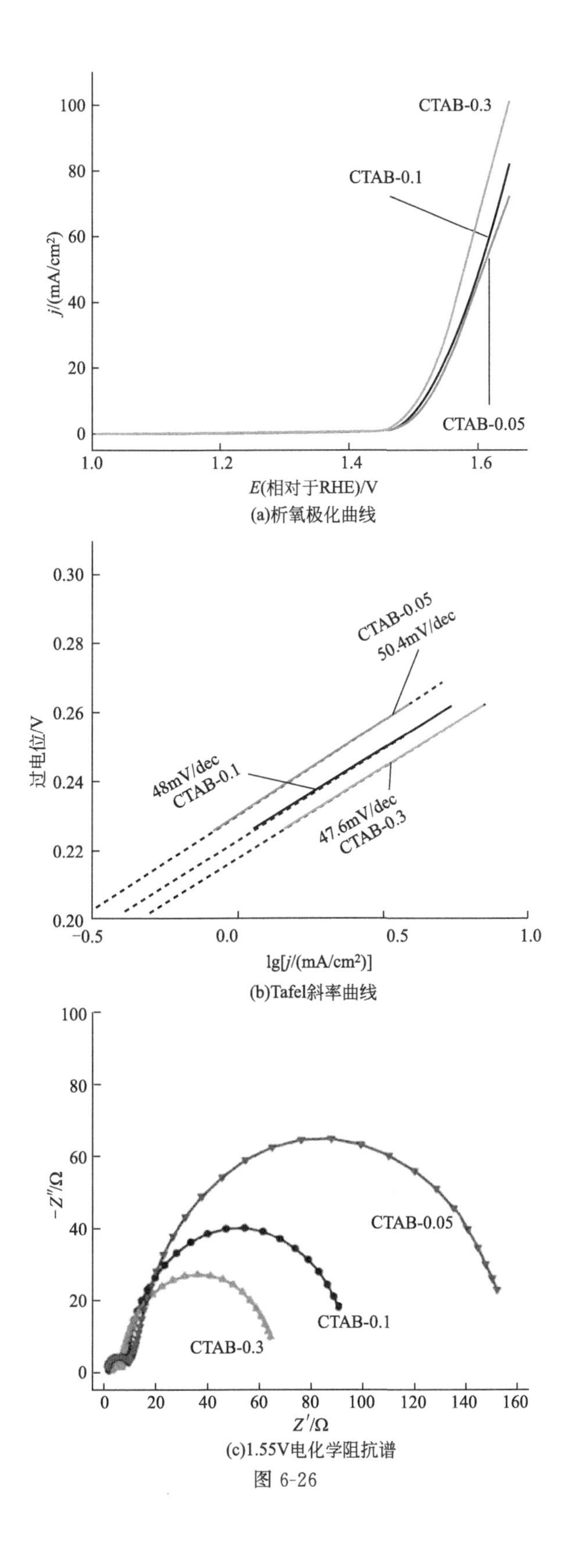

(a)析氧极化曲线

(b)Tafel斜率曲线

(c)1.55V电化学阻抗谱

图 6-26

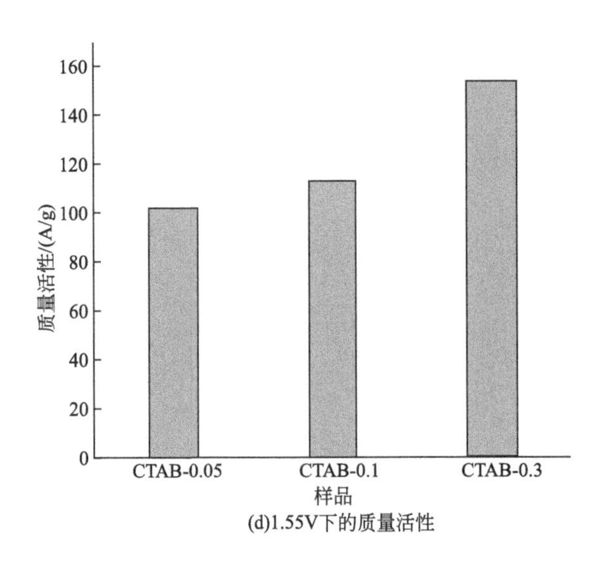

图 6-26 不同 CTAB 含量样品电化学性能图

将不同扫描速率下的循环伏安曲线拟合得到双电层电容，如图 6-27 所示。从图中可以看出随着 CTAB 含量的提高，样品的双电层电容不断增加。这表明其催化剂样品具有更大的活性表面积。其中 CTAB-0.3 样品的双电层电容为 2.11mF/cm^2，相对 CTAB-0.05 样品增幅近 28%。而高含量 CTAB 的加入对煅烧后样品的影响主要体现在两点：a. 整体溶液电导率的增大，这可以使纺丝纤维的取向与直径更加均一，便于提升分散度；b. CTAB 浓度的提高会使 Ir 原子被分散得更加均匀，这一点利于提高原子的利用率。这两点均可以通过电化学活性表面积的升高来得到验证。

综上所述，使用简单、高效的旋涂—煅烧—等离子体处理制备 FTO 负载的 IrO_2 纳米薄膜。制备的薄膜由高度分散的无定形 IrO_x 组成，且其在酸性电解液中表现出极好的电催化析氧性能，Tafel 斜率低至 54.7mV/dec，质量活性接近 1000A/g，与同类型催化剂相比较为突出。这种极高的电催化剂析氧活性可以归结为 PVP 对于纳米粒子团聚现象的抑制作用，低温热处理制备的无定形 IrO_x 材料以及等离子体处理对粒子催化活性的保护和催化剂表面残碳的清除。同时这种方法应用前景也极为广阔，可以为其他催化剂的制备提供思路。

对于无针静电纺丝材料制备 Ir/IrO_2 纳米粒子，该方法经由低浓度 IrAc 纳米纤维前驱体在煅烧后制得 Ir/IrO_2 复合纳米粒子，通过改变纤维前驱体中 PVP 含量可以实现 Ir 与 IrO_2 比例的调控，其中在 PVP 含量为 1.5g 时 Ir/IrO_2 纳米粒子的电催化析氧性能最佳，Tafel 斜率为 50.4mV/dec，1.55V 电压下的质量活性为 101A/g。通过调整前驱体内离子型表面活性剂 CTAB 含量可以提升 Ir/IrO_2 纳米粒子的电催化析氧性能。随着 CTAB 含量的提高，催化剂的质量活性与双电层电容均有一定程度的提高，其中 CTAB-0.3 样品的活性最高，其 Tafel 斜率低至 47.6mV/dec，1.55V 电压下的质量活性接近 160A/g。此外，这种方法较适用于纳米粒子的批量生产与负载，应用前景十分广阔。

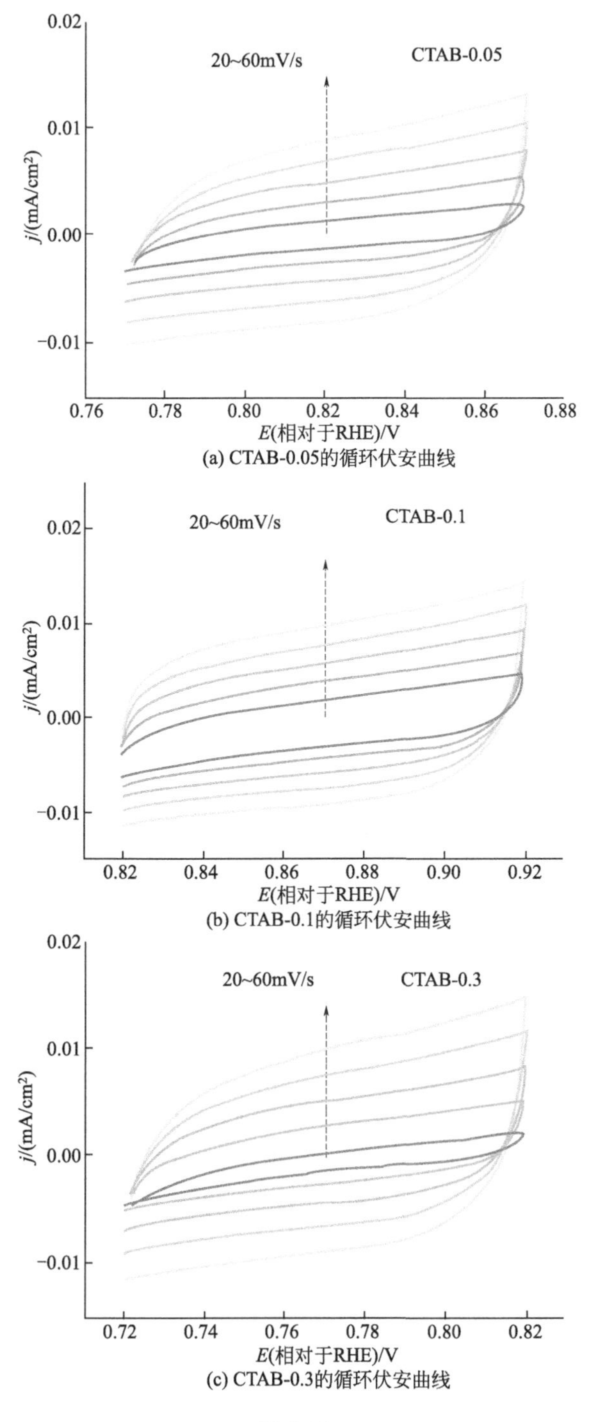

(a) CTAB-0.05的循环伏安曲线

(b) CTAB-0.1的循环伏安曲线

(c) CTAB-0.3的循环伏安曲线

图 6-27

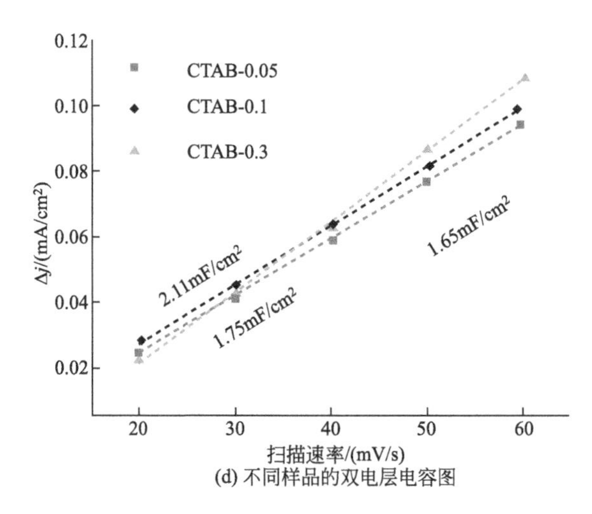

图 6-27 不同 CTAB 浓度样品的在非法拉第区的循环伏安曲线以及双电层电容

参考文献

[1] Duan H，Wang D，Li Y. Green chemistry for nanoparticle synthesis [J]. Chemical Society Reviews，2015，44：5778-5792.

[2] Yu J，Li Q，Li Y，et al. Ternary metal phosphide with triple-layered structure as a low-cost and efficient electrocatalyst for bifunctional water splitting [J]. Advanced Functional Materials，2016，26：7644-7651.

[3] 周芷若，郝东东，管宏伟，等. 生物制氢的原理及研究进展 [J]. 山东化工，2016，10：40-41.

[4] Kogan A. Direct solar thermal splitting of water and on-site separation of the products—Ⅳ. Development of porous ceramic membranes for a solar thermal water-splitting reactor. International Journal of Hydrogen Energy，2000，25 (11)：1043-1050.

[5] Over H. Surface chemistry of ruthenium dioxide in heterogeneous catalysis and electrocatalysis：From fundamental to applied research [J]. Chemical Reviews，2012，112 (6)：3356-3426.

[6] Russell J H，Nuttall L J，Fickett A P. Hydrogen generation by solid polymer electrolyte water electrolysis [J]. American Chemical Society，Division of Fuel Chemistry，1973，18：24-40.

[7] Bonet F，Delmas V，Grugeon S，et al. Synthesis of monodisperse Au，Pt，Pd，Ru and Ir nanoparticles in ethylene glycol [J]. Nanostructured Materials，1999，11 (8)：1277-1284.

[8] Nguyen T D，Scherer G G，Xu Z J. A facile synthesis of size-controllable IrO_2 and RuO_2 nanoparticles for the oxygen evolution reaction [J]. Electrocatalysis，2016，7：420-427.

[9] Song S，Zhang H，Ma X，et al. Electrochemical investigation of electrocatalysts for the oxygen evolution reaction in PEM water electrolyzers [J]. International Journal of Hydrogen Energy，2008，33 (19)：4955-4961.

[10] Siracusano S，Baglio V，Stassi A，et al. Investigation of IrO_2 electrocatalysts prepared by a sulfite-couplex route for the O_2 evolution reaction in solid polymer electrolyte water electrolyzers [J]. International Journal of Hydrogen Energy，2011，36 (13)：7822-7831.

[11] Cruz J C，Baglio V，Siracusano S，et al. Nanosized IrO_2 electrocatalysts for oxygen evolution reaction in an SPE electrolyzer [J]. Journal of Nanoparticle Research，2010，13：1639-1646.

[12] Lim J，Park D，Jeon S S，et al. Ultrathin IrO_2 nanoneedles for electrochemical water oxidation [J]. Advanced Functional Materials，2018，28 (4)：1704796.

[13] Li G, Yu H, Song W, et al. A hard-template method for the preparation of IrO_2, and its performance in a solid-polymer-electrolyte water electrolyzer [J]. ChemSusChem, 2012, 5 (5): 858-861.
[14] Li G, Li S, Xiao M, et al. Nanoporous IrO_2 catalyst with enhanced activity and durability for water oxidation owing to its micro/mesoporous structure [J]. Nanoscale, 2017, 9: 9291.
[15] Ortel E, Reier T, Strasser P, et al. Mesoporous IrO_2 films templated by PEO-PB-PEO block-copolymers: Self-Assembly, crystallization behavior, and electrocatalytic performance [J]. Chemistry of Materials, 2011, 23 (13): 3201-3209.
[16] Liu F, Sun X, Chen X, et al. Synthesis and characterization of 3-DOM IrO_2 electrocatalysts templated by PMMA for oxygen evolution reaction [J]. Polymers, 2019, 11 (4): 629.
[17] Patel P P, Datta M K, Velikokhatnyi O I, et al. Noble metal-free bifunctional oxygen evolution and oxygen reduction acidic media electro-catalysts [J]. Scientific Reports, 2016; 6: 28367.
[18] Wang C, Lan F, He Z, et al. Iridium-based catalysts for solid polymer electrolyte electrocatalytic water splitting [J]. ChemSusChem, 2019, 12 (8): 1576-1590.
[19] Kötz R, Stucki S. Stabilization of RuO_2 by IrO_2 for anodic oxygen evolution in acid media [J]. Electrochimica Acta, 1986, 31 (10): 1311-1316.
[20] Angelinetta C, Trasatti S, Atanasoska L D, et al. Effect of preparation on the surface and electrocatalytic properties of $RuO_2 + IrO_2$ mixed oxide electrodes [J]. Materials Chemistry and Physics, 1989, 22 (1-2): 231-247.
[21] Mattos-Costa F I, de Lima-Neto P, Machado S A S, et al. Characterisation of surfaces modified by sol-gel derived $Ru_xIr_{1-x}O_2$ coatings for oxygen evolution in acid medium [J]. Electrochimica Acta, 1998, 44 (8-9): 1515-1523.
[22] Owe L E, Tsypkin M, Wallwork K S, et al. Iridium-ruthenium single phase mixed oxides for oxygen evolution: Composition dependence of electrocatalytic activity [J]. Electrochimica Acta, 2012, 70 (30): 158-164.
[23] Audichon T, Mayousse E, Morisset S, et al. Electroactivity of RuO_2-IrO_2 mixed nanocatalysts toward the oxygen evolution reaction in a water electrolyzer supplied by a solar profile [J]. International Journal of Hydrogen Energy, 2014, 39 (30): 16785-16796.
[24] Balko E N, Nguyen P H. Iridium-tin mixed oxide anode coatings [J]. Journal of Applied Electrochemistry, 1991, 21: 678-682.
[25] Danilovic N, Subbaraman R, Chang K C, et al. Using surface segregation to design stable Ru-Ir oxides for the oxygen evolution reaction in acidic environments [J]. Angewandte Chemie International Edition, 2014, 126 (51): 14240-14245.
[26] Chaudhari N K, Joo J, Kwon H B, et al. Nanodendrites of platinum-group metals for electrocatalytic applications [J]. Nano Research, 2018, 11: 6111-6140.
[27] Lee H, Kim J Y, Lee S Y, et al. Comparative study of catalytic activities among transition metal-doped IrO_2 nanoparticles [J]. Scientific Reports, 2018, 8: 16777.
[28] Pi Y, Shao Q, Wang P, et al. General formation of monodisperse IrM (M = Ni, Co, Fe) bimetallic nanoclusters as bifunctional electrocatalysts for acidic overall water splitting [J]. Advanced Functional Materials, 2017, 27 (27): 1700886.
[29] Hu W, Zhong H, Liang W, et al. Ir-surface enriched porous Ir-Co oxide hierarchical architecture for high performance water oxidation in acidic media [J]. ACS Applied Materials and Interfaces, 2014, 6 (15): 12729-12736.
[30] Yoon D, Bang S, Park J, et al. One pot synthesis of octahedral {111} CuIr gradient alloy nanocrystals with a Cu-rich core and an Ir-rich surface and their usage as efficient water splitting catalyst [J]. CrystEngComm, 2015, 17: 6843-6847.
[31] Pei J, Mao J, Liang X, et al. Ir-Cu nanoframes: One-pot synthesis and efficient electrocatalysts for

oxygen evolution reaction. Chemical Communications [J], 2016, 52: 3793-3796.

[32] Fu L, Cheng G, Luo W. Colloidal synthesis of monodisperse trimetallic IrNiFe nanoparticles as highly active bifunctional electrocatalysts for acidic overall water splitting [J]. Journal of Materials Chemistry A, 2017, 5: 24836-24841.

[33] Kwon T, Hwang H, Sa Y J, et al. Cobalt assisted synthesis of IrCu hollow octahedral nanocages as highly active electrocatalysts toward oxygen evolution reaction [J]. Advanced Functional Materials, 2017, 27 (7): 1604688.

[34] Wang C, Moghaddam R B, Bergens S H. Active, simple iridium-copper hydrous oxide electrocatalysts for water oxidation [J]. The Journal of Physical Chemistry C, 2017, 121 (10): 5480-5486.

[35] Alia S M, Shulda S, Ngo C, et al. Iridium-based nanowires as highly active, oxygen evolution reaction electrocatalysts [J]. ACS Catalysis, 2018, 8 (3): 2111-2120.

[36] Nong H N, Reier T, Oh H S, et al. A unique oxygen ligand environment facilitates water oxidation in hole-doped $IrNiO_x$ core-shell electrocatalysts [J]. Nature Catalysis, 2018, 1: 841-851.

[37] Pi Y, Guo J, Shao Q, et al. Highly efficient acidic oxygen evolution electrocatalysis enabled by porous Ir-Cu nanocrystals with three-dimensional electrocatalytic surfaces [J]. Chemistry of Materials, 2018, 30 (23): 8571-8578.

[38] Liu X, Li Z, Zhou L, et al. Facile synthesis of IrCu microspheres based on polyol method and study on their electro-catalytic performances to oxygen evolution reaction [J]. Nanomaterials, 2019, 9 (8): 1145.

[39] Watzele S, Hauenstein P, Liang Y, et al. Determination of electroactive surface area of Ni-, Co-, Fe-, and Ir-based oxide electrocatalysts [J]. ACS Catalysis, 2019, 9 (10): 9222-9230.

[40] Zaman W Q, Wang Z, Sun W, et al. Ni-Co Codoping breaks the limitation of single-metal-doped IrO_2 with higher oxygen evolution reaction performance and less iridium [J]. ACS Energy Letters, 2017, 2 (12): 2786-2793.

[41] Sun W, Song Y, Gong X Q, et al. An efficiently tuned d-orbital occupation of IrO_2 by doping with Cu for enhancing the oxygen evolution reaction activity [J]. Chemical Science, 2015, 6: 4993-4999.

[42] Moghaddam R B, Wang C, Sorge J B, et al. Easily prepared, high activity Ir-Ni oxide catalysts for water oxidation [J]. Electrochemistry Communications, 2015, 60: 109-112.

[43] Reier T, Pawolek Z, Cherevko S, et al. Molecular insight in structure and activity of highly efficient, low-Ir Ir-Ni oxide catalysts for electrochemical water splitting (OER) [J]. Journal of the American Chemical Society, 2015, 137 (40): 13031-13040.

[44] Nong H N, Gan L, Willinger E, et al. IrO_x core-shell nanocatalysts for cost-and energy-efficient electrochemical water splitting [J]. Chemical Science, 2014, 5: 2955-2963.

[45] Jin Z, Lv J, Jia H, et al. Nanoporous Al-Ni-Co-Ir-Mo high-entropy alloy for record-high water splitting activity in acidic environments [J]. Small, 2019, 15 (49): 1904180.

[46] Tran N Q, Le T A, Kim H, et al. Low iridium content confined inside a Co_3O_4 hollow sphere for superior acidic water oxidation [J]. ACS Sustainable Chemistry & Engineering, 2019, 7 (19): 16640-16650.

[47] Marshall A, Børresen B, Hagen G, et al. Preparation and characterisation of nanocrystalline $Ir_xSn_{1-x}O_2$ electrocatalytic powders [J]. Materials Chemistry and Physics, 2005, 94 (2-3): 226-232.

[48] Antolini E. Iridium As catalyst and cocatalyst for oxygen evolution/reduction in acidic polymer electrolyte membrane electrolyzers and fuel cells [J]. ACS Catalysis, 2014, 4 (5): 1426-1440.

[49] Xu J, Liu G, Li J, et al. The electrocatalytic properties of an IrO_2/SnO_2 catalyst using SnO_2 as a support and an assisting reagent for the oxygen evolution reaction [J]. Electrochimica Acta, 2012,

59: 105-112.
[50] Mallika C, Edwin S R A M, Nagaraja K S, et al. Use of SnO for the determination of standard Gibbs energy of formation of SnO_2 by oxide electrolyte e. m. f. measurements [J]. Thermochimica Acta, 2001, 371 (1-2): 95-101.
[51] Marshall A, Børresen B, Hagen G, et al. Electrochemical characterisation of $Ir_xSn_{1-x}O_2$ powders as oxygen evolution electrocatalysts [J]. Electrochimica Acta, 2006, 51 (15): 3161-3167.
[52] Li G, Yu H, Wang X, et al. Highly effective $Ir_xSn_{1-x}O_2$ electrocatalysts for oxygen evolution reaction in the solid polymer electrolyte water electrolyser [J]. Physical Chemistry Chemical Physics, 2013, 15: 2858-2866.
[53] Puthiyapura V K, Mamlouk M, Pasupathi S, et al. Physical and electrochemical evaluation of ATO supported IrO_2 catalyst for proton exchange membrane water electrolyser [J]. Journal of Power Sources, 2014, 269 (10): 451-460.
[54] Shih P C, Kim J, Sun C J, et al. Single-phase pyrochlore $Y_2Ir_2O_7$ electrocatalyst on the activity of oxygen evolution reaction [J]. ACS Applied Energy Materials, 2018, 1 (8): 3992-3998.
[55] Lebedev D, Povia M, Waltar K, et al. Highly active and stable iridium pyrochlores for oxygen evolution reaction [J]. Chemistry of Materials, 2017, 29 (12): 5182-5191.
[56] Seitz L C, Dickens C F, Nishio K, et al. A highly active and stable $IrO_x/SrIrO_3$ catalyst for the oxygen evolution reaction [J]. Science, 2016, 353 (6303): 1011-1014.
[57] Shang C, Cao C, Yu D, et al. Electron correlations engineer catalytic activity of pyrochlore iridates for acidic water oxidation [J]. Advanced Materials, 2019, 31 (6): 1805104.
[58] Diaz-Morales O, Raaijman S, Kortlever R, et al. Iridium-based double perovskites for efficient water oxidation in acid media [J]. Nature Communications, 2016, 7: 12363.
[59] Liang X, Shi L, Liu Y, et al. Activating inert, nonprecious perovskites with iridium dopants for efficient oxygen evolution reaction under acidic conditions [J]. Angewandte Chemie International Edition, 2019, 131 (23): 7713-7717.
[60] Zhang R, Dubouis N, Ben O M, et al. A dissolution/precipitation equilibrium on the surface of iridium-based perovskites controls their activity as oxygen evolution reaction catalysts in acidic media [J]. Angewandte Chemie International Edition, 2019, 131 (14): 4619-4623.
[61] Da Silva G C, Perini N, Ticianelli E A. Effect of temperature on the activities and stabilities of hydrothermally prepared IrO_x nanocatalyst layers for the oxygen evolution reaction [J]. Applied Catalysis B: Environmental, 2017, 218 (5): 287-297.
[62] Dau H, Limberg C, Reier T, et al. The mechanism of water oxidation: From electrolysis via homogeneous to biological catalysis [J]. ChemCatChem, 2010, 2: 724-761.
[63] Forgie R, Bugosh G, Neyerlin K, et al. Bimetallic Ru electrocatalysts for the OER and electrolytic water splitting in acidic media [J]. Electrochemical and Solid-State Letters, 2010, 13 (4): B36-B39.
[64] Heuberger C F, Mac Dowell N. Real-world challenges with a rapid transition to 100% renewable power systems [J]. Joule, 2018, 2 (3): 367-370.
[65] Sivaram V, Dabiri J O, Hart D M. The need for continued innovation in solar, wind, and energy storage [J]. Joule, 2018, 2 (9): 1639-1642.
[66] Carmo M, Fritz D L, Mergel J, et al. A comprehensive review on PEM water electrolysis [J]. International Journal of Hydrogen Energy, 2013, 38 (12): 4901-4934.
[67] Fabbri E, Habereder A, Waltar K, et al. Developments and perspectives of oxide-based catalysts for the oxygen evolution reaction [J]. Catalysis Science & Technology, 2014, 4: 3800-3821.
[68] Strickler A L, Flores R A, King L A, et al. Systematic investigation of iridium-based bimetallic thin film catalysts for the oxygen evolution reaction in acidic media [J]. ACS Applied Materials &

Interfaces, 2019, 11 (37): 34059-34066.

[69] Ledendecker M, Geiger S, Hengge K, et al. Towards maximized utilization of iridium for the acidic oxygen evolution reaction [J]. Nano Research, 2019, 12 (9): 2275-2280.

[70] Finke C E, Omelchenko S T, Jasper J T, et al. Enhancing the activity of oxygen-evolution and chlorine-evolution electrocatalysts by atomic layer deposition of TiO_2 [J]. Energy & Environmental Science, 2019, 12: 358-365.

[71] Finke C E, Omelchenko S T, Jasper J T, et al. Ultra-low loading of IrO_2 with an inverse-opal structure in a polymer-exchange membrane water electrolysis [J]. Nano Energy, 2019, 58: 158-166.

[72] Lee B S, Ahn S H, Park H Y, et al. Development of electrodeposited IrO_2 electrodes as anodes in polymer electrolyte membrane water electrolysis [J]. Applied Catalysis B: Environmental, 2015, 179: 285-291.

[73] Zhao Y, Vargas-Barbosa N M, Hernandez-Pagan E A, et al. Anodic deposition of colloidal iridium oxide thin films from hexahydroxyiridate (Ⅳ) solutions [J]. Small, 2011, 7 (14): 2087-2093.

[74] Lee K, Osada M, Hwang H Y, et al. Oxygen evolution reaction activity in $IrO_x/SrIrO_3$ catalysts: Correlations between structural parameters and the catalytic activity [J]. The Journal of Physical Chemistry Letters, 2019, 10 ((7): 1516-1522.

[75] Xu W, Haarberg G M, Sunde S, et al. Calcination temperature dependent catalytic activity and stability of IrO_2-Ta_2O_5 anodes for oxygen evolution reaction in aqueous sulfate electrolytes [J]. Journal of The Electrochemical Society, 2017, 164 (9): F895-F900.

[76] Spoeri C, Briois P, Nong H N, et al. Experimental activity descriptors for iridium-based catalysts for the electrochemical oxygen evolution reaction (OER) [J]. ACS Catalysis, 2019, 9 (8): 6654-6663.

[77] Reier T, Teschner D, Lunkenbein T, et al. Electrocatalytic oxygen evolution on iridium oxide: Uncovering catalyst-substrate interactions and active iridium oxide species [J]. Journal of The Electrochemical Society, 2014, 161 (9): F876-F882.

[78] Lattach Y, Rivera J F, Bamine T, et al. Iridium oxide-polymer nanocomposite electrode materials for water oxidation [J]. ACS Applied Materials & Interfaces, 2014, 6 (15): 12852-12859.

[79] deKrafft K E, Wang C, Xie Z, et al. Electrochemical water oxidation with carbon-grafted iridium complexes [J]. ACS Applied Materials & Interfaces, 2012, 4 (2): 608-613.

[80] Arminio-Ravelo J A, Quinson J, Pedersen M A, et al. Synthesis of iridium nanocatalysts for water oxidation in acid: Effect of the surfactant [J]. ChemCatChem, 2020, 12: 1282-1287.

[81] Schmid G. Large clusters and colloids. Metals in the embryonic state [J]. Chemical Reviews, 1992, 92: 1709-1727.

[82] Kawar R K, Chigare P S, Patil P S. Patil. Substrate temperature dependent structural, optical and electrical properties of spray deposited iridium oxide thin films [J]. Applied Surface Science, 2003, 206 (1-4): 90-101.

[83] Roginskaya Y E, Morozova O. The role of hydrated oxides in formation and structure of DSA-type oxide electrocatalysts [J]. Electrochimica Acta, 1995, 40 (7): 817-822.

[84] Trasatti S. Electrocatalysis in the anodic evolution of oxygen and chlorine [J]. Electrochimica Acta, 1984, 29 (11): 1503-1512.

[85] Lodi G, de Battisti A, Benedetti A, et al. Formation of iridium metal in thermally prepared iridium dioxide coatings [J]. Journal of electroanalytical chemistry and interfacial electrochemistry, 1988, 256 (2): 441-445.

[86] Odziomek M, Bahri M, Boissiere C, et al. Aerosol synthesis of thermally stable porous noble metals and alloys by using bi-functional templates [J]. Materials Horizons, 2020, 7: 541-550.

[87] Elishav O, Beilin V, Rozent O, et al. Thermal shrinkage of electrospun PVP nanofibers [J]. Journal of Polymer Science Part B: Polymer Physics, 2018, 56 (3): 248-254.

[88] Kahk J, Poll C, Oropeza F, et al. Understanding the electronic structure of IrO_2 using hard-X-ray photoelectron spectroscopy and density-functional theory [J]. Physical Review Letters, 2014, 112: 117601.

[89] Pfeifer V, Jones T E, Velasco V J J, et al. The electronic structure of iridium oxide electrodes active in water splitting [J]. Physical Chemistry Chemical Physics, 2016, 18: 2292-2296.

[90] Augustynski J, Koudelka M, Sanchez J, et al. ESCA study of the state of iridium and oxygen in electrochemically and thermally formed iridium oxide films [J]. Journal of Electroanalytical Chemistry and Interfacial Electrochemistry, 1984, 160 (1-2): 233-248.

[91] Freakley S J, Ruiz-Esquius J, Morgan D J. The X-ray photoelectron spectra of Ir, IrO_2 and $IrCl_3$ revisited [J]. Surface and Interface Analysis, 2017, 49 (8): 794-799.

[92] Song J, Wei C, Huang Z F, et al. A review on fundamentals for designing oxygen evolution electrocatalysts [J]. Chemical Society Reviews, 2020, 49: 2196-2214.

[93] Geiger S, Kasian O, Ledendecker M, et al. The stability number as a metric for electrocatalyst stability benchmarking [J]. Nature Catalysis, 2018, 1: 508-515.

[94] Zhang R, Pearce P E, Duan Y, et al. Importance of water structure and catalyst-electrolyte interface on the design of water splitting catalysts [J]. Chemistry of Materials, 2019, 31 (20): 8248-8259.

[95] Steegstra P, Busch M, Panas I, et al. Revisiting the redox properties of hydrous iridium oxide films in the context of oxygen evolution [J]. The Journal of Physical Chemistry C, 2013, 117 (40): 20975-20981.

[96] Datta M K, Kadakia K, Velikokhatnyi O I, et al. High performance robust F-doped tin oxide based oxygen evolution electro-catalysts for PEM based water electrolysis [J]. Journal of Materials Chemistry A, 2013, 1: 4026-4037.

[97] da Silva L A, Alves V A, da Silva M A P, et al. Oxygen evolution in acid solution on IrO_2+TiO_2 ceramic films. A study by impedance, voltammetry and SEM [J]. Electrochimica Acta, 1997, 42 (2): 271-281.

[98] Rasten E, Hagen G, Tunold R. Electrocatalysis in water electrolysis with solid polymer electrolyte [J]. Electrochimica Acta, 2003, 48 (25-26): 3945-3952.

[99] Cheng J, Zhang H, Chen G, et al. Study of $Ir_xRu_{1-x}O_2$ oxides as anodic electrocatalysts for solid polymer electrolyte water electrolysis [J]. Electrochimica Acta, 2009, 54 (26): 6250-6256.

[100] Wang X, Ding B, Sun G, et al. Electro-spinning/netting: A strategy for the fabrication of three-dimensional polymer nano-fiber/nets [J]. Progress in Materials Science, 2013, 58 (8): 1173-1243.

[101] Doshi J, Reneker D H. Electrospinning process and applications of electrospun fibers. Journal of Electrostatics, 1993, 35 (2-3): 151-160.

[102] Greiner A, Wendorff J H. Electrospinning: A fascinating method for the preparation of ultrathin fibers [J]. Angewandte Chemie International Edition, 2010, 46 (30): 5670-5703.

[103] Reneker D H, Chun I. Nanometre diameter fibres of polymer, produced by electrospinning [J]. Nanotechnology, 1996, 7 (3): 216-223.

[104] Yalcinkaya B, Yalcinkaya F, Cengiz Çallıoğlu F, et al. Effect of concentration and salt additive on taylor cone structure [J]. Nanocon, 2012, 10: 23-25.

[105] Wan M, Zhu H, Zhang S, et al. Building block nanoparticles engineering induces multi-element perovskite hollow nanofibers structure evolution to trigger enhanced oxygen evolution [J]. Electrochimica Acta, 2018, 279: 301-310.

[106] Shinagawa T, Garcia-Esparza A T, Takanabe K. Insight on Tafel slopes from a microkinetic analysis of aqueous electrocatalysis for energy conversion [J]. Scientific Reports, 2015, 5: 13801.

[107] Moon S, Cho Y B, Yu A, et al. Single-step electrospun Ir/IrO_2 nanofibrous structures decorated with Au nanoparticles for highly catalytic oxygen evolution reaction [J]. ACS Applied Materials and Interfaces, 2019, 11 (2): 1979-1987.

[108] Fonseca I T E, Lopes M I, Portela M T C. Portela. A comparative voltammetric study of the Ir | H_2So_4 and Ir | $HClO_4$ aqueous interfaces [J]. Journal of Electroanalytical Chemistry, 1996, 415 (1-2): 89-96.

[109] Binninger T, Mohamed R, Waltar K, et al. Thermodynamic explanation of the universal correlation between oxygen evolution activity and corrosion of oxide catalysts [J]. Scientific Reports, 2015, 5: 12167.

[110] Petit M A, Plichon V. Anodic electrodeposition of iridium oxide films [J]. Journal of Electroanalytical Chemistry, 1998, 444 (2): 247-252.

[111] Huppauff M, Lengeler B. Valency and structure of iridium in anodic iridium oxide films [J]. Journal of The Electrochemical Society, 1993, 140 (3): 598-602.

[112] Chandra D, Takama D, Masaki T, et al. Highly efficient electrocatalysis and mechanistic investigation of intermediate IrO_x $(OH)_y$ nanoparticle films for water oxidation [J]. ACS Catalysis, 2016, 6 (6): 3946-3954.

[113] Özer E, Pawolek Z, Kühl S, et al. Metallic iridium thin-films as model catalysts for the electrochemical oxygen evolution reaction (OER)-morphology and activity [J]. Surfaces, 2018, 1 (1): 151-164.

[114] Alia S M, Anderson G C. Iridium oxygen evolution activity and durability baselines in rotating disk electrode half-cells [J]. Journal of The Electrochemical Society, 2019, 166 (4): F282-F294.

[115] Danilovic N, Subbaraman R, Chang K C, et al. Activity-stability trends for the oxygen evolution reaction on monometallic oxides in acidic environments [J]. Journal of Physical Chemistry Letters, 2014, 5 (14): 2474-2478.

第7章 水分解制氢非贵金属催化剂

7.1 概述

电解水反应主要由两个半电池反应组成，即析氢反应（HER）和析氧反应（OER）。当前，由电化学水分解反应作为一种可持续的产氢来源引发了高度关注。为了能在未来实现用电解水的方式获得低廉的氢能，其关键是开发出具有高催化活性及稳定性的电催化剂用于所涉及的电化学反应。

显然，电催化剂在这些能源转换技术中起着关键作用，因为它们提高了涉及的化学转换速率、效率和选择性。然而，当今的水分解高效电催化剂种类与数量并不充分，目前最大的挑战是开发先进的电催化剂，提高其性能，使清洁能源技术得以广泛普及。铂（Pt）是目前已知的对 HER 性能最好的催化剂，在酸性溶液中的过电位几乎可以忽略，铱（Ir）和钌（Ru）的氧化物是目前最好的 OER 催化剂。然而，它们的稀缺性和高成本大大限制了其广泛应用。因此，探索出在地球上储量丰富且高效稳定的可替代的非贵金属电催化剂，是电化学水分解所面临的挑战。

7.2 镍基催化剂

7.2.1 阳极化处理镍铁合金条带

与 OER 相比，HER 过程中需要更多的电子，因此是电解水的速率决定步骤[1]。为了优化 OER 过程，寻找高效可持续的电催化剂势在必行。目前，RuO_2 和 IrO_2 展示出最高的 OER 电催化活性，但由于成本过高而未被投入商业生产，因此一些过渡金属化合物成为电解水反应的研究热点[2]。

其中，对于 Ni/Fe 基化合物的研究始于 20 世纪 80 年代，而近几年来，越来越多的研究致力于对这种材料的 OER 活性和稳定性的改进，如电沉积、水热合成、光化学金属有机沉积等，开发出具有高 OER 活性的不同结构的 Ni/Fe 氧化物或氢氧化物催化剂材料[3,4]。例如，阴极电沉积 Ni-Fe 合金薄膜，在 OER 条件下（或直接暴露于空气中）会氧化成氧化物或者氢氧化物，制备出高活性 OER 电极[5]。此外，化学水热合成和共沉积等同样是合成 Ni/Fe 氧化物薄膜[6]、纳米颗粒[7] 和层状双氢氧化物[8] 等各种催化剂材料的热门研究方法。

在众多合成方法中，自组织阳极化方法是一种简单、低成本的制备 Ni/Fe 氧化物复杂结构的方式，而在氟化物中进行阳极化处理的方法已经广泛应用在 TiO_2 纳米管的生产中[9]。在富含氟的溶液中 TiO_2 纳米管的形成过程中，快速氟化迁移导致表面金属-氧化物积累，形成致密氧化物或管状结构。而对于金属 Ti 来说，由于表面离子相互作用，形成上宽下窄的 TiO_2 纳米管结构。

通常情况下，电化学阳极化是在乙二醇（EG）、丙三醇（Gly）和氟化铵（NH_4F）的溶液中，通过施加一个很高的电位来进行材料处理工作。对于金属 M 来说，它能够被氧化为 $M^{\delta+}$，形成 $MO_{\delta/2}$ 固体或溶解在溶液中[9]。

$$M \longrightarrow M^{\delta+} + \delta e^- \tag{7-1}$$

$$M + \frac{\delta}{2}H_2O \longrightarrow MO_{\delta/2} + \delta H^+ + \delta e^- \tag{7-2}$$

随后，被氧化的金属在富含氟的溶液中刻蚀，刻蚀的目的是依靠溶度积和氧化物稳定性等热力学的影响，将材料表面粗糙化[9]。例如，Fe 被氧化之后生成 Fe^{3+}，溶解在含氟离子的溶液中，形成含氟的配合物，如式(7-3) 和式(7-4) 所示[10]。

$$M^{3+} + 6F^- \longrightarrow [MF_6]^{3-} \tag{7-3}$$

$$M_2O_3 + 12F^- + 6H^+ \longrightarrow 2[MF_6]^{3-} + 3H_2O \tag{7-4}$$

Xie 等[11] 按照这个氧化-溶解原理制备出有序排列的 Fe 纳米管层状结构材料。如图 7-1 所示，将金属 Fe 单面浸入含氟离子的溶液中，随着阳极化时间的延长，表面侵蚀程度不断加大，孔径也随之增大，直到阳极化 300s，形成有序排列的氧化铁纳米管阵列，300s 之后原有阵列结构被破坏。

此外，阳极化还在其他金属材料如 Co、Ni 和 Ni-Co 方面进行研究，并成功制备出纳米管或纳米多孔结构[12-14]。然而，此前并无有关 Ni-Fe 合金在氟溶液中阳极化处理获得高效 OER 材料的研究报道。将上述方法应用在制备 Ni-Fe 氧化物和氢氧化物的研究中，并结合简单、易控制的循环伏安（CV）处理方法[15]，有望得到复杂结构的高效 OER 电催化剂。

7.2.1.1 电极材料制备

在氩气氛围下，采用电弧熔炼纯 Ni 和纯 Fe 的方式，在一个过冷温度下快速固化铸成 Ni-Fe 合金棒，Ni、Fe 原子比为 1∶1。之后，在石英管旋转铜轴的冷表面上快速淬火，使合金棒熔化，得到厚度只有 30μm 的 Ni-Fe 合金条带。最后，催化剂的制备分为阳极化处理和 CV 循环处理两个部分。

阳极化处理过程采用两电极直流电源设备，以 Ni-Fe 合金条带为阳极，铂丝为阴极，电极浸泡在含 NH_4F、去离子水、EG 和 Gly 的溶液中。本章探索了 Ni-Fe 合金条带阳极化处

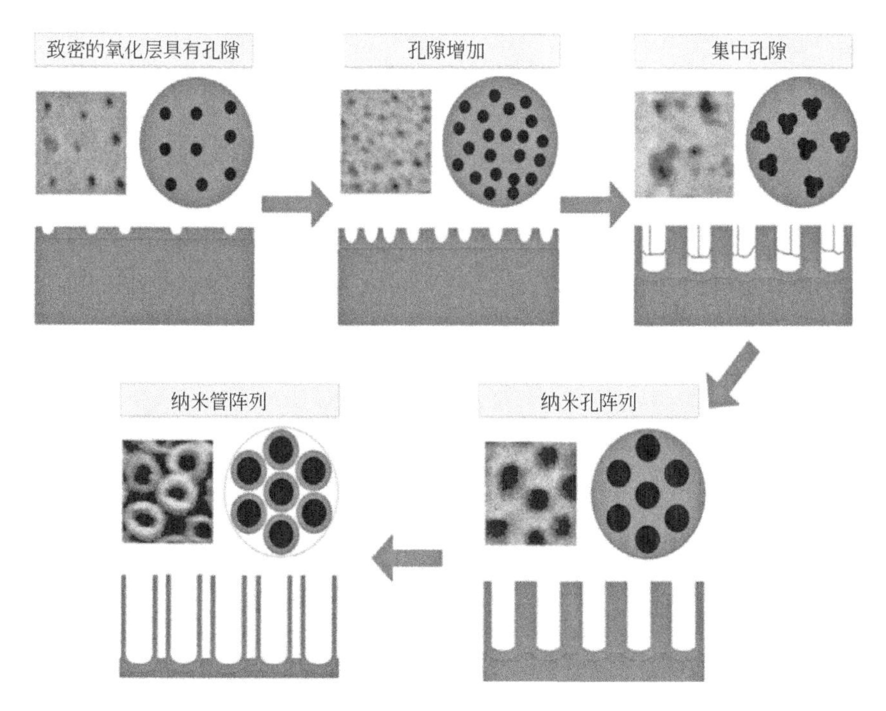

图 7-1 氧化铁纳米管阵列的形态演化和形成模型的原理图及样品在不同阶段进行阳极化的 FESEM 图[11]

［阳极化时间：1s、5s、10s、120s、300s；阳极化电解液：EG＋0.5％（质量分数）NH_4F＋3.0％（质量分数）去离子水；电压 50V；温度：333K］

理过程中刻蚀溶液的比例、刻蚀温度、时间、电压等因素对催化剂 OER 活性的影响。

阳极化之后，Ni-Fe 工作电极在纯水中清洗干净，并在 0.1mol/L KOH 中施加 0～0.8V（相对于 Ag/AgCl）的电压进行 CV 处理 100 圈（室温，扫速为 20mV/s）。

7.2.1.2 阳极化过程中参数优化

Ni-Fe 合金在 NH_4F、EG、Gly 和纯水的溶液中进行阳极化处理。为了探究阳极化过程中溶液的最优比例，首先探讨了有无丙三醇对实验结果的影响，其次分别讨论了不同含量的 NH_4F 和 H_2O 对 OER 的影响，最后优化了阳极化过程中的温度、电位和时间，得到适合 Ni-Fe 合金的最优腐蚀条件。

实验证明，溶液中添加少量 Gly 对阳极化结果影响不大［图 7-2(a)］。当加入 Gly 的含量为 25％时，阳极化之后，其 OER 活性略低于不加 Gly 进行阳极化处理的催化剂材料。因此，本小节实验设计电解液中不含 Gly。

Ni-Fe 合金条带在含水量为 3％的 EG 溶液中，加入不同含量（0.1mol/L、0.2mol/L、0.3mol/L、0.4mol/L、0.5mol/L）的 NH_4F，室温下施加 50V 电压阳极化 10min，之后在 0.1mol/L KOH 中分析 OER 活性，实验结果如图 7-2(b) 和 (c) 所示。不同 NH_4F 含量对催化剂 OER 活性的影响差别不大，但是在 0.2mol/L 的 NH_4F 阳极化溶液中明显具有最低的过电位。因此，本小节实验采用 NH_4F 的含量为 0.2mol/L。

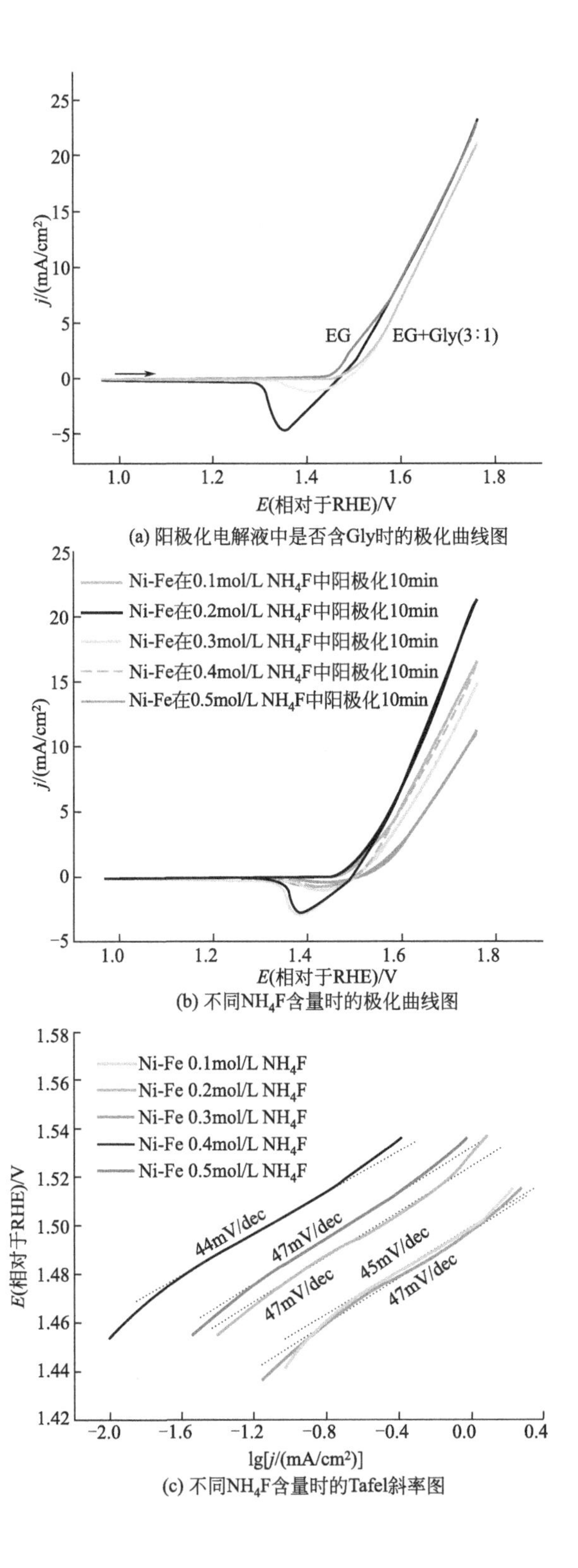

(a) 阳极化电解液中是否含Gly时的极化曲线图

(b) 不同NH_4F含量时的极化曲线图

(c) 不同NH_4F含量时的Tafel斜率图

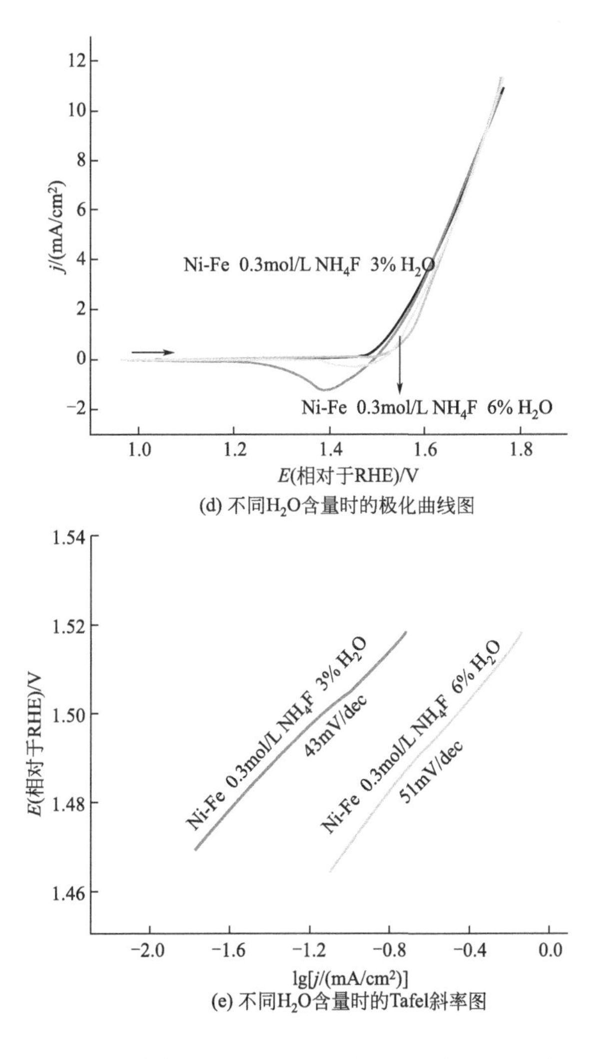

图 7-2　阳极化电解液中是否含 Gly、不同 NH_4F 含量及不同 H_2O 含量对最终 OER 结果的影响（书后另见彩图）

（阳极化过程条件：在室温施加 50V 电压持续 10min；OER 活性分析：在 1mol/L KOH 中以 20mV/s 的扫速进行）

由于溶液中氟含量有限，而 EG 大量存在，导致电解液的导电性不高，因此，水含量也是影响阳极化过程材料制备的重要因素之一。本小节分析了水含量为 3%和 6%时，阳极化之后 OER 活性的变化。实验结果显示［图 7-2(d) 和 (e)］，虽然经 6%水含量处理之后的催化剂 OER 过电位略高于 3%水含量，但 Tafel（塔菲尔）斜率略高。因此选择塔菲尔斜率只有约 40mV/dec 的 3%水含量。

至此，Ni-Fe 合金条带在阳极化过程中电解液的比例已定，为 0.2mol/L NH_4F、3%去离子水和 EG。

除了电解液比例，阳极化过程中的温度和施加的电压分析如图 7-3 所示。在上述电解液中，分别在室温下（298K）和冰水浴（273K）中施加 50V 电压持续 10min，实验结果显示在冰水浴中电流密度略高于室温中。之后，在相同条件下设置变量为电压，实验结果显示，50V电压阳极化处理之后的OER活性明显高于10V电压处理之后的材料性能。因此，本章采用冰水浴下施加50V电压进行阳极化处理。

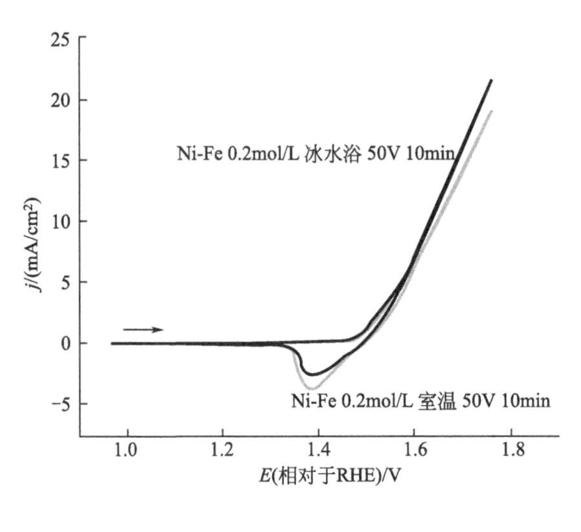

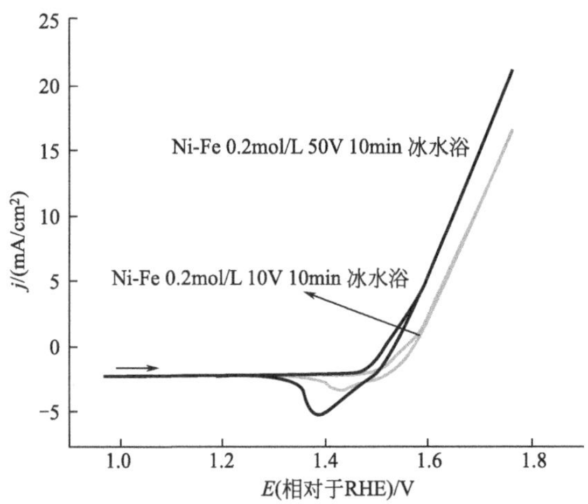

图 7-3 阳极化过程中不同温度和电位对最终 OER 结果的影响

[阳极化过程溶液为 0.2mol/L 的 NH_4F、3%去离子水和 EG，OER 活性分析在 1mol/L KOH 中以 20mV/s 的扫速进行]

Ni-Fe合金条带在阳极化过程中，最初是表面原子与溶液中氟离子作用，复合粒子溶解在溶液中或吸附在催化剂表面。随着时间延长，氟离子或复合粒子进一步与内层金属原子发生反应，形成粗糙表面的复杂结构。当阳极化时间过长，结构瓦解，甚至导致合金条带断裂。因此，阳极化时间是此步实验中一个非常重要的因素。在上述优化过的实验条件下，分别阳极化1min、5min、10min、15min、20min、30min，如图7-4所示。实验结果显示，在阳极化时间为15min时OER催化活性最高。不同时间下的具体腐蚀过程将在下节讨论。

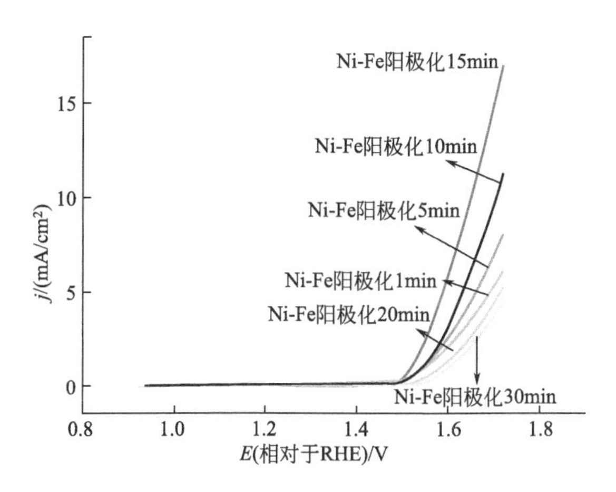

图 7-4 阳极化时间对最终 OER 结果的影响

（阳极化过程溶液为 0.2mol/L 的 NH_4F、3%去离子水和 EG，在冰水浴中施加 50 V 电压；OER 活性分析在 1mol/L KOH 中以 20mV/s 的扫速进行）

7.2.1.3 样品表征

催化剂的制备过程分为阳极化处理和 CV 处理两个部分。第一部分各参数的优化已在上一节讨论，因此本节制备了两组催化剂：a. 经阳极化处理之后的 Ni/Fe 氟化物，经阳极化和 CV 处理之后的 Ni/Fe 氢氧化物；b. 阳极化处理（1min、15min、30min）和 CV 处理之后的 Ni/Fe 氢氧化物。

第一组催化剂材料的 SEM 图如图 7-5 所示。图 7-5(a)、(b) 和 (c) 是 Ni-Fe 合金条带在 0.2mol/L 的 NH_4F、3%去离子水和 EG 溶液中，在冰水浴中施加 50V 电压 15min 之后的形貌图，将这一过程得到的催化剂材料称为 Ni/Fe 氟化物层。图 7-5(d)、(e) 和 (f) 是在上述基础上再进行 CV 处理 100 圈之后的 SEM 图，将这一过程得到的催化剂材料称为 Ni/Fe 氢氧化物层。不论低倍还是高倍分辨率下，两组催化剂的形貌具有十分明显的区别。低分辨率下 Ni/Fe 氟化物层表面有很多分散的细小颗粒［图 7-5(a)］，而 CV 处理之后的 Ni/Fe 氢氧化物层则颗粒消失，生成许多裂痕［图 7-5(d)］。高分辨的 SEM 图显示 Ni/Fe 氟化物层出现一些不规则的狭小缝隙［图 7-5(b) 和 (c)］，Ni/Fe 氢氧化物层则出现的是比较宽的连续的沟壑［图 7-5(e) 和 (f)］，与其他研究 Ni 片的形貌十分相似，并未与 Fe 片一样形成有序排列的纳米管状结构[11,12]。

然而，EDS 显示 CV 处理前后的 Ni/Fe 氟化物层和 Ni/Fe 氢氧化物层的 Fe 元素的原子比均低于 Ni 元素（图 7-6），表明在本次实验中，Ni-Fe 合金材料表面，Fe 比 Ni 更容易氧化为更高的价态。总而言之，Ni/Fe 氢氧化物层具有更高的比表面积，因而具有更多的活性位点，这将是增强 OER 活性的一个潜在的重要因素。

第二组实验是研究不同阳极化时间之后 CV 处理下的 Ni/Fe 氢氧化物层腐蚀过程形貌测试。如图 7-4 所示，OER 活性随着阳极化时间的延长而增长，到 15min 达到最佳，之后便迅速衰减。本节取阳极化 1min、15min 和 30min 后的样品进行形貌分析，如图 7-7 所示。阳极化 1min 的 Ni-Fe 合金表面十分平坦，并无明显腐蚀之迹，而 15min 的材料表

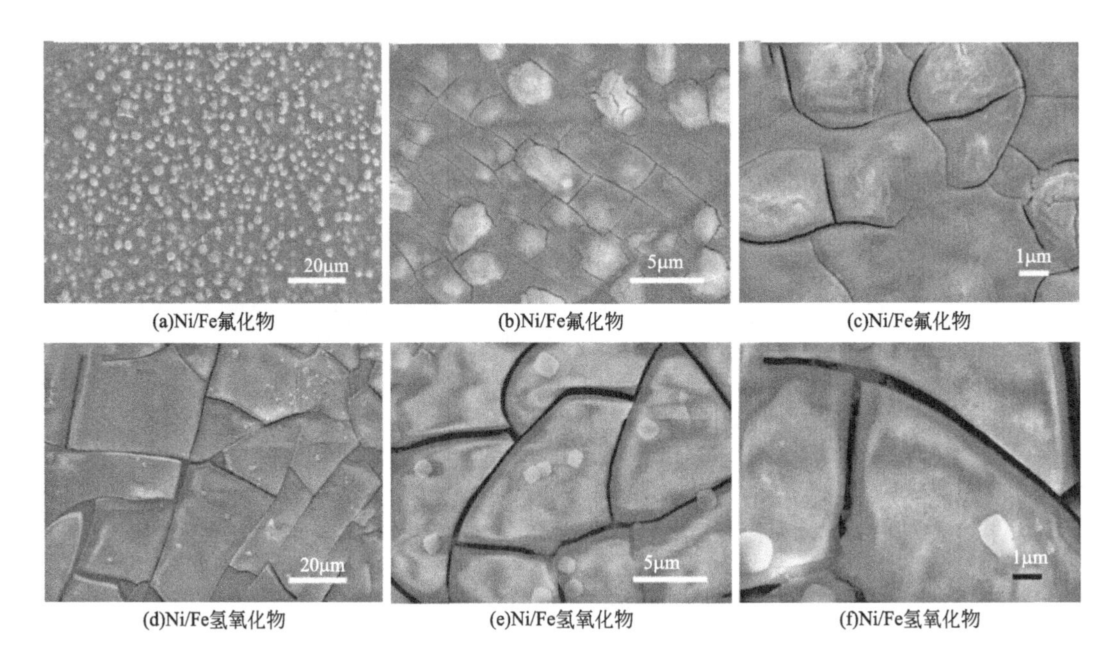

图 7-5 Ni-Fe 条带经阳极化处理之后的 Ni/Fe 氟化物以及阳极化处理和 0.1mol/L KOH 中 CV 处理 100 圈之后的 Ni/Fe 氢氧化物层的 TEM 图

（阳极化在 0.2mol/L 的 NH_4F、3%去离子水和 EG，在冰水浴中施加 50V 电压 15min）

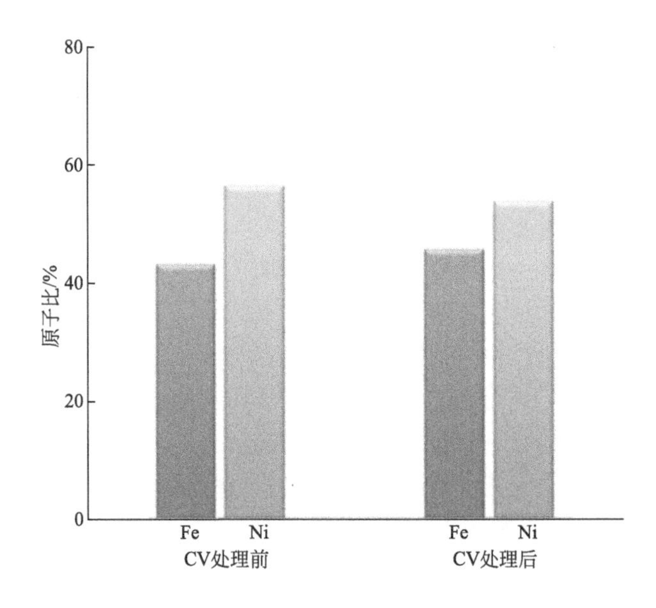

图 7-6 CV 处理前后的 Ni/Fe 氟化物层和 Ni/Fe 氢氧化物层的 EDS 图

面呈现连续的沟壑，30min之后催化剂表面部分脱落，剩下的部分也呈片状欲脱落之势。Ni/Fe氢氧化物30min内腐蚀过程的SEM图显示出，腐蚀阶段只发生在材料表面，未进一步深入。

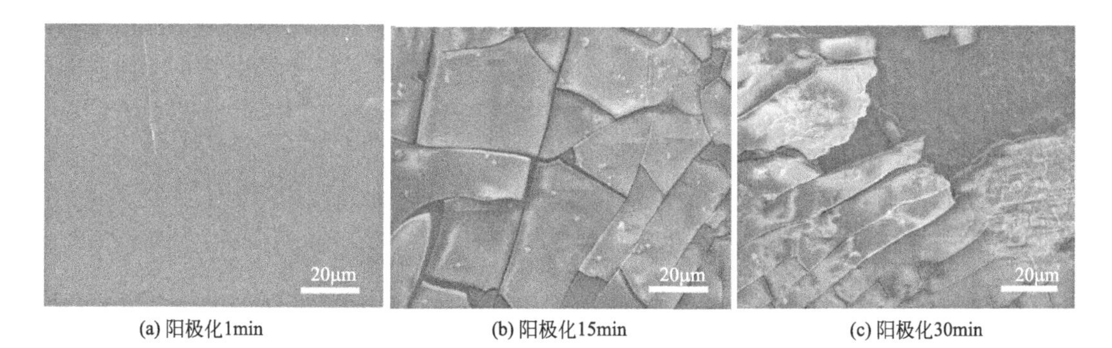

图7-7 Ni-Fe合金条带阳极化和CV处理之后的SEM图

未处理的Ni-Fe合金条带、阳极化15min之后的Ni/Fe氟化物层和阳极化加CV处理的Ni/Fe氢氧基化物层的XRD晶体结构分析如图7-8所示。三个材料均显示出43.7°、51.0°和74.7°三个衍射峰，分别对应Ni-Fe合金的（111）、（200）和（220）晶面。

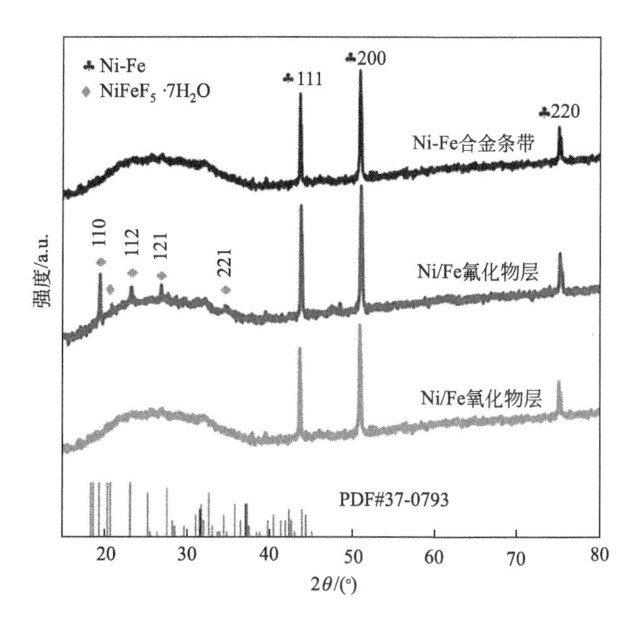

图7-8 Ni-Fe合金条带、Ni/Fe氟化物层、Ni/Fe氧化物层的XRD谱图

（阳极化过程腐蚀时间为15min，下方黑色线为$NiFe_5 \cdot 7H_2O$标准卡片）

Ni/Fe氟化物层有几个增加的峰位于19.7°、21.0°、23.4°、26.7°和34.6°，分别来源于三斜晶系$NiFeF_5 \cdot 7H_2O$的（110）、（002）、（112）、（121）和（221）晶面（PDF#37-0793），证实材料表面形成晶型$NiFeF_5 \cdot 7H_2O$。

Ni/Fe氢氧化物的XRD谱图与Ni-Fe合金无异，没有其他新的特征峰，说明催化剂材料在本质上是非晶形的。

CV 处理之前，材料表面生成 $NiFeF_5 \cdot 7H_2O$。通过文献调研，Ni-Fe 材料的表面 Ni 原子和 Fe 原子在氟溶液中可能发生如下反应[9,10]：

$$NiFe \longrightarrow Ni^{2+} + Fe^{3+} + 5e^- \tag{7-5}$$

$$Ni^{2+} + Fe^{3+} + 5F^- \longrightarrow NiFeF_5 \tag{7-6}$$

同时，一些 Ni^{2+} 和 Fe^{3+} 将溶解在电解液中：

$$Ni^{2+} + 6F^- \longrightarrow [NiF_6]^{4-} \tag{7-7}$$

$$Fe^{3+} + 6F^- \longrightarrow [FeF_6]^{3-} \tag{7-8}$$

材料表面形貌分析中已显示出，催化剂在氟溶液中经阳极化之后产生不规则的狭小裂缝，且 EDS 结果显示 Fe 离子的溶出速率略高于 Ni。

XPS 分析催化剂表面化合物组成。高分辨率 Fe $2p_{3/2}$ 显示 Ni/Fe 氟化物和 Ni/Fe 氢氧化物的主峰分别位于 714eV 和 712eV［图 7-9(a)］。对于 Fe^{3+}-F 来说，F 1s 的主峰在约 685eV［图 7-9(c)］，临近 Fe^{3+} $2p_{2/3}$ 的等离子损失峰[16]。同时，根据其他铁基合金材料阳极化之后生成的氟化物（Fe-F 和 NiFe-F）的 XPS 研究[15]，氟化铁的 Fe $2p_{3/2}$ 峰可分解为一个位于 715.4eV 的表面峰，一个 719.0eV 的前峰（pre-peak）和一组位于 714.0～717.9eV 的多重分裂峰。在 F 1s 图［图 7-19(c)］中 685.2eV 分裂峰来源于 $NiFeF_5$[17]。

CV 处理之后的 Ni/Fe 氢氧化物层 XPS 分析显示，Fe^{3+} $2p_{3/2}$ 的主峰明显向更低的结合能方向移动，造成这种现象的原因的是 Fe 基氢氧化物的生成。Ni 2p 的主峰位置同样负移［图 7-9(b)］，位于 855.8eV。但是，Ni 与 Fe 在氟化和氧化过程后的价态存在一些差异，Ni 基氟化物的 XPS 图显示正二价态，而 Ni 基氧化物显示出正三价态，与此同时，Fe 的氟化物和氧化物均展示出正三价态[17,18]。

Ni/Fe 氢氧化物层的 F 1s 主峰位置在 684.3eV，对应的是催化剂材料表面吸附的 F 原子［图 7-9(c)］[19]。此外，其他重要的文献已经得出结论，Ni 氢氧化物和 Fe 氢氧化物都是提高 OER 活性非常重要的化合物[3,16]。

Ni/Fe 氟化物和 Ni/Fe 氢氧化物的高分辨率 O 1s 图［图 7-9(d)］可以帮助我们更好地分析催化剂组成。Ni/Fe 氢氧化物可分解为 531.0eV、531.6eV 和 532.4eV 三个峰。531.0eV 和 532.4eV 分别来源于晶格氧和吸附氧气[20,21]。邻近主峰（位于 531.6eV）的峰来源于材料表面的 $Fe(OH)_3$ 和 NiOOH[22,23]。Ni/Fe 氟化物层存在一个新的峰在 533.8eV，这是因为在形成氟化物的时候，材料表面吸附水分子中的氧气而产生此峰[20]。

经过 CV 处理之后，Ni/Fe 氟化物转化物 Ni/Fe 氢氧化物，F 1s 和 O 1s 的主峰均向更低的结合能移动，催化剂表面的 F 缺陷起到生成电子缺陷和吸附位点的作用，因此生成 Ni/Fe 氢氧化物。因此，在 0.1mol/L KOH 中 CV 处理 100 圈之后，O 1s 位于 531.6eV 的峰强度增加，进而 OER 电催化活性增强。

在碱性条件下 CV 处理过程可能生成的化合物已经在之前的文献中加以研究[24]。在 CV 活化过程中，$NiFeF_5$ 转化为 $Ni(OH)_2$ 和 Fe $(OH)_3$［式(7-9)］。如式(7-10) 所示，在富含氢氧根离子的溶液中，正二价态和正三价态的镍离子将发生可逆反应。

$$NiFeF_5 + 5OH^- \longrightarrow Ni(OH)_2 + Fe(OH)_3 + 5F^- \tag{7-9}$$

$$Ni(OH)_2 + OH^- \rightleftharpoons NiOOH + H_2O + e^- \tag{7-10}$$

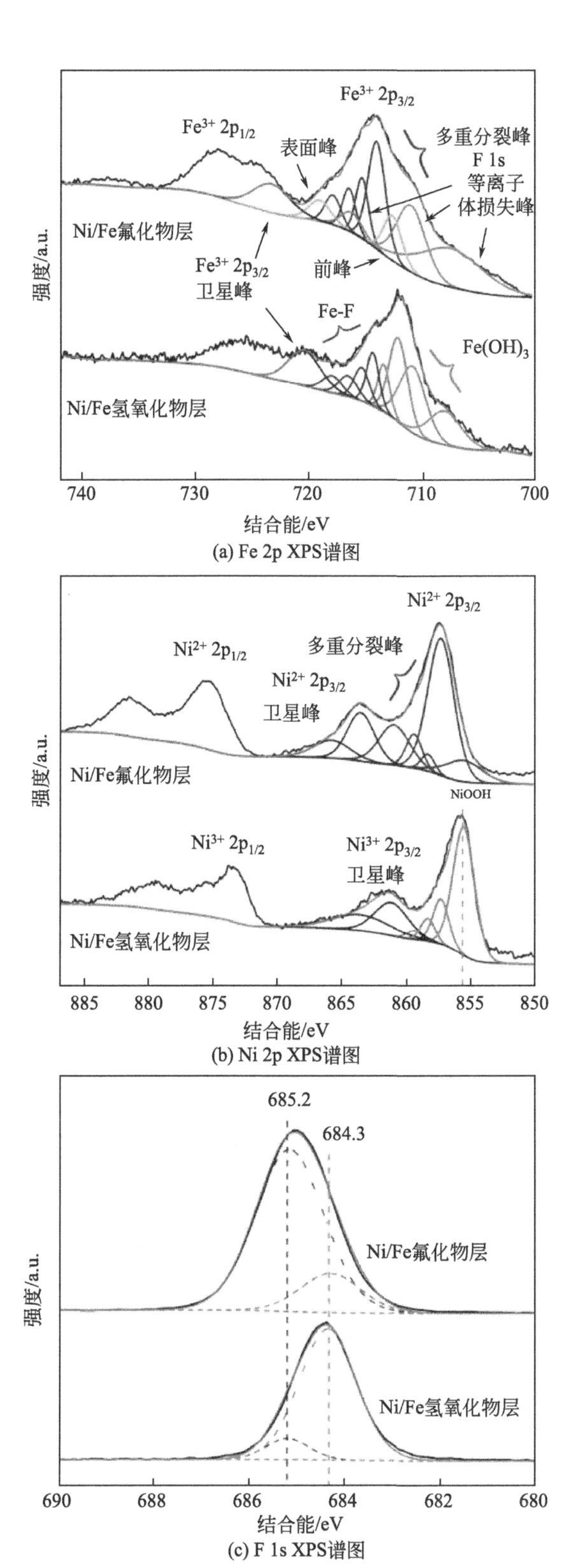

(a) Fe 2p XPS谱图

(b) Ni 2p XPS谱图

(c) F 1s XPS谱图

图 7-9

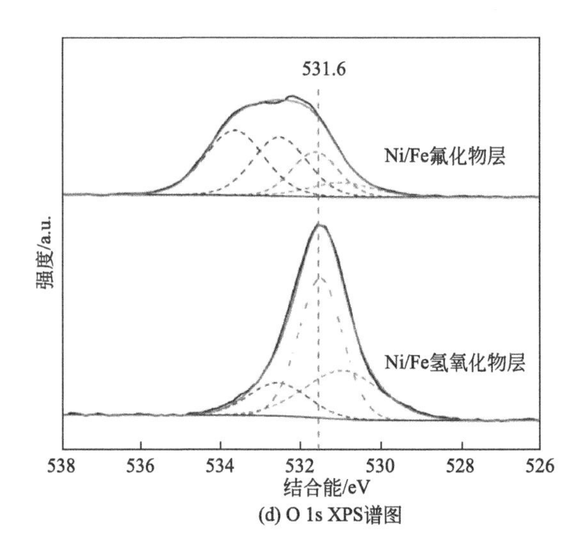

图 7-9　Ni/Fe 氟化物层和 Ni/Fe 氢氧化物层的 Fe 2p、Ni 2p、F 1s、O 1s XPS 谱图

在 XPS 的表面分析中，Fe 含量的原子比略低于 Ni（图 7-10），与 EDS 含量分析一致，说明 Ni 的腐蚀更为困难，且 Ni 阻碍了 Fe 的深入腐蚀。同时，在 CV 处理之后，氧元素的原子比大大增加，而表面氟元素的原子比略微降低，通过 XPS 分析可知，CV 之后少量氟原子存在极大的可能是因为原子吸附。此外，CV 后催化剂表面 Fe 与 Ni 的含量均有所降低，说明表面进一步腐蚀，进而形成较深的裂纹结构。总而言之，CV 之后 Ni/Fe 氢氧化物产量极大增加，而根据文献[3,16,24] 报道，Ni/Fe 氢氧化物能够显著提升催化剂 OER 活性。

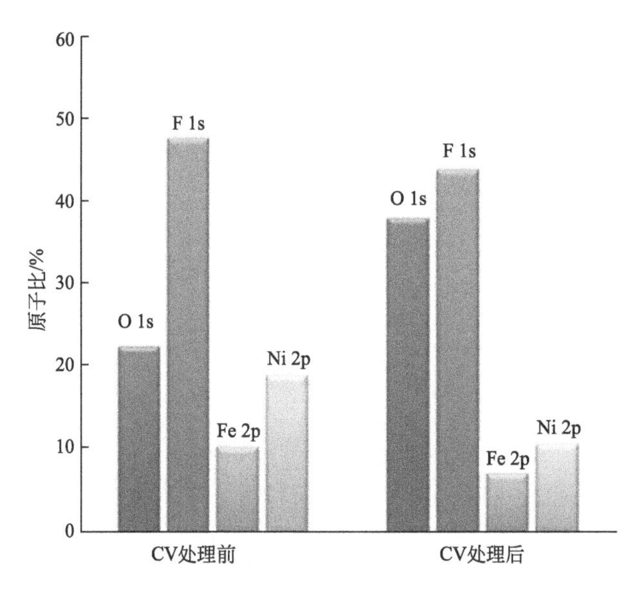

图 7-10　Ni/Fe 氟化物层和 Ni/Fe 氢氧化物层 XPS 表面元素原子比对比

根据以上对催化剂生成过程表面形貌和生成化合物的分析，画出 Ni/Fe 氢氧化物生成过程示意图。如图 7-11 所示，催化剂制备过程分为两步，第一步是在富含氟离子的溶液中生成 $NiFeF_5$，释放电子并生成氧气，同时少量氟离子在表面吸附；第二步在富含氢氧根离子的溶液中生成 Ni/Fe 氢氧化物层，氟离子吸附层依然低量存在。

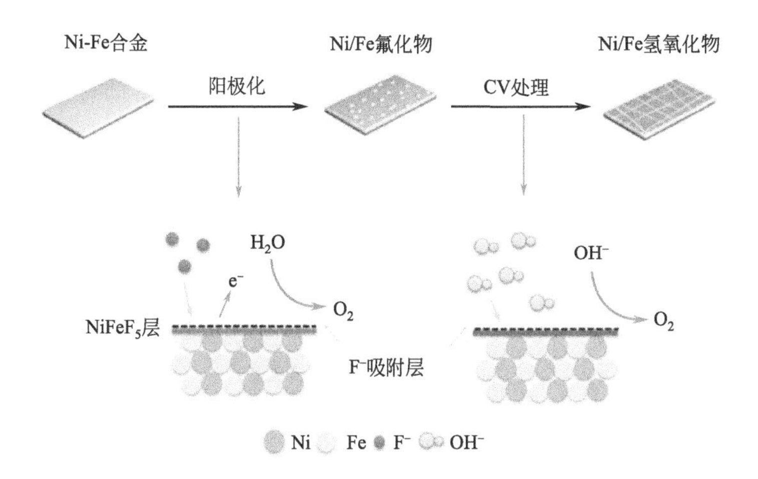

图 7-11　Ni/Fe 氢氧化物生成过程示意

实验结果显示，只有结合阳极化和 CV 处理两个步骤才能生成表面粗糙皲裂的高效 OER 电催化剂。

7.2.1.4　电化学数据分析

在碱性条件下 CV 处理 100 圈的电化学数据及催化剂 OER 活性分析如图 7-12 所示。图 7-12(a) 显示 Ni-Fe 合金条带在 0.1mol/L KOH 中循环 100 圈的 CV 图，图中所示 Ni-Fe 合金 OER 活性十分稳定，并无明显改变。而在氟溶液中阳极化处理之后的 Ni/Fe 氟化物在 0.1mol/L KOH 中的 OER 活性逐圈递增，意味着 Fe $(OH)_3$ 和 NiOOH 含量逐渐增加，如图 7-12(b) 所示。最终，活性增加至最高点稳定不变。

因此，CV 处理对于催化剂制备起着十分重要的作用。

阳极化和 CV 处理之后的 Ni/Fe 氢氧化物与未处理的 Ni-Fe 合金在 0.1mol/L KOH 中的 OER 活性对比如图 7-12(c) 和 (d) 所示。Ni-Fe 合金本身是高活性的 OER 电催化剂，其析氧起始电位只有 1.57V（相对于 RHE），Tafel 斜率只有 69mV/dec。Ni/Fe 氢氧化物活性明显高于 Ni-Fe 合金很多，析氧起始电位只有 1.47V（相对于 RHE），Tafel 斜率只有 47mV/dec，与其他 Ni/Fe 电催化剂相比，活性相当（表 7-1）。

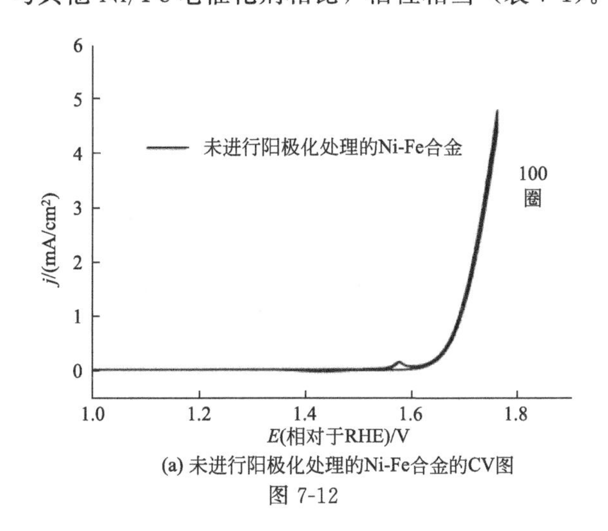

(a) 未进行阳极化处理的Ni-Fe合金的CV图

图 7-12

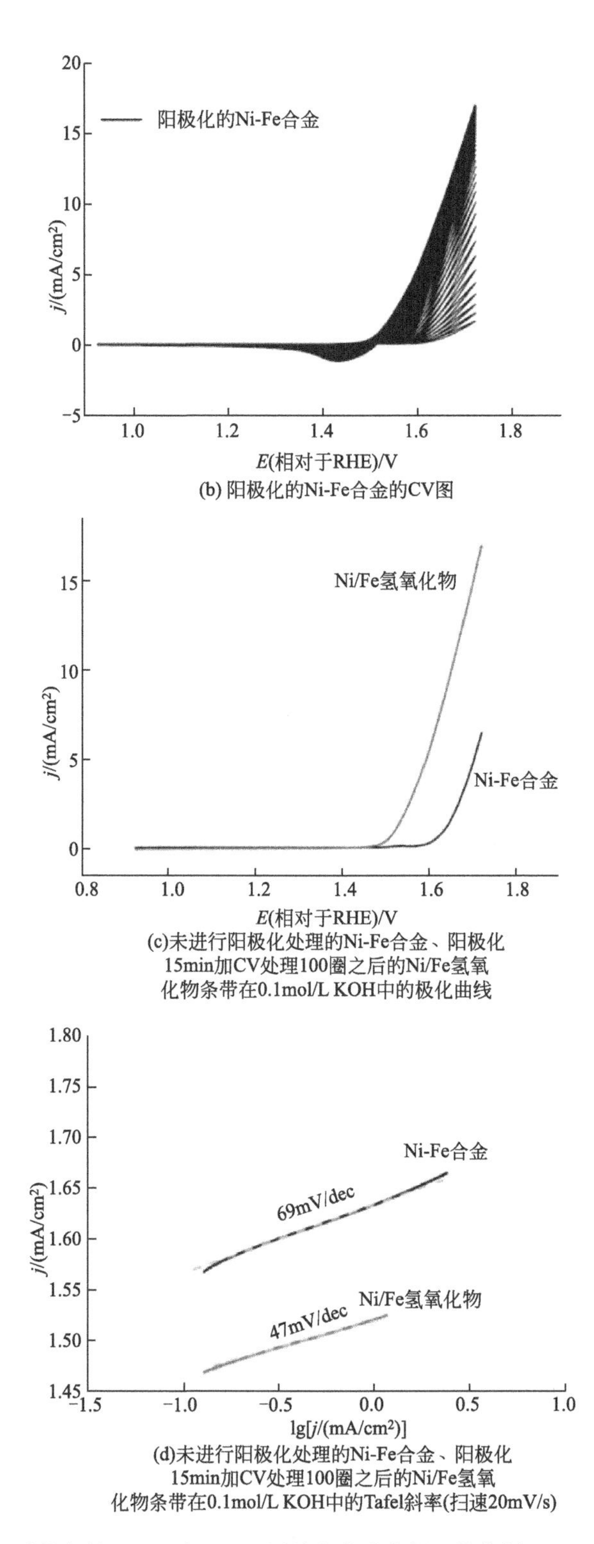

图 7-12　碱性条件下 CV 处理 100 圈的电化学数据及催化剂 OER 活性分析

表 7-1　部分 Ni/Fe 基 OER 电催化剂活性对比

催化剂	电解液	过电位/mV	Tafel 斜率/(mV/dec)	参考文献
Ni/Fe 氢氧化物	0.1mol/L KOH	240	47	*
NiHCF	0.1mol/L KOH	364	50	[25]
Ni/Fe-150	0.1mol/L KOH	341	68	[25]
Ni/Fe-300	0.1mol/L KOH	310	44	[25]
Ni/Fe-450	0.1mol/L KOH	342	57	[25]
Ni/Fe-600	0.1mol/L KOH	370	69	[25]
Ni/Fe 氧化物	0.1mol/L KOH	<300	40	[3]
NiFe-SW	1mol/L KOH	220	38.9	[16]
NiFe-LDH/CNT	0.1mol/L KOH	270	35	[18]
NiFe-LDH/CNT	1mol/L KOH	220	31	[18]
Ni/Fe 氧化物	1mol/L KOH	<294	>40	[26]

注："*"代表本次实验的数据。

Tafel 斜率大小与 OER 的速率决定步骤有关，Ni/Fe 氢氧化物析氧过程是一个不稳定的 M—OH * 形成稳定的 M—OH 化合物的过程（M 指的是活性部位）[25]。

催化剂的稳定性实验如图 7-13(a) 所示。选取过电位为 300mV［Ni/Fe 氢氧化物析

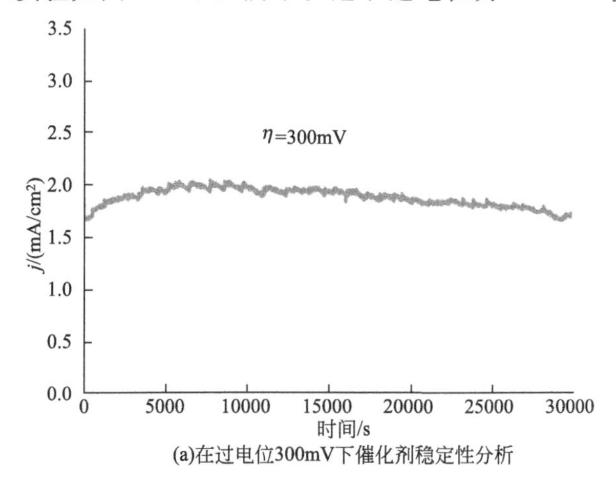

(a)在过电位300mV下催化剂稳定性分析

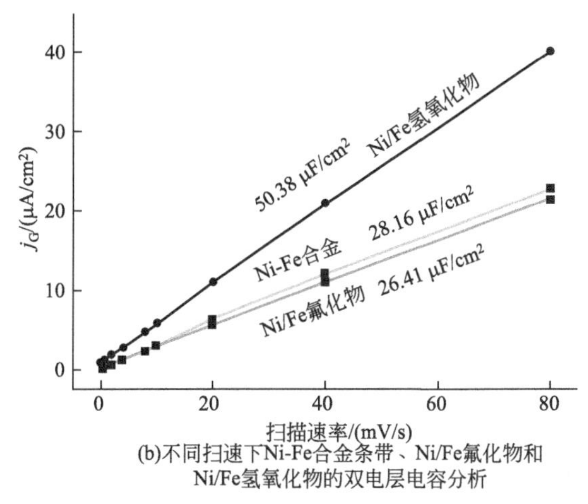

(b)不同扫速下Ni-Fe合金条带、Ni/Fe氟化物和Ni/Fe氢氧化物的双电层电容分析

图 7-13　催化剂的电化学双电层电容的 CV 测试

氧起始电位为1.47V（相对于RHE），过电位为1.47V－1.23V＝0.24V］，催化时间30000s，得出稳定性的 j-t 曲线图。最初，电极有个充电过程，之后电流密度保持在 $1.58mA/cm^2$ 左右，后期有不明显的轻微衰减。电化学稳定性分析显示Ni/Fe氢氧化物能够在OER过程中长期保持很高的活性，因此是一个理想的析氧电催化剂。

Ni/Fe氢氧化物催化剂的电化学双电层电容的CV测试如图7-14所示，在20～200mV/s扫速区间内，以20mV/s的梯度各扫一圈，选择以开路电位（OCP）为中心前后0.05V的电位窗口为CV设定的最高和最低电位值，得到Ni-Fe合金条带、Ni/Fe氟化物和Ni/Fe氢氧化物三个电极的CV图[27,28]。之后，在每个闭合的CV圈内选择OCP电位上的电流差为纵坐标，扫速为横坐标，作出图7-13(b)，直线的斜率就是电化学双电层电容，与电化学活性表面积直接相关。

电化学双电层电容与催化剂活性表面积直接相关。图7-13(b) 中，Ni/Fe氢氧化物展现出最高的电容性能，为 $50.38\mu F/cm^2$，远高于Ni-Fe合金和Ni/Fe氟化物电极，充分证明本次实验制备出的催化剂具有较高的活性表面积，因而OER活性大大提升。

7.2.2 多孔镍铜纳米针阵列催化剂

镍基材料因价格低、耐蚀性和导电性好等原因，一直都是被研究最多的催化剂材料[29]。一般情况下，镍一直以合金的形式来提高其催化活性[30]。在现有的二元或多元金属体系中，初步研究表明Ni与Cu结合会产生可观的吸附氢自由能，能够高效驱动碱性HER进行。但是归因于NiCu活性位点的暴露不足[31]，并且水解离出的 OH^- 在金属表面上的饱和吸附会阻碍质子H*的吸附和还原[32]，因此NiCu基电催化HER性能仍然受限[31]。

据报道，适量过渡金属氧化物或氢氧化物和传统HER催化剂结合能有效促进碱性HER活性：过渡金属氧化物或氢氧化物能有效加速水的解离和吸附羟基种类物质，从而加速Volmer反应的进行；传统HER催化剂来进行吸附和重组吸附态的质子H*，促使Heyrovsky反应或Tafel反应的进行[33,34]。因此将传统的电催化剂（如合金、硫化物等）与适量的过渡金属氧化物或氢氧化物杂化是获得高效碱性HER催化剂的有效手段之一[35]。此外，过渡金属氧化物或氢氧化物是水分解OER催化领域良好的候选者之一[36]。因此制备合金与金属氧化物/氢氧化物杂合体有可能获得良好的水分解催化剂。

基于上述，本节采用脱合金化-电化学阳极化的方法，制备了一种引入氧化物或氢氧化物的多孔NiCu纳米针阵列催化剂（以下简称p-NiCu NAs）。首先采用电弧熔炼的方法，制备NiCu母合金。根据Ni和Cu在0.5mol/L H_2SO_4 溶液下电化学行为的差异，选择最优的刻蚀电位和刻蚀时间，对NiCu母合金进行电化学刻蚀。随后将多孔的刻蚀产物p-NiCu置于1mol/L KOH溶液里进行阳极活化处理，得到纳米针阵列的p-NiCu NAs。本节对NiCu母合金、p-NiCu和p-NiCu NAs进行形貌、物相等分析，同时使用电化学测试探究了脱合金化和电化学阳极活化对NiCu母合金的影响，并探索p-NiCu NAs在碱性条件下的HER和OER催化活性和稳定性。

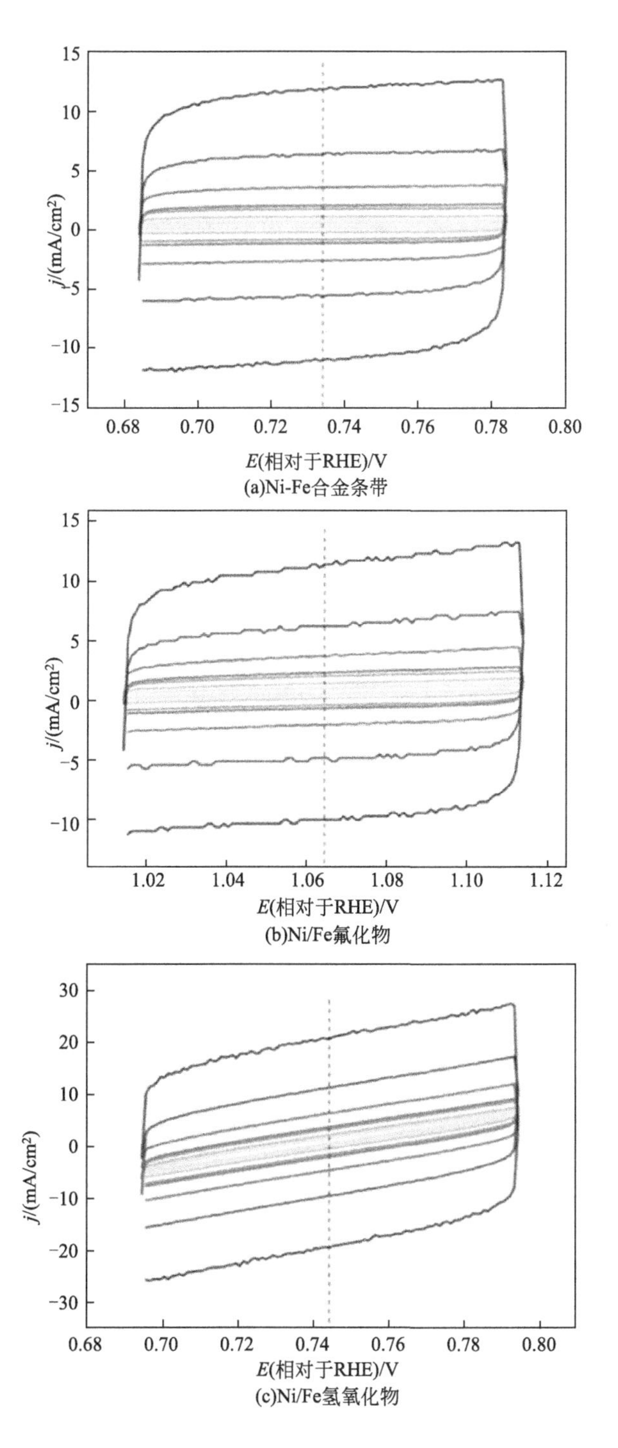

图 7-14 不同扫速下（20～200mV/s）NiFe 合金条带、Ni/Fe 氟化物、Ni/Fe 氢氧化物的 CV 曲线图（0.1mol/L KOH）

构建自支撑型的三维多孔纳米结构催化剂，这对于形成高比表面积、丰富的活性位点和促使电解质/离子的快速扩散有着至关重要的影响。脱合金化是一种常用的自顶向下的纳米合成技术，通过化学和/或电化学方法选择性地去除母合金中的一种或多种化学活性元素[37]。在此过程中，活泼性最强的元素被选择性地腐蚀掉，活性较弱的成分扩散/重组成纳米多孔结构。因此，本节利用金属 Ni 和金属 Cu 在 0.5mol/L H_2SO_4 溶液里电化学行为的差异性，对 NiCu 母合金进行脱合金化，制备一种多孔的 NiCu 催化剂。随后，将刻蚀产物 p-NiCu 置于 1mol/L KOH 里通过电化学阳极化，将多孔的表面活化为纳米针阵列，且在活化过程引入 Ni 和 Cu 的氧化物或氢氧化物，成功制备一种自支撑型的纳米针阵列催化剂。

7.2.2.1 催化剂的制备

(1) NiCu 母合金的制备及微观结构表征

将高纯度金属 Ni 和金属 Cu 按 1∶1 的原子比例，通过电弧熔炼技术制备母合金。然后，将母合金放在石英管中，利用单辊旋淬系统将母合金铸锭快速凝固，制备 NiCu 母合金条带（1cm×0.2cm），厚度约为 30μm，如图 7-15 中的步骤 a。

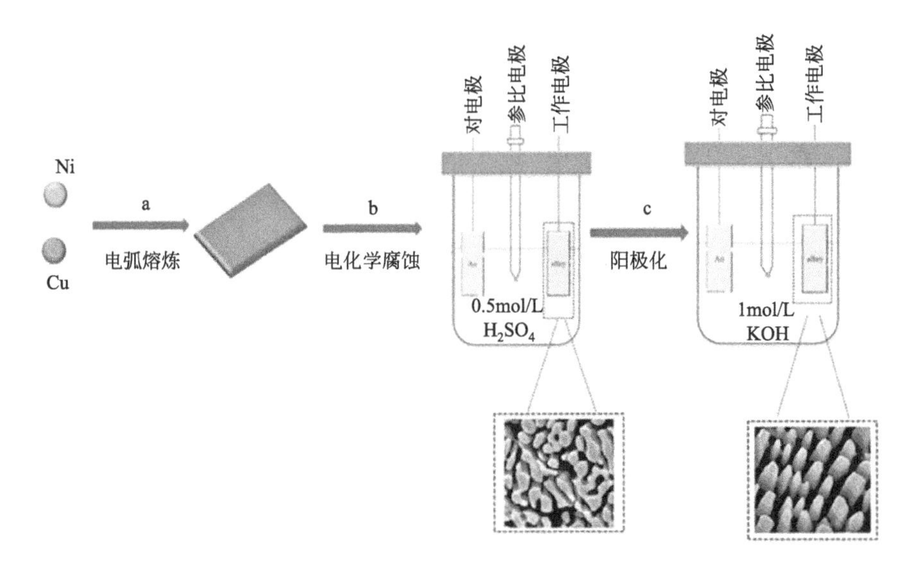

图 7-15　p-NiCu NAs 制备的简易流程

对 NiCu 进行物相分析，如图 7-16 所示，发现纯 Ni 和纯 Cu 高温熔炼得出的 NiCu 合金只有 NiCu 晶相（PDF No. 065-9047）。此外，为了探究 NiCu 母合金的形貌，利用 SEM 对其形貌进行观察，发现其表面紧凑，较平整光滑，整体表现为 2D 平面结构，如图 7-17 所示。

(2) p-NiCu 的制备

将上步所得的 NiCu 母合金分别经过丙酮和超纯水的超声洗涤，充分干燥。将预处理后的 NiCu 母合金置于三电极体系里，并作为工作电极，经过同样预处理的金片作为对电极，饱和 Ag/AgCl 作为参比电极，在 0.5mol/L H_2SO_4 溶液里面对母合金进行电化学刻蚀。

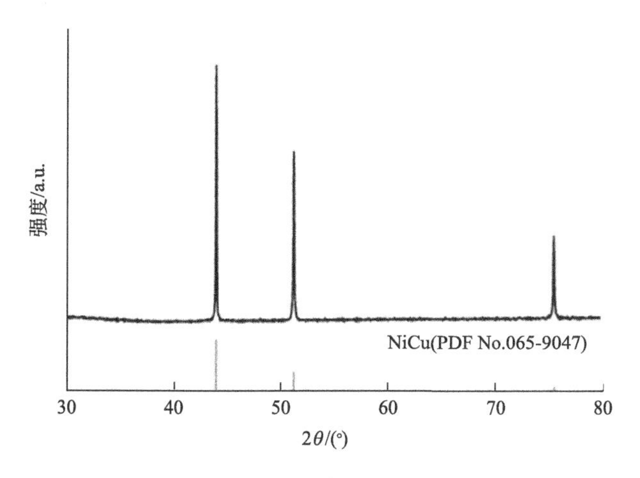

图 7-16　NiCu 母合金的 XRD 谱图

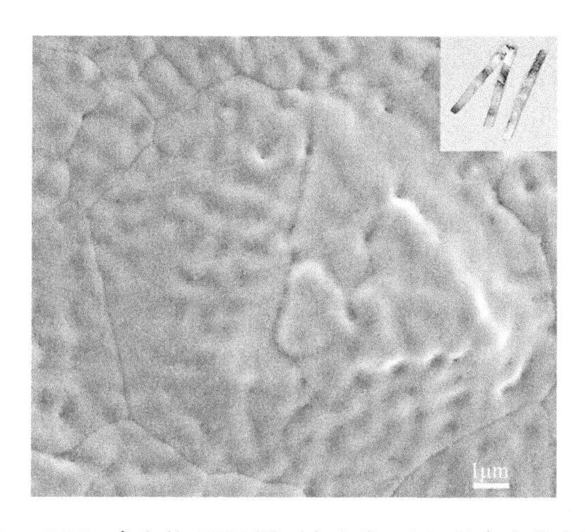

图 7-17　NiCu 合金的 SEM 图（右上为 NiCu 母合金的实物图）

如图 7-15 中的步骤 b，施加一定的电位和时间，所需电位和时间都在表 7-2 中列出。优化刻蚀电位和时间后，经超纯水洗涤 3 次，真空干燥，且目标产物标记为 p-NiCu。制备的催化剂需在超纯水中多次洗涤。其目的是去除纳米孔道中残余的化学物质，便于电化学测试。以上实验均在室温下操作。

表 7-2　NiCu 母合金刻蚀的电位和时间

刻蚀电位(参比电极 Ag/AgCl)/V	时间/s
0.6	100、150
0.8	100、200、300
1.0	100、200、300、400

一般情况下，刻蚀时间和刻蚀程度呈线性关系。在 0.6V（参比电极 Ag/AgCl）刻蚀电位下，母合金最长的刻蚀时间为 150s，超过 150s 会发生瓦解情况。同样的情况也发生

在刻蚀电位为0.8V（参比电极 Ag/AgCl）和1.0V（参比电极 Ag/AgCl），其最长时间分别为300s和400s。

（3）p-NiCu NAs的制备

如图7-15中的步骤c，将上步所得的p-NiCu合金置于三电极体系里，并作为工作电极，清洗过后的金片作为对电极，饱和 Ag/AgCl 作为参比电极，在1mol/L KOH溶液里面对p-NiCu进行电化学阳极化处理：施加电位为0.5V和0.6V（参比电极 Ag/AgCl）。优化活化时间，经去离子水洗涤3次，真空干燥，且目标产物标记为p-NiCu NAs。以上实验均在室温下操作。

7.2.2.2 催化剂的电化学测试

所有的电化学表征都是在一个三电极电化学装置中进行的，其中本节测试的催化剂直接作为工作电极参与电化学测试，金片作为对电极、饱和 Ag/AgCl 作为参比电极。通过线性扫描伏安法（LSV），设置HER测试的电位窗口为－1.4～－0.9V（参比电极 Ag/AgCl），OER测试的电位窗口为0～0.8V（参比电极 Ag/AgCl）。扫描速率为2mV/s。为方便比较，所有极化曲线的电位均通过能斯特（Nernst）方程转换为相对可逆氢电极（RHE）电位，计算公式为 $E_{RHE}=E_{Ag/AgCl}+0.197+0.059\times pH$，其中，OER极化曲线需根据 $E_{overpotential}=E_{RHE}-1.23V$ 换算为过电位。若需要进行 IR 降补偿，则根据 $E_{IR\text{-corrected}}=E-IR$ 计算公式进行处理，其中，I 是电流，R 是通过EIS技术测量的欧姆溶液电阻；Tafel斜率则根据公式 $\eta=a+b\lg|j|$ 计算，其中，a 是常数，b 是Tafel斜率，η 是过电位，j 为电流密度；EIS测试在0.1Hz～100kHz的频率范围内进行，其中振幅为5mV。电化学相关测试都在室温下操作。

7.2.2.3 电化学刻蚀和电化学阳极化的条件优化

电化学钝化指的是金属在特定的电位和溶液里面表面易形成一种致密且牢固的氧化物从而达到隔绝金属和溶液接触的效果，引起金属表面的反应能力大大降低[38]。一般情况下，镍在0.5mol/L H_2SO_4 溶液中易发生钝化反应，如图7-18(a) 反应，发现Ni片在电位为0.6～1.0V（参比电极 Ag/AgCl）之间处于电化学钝化区。在这个区间里，相关电流密度处于稳定，且镍片表面极大可能生成一层致密的氧化膜，刻蚀被阻碍。而Cu片则无现象［图7-18(b)］。利用Ni和Cu在0.5mol/L H_2SO_4 溶液里电化学行为的差异性，对NiCu母合金进行电化学刻蚀。

选择0.6V、0.8V和1.0V（参比电极 Ag/AgCl）三种电位对NiCu合金进行电化学刻蚀，优化对应的刻蚀时间。因NiCu基合金对HER有强烈的促进作用，因此优化标准为HER性能，具体指标为当电流密度达到 $10mA/cm^2$ 时的过电位。测试溶液为0.1mol/L KOH，扫速为2mV/s。从图7-19(a) 得知，在0.6V（参比电极 Ag/AgCl）电位下刻蚀NiCu的HER活性比NiCu母合金要差，可能是这个电位下刻蚀NiCu母合金并未产生对HER有促进作用的形貌结构。而0.8V和1.0V（参比电极 Ag/AgCl）电位下刻蚀的NiCu的过电位均低于母合金NiCu［图7-19(b)、(c)］。为了方便观察，将NiCu母合金在0.8V和1.0V（参比电极 Ag/AgCl）电位下刻蚀的NiCu的过电位整理为相关的直观

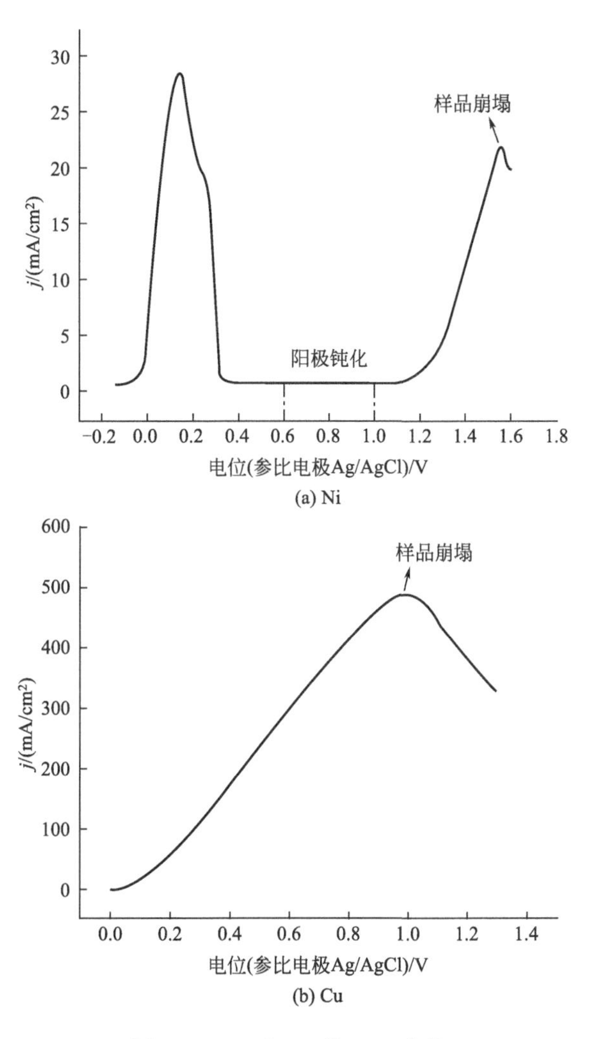

图 7-18　Ni 和 Cu 的 LSV 曲线

（测试液：0.5mol/L H_2SO_4；扫速：2mV/s）

图，即图 7-19(d)。实验表明在 1.0V（参比电极 Ag/AgCl）电位下刻蚀 300s 的 NiCu 比在此电位下刻蚀 400s 的效果要好，同样的情况发生在 0.8V（参比电极 Ag/AgCl）电位下刻蚀 200s 和刻蚀 300s，说明电化学性能的改善并不是和刻蚀时间的增加呈线性关系，恰当的脱合金化时间对高活性多孔材料的形成至关重要。同时，由于在 1.0V（参比电极 Ag/AgCl）电位下刻蚀 300s 的产物 HER 过电位最低，因此标记为 p-NiCu。p-NiCu 在 $10mA/cm^2$ 对应的 HER 过电位为 204mV，比未处理 NiCu 母合金大约少 125mV。

电化学阳极化是调控形貌和引入有关氧化物或氢氧化物的有效手段之一。如图 7-20 所示，p-NiCu 在 1mol/L KOH 溶液里进行线性伏安扫描，发现在 0.8V（参比电极 RHE）附近存在氧化峰，这是 p-NiCu 中的 Cu 转化为 Cu^{2+} 的特征峰，表明 Cu 可能发生阳极活化为 CuO 或 $Cu(OH)_2$[39]。而电位为 1.42V（相对于 RHE）附近也存在 Ni 的氧化峰，表明 Ni 也发生相似的反应，可能活化为 NiO 或 NiOOH 等[40]。

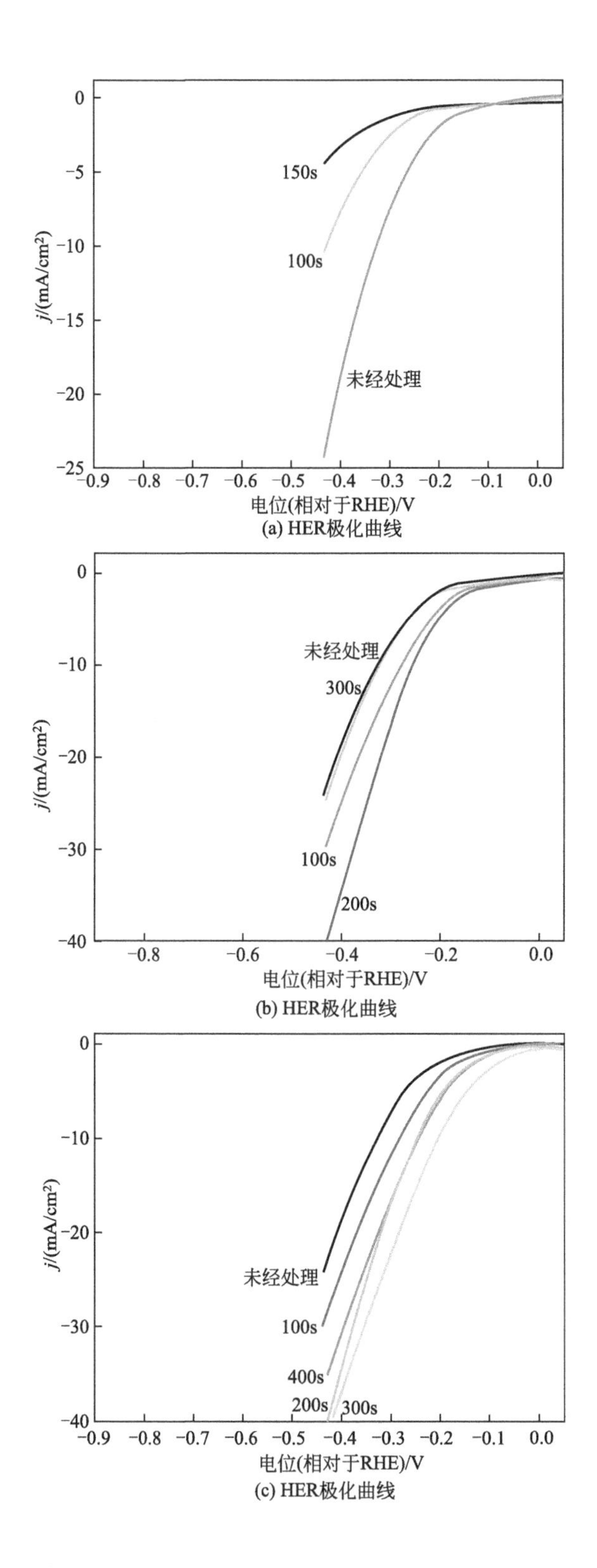

(a) HER极化曲线

(b) HER极化曲线

(c) HER极化曲线

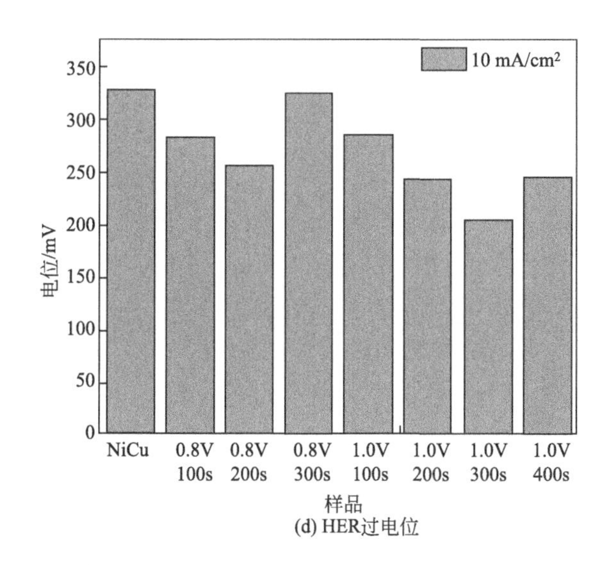

图 7-19　各电极的 HER 极化曲线及 HER 过电位整理的直观图

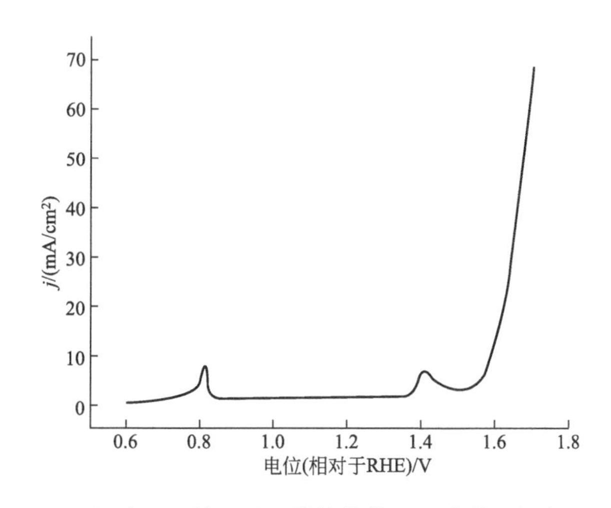

图 7-20　p-NiCu 在 1mol/L KOH 溶液里的 LSV 曲线（扫速：2mV/s）

选取 1.50V 和 1.60V（相对于 RHE）电位，即 0.5V 和 0.6V（参比电极 Ag/AgCl），确保活化电位比 Cu 和 Ni 的氧化电位都大，对 p-NiCu 进行电化学阳极活化处理，优化活化电位和活化时间。优化标准为 HER 性能，具体指标为电流密度为 $10mA/cm^2$ 对应的过电位，测试溶液为 0.1mol/L KOH，扫速为 2mV/s。如图 7-21(a)、(c) 所示，发现分别在 0.5V 和 0.6V（参比电极 Ag/AgCl）下活化短短 50s，过电位从 204mV 分别降至 196mV 和 179mV。并且催化剂的活性也随着恰当的活化时间延长而提升，例如，在 0.5V（参比电极 Ag/AgCl）活化处理下：当时间达到 100s、200s、400s 和 600s 时，过电位分别是 183mV、165mV、158mV 和 154mV，然而当时间超过 600s 达到 800s 时，过电位反而上升到 166mV。相同的情况发生在活化电位为 0.6V（参比电极 Ag/AgCl）下：当时间达到 100s、200s、400s 时，过电位分别是 169mV、160mV 和 132mV；当时间达到 600s 或 800s 时，过电位分别增到 158mV 或 167mV。

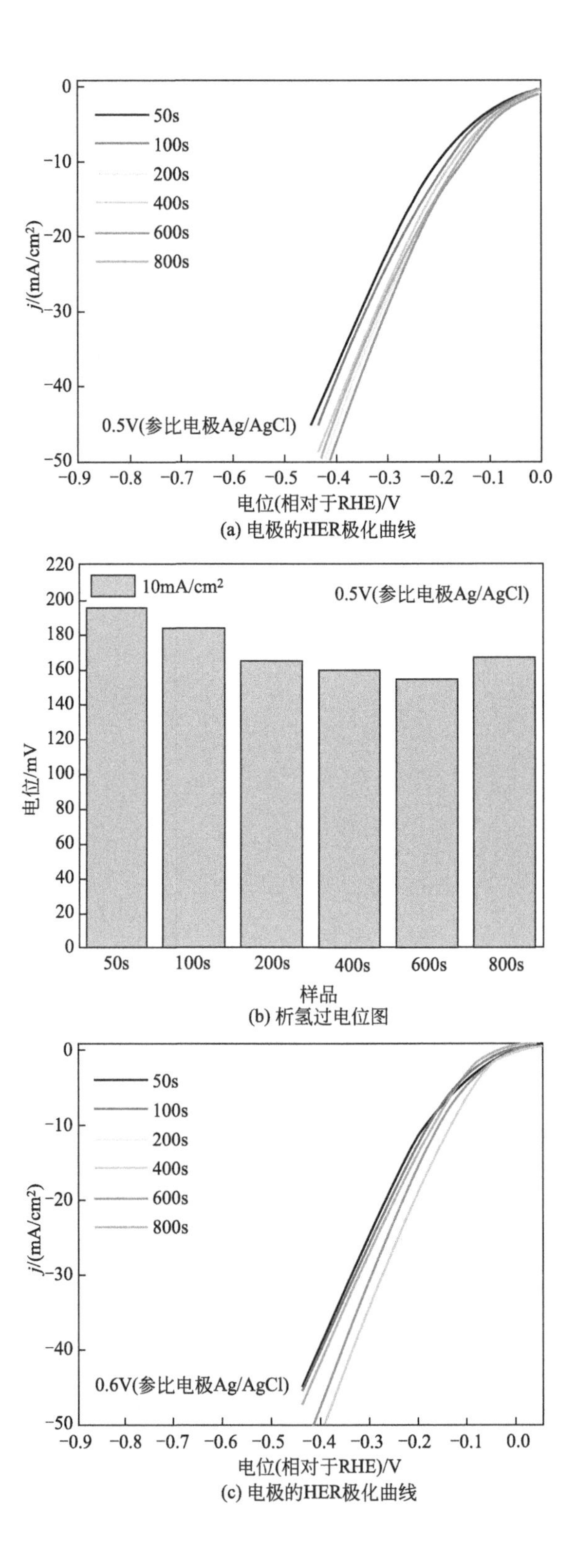

(a) 电极的HER极化曲线

(b) 析氢过电位图

(c) 电极的HER极化曲线

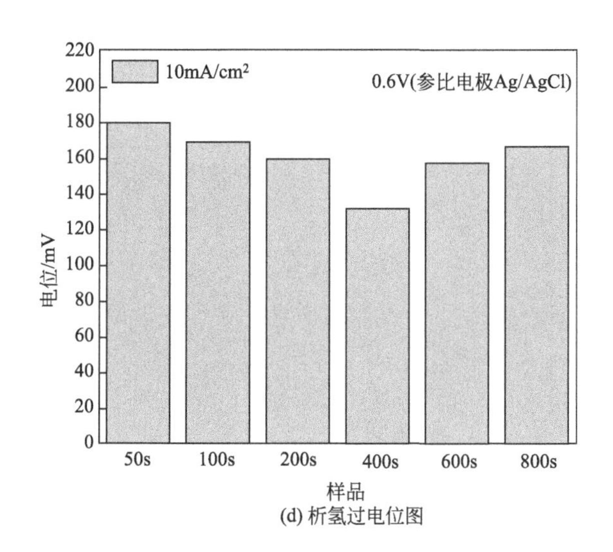

(d) 析氢过电位图

图 7-21　不同活化时间电极的 HER 极化曲线及析氢过电位对应的直观图（书后另见彩图）

为了方便观察，把上述情况整理为直观图，如图 7-21(b)、(d) 所示。此现象说明 HER 性能并不是和阳极化时间成正比。电化学阳极活化时间的长短能间接反映材料表面氧化的程度，即引入氧化物或氢氧化物的含量：当引入的氧化物或氢氧化物与主体金属的比例达到平衡时，催化活性最佳；然而其氧化物或氢氧化物的数量超出一定的平衡时，增加的物质很可能堵塞了 NiCu 的活性位点，从而导致其活性下降[33]。另外，考虑到时间成本和催化剂效率的问题，选用在 0.6V（参比电极 Ag/AgCl）活化 400s 的催化剂作为重点讨论对象，因此把此产物标记为 p-NiCu NAs。

7.2.2.4　组织结构表征

将 NiCu 母合金前驱体置于三电极系统中，在 0.5mol/L H_2SO_4 溶液和 1.0V（参比电极 Ag/AgCl）电位条件刻蚀 300s 得 p-NiCu。随后，将 p-NiCu 置于 1mol/L KOH 溶液里，施加电位 0.6V（参比电极 Ag/AgCl），经过 400s 后得到 p-NiCu NAs。如 NiCu 母合金的电化学刻蚀曲线（图 7-22），可知相关电流密度在前 25s 一直增加，当到了 50s 后，电流密度一直处于 90mA/cm^2 左右，相当稳定。此刻蚀过程，可以简单理解为以下过程[38]：

$$Ni + H_2O \longrightarrow NiO + 2H^+ + 2e^- \tag{7-11}$$

$$Cu - 2e^- \longrightarrow Cu^{2+} \tag{7-12}$$

$$NiO + 2H^+ \longrightarrow Ni^{2+} + H_2O \tag{7-13}$$

得益于 Ni 的钝化效果，使得 Ni 的表面形成一层致密的氧化膜从而阻碍其刻蚀。Ni 在此环境下刻蚀速率和 Cu 存在差异性，因此两者形成一种互相竞争的关系。这种竞争刻蚀的关系，最终导致 NiCu 的多孔结构［图 7-23(a)、(b)］。与 NiCu 母合金平整紧凑的表面形貌形成鲜明对比，在低分辨率下和高分辨率下都能观察 p-NiCu 呈现出一种多孔结构，此结构由相互连接的 NiCu 金属韧带和大小不等的纳米孔组成。由 EDS 结果［图 7-24(a)］可知，NiCu 母合金经过刻蚀后，Ni 和 Cu 原子比约为 1.17∶1，对应此过程 Ni 因处于钝化状态导致刻蚀速率比 Cu 慢，从而保留大比例的含量。

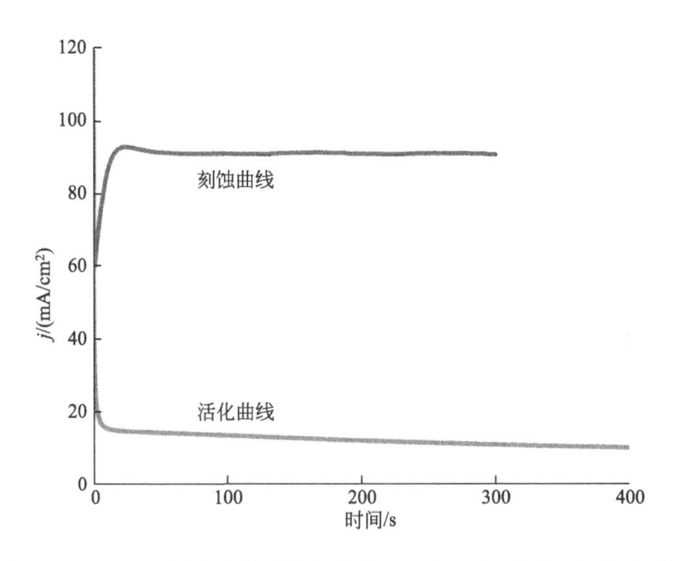

图 7-22　p-NiCu 母合金的刻蚀曲线和 p-NiCu NAs 电化学活化曲线

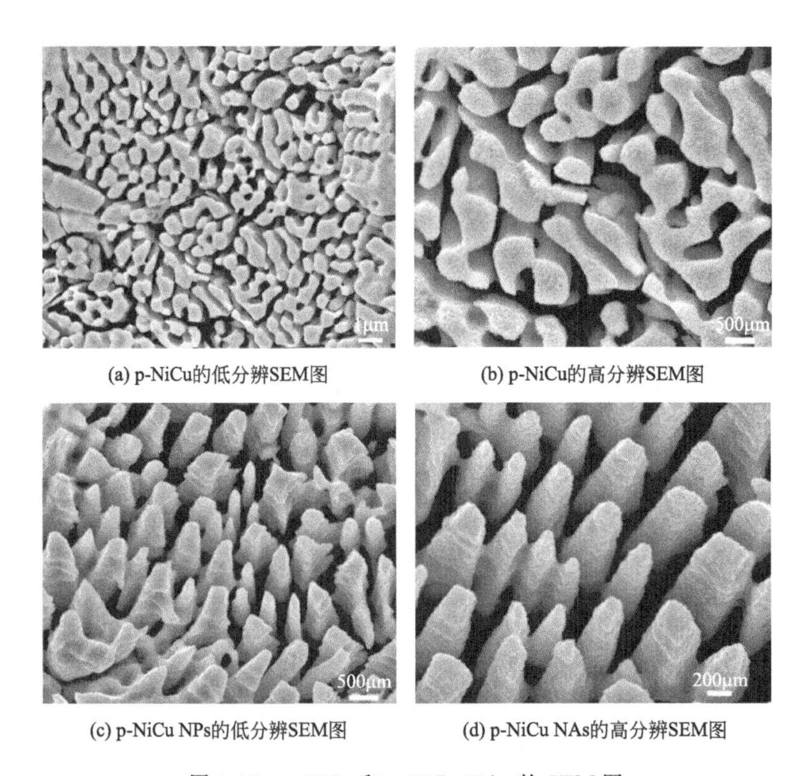

(a) p-NiCu的低分辨SEM图　(b) p-NiCu的高分辨SEM图
(c) p-NiCu NPs的低分辨SEM图　(d) p-NiCu NAs的高分辨SEM图

图 7-23　p-NiCu 和 p-NiCu NAs 的 SEM 图

电化学阳极化过程是一个颇为稳定的过程（图 7-22），并且其阳极化产物 p-NiCu NAs 的原子比例与 p-NiCu 颇为接近［图 7-24(b)］，揭示阳极化并没有大幅度改变金属的组分比例。p-NiCu NAs 呈现出一种纳米针阵列［图 7-23(c)、(d)］。在低分辨率下和在高分辨率下都能观察此纳米针阵列均匀垂直生长在表面上。合金形貌的变化来

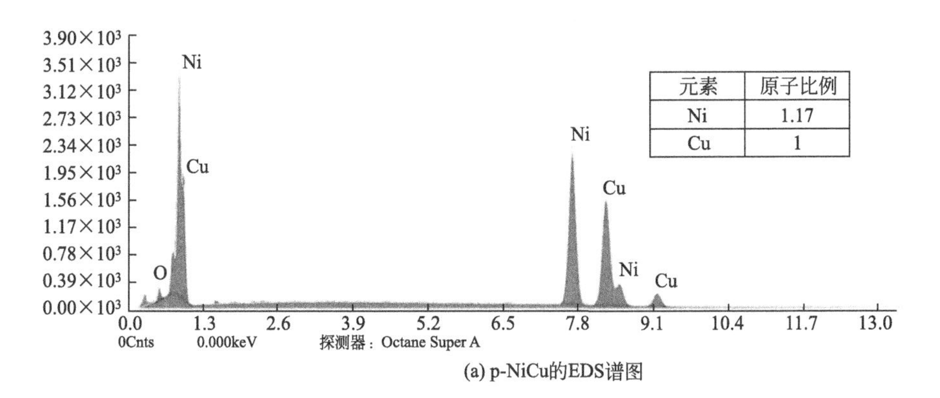

(a) p-NiCu的EDS谱图

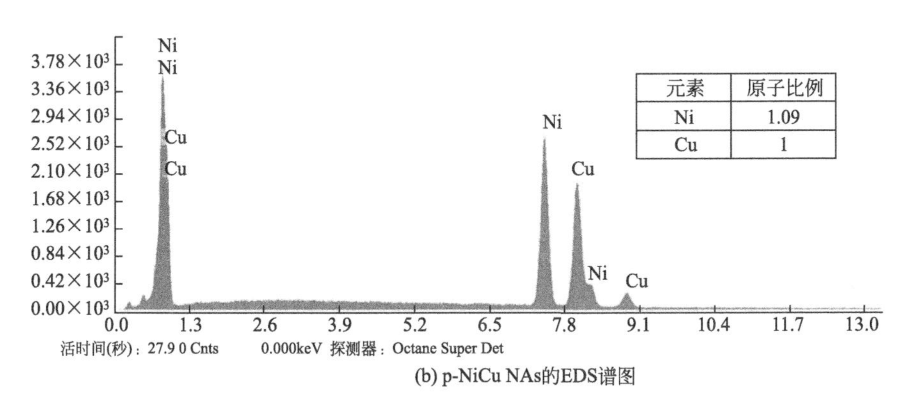

(b) p-NiCu NAs的EDS谱图

图 7-24　p-NiCu 和 p-NiCu NAs 的 EDS 谱图

源于 Ni 和 Cu 在氢氧化钾中的阳极化，其导致合金表面积累一定的金属氧化物或氢氧化物。相关文献曾报道，这种纳米多孔针状列阵结构有助于催化剂获得高比表面积和高效的传质通道，促进电解质的扩散，并可以暴露出更多的活性位点，有利于水分解反应的进行[41]。

如图 7-25(a) 所示，NiCu 母合金展示明显的 NiCu 相（PDF No. 065-9047)，经过电化学刻蚀和电化学阳极活化后，相关的衍射峰发生不明显的偏移。另外，p-NiCu 经过电化学活化后，表面虽然进阶为相应的纳米针阵列，但是可能由于结晶度太低，或基底金属峰强度太强，导致呈现的是金属基底的物相。因此，可以把电化学活化后的产物理解为一种由金属氧化物或氢氧化物和金属共同组成的结构。从图 7-25(b)、(c) 和 (d) 可知，将三个样品各自的 (111) 峰拟合为高斯线状，从而获得最大峰值的位置 (θ_{max})。NiCu 相关的晶格常数 α 可根据下述 Vegard 定律计算[42]：

$$\alpha=\frac{\sqrt{2}\lambda_{K\alpha}}{\sin\theta_{max}} \tag{7-14}$$

式中，$\lambda_{K\alpha}$=1.54056Å (1Å=0.1nm)。

经过计算，存在于 NiCu、p-NiCu 和 p-NiCu NAs 的 (111) 衍射峰的晶格常数分别为 3.1369Å、3.1602Å 和 3.1544Å。晶格常数的变化可能源自合金脱合金化后形貌的改变或金属比例的改变，还有氧化物或氢氧化物的引入。相关结构参数总结在表 7-3。

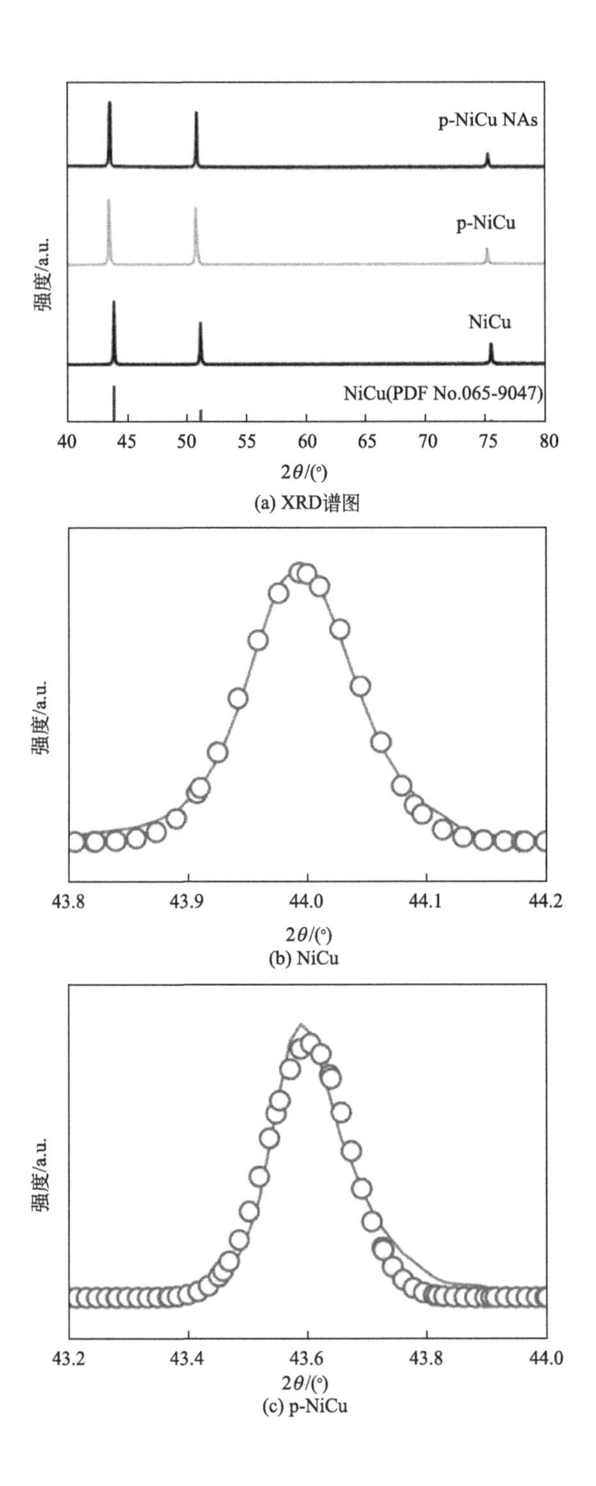

(a) XRD谱图

(b) NiCu

(c) p-NiCu

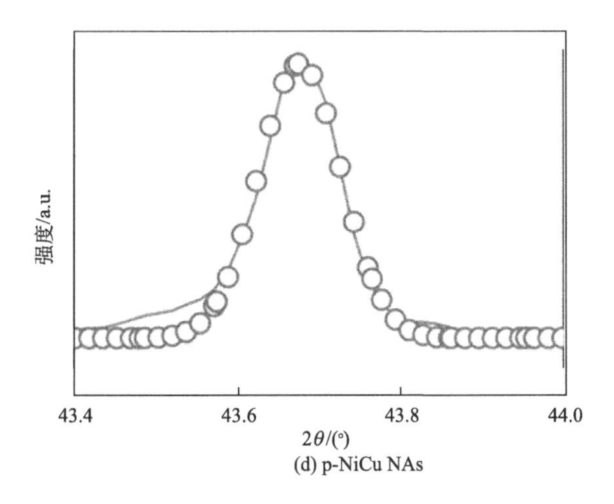

图 7-25　NiCu、p-NiCu 和 p-NiCu NAs 的 XRD 谱图及其（111）衍射峰与各自的拟合曲线

表 7-3　X 射线衍射样品的结构参数

样品	衍射角 2θ/(°)	晶格常数/Å
NiCu	43.99	3.1369
p-NiCu	43.59	3.1602
p-NiCu NAs	43.68	3.1544

7.2.2.5　相关 HER 催化性能评估

为了研究 p-NiCu NAs 电催化 HER 性能，我们利用电化学站对其进行性能测试。作为对比，Cu 片、Ni 片、NiCu 母合金和 p-NiCu 也进行相同的测试。测试溶液为 0.1mol/L KOH（pH＝13）。为了准确呈现出催化剂的真实活性，本次的 HER 极化曲线均经过 *IR* 降补偿，目的是减少溶液电阻对催化活性的影响。如图 7-26(a) 所示，NiCu 母合金的过电位均比 Ni 和 Cu 低，说明 Ni 和 Cu 的合金化加速了碱性 HER 的进行。另外，刻蚀后的 p-NiCu 的起始过电位为 120mV，比 NiCu 母合金低 80mV 左右，揭示了多孔的结构有利于 HER 进行。而阳极化产物 p-NiCu NAs 展示出最好的 HER 活性，其起始过电位仅为 52mV，比活化前的 p-NiCu 降低了 68mV，当电流密度达到 $10mA/cm^2$ 的过电位（η_{10}）仅为 92mV，明显低于 p-NiCu（160mV）、NiCu（308mV）和 Ni（340mV）。

从动力学角度分析［图 7-26(b)］，p-NiCu NAs 的 Tafel 斜率仅为 66mV/dec，明显低于 p-NiCu（125mV/dec）、NiCu（142mV/dec）和 Ni（168mV/dec）。Tafel 斜率最小的 p-NiCu NAs 具备更良好的反应动力学，并且此数值揭示 p-NiCu NAs 遵循 Volmer-Heyrovsky 机理，其解吸过程可能是速率决定步骤。EIS 阻抗谱是另外一个重要的动力学参数，阐述各催化剂在界面上的电化学动力特征的差异。如图 7-26(c) 展示的是各催化剂在 0.1mol/L KOH 溶液里，施加电位为 230mV 下的 Nyquist 图。活性最差的 NiCu 母合金的起始过电位接近 200mV，选用 230mV 下测试阻抗能保证各催化剂都处于 HER 反应过程。并使用 ZView 软件模拟出理想的等效电路图。图中曲线呈半圆，插图为其等效电路。电

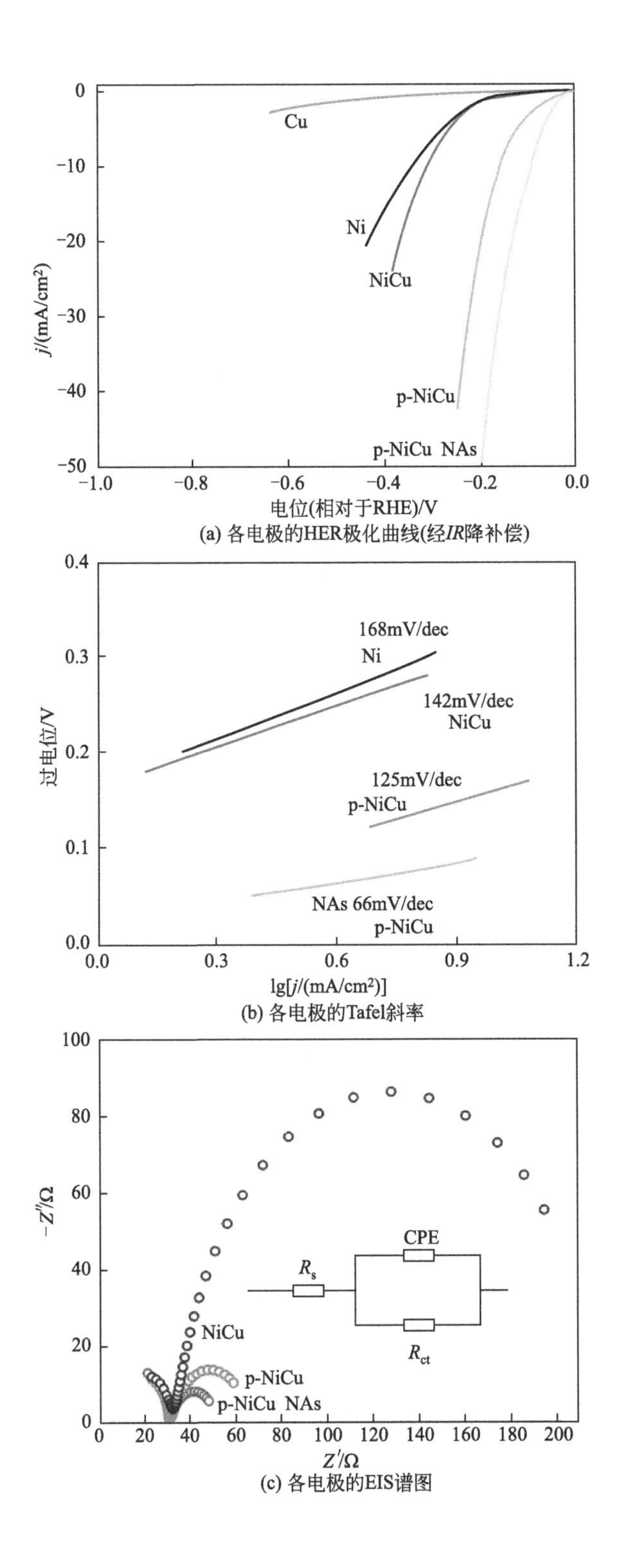

(a) 各电极的HER极化曲线(经*IR*降补偿)

(b) 各电极的Tafel斜率

(c) 各电极的EIS谱图

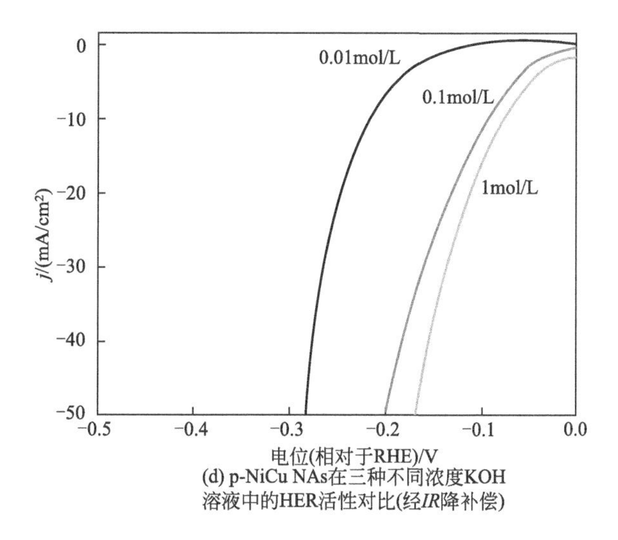

图 7-26 各电极的 HER 电化学性能测试

荷转移阻抗 R_{ct} 可简单地由半圆直径粗略显示，直径越小，阻抗越小。如图所示，p-NiCu NAs 的半圆直径最小，其次是 p-NiCu，最大的是 NiCu，此现象揭示 p-NiCu NAs 与电解质溶液的阻抗最小，对应的电荷转移速率最快。p-NiCu NAs 具备良好的动力学的原因不仅得益于纳米针阵列的开放性结构，并且引入相应的氧化物或氢氧化物后促进对 OH^- 和 H^+ 的吸附，从而加快电荷的转移。

为了充分揭示 p-NiCu NAs 的 HER 活性，分别将 p-NiCu NAs 置于 0.01mol/L KOH (pH=12)、0.1mol/L KOH (pH=13) 和 1mol/L KOH (pH≈13.6) 溶液里测试 HER 性能，并进行活性比较。如图 7-26(d) 所示，p-NiCu NAs 在 0.01mol/L、0.1mol/L 和 1mol/L KOH 溶液里的 η_{10} 分别是 217mV、92mV 和 78mV。类似的情况也发生在 $20mA/cm^2$、$30mA/cm^2$、$50mA/cm^2$ 的过电位上。此现象说明在 1mol/L 的 KOH 溶液里 p-NiCu NAs 在高过电位下电流密度的增长速度相对在 0.1mol/L 和 0.01mol/L KOH 溶液中较快。

稳定性是衡量催化剂性能的一个重要因素。对 p-NiCu NAs 在 0.1mol/L 和 1mol/L KOH 溶液里进行循环伏安测试，测试电位区间在 −0.2～0.2V (相对于 RHE)，扫描速率为 0.1V/s。如图 7-27(a) 所示，在 0.1mol/L KOH 中的第 500 圈的 HER 曲线和初始的性能曲线基本重合，说明 p-NiCu NAs 能够在 0.1mol/L KOH 溶液中稳定工作 500 圈。然而，在 1mol/L KOH 溶液中 p-NiCu NAs 的稳定性欠佳 [图 7-27(b)]。上述说明选用恰当的电解液浓度对催化剂电极的稳定性至关重要。

综上所述，本节制备的 p-NiCu NAs 在碱性溶液中展示良好的 HER 活性和反应动力学。p-NiCu NAs 杰出的 HER 活性不仅归因于能活化后开放性的纳米针阵列结构，也可能得益于 Ni 和 Cu 相应的氧化物或氢氧化物的引入。水解离成 OH^- 是碱性 HER 的第一步，而大多数生成的 OH^- 将吸附在相关的氧化物或氢氧化物中的 Ni^{x+} 或 Cu^{x+} 上，因为两者与 OH^- 的结合能力比处于 0 价态的金属的要强。并且得益于 NiCu 合金理想的氢吸附能，吸附氢 H * 更倾向于吸附在金属/金属氧化物界面的金属上[43]。因此，p-NiCu NAs 中金属氧化物/氢氧化物和金属的同时存在为吸附氢 H * 和 OH^- 提供了良好的吸附位点，从而加速了 HER 的进程。

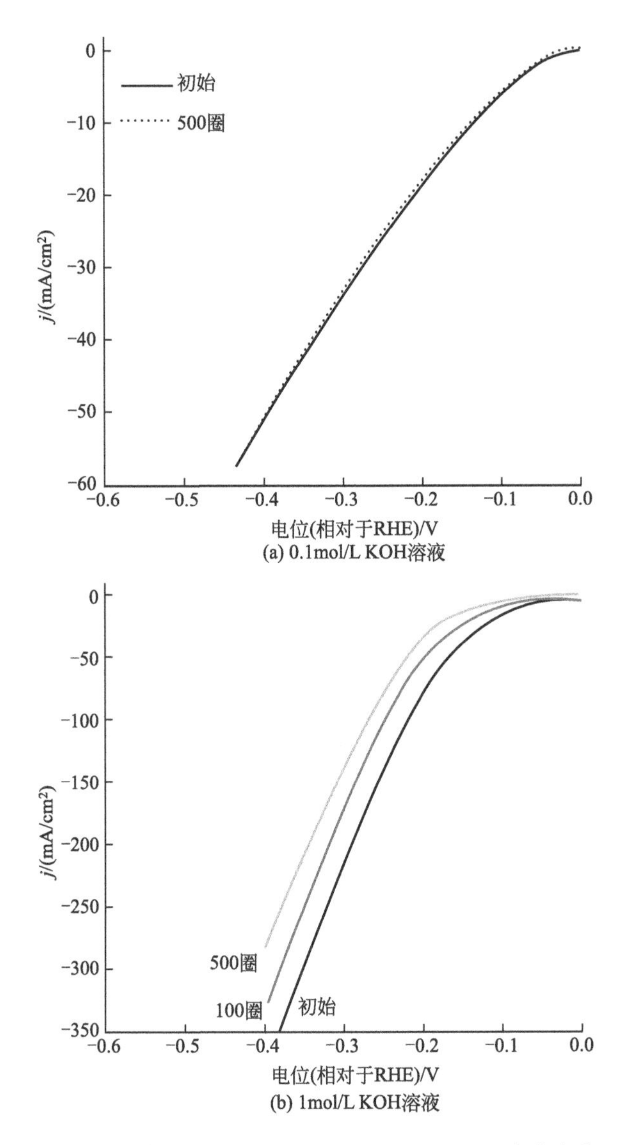

图 7-27 p-NiCu NAs 在 0.1mol/L KOH 和 1mol/L KOH 溶液中的 CV 稳定性

催化剂活性位点的数目影响着催化剂活性，一般来说，活性位点数目越多，催化活性越好，并且，活性位点数目可以粗略地用电化学活性比表面积（ECSA）评估，而 ECSA 与催化剂的电化学双电容电层（C_{dl}）呈正相关关系。C_{dl} 可以通过对非法拉区域的循环伏安扫描得出。如图 7-28(a)、(b) 和 (c)，在三电极系统里，在 0.1mol/L KOH 溶液中，选用各催化剂电极的非法拉第区域，利用循环伏安扫描法用不同的扫描速率（0.02V/s、0.04V/s、0.06V/s、0.08V/s、0.1V/s）对各催化剂电极进行双电容层测试。然后，求出各催化剂在开路电位下每个扫速对应的电位绝对值之和的平均值，以此值为纵坐标，扫速为横坐标，求出斜率。从图 7-28(d) 可知，p-NiCu NAs 展示最高的 C_{dl} 值，约为 12mF/cm^2，是 p-NiCu 的 8 倍，更是 NiCu 母合金的 120 倍。此现象揭示 NiCu 氧化物/氢氧化物和基底金属 NiCu 的共同筑造丰富了催化剂的活性位点，代表着更卓越的 HER 催化性能。

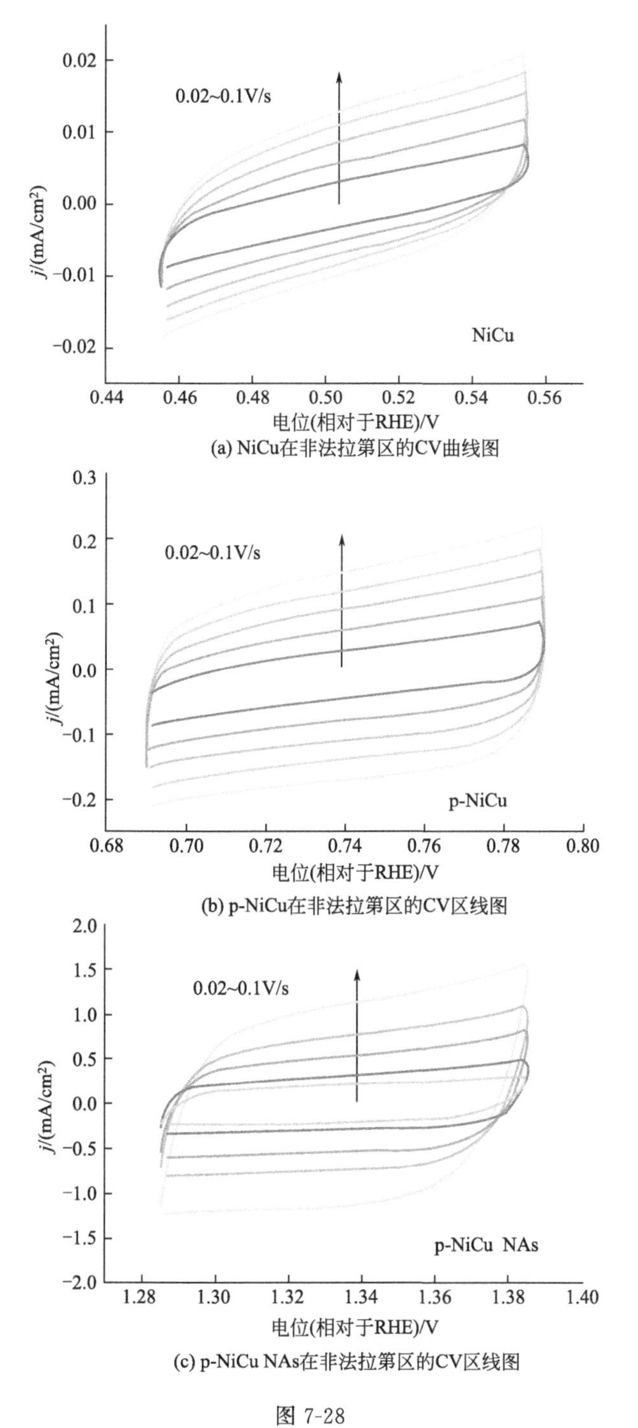

(a) NiCu在非法拉第区的CV曲线图

(b) p-NiCu在非法拉第区的CV区线图

(c) p-NiCu NAs在非法拉第区的CV区线图

图 7-28

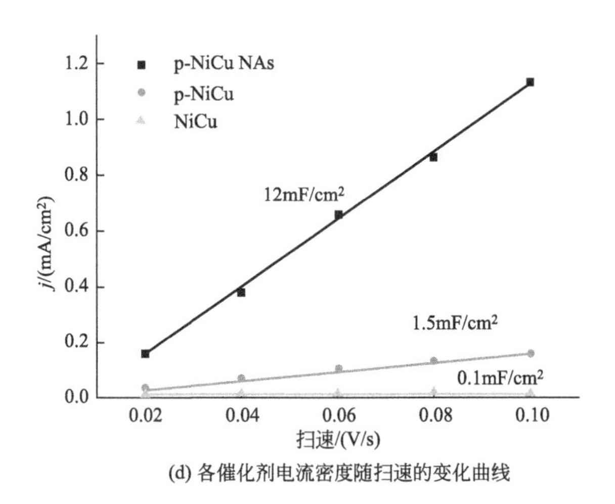

(d) 各催化剂电流密度随扫速的变化曲线

图 7-28 各催化剂在非法拉第区的 CV 曲线图（测试溶液为 0.1mol/L KOH）及电流密度随扫描速率的变化曲线

7.2.2.6 相关 OER 催化性能评估

由于 OER 是水分解的另一个重要半反应，因此可对 p-NiCu NAs 进行 OER 活性测试。选用 1mol/L KOH 作为测试溶液。图 7-29(a) 展示的是经 *IR* 降补偿的 OER 极化曲线。与 NiCu 母合金相比（388mV），p-NiCu 和 p-NiCu NAs 所需的过电位较低，达到 $10mA/cm^2$ 分别需要 354mV 和 343mV。这可能得益于开放性的结构促使 OER 的进程。值得注意的是，经过阳极活化处理的 p-NiCu NAs 的 OER 活性并没有得到明显的提升，同一电位下的电流密度和未参与阳极活化的 p-NiCu 颇为接近。类似的情况出现在代表反应动力学的 Tafel 斜率上［如图 7-29(b) 所示］：p-NiCu NAs 的 Tafel 斜率（97mV/dec）接近于 p-NiCu（99mV/dec）。

由于 OER 过程是催化剂表面不断被氧化的过程，因此需对 p-NiCu NAs 进行多次的线性伏安扫描分析氧化对 OER 活性的影响。图 7-29(c) 展示的是 p-NiCu NAs 的第 1 次、第 10 次和第 100 次的极化曲线。从图中可以清晰看出，随着反应的重复开展，p-NiCu NAs 的 OER 过电位会发生正移，这意味着所需的过电位在增加，OER 活性逐渐衰弱。

为了探究 OER 活性降低的原因，对其进行 EIS 测试，分析氧化过程对 OER 电子转移速率的影响。施加电位为 380mV。如图 7-29(d) 所示，电荷转移阻抗 R_{ct} 的递增顺序为：第 1 圈<第 10 圈<第 100 圈。逐步增大的 R_{ct} 值表明其 OER 过程不断减慢 p-NiCu NAs 的电子转移速率，不利于 OER 的进行，因此导致活性逐步降低。

综上所述，p-NiCu NAs 在重复展开的 OER 过程中逐渐失活，揭示其不适用于 OER 催化过程。

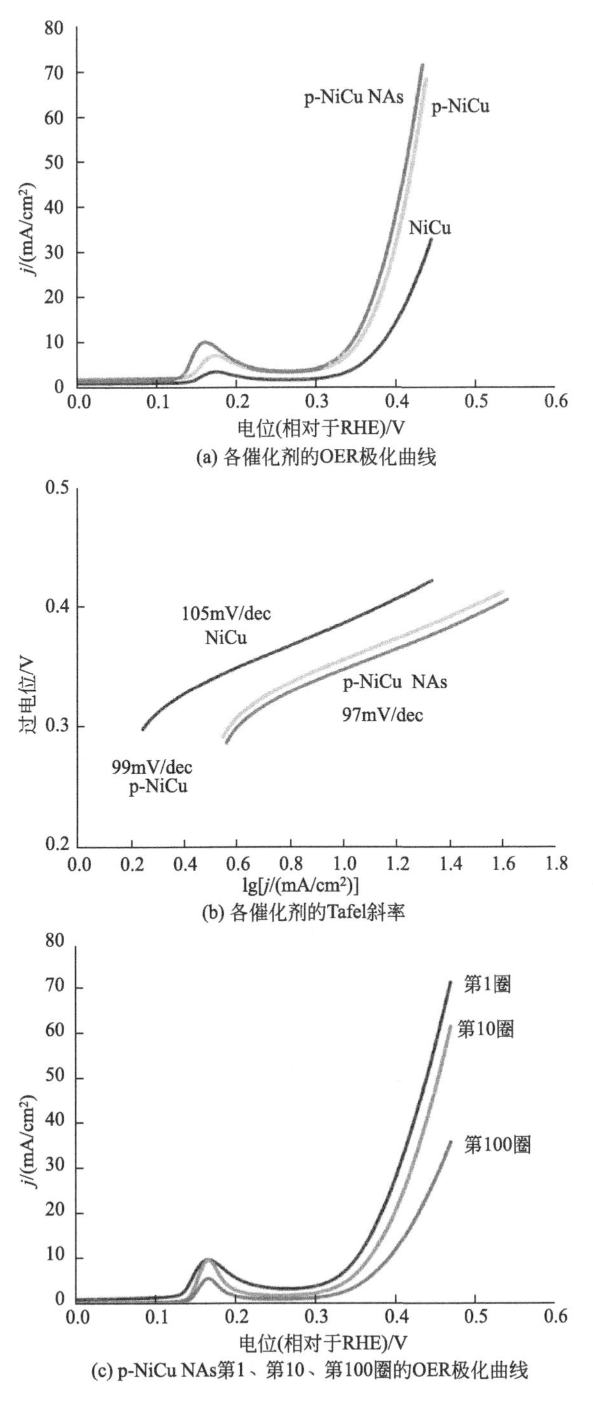

(a) 各催化剂的OER极化曲线

(b) 各催化剂的Tafel斜率

(c) p-NiCu NAs第1、第10、第100圈的OER极化曲线

图 7-29

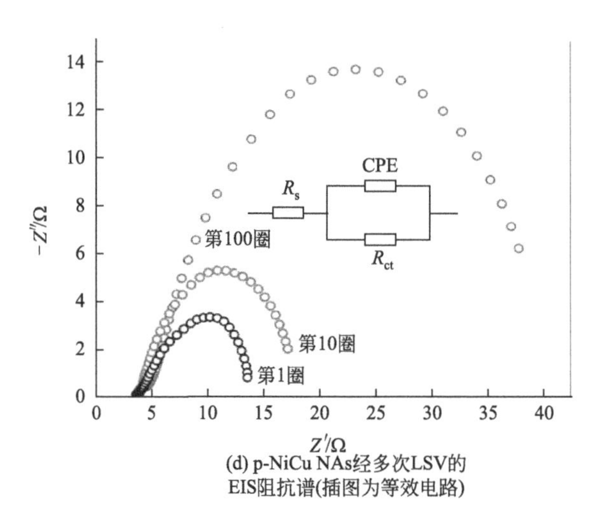

图 7-29 各催化剂的 OER 电化学性能测试

7.3 铜基催化剂

7.3.1 化学刻蚀铜镁系列合金

去合金化法是制备多孔纳米材料的有效手段。在大多数情况下，纳米多孔金属是在一种初始均匀的合金中，一个或多个组分被选择性溶解而制成。在溶解过程中，剩余的成分在合金和溶解介质之间的界面上自由移动，如果合金在合适的成分范围内，剩余的成分就会重新组织成一个具有开放孔隙的三维网络。如图 7-30 为 Ag-Au 合金体系脱合金过程演化示意图[44]。通过控制溶解速率，去合金材料所形成特定的长度尺度（韧带或孔径）可以在几纳米到几十微米之间，从而获得很高的比表面积。去合金过程中，金属的初始晶格发生扩散，保留了母金属的晶粒结构。特征长度尺度的可调性和起始金属微观结构的保留性使去合金化法制备多孔金属材料获得了许多研究人员的青睐。一些研究团队专注于去合金化的反应机理，也有一些团队专注于创造新的多孔金属和合金，而更多的团队则专注于开发它们的催化性能[45]。

利用去合金化法能有效增加催化剂的比表面积，从而增加活性位点数量，增强其 OER 性能。本节选用镁作为溶解介质，铜作为母金属制备了 $Mg_{72}Cu_{28}$、$Mg_{61}Cu_{28}Y_{11}$、$Mg_{61}Cu_{28}Cd_{11}$ 三种合金条带。使用简单的化学刻蚀法对条带进行去合金化处理，并对其进行阳极化处理，对制备出的多孔材料的电化学性能进行系统性研究。利用 SEM 和 XRD 对样品形貌以及晶态进行表征，制备出的自支撑多孔铜基催化剂展现出优异的 OER 性能。

7.3.1.1 合金条带的制备

采用电弧熔融（arc melting）技术制备 $Mg_{72}Cu_{28}$ 合金条带。根据 Mg-Cu 二元相

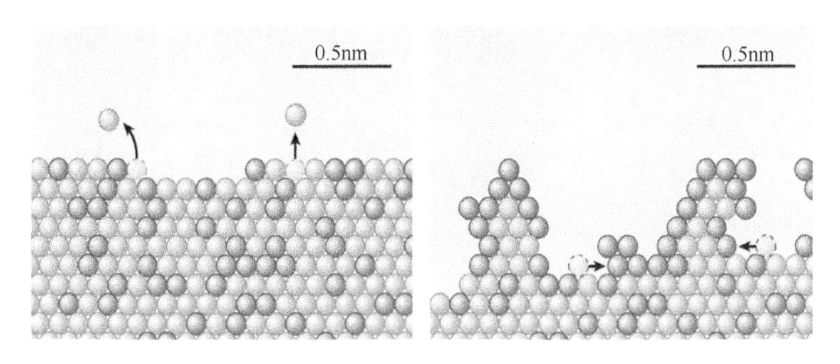

图 7-30　Ag-Au 合金体系脱合金过程演化示意[44]

图[46] 设计的 Mg/Cu 原子比为 72∶28。在验证金属成分和重量后，将金属锭放在石英管，在甩带机中以氩气作为保护气体，将两种金属快速淬火熔化甩带，获得金属元素均匀的 20μm 厚的 $Mg_{72}Cu_{28}$ 合金条带。$Mg_{61}Cu_{28}Y_{11}$、$Mg_{61}Cu_{28}Cd_{11}$ 的制备采用同样的方法，以探索加入 Cd 和 Y 元素对制备催化剂的影响。

$Mg_{61}Cu_{28}Cd_{11}$、$Mg_{61}Cu_{28}Y_{11}$ 样品表征。对 $Mg_{61}Cu_{28}Cd_{11}$、$Mg_{61}Cu_{28}Y_{11}$ 进行 XRD 测试，得到图 7-31 所示结果。对于 $Mg_{61}Cu_{28}Y_{11}$ 样品，在 $2\theta \approx 38.0°$处观察到一个宽峰，而对于 $Mg_{61}Cu_{28}Cd_{11}$ 样品则在 $2\theta \approx 36.7°$处观察到一个宽峰。XRD 结果表明，两种样品应该是由非晶态相组成[47]。

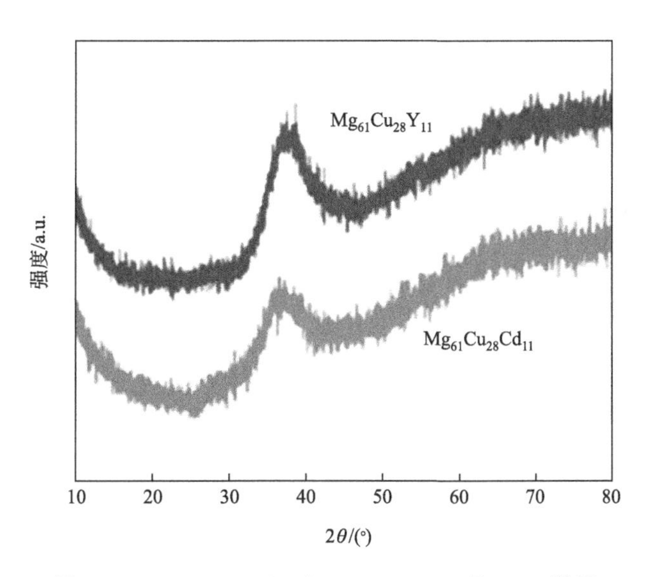

图 7-31　$Mg_{61}Cu_{28}Cd_{11}$ 和 $Mg_{61}Cu_{28}Y_{11}$ 的 XRD 谱图

7.3.1.2　化学刻蚀 $Mg_{72}Cu_{28}$ 及 OER 性能探究

(1) p-Cu NWs、p-Cu 样品的制备

本节实验使用化学刻蚀法，通过刻蚀 $Mg_{72}Cu_{28}$ 中的 Mg 元素以制备多孔铜（porous Cu，简称 p-Cu），然后通过电化学阳极化处理将其进一步氧化，制得多孔铜基纳米线（porous Cu nanowires，简称 p-Cu NWs）。制备过程示意如图 7-32 所示。

图 7-32 p-Cu 和 p-Cu NWs 制备流程示意

镁溶于酸性溶液，而铜在稀盐酸中稳定存在。本节使用稀盐酸作为刻蚀液。配制500mL 0.68mol/L 的稀盐酸溶液作为刻蚀液。选取 1cm 长、3mm 宽的合金条带。在制备样品前，需对条带进行杂质清理：依次在无水乙醇、超纯水（18.25MΩ）中超声 60s，之后放进烘箱在 313K 下干燥 1h，得到干净的母条带。

1）步骤 1：p-Cu 的制备

将干净的 $Mg_{72}Cu_{28}$ 合金放进 50mL 0.68mol/L 的稀盐酸分别进行 30s、60s、90s、120s 的刻蚀（表 7-4）。在刻蚀过程中，可以观察到合金条带表面剧烈地产生气泡，即氢气，这表明 Mg 在迅速溶解。然后迅速用超纯水清洗干净，为后续阳极化处理做准备。刻蚀前的合金条带呈现银白色，而进行刻蚀后则呈现出紫红色，这表明经过刻蚀后 Cu 已被暴露在条带表面。而当刻蚀时间达到 135s 左右时，条带出现瓦解并断裂，而无法进行后续处理。

表 7-4 制备 p-Cu 的实验参数及命名

条带	刻蚀液	刻蚀时间/s	命名	
			步骤 1	步骤 2
$Mg_{78}Cu_{28}$	0.68mol/L HCl	30	p-Cu-1	p-Cu NWs-1
		60	p-Cu-2	p-Cu NWs-2
		90	p-Cu-3	p-Cu NWs-3
		120	p-Cu-4	p-Cu NWs-4

2）步骤 2：p-Cu NWs 的制备

p-Cu NWs 的制备采用电化学阳极化处理制得。阳极化处理在 CHI 660E 型电化学工作站完成。一个典型的电化学工作站采用标准的三电极体系，即包括工作电极（work electrode，WE），对电极（counter electrode，CE），参比电极（reference electrode，RE）。本章实验参比电极选用饱和 Ag/AgCl，饱和 Ag/AgCl 在未进行使用时，需保存在饱和 KCl 溶液中。对电极选用 Pt 丝。在进行任何电化学测试前，需要对 Pt 丝进行预处理：首先在稀硝酸中超声清除表面的氧化物，然后使用无水乙醇和超纯水清除有机物和其他杂质。p-Cu 为工作电极。

本次实验采用线性扫描法制备 p-Cu NWs。根据查阅的文献、Pourbaix 图及标准电位表，线性扫描极化区间为－0.6～0.8V（参比电极 Ag/AgCl），电解液为 1.0mol/L KOH，扫描速率为 1mV/s，扫描时间为 40min。图 7-33 为不同刻蚀时间得到的 p-Cu 的

LSV 曲线。从图中可以看出，经过刻蚀后的样品在 0.6V（相对于 RHE）和 1.45V（相对于 RHE）区间附近出现了较大的氧化峰。根据 Pourbaix 图，这分别可能是 Cu^0 到 Cu^{1+}、Cu^{1+} 到 Cu^{2+} 的转变。在图中可以看出刻蚀时间越长的样品，在 0.6V（相对于 RHE）区间出现的峰面积越大。这是因为刻蚀时间越长，样品表面暴露出的 Cu 越多。

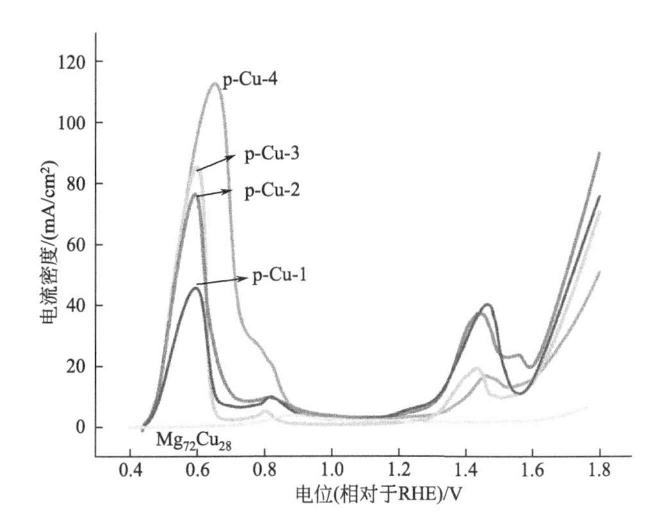

图 7-33　由不同刻蚀时间制得的 p-Cu 的 LSV 曲线

（2）p-Cu 和 p-Cu NWs 样品微观形貌

图 7-34（a）、（b）分别为 $Mg_{72}Cu_{28}$ 经过 60s 和 120s 刻蚀所得到的 p-Cu-2 和 p-Cu-4 在不同放大倍数下的形貌结构图。从图中可以看出，在较低放大倍数（2 万倍）时，可以看到两个样品的表面都出现了若干细小裂缝。而 p-Cu-4 的裂缝明显要比 p-Cu-2 的更大。一个性能优异的 OER 催化剂，其结构最好是连续的。“紧密”的结构能更好提升样品的电子传导性，从而提升其性能。断裂的结构或更小面积的横截面则会对电子传输起到阻碍作用，而影响其性能。可以明显看出，p-Cu-2 拥有更好的连续结构。在较高放大倍数（5 万倍，10 万倍）时，可以清晰地观察到 p-Cu-2 的结构十分漂亮，保持着非常均匀的双连续结构特征，颗粒尺寸非常小，直径在 100～200nm 之间。p-Cu-4 的颗粒尺寸更小，直径在 10～20nm 之间，但是由于刻蚀时间过长导致出现更多的裂缝，使得它的形貌并没有呈现出均匀的结构。

图 7-34（c）为 p-Cu-2 经过电化学阳极化处理所得到的 p-Cu NWs-2 在不同放大倍数下的形貌结构。在低放大倍数（2 万倍）时，以看到样品表面呈现出十分密集且均匀的针状结构。这是由于 p-Cu-2 本身的结构十分均匀，经过持续 40min 碱性环境下的阳极化处理后，使其生长出更为细小的针状纳米刺结构。因为 p-Cu-2 呈现出曲折蜿蜒的结构，因此 p-Cu NWs-2 的纳米线方向并不是生长于同一方向，而是生长于各个方向。在较高放大倍数（5 万倍、10 万倍）时，可以清晰地观察到 p-Cu NWs-2 的孔直径大约为 80nm。

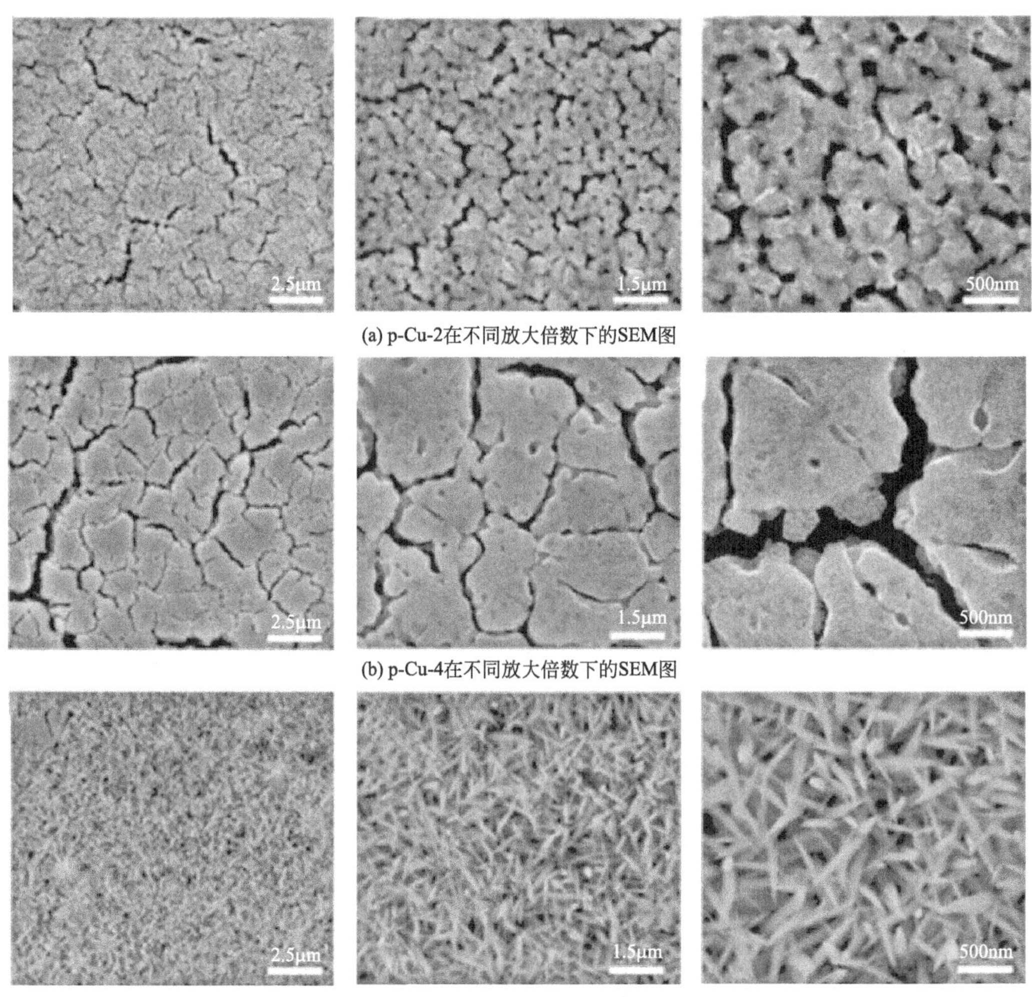

(a) p-Cu-2在不同放大倍数下的SEM图

(b) p-Cu-4在不同放大倍数下的SEM图

(c) p-Cu NWs-2在不同放大倍数下的SEM图

图 7-34　p-Cu-2、p-Cu-4 和 p-Cu NWs-2 在不同放大倍数下的 SEM 图

(3) p-Cu 和 p-Cu NWs 样品晶体结构

为了探究制备的 p-Cu 和 p-Cu NWs 晶体结构，对其进行 XRD 测试，得到图 7-35 所示结果。从图中未发现 $Mg_{72}Cu_{28}$ 和 Mg 的衍射峰，证明经过刻蚀其大部分已经被溶解。不同时间刻蚀后的 p-Cu 均显示出 43.4°、50.5°和 74.1°三个衍射峰，分别对应于 Cu (JCPDS＃65-9026) 的 (111)、(200) 和 (220) 晶面。Cu 高强度峰的出现，证明了样品的成功刻蚀。此外，p-Cu 还出现 36.5°和 61.5°两个衍射峰，分别对应于 Cu_2O (JCPDS＃65-3288) 的 (111) 和 (220) 晶面。Cu_2O 之所以出现，是因为 Cu 不可避免地暴露在空气中，处于空气中的 Cu 迅速地氧化成为 Cu_2O。而 p-Cu-3 以及 p-Cu-4 样品的 Cu_2O 峰明显强于 p-Cu-1 以及 p-Cu-2。这是因为经过更长时间的刻蚀，p-Cu 暴露出更多的 Cu 元素，由于空气氧化而生成更多的 Cu_2O。

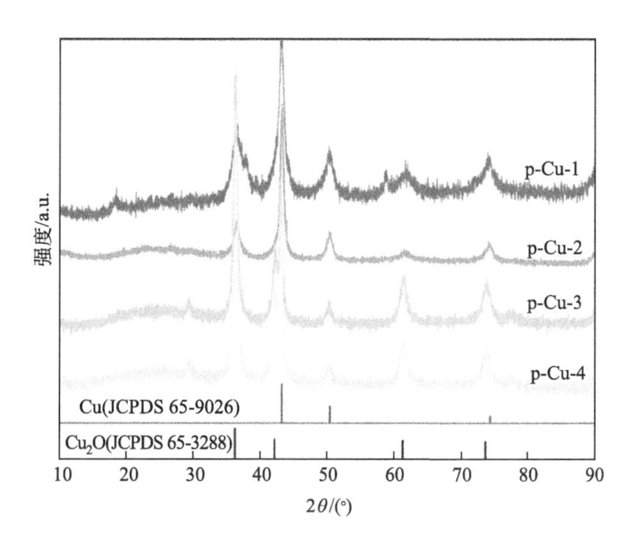

图 7-35 p-Cu 的 XRD 衍射花样

图 7-36 为 $Mg_{72}Cu_{28}$、p-Cu-2 及 p-Cu NWs-2 的 XRD 对比谱图。从 p-Cu NWs-2 的 XRD 谱图可以看出，它是一种 Cu 的氢氧化物/氧化物。在 16.8°、24.0°、34.4°和 39.7°出现的衍射峰可以归属为 Cu（$OH)_2$（PDF＃72-0140）的（020）、（021）、（002）和（130）晶面。以及 49.2°、53.4°和 59.0°出现的衍射峰归属于 CuO（JCPDS 41-0254）的（—202）、（020）和（202）晶面。Cu（$OH)_2$ 峰强明显强于 CuO，证明 p-Cu NWs-2 主要组分为 Cu（$OH)_2$。

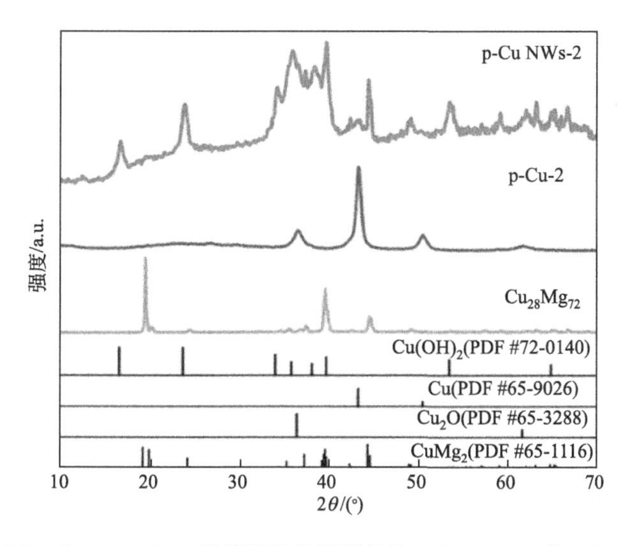

图 7-36 $Mg_{72}Cu_{28}$、p-Cu-2 及其阳极化后制备的 p-Cu NWs-2 的 XRD 谱图对比

值得注意的是，从 p-Cu NWs-2 的 XRD 谱图可以看出在 $2\theta=44.5°$处发现归属于 $CuMg_2$ 的衍射峰，这是因为 XRD 只能检测到样品表面几十微米的厚度。经过 60s 的刻蚀后，部分 $CuMg_2$ 和 Mg 未溶解，导致 p-Cu NWs-2 的 XRD 谱图检测出 $CuMg_2$ 的衍射峰。但有趣的是，在 p-Cu-2 的 XRD 谱图中没有在 $2\theta=44.5°$处观测到 $CuMg_2$ 的衍射峰。

这是由于 p-Cu-2 包含大量结晶性较强的 Cu 元素，相比之下 $CuMg_2$ 含量较少，在 p-Cu-2 位于 $2\theta=43.4°$ 属于 Cu 的衍射峰"掩盖"了本应出现的属于 $CuMg_2$ 在 $2\theta=44.5°$ 的衍射峰。由于所制备的 p-Cu NWs-2 中的 $Cu(OH)_2$ 呈现较弱的结晶性，导致其衍射峰的强度较低，使得位于 $2\theta=44.5°$ 处 $CuMg_2$ 的衍射峰"重新出现"。

(4) p-Cu NWs 样品价态分析

为了证明所制备的 p-Cu NWs 样品的成分以及化合价态，本节对催化性能最好的 p-Cu NWs-2 进行 XPS 表征。图 7-37(a) 中显示了 p-Cu NWs-2 样品的 XPS 全谱图。图中 C 元素是测试基准物。而图中出现 Cu 2p 以及 O 1s 的特征吸收峰，证明样品中都存在 Cu 和 O 元素，这一点与 XRD 表征结果相一致，即目标催化剂中的主要成分为 Cu 和 O。除此之外，该催化剂的全谱图中出现数个较弱的 Mg 的特征吸收峰，表明样品中还残留少量 Mg 元素。Mg 特征峰的出现进一步印证了 XRD 的分析结果。图 7-37(b) 为样品的 O 1s 谱图。通过 XPSPEAK 软件对其进行分峰处理，得到结合能分别在 529.4eV 和 531.6eV 处出现了归属于 O^{2-} 和 OH^- 基团的特征峰，其中 OH^- 基团的强度较强。OH^- 的高强度信号证明 p-Cu NWs-2 的成分主要由氢氧化物组成，这与 XRD 的分析结果相一致。图 7-37(c) 为样品的 Cu 2p 谱图。在 942.9eV 和 962.8eV 处出现的是 Cu 元素的卫星峰。根据所查文献，这对卫星峰的出现证明样品中包含二价铜[48]。主峰 Cu $2p_{3/2}$ (934.7eV) 和 Cu $2p_{1/2}$ (954.6eV) 的出现，证明二价铜主要和 OH^- 基团相连接，这也进一步印证了 XRD 的结果。

XRD 和 XPS 表征分析都表明样品 p-Cu NWs-2 是以氢氧化铜为主要组成，氧化铜为次要组成的混合物。

(5) p-Cu NWs 电化学性能分析

1) p-Cu NWs 的 OER 性能及动力学分析

本文采用 LSV 对样品的 OER 性能进行测试。为了探究 p-Cu NWs 在碱性环境下 OER 性能，选用 1.0mol/L KOH (pH=13.6) 作为电解液，将制备的 p-Cu NWs 样品作为工作电极，进行 LSV 扫描，扫描速率为 1mV/s。对电极选用 Pt 丝，参比电极选用 Ag/AgCl。在测试过程中，应尽可能地把工作电极靠近对电极，以减小溶液电阻。根据热力学势需要至少 1.23V (相对于 RHE) 才能驱动水分解反应的进行。OER 各步反应的能量累积使反应产生障碍，其缓慢的动力学使水分解反应需要格外的过电位以达到催化剂电极相匹配的电流密度。而实际施加的电位与标准电位的差值即为目标催化剂的过电位。施加的电位值越低，催化性能越高。本次实验将电流密度达到 $10mA/cm^2$ 时的过电位作为标准。

图 7-38 为阳极化制备的 p-Cu NWs 样品未经过阻抗校正的催化性能曲线。由图可以看出由阳极化法制备的样品的 LSV 曲线在 1.54V (相对于 RHE) 以后出现电流拐点，电流密度快速增加并高达 $10mA/cm^2$。p-Cu NWs 具有较大的比表面积、较高的电导率和开放的双连续纳米孔，因此可以最大限度地提高催化剂的适用性，并提供活性的快速传输以提升其电流密度。电流拐点的出现是由析氧反应所导致，这表明所制备的催化剂具有极好的催化活性。在相同条件下各个样品的起始过电位没有明显变化，说明样品的成分基本一致。

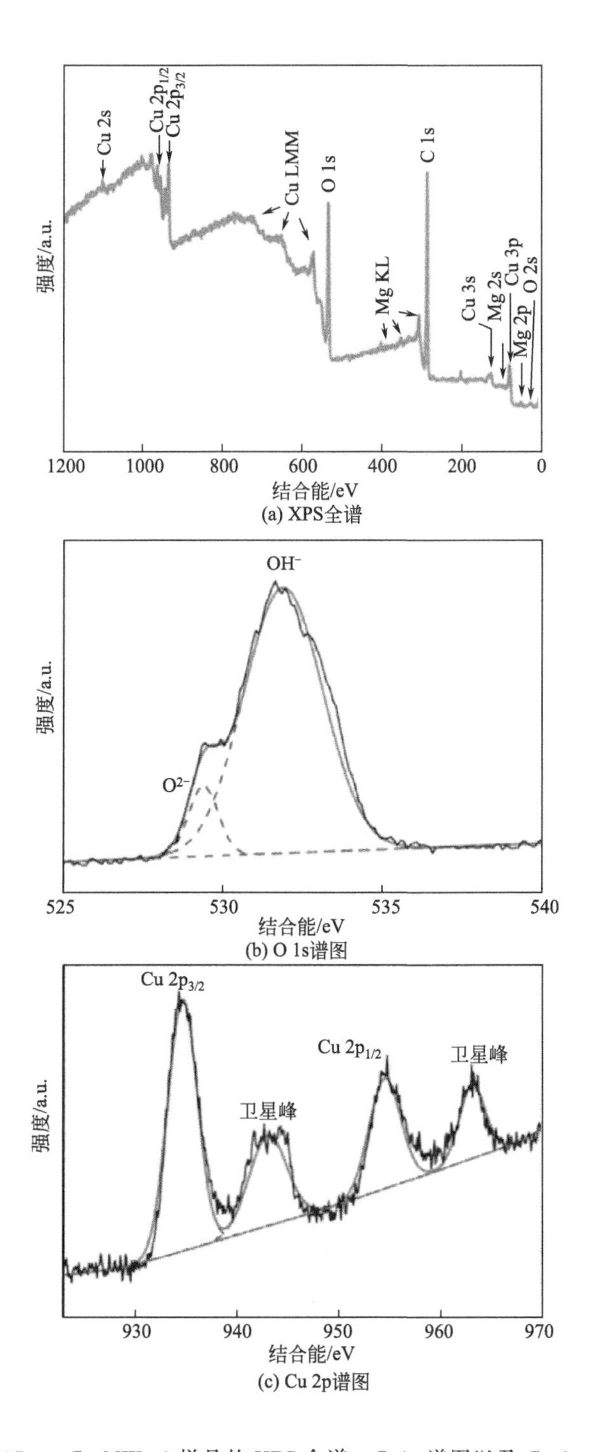

图 7-37　p-Cu NWs-2 样品的 XPS 全谱、O 1s 谱图以及 Cu 2p 谱图

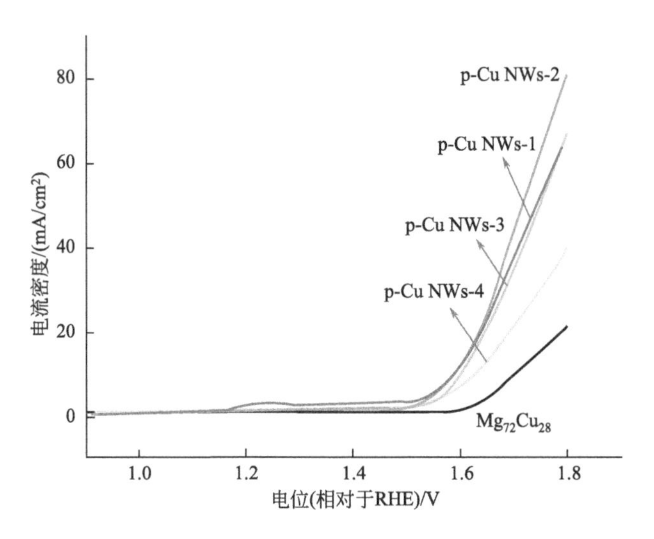

图 7-38　p-Cu NWs 样品的 LSV 曲线

由图 7-38 可以看出，p-Cu NWs-2 样品具有最好的催化性能［比较 1.8V（相对于 RHE）时达到的电流密度］，各样品催化活性顺序为：p-Cu NWs-2＞p-Cu NWs-1≈p-Cu NWs-3＞p-Cu NWs-4＞$Mg_{72}Cu_{28}$。理论上来说，假设所制备的 $Mg_{72}Cu_{28}$ 样品中 Mg、Cu 原子均匀排列，在经过稀盐酸刻蚀后，随着溶解时间的延长，催化组分 Cu 元素的暴露其催化性能应越好。但本次实验所观测到的结果与之矛盾。这是因为决定材料催化性能的因素不单是催化剂负载量，材料的结构也会影响其活性。作为一种自支撑型的材料，拥有一个连续结构或相对完整的横截面，会更有助于电子在活性位点的快速传输。虽然 p-Cu NWs-4 刻蚀的时间最长，暴露出的 Cu 元素更多，但由于长时间的刻蚀其表面出现更多的裂缝而没有保持连续的结构，其横截面积最小，导致催化剂性能的骤降。而 p-Cu NWs-3 的催化性能与 p-Cu NWs-1 相当，是因为 p-Cu NWs-3 的刻蚀步骤中的刻蚀时间相比 p-Cu NWs-4 更短，因此还保持着较好的结构，而 p-Cu NWs-1 则由于刻蚀时间较短而使 Cu 元素没有足够暴露出来。而 p-Cu NWs-2 则达到了两者之间的平衡。

LSV 数据必须校正由未补偿的溶液电阻（IR）引起的误差以得到更为准确的结果。每个电解池都有一定的 IR 值，其大小由电池几何形状、催化剂本身、电解液组成等因素决定。在实际操作中，IR 引起的误差可以用参比电极（RE）部分补偿。溶液电阻是造成误差的最大来源，本次实验使用电化学阻抗谱图（EIS）对催化剂进行阻抗测试，并根据测试结果对 LSV 曲线进行校正。本节选取催化性能最好的 p-Cu NWs-2 进行讨论。图 7-39 即为 p-Cu NWs-2 和 $Mg_{72}Cu_{28}$ 经过 90%阻抗校正后的 LSV 曲线。从图中可以看出，经过误差修正后，p-Cu NWs-2 样品性能得到大幅度提升。在达到电流密度 $10mA/cm^2$ 和 $50mA/cm^2$ 时分别只需 310mV 和 377mV 的过电位。该催化剂的 OER 性能足以比得上大多数主流期刊所报道的 Cu 基析氧催化剂的性能[49]（表 7-5）。

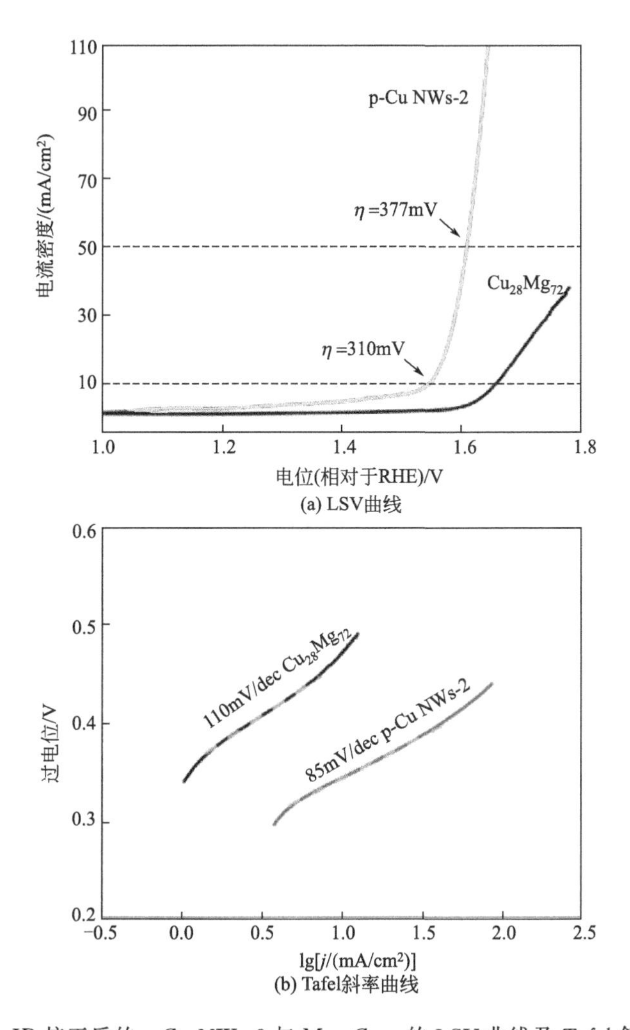

(a) LSV曲线

(b) Tafel斜率曲线

图 7-39 *IR* 校正后的 p-Cu NWs-2 与 $Mg_{72}Cu_{28}$ 的 LSV 曲线及 Tafel 斜率曲线

表 7-5 不同 Cu 基催化剂的 OER 性能对比

序号	催化剂	η (10mA/cm^2)/mV	Tafel 斜率/(mV/dec)	溶液	参考文献
1	p-Cu NWs	310	85	1mol/L KOH	*
2	Cu_2O@CuO@CuO	290	64	1mol/L NaOH	[50]
3	Cu_2O-Cu	350	67	1mol/L KOH	[51]
4	CuO	350	59	1mol/L KOH	[52]
5	Cu/[$Cu(OH)_2$-CuO]	477	76	0.1mol/L KOH	[53]
6	CuO/C	286	56	1mol/L KOH	[54]
7	$Cu(OH)_2$ NWs	430	86	1mol/L KOH	[55]
8	Cu 氧化膜	430	—	1mol/L KOH	[56]
9	CuO	475	90	1mol/L KOH	[57]

注：“*”代表本次实验的数据。

Tafel 斜率通常可以判定催化剂经过某些修饰后性能的改善是由于电子传输、几何（表面积）或两者的综合作用。在测量 Tafel 斜率的基础上，借助其他过渡金属的 OER 反应机理，对 p-Cu NWs 在碱性溶液中的 OER 反应机理进行探讨[58]。其反应过程大致分为四步。

第一步：氢氧根（在碱性溶液中）在表面活性位点失去电子，对应于 Tafel 斜率为 120mV/dec。

第二步：非稳态的［HO * OH］经过进一步的转化，变为更稳定的物质，相应的 Tafel 斜率为 60mV/dec。

第三步：［HO * OH］进一步氧化，Tafel 斜率为 40mV/dec。

第四步：氧气最终从两个高度氧化的表面位置的反应中释放出来。

其反应过程如下：

$$*OH + H_2O \longrightarrow [HO*OH] + H^+ + e^- \tag{7-15}$$

$$[HO*OH] \longrightarrow HO*OH \tag{7-16}$$

$$HO*OH \longrightarrow O*OH + H^+ + e^- \tag{7-17}$$

$$2O*OH \longrightarrow 2*OH + O_2 \tag{7-18}$$

p-Cu NWs-2 与 $Mg_{72}Cu_{28}$ 样品的 Tafel 斜率分别为 85mV/dec 和 110mV/dec。p-Cu NWs-2 样品的 Tafel 斜率比较接近 60mV/dec，推测其决定步骤为第二步。

2）EIS 测试

为了更好地理解样品的 OER 动力学特性，对其进行电化学阻抗测试，并使用 ZView 软件模拟出其等效电路[58,59]。图 7-40 为 p-Cu NWs 电极以频率 0.01～100kHz 以及交流电（AC）振幅为 5mV 且对面积归一化后的 EIS 图。ZView 模拟出的等效电路图可以概括为溶液电阻（R_s）、常数相元素（CPE）以及电荷转移电阻（R_{ct}）三部分电阻。R_s 代表了工作电极与参比电极之间溶液所产生的电阻值。R_{ct} 则与催化剂本身电化学反应动力学有关，其大小可大致由图中半圆直径表示。在一般情况，R_{ct} 值越小，则催化剂导电性越好，催化活性越高。

从图 7-40 中可以看出，未经处理的 $Mg_{72}Cu_{28}$ 半圆直径远远大于 p-Cu NWs。这是因为电极本身残留着大量 Mg 元素，电阻值大而导致电子转移速率低。而 p-Cu NWs-2 的半圆直径最小，说明该电极电子传递速率最快，催化剂活性最高。

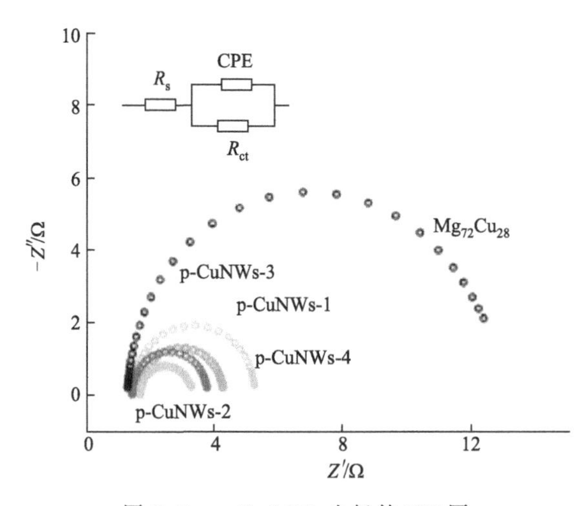

图 7-40　p-Cu NWs 电极的 EIS 图

3）p-Cu NWs 的稳定性测试

良好的结构稳定性和催化稳定性对材料的实际应用也十分重要。一般来说，有两种方法来评价 OER 催化剂的稳定性。一种方法是测量电流随时间的变化，即 *I-t* 曲线。对于这种测量，最好将电流密度长期设置为大于 10mA/cm^2（>10h）。另一种方法是循环 CV 或 LSV 测试。循环次数越多说明其稳定性越好。本次实验采用以上两种方法测试 OER 活性最高的 p-Cu NWs-2 的稳定性。图 7-41(a) 为样品持续进行循环伏安第 1 次和第 1000 次的 LSV 曲线。观察到一定程度的活性衰减，表明这种材料的耐久性并不完美。除此之外，内部插图为 p-Cu NWs 样品在过电位为 310mV 测试 10h 的 *j-t* 曲线。从图中可以看出，p-Cu NWs 样品在第一个小时表现出明显的活性衰减，并在后续时间电流密度保持在约 10mA/cm^2，并慢慢衰减。为了探讨其活性衰减的原因，利用扫描电镜分析了 p-Cu NWs 持续催化 10h 后的表面形貌。如图 7-41(b) 所示，可以看出在电解过程中 p-Cu NWs 发生了明显的粗化和结块现象，导致其长期催化性能的下降。进一步的研究可以集中在提高 p-Cu NWs 的稳定性上。

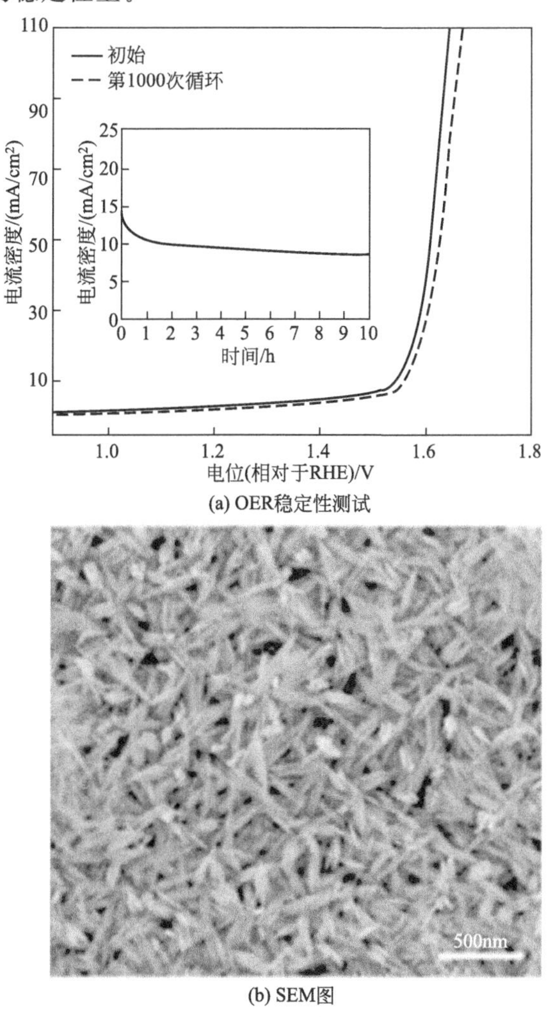

(a) OER稳定性测试

(b) SEM图

图 7-41　p-Cu NWs-2 样品的 OER 稳定性（内部图片为 p-Cu NWs 样品在过电位为 310mV 时的计时电流曲线）及 p-Cu NWs-2 经过 10h 持续催化后的 SEM 图

7.3.1.3 化学刻蚀 $Mg_{61}Cu_{28}Cd_{11}$、$Mg_{61}Cu_{28}Y_{11}$ 及其 OER 性能探究

(1) $p_{(Cd)}$-Cu、$p_{(Y)}$-Cu、$p_{(Cd)}$-Cu NWs 和 $p_{(Y)}$-Cu NWs 样品制备

本节实验采用 0.5mol/L 的稀硫酸将 $Mg_{61}Cu_{28}Cd_{11}$ 和 $Mg_{61}Cu_{28}Y_{11}$ 进行刻蚀，所得样品分别命名为 $p_{(Cd)}$-Cu 和 $p_{(Y)}$-Cu，阳极化处理后的样品分别命名为 $p_{(Cd)}$-Cu NWs 和 $p_{(Y)}$-Cu NWs。

配制 500mL 0.5mol/L 的稀硫酸溶液作为刻蚀液。分别截取 1cm 长、3mm 宽的 $Mg_{61}Cu_{28}Cd_{11}$、$Mg_{61}Cu_{28}Y_{11}$ 合金条带。在制备样品前，需对条带进行杂质清理：依次在无水乙醇、超纯水（18.25MΩ）中超声 60s 左右，之后放进烘箱在 313K 下干燥 1h，得到干净的母条带。

1）步骤 1：$p_{(Cd)}$-Cu、$p_{(Y)}$-Cu 的制备

将干净的 $Mg_{61}Cu_{28}Cd_{11}$、$Mg_{61}Cu_{28}Y_{11}$ 合金条带放进 50mL 0.5mol/L 的稀硫酸分别进行不同时间（表 7-6）的刻蚀。在刻蚀过程中，可以观察到合金条带表面剧烈地产生气泡，即氢气，这表明 Mg 在迅速溶解。然后迅速用超纯水清洗干净，为后续阳极化处理做准备。

2）步骤 2：$p_{(Cd)}$-Cu NWs 和 $p_{(Y)}$-Cu NWs 的制备

p-Cu NWs 的制备采用电化学阳极化处理，并在 CHI 660E 型电化学工作站完成。本实验参比电极选用饱和 Ag/AgCl，对电极选用 Pt 丝，$p_{(Cd)}$-Cu 和 $p_{(Y)}$-Cu 为工作电极。

根据查阅的文献、Pourbaix 图及标准电位表，线性扫描极化区间选区 −0.6～0.8V（参比电极 Ag/AgCl），电解液为 1.0mol/L KOH，扫描速率为 1mV/s，扫描时间为 40min。表 7-6 为样品的实验参数及命名。

表 7-6　样品的实验参数及命名

条带	刻蚀液	刻蚀时间	命名	
			步骤 1	步骤 2
$Mg_{61}Cu_{28}Y_{11}$	0.5mol/L H_2SO_4	60s	$p_{(Y)}$-Cu-1	$p_{(Y)}$-Cu NWs-1
		120s	$p_{(Y)}$-Cu-2	$p_{(Y)}$-Cu NWs-2
		240s	$p_{(Y)}$-Cu-3	$p_{(Y)}$-Cu NWs-3
$Mg_{61}Cu_{28}Cd_{11}$		30 s	$p_{(Cd)}$-Cu-1	$p_{(Cd)}$-Cu NWs-1
		60 s	$p_{(Cd)}$-Cu-2	$p_{(Cd)}$-Cu NWs-2
		90 s	$p_{(Cd)}$-Cu-3	$p_{(Cd)}$-Cu NWs-3

(2) $p_{(Cd)}$-Cu NWs 和 $p_{(Y)}$-Cu NWs 样品微观形貌

选取 $p_{(Cd)}$-Cu NWs-2 和 $p_{(Y)}$-Cu NWs-2 进行 SEM 表征（图 7-42）。从图 7-42(a)、(d) 中可以看出，两个催化剂表面都出现了程度不同的断裂现象。$p_{(Cd)}$-Cu NWs 裂缝数更多宽度更细，为 0.8～1.2μm，$p_{(Y)}$-Cu NWs 裂缝数目少，但其宽度为 1～3μm。断裂程度越大，越阻碍其 OER 活性。图 7-42(b)、(c) 和图 7-42(e)、(f) 分别为 $p_{(Cd)}$-Cu NWs-2 和 $p_{(Y)}$-Cu NWs-2 在较高放大倍数的 SEM 图。从图 7-42(b)、(e) 可以看到两个催化剂表面长满密密麻麻的刺状结构，说明多孔结构的形成比较均匀，基本覆盖在整个催

化剂的表面。值得注意的是，在图 7-42(b) 中可以看到 $p_{(Cd)}$-Cu NWs-2 中还观察到纳米刺所连接组成的球状结构。通过更高放大倍数的图可以看出纳米刺的直径在 150～200nm 之间。从图 7-42(e) 中可以看出虽然 $p_{(Y)}$-Cu NWs-2 表面也长满纳米刺，但其密度远不如 $p_{(Cd)}$-Cu NWs-2。而且从高放大倍数的 SEM 观察到其纳米刺的直径在 1～1.5μm 之间，同样大于 $p_{(Cd)}$-Cu NWs-2。有趣的是，加入 Cd 元素后所制备出的 $p_{(Cd)}$-Cu NWs-2 形貌结构与上小节中的 p-Cu NWs 比较相似。而加入 Y 元素后所制备的 $p_{(Y)}$-Cu NWs-2 表面形成的是杂草状纳米刺，与另外两者相比有着明显的差别。这个现象表明，元素的掺杂也可以作为调控材料形貌的一种有效手段。

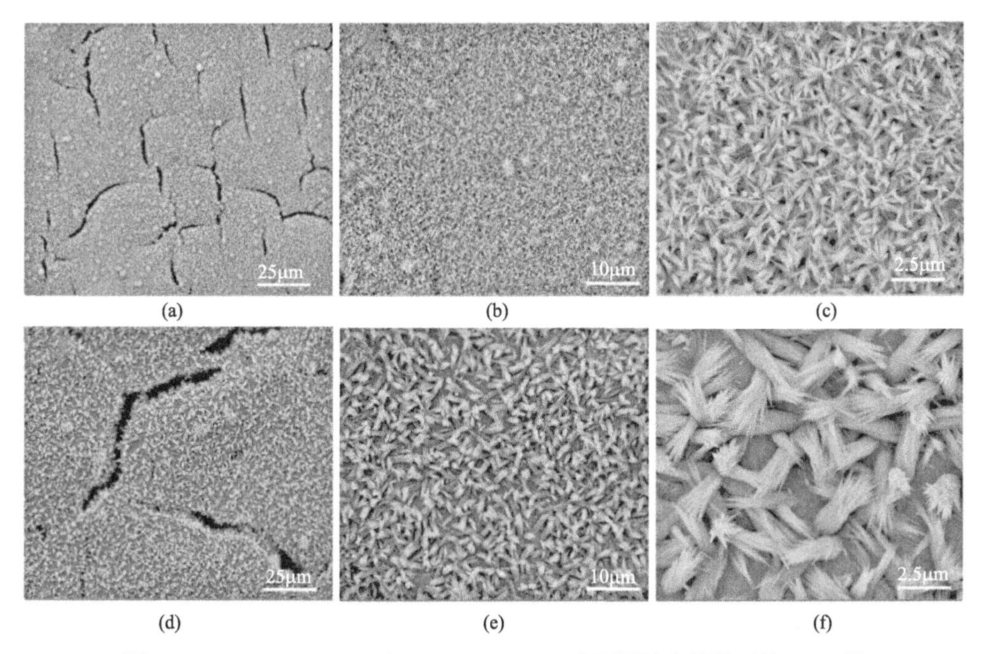

图 7-42　$p_{(Cd)}$-Cu NWs-2 与 $p_{(Y)}$-Cu NWs-2 在不同放大倍数下的 SEM 图

(3) $p_{(Cd)}$-Cu NWs 和 $p_{(Y)}$-Cu NWs 样品晶体结构

为了探究制备的 $p_{(Cd)}$-Cu NWs-2 和 $p_{(Y)}$-Cu NWs-2 的晶体结构，对其进行 XRD 测试，得到图 7-43 所示结果。从图 7-43 可以看出，它们的衍射峰的强度与位置几乎一致，说明它们的组成相似。在 16.8°、23.8°、34.0°、39.7°和 53.3° 出现的衍射峰可以归属于 Cu $(OH)_2$ 的 (020)、(021)、(002)、(130) 和 (132) 晶面，以及 43.2°、50.5°和 74.1° 出现的衍射峰归属于 Cu 的 (111)、(200) 和 (220) 晶面。可以看出，$p_{(Cd)}$-Cu NWs 和 $p_{(Y)}$-Cu NWs 都是以 Cu 和 Cu $(OH)_2$ 为主的混合物。与上一节中的 p-Cu NWs 对比发现，三者的组分都包含较多的 Cu $(OH)_2$。但 $p_{(Cd)}$-Cu NWs 和 $p_{(Y)}$-Cu NWs 组分中含有较多的 Cu，而 p-Cu NWs 取而代之的是 CuO。这可能是影响三者 OER 活性的重要因素。

(4) $p_{(Cd)}$-Cu NWs 和 $p_{(Y)}$-Cu NWs 电化学性能分析

1) OER 性能及动力学分析

本章采用 LSV 对样品的 OER 电催化性能进行测试。为了探究 $p_{(Cd)}$-Cu NWs 和 $p_{(Y)}$-Cu NWs 在碱性环境下的 OER 性能，选用 1.0mol/L KOH (pH=13.6) 作为电解液，将

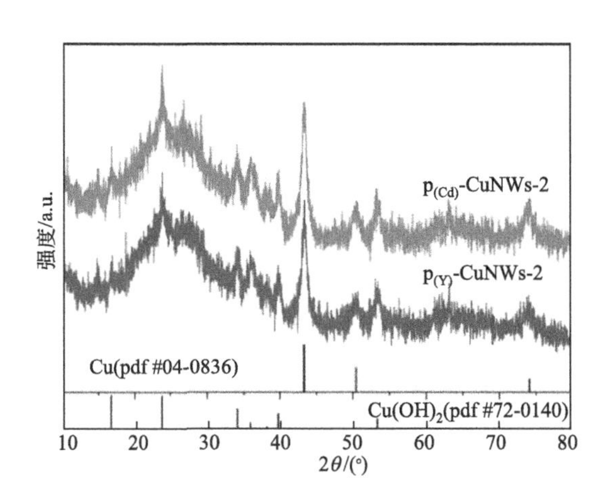

图 7-43 $p_{(Cd)}$-Cu NWs-2 和 $p_{(Y)}$-Cu NWs-2 的 XRD 谱图

制备的 $p_{(Y)}$-Cu NWs 和 $p_{(Cd)}$-Cu NWs 样品作为工作电极，进行 LSV 扫描，扫描速率为 5mV/s。对电极选用 Pt 丝，参比电极选用 Ag/AgCl。在测试过程中，应尽可能地把工作电极靠近对电极，以减小溶液电阻。根据热力学势需要至少 1.23V（相对于 RHE），才能驱动水分解反应的进行。施加的电位值越低，催化性能越高。本次实验将起始电位、电流密度达到 10mA/cm^2 时的过电位作为标准。

图 7-44 为不同刻蚀时间阳极化制备的 $p_{(Cd)}$-Cu NWs 和 $p_{(Y)}$-Cu NWs 样品未经过阻抗校正的催化性能曲线。图 7-44(a) 为以 $Mg_{61}Cu_{28}Cd_{11}$ 为前驱体所制备的三个 $p_{(Cd)}$-Cu NWs 样品。三个样品的析氧起始电位比较接近，且其催化性能远远大于未经刻蚀及阳极化处理的母条带。催化活性最好的为 $p_{(Cd)}$-Cu NWs-2，其起始过电位约为 350mV，$p_{(Cd)}$-Cu NWs-1 和 $p_{(Cd)}$-Cu NWs-3 的起始过电位分别为 369mV 和 375mV。达到 10mA/cm^2 电流密度时，催化活性最好的 $p_{(Cd)}$-Cu NWs-2 需要 405mV 的过电位。通过图中可以看出在电位为 1.8V（相对于 RHE）时，$p_{(Cd)}$-Cu NWs-2 样品的电流密度达到了 55.1mA/cm^2，是相同电位下 $Mg_{61}Cu_{28}Cd_{11}$ 的 8.8 倍。说明该方法制备的 $p_{(Cd)}$-Cu NWs 电极同样具有比较高的活性比表面积，从而表现出优异的催化性能。

图 7-44(b) 为以 $Mg_{61}Cu_{28}Y_{11}$ 为前驱体所制备的 $p_{(Y)}$-Cu NWs。三个样品的催化剂性能总体表现不如以 $Mg_{61}Cu_{28}Cd_{11}$ 为前驱体所制备的 $p_{(Cd)}$-Cu NWs。催化活性最好的为 $p_{(Y)}$-Cu NWs-2，达到 10mA/cm^2 电流密度时需要 460mV 的过电位。在电位为 1.8V（相对于 HE）时，$p_{(Y)}$-Cu NWs-2 样品的电流密度达到了 35.5mA/cm^2，是相同电位下未经处理的 $Mg_{61}Cu_{28}Y_{11}$ 的 10.8 倍。

LSV 数据必须校正由于未补偿的溶液电阻引起的误差以得到更为准确的结果。每个电解池都有一定的 *IR* 值，其大小由电池几何形状、催化剂本身、电解液组成等因素决定。在实际操作中，*IR* 引起的误差可以用参考电极部分补偿。溶液电阻是造成误差的最大来源，本次实验对催化剂进行阻抗测试，并根据测试结果对 LSV 曲线进行校正。本节选取催化性能最好的 $p_{(Cd)}$-Cu NWs-2 和 $p_{(Y)}$-Cu NWs-2 进行讨论。图 7-45 为 $p_{(Y)}$-Cu

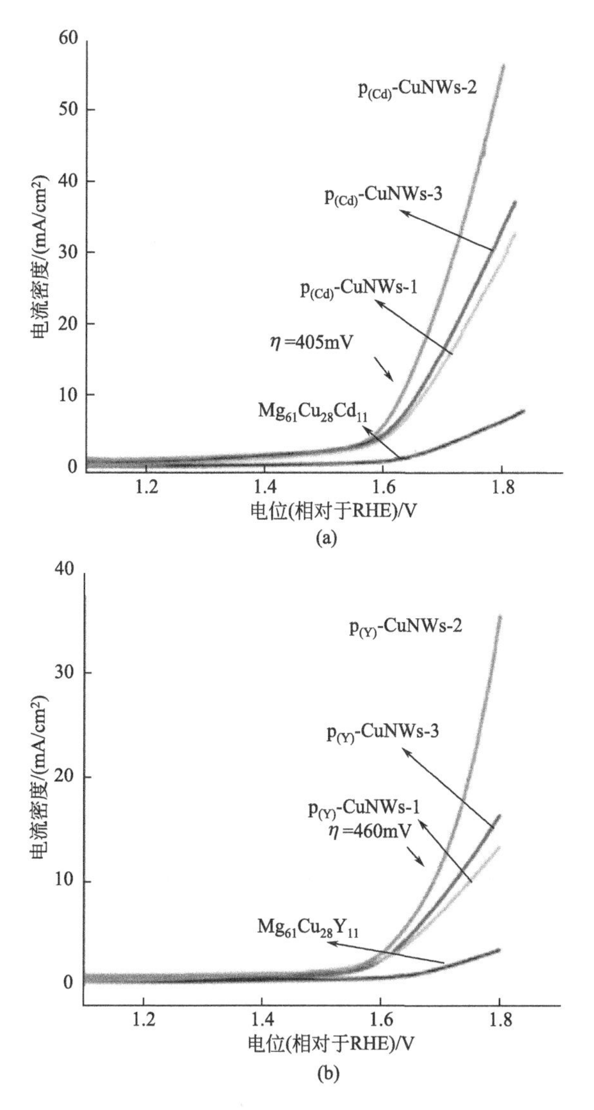

图 7-44　未经过 *IR* 校正的 $p_{(Cd)}$-Cu NWs 与
未经过 *IR* 校正的 $p_{(Y)}$-Cu NWs 的 LSV 曲线

NWs-2 和 $p_{(Cd)}$-Cu NWs-2 经过 90%阻抗校正后的 LSV 曲线。从图中可以看出，经过误差修正后，$p_{(Cd)}$-Cu NWs-2 样品性能得到较大幅度提升。在达到 10mA/cm^2 电流密度时所需要的过电位比未经校正时相比减少 27mV，仅需 η=377mV。而 $p_{(Y)}$-Cu NWs-2 经过阻抗校正后，性能只有较小幅度的提升，η=450mV，这是由电极本身的催化活性较弱、本身表现出的电流密度较低而导致。$p_{(Y)}$-Cu NWs-2 和 $p_{(Cd)}$-Cu NWs-2 的 Tafel 斜率分别为 83mV/dec 和 148mV/dec，$p_{(Y)}$-Cu NWs-2 的催化活性明显更高。

取性能最好的 $p_{(Cd)}$-Cu NWs-2 和 $p_{(Y)}$-Cu NWs-2 进行分析，前者的催化性能优于后者。这可能是 $p_{(Cd)}$-Cu NWs-2 催化剂表面的颗粒尺寸比 $p_{(Y)}$-Cu NWs-2 更小、比表面积更大而导致的。同时，$p_{(Cd)}$-Cu NWs-2 制备过程中产生的裂缝更小，电荷传输更有效率，也有利于 OER 活性。

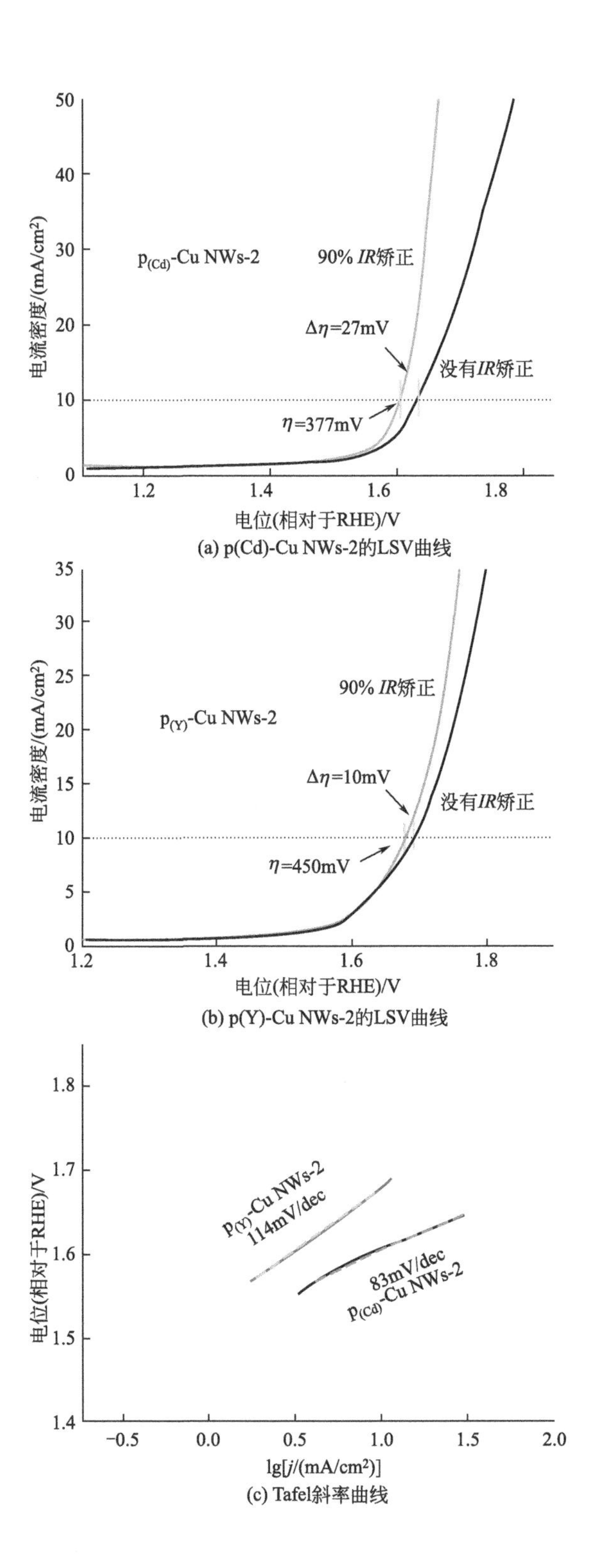

(a) p(Cd)-Cu NWs-2的LSV曲线

(b) p(Y)-Cu NWs-2的LSV曲线

(c) Tafel斜率曲线

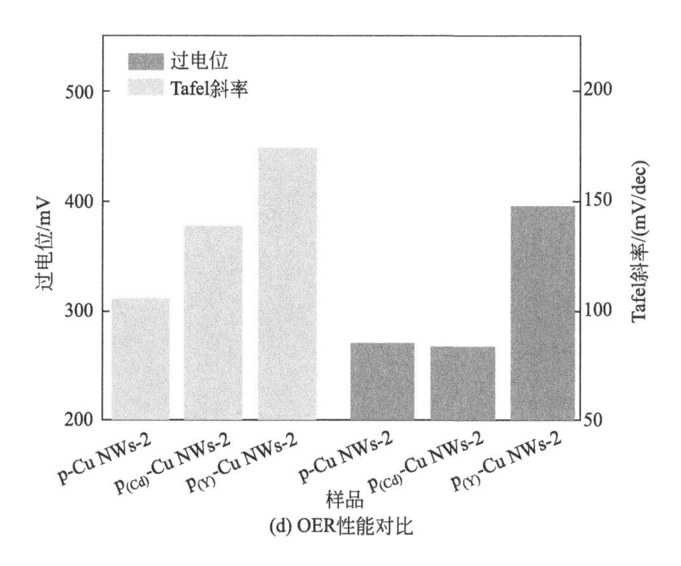

(d) OER性能对比

图 7-45 $p_{(Cd)}$ -Cu NWs-2 和 $p_{(Y)}$-Cu NWs-2 的 OER 电化学性能测试

2）ECSA 测试

将 $p_{(Cd)}$-Cu NWs 和 $p_{(Cd)}$-Cu NWs 样品在 1.0mol/L KOH 溶液中进行 ECSA 测试。具体操作方法如下：在非法拉第电流区间内（未发生氧化还原反应区间）选取不同扫描速率（10mV/s、15mV/s、20mV/s、25mV/s、30mV/s）进行 CV 扫描。然后取 CV 扫描充放电过程中阳极电流与阴极电流的差值对扫描速率作图，并利用 Origin 软件中的线性拟合功能对其拟合得到直线，该直线的斜率即为目标催化剂的双电层电容。

图 7-46 为 $p_{(Cd)}$-Cu NWs 催化剂的双电层电容测试（书后另见彩图）。$p_{(Cd)}$-Cu NWs-2 显示出最高的充电容量，为 C_{dl}=0.118mF。高于 $p_{(Cd)}$-Cu NWs-1（C_{dl}=0.0545mF）和 $p_{(Cd)}$-Cu NWs-3（C_{dl}=0.0180mF）。电化学双电层电容与电极活性表面积直接相关，说明 $p_{(Cd)}$-Cu NWs-2 催化剂具有较高的活性表面积。

图 7-47 为 $p_{(Y)}$-Cu NWs 催化剂的双电层电容测试（书后另见彩图）。$p_{(Y)}$-Cu NWs-2 显示出最高的充电容量，为 C_{dl}=0.019mF。高于 $p_{(Y)}$-Cu NWs-1（C_{dl}=0.00943mF）和 $p_{(Y)}$-Cu NWs-3（C_{dl}=0.00726mF）。电化学双层电容与电极活性表面积直接相关，而 $p_{(Y)}$-Cu NWs 三个样品的双电层电容值总体上都不如样品 $p_{(Cd)}$-Cu NWs。这是因为 $p_{(Cd)}$-Cu NWs 的颗粒尺寸要比 $p_{(Y)}$-Cu NWs 小，所以其活性表面积要明显大于 $p_{(Y)}$-Cu NWs，而导致其双电层电容值更高。

3）EIS 测试

为了更好地理解样品的 OER 动力学特性，对其进行电化学阻抗测试，并使用 ZView 软件模拟出其等效电路。R_s 代表了工作电极与参比电极之间溶液所产生的电阻值，此电阻值每次实验测出来的结果理应一致，而 *IR* 校正的就是此电阻值所造成的电压差。CPE 与催化剂反应时的分散效应有关。R_{ct} 则与催化剂本身电化学反应动力学有关，其大小可大致由图中半圆直径表示。在一般情况，R_{ct} 值越小，则催化剂导电性越好，越有利于其表现催化活性。

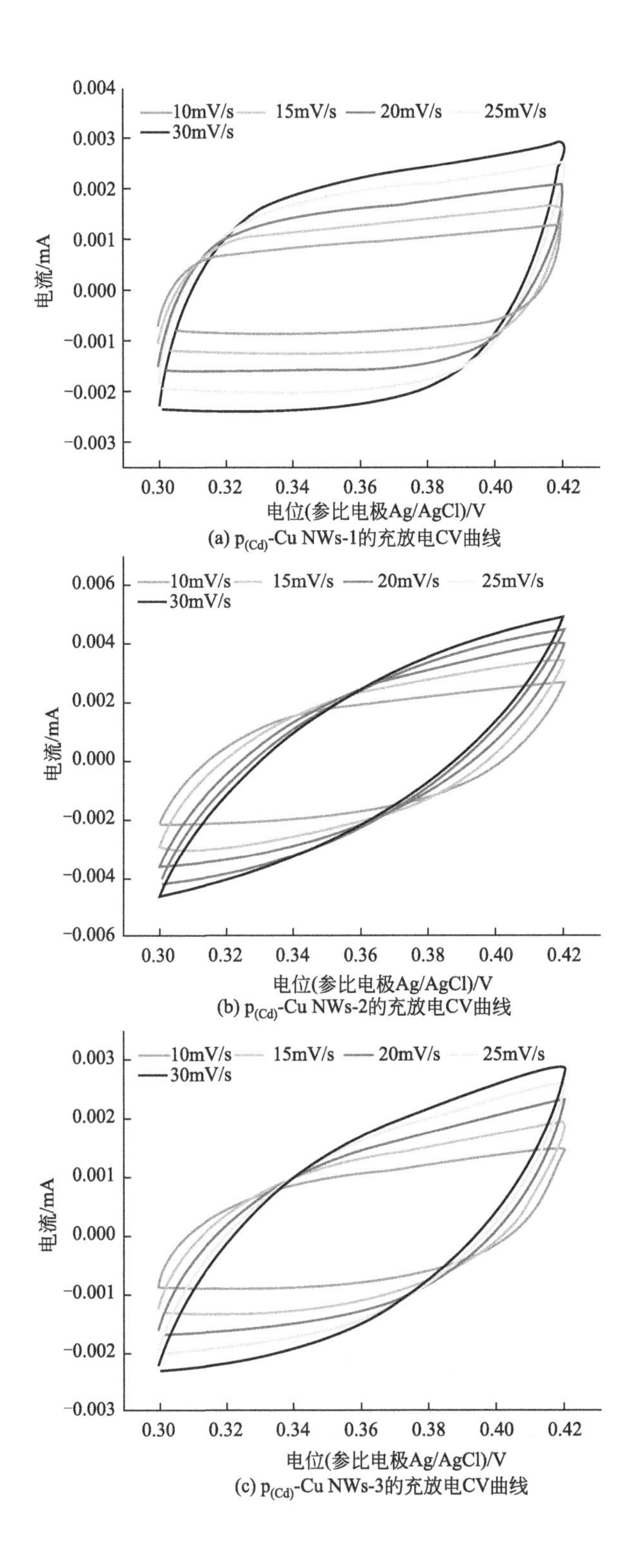

(a) $p_{(Cd)}$-Cu NWs-1的充放电CV曲线

(b) $p_{(Cd)}$-Cu NWs-2的充放电CV曲线

(c) $p_{(Cd)}$-Cu NWs-3的充放电CV曲线

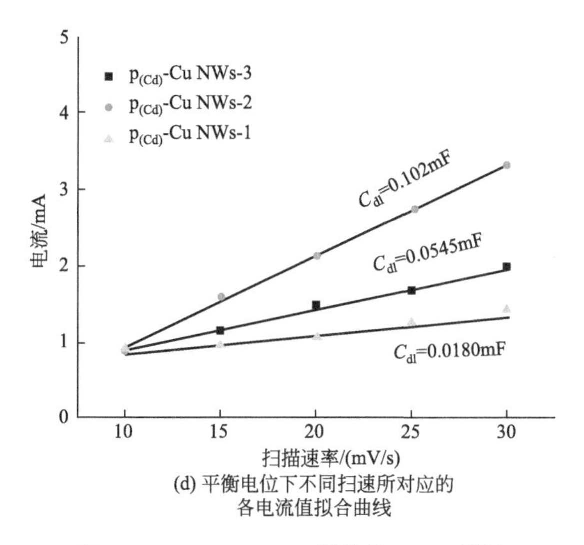

(d) 平衡电位下不同扫速所对应的各电流值拟合曲线

图 7-46　$p_{(Cd)}$-Cu NWs 样品的 ECSA 测试

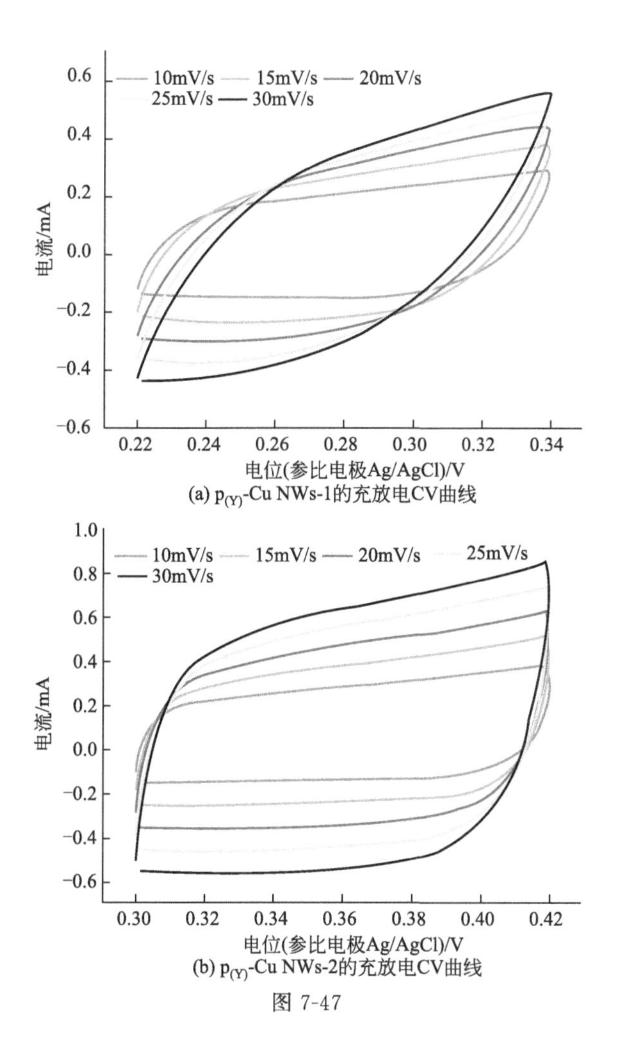

(a) $p_{(Y)}$-Cu NWs-1的充放电CV曲线

(b) $p_{(Y)}$-Cu NWs-2的充放电CV曲线

图 7-47

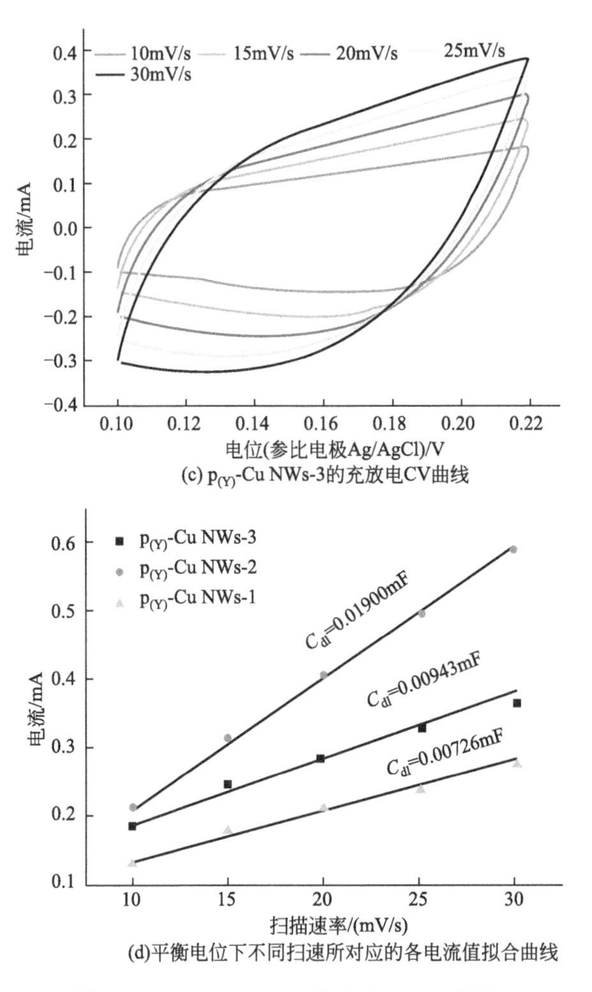

(c) $p_{(Y)}$-Cu NWs-3的充放电CV曲线

(d)平衡电位下不同扫速所对应的各电流值拟合曲线

图 7-47 $p_{(Y)}$-Cu NWs 样品的 ECSA 测试

图 7-48 为各样品几何面积归一化后的 EIS 图。从图中可以看出，由于包含了大量的 Mg、Y 和 Cd 元素，未经处理的 $Mg_{61}Cu_{28}Y_{11}$ 和 $Mg_{61}Cu_{28}Cd_{11}$ 半圆直径最大，而导致两者 R_{ct} 最大。$p_{(Y)}$-Cu NWs-2 和 $p_{(Cd)}$-Cu NWs-2 的 R_{ct} 值最小，说明两者电极表面电子传递速率最快，这与其 OER 性能表现相符合。$p_{(Cd)}$-Cu NWs-1、$p_{(Cd)}$-Cu NWs-2、$p_{(Cd)}$-Cu NWs-3 和 $Mg_{61}Cu_{28}Cd_{11}$ 样品的 R_{ct} 分别为 8.5Ω・cm²、10.5Ω・cm²、9.7Ω・cm² 和 50.4Ω・cm²。$p_{(Y)}$-Cu NWs-1、$p_{(Y)}$-Cu NWs-2、$p_{(Y)}$-Cu NWs-3 和 $Mg_{61}Cu_{28}Y_{11}$ 样品的 R_{ct} 分别为 11.8Ω・cm²、4.35Ω・cm²、11.8Ω・cm² 和 39.4Ω・cm²。$p_{(Cd)}$-Cu NWs-2 的 R_{ct} 值比 $p_{(Y)}$-Cu NWs-2 的小，对其析氧反应更有利，这与 LSV 测试结果相符。

4）稳定性测试

良好的结构稳定性和催化稳定性对材料的实际应用也十分重要。选取催化性能最好的 $p_{(Cd)}$-Cu NWs-2 和 $p_{(Y)}$-Cu NWs-2 运用循环伏安法与计时电流法测试其稳定性。图 7-49 为 $p_{(Y)}$-Cu NWs 和 $p_{(Cd)}$-Cu NWs 第 1 次 LSV 与持续进行 500 次循环伏安扫描后的 LSV 曲线对比。由图可以看出曲线基本吻合，进行到第 500 圈时最大电流密度稍有下降，说明

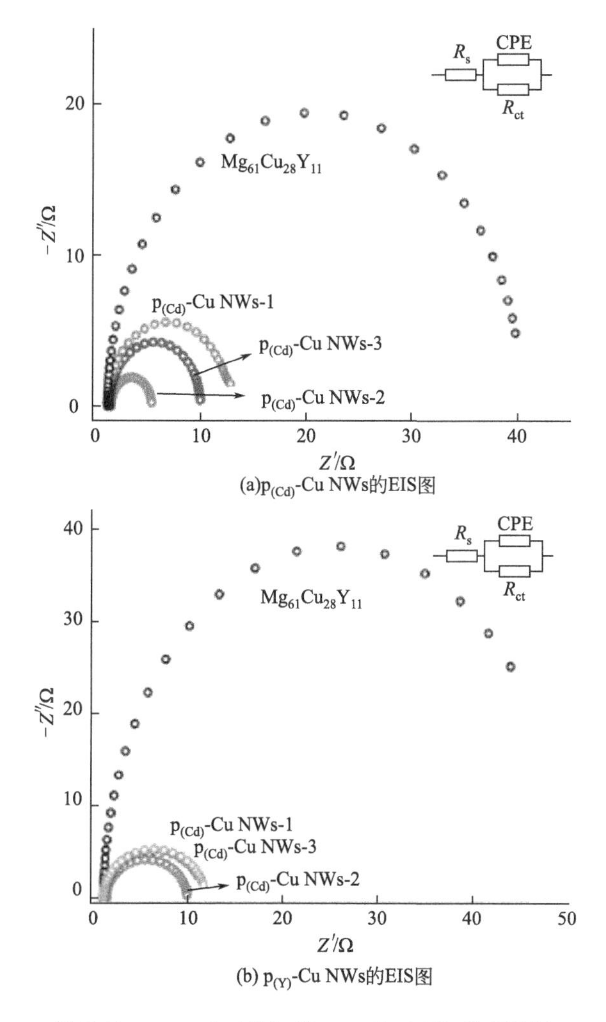

(a) $p_{(Cd)}$-Cu NWs的EIS图

(b) $p_{(Y)}$-Cu NWs的EIS图

图 7-48 $p_{(Cd)}$-Cu NWs 和 $p_{(Y)}$-Cu NWs 的 EIS 图

两个催化剂在整个 OER 过程都显示了优异的稳定性。图 7-49(a)、(b) 分别为 $p_{(Y)}$-Cu NWs 和 $p_{(Cd)}$-Cu NWs 在过电位分别为 405mV 和 460mV 时电流密度随时间的变化曲线。可以看出两个样品在持续催化 OER 5h 的电流密度基本保持不变，说明其对恒电位下的 OER 也表现出很好的稳定性。

7.3.2 CuO/ITO 电极材料

最近几年，研究人员在开发高效 OER 催化剂的过程中付出了巨大的努力，并取得了一些成效。迄今为止，催化性能最好的要数贵金属氧化物 IrO_2 与 RuO_2，但 Ir 和 Ru 稀缺的储量与过高的成本，严重阻碍了它们在实际中的应用。因此开发功能强大、高活性的析氧催化剂，是当前的迫切需要。

铜在地壳中的储量较大，在过渡金属中属于第二廉价的元素[60]，它具有较好的氧化还原性质，在催化领域中的报道比比皆是。铜的氧化物可用来催化氧化一些酚、醇等有机物以及一些碳氢化合物。Cu_2O 则是一种 p-型半导体材料，带隙极窄 (2.0eV)，在可见光

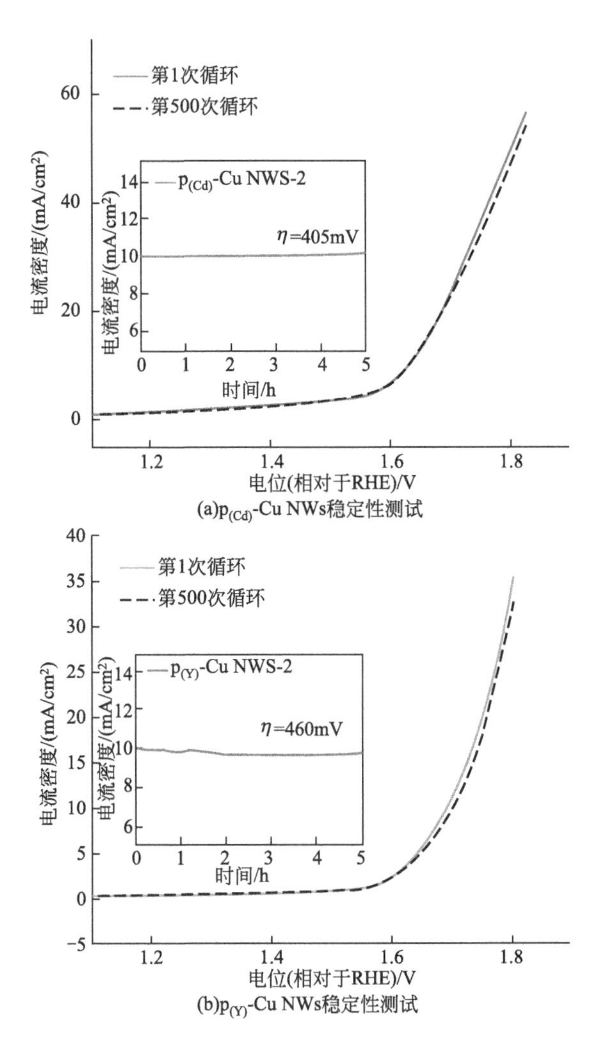

图 7-49 $p_{(Cd)}$-Cu NWs 的稳定性测试和 $p_{(Y)}$-Cu NWs 的稳定性测试

区吸收系数相对较高，因此在光催化领域被大量研究[61]。但是目前有关铜基催化剂在OER中的研究较少，与其他第一列过渡金属相比相差甚远。直到最近，少数分子铜配合物被证明在水溶液中可以催化OER，但存在的缺陷就是这些可溶性催化剂的析氧过电位较高、稳定性较差。除此之外，大环配体的铜复合物成本较高，不利于实际应用。

Meyer 等[62] 发现简单的铜盐在碳酸盐溶液中可以有效催化OER，其中高浓度的 CO_3^{2-} 可以帮助提供更多的质子受体碱，并形成配离子，进而避免 Cu^{2+} 发生沉淀。与此同时，溶液中供电子的碳酸盐配位体，也降低了高氧化态的 Cu^{3+} 或 Cu^{4+} 羰基配体（中间体）的生成电位。而在催化过程中生成的电活性表面沉淀物则初步证明了反应的实质为界面催化。因此该课题组进一步制备了CuO膜[63]，虽然在OER过程中，其稳定性较差，需要溶液中 Cu^{2+} 的补充来实现长久的催化，但是揭示了铜的氧化物在OER中的应用前景。

本节选用简单、可控性强的电沉积法在碳酸体系中制备了非晶结构的CuO薄膜，对沉积方式、沉积时间、测试溶液的pH值等因素进行系统性的研究，利用SEM以及XPS对样品形貌以及活性价态进行表征，所制备的CuO薄膜在OER中显示出了较好的催化活性。

7.3.2.1 前躯体溶液的制备

首先称取 1.87g $CuSO_4 \cdot 5H_2O$ 溶解在 250mL 超纯水中，超声振荡 5min，充分溶解，得到摩尔浓度为 30mmol/L 的 $CuSO_4$ 溶液。称取 5.2995g 无水碳酸钠，超声溶于 45mL 超纯水中，配制 1mol/L 的 Na_2CO_3 溶液，静置一段时间，使其温度降为室温。用移液管量取 5mL 摩尔浓度为 30mmol/L 的 $CuSO_4$ 溶液，缓慢滴加到 45mL 碳酸钠溶液中，超声振荡 30s 得到均匀的前躯体溶液。溶液为淡蓝色，且有絮凝物存在。

7.3.2.2 CuO/ITO 电极的制备

本次实验选用电化学沉积方法制得 CuO/ITO 电极。沉积过程示意如图 7-50 所示。

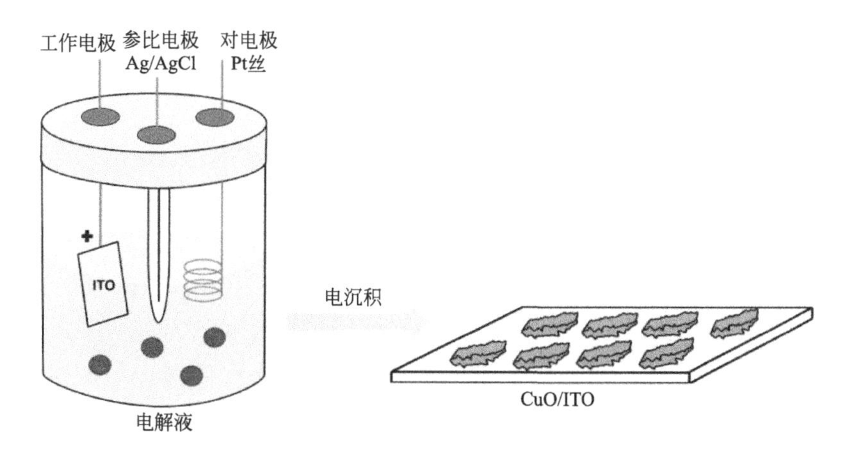

图 7-50 CuO/ITO 电极制备过程示意

选取 1.5cm×1cm（长×宽）氧化铟锡（ITO）导电玻璃做基底材料。在制备样品前，需对基底进行预处理：依次在 NaOH 溶液、无水乙醇、超纯水中超声清洗 30～60s，之后放烘箱进行烘干，在温度 323K 下干燥 1h，得到干净的 ITO 基底。

本节的电极制备由 CHI 660E 型电化学工作站完成。该工作站为标准三电极体系，工作电极为制备的催化剂样品，对电极为铂丝，参比电极为 Ag/AgCl，该电极在保存时应浸泡于饱和的 KCl 溶液中。进行性能测试之前，应对 Pt 丝进行预处理：依次在硝酸、无水乙醇和超纯水中进行超声清洗，以除去表面氧化物、有机物或杂质。

为了探究沉积方法对催化剂性能的影响，分别选取恒电位沉积法与循环伏安法进行催化剂的制备。根据标准电位表、Pourbaix 图以及文献数据，本次实验中，恒电位阳极沉积电位选取 1.1V（参比电极 Ag/AgCl）；循环伏安沉积电位区间选取−0.2～1.1V（参比电极 Ag/AgCl）。图 7-51 为不同沉积方法的沉积曲线（书后另见彩图）。

图 7-51(a) 为恒电位沉积曲线，沉积时间分别为 10min、20min、30min、40min、50min、60min。沉积过程中，在最开始的 10min 内，电流迅速升高，表明 Cu^{2+} 正在快速地转化为 CuO 并沉积在 ITO 基底上，沉积时间超过 10min 之后，电流趋于稳定，电流密度大约为 8.2mA/cm^2，30min 之后，电流密度又会缓慢增加，这可能是因为在 30min 之后，CuO 催化膜沉积于 ITO 表面，在此电位下，大部分的电流是来自 CuO 催化的氧析出

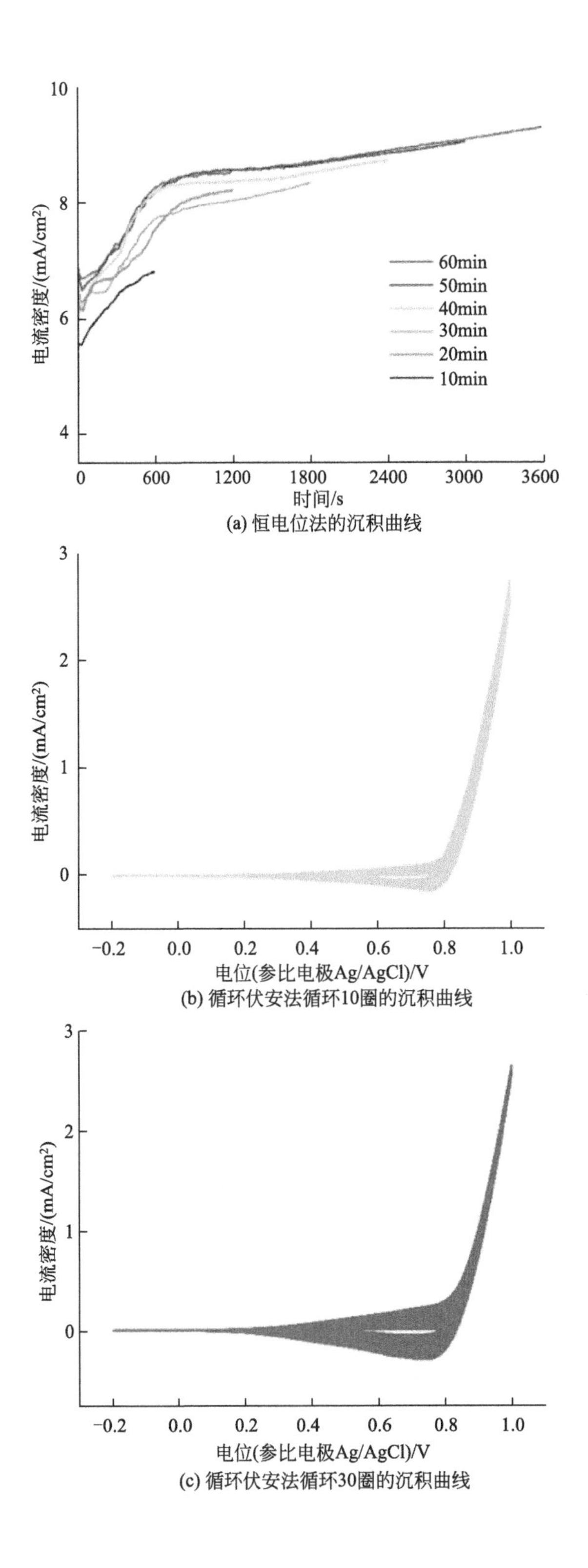

(a) 恒电位法的沉积曲线

(b) 循环伏安法循环10圈的沉积曲线

(c) 循环伏安法循环30圈的沉积曲线

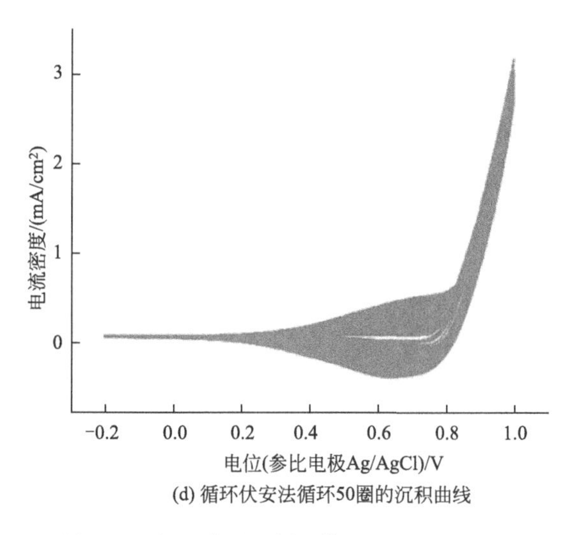

(d) 循环伏安法循环50圈的沉积曲线

图 7-51　恒电位法和循环伏安法的沉积曲线

反应。通过对不同沉积时间的沉积曲线进行对比，6 个时间沉积过程中的电流变化趋势基本一致。

图 7-51(b)、(c) 和 (d) 为循环伏安法制备催化剂的沉积曲线，沉积圈数分为 10 圈、30 圈、50 圈，从曲线变化趋势可以看出在电位 0.2V（参比电极 Ag/AgCl）左右，电流值开始上升，出现氧化峰，表明生成 CuO，而在逆向扫描时出现还原峰，随着沉积圈数的增加，电位区间 0.2～0.8V（参比电极 Ag/AgCl）的氧化峰值逐渐升高，表明生成物的量逐渐积累。在电位约 0.8V（参比电极 Ag/AgCl）之后出现较强的氧化峰，电流值较大，可能是由氧析出反应造成的，这与恒电位沉积过程中的现象相似。

图 7-52 为电解液在沉积过程中的变化图（书后另见彩图），前驱体溶液在初始阶段为蓝色半透明液体，且有少量絮凝物存在，随着沉积时间的延长，电解液变化明显。在 20min 时，溶液变为孔雀绿色的浑浊液体，与铜锈颜色相似，当沉积时间超过 40min 后，溶液颜色变为褐色。以上现象可能是在碱性条件下，Cu^{2+} 不太稳定，生成了不溶性的沉淀物［如 $Cu_2(OH)_2CO_3$ 和 $Cu(OH)_2$］所造成的，因此制备催化剂的时间不宜过长。

(a) 0min　(b) 20min　(c) 40min

图 7-52　前驱体溶液变化图

两种方法均成功制得 CuO/ITO 电极（见图 7-53，书后另见彩图）。可以看出恒电压沉积［图 7-53(a)］10min 时，ITO 上并没有明显的物质生成，可能是由于沉积时间过短，生成物太少。当沉积时间大于 20min 后，ITO 上出现一层浅棕色薄膜。循环电压沉积［图 7-53(b)］与恒电压沉积具有相似的现象，当沉积圈数小于 20 圈时，基本观察不到明显的沉积物，当沉积圈数分别为 30 圈和 50 圈时，可以发现 ITO 上出现了明显的淡黄色物质。

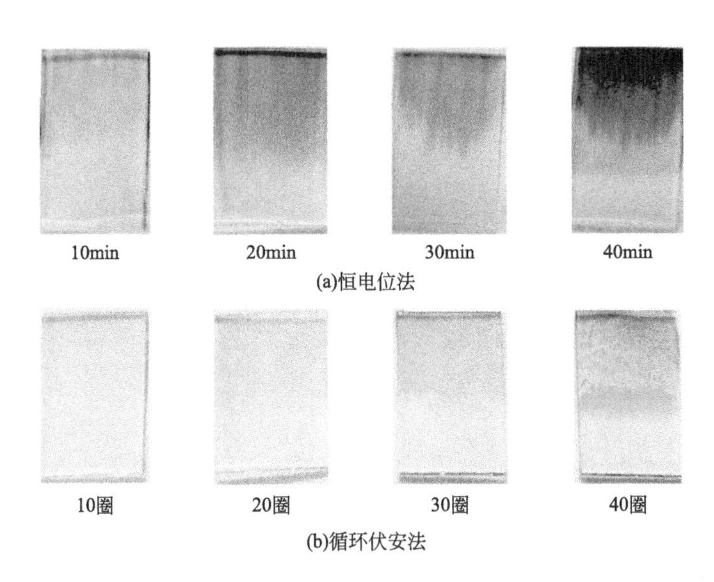

图 7-53 恒电位法、循环伏安法制备 CuO/ITO 样品图

7.3.2.3 CuO/ITO 样品表征

(1) CuO/ITO 样品微观形貌

图 7-54 为恒电位沉积得到的纳米 CuO 颗粒的 SEM 图。由图可以看出，样品为纳米颗粒状，形状与树叶相似，尺寸为 300～400nm，除此之外，这些颗粒重叠在一起，均匀地覆盖在基底表面。这种叶片结构提高了催化剂的表面粗糙度，扩大了反应溶液与催化剂表面的接触面积，提供了更多的反应活性位点，因此有助于析氧催化活性的提升。

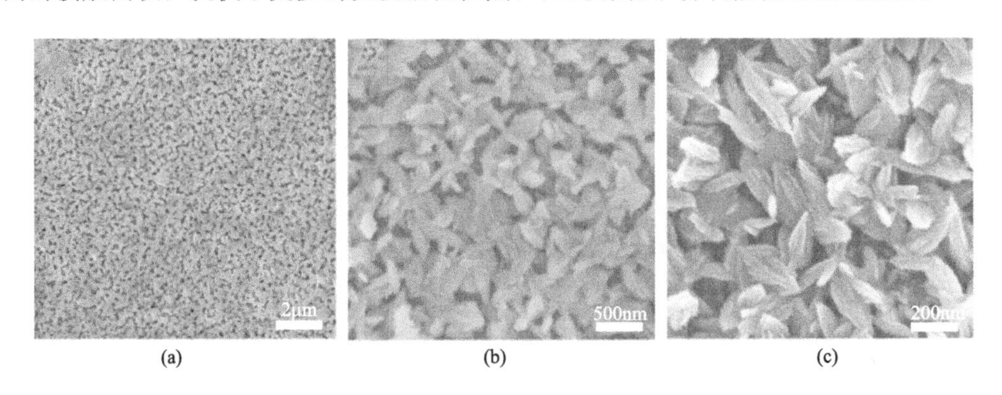

图 7-54 不同放大倍数下 CuO 颗粒的 SEM 图

(2) CuO/ITO 样品晶体结构

为了探究催化剂薄膜的晶型结构，对样品进行了 XRD 测试，得到图 7-55 所示结果。从图中可以发现，CuO/ITO 所显示的衍射峰均与空白 ITO（JCPDF 89-4596）所显示的峰相对应，并无其他衍射峰出现。为避免实验误差，还制备了不同厚度的催化剂薄膜，并对其进行 XRD 测试，均未出现除基底以外的衍射峰，因此推测通过电沉积法所制备的 CuO 薄膜可能是非晶结构，而这种非晶结构往往会有利于后续的电催化 OER[61]。

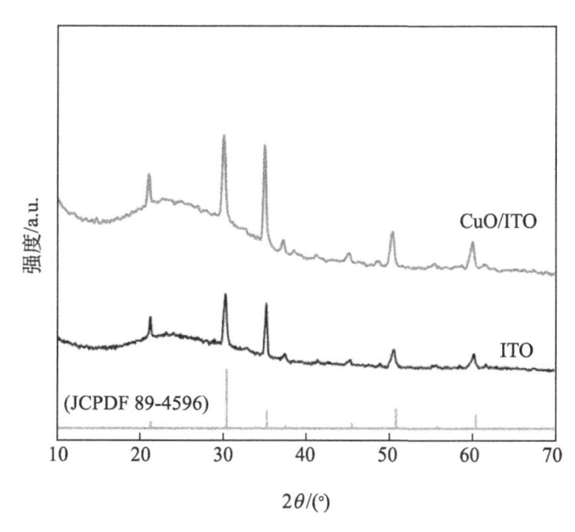

图 7-55　CuO/ITO 的 XRD 谱图

（JCPDF 为 ITO 衍射峰的标准卡片）

(3) CuO/ITO 样品价态分析

通过 XPS 测试，对样品的成分以及化合价态进行表征。图 7-56(a) 为 CuO/ITO 样品 XPS 全谱图，图中出现 C 1s、O 1s、Cu 2p 以及 In 3d 的特征吸收峰，证明样品中存在 Cu、O、C、In 元素，这一点与 EDS 表征结果相一致。其中 C 元素是测试基准物，In 元素来自基底 ITO，因此表明催化剂的主要组成为 Cu、O 元素。图 7-56(b) 为 CuO/ITO 样品的 Cu 2p 的谱图，样品在结合能为 933.9eV 与 953.9eV 位置出现两个较强的吸收峰，分别对应 Cu $2p_{3/2}$ 与 Cu $2p_{1/2}$ 峰，此外，在结合能为 941.2eV 与 961.2eV 两处出现的两个较弱峰为共振峰（在图中用“*”表示）。图中虚线所示位置为 CuO 中 Cu 2p 峰的标准峰位[64,56]，与样品制样品的特征峰位基本重合，由此可见，所制催化剂中铜的化合价态为二价，其活性组分为 CuO。

图 7-56(c) 为 CuO/ITO 样品的 O 1s 谱图，图中在结合能 526～536eV 范围内出现了一个较强的吸收峰，进一步对其进行分峰处理后，得到 4 个强度不同的峰，分别表示为 O1、O2、O3 以及 O4。这 4 种峰分别代表了样品中氧元素不同的存在形式：O1 峰位于 529.2eV，代表着晶格氧（O^{2-}）[65]，位于 530.5eV 处的峰被标记为 O2，通常代表氧空穴或氧缺陷（O_2^{2-}/O^-）[61]，该组分为亲电子基团，对氧化过程活性较高，催化剂中氧空穴越多则越有利于 OER。与之相邻的 O3 峰，位于 531.6eV，代表着 OH 基团或表面吸附的 O_2[66]。O4 峰则代表着催化剂表面的结合水或者碳酸根[67]。表 7-7 为 O 1s 分峰之后 O1、O2、O3、O4 四个峰的面积所占总峰面积的比例，代表了催化剂中各形式氧的

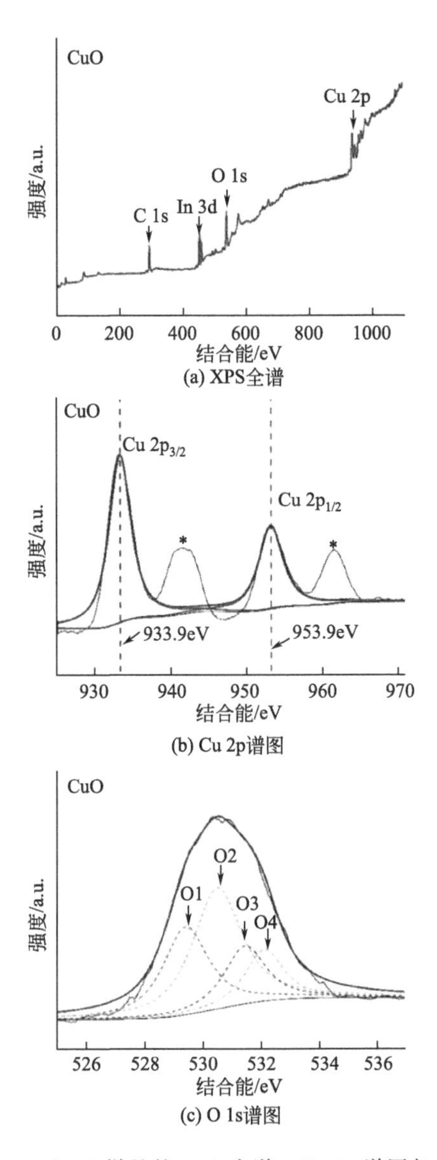

图 7-56　CuO/ITO 样品的 XPS 全谱、Cu 2p 谱图与 O 1s 谱图

表 7-7　O 1s XPS 图分峰面积计算结果　　单位：%

峰	O1(O^{2-})	O2(O_2^{2-}/O^-)	O3(—OH/O_2)	O4(H_2O)
峰面积占比	28.17	39.52	17.92	14.39

多少。其中—OH/O_2 与 H_2O 所占比例较少，分别为 17.92%和 14.39%，晶格氧的比例为 28.17%，氧空穴所占比例最多，约为 39.52%，催化剂表面的氧空穴/氧缺陷不仅可以作为电荷陷阱，还可作为吸附位点帮助电子向吸附物质的传递，进而促进 OER 过程[68]。

7.3.2.4　CuO/ITO 电极电化学性能

本节采用线性扫描法与循环伏安法对样品的 OER 电催化性能进行测试。为了便于直观比较，对所有的性能测试中电压单位进行了统一，均转换为相对于可逆氢电极的电压值（E_{RHE}），转换公式如下：

$$E_{RHE}=E_{m}+E_{Ag/AgCl}+0.0591pH \tag{7-19}$$

式中　E_m——测量电压，即相对于参比电极电压；

$E_{Ag/AgCl}$——Ag/AgCl 电极标准电压，值为 0.197V（相对于 NHE）。

本节中的 *I-E* 图所用电压均未进行 *IR* 补偿，特别说明的除外。

(1) CuO/ITO 电极的 OER 性能

将制备的 CuO/ITO 样品作为工作电极，在 1mol/L Na_2CO_3（pH＝11.8）溶液中进行 CV 和 LSV 测试，扫描速率为 20mV/s。在测试时应将 ITO 上沉积有催化剂薄膜的一面靠近对电极与参比电极，以减小溶液电阻。在 25℃时，析氧反应的标准电位为 1.23V（相对于 RHE），实际施加电位与标准电位的差值即为该催化剂在析氧反应中的过电位（η）。将氧析出起始过电位、电流密度为 $1mA/cm^2$ 时的过电位作为催化剂 OER 活性的评价指标，对样品性能进行讨论。

图 7-57 为各样品的 LSV 曲线（书后另见彩图），其中图 7-57(a)、(b) 为不同沉积方式所制备的样品催化性能曲线。由图 7-57(a) 可以看出，恒电位沉积与循环伏安沉积法所制备的样品的 LSV 曲线在 1.65V（相对于 RHE）以后，出现明显的拐点，电流值迅速增加，此时的电流为氧析出反应所贡献的，表明两种方法制备的 CuO 样品对氧析出反应具有良好的催化活性。由图可看出恒电位法所对应的曲线其 OER 起始电位为 1.65V（相对于 RHE），而循环伏安法的 OER 起始电位为 1.7V（相对于 RHE）。除此之外，由恒电位法制备的样品的 Tafel 斜率为 140mV/dec，与循环伏安法制备的样品相比降低了 50mV/dec，证明恒电位法制备的样品对析氧反应具有更好的催化活性。

本节对沉积时间以及测试溶液的 pH 值对样品催化活性的影响进行了探索。图 7-57(c) 为不同沉积时间下样品的 CV 曲线。图中空白 ITO 的 CV 曲线位于整个电势窗口的最下端，近似于一条水平的直线，说明其对 OER 基本无催化活性，也进一步证明在上述实验中，对析氧反应起催化作用的是其表面生成的 CuO 薄膜。当沉积时间为 10min 时，曲线在 1.72V（相对于 RHE）左右出现电流响应，随着沉积时间的延长，样品的 OER 起始电位逐渐向左移动，电流密度随之增加，催化活性逐渐增强，沉积时间为 40min 时，催化活性达到最佳，当沉积时间大于 40min 后，起始电位与最大电流密度稍有下降，这可能是由于沉积膜过厚不利于催化反应的进行。

将沉积 40min 的样品分别在 1mol/L KOH（pH＝14）、1mol/L Na_2CO_3（pH＝11.8）、硼酸缓冲溶液以及磷酸缓冲溶液中进行 CV 扫描，探究其在中性与碱性条件下的电催化析氧活性，结果如图 7-57(d) 所示。图中，曲线 pH＝7 与 pH＝9.2 在 1.8V（相对于 RHE）之前基本为一条水平直线，与 ITO 重合，当扫描电位大于 1.8V（相对于 RHE）后，两曲线有微弱的电流响应（$<0.25mA/cm^2$），由此可推测 CuO 膜在中性与弱碱性条件下基本无催化活性。样品在 pH＝14 的溶液中，起始电位约为 1.625V（相对于 RHE），析氧反应起始过电位为 395mV；在 pH＝11.8 的溶液中，起始电位为 1.65V（相对于 RHE），析氧反应起始过电位为 420mV。由此证明，CuO 在碱性条件下对 OER 具有较好的催化活性。当电流密度达到 $1mA/cm^2$ 时，样品在两种溶液中反应过电位分别为 495mV 和 548mV。

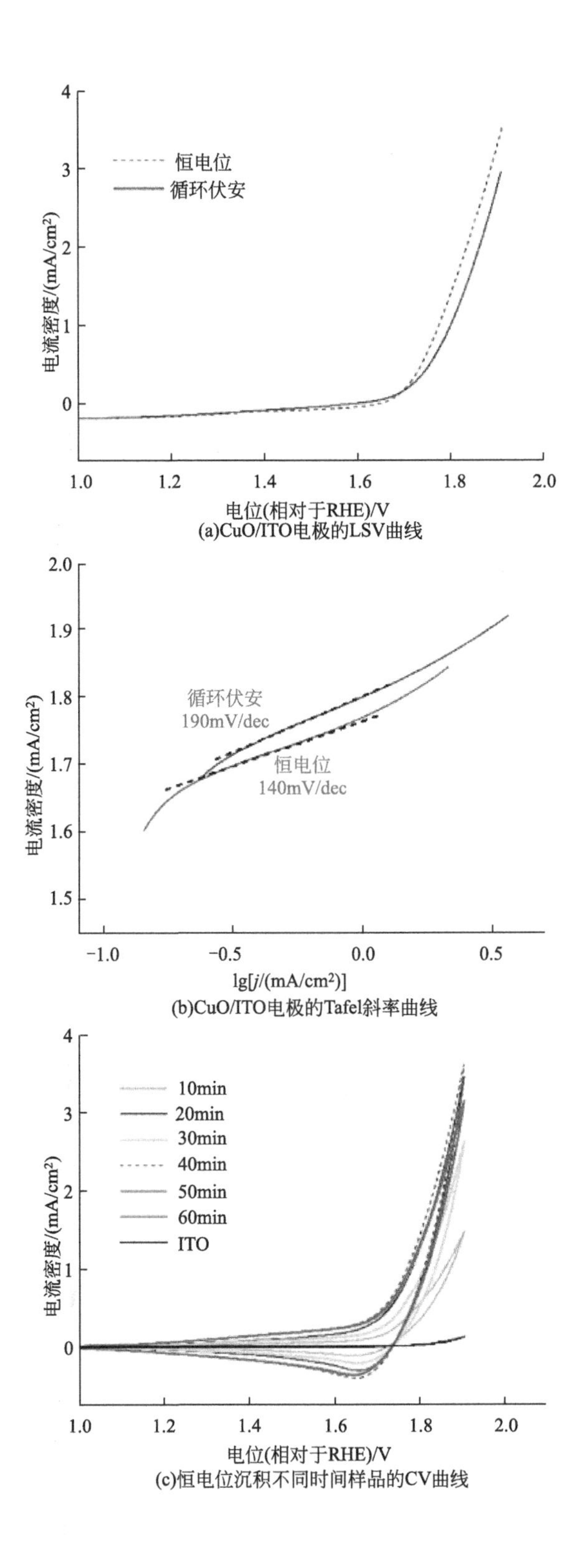

(a)CuO/ITO电极的LSV曲线

(b)CuO/ITO电极的Tafel斜率曲线

(c)恒电位沉积不同时间样品的CV曲线

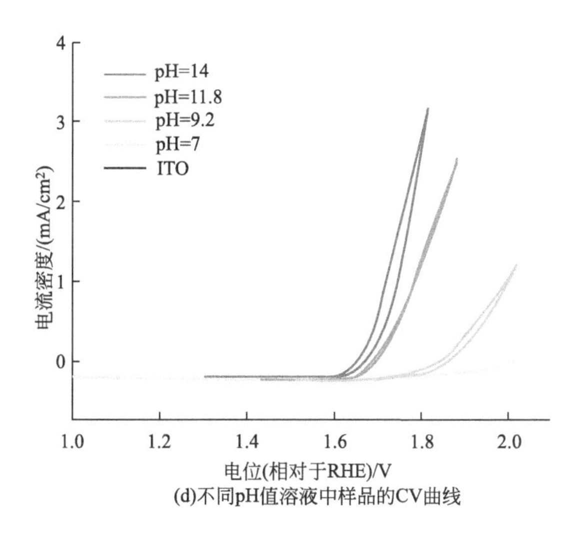

(d)不同pH值溶液中样品的CV曲线

图 7-57　CuO/ITO 电极的 OER 性能测试

(2) CuO/ITO 电极的 ECSA

在实际操作中，由于合成方法、条件以及其他因素的不同，所制备的催化剂的结构与形貌往往千差万别，致使各催化剂的真实表面积与几何面积相差甚远。图 7-57 的 OER 性能图，均为直接测得的催化剂薄膜的几何表面积计算得到（测量浸没在反应溶液以下的膜面积），所得催化性能数据并不能完全真实反映催化剂的催化活性。为了获得催化剂的本征催化活性数据，将催化反应电流密度归一到催化剂的电化学活性表面积（electrochemical active surface area，ECSA）。根据 Liu 等[56] 的报道，催化剂电极的 ECSA 可借助电极的双电层电容通过公式 ECSA$=C_{dl}/C_s$ 计算得到。

本节以沉积 40min 的 CuO/ITO 样品为研究对象，对其双电层电容进行了测量。测试方法如下：在未发生法拉第电流响应的电位区间内（通常取开路电位±0.05V 的电位范围）对样品以不同扫速进行 CV 扫描，其次取 CV 曲线中充放电电流的差值（阳极电流－阴极电流）对扫描速率作图，并拟合得到一条直线，该直线的斜率即为电极的双电层电容[56]。图 7-58(a) 为 CuO/ITO 样品在扫描速率为 5～100mV 范围内的 CV 曲线，电势区间为 0.251～0.351V（参比电极 Ag/AgCl），取 0.301V（参比电极 Ag/AgCl）处电流对扫描速率作图并线性拟合得到图 7-58(b)，根据直线斜率得双电层电容 $C_{dl}=0.024$mF，将 C_{dl} 值代入上文中 ECSA 公式，此处标准电容 C_s 取 40μF/cm^2，计算得到该样品的电化学活性表面积约为 0.6cm^2，大于样品的几何面积（0.5cm^2）。将 CuO/ITO 样品的 CV 曲线对 ECSA 归一化后得催化剂的本征催化性能曲线，如图 7-58(c) 所示，在过电位为 0.45V 时，样品的 OER 电流密度约 0.37mA/cm^2。

(3) CuO/ITO 电极的稳定性

一种好的催化剂不仅要表现出较高的催化活性，还应具备良好的稳定性。本研究运用计时电势分析法测试样品的催化稳定性。

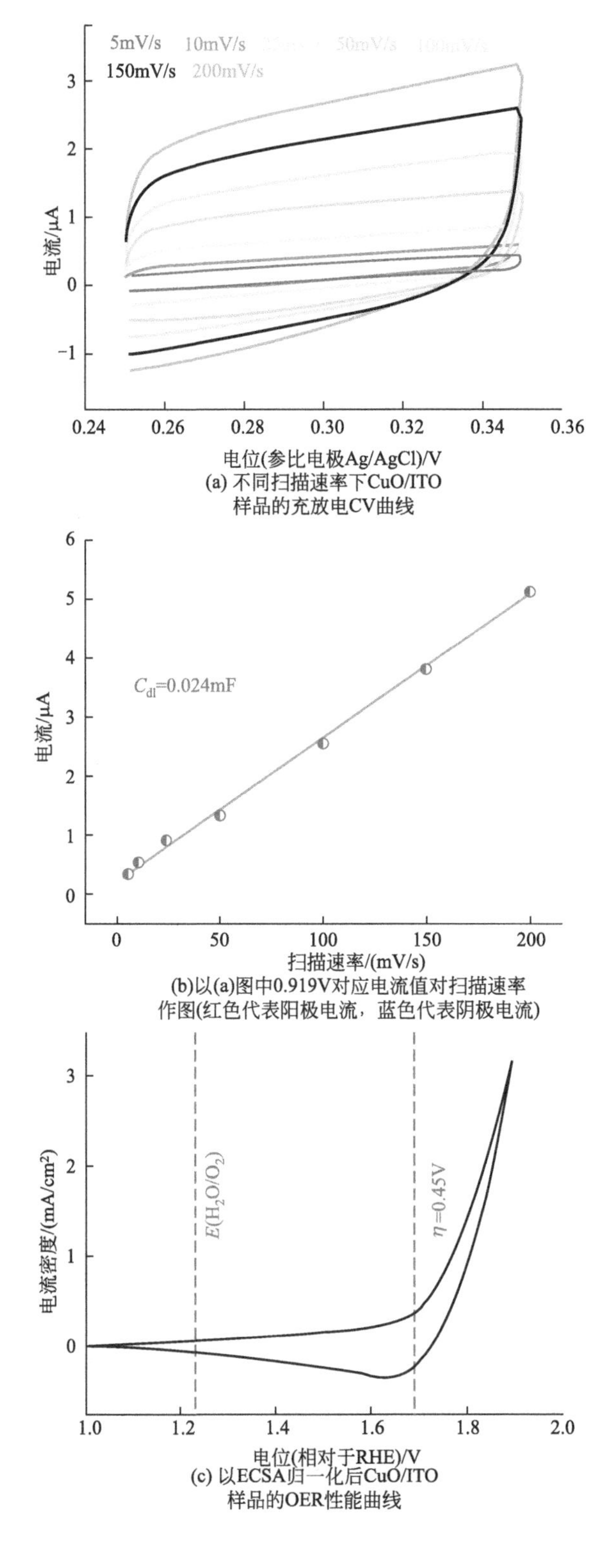

(a) 不同扫描速率下CuO/ITO样品的充放电CV曲线

(b)以(a)图中0.919V对应电流值对扫描速率作图(红色代表阳极电流，蓝色代表阴极电流)

(c) 以ECSA归一化后CuO/ITO样品的OER性能曲线

图 7-58 CuO/ITO 电极的性能测试（书后另见彩图）

（均在 1mol/L Na_2CO_3 溶液中进行测试）

图 7-59 为 CuO/ITO 样品在 $5mA/cm^2$ 恒电流下持续催化过程中电势随时间的变化曲线，测试溶液为 1mol/L Na_2CO_3（pH＝11.8），在反应最初的 5h 内，为了满足 $5mA/cm^2$ 的电流密度，电位值基本维持在 1.91V（相对于 RHE），5h 时后，反应电位开始缓慢上升，这可能是析氧反应过程中氧气从电极表面析出时，致使催化剂膜脱落或样品少量溶解所造成的。整体来看，催化剂在连续 10h 的催化析氧反应中电位变化幅度不大，因此在碱性条件下，本研究制备的 CuO/ITO 电极在催化 OER 过程中表现出较好的稳定性。

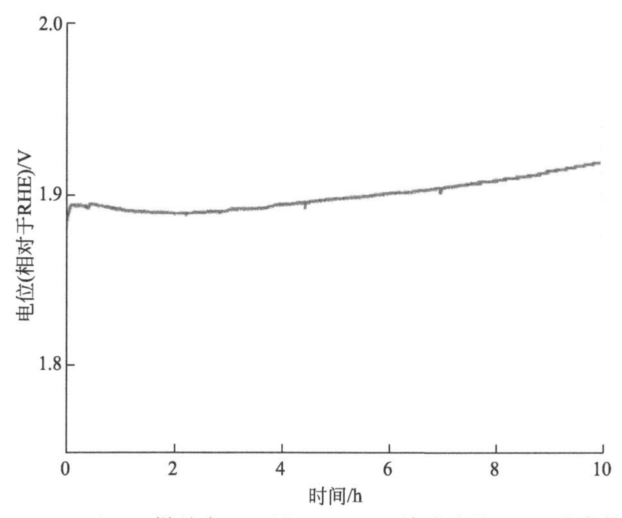

图 7-59　CuO/ITO 样品在 1mol/L Na_2CO_3 溶液中的 OER 稳定性测试

（电流密度 $5mA/cm^2$）

7.4 铁基催化剂

7.4.1 阳极电沉积法制备铁基薄膜催化剂

近些年来，自从 TiO_2 被发现可以用作 OER 的光催化剂，电解水制氢作为一个有效的储能方式逐渐受到关注。但是，大规模的电解水却受到析氧半反应的缓慢的动力学的限制（比如，高过电位）。目前，IrO_2 或 RuO_2 及其复合物被公认为是催化性能最优、稳定性良好的 OER 催化剂。但是，此类催化剂由于稀缺和价格昂贵等缺点，无法进行大规模的应用。因此储量丰富的 3d 过渡金属氧化物（包括氢氧化物）普遍被用作 OER 催化剂的候选者，过渡金属（Mn、Fe、Co 和 Ni 基）氧化物通常作为在碱性条件下的优异的电催化剂。开发适用于碱液 OER 反应的非贵金属氧化物催化剂已备受关注，其优异的活性已远超贵金属氧化物 IrO_x 以及 RuO_x。近些年，Fe 基催化剂的研究逐渐增多，这是由于 Fe 相比其他过渡金属来讲，储量更为丰富且毒性更小。Trotochaud 等[6] 通过溶液浇铸法制备了 FeO_x、CoO_x、NiO_x 以及 MnO_x 薄膜（厚度为 2～3nm），并发现此类催化剂析氧性能的优劣顺序为：$NiO_x > CoO_x > FeO_x > MnO_x$。发挥 OER 催化剂活性与 OH—$M^{2+\delta}$ 键能强度（$0 \leqslant \delta \leqslant 1.5$）存在反比关系，其中键能强度顺序为 Ni＜Co＜Fe＜Mn，键能强度越弱，OER 催化性能越优[69]。同时，M—O 键结合能可通过金属氧化物与其他元素的合金化来得到调控，Li 等[5] 报道了将 Ni 和 Cu、Mn 共掺杂不利于 OER 反应的进行，但是添加 Co 和 Cr 至 Ni 中便可轻微地提升 OER 性能，而添加 Fe 可以明显地提升催化剂的电流密度，降低起始过电位以及 Tafel 斜率。Diaz-Morales 等[70] 研究了在原子尺度上掺杂 Cr、Mn、Fe、Co、Cu 和 Zn 至 Ni 基双氢氧化物，并表明掺杂 Cr、Mn、Fe 至 Ni $(OH)_2$ 可以有效提升 Ni $(OH)_2$ 的 OER 活性，但是添加 Co、Cu、Zn 至 Ni $(OH)_2$ 不利于 OER 反应，如图 7-60 所示。

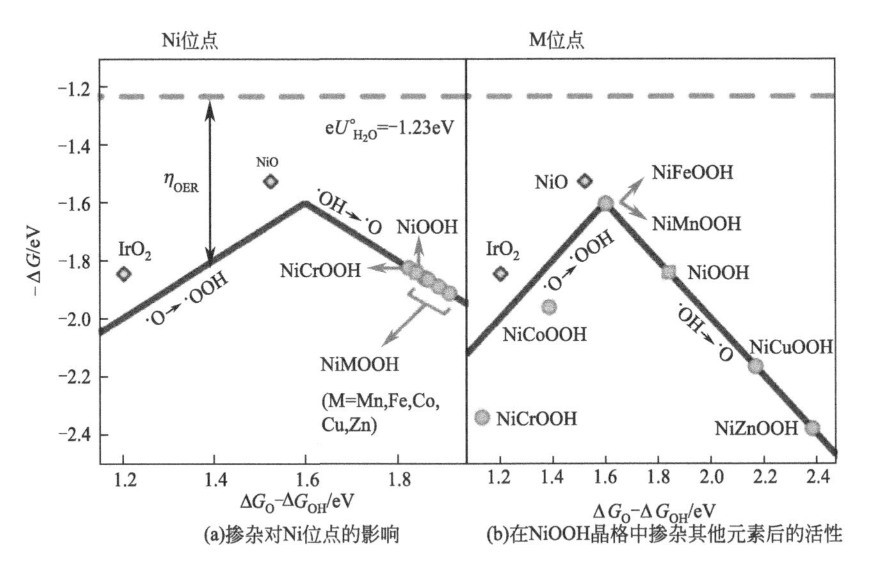

图 7-60 掺杂过渡金属至 Ni $(OH)_2$ 的 Sabatier 型火山图[71]

（催化剂表面掺杂 Cr、Mn、Fe、Co、Cu 和 Zn）

目前已知掺杂 Fe 至镍氧化物和/或形成 Fe-Ni 合金，Fe-Ni 氧化物/氢氧化物可以有效地降低 OER 的过电位。Louie 等[72] 对电沉积的 Ni-Fe 薄膜在碱性条件下的 OER 性能进行了详细的研究。结果表明：Ni 和 Fe 的相互作用促使了 OER 活性的提升，并当 Fe 含量为 40%时，催化剂的 OER 活性超过单独的 Ni 薄膜活性 2 个数量级，超过单独的 Fe 薄膜 3 个数量级。Friebel 等[73] 通过 X 射线吸收光谱（XAS）和高能量分辨率荧光检测研究了混合的 $Ni_{1-x}Fe_xOOH$ 催化剂，并发现 $Ni_{1-x}Fe_xOOH$ 中的 Fe^{3+} 占据八面体格位，并由于和周围的 $[NiO_6]$ 八面体共边，促使其拥有不寻常的短的 Fe—O 键长。通过计算方法，确定了这种结构重整促使 OER 中间物接近最优吸收能量并使得 Fe 位点具有低过电位。相反，在 $Ni_{1-x}Fe_xOOH$ 催化剂中 Ni 位点对 OER 反应不具催化活性。Wang 等[74] 最近研究得到 Li 诱导的超小 $NiFeO_x$ 纳米颗粒（NPs）在碱性溶液中具有超高的活性以及稳定性，在 1mol/L KOH 溶液中（1.51V）达到 $10mA/cm^2$ 的电流密度，并维持超过 200h，胜过 IrO_x 催化剂。一个有效的催化剂的活性位点有可能包含了多个具有氧化还原活性的金属离子，由此能够有效地减缓 OER 反应所含的多电子转移过程。研究复合氧化物（包括多种元素）并调控最优组成，变得极具研究意义。Smith 等[75] 系统研究了包含 Fe、Co、Ni 在内的非晶金属氧化物薄膜（形式为 $a\text{-}Fe_{100-y-z}Co_yNi_zO_x$）的金属化学计量对电催化 OER 的响应，并发现低含量的 Fe 可以促使 Tafel 斜率得到明显优化，Co 或 Ni 对降低起始电位发挥关键作用。该系列薄膜催化剂最优的组成是 a-$Fe_{20}Ni_{80}$。

尽管大多数的 Fe 基催化剂是晶体氧化物，但是非晶氧化物在近些年却受到逐渐增多的关注，这是由于非晶氧化物具有优异的 OER 活性[75]。一些革新的合成途径，比如光化学金属有机沉积（PMOD），已被用于开发具有 OER 活性的非晶 Fe 基氧化物薄膜。此类催化剂的活性测试表明 Fe 基多金属氧化物（例如 $FeNiO_x$、$FeCoO_x$）展示出优于纯 Fe_2O_3 的析氧活性。电化学技术作为一个普遍的、可信赖的、有效的制备电催化剂薄膜的方法，其优势在于可以精确地控制反应过程。电沉积金属氧化物通常是通过阴极共沉积的方法在相当负的电位下共沉积金属离子[76,77]，随后再进行进一步的化学或者电化学氧化过程。这种沉积方案很少产生非晶氧化物薄膜，这是由于沉积物的结构对施加的电位较为敏感。现有报道[78]的沉积的非晶薄膜主要集中在单金属氧化物，如非晶 Fe_2O_3 薄膜。尽管少数例子实现了通过阳极电沉积方案制备 Fe 基多元金属氧化物[79]，但利用电化学方法制备非晶多元金属氧化物仍极具挑战性。

因此，系统性地研究多元过渡金属氧化物以用于 OER 反应仍具有明显的意义，尤其是利用简单的电沉积方法，深入探究发挥催化活性的活性组分、电沉积对不同金属氧化物的形貌结构的影响、催化性能的优劣比较等。考虑到 Fe 基二元、三元、多元体系极高的 OER 活性，于此，我们报道了一个关于非晶 Fe 基薄膜催化剂的系统研究。在含有 Fe 离子的溶液中，通过一步阳极 CV 电沉积法，制备出一系列的 Fe 基二元、三元、四（五）元薄膜催化剂（包括 Co、Ni、Cu、Mn）以及无铁的 $NiCoO_x$ 薄膜催化剂。通过 X 射线衍射（XRD）谱图，表明沉积薄膜的非晶特性。并在碱性溶液中分析比较此类催化剂 OER 性能的差异，分析金属掺杂对催化剂形貌结构的影响、阳极 CV 沉积对催化剂负载量的影响等，此次研究可以为他人研究阳极电沉积制备 OER 催化剂提供一定的参考价值。

7.4.1.1 薄膜催化剂的制备

在电沉积之前，对铟锡氧化物（ITO，7Ω/cm^2，1cm×1.5cm）基底进行清洗。先在乙醇中超声 30min，随后用纯水（电阻率为 18.2MΩ·cm）清洗 3 次，再自然晾干。

所有前驱体溶液均以 0.1mol/L NaOAc 作为支持电解质。

（1）制备 Fe 基催化剂的前驱体溶液配比

以 $FeNiO_x$（Fe∶Ni＝1∶1）为例，配制 10mmol/L $NiSO_4$、5mmol/L $Fe_2(SO_4)_3$；在研究不同 Fe/Ni 比例的时候，只是改变 $NiSO_4$ 的浓度（1.7～20mmol/L）。对于用作对比实验的 NiO_x 以及 FeO_x，前驱体溶液分别为 10mmol/L $NiSO_4$＋0.1mol/L NaOAc 以及 5mmol/L $Fe_2(SO_4)_3$＋0.1mol/L NaOAc。含 Fe 离子的电解液的 pH 值为 5.2～5.3。其余不含 Fe 离子的电解液，用 0.1mol/L H_2SO_4 调节 pH 值至 5.30。

（2）制备 Ni-Co 系列薄膜催化剂的前驱体溶液配比

以 $NiCoO_x$（Ni∶Co＝1∶1）为例，配制 10mmol/L $CoSO_4$＋10mmol/L $NiSO_4$＋0.1mol/L NaOAc。Ni-Co 系列所有溶液的 pH 值介于 6.9～7.3。配制 Ni-Co 系列薄膜催化

剂的前驱体溶液的光学照片如图 7-61 所示（书后另见彩图）。沉积不同的催化剂薄膜所需的前驱体溶液浓度如表 7-8 所列。

图 7-61 配制 Ni-Co 系列薄膜催化剂的前驱体溶液的光学照片

表 7-8 前驱体溶液中金属离子的浓度

催化剂	$CoSO_4$/mmol/L	$Fe_2(SO_4)_3$/mmol/L	$NiSO_4$/mmol/L	$MnSO_4$/mmol/L	$CuSO_4$/mmol/L
NiO_x(pH=5.30)	—	—	10	—	—
FeO_x	—	5	—	—	—
$FeNiO_x$(Fe∶Ni=6∶1)	—	5	1.7	—	—
$FeNiO_x$(Fe∶Ni=4∶1)	—	5	2.5	—	—
$FeNiO_x$(Fe∶Ni=2∶1)	—	5	5	—	—
$FeNiO_x$(Fe∶Ni=1∶1)	—	5	10	—	—
$FeNiO_x$(Fe∶Ni=1∶2)	—	5	20	—	—
$FeCuO_x$	—	5	—	—	10
$FeMnO_x$	—	5	—	10	—
$FeCoO_x$	10	5	—	—	—
$CuMnFeO_x$	—	5	—	10	10
$CuNiFeO_x$	—	5	10	—	10
$MnCoFeO_x$	10	5	—	10	—
$MnNiFeO_x$	—	5	10	10	—
$CoNiFeO_x$	10	5	10	—	—
$CuMnCoFeO_x$	10	5	—	10	10
$CoNiMnFeO_x$	10	5	10	10	—

续表

催化剂	$CoSO_4$/mmol/L	$Fe_2(SO_4)_3$/mmol/L	$NiSO_4$/mmol/L	$MnSO_4$/mmol/L	$CuSO_4$/mmol/L
$CuMnNiFeO_x$	—	5	10	10	10
$CuCoNiFeO_x$	10	5	10		10
$CuMnCoNiFeO_x$	10	5	10	10	10
NiO_x	—	—	20	—	—
CoO_x	20	—	—	—	—
$NiCoO_x$(Ni∶Co=1∶1)	10	—	10	—	—
$NiCoO_x$(Ni∶Co=2∶1)	13.3	—	6.7	—	—
$NiCoO_x$(Ni∶Co=4∶1)	16	—	4	—	—

如图7-62所示，所有电沉积实验均通过上海辰华的CHI 650E电化学工作站进行。在室温下，采用三电极配置，以ITO作为工作电极，Pt丝和Ag/AgCl（饱和KCl）电极分别用作对电极和参比电极。通过循环伏安电沉积法，设置电位区间为1.2～1.5V（参比电极Ag/AgCl），沉积75圈，扫速为20mV/s。沉积完成后，将ITO取出，在纯水清洗之后，以便用于下一步测试。

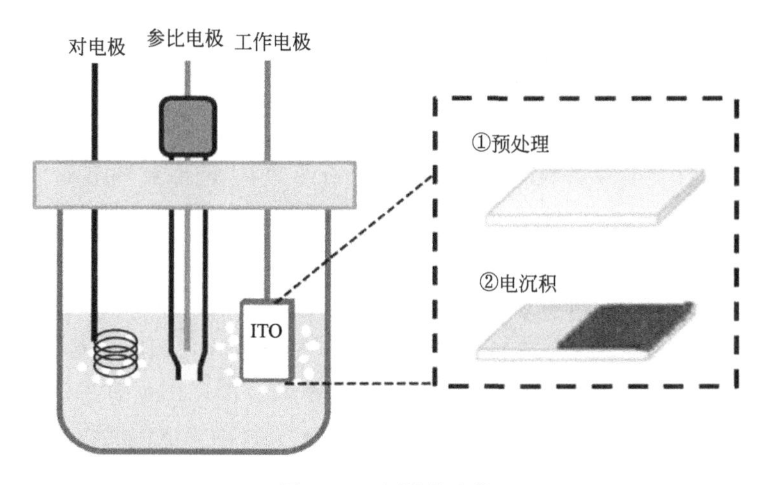

图7-62　电沉积示意

对于研究沉积电位区间对$FeNiO_x$催化剂的影响时，分别设置电位区间为1.0～2.0V（参比电极Ag/AgCl）、1.2～1.5V（参比电极Ag/AgCl）以及1.2～2.0V（参比电极Ag/AgCl），其他条件维持不变。对于研究沉积时间对$FeNiO_x$催化剂的影响时，分别设置沉积圈数为2圈、25圈、75圈、100圈以及150圈，其他条件维持不变。

7.4.1.2　薄膜催化剂的性能测试

与电沉积过程一致，以三电极体系的电化学工作站来获取相关性能数据，但是工作电极是催化剂/ITO电极。电解质溶液为0.1mol/L KOH（pH=13.0）和1mol/L KOH（pH=14.0）。通过CV或者LSV在0～0.8V（参比电极Ag/AgCl）的电位区间下，以扫速 10mV/s 进行测量。

对于 $FeNiO_x$ 薄膜催化剂而言：a. 稳定性测试是采用计时电势分析法，在 0.1mol/L KOH 中，设置电流密度为 $1mA/cm^2$，测试 10h；b. 电化学阻抗谱是在 1mol/L KOH 电解液中，设置电位值为 1.62V（相对于 RHE），以 5mV 的交流幅值在频率范围为 10^5～0.1Hz 内测量得到；c. 电化学活性面积是在 1mol/L KOH 电解液中，通过 CV 测得双电层曲线。通过在一个非法拉第电位窗口［1.08～1.18V（相对于 RHE）］，分别以 5mV/s、10mV/s、25mV/s、50mV/s 和 100mV/s 的扫速进行测量。通过电流密度（j_a-j_c）-扫速作图，所得斜率可以评估 ECSA 的大小。ECSA 相当于 2 倍的双电层电容[27]。并且，测定 ECSA 是在测定 OER 性能曲线之后进行的。

对于 Ni-Co 系列薄膜催化剂而言：稳定性测试是分别采用计时电流分析法和 CV 法（1mol/L KOH），前者通过设置电压为 0.7V（参比电极 Ag/AgCl），持续测试 15h；后者是选取已经发生 OER 反应的电位区间 0.6～0.8V，循环扫描 1000 圈后（扫速为 100mV/s），再测试第 1000 圈的性能曲线，通过对比第 1 圈和第 1000 圈的 CV 曲线，判定催化剂性能的优劣。

为统一比较，根据 Nernst 方程将所得电位值均转化为相对于可逆氢电极的电位，$E_{RHE}=E_{Ag/AgCl}+0.059\times pH+0.197V$。计算 OER 反应的过电位的公式为：$\eta=E_{RHE}-1.23V$。

7.4.1.3 Fe 基二元薄膜催化剂

(1) 以 $FeNiO_x$ 为例的电沉积曲线

镍氧化物可通过一个直接的阳极电沉积法，在含 Ni^{2+} 的前驱体溶液中沉积至导电基底上[80]。图 7-63(a) 显示了在不同前驱体溶液中，以空白 ITO 作为工作电极，施加 1.2～1.5V（参比电极 Ag/AgCl）的电位窗口制备催化剂的第 1 圈 CV 沉积曲线。其中，NiO_x 在 10mmol/L $NiSO_4$ 和 0.1mol/L NaOAc 溶液中（pH=5.30），当沉积曲线正向扫描至电位 1.42V（参比电极 Ag/AgCl）时，催化剂迅速沉积，阳极电流急剧增大。同时，新生成的 NiO_x 催化剂在如此高的电位下自发进行析氧反应，催化剂部分溶解，因此负向扫描至低电位时，该曲线仍然呈现出很高的电流密度。这说明沉积反应和析氧反应同时发生。先前诸多文献报道的 Fe 基催化剂都是在酸性溶液中，先通过阴极电沉积，再经电化学/化学氧化处理而得。其原因在于 Fe 离子前驱体溶液的不稳定性。采用相同方法，FeO_x 得以成功制备。在 5mmol/L $Fe_2(SO_4)_3$ 和 0.1mol/L NaOAc 溶液中，第 1 圈曲线正向扫描至 1.28V（参比电极 Ag/AgCl）时，FeO_x 开始沉积，相比 NiO_x 的沉积过程，它的起始电位低 0.14V（参比电极 Ag/AgCl）。与 NiO_x 的沉积过程相似，FeO_x 沉积曲线在同一电位下，负向扫描的电流密度比正向扫描的高，进一步证明电沉积与析氧反应同时进行。$FeNiO_x$ 的电沉积曲线与 FeO_x 的极为类似，但电流密度更小，由此表明 $FeNiO_x$ 催化剂的沉积速率更低。图 7-63(b) 为在 10mmol/L $NiSO_4$、5mmol/L $Fe_2(SO_4)_3$ 和 0.1mol/L NaOAc 溶液中，电沉积 $FeNiO_x$ 的第 1、第 2 和第 75 圈 CV 沉积曲线，从图中可以看出，随着催化剂在 ITO 电极上不断沉积，曲线的电流密度逐渐增大，同时起始电位移至更低值，至第 75 圈时起始电位为 1.25V（参比电极 Ag/AgCl）。

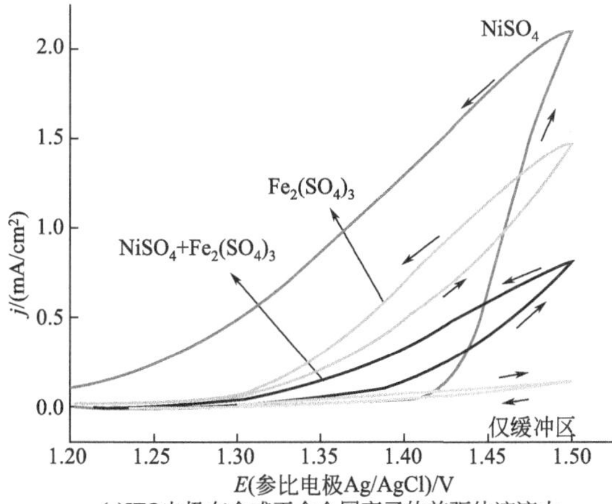

(a)ITO电极在含或不含金属离子的前驱体溶液中(0.1mol/L NaOAc)的第1圈CV曲线[条件：10mmol/L $NiSO_4$和/或5mmol/L $Fe_2(SO_4)_3$，0.1mol/L NaOAc，pH=5.3]

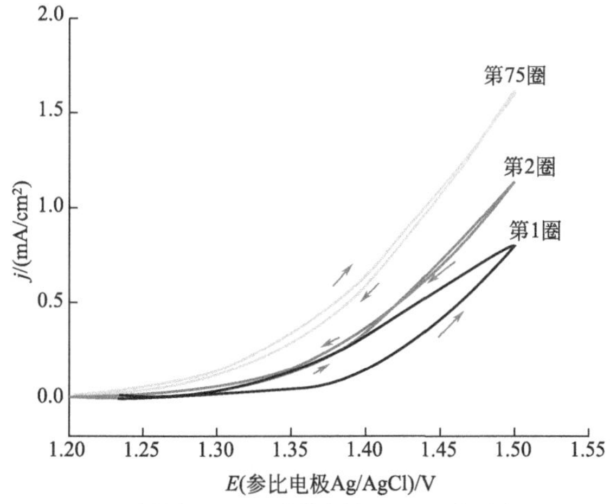

(b) ITO电极在1.2~1.5V(参比电极Ag/AgCl)(扫速为20mV/s)下的第1、第2和第75圈CV曲线[条件：10mmol/L $NiSO_4$和5mmol/L $Fe_2(SO_4)_3$，0.1mol/L NaOAc，pH=5.3]

图 7-63　金属氧化物催化剂的电沉积曲线

（2）以 $FeNiO_x$ 为例的物理表征（XRD、SEM 和 EDS）

通过 XRD 表征分析催化剂的晶型结构（图 7-64），空白 ITO 在衍射角为 21.5°、30.6°、35.4°、37.7°、45.7°、51.0°、56.0°以及 60.6°处的衍射峰均属于立方晶系的氧化铟锡［$(In_{1.94}Sn_{0.06})O_3$］，分别对应晶面（211）、（222）、（400）、（411）、（134）、（440）、（611）以及（622）（JCPDF 89-4596）。NiO_x、FeO_x 以及 $FeNiO_x$ 催化剂的所有衍射峰的位置均与空白 ITO 基底的衍射峰相同，并未出现新的特征峰，由此表明所制备的催化剂是一层非晶型的氧化物薄膜。其中 NiO_x 的特征峰强度相对较小的原因是沉积的 NiO_x 堆叠太厚。

如图 7-65(a) 所示，NiO_x 薄膜呈现出紧凑的纳米条堆叠的结构，覆盖了整个 ITO 表

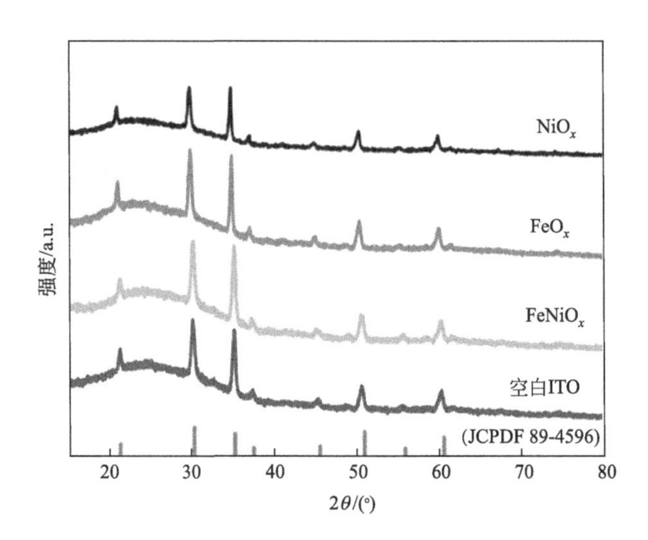

图 7-64 NiO$_x$/ITO、FeO$_x$/ITO、FeNiO$_x$/ITO 薄膜以及空白 ITO 的 XRD 谱图

面，与之前 Wu 等[81] 报道的镍基催化剂的形貌相似。FeO$_x$ 薄膜显示出高度紧凑的小颗粒的团聚［图 7-65(b)］，但是依然可以看到 ITO 基底粗糙的轮廓形貌，表明沉积的 FeO$_x$ 是非常薄的。虽然沉积的 FeNiO$_x$ 基本没改变 ITO 基底的表面形貌［图 7-65(c)］，但是与单独的 ITO 形貌相比［图 7-65(d)］，仍然具有一些可辨别的差异，这是沉积在 ITO 基底上的 FeNiO$_x$ 催化剂超低的负载量所致。从 FeNiO$_x$/ITO 的截面 SEM 图可知［图 7-65(e)］，沉积的超薄薄膜的平均厚度介于 20～30nm 之间。这一观察与图 7-63 的沉积曲线一致，即 Fe 基催化剂的沉积速率要比单独的 NiO$_x$ 的小。之前便有文献[82] 报道出电沉积富含 Fe 的催化剂的负载量通常受它自身电导率差的限制。而且，当一定量的活性 Fe 基催化剂沉积至 ITO 基底时将会发生 OER，使得在工作电极周围的局部 pH 值降低。随后沉积的材料将会溶解达到新的平衡，最终在 ITO 表面形成超薄的 Fe 基催化剂薄膜，这一过程有利于提升 Fe 基催化剂的电导率。图 7-65(f) 是此类催化剂以及空白 ITO 基底的光学照片，除了沉积的 NiO$_x$ 催化剂是深灰色的，其他催化剂均是光学透明的。

FeNiO$_x$ 薄膜的 X 射线能谱（EDS）如图 7-66 所示，Fe、Ni 元素的原子百分比较低，这是 FeNiO$_x$ 薄膜的负载量太低所致。由图可知，Fe/Ni 原子比约为 1.05∶0.84。由于催化剂薄膜中 Fe 含量比 Ni 含量高，不同于常规的 NiFeO$_x$ 催化剂中的 Fe 含量介于 10%～50%，因此将生成的催化剂命名为 FeNiO$_x$。其他标记为 In、Si、Ca、K、Na、Mg 和 Al 的峰源于 ITO 基底。

(3) 以 FeNiO$_x$ 为例的沉积影响因素的探讨

考虑到沉积电位是制备高效率金属氧化物催化剂的一个关键因素，我们采用三种 CV 电位窗口沉积制备 FeNiO$_x$ 催化剂，分别是 1.0～2.0V、1.2～1.5V 以及 1.2～2.0V（参比电极 Ag/AgCl）。如图 7-67 所示，在这三种电位窗口下沉积的催化剂在 0.1mol/L KOH（pH＝13）溶液中的 OER 性能相当。基于节能和节约时间的角度考虑，选用 1.2～1.5V（参比电极 Ag/AgCl）的电位窗口来沉积所有催化剂。

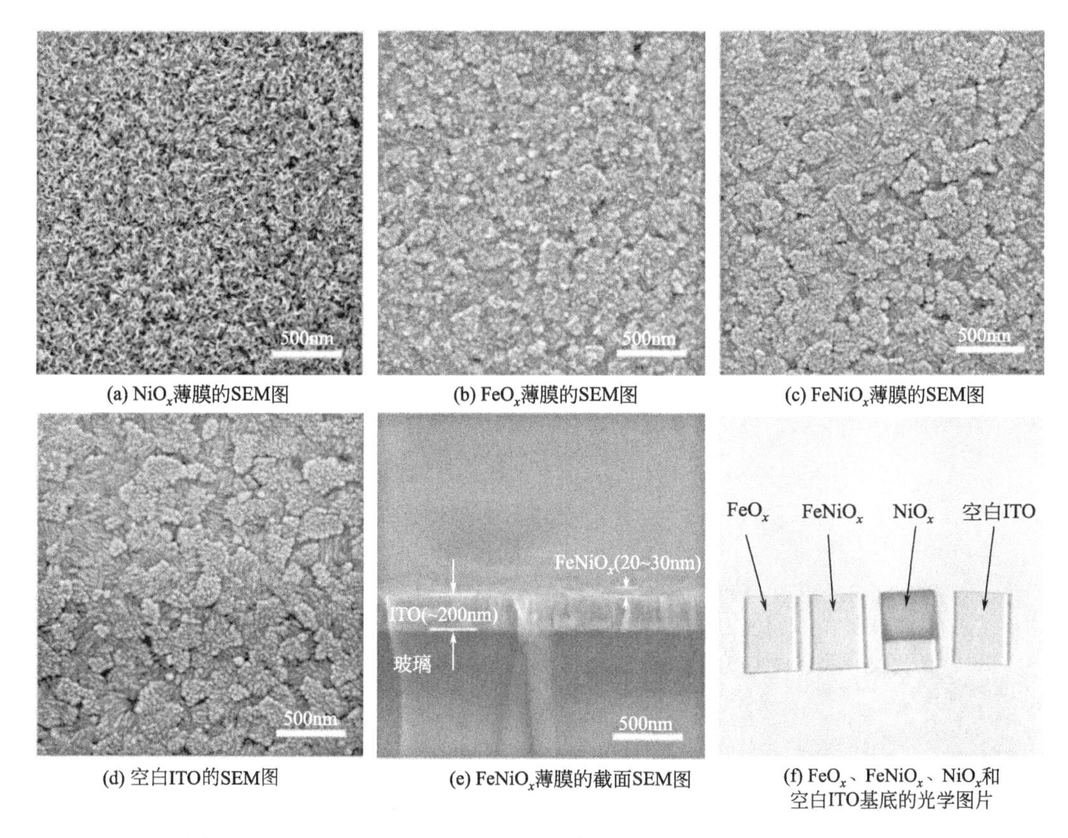

图 7-65 NiO$_x$、FeO$_x$、FeNiO$_x$ 和空白 ITO 基底的 SEM 图及光学图

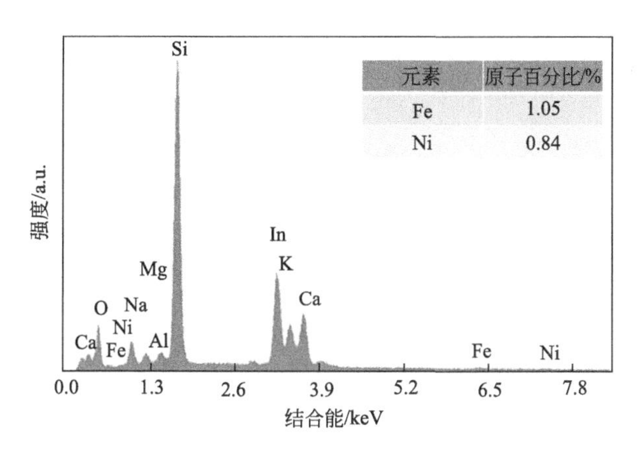

图 7-66 FeNiO$_x$ 薄膜的 EDS 谱图

催化剂的负载量可通过沉积时间，也就是 CV 圈数控制优化。如图 7-68 所示，在初始阶段，伴随着 CV 圈数的增加，FeNiO$_x$ 非晶薄膜的析氧活性随之提升，并且当 CV 圈数达至 75～100 时，催化剂达到最优催化活性。但是随着进一步延长沉积时间（圈数），催化剂的活性将降低，这可能是 Fe 基氧化物薄膜厚度增加导致导电性变差，进而降低电子传输效率[66]。

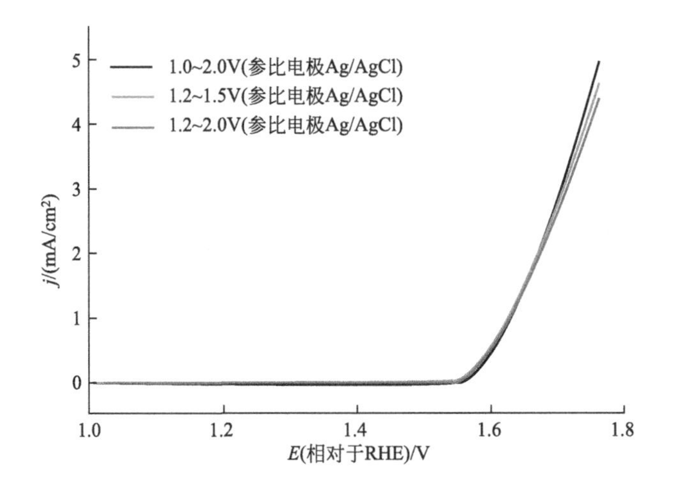

图 7-67　$FeNiO_x$/ITO 催化剂通过不同的 CV 电位窗口沉积之后

在 0.1mol/L KOH 电解液中的 LSV 曲线（扫速 10mV/s）

[沉积条件：10mmol/L $NiSO_4$，5mmol/L $Fe_2(SO_4)_3$，0.1mol/L NaOAc，pH=5.30，20mV/s，75 圈]

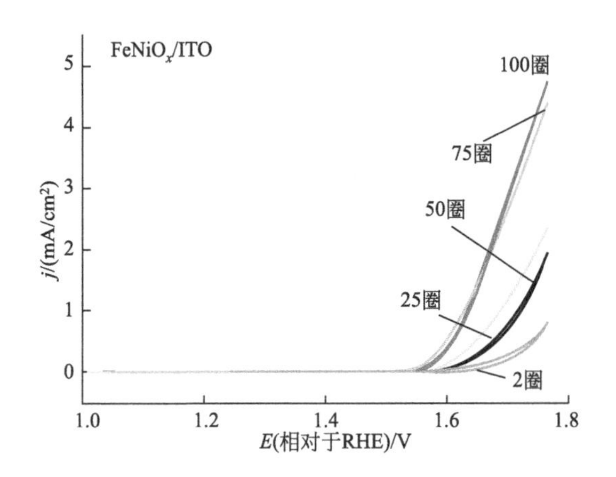

图 7-68　不同 CV 圈数沉积的 $FeNiO_x$/ITO 电催化剂

在 0.1mol/L KOH 里的 CV 曲线（扫速 10mV/s）

（4）以 $FeNiO_x$ 为例的 OER 催化性能评估

分别在 0.1mol/L KOH（pH=13）以及 1mol/L KOH（pH=14）电解液中，将沉积了催化剂的 ITO 作为工作电极，通过 CV 来测定催化剂的 OER 性能，电位窗口选择 0～0.8V（参比电极 Ag/AgCl），扫速为 10mV/s。如图 7-69 所示，在 0.1mol/L KOH 溶液中，空白 ITO 基底在很宽的电位区间内近似一根水平直线，表明 ITO 几乎没有 OER 活性。其余沉积的催化剂都展现出明显的 OER 活性。对于 NiO_x 和 $FeNiO_x$ 催化剂，在发生 OER 之前，在电位值 1.35～1.42V（相对于 RHE）之间均存在一对氧化还原峰，这是典型的 $Ni(OH)_2$ 和 NiOOH 相互转化 [$Ni(OH)_2 + OH^- \rightleftharpoons NiOOH + H_2O + e^-$][73]。尽管 $FeNiO_x$ 催化剂薄膜的负载量最低，但它的 OER 性能最优：它的起始过电位约为 300mV，比单独的 NiO_x(310mV) 和 FeO_x(390mV) 要低。相应的 Tafel 斜率可通过拟合作图的线性部分获得。根据 Tafel 方程 $\eta=b\lg j+a$，其中 η 代表过电位，j 是电流密度，b 是 Tafel 斜率，a 是截距。当催化剂在高的电流密度值下，斜率仍然保持线性，则表明催化剂与电解液之间具有快速的电子转移和质量传递。如图 7-69(b) 所示，NiO_x、FeO_x 和 $FeNiO_x$ 薄膜的 Tafel 斜率分别是 55mV/dec、60mV/dec 和 38mV/dec。$FeNiO_x$ 薄膜拥有低的 Tafel 斜率，这意味着它在动力学上更有利于 OER 的发生。通常情况下，当 Tafel 斜率约为 60mV/dec 时，表明在第一电子转移步骤之后又有化学反应的步骤为速率决定步骤（RDS）；而 Tafel 斜率约为 40mV/dec 时，表明包含第二电子转移的步骤为 RDS[83]。含水铁氧化物在碱性条件下的 OER 机理已由 Doyle 探讨总结得出，Tafel 斜率约为 60mV/dec，表明催化剂是脱水的铁薄膜[84]。在本次实验中，Tafel 斜率为 60mV/dec 的 FeO_x 薄膜是经电沉积之后又置于空气中干燥，这可能造成了催化剂的脱水。这些样品的 Tafel 斜率存在差异是不同的 OER 机理所致。

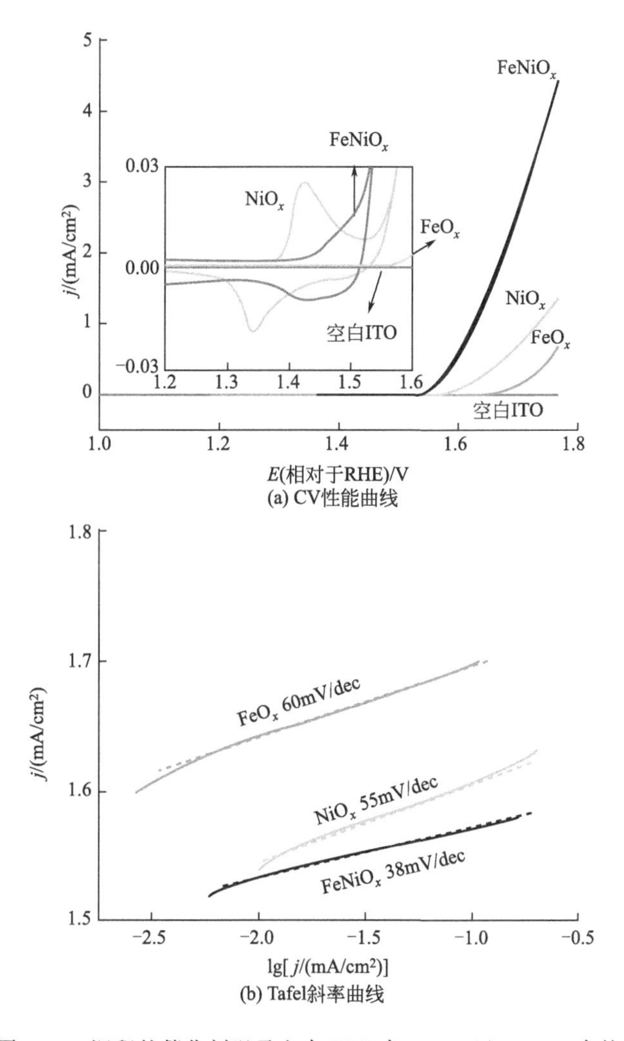

图 7-69　沉积的催化剂以及空白 ITO 在 0.1mol/L KOH 中的 CV 性能曲线及相关的 Tafel 斜率曲线

在 1mol/L KOH 电解液中的 OER 性能曲线和 Tafel 斜率如图 7-70 所示，图 7-70（a）中 NiO_x、$FeNiO_x$ 分别在 1.275V 和 1.372V（相对于 RHE）存在氧化峰，这是由于 $Ni(OH)_2$ 转化为 NiOOH。除此之外，相比于 NiO_x 样品，$FeNiO_x$ 薄膜的氧化电位向阳极方向偏移，这意味着 Fe 的存在抑制了 $Ni(OH)_2$ 向 NiOOH 的电化学氧化过程[72,73]。因此可见，引入 Fe 会使得 Ni^{2+} 更难氧化为 Ni^{3+}，因此需要更多的氧化能，并且更有可能从动力学上增强 OER[71,72]。它们的起始过电位排序为：$FeNiO_x$（240mV）<NiO_x（300mV）<FeO_x（370mV）。它们在电流密度为 $1mA/cm^2$ 下的过电位排序为：$FeNiO_x$（330mV）<NiO_x（391mV）<FeO_x（486mV）。它们在电流密度为 $5mA/cm^2$ 下的过电位排序为：$FeNiO_x$（416mV）<FeO_x（580mV）<NiO_x（586mV）。在高的电位下，在 1mol/L KOH 电解液中的催化剂的电流密度增长得更为迅速（相比在 0.1mol/L KOH 中），这是由于电解液具有更强的导电性。由图 7-70(b) 可知，相应的 Tafel 斜率排序为：$FeNiO_x$（38mV/dec）<FeO_x（58mV/dec）<NiO_x（65mV/dec）。

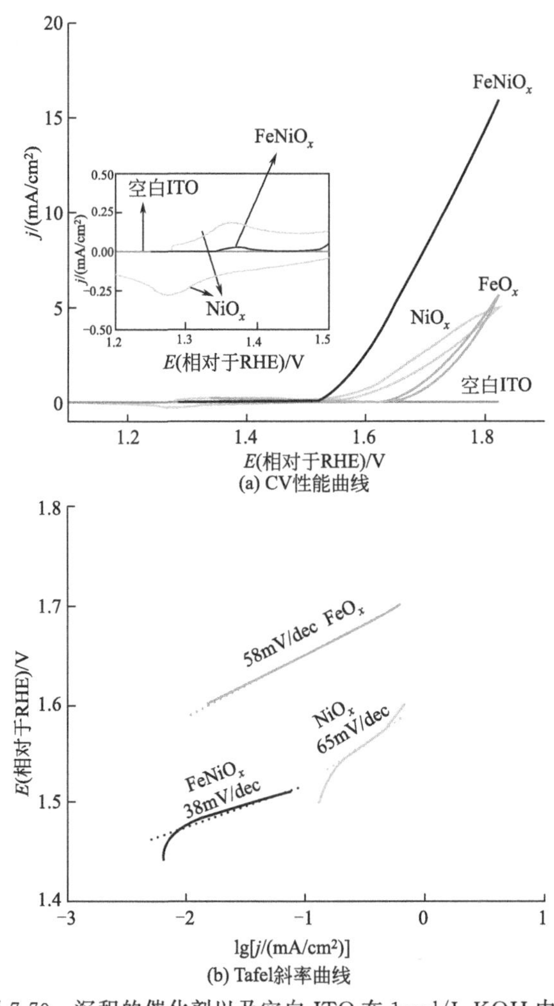

图 7-70　沉积的催化剂以及空白 ITO 在 1mol/L KOH 中的 CV 性能曲线及相关的 Tafel 斜率曲线

交流阻抗是基于过电位和催化剂组成等条件，用以探测催化剂潜在的控制因素，继而反映催化剂的反应动力学过程。如图 7-71 所示，在发生 OER 反应的催化剂-电解液界面的电荷转移电阻 R_{ct} 依次排序为 $FeNiO_x$＜NiO_x＜FeO_x，R_{ct} 越小，表明催化剂与电解液之间的电荷转移越快，动力学方面更有利，催化剂的 OER 活性越优。由此得出：$FeNiO_x$ 超薄薄膜的 OER 性能优异的原因在于它的 R_{ct} 很小，而单独的 FeO_x 催化剂由于其导电性差，在相同的电位值下 R_{ct} 极大，从动力学上不利于 OER 的发生，因而催化效率低。

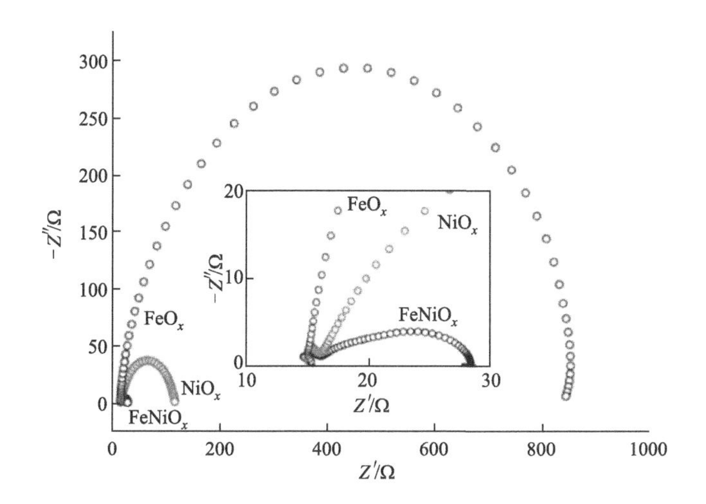

图 7-71　在 1mol/L KOH 中设置电压值为 1.62V（相对于 RHE）时所得的 Nyquist 图

一般情况下，文献中采用几何表面积来衡量催化剂的活性，但催化剂真正发挥 OER 催化活性的面积是它的电化学活性表面积（ECSA），由此探究比较催化剂的本征活性，更能真实反映催化剂固有的 OER 性能。通过选取不产生法拉第电流密度的电压区间［见图 7-72（书后另见彩图），1.08～1.18V（相对于 RHE）］，以扫描速率为 5mV/s、10mV/s、25mV/s、50mV/s 以及 100mV/s 进行 CV 扫描，以电压值为 1.13V（相对于 RHE）下的电流密度（$\Delta j=j_a-j_c$）为纵坐标值，以扫描速率为横坐标作图，以（Δj-扫描速率）的斜率来确定 ECSA 的大小。在一个纯电容的条件下，ECSA 等价于 2 倍的双电层电容[27]。如图 7-72(d) 所示，尽管 $FeNiO_x$ 催化剂的沉积量最低，但它的 C_{dl} 最大，为 46.6$\mu F/cm^2$。而 NiO_x 和 FeO_x 的 C_{dl} 分别为 29.5$\mu F/cm^2$ 以及 23.6$\mu F/cm^2$。由此表明，$FeNiO_x$ 的 ECSA 更大，在 OER 反应过程中催化剂暴露出更多的活性位点，催化活性也更高。

考虑到二元金属催化剂的元素组成通常对其电催化性能有巨大影响。通过改变前驱体溶液中金属离子的起始浓度，不同 Fe/Ni 比的 $FeNiO_x$ 薄膜得以制备，通过对其进行 OER 活性测试，发现 Fe/Ni 比在很大程度上影响催化剂的电化学行为以及催化性能（图 7-73 和图 7-74，书后另见彩图）。在 0.1mol/L KOH 电解液中［图 7-73(a)］，伴随 Fe 含量的增加，Ni（OH)$_2$/NiOOH 氧化还原峰移向更高的电压值，正如之前文献所报

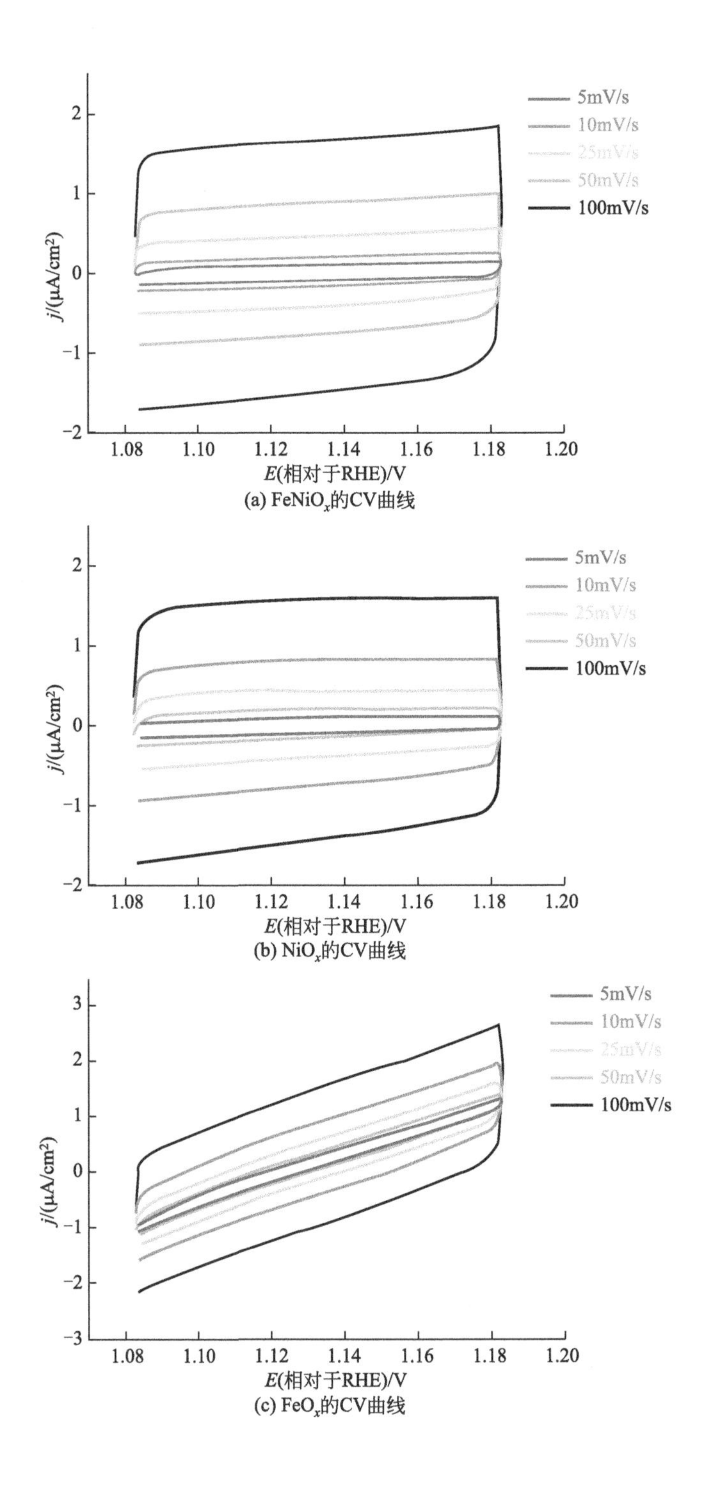

(a) $FeNiO_x$的CV曲线

(b) NiO_x的CV曲线

(c) FeO_x的CV曲线

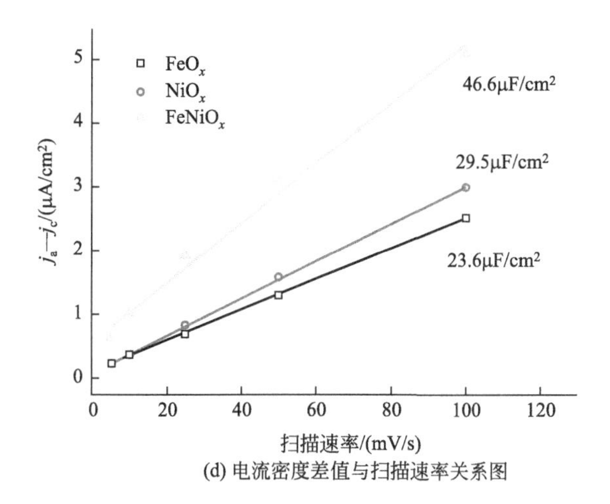

(d) 电流密度差值与扫描速率关系图

图 7-72 FeNiO$_x$、NiO$_x$ 以及 FeO$_x$ 催化剂在非法拉第电压范围内的 CV 曲线及充电电流密度差值（j_a-j_c）与扫描速率的关系图（所有测试均在 1mol/L KOH 中进行）

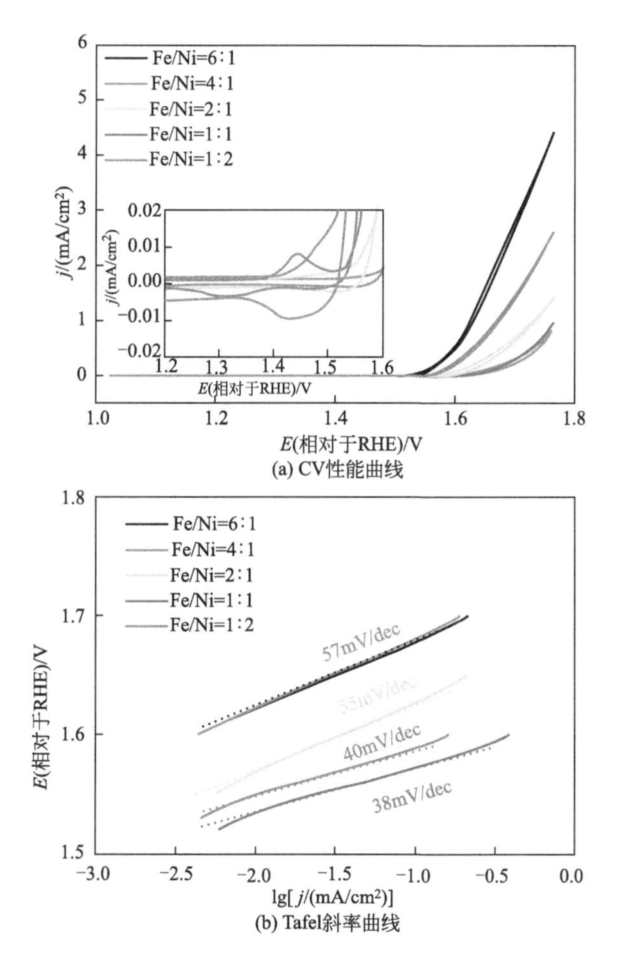

图 7-73 不同 Fe/Ni 比例的前驱体溶液中沉积所得的 FeNiO$_x$/ITO 在 0.1mol/L KOH 中的 CV 性能曲线（扫速：10mV/s）及相应的 Tafel 斜率曲线

道的[72,73]。Fe/Ni 比为 1 的 $FeNiO_x$ 催化剂在五个样品中展示出最优的 OER 活性。它们的起始过电位排序为：$FeNiO_x$ (1∶1) (300mV) <$FeNiO_x$ (1∶2) (310mV) <$FeNiO_x$ (2∶1) (330mV) <$FeNiO_x$ (4∶1) (390mV) <$FeNiO_x$ (6∶1) (390mV)。由图 7-73(b) 可知，相应的 Tafel 斜率排序为：$FeNiO_x$ (1∶1) (38mV/dec) <$FeNiO_x$ (1∶2) (40mV/dec) <$FeNiO_x$ (2∶1) (55mV/dec) <$FeNiO_x$ (4∶1) (57mV/dec) <$FeNiO_x$ (6∶1) (57mV/dec)。通常来讲，Fe 含量高的样品展现出高的 Tafel 斜率，这可能是由于此类样品恶化的电导率，催化剂分散性差，以及可能存在的相分离现象。Burke 等[66] 报道了铁氧化物/氢氧化物的活性位点具有很高的固有活性，但是相比 Ni 或者 Co 的氧化物/氢氧化物，它的导电性太差，由此可以推测得到，优化的 $FeNiO_x$ 催化剂 (Fe/Ni=1∶1) 在活性位点和导电性之间达到了适中的平衡。同时，Fe 和 Ni 的相互作用产生更好的协同效应，从而在 OER 过程中提供更多的表面积活性位点。很多具有相似 Fe/Ni 比的活性二元金属催化剂是由气溶胶喷雾法制备的[7]。

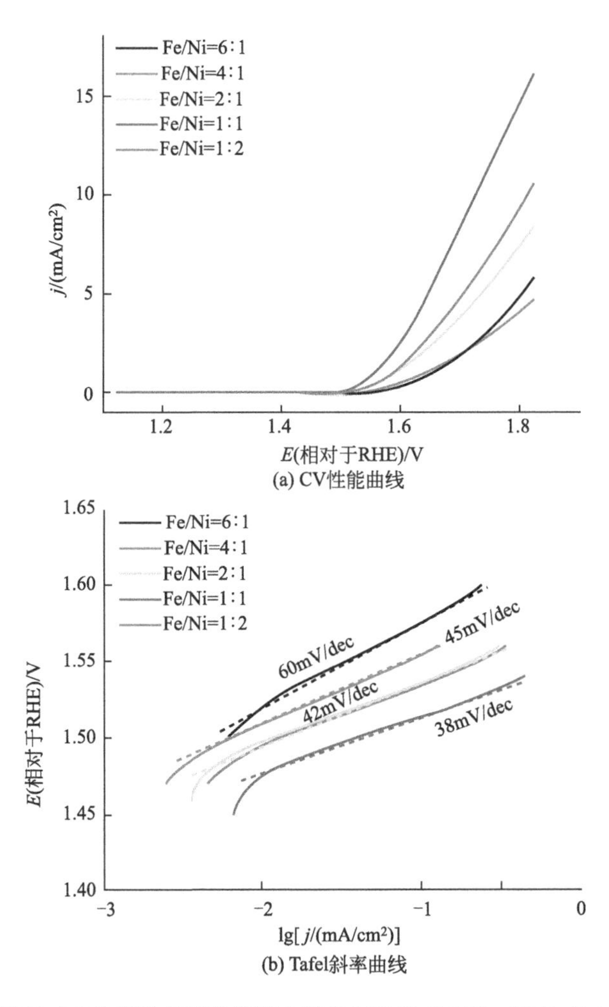

图 7-74 不同 Fe/Ni 比例的前驱体溶液中沉积所得的 $FeNiO_x$/ITO 在 1mol/L KOH 中的 CV 性能曲线（扫速：10mV/s）及相应的 Tafel 斜率曲线

在 1mol/L KOH 电解液中（图 7-74），催化剂的 OER 性能与图 7-73(a) 相似，只是催化剂的起始电位值更小，以及在相同电位下，电流密度值更大。电流密度为 $10mA/cm^2$ 下的过电位与太阳能燃料合成相关，它等效于 12.3% 的光电转换效率[85]。在此需要注意电流密度为 $10mA/cm^2$ 的过电位与水分解反应的热力学电位 1.23V（相对于 RHE）的区别。达到 $10mA/cm^2$ 电流密度的催化剂分别为 $FeNiO_x$（1∶1）(η_{10}=500mV)<$FeNiO_x$（1∶2）(η_{10}=581mV)，其他比例下的 $FeNiO_x$ 催化剂未达到 $10mA/cm^2$ 的电流密度。不同催化剂在 KOH 电解液中的 OER 性能参数如表 7-9 所列。

表 7-9 不同催化剂在 KOH 电解液中的 OER 性能参数

样品	pH 值	起始 η/mV	η($1mA/cm^2$)/mV	η($5mA/cm^2$)/mV	η($10mA/cm^2$)/mV	Tafel 斜率/(mV/dec)
NiO_x	13.0	310	499	—	—	55
	14.0	300	391	586	—	65
FeO_x	13.0	390	—	—	—	40
	14.0	270	486	580	—	58
$FeNiO_x$(1∶2)	13.0	310	441	—	—	40
	14.0	245	365	477	581	42
$FeNiO_x$(1∶1)	13.0	300	398	—	—	38
	14.0	240	330	416	500	38
$FeNiO_x$(2∶1)	13.0	330	396	—	—	55
	14.0	245	370	503	—	42
$FeNiO_x$(4∶1)	13.0	390	—	—	—	57
	14.0	250	413	—	—	44
$FeNiO_x$(6∶1)	13.0	390	—	—	—	57
	14.0	280	431	571	—	60

通过计时电势法，在 0.1mol/L KOH 电解液中，在电流密度为 $1mA/cm^2$ 下测试 10h，由图 7-75 可知，在最开始阶段，为达到电流密度 $1mA/cm^2$，电压升至约 1.73V，并在前 2h 的电催化过程中有小幅度的上升，随后 $FeNiO_x$ 催化剂在电压值为 1.73～1.76V（相对于 RHE）范围内持续水解，由此表明 $FeNiO_x$ 薄膜具有良好的稳定性。

(5) Fe 基二元薄膜催化剂的物理表征（XRD 和 SEM）

将 Fe 基二元催化剂中性能较优的 $FeNiO_x$ 以及 $CoFeO_x$ 进行 XRD 表征（图 7-76），通过对比发现，它们的所有衍射峰位置和空白 ITO 基底的所有特征峰（JCPDF 89-4596）相同，因此推断沉积在 ITO 基底上的样品是非晶型的。

对比 $FeNiO_x$ 薄膜催化剂的 SEM 图，$CoFeO_x$ 薄膜的负载量更大（图 7-77），但仍然未完全覆盖 ITO 基底，推测原因是施加的阳极电位区间已经高于 OER 热力学电位 1.23V（相对于 RHE），在如此高的电压范围内，沉积至基底表面的催化剂将会形成沉积-溶解平

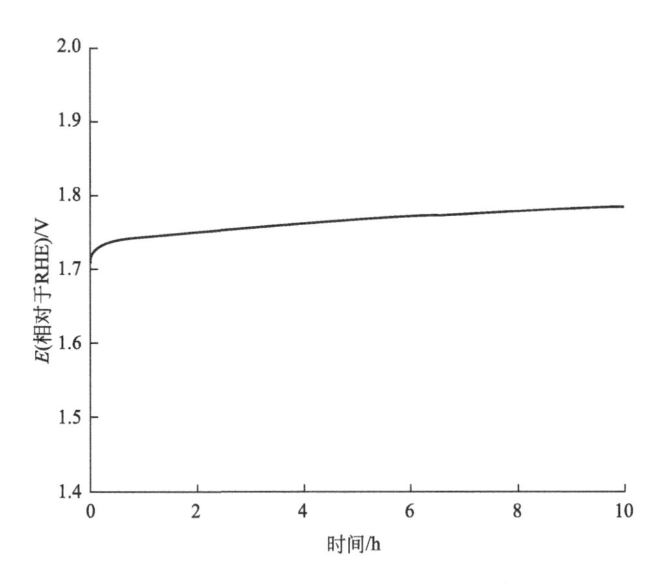

图 7-75 $FeNiO_x$/ITO 催化剂在电流密度为 1mA/cm^2 下的计时电势曲线

（测试溶液：0.1mol/L KOH）

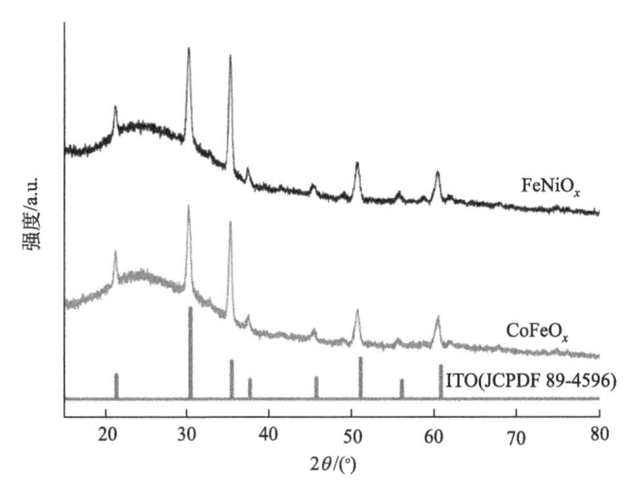

图 7-76 $FeNiO_x$/ITO、$CoFeO_x$/ITO 薄膜的 XRD 谱图

衡，一部分新生成的催化剂在该电位下会发生 OER 反应，造成催化剂的溶解。$CoFeO_x$ 催化剂是由弯曲的、缠绕的、形状不规则的纳米薄片构成的。

(6) Fe 基二元薄膜催化剂的 OER 性能评估

在 1mol/L KOH 电解液中，通过 CV 曲线来记录催化剂的性能情况。如图 7-78(a) 所示，Fe 基二元金属氧化物的起始过电位依次递增：$FeNiO_x$ （240mV）＜$FeCoO_x$ （290mV）＜$FeCuO_x$ （370mV）＜$FeMnO_x$(380mV)。相应的 Tafel 斜率［图 7-78(b)］依次递增：$FeNiO_x$ （38mV/dec）＜ $FeCoO_x$ （47mV/dec）＜ $FeCuO_x$ （55mV/dec）＜$FeMnO_x$ （58mV/dec）。

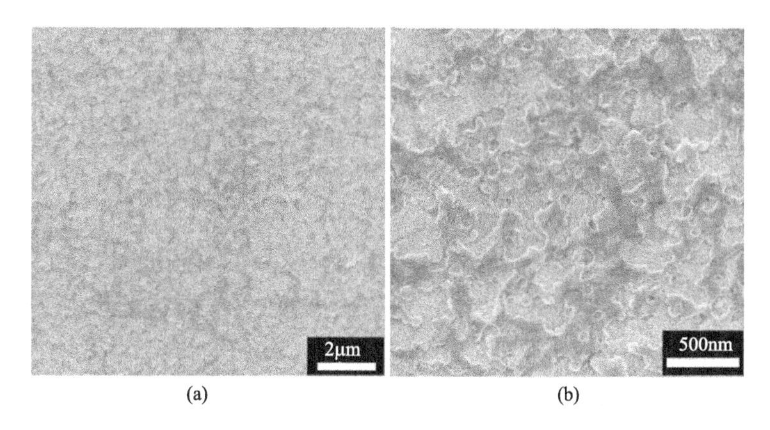

图 7-77 $CoFeO_x$ 薄膜的 SEM 图

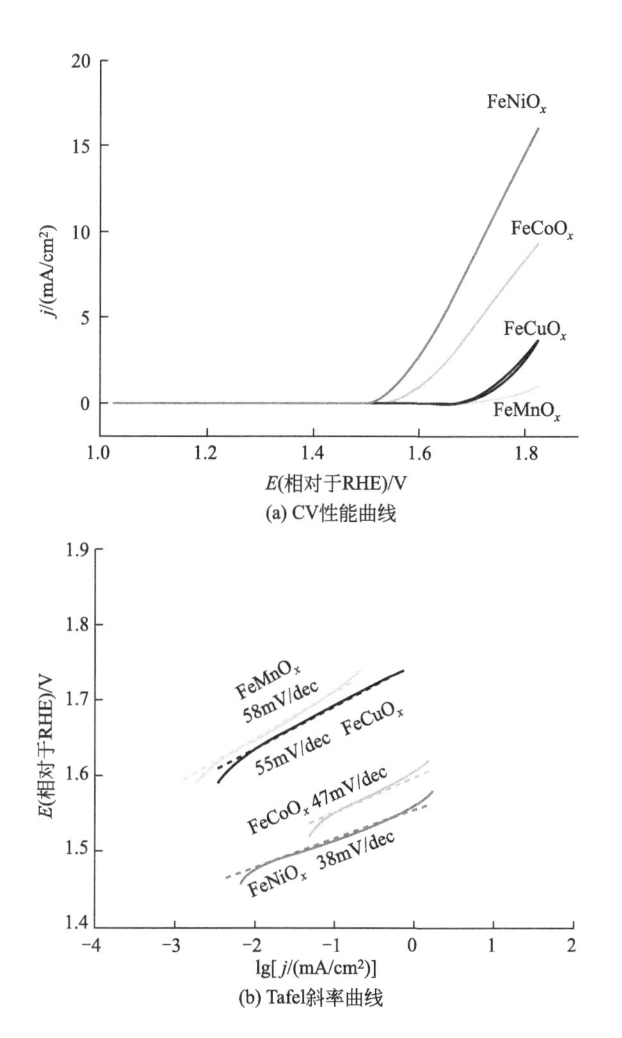

图 7-78 Fe 基二元薄膜催化剂的 CV 性能曲线及相应的 Tafel 斜率曲线

由 EIS 可知［图 7-79(a)］，在发生 OER 反应的催化剂-电解液界面的电荷转移电阻 R_{ct} 依次排序为 $FeNiO_x$＜$FeCoO_x$＜$FeCuO_x$＜$FeMnO_x$，R_{ct} 越小，则说明催化剂与电解液之间的电荷转移越快，动力学方面更有利，催化剂的 OER 活性越优。由此得出：$FeNiO_x$ 超薄薄膜的 OER 性能优异的原因在于它的 R_{ct} 很小，而 $FeCuO_x$ 以及 $FeMnO_x$ 金属组分活性差，组分间的协同作用也较差，在同样的电位值下，R_{ct} 极大，从动力学上不利于 OER 的发生，因而催化效率低。在一个纯电容的条件下，ECSA 等价于 2 倍的双电层电容[27]。如图 7-79(b) 所示，尽管 $FeNiO_x$ 催化剂的沉积量最低，但它的 C_{dl} 最大，为 46.6μF/cm²。而 $FeCoO_x$、$FeCuO_x$ 以及 $FeMnO_x$ 的 C_{dl} 分别为 41.8μF/cm²、27.6μF/cm² 以及 24.3μF/cm²。由此表明，$FeNiO_x$ 的 ECSA 更大，在 OER 反应过程中催化剂暴露出更多的活性位点，催化活性也更高。综上所述，Fe 基二元金属氧化物中 $FeNiO_x$ 催化性能最优。

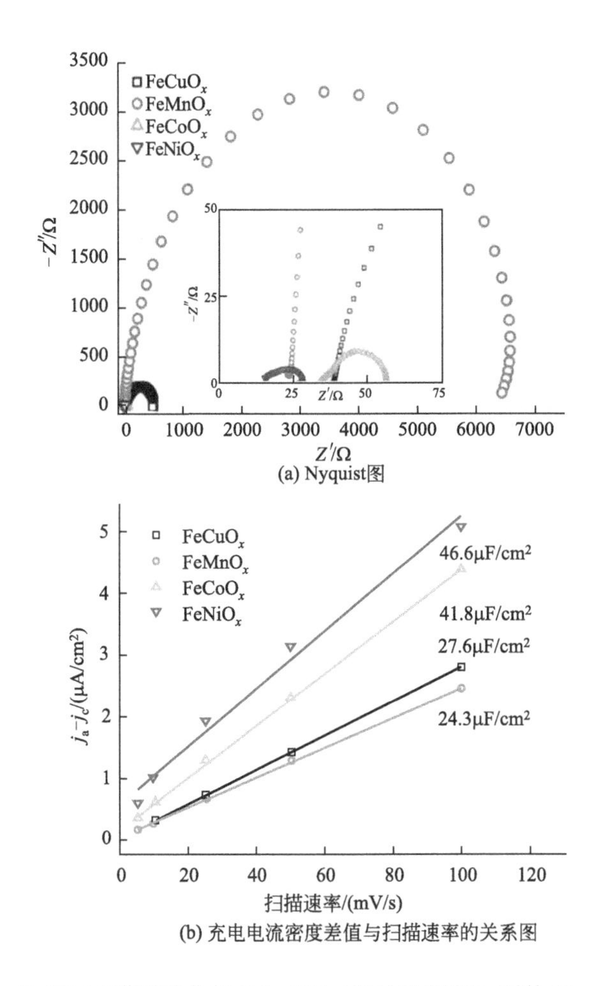

图 7-79 Fe 基二元薄膜催化剂在 1.62V（相对于 RHE）下的 Nyquist 图及充电电流密度差值（j_a-j_c）与扫描速率的关系

（所有测试均在 1mol/L KOH 中进行）

7.4.1.4 Fe 基三元薄膜催化剂

(1) Fe 基三元薄膜催化剂的物理表征 (XRD、SEM)

如图 7-80 所示，选取 Fe 基三元薄膜催化剂性能较为优异的 $CoNiFeO_x$/ITO、$CuNiFeO_x$/ITO、$CuCoFeO_x$/ITO 样品进行 XRD 表征，它们的所有衍射峰位置均与空白 ITO 基底的所有特征峰 (JCPDF 89-4596) 一致，并无新的特征峰出现，因此推断沉积的催化剂是非晶结构。

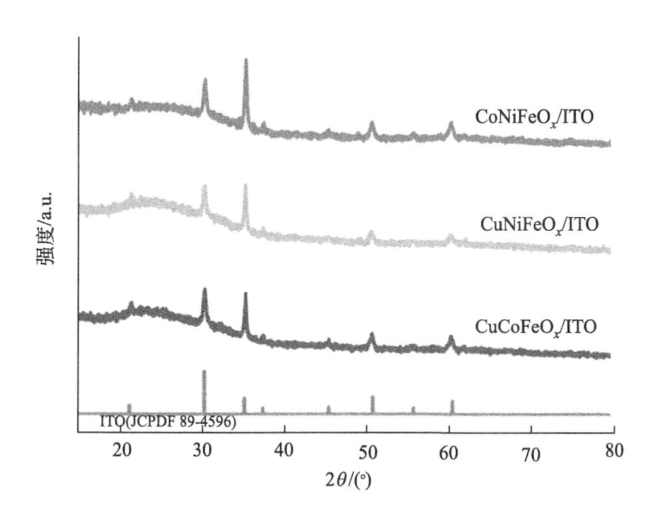

图 7-80 部分 Fe 基三元薄膜催化剂的 XRD 谱图

通过与 Fe 基二元薄膜催化剂 $FeNiO_x$、$CoFeO_x$ 的形貌图对比，三元掺杂所得的 $NiCoFeO_x$ 的形貌明显不同，是由更为密集的、边界更清晰的纳米薄片团聚、堆积而成［图 7-81(a) 和 (b)］。Cu 的掺入使得 $CuCoFeO_x$ 薄膜的沉积量相对于 $CoFeO_x$ 更少，形貌上也有一定的差异，相对更为立体，边界更为清晰［图 7-81(c) 和 (d)］。

(2) Fe 基三元薄膜催化剂的 OER 性能评估

对于三元金属掺杂得到的催化剂来讲，能够展现出优异 OER 性能的金属元素主要是 Ni、Co、Cu 和 Fe。对于 Fe 基催化剂，无论是否掺入活性组分 Ni 和/或 Co，只要掺入 Mn 元素，便会造成薄膜催化剂的 OER 性能突降，这与之前 Subbaraman 等[69] 研究工作一致：$OH—M^{2+\delta}$ ($0\leqslant\delta\leqslant1.5$) 键能强度依次为 Ni＜Co＜Fe＜Mn，Mn 的键能强度相比最高，因此掺杂 Mn 的催化剂的 OER 活性最差。而活性最优的 $NiCoFeO_x$ 超薄薄膜，无论是起始过电位，还是达到电流密度为 $10mA/cm^2$ 的过电位，都是位列 Fe 基三元金属氧化物之首。如图 7-82(a) 所示，$NiCoFeO_x$ 薄膜在 1.35～1.42V (相对于 RHE) 之间存在一对微弱的氧化还原峰，该峰是典型的 $Ni(OH)_2$ 转化为 NiOOH 的峰，在碱性条件下，它的方程式为 $Ni(OH)_2+OH^- \rightleftharpoons NiOOH+H_2O+e^-$。此类薄膜催化剂按起始过电位从小到大依次为：$NiCoFeO_x$ (240mV) ＜ $CuNiFeO_x$ (270mV) ＜ $CoCuFeO_x$ (290mV) ＜ $MnCoFeO_x$ (360mV) ＜ $CuMnFeO_x$ (380mV) ＜ $MnNiFeO_x$ (390mV)。相应的 Tafel 斜率如图 7-82(b) 所示，$CuNiFeO_x$ 的 Tafel 斜率最小，为 20mV/dec，速

(a) $NiCoFeO_x$的SEM图(低倍率)　(b) $NiCoFeO_x$的SEM图(高倍率)
(c) $CuCoFeO_x$的SEM图(低倍率)　(d) $CuCoFeO_x$的SEM图(高倍率)

图 7-81　$NiCoFeO_x$ 薄膜和 $CuCoFeO_x$ 薄膜的 SEM 图

率决定步骤为第 3 电子转移步骤。$NiCoFeO_x$ 的 Tafel 斜率为 60mV/dec，其速率决定步骤为中间体转化反应步骤，其他催化剂的 Tafel 斜率以及所有 Fe 基催化剂的相关 OER 性能参数均如表 7-10 所列。综上所述，$NiCoFeO_x$ 样品的催化性能最好，其次是 $CuNiFeO_x$ 薄膜。

由 EIS 可知［图 7-83(a)］，在发生 OER 反应的催化剂-电解液界面的电荷转移电阻 R_{ct} 依次排序为 $NiCoFeO_x < CuNiFeO_x < CuCoFeO_x < MnCoFeO_x < CuMnFeO_x < MnNiFeO_x$，$R_{ct}$ 越小，电极表面与电解液间的电荷转移越快，动力学方面更有利，催化剂的 OER 活性越优。由此得出：$NiCoFeO_x$ 超薄薄膜的 OER 性能优异的原因在于它的 R_{ct} 很小，而 $MnCoFeO_x$、$CuMnFeO_x$ 以及 $MnNiFeO_x$ 金属组分活性差，组分间的协同作用也较差，在同样的电位值下，R_{ct} 极大，从动力学上不利于 OER 的发生，因而催化效率低。在一个纯电容的条件下，ECSA 等价于 2 倍的双电层电容[27]。如图 7-83(b) 所示，C_{dl} 依次递减：$NiCoFeO_x$（97.5μF/cm^2）＞$CuNiFeO_x$（60.2μF/cm^2）＞$CuCoFeO_x$（53.5μF/cm^2）＞$MnCoFeO_x$（45.9μF/cm^2）＞$CuMnFeO_x$（22.5μF/cm^2）＞$MnNiFeO_x$（20.7μF/cm^2）。由此表明，$NiCoFeO_x$ 的 ECSA 最大，在 OER 反应过程中催化剂暴露出更多的活性位点，因此催化活性也最高。

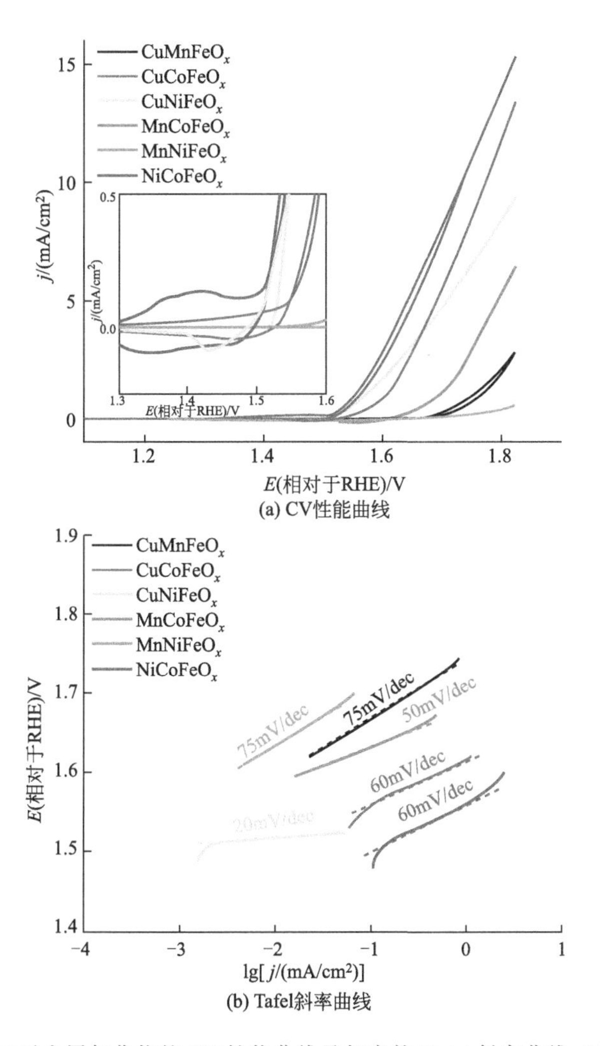

图 7-82　Fe 基三元金属氧化物的 CV 性能曲线及相应的 Tafel 斜率曲线（书后另见彩图）

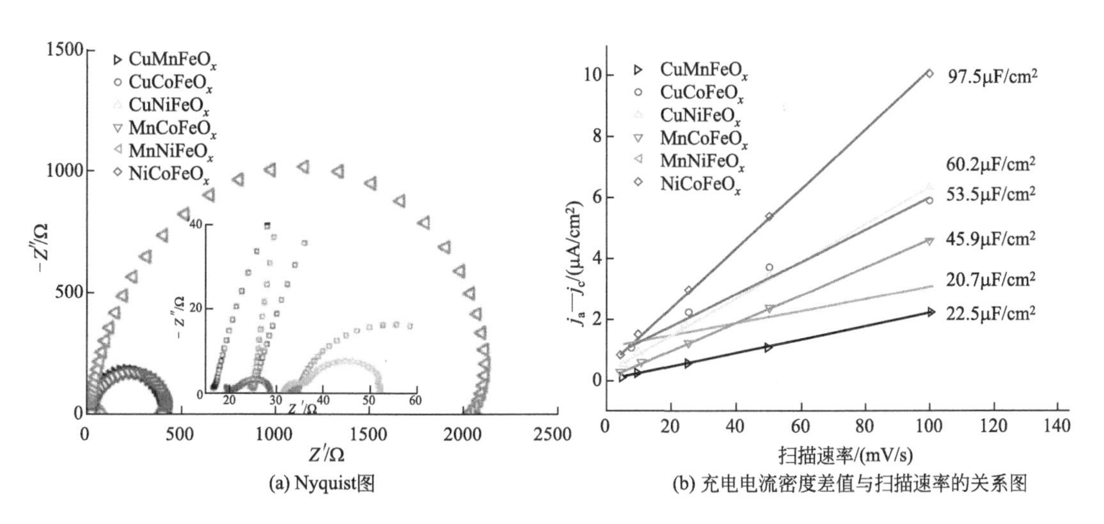

图 7-83　Fe 基三元薄膜催化剂在 1.62V（相对于 RHE）下的 Nyquist 图及充电电流密度差值（j_a-j_c）与扫描速率的关系

（所有测试均在 1mol/L KOH 中进行）

7.4.1.5 Fe基四（五）元薄膜催化剂

多元金属的掺杂表明，并不是掺杂的活性组分越多，催化剂的性能就会越高。如图7-84所示，仅有四元金属氧化物（$CuCoNiFeO_x$）展现出相对较优的催化活性，其起始过电位为270mV，Tafel斜率为55mV/dec。活性组分Cu、Co、Ni以及Fe产生协同作用，进而促进薄膜催化剂进行OER反应。Mn元素的掺入恶化了催化剂薄膜的OER活性，推测原因有：Mn的键能强度最高，而OER催化活性与键能强度成反比关系，因此含Mn催化剂的活性较差；含Mn元素的催化剂不适合利用该法制备，可能生成了不具催化活性的Mn^{4+}[86]。

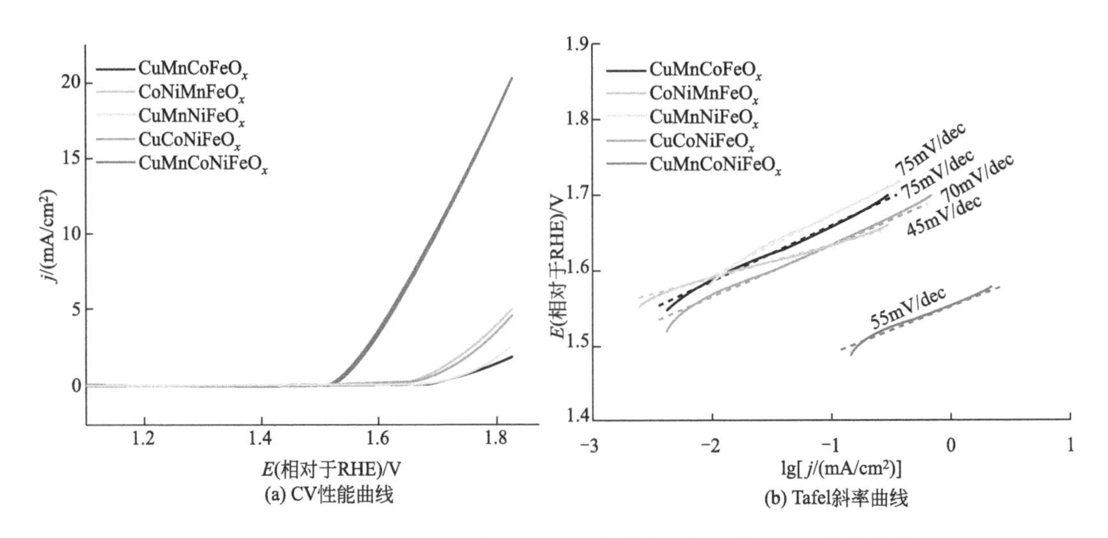

图7-84 Fe基多元金属氧化物的CV性能曲线及相应的Tafel斜率曲线

7.4.1.6 无铁Ni-Co系列薄膜催化剂

（1）OER动力学机理分析

从图7-85可以发现，仅仅改变前驱体中金属离子Ni/Co的比例，就使得催化剂的形貌发生变化。$NiCoO_x$(1∶1)/ITO薄膜展现出一个明显的凹凸不平的、不规则的以及不连续的苔藓状的表面形貌，并且边界分明。$NiCoO_x$（2∶1）拥有一个极为相似但更为稀疏的形貌。而$NiCoO_x$(4∶1)薄膜是由很多直径介于200～300nm之间的纳米颗粒团聚在ITO基底上。所有的氧化物均未形成一个连续的层，所以在非晶$NiCoO_x$团聚体的空隙，ITO基底层的纳米形貌依旧清晰可见，由此表明催化剂在沉积过程中达到了一个沉积-溶解平衡。新生成的催化剂在如此高的电位下发生析氧反应，导致薄膜部分溶解于前驱体溶液中。由此推测更多的Ni掺杂会促使催化剂形成更为规整的纳米颗粒形状。

采用X射线光电子能谱对纳米结构$NiCoO_x$（2∶1）催化剂的表面化学组成以及价态进行表征（图7-86）。XPS谱图显示纳米结构的$NiCoO_x$（2∶1）的表面组成包含Co^{2+}、Co^{3+}、Ni^{2+}以及Ni^{3+}。在图7-86(a)中，Co 2p区域的谱图拟合为两个自旋轨道双峰，以及两个紧邻的卫星峰。在结合能为780.2eV以及795.0eV的特征峰归属于Co^{3+}，而在结合能为781.5eV以及796.2eV的特征峰归属为Co^{2+}。Ni 2p谱图［图7-86(b)］同样

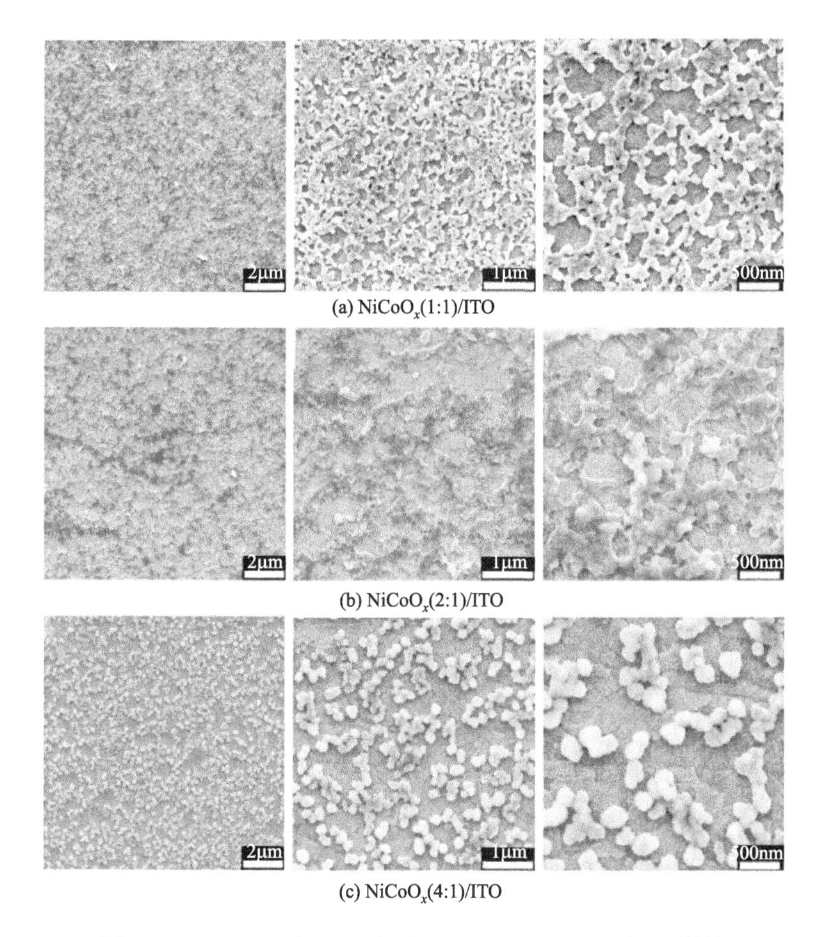

图 7-85 $NiCoO_x$（1∶1）/ITO、$NiCoO_x$（2∶1）/ITO 以及 $NiCoO_x$（4∶1）/ITO 催化剂的 SEM 图

拟合为两个自旋轨道双峰，表示 Ni^{2+}、Ni^{3+} 氧化态，以及两个紧邻的卫星峰。在 854.9eV 和 872.6eV 处观察到的特征峰表示为 Ni^{2+}，而另外两个位于 856.1eV 以及 874.5eV 的峰代表 Ni^{3+}。另外，O 1s 谱图也被拟合［图 7-86(c)］，在结合能为 530.0eV 的峰应属于氧化物中的晶格氧（O^{2-}），由此表明 Ni^{2+} 以及 Co^{2+} 的共存。同时，在 531.5eV 的峰隶属于金属氢氧化物中羟基官能团（OH^-）的氧，它的存在可增强催化剂的亲水性。在某种程度上，该特征峰可能与羟基氧化物中的氧相关，意味着沉积的材料中 Ni^{3+} 以及 Co^{3+} 的共存。在结合能为 530.8eV 处的氧峰和来自 NaOAc 缓冲溶液里的醋酸根离子或者 ITO 基底中的 In_2O_3（SnO_2）中的氧物种相关。剩余一个位于 533.0eV 的氧峰与催化剂表面吸附的分子水相关。在 C 1s 谱图中［图 7-86(d)］，位于 288.6eV 的峰被确认为羰基官能团（—COOH），由此进一步证明，即便通过大量的纯水清洗催化剂，醋酸根离子依然存在。上述结论证明纳米结构的 $NiCoO_x$（2∶1）包含了二价和三价金属阳离子，由此提供优异的电催化活性，这源于 Ni^{3+}/Co^{3+}，常被视为活性位点。相比于 Ni/Co 进料原子比 2∶1，$NiCoO_x$（2∶1）催化剂中的 Ni/Co 原子比相对低一些，为 1∶1.6，这可能是由于在特定的电沉积条件下 Ni 的沉积速率比 Co 慢。

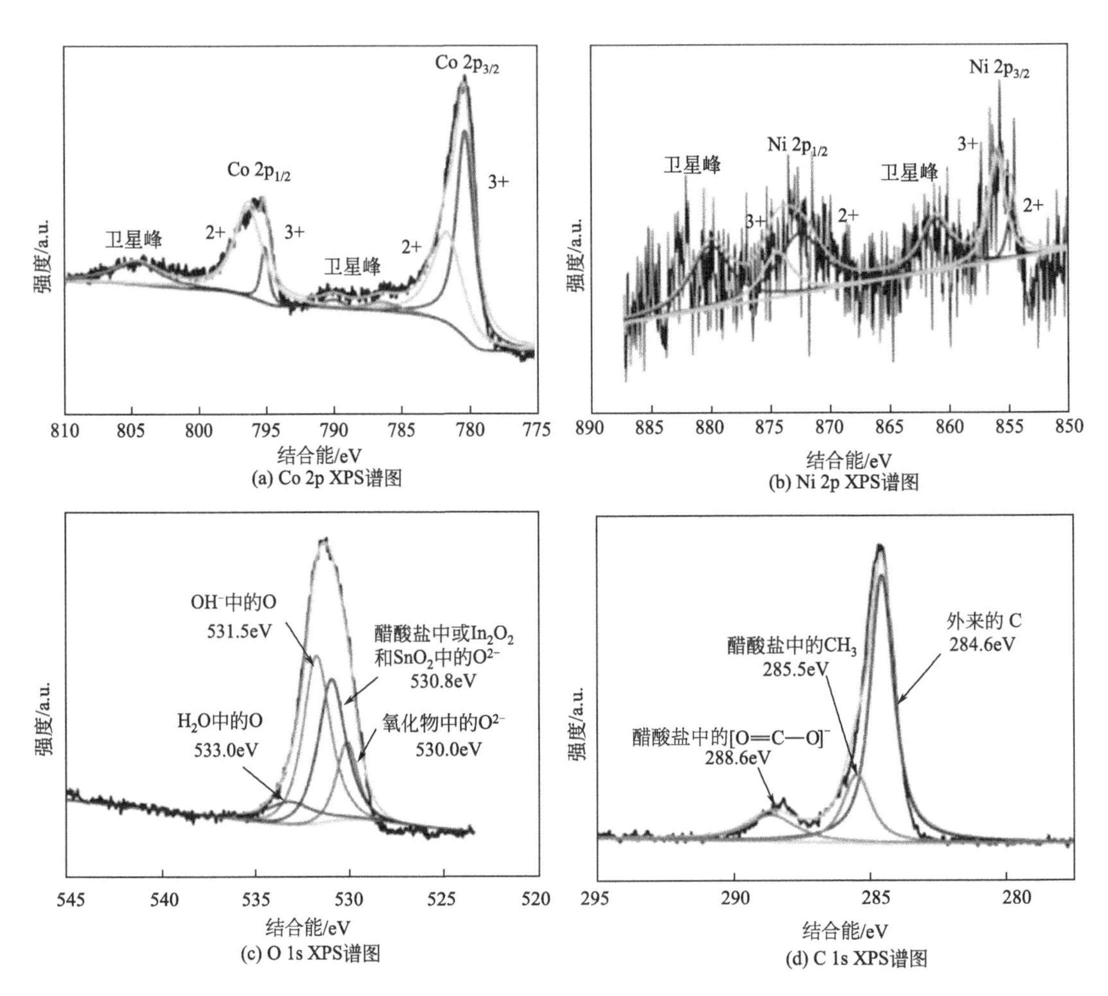

图 7-86 $NiCoO_x$（2∶1）/ITO 催化剂的 Co 2p、Ni 2p、O 1s 以及 C 1s 区域的 XPS 谱图

（2）Ni-Co 系列薄膜催化剂的 OER 性能评估

在 1mol/L KOH（pH=14.0）电解液中，利用 CV 测试 Ni-Co 系列催化剂的 OER 性能，图 7-87(a)、(c) 是 Ni-Co 系列催化剂薄膜的 CV 性能曲线，尽管催化剂薄膜的沉积量较低，但是该系列的大部分催化剂仍展现出优异的 OER 活性，其中 $NiCoO_x$（2∶1）的起始电位最小，为 1.48V（相对于 RHE），随后，伴随着该催化剂的电流密度急剧上升，阳极电极上持续不断地产生气泡（O_2）。所有催化剂的起始过电位依次递增：$NiCoO_x$（2∶1）（250mV）＜$NiCoO_x$（1∶1）（270mV）＜$NiCoO_x$（4∶1）（290mV）＜CoO_x（300mV）＜NiO_x（370mV）。值得一提的是，$NiCoO_x$（2∶1）薄膜催化剂达到电流密度为 $10mA/cm^2$ 的过电位（η_{10}）最小，为 376mV，超过 Wang 等[87] 报道的空心海胆状 HU-$NiCo_2O_4$（405mV）以及纳米颗粒聚集的 NA-$NiCo_2O_4$（458mV）。所有催化剂的 η_{10} 依次递增：$NiCoO_x$（2∶1）（376mV）＜$NiCoO_x$（1∶1）（441mV）＜$NiCoO_x$（4∶1）（502mV）＜CoO_x（520mV）。由此表明 $NiCoO_x$（2∶1）是析氧活性最优的催化

剂。同时，由图 7-87(b)、(d) 可知，相应催化剂的 Tafel 斜率排序为：$NiCoO_x$（2∶1）(48mV/dec) ≤$NiCoO_x$（1∶1）(48mV/dec) ＜$NiCoO_x$（4∶1）(70mV/dec) ＜CoO_x (77mV/dec) ＜NiO_x（180mV/dec)。该系列的催化剂展示出显著的 OER 活性，超过很多通过其他方法制备的电催化剂。阳极 CV 电沉积所制备的不含 Fe 的 Ni-Co 系列的催化剂在 1mol/L KOH 中的析氧催化活性要优于许多非贵金属催化剂，相关参数的对比见表 7-10。

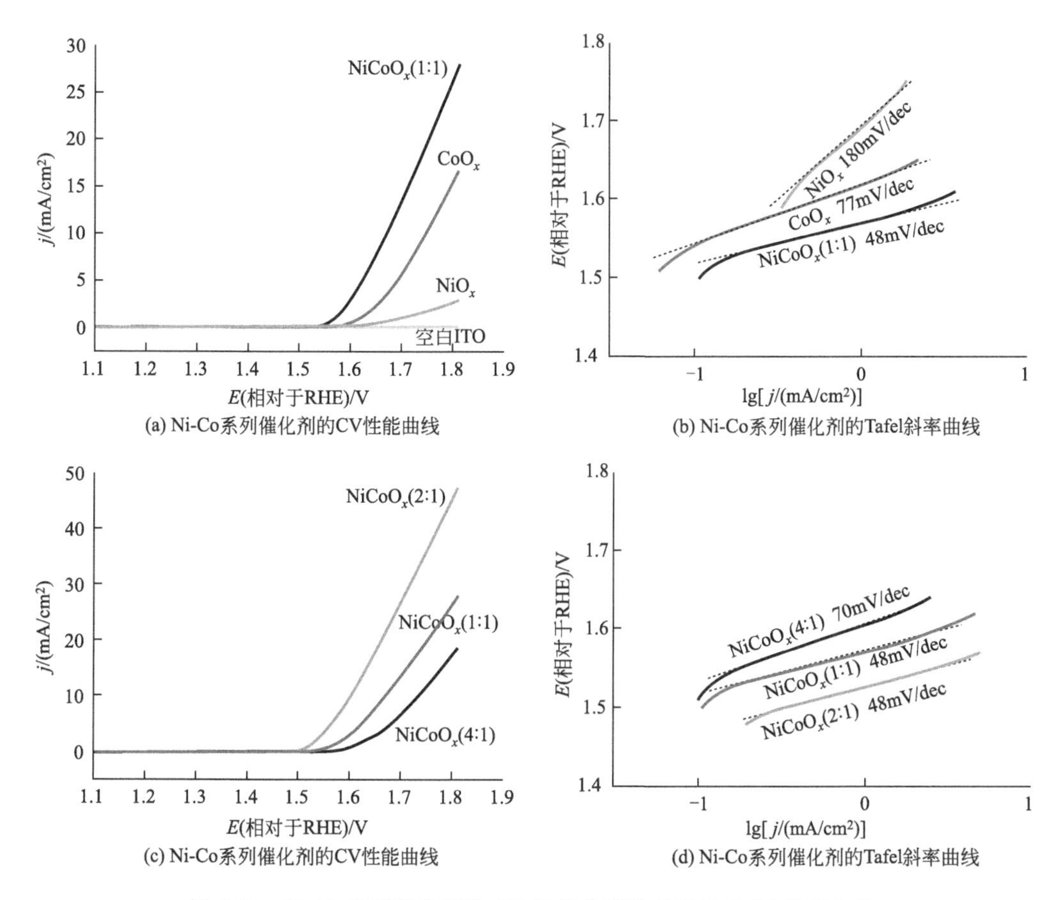

图 7-87　Ni-Co 系列催化剂的 CV 性能曲线及相应的 Tafel 斜率曲线

表 7-10　不同催化剂在 1mol/L KOH 溶液中的 OER 性能参数

样品	起始 η/mV	η(1mA/cm^2)/mV	η(5mA/cm^2)/mV	η(10mA/cm^2)/mV	Tafel 斜率/(mV/dec)	数据来源
$FeCuO_x$	370	521	—	—	55	*
$FeMnO_x$	380	593	—	—	58	*
$FeCoO_x$	290	375	488	—	47	*
$FeNiO_x$	240	330	416	500	38	*

续表

样品	起始 η/mV	η(1mA/cm^2)/mV	η(5mA/cm^2)/mV	η(10mA/cm^2)/mV	Tafel 斜率/(mV/dec)	数据来源
$CuMnFeO_x$	380	520	—	—	75	*
$CuCoFeO_x$	290	375	460	541	60	*
$CuNiFeO_x$	270	342	474	—	20	*
$MnCoFeO_x$	360	465	565	—	50	*
$MnNiFeO_x$	390	—	—	—	75	*
$NiCoFeO_x$	240	329	416	504	60	*
$CuCoNiFeO_x$	270	322	392	460	55	*
$CoNiMnFeO_x$	370	471	592	—	45	*
$CuMnCoFeO_x$	380	535	—	—	75	*
$CuMnNiFeO_x$	380	534	—	—	75	*
$CuMnCoNiFeO_x$	370	485	—	—	70	*
NiO_x	370	489	—	—	180	*
CoO_x	300	389	464	520	77	*
$NiCoO_x$(Ni∶Co=1∶1)	270	340	394	441	48	*
$NiCoO_x$(Ni∶Co=2∶1)	250	295	341	376	48	*
$NiCoO_x$(Ni∶Co=4∶1)	290	376	447	502	70	*
HU-$NiCo_2O_4$	316	—	—	405	52.4	[87]
NA-$NiCo_2O_4$	350	—	—	458	51.3	[87]
H-$Fe_{0.5}V_{0.5}$复合物	250	—	—	390	36.7	[88]
NiCoP 纳米盒子	—	—	—	370	115	[89]
Ni-Co LDH 纳米盒	—	—	—	420	135	[89]
Co/Co_2P 纳米颗粒	—	—	—	390	—	[90]
Co_3O_4				450		[90]
$Co(OH)_2$	—	—	—	430	—	[90]
CoP/NF	—	—	—	390	65	[91]
MWCNTs/$Ni(OH)_2$	322	373	435	—	87	[92]

注：“*”代表本次实验的数据。

稳定性是评估电催化剂性能的一大指标，它直接关系到催化剂能否用于实际的工业生产。如图 7-88 所示，本次实验分别采用了加速降解测试法和计时电流法评估 Ni-Co 系列催化剂稳定性的优劣，由 CV 图可看出，$NiCoO_x$(1∶1)、$NiCoO_x$(2∶1) 以及 $NiCoO_x$ (4∶1) 第 1 圈和第 1000 圈的 CV 曲线基本重合，表明 Ni-Co 系列的催化剂均具有优异的稳定性。除此之外，通过计时电流法的曲线可得，$NiCoO_x$(2∶1) 在初始阶段从 15.5mA/cm^2 陡升至 17.5mA/cm^2，在随后 4h 中电流密度逐渐提升至最大值，约为 19mA·cm^{-2}，在接下来的 11h 中催化剂维持较为恒定的电流密度值持续水解［图 7-88(d)］。相比之下，$NiCoO_x$(1∶1) 和 $NiCoO_x$(4∶1) 维持着相对较小的电流密度（分别约为 7mA/cm^2 和 6mA/cm^2）持续进行 OER 反应，同样表现出良好的稳定性。

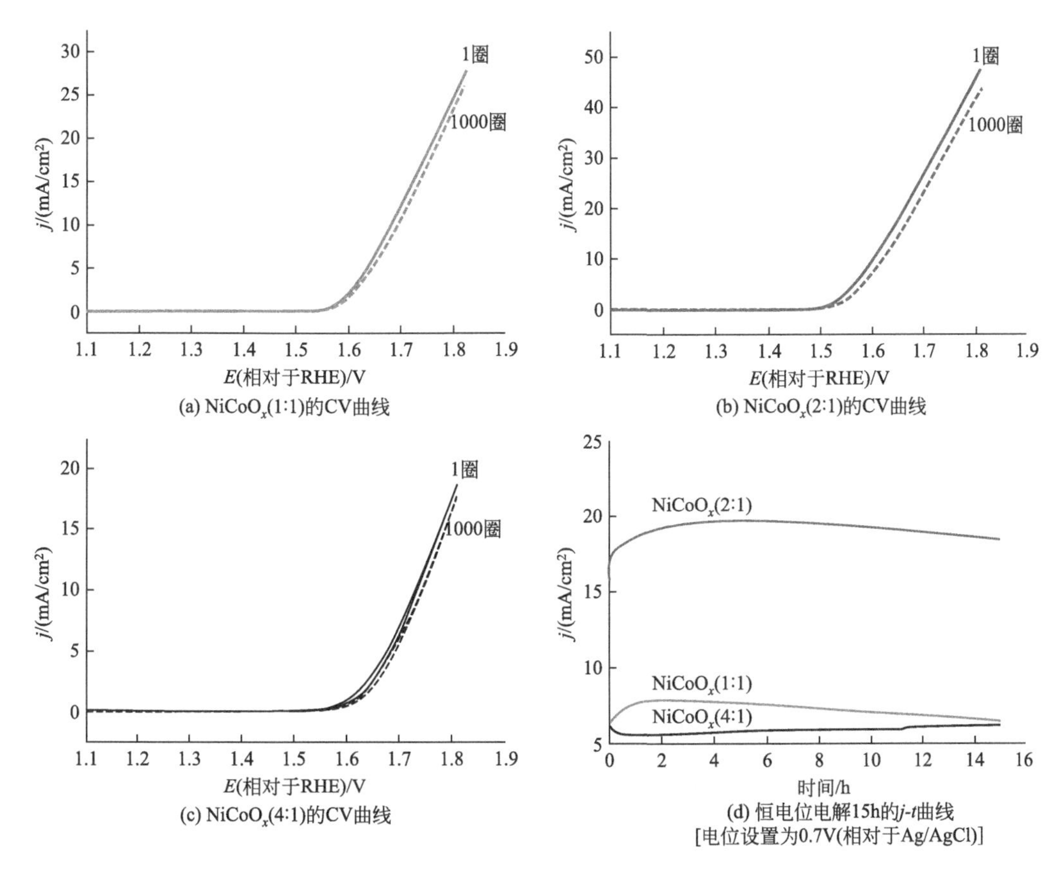

图 7-88　$NiCoO_x$ (1∶1)、$NiCoO_x$ (2∶1) 以及 $NiCoO_x$ (4∶1)
在第 1 圈和第 1000 圈循环伏安扫描的 CV 曲线及恒电位电解 15h 的 j-t 曲线

7.4.2　逐步沉积法制备铁基薄膜催化剂

由于日益增长的能源需求以及使用化石燃料带来的一系列环境问题，促使人们开发可持续的、无碳的能源。通过水分解方式得以实现的人工光合作用，实际是一种模仿自然系统中的光电能量转换，这一主题吸引了铺天盖地的关注。但是，作为水分解的半反应之一的析氧反应却因其减缓的动力学限制了水分解的整体效率，因此，开发有效的析氧电催化剂已经变成可再生能源技术的核心，并由此引起了极大的研究兴趣。第一行过渡金属(Ni、Co、Mn、Fe、Cu）氧化物、氢氧化物和羟基氧化物，包括单金属或者多金属元素，都对析氧反应起到相应的催化活性。电沉积方法已被证实为一个有效的方法，在含有单金属离子、混合金属离子或者金属配合物前驱体溶液中，利用阴极或者阳极电解，将催化剂薄膜沉积至基底上。Corrigan 等[93] 利用阴极沉积法从含有过渡金属硝酸盐的水溶液中制备氢氧化物催化剂。可能的沉积机理为：通过施加阴极电流，促使 NO_3^- 还原，从而工作电极周围的 pH 值升高，反应式如下：

$$NO_3^- + 7H_2O + 8e^- \longrightarrow NH_4^+ + 10OH^- \tag{7-20}$$

随着 pH 值的升高，使得不溶的金属氢氧化物沉积至电极表面：

$$M^{n+} + nOH^- \longrightarrow M(OH)_n \tag{7-21}$$

其中 n 是金属离子的氧化态。施加阴极电流密度值的大小、沉积时间的长短都将影响催化剂的性质，例如薄膜形态、基底覆盖率以及厚度。施加的电流密度值也可能影响沉积机制。例如，Merrill 等[94] 报道了在特定条件下沉积 $Ni(OH)_2$ 的主要机理：形成金属 Ni^0，随后被溶液中的 NO_3^- 直接氧化。该沉积方法可适用于第一行过渡金属 Mn、Fe、Co 和 Ni，通常为防止金属形式的沉积，阴极电沉积法中常使用不易被还原的离子。一般直接使用 Mn、Co 和 Ni 的硝酸盐，但对于含铁的薄膜，通常使用 $FeCl_2$ 作为金属源，$NaNO_3$ 作为硝酸盐的来源。当对溶液施加阴极电流或者随着反应进行一段时间都会造成 Fe $(NO_3)_3$ 生成沉淀，可能是由于在溶液中均匀生成了不溶的 FeOOH。因此含有 Fe 的沉积液，在添加 $FeCl_2$ 之前或之后都要通 N_2，以防止氧化和产生沉淀。同样也可使用阳极沉积法。阳极沉积的优势在于沉积电流可直接驱动可溶金属离子氧化形成不溶相。因此，原则上沉积电荷可以直接与薄膜负载量相关，尽管该过程是复杂的多金属阳离子体系(每个阳离子的还原电位都不同)。阳极沉积会增加组分之间的相互连接性，同时可沉积出更高负载量的催化剂[95]。而脉冲沉积是另外一种可以在高负载量的情况下增加组分之间连接性的方法。对于选择沉积方法来说，每个合成方法都有优缺点，因此一个方法的合适与否取决于它需要解决何种问题。电沉积的优势在于可以沉积较厚的薄膜并直接生成氢氧化物（羟基氧化物）相的目标产物。

NiFe、CoFe 和 NiCoFe 材料的价格低廉，毒性小，并在非贵金属当中属于性能优异的析氧催化剂。而一般电沉积的这类催化剂通常是在含有 Ni^{2+} 和 Fe^{2+}/Fe^{3+} 的溶液中经由阴极沉积得到的，而这个过程很难被精确控制。其原因在于不同阳离子的氧化还原行为不同和/或金属离子与 OH^- 不同的溶度积常数。因此，本节采用逐步沉积法，首先在含有 Ni^{2+} 和/或 Co^{2+} 的溶液中阴极恒电位沉积，随后更换至含有 Fe^{3+} 的溶液中（0.1mol/L NaOAc 作为电解质）阳极 CV 沉积，制备出具有优异 OER 性能和良好稳定性的超薄 $NiFeO_x$（$CoFeO_x/NiCoFeO_x$）薄膜催化剂。

7.4.2.1 Fe 基薄膜催化剂的制备

本次实验选择两种基底，分别是 ITO 和泡沫镍（Ni foam，NF)。当以 ITO 作为基底时，在沉积之前对 ITO 做清洗处理，该步骤与第 6 章一致。而对 NF 基底预处理的步骤为：通过在丙酮中脱脂，再配制 6.0mol/L HCl 对其刻蚀 15min，再经纯水漂洗，随后在 0.1mmol/L $NiCl_2$ 溶液中浸泡 4h。再用大量的纯水清洗，随后自然晾干。

用于阴极沉积的前驱体溶液的总金属阳离子浓度为 3mmol/L 的 $NiSO_4$ 和/或 $CoSO_4$（电解液 1）。用于阳极 CV 沉积的前驱体溶液是 1mmol/L $Fe_2(SO_4)_3$，以 0.1mol/L NaOAc 作为支持电解质（电解液 2）。

沉积实验是在电化学工作站（CHI 650E）上完成的。在一个三电极体系中，空白 ITO/NF 作为工作电极，干净的 Pt 丝和 Ag/AgCl（饱和 KCl）分别作为对电极和参比电极。在电解液 1 中，以－1.0V（参比电极 Ag/AgCl）阴极恒电位沉积 300s。随后用纯水清洗沉积样品的 ITO/NF，再更换至电解液 2 中，利用 CV 在 0～1.15V（参比电极 Ag/AgCl）下沉积 1 圈，随后在纯水中漂洗，制得催化剂。

7.4.2.2 Fe 基薄膜催化剂的性能测试

与电沉积过程一致，以三电极体系的电化学工作站来获取相关性能数据，但工作电极是沉积上催化剂的 ITO/NF 电极。电解质溶液为 1mol/L KOH（pH＝14.0），通过 CV 或者 LSV 在 0～0.8V（参比电极 Ag/AgCl）的电位区间下，以扫速为 10mV/s 进行测量。稳定性测试采用 CV 法（1mol/L KOH）进行测试，选取 0.4～0.8V（参比电极 Ag/AgCl），以 10mV/s 扫描速率进行扫描，经过 500 圈的 CV 之后再记录第 500 圈的 CV/LSV 曲线，比较第 1 圈和第 500 圈的 CV/LSV 曲线，判定催化剂的稳定性优劣。

电化学阻抗谱是在 1mol/L KOH 电解液中，设置电位值为 1.81V（相对于 RHE），以 5mV 的交流幅值在频率范围为 10^5～0.1Hz 内测量得到。

电化学活性面积是在 1mol/L KOH 电解液中，通过 CV 测得双电层曲线。通过在一个非法拉第电位窗口［0.297～0.337V（参比电极 Ag/AgCl）］，分别以 5mV/s、10mV/s、20mV/s、40mV/s、60mV/s、80mV/s 和 100mV/s 的扫速进行测量。通过电流密度差值 (j_a-j_c)-扫速作图，所得斜率可以评估 ECSA 的大小。ECSA 相当于 2 倍的双电层电容[27,83]。并且，测定 ECSA 是在测定 OER 性能曲线之后进行的。

7.4.2.3 Fe 基薄膜催化剂的形貌结构表征

(1) Fe 基薄膜催化剂的 XRD 分析

如图 7-89(a) 所示，$NiFeO_x$/ITO、$CoFeO_x$/ITO、$NiCoFeO_x$/ITO 所有衍射峰位置均与空白 ITO 基底的所有特征峰（JCPDF 89-4596）相同，因此沉积的催化剂可能是非晶结构。同时，以 NF 作为基底的样品在 44.6°、52.0°和 76.6°处的峰分别属于金属 Ni 的（111）、（200）和（220）晶面（JCPDF 70-0989）［图 7-89(b)］。由此表明沉积于 NF 上的催化剂所有衍射特征峰位置均与空白 NF 的特征峰相同，因此推断制备的催化剂是非晶薄膜。

(2) Fe 基薄膜催化剂的 SEM

图 7-90（a）、(b) 是 $NiFeO_x$ 薄膜的 SEM 图，催化剂是由很多均匀分布的花状纳米颗粒组成，颗粒直径介于 200～500nm，催化剂未完全覆盖 ITO 基底。图 7-90（c）、(d) 是由分散的、局部凹陷的 $CoFeO_x$ 纳米颗粒构成的，颗粒平均直径约为 400nm。同样的，颗粒较为稀疏，未能完全覆盖基底。但是，$NiCoFeO_x$ 催化剂只是通过改变前驱体金属离子配

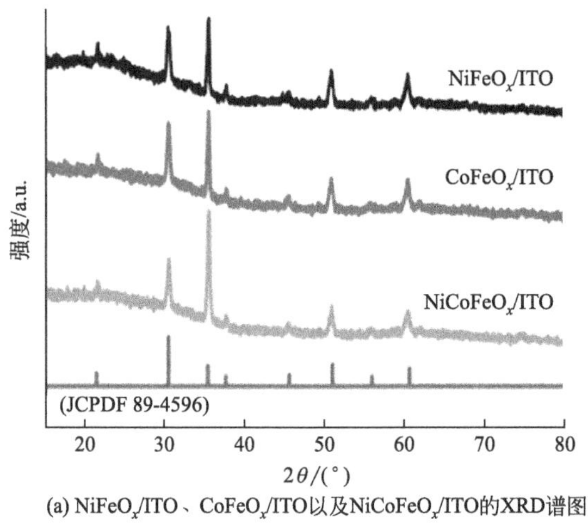

(a) NiFeO$_x$/ITO、CoFeO$_x$/ITO以及NiCoFeO$_x$/ITO的XRD谱图

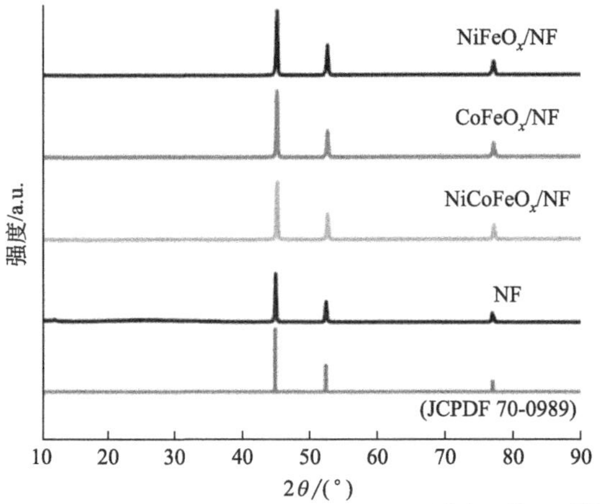

(b) NiFeO$_x$/NF、CoFeO$_x$/NF、NiCoFeO$_x$/NF以及NF的XRD谱图

图 7-89 Fe 基薄膜催化剂的 XRD 谱图

比，其他条件维持不变，但所得催化剂薄膜却完全覆盖 ITO 基底［图 7-90(e)、(f)］。并且催化剂的形貌与前两个催化剂有所差异，由丝状的纳米带连接聚集而成，并伴随着一些由纳米绸带包裹的纳米小圆片组成的颗粒。这与沉积在 NF 上的 NiCoFeO$_x$ 薄膜的形貌极为接近，如图 7-91(a)、(b) 所示，当以 NF 作为基底，这种超薄的 NiCoFeO$_x$ 纳米带变得更为均匀、光滑、致密，也更为立体。

7.4.2.4 Fe 基薄膜催化剂的 OER 性能评估

(1) 以 ITO 为基底的 Fe 基薄膜催化剂的 OER 性能

如图 7-92(a) 所示，当以 ITO 作为基底时，在 1mol/L KOH 中，空白 ITO 在整个电位区间内未展现出 OER 活性。在发生析氧反应之前，CoFeO$_x$ 以及 NiCoFeO$_x$ 在电位约 1.27V（相对于 RHE）处均具有一个氧化峰，它源于 Co^{2+}/Co^{3+} ［$Co(OH)_2$/CoOOH］的转化[66]。而 NiFeO$_x$ 在 1.42V（相对于 RHE）存在一个微弱的氧化峰，这是 Ni^{2+}/Ni^{3+} 的转化。对比来说，CoFeO$_x$、NiFeO$_x$ 以及 NiCoFeO$_x$ 三种催化剂在碱性条件下均展现

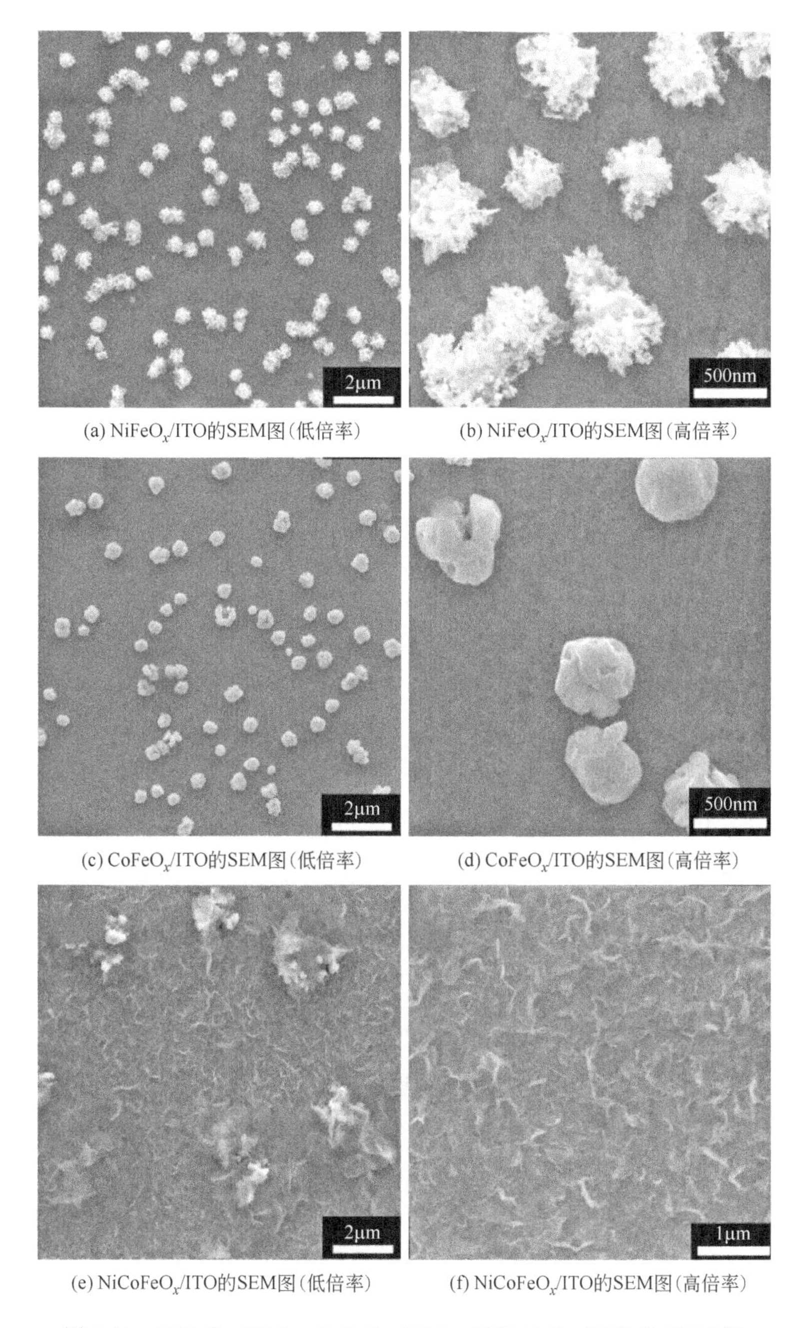

(a) $NiFeO_x$/ITO的SEM图(低倍率)　(b) $NiFeO_x$/ITO的SEM图(高倍率)

(c) $CoFeO_x$/ITO的SEM图(低倍率)　(d) $CoFeO_x$/ITO的SEM图(高倍率)

(e) $NiCoFeO_x$/ITO的SEM图(低倍率)　(f) $NiCoFeO_x$/ITO的SEM图(高倍率)

图 7-90　$NiFeO_x$/ITO、$CoFeO_x$/ITO、$NiCoFeO_x$/ITO 的 SEM 图

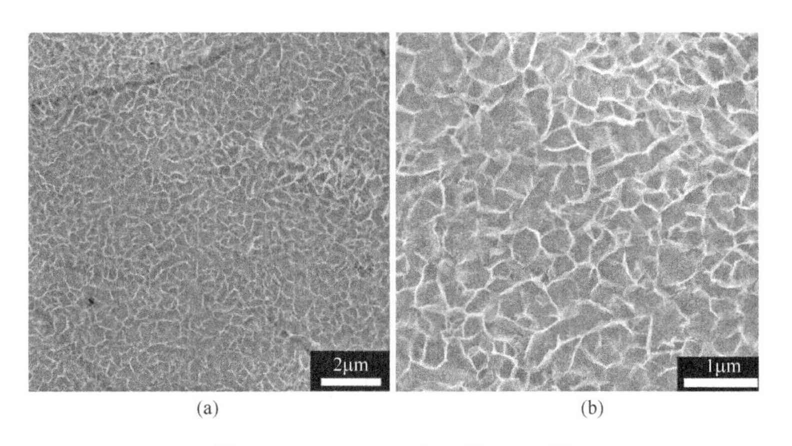

图 7-91 $NiCoFeO_x/NF$ 的 SEM 图

出优异的 OER 性能，它们的起始过电位分别为 310mV、280mV 以及 280mV。三种催化剂的 Tafel 斜率均为 38mV/dec [图 7-92(b)]。从 OER 起始电位和反应电流来看，这三种样品间差别不大。为了进一步详细比较，我们将催化剂达到不同电流密度下的过电位作图[图 7-92(c)]，$CoFeO_x/ITO$ 样品在达到 $5mA/cm^2$、$10mA/cm^2$ 和 $20mA/cm^2$ 电流密度的过电位分别为 410mV、468mV 以及 569mV，相同条件下 $NiFeO_x/ITO$ 样品的过电位为 419mV、481mV 和 593mV，$NiCoFeO_x/ITO$ 样品的过电位为 381mV、433mV 和 528mV。

稳定性的优劣直接关系到催化剂能否推向工业化，因此催化剂的稳定性是必须考察的因素之一。在 1mol/L KOH 中，以较低的扫描速率（10mV/s）在电位区间 0.4～0.8V（参比电极 Ag/AgCl）循环扫描 500 圈，对比第 1 圈和第 500 圈 CV 性能曲线的差异可以发现：$CoFeO_x$ 和 $NiFeO_x$ 的 OER 性能变化较小，而 $NiCoFeO_x$ 的 OER 性能略微降低（图 7-93）。综合催化性能、Tafel 斜率以及稳定性三个方面，$NiCoFeO_x$ 是这三种样品中 OER 性能最优异的薄膜催化剂，在复合物中 Ni、Co 和 Fe 元素之间的相互协同效应比单独的 Ni、Fe 以及 Co、Fe 更强。

交流阻抗是基于过电位和催化剂组成等条件，用以探测催化剂潜在的控制因素，继而反映催化剂的反应动力学过程。如图 7-94 所示，在发生 OER 反应的催化剂-电解液界面的电荷转移电阻 R_{ct} 大小顺序为 $NiCoFeO_x/ITO < NiFeO_x/ITO < CoFeO_x/ITO$，$R_{ct}$ 越小，则表明催化剂与电解液之间的电荷转移越快，动力学方面更有利，催化剂的 OER 活性越优。由此得出：$NiCoFeO_x/ITO$ 薄膜的 OER 性能优异的原因在于它的 R_{ct} 很小，而 $NiFeO_x/ITO$ 和 $CoFeO_x/ITO$ 在同样的电位值下，R_{ct} 更大，从动力学上不利于 OER 的发生，因而催化效率低于 $NiCoFeO_x/ITO$ 的。一般情况下，文献中采用几何表面积来衡量催化剂的活性，但催化剂真正发挥 OER 催化活性的面积是它的电化学活性表面积（ECSA），由此探究比较催化剂的本征活性，更能真实反映催化剂固有的 OER 性能。在一个纯电容的条件下，ECSA 等价于 2 倍的双电层电容[27]。如图 7-94(b) 所示，$NiCoFeO_x/ITO$ 的 C_{dl} 最大，为 $3.53mF/cm^2$。而 $NiFeO_x/ITO$ 和 $CoFeO_x/ITO$ 的 C_{dl} 分别为 $2.53mF/cm^2$ 以及 $0.31mF/cm^2$。由此表明，$NiCoFeO_x/ITO$ 的 ECSA 更大，在 OER 反应过程中催化剂便暴露出更多的活性位点，催化活性也更高。

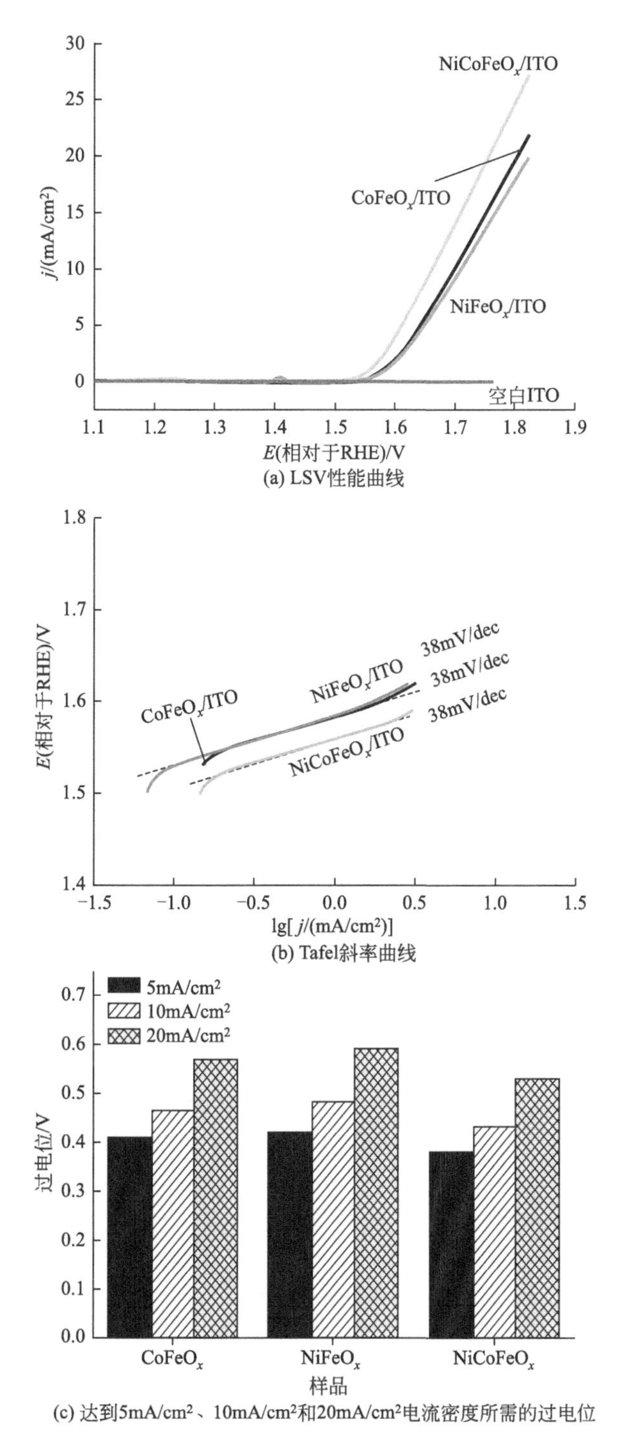

图 7-92 以 ITO 为基底的 Fe 基薄膜催化剂的性能测试

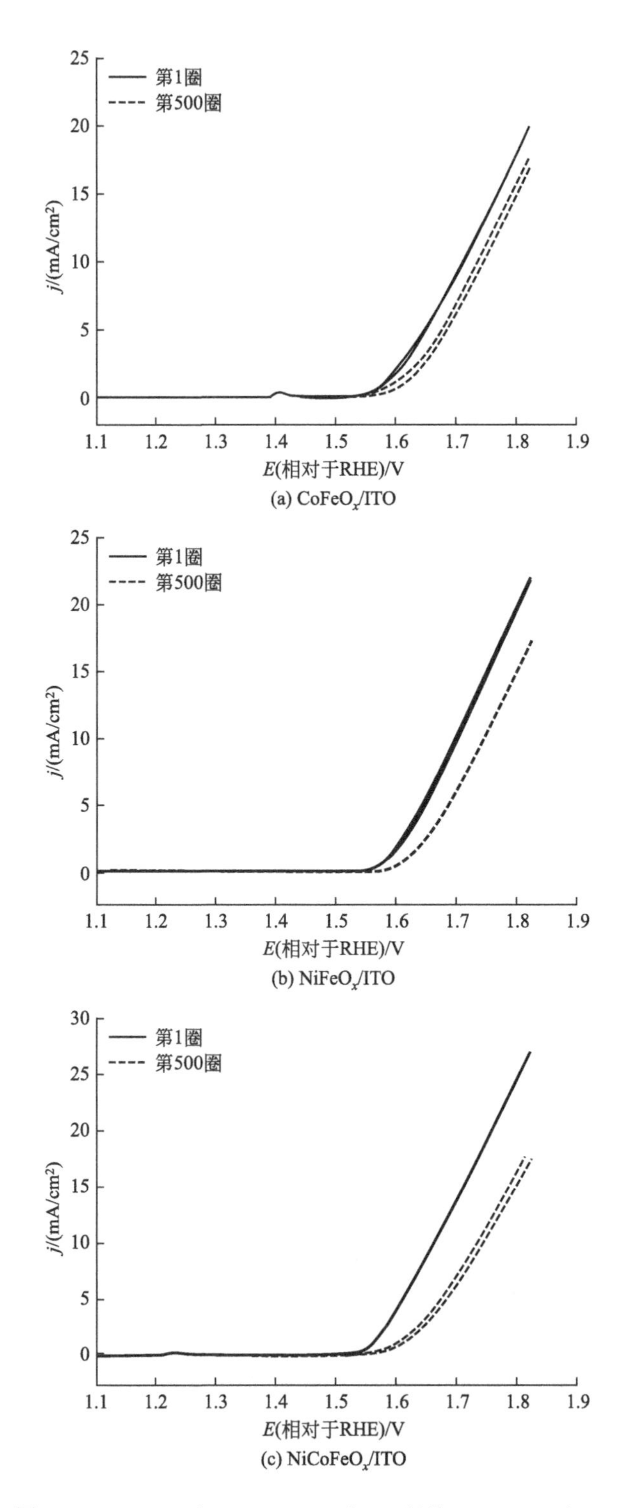

图 7-93 $CoFeO_x$/ITO、$NiFeO_x$/ITO 以及 $NiCoFeO_x$/ITO 在循环扫描 500 圈前后的稳定性对比

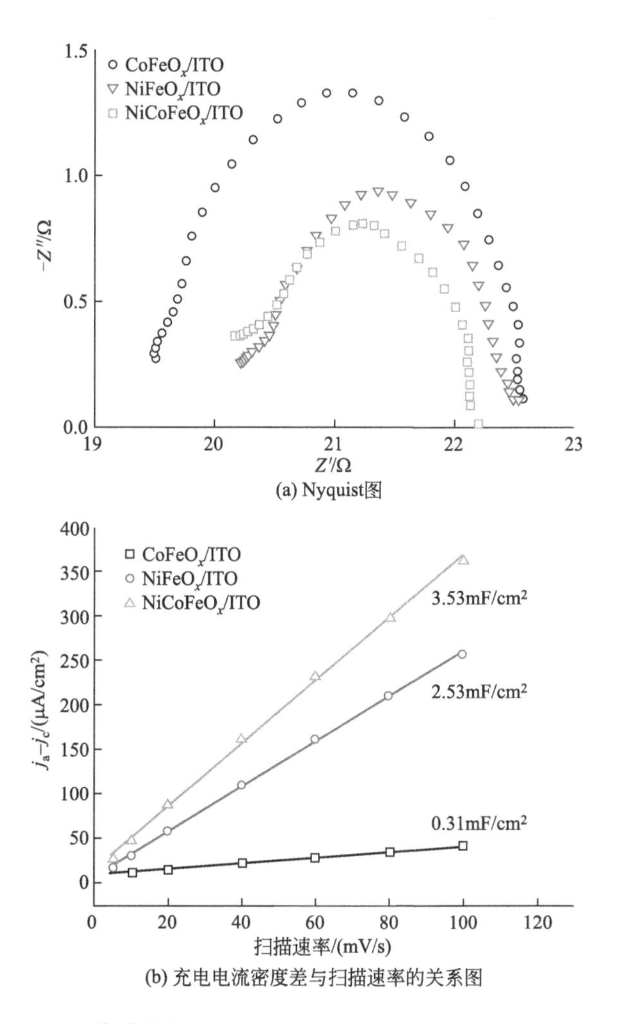

图 7-94 Fe 基薄膜催化剂在 1.81V（相对于 RHE）下的 Nyquist 图及充电电流密度差值（j_a-j_c）与扫描速率的关系

（所有测试均在 1mol/L KOH 中进行）

（2）以 NF 为基底的 Fe 基薄膜催化剂的 OER 性能

考虑二维平面基底材料会限制催化剂暴露电解液中的活性位点，因为仅有少数几个最外层直接与电解液接触。除此之外，在进行 OER 反应的过程中 O_2 气泡不断产生并聚集在平面基底上，将导致显著的气泡过电位，特别是在高电流密度以及强烈的气相生成条件下[96]。以大孔 NF 作为基底材料，可构建出三维的电极材料，这种互连的、双连续的宏观多孔结构横跨着整个 NF 基底，可以提供非常高的比表面积、电导率以及集成性[97]。由图 7-95 可知，单独的 NF 基底在 1mol/L KOH 中的 OER 活性较差，它的起始电位为 1.63V（相对于 RHE），并且 Tafel 斜率约为 160mV/dec。相比于 $NiFeO_x$/NF、$CoFeO_x$/NF 以及空白 NF 基底，$NiCoFeO_x$/NF 显示出更为优异的 OER 活性，并在电流密度为 100mA/cm^2 的过电位仅为 422mV（$NiFeO_x$/NF 是 498mV，$CoFeO_x$/NF 是 463mV），超过 Singh 等[98] 制备的 Fe_3O_4（524mV），$Co_{0.1}Fe_{2.9}O_4$（550mV）、$Co_{0.2}Fe_{2.8}O_4$（459mV）、

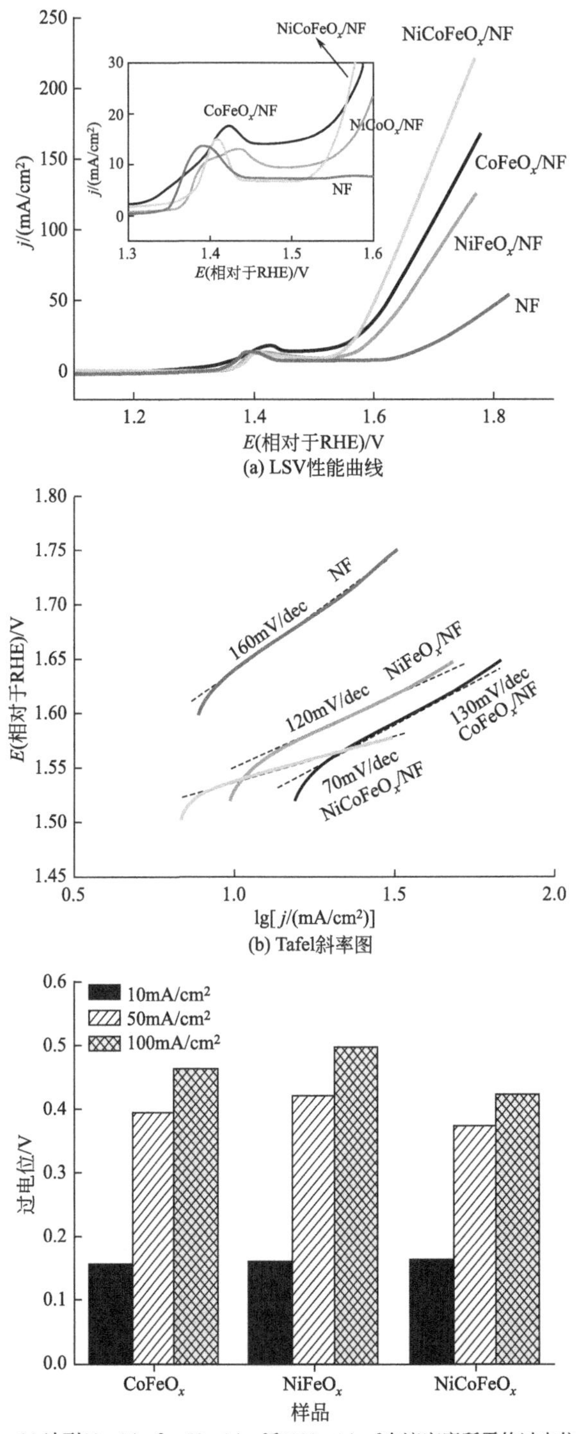

图 7-95　以 NF 为基底的 Fe 基薄膜催化剂的性能测试

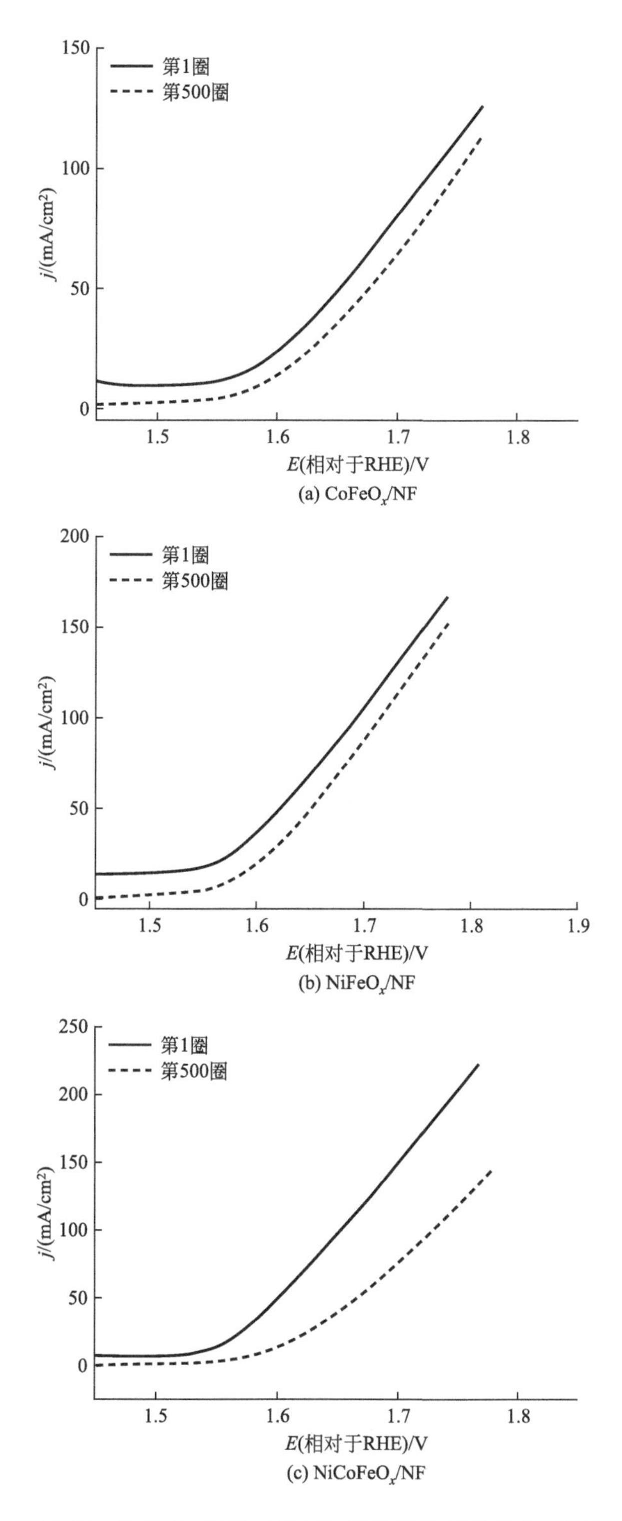

图 7-96 $CoFeO_x$/NF、$NiFeO_x$/NF 以及 $NiCoFeO_x$/NF 在循环扫描 500 圈前后的稳定性对比图

$Co_{0.3}Fe_{2.7}O_4$（435mV）以及 $Co_{1.4}Ni_{0.1}Fe_{1.5}O_4$（444mV）。由此表明，高催化活性来自 $NiCoFeO_x$ 复合物中 Ni、Co 和 Fe 之间的协同作用。在发生 OER 反应之前，在 1.39～1.43V 之间出现了一个小的氧化过程，形成了 Ni^{3+} 或 Ni^{4+} 组分，这些都是催化 OER 反应的活性位点[5]。当基底是 NF 时，所有沉积样品的 Tafel 斜率均存在不同程度的提升，如图 7-96(b) 所示，$NiCoFeO_x$/NF、$NiFeO_x$/NF 以及 $NiCoFeO_x$/NF 的 Tafel 斜率分别为 70mV/dec、120mV/dec 以及 130mV/dec。为了进一步详细比较，我们将催化剂达到不同电流密度下的过电位作图［图 7-96(c)］，$CoFeO_x$/NF 样品在达到 10mA/cm^2 和 50mA/cm^2 电流密度的过电位分别为 156mV 和 394mV，相同条件下 $NiFeO_x$/NF 样品的过电位为 161mV 和 420mV，$NiCoFeO_x$/NF 样品的过电位为 165mV 和 372mV。图 7-96 是通过 CV 法测试得到的 $CoFeO_x$/NF、$NiFeO_x$/NF、$NiCoFeO_x$/NF 循环 500 圈前后的稳定性图，$CoFeO_x$/NF、$NiFeO_x$/NF 都很好维持了 OER 反应，$NiCoFeO_x$/NF 稍微次之。相应的性能参数以及和别的文献性能对比如表 7-11 所列。

表 7-11　不同催化剂在 1M KOH 溶液中的 OER 性能参数

样品	起始 η/mV	η(1mA/cm^2)/mV	η(5mA/cm^2)/mV	η(10mA/cm^2)/mV	Tafel 斜率/(mV/dec)	数据来源
$CoFeO_x$/ITO	310	353	410	468	38	*
$NiFeO_x$/ITO	280	351	419	481	38	*
$NiCoFeO_x$/ITO	280	327	381	433	38	*
$CoFeO_x$/NF	300	—	118	155	130	*
$NiFeO_x$/NF	310	80	147	161	120	*
$NiCoFeO_x$/NF	280	47	149	165	70	*
$CoFeO_x$	270	—	—	220～230	—	[99]
Fe-Co_3O_4(Co/Fe=64)	—	—	—	496	—	[100]
Fe-Co_3O_4(Co/Fe=32)	—	—	—	486	—	[100]
Fe-Co_3O_4(Co/Fe=16)	—	—	—	506	—	[100]
Fe-Co_3O_4(Co/Fe=7)	—	—	—	525	—	[100]
Fe-Co_3O_4(Co/Fe=3)	—	—	—	601	—	[100]
Fe-Co_3O_4(Co/Fe=1)	—	—	—	666	—	[100]
MWCNTs/$Ni(OH)_2$	322	373	435	—	87	[92]

注：“*”代表本次实验的数据。

如图 7-97 所示，$NiCoFeO_x$/NF 的 C_{dl} 最大，为 75mF/cm^2。而 $NiFeO_x$/NF 和 $CoFeO_x$/NF 的 C_{dl} 分别为 55mF/cm^2 以及 38mF/cm^2。由此表明，$NiCoFeO_x$/NF 的 ECSA 更大，在 OER 反应过程中催化剂便暴露出更多的活性位点，催化活性也更高。$NiCoFeO_x$/NF 电极能够拥有如此优异的性能归为以下几点：

① $NiCoFeO_x$ 纳米带催化剂固有的高催化活性；

② 独特的层状多孔结构，使催化剂具有大的工作表面积以及优秀的气泡消散能力；

③ 采用无黏结剂的电沉积方法以及高浓度的电解液能降低整个水分解电池的电阻。

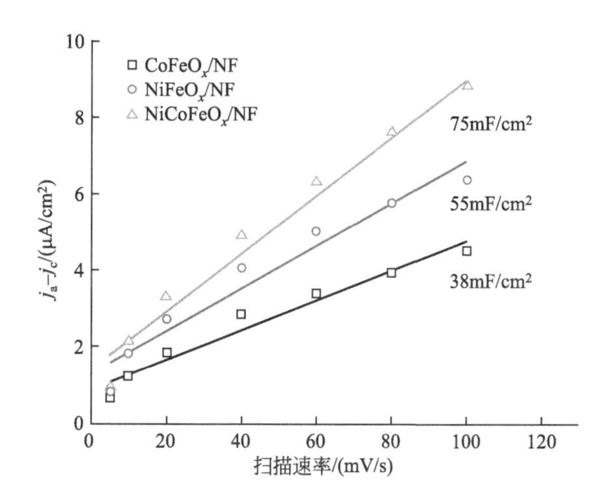

图 7-97　充电电流密度差值（j_a-j_c）与扫描速率的关系图

7.5 小结

制备出的 Ni/Fe 氢氧化物电极展示出十分优异的电催化 OER 活性，在 0.1mol/L KOH 中，起始电位只有 1.47V（相对于 RHE），Tafel 斜率只有 47mV/dec。同时，Ni/Fe 氢氧化物催化剂具有较高的电催化析氧稳定性和双电层电容特性。使用脱合金化结合阳极活化技术制备的多孔 NiCu 纳米针阵列催化剂（p-NiCu NAs）具备良好的 HER 活性，在 0.1mol/L KOH 中仅需 92mV 就能达到 10mA/cm^2，并且拥有良好的反应动力学。

电化学测试结果表明，以 $Mg_{72}Cu_{28}$ 制备的 p-Cu NWs 催化性能最佳，在碱性环境下在过电位为 $\eta=310$mV 和 $\eta=377$mV 时，电流密度分别达到 10mA/cm^2 和 50mA/cm^2，其 Tafel 斜率为 85mV/dec。电化学测试结果表明，当沉积时间为 40min 时所得样品的催化性能最佳，析氧反应起始电位为 1.65V（相对于 RHE），Tafel 斜率为 140mV/dec，除此之外，通过对测试溶液 pH 值进行探索发现，样品在中性条件下未显示催化活性，但在碱性条件下显示出较高催化活性。通过对样品进行双电层测试得到 CuO/ITO 的电化学活性表面积约为 0.6cm^2，将催化数据归一到 ECSA 后，得到 CuO/ITO 样品的本征催化活性数据，在过电位为 450mV 时，氧析出电流密度约 0.37mA/cm^2。样品在无 Cu^{2+} 存在的碱性条件下，恒电流电解 10h 以上，证明 CuO/ITO 电极具有较好的稳定性。

不含 Fe 的 $NiCoO_x$ 催化剂展示出优异的 OER 性能，值得一提的是，$NiCoO_x$（Ni∶Co＝2∶1）可与 $FeNiO_x$ 超薄薄膜相媲美，在 1mol/L KOH 中展现出极低的起始过电位，为 250mV，Tafel 斜率低至 48mV/dec，超过很多文献报道的非贵金属催化剂。通过逐步沉积法（先阴极恒电位，再阳极 CV）成功制备了 Ni-Co-Fe 过渡金属氧化物，并在碱性条件下展现出优异的催化活性以及良好的稳定性。Ni-Co-Fe（包括 Ni-Fe、Co-Fe）氧化物催化剂的 Tafel 斜率相对较小，多数介于 38～75mV/dec 之间。室温条件下（298K），当 Tafel 斜率约为 40mV/dec 意味着第二电子转移步骤是速率决定步骤，当 Tafel 斜率约为

60mV/dec 意味着速率决定步骤涉及第一电子转移步骤随后的一个化学步骤。而当 Tafel 斜率约为 120mV/dec 意味着速率决定步骤是顺序步骤中的第一电子转移步骤。由此可见，具有不同 Tafel 斜率的催化剂的 OER 动力学机理是存在差别的。

参考文献

[1] Kanan M W，Nocera D G. In situ formation of an oxygen-evolving catalyst in neutral water containing phosphate and Co^{2+} [J]. Science，2008，321 (5892)：1072-1075.

[2] Singh A，Spiccia L. Water oxidation catalysts based on abundant 1st row transition metals [J]. Coordination Chemistry Reviews，2013，257 (17-18)：2607-2622.

[3] Louie M W，Bell A T. An investigation of thin-film Ni-Fe oxide catalysts for the electrochemical evolution of oxygen [J]. Journal of the American Chemical Society，2013，135 (33)：12329-12337.

[4] Friebel D，Louie M W，Bajdich M，et al. Identification of highly active Fe sites in (Ni，Fe) OOH for electrocatalytic water splitting [J]. Journal of the American Chemical Society，2015，137 (3)：1305-1313.

[5] Li X，Walsh F C，Pletcher D. Nickel based electrocatalysts for oxygen evolution in high current density，alkaline water electrolysers [J]. Physical Chemistry Chemical Physics，2011，13：1162-1167.

[6] Trotochaud L，Ranney J K，Williams K N，et al. Solution-cast metal oxide thin film electrocatalysts for oxygen evolution [J]. Journal of the American Chemical Society，2012，134 (41)：17253-17261.

[7] Kuai L，Geng J，Chen C，et al. A reliable aerosol-spray-assisted approach to produce and optimize amorphous metal oxide catalysts for electrochemical water splitting [J]. Angewandte Chemie International Edition，2014，53：7547-7551.

[8] Gong M，Li Y，Wang H，et al. An advanced Ni-Fe layered double hydroxide electrocatalyst for water oxidation [J]. Journal of the American Chemical Society，2013，135 (23)：8452-8455.

[9] Lee K，Mazare A，Schmuki P. Schmuki. One-dimensional titanium dioxide nanomaterials：Nanotubes [J]. Chemical Reviews，2014，114 (19)：9385-9454.

[10] Sagu J S，Wijayantha K G U，Bohm M，et al. Anodized steel electrodes for supercapacitors [J]. ACS Applied Materials & Interfaces，2016，8 (9)：6277-6285.

[11] Xie K，Guo M，Huang H，et al. Fabrication of iron oxide nanotube arrays by electrochemical anodization [J]. Corrosion Science，2014，88：66-75.

[12] Lee C Y，Su Z，Lee K，et al. Self-organized cobalt fluoride nanochannel layers used as a pseudocapacitor material [J]. Chemical Communications，2014，50 (53)：7067-7070.

[13] Chiku M，Toda M，Higuchi E，et al. NiO layers grown on a Ni substrate by galvanostatic anodization as a positive electrode material for aqueous hybrid capacitors [J]. Journal of Power Sources，2015，286：193-196.

[14] Yang Y，Fei H，Ruan G，et al. Efficient electrocatalytic oxygen evolution on amorphous nickel-cobalt binary oxide nanoporous layers [J]. ACS Nano，2014，8 (9)：9518-9523.

[15] Zhang W，Wu Y，Qi J，et al. A thin NiFe hydroxide film formed by stepwise electrodeposition strategy with significantly improved catalytic water oxidation efficiency [J]. Advanced Energy Materials，2017，7 (9)：1602547.

[16] Grosvenor A P，Kobe B A，Biesinger M C，et al. Investigation of multiplet splitting of Fe 2p XPS spectra and bonding in iron compounds [J]. Surface and Interface Analysis，2004，36 (12)：1564-1574.

[17] Onozuka T，Chikamatsu A，Katayama T，et al. Reversible changes in resistance of perovskite nick-

elate $NdNiO_3$ thin films induced by fluorine substitution [J]. ACS Applied Materials & Interfaces, 2017, 9 (3): 10882-10887.

[18] Biesinger M C, Payne B P, Lau L W M, et al. X-ray photoelectron spectroscopic chemical state quantification of mixed nickel metal, oxide and hydroxide systems [J]. Surface and Interface Analysis, 2009, 41 (4): 324-332.

[19] Xu J, Ao Y, Fu D, et al. Low-temperature preparation of F-doped TiO_2 film and its photocatalytic activity under solar light [J]. Applied Surface Science, 2008, 254 (10): 3033-3038.

[20] Wang M, Ai Z, Zhang L. Generalized preparation of porous nanocrystalline $ZnFe_2O_4$ superstructures from zinc ferrioxalate precursor and its superparamagnetic property [J]. The Journal of Physical Chemistry C, 2008, 112 (34): 13163-13170.

[21] Caglar M, Yakuphanoglu F. Structural and optical properties of copper doped ZnO films derived by sol-gel [J]. Applied Surface Science, 2012, 258 (7): 3039-3044.

[22] Moghimi N, Bazargan S, Pradhan D, et al. Phase-induced shape evolution of FeNi nanoalloys and their air stability by in-situ surface passivation [J]. The Journal of Physical Chemistry C, 2013, 117 (9): 4852-4858.

[23] Kim K H, Zheng J Y, Shin W, et al. Preparation of dendritic NiFe films by electrodeposition for oxygen evolution [J]. RSC Advances, 2012, 2 (11): 4759-4767.

[24] Yang Y, Ruan G, Xiang C, et al. Flexible Three-dimensional nanoporous metal-based energydevices [J]. Journal of the American Chemical Society, 2014, 136 (17): 6187-6190.

[25] Pérez-Alonso F J, Adán C, Rojas S, et al. Ni/Fe electrodes prepared by electrodeposition method over different substrates for oxygen evolution reaction in alkaline medium [J]. International Journal of Hydrogen Energy, 2014, 39 (10): 5204-5212.

[26] Landon J, Demeter E, İnoğlu N, et al. Spectroscopic characterization of mixed Fe-Ni oxide electrocatalysts for the oxygen evolution reaction in alkaline electrolytes [J]. ACS Catalysis, 2012, 2 (8): 1793-1801.

[27] McCrory C C L, Jung S, Peters J C, et al. Benchmarking heterogeneous electrocatalysts for the oxygen evolution reaction [J]. Journal of the American Chemical Society, 2013, 135 (45): 16977-16987.

[28] Zhuang M, Ou X, Dou Y, et al. Polymer-embedded fabrication of Co_2P nanoparticles encapsulated in N, P-doped graphene for hydrogen generation [J]. Nano Letters, 2016, 16 (7): 4691-4698.

[29] Zhao Y, Yu W, Li R, et al. Electric field endowing the conductive polyvinylidene fluoride (PVDF)-graphene oxide (GO)-nickel (Ni) membrane with high-efficient performance for dye wastewater treatment [J]. Applied Surface Science, 2019, 483: 1006-1016.

[30] Safizadeh F, Ghali E, Houlachi G. Electrocatalysis developments for hydrogen evolution reaction in alkaline solutions—A review [J]. International Journal of Hydrogen energy, 2015, 40 (1): 256-274.

[31] Sun Q, Dong Y, Wang Z, et al. Synergistic nanotubular copper-doped nickel catalysts for hydrogen evolution reactions [J]. Small, 2018, 14 (14): 1704137.

[32] Sun H, Ma Z, Qiu Y, et al. Ni@NiO nanowires on nickel foam prepared via "acid hungry" strategy: High supercapacitor performance and robust electrocatalysts for water splitting reaction [J]. Small, 2018, 14 (31): 1800294.

[33] Luc W, Jiang Z, Chen J G, et al. Role of surface oxophilicity in copper-catalyzed water dissociation [J]. ACS Catalysis, 2018, 8 (10): 9327-9333.

[34] Shinde D V, Dang Z, Petralanda U, et al. In situ dynamic nanostructuring of the Cu-Ti catalyst-support system promotes hydrogen evolution under alkaline conditions [J]. ACS Applied Materials & Interfaces, 2018, 10 (35): 29583-29592.

[35] Chen Z，Duan X，Wei W，et al. Recent advances in transition metal-based electrocatalysts for alkaline hydrogen evolution [J]. Journal of Materials Chemistry A，2019，7 (25)：14971-15005.

[36] Kim J S，Kim B，Kim H，et al. Recent progress on multimetal oxide catalysts for the oxygen evolution reaction [J]. Advanced Energy Materials，2018，8 (11)：1702774.

[37] Detsi E，Cook J B，Lesel B K，et al. Mesoporous $Ni_{60}Fe_{30}Mn_{10}$-alloy based metal/metal oxide composite thick films as highly active and robust oxygen evolution catalysts [J]. Energy & Environmental Science，2016，9 (2)：540-549.

[38] 刘跃龙，许胜先，徐莱. 金属钝化曲线的测定实验的改进研究 [J]. 江西科技师范学院学报，2004，5：82-83.

[39] Deng Y，Handoko A D，Du Y，et al. In situ Raman spectroscopy of copper and copper oxide surfaces during electrochemical oxygen evolution reaction：Identification of Cu^{III} oxides as catalytically active species [J]. ACS Catalysis，2016，6 (4)：2473-2481.

[40] Sayed D M，El-Nagar G A，Sayed S Y，et al. Activation/deactivation behavior of nano-NiO_x based anodes towards the OER：Influence of temperature [J]. Electrochimica Acta，2018，276：176-183.

[41] Wu T，Pi M，Zhang D，et al. 3D structured porous CoP_3 nanoneedle arrays as an efficient bifunctional electrocatalyst for the evolution reaction of hydrogen and oxygen [J]. Journal of Materials Chemistry A，2016，4 (38)：14539-14544.

[42] Ding X，Yin S，An K，et al. FeN stabilized FeN@Pt core-shell nanostructures for oxygen reduction reaction [J]. Journal of Materials Chemistry A，2015，3 (8)：4462-4469.

[43] Wang J，Mao S，Liu Z，et al. Dominating role of Ni^0 on the interface of Ni/NiO for enhanced hydrogen evolution reaction [J]. ACS Applied Materials & Interfaces，2017，9 (8)：7139-7147.

[44] McCue I，Benn E，Gaskey B，et al. Dealloying and dealloyed materials [J]. Annual Review of Materials Research，2016，46：263-286.

[45] 翟萧，丁铁. 纳米多孔金属电催化剂在氧还原反应中的应用 [J]. 物理化学学报，2017，33 (7)：1366-1378.

[46] Nayeb-Hashemi A A，Clark J B. The Cu-Mg (copper-magnesium) system [J]. Bulletin of Alloy Phase Diagrams，1984，5：36-43.

[47] Park J M，Park J S，Kim D H，et al. Formation，and mechanical and magnetic properties of bulk ferromagnetic Fe-Nb-BY-(Zr，Co) alloys [J]. Journal of Materials Research，2006，21 (4)：1019-1024.

[48] Akhavan O，Azimirad R，Safa S，et al. CuO/Cu $(OH)_2$ hierarchical nanostructures as bactericidal photocatalysts [J]. Journal of Materials Chemistry，2011，21 (26)：9634-9640.

[49] Joya K S，de Groot H J M. Controlled surface-assembly of nanoscale leaf-type Cu-oxide electrocatalyst for high activity water oxidation [J]. ACS Catalysis，2016，6 (3)：1768-1771.

[50] Huan T N，Rousse G，Zanna S，et al. A dendritic nanostructured copper oxide electrocatalyst for the oxygen evolution reaction [J]. Angewandte Chemie International Edition，2017，56 (17)：4792-4796.

[51] Xu H，Feng J X，Tong Y X，et al. Cu_2O-Cu hybrid foams as high-performance electrocatalysts for oxygen evolution reaction in alkaline media [J]. ACS Catalysis，2016，7 (2)：986-991.

[52] Pawar S M，Pawar B S，Hou B，et al. Self-assembled two-dimensional copper oxide nanosheet bundles as an efficient oxygen evolution reaction (OER) electrocatalyst for water splitting applications [J]. Journal of Materials Chemistry A，2017，5 (25)：12747-12751.

[53] Cheng N，Xue Y，Liu Q，et al. Cu/(Cu $(OH)_2$-CuO) core/shell nanorods array：In-situ growth and application as an efficient 3D oxygen evolution anode [J]. Electrochimica Acta，2015，163：102-106.

[54] Zhang B, Li C, Yang G, et al. Nanostructured CuO/C hollow shell@3D copper dendrites as a highly efficient electrocatalyst for oxygen evolution reaction [J]. ACS Applied Materials & Interfaces, 2018, 10 (28): 23807-23812.

[55] Hou C C, Fu W F, Chen Y. Self-supported Cu-based nanowire arrays as noble-metal-free electrocatalysts for oxygen evolution [J]. ChemSusChem, 2016, 9 (16): 2069-2073.

[56] Liu X, Cui S, Sun Z, et al. Self-supported copper oxide electrocatalyst for water oxidation at low overpotential and confirmation of its robustness by Cu K-edge X-ray absorption spectroscopy [J]. The Journal of Physical Chemistry C, 2016, 120 (2): 831-840.

[57] Liu X, Cui S, Qian M, et al. In situ generated highly active copper oxide catalysts for the oxygen evolution reaction at low overpotential in alkaline solutions [J]. Chemical Communications, 2016, 52 (32): 5546-5549.

[58] Kang J, Wen J, Jayaram S H, et al. Electrochemical characterization and equivalent circuit modeling of single-walled carbon nanotube (SWCNT) coated electrodes [J]. Journal of Power Sources, 2013, 234: 208-216.

[59] Lang J, Yan X, Xue Q. Facile preparation and electrochemical characterization of cobalt oxide/multi-walled carbon nanotube composites for supercapacitors [J]. Journal of Power Sources, 2011, 196 (18): 7841-7846.

[60] Liu X, Cui S, Sun Z, et al. Copper oxide nanomaterials synthesized from simple copper salts as active catalysts for electrocatalytic water oxidation [J]. Electrochim. Acta, 2015, 160 (15): 202-208.

[61] Fan J, Chen Z, Shi H, et al. In situ grown, self-supported iron-cobalt-nickel alloy amorphous oxide nanosheets with low overpotential toward water oxidation [J]. Chemical Communications, 2016, 52 (23): 4290-4293.

[62] Chen Z, Meyer T J. Copper (Ⅱ) catalysis of water oxidation [J]. Angewandte Chemie International Edition, 2013, 52 (2): 700-703.

[63] Du J, Chen Z, Ye S, et al. Copper as a robust and transparent electrocatalyst for water oxidation [J]. Angewandte Chemie International Edition, 2015, 54 (7): 2073-2078.

[64] Liu X, Jia H, Sun Z, et al. Nanostructured copper oxide electrodeposited from copper (Ⅱ) complexes as an active catalyst for electrocatalytic oxygen evolution reaction [J]. Electrochemistry Communications, 2014, 46: 1-4.

[65] Liang F, Yu Y, Zhou W, et al. Highly defective CeO_2 as a promoter for efficient and stable water oxidation [J]. Journal of Materials Chemistry A, 2015, 3 (2): 634-640.

[66] Burke M S, Kast M G, Trotochaud L, et al. Cobalt-iron (oxy) hydroxide oxygen evolution electrocatalysts: The role of structure and composition on activity, stability, and mechanism [J]. Journal of the American Chemical Society, 2015, 137 (10): 3638-3648.

[67] Fabbri E, Habereder A, Waltar K, et al. Developments and perspectives of oxide-based catalysts for the oxygen evolution reaction [J]. Catalysis Science & Technology, 2014, 4 (11): 3800-3821.

[68] Bao J, Zhang X, Fan B, et al. Ultrathin spinel-structured nanosheets rich in oxygen deficiencies for enhanced electrocatalytic water oxidation [J]. Angewandte Chemie International Edition, 2015, 127 (25): 7507-7512.

[69] Subbaraman R, Tripkovic D, Chang K C, et al. Trends in activity for the water electrolyser reactions on 3d M (Ni, Co, Fe, Mn) hydr (oxy) oxide catalysts [J]. Nature Materials, 2012, 11 (6): 550-557.

[70] Diaz-Morales O, Ledezma-Yanez I, Koper M T M, et al. Guidelines for the rational design of Ni-based double hydroxide electrocatalysts for the oxygen evolution reaction [J]. ACS Catalysis, 2015, 5 (9): 5380-5387.

[71] Fominykh K, Chernev P, Zaharieva I, et al. Iron-doped nickel oxide nanocrystals as highly efficient electrocatalysts for alkaline water splitting [J]. ACS Nano, 2015, 9 (5): 5180-5188.

[72] Louie M W, Bell A T. An investigation of thin-film Ni-Fe oxide catalysts for the electrochemical evolution of oxygen [J]. Journal of the American Chemical Society, 2013, 135 (33): 12329-12337.

[73] Frieblel D, Louie M W, Bajdich M, et al. Identification of highly active Fe sites in (Ni, Fe) OOH for electrocatalytic water splitting [J]. Journal of the American Chemical Society, 2015, 137 (3): 1305-1313.

[74] Wang H, Lee H W, Deng Y, et al. Bifunctional non-noble metal oxide nanoparticle electrocatalysts through lithium-induced conversion for overall water splitting [J]. Nature Communications, 2015, 6: 7261.

[75] Smith R D L, Prévot M S, Fagan R D, et al. Water oxidation catalysis: electrocatalytic response to metal stoichiometry in amorphous metal oxide films containing iron, cobalt, and nickel [J]. Journal of the American Chemical Society, 2013, 135 (31): 11580-11586.

[76] Corrigan D A. The catalysis of the oxygen evolution reaction by iron impurities in thin film nickel oxide electrodes [J]. Journal of The Electrochemical Society, 1987, 134 (2): 377-384.

[77] Trotochaud L, Young S L, Ranney J K, et al. Nickel-iron oxyhydroxide oxygen-evolution metal electrocatalysts: the role of intentional and incidental iron incorporation [J]. Journal of the American Chemical Society, 2014, 136 (18): 6744-6753.

[78] Smith R D L, Prévot M S, Fagan R D, et al. Photochemical route for accessing amorphous metal oxide materials for water oxidation catalysts [J]. Science, 2013, 340 (6128): 60-63.

[79] Morales-Guio C G, Mayer M T, Yella A, et al. An optically transparent iron nickel oxide catalyst for solar water splitting [J]. Journal of the American Chemical Society, 2015, 137 (13): 9927-9936.

[80] Briggs G W D, Fleischmann M. Anodic deposition NiOOH from nickel acetate solutions at constant potential [J]. Transactions of the Faraday Society, 1966, 62: 3217-3228.

[81] Wu M S, Yang C H, Wang M J. Wang. Morphological and structural studies of nanoporous nickel oxide films fabricated by anodic electrochemical deposition techniques [J]. Electrochimica Acta, 2008, 54 (2): 155-161.

[82] Wu Y, Chen M, Han Y, et al. Fast and simple preparation of iron-based thin films as highly efficient water-oxidation catalysts in neutral aqueous solution [J]. Angewandte Chemie International Edition, 2015, 54 (16): 4870-4875.

[83] Song F, Hu X. Ultrathin cobalt-manganese layered double hydroxide is an efficient oxygen evolution catalyst [J]. Journal of the American Chemical Society, 2014, 136 (47): 16481-16484.

[84] Swierk J R, Klaus S, Trotochaud L, et al. Electrochemical study of the energetics of the oxygen evolution reaction at nickel iron (oxy) hydroxide catalysts [J]. The Journal of Physical Chemistry C, 2015, 119 (33): 19022-19029.

[85] Matsumoto Y, Sato E. Electrocatalytic properties of transition metal oxides for oxygen evolution reaction [J]. Materials Chemistry and Physics, 1986, 14 (5): 397-426.

[86] Zaharieva I, Chernev P, Risch M, et al. Electrosynthesis, Functional, and structural characterization of a water-oxidizing manganese oxide [J]. Energy & Environmental Science, 2012, 5 (5): 7081-7089.

[87] Wang J, Qiu T, Chen X, et al. Hierarchical hollow urchin-like $NiCo_2O_4$ nanomaterial as electrocatalyst for oxygen evolution reaction [J]. Journal of Power Sources, 2014, 268: 341-348.

[88] Fan K, Ji Y, Zou H, et al. Hollow iron-vanadium composite spheres: A highly efficient iron-based water oxidation electrocatalyst without the need for nickel or cobalt [J]. Angewandte Chemie International Edition, 2017, 56 (12): 3289-3293.

[89] He P, Yu X, Lou X. Carbon-incorporated nickel-cobalt mixed metal phosphide nanoboxes with enhanced electrocatalytic activity for oxygen evolution [J]. Angewandte Chemie International Edition, 2017, 56 (14): 3897-3900.

[90] Masa J, Barwe S, Andronescu C, et al. Low overpotential water splitting using cobalt-cobalt phosphide nanoparticles supported on nickel foam [J]. ACS Energy Letters, 2106, 1 (6): 1192-1198.

[91] Zhu Y P, Liu Y P, Ren T Z, et al. Self-supported cobalt phosphide mesoporous nanorod arrays: A flexible and bifunctional electrode for highly active electrocatalytic water reduction and oxidation [J]. Advanced Functional Materials, 2015, 25 (47): 7337-7347.

[92] Zhou X, Xia Z, Zhang Z, et al. One-step synthesis of multi-walled carbon nanotubes/ultra-thin Ni $(OH)_2$ nanoplate composite as efficient catalysts for water oxidation [J]. Journal of Materials Chemistry A, 2014, 2 (30): 11799-11806.

[93] Corrigan D A, Bendert R M. Effect of coprecipitated metal ions on the electrochemistry of nickel hydroxide thin films: Cyclic voltammetry in 1M KOH [J]. Journal of The Electrochemical Society, 1989, 136 (3): 723-728.

[94] Merrill M, Worsley M, Wittstock A, et al. Determination of the "NiOOH" charge and discharge mechanisms at ideal activity [J]. Journal of Electroanalytical Chemistry, 2014, 717-718: 177-188.

[95] Stevens M B, Enman L J, Batchellor A S, et al. Measurement techniques for the study of thin film heterogeneous water oxidation electrocatalysts [J]. Chemistry of Materials, 2017, 29 (1): 120-140.

[96] Ahn S H, Choi I, Park H Y, et al. Effect of morphology of electrodeposited Ni catalysts on the behavior of bubbles generated during the oxygen evolution reaction in alkaline water electrolysis [J]. Chemical Communications, 2013, 49 (81): 9323-9325.

[97] Chang Y H, Lin C T, Chen T Y, et al. Highly efficient electrocatalytic hydrogen production by MoS_x grown on graphene-protected 3D Ni foams [J]. Advanced Materials, 2013, 25 (5): 756-760.

[98] Singh J P, Singh N K, Singh R N. Electrocatalytic activity of metal-substituted Fe_3O_4 obtained at low temperature for O_2 evolution [J]. International Journal of Hydrogen Energy, 1999, 24 (5): 433-439.

[99] Morales-Guio C G, Liardet L, Hu X. Oxidatively electrodeposited thin-film transition metal (oxy) hydroxides as oxygen evolution catalysts [J]. Journal of the American Chemical Society, 2016, 138 (28): 8946-8957.

[100] Grewe T, Deng X, Tüysüz H. Influence of Fe doping on structure and water oxidation activity of nanocast Co_3O_4 [J]. Chemistry of Materials, 2014, 26 (10): 3162-3168.

第8章

其他制氢反应催化剂

8.1 甲酸分解制氢催化剂

甲酸作为一种重要的可再生化学储氢材料[1-4]，常温下为液态，含氢量为4.4%(53g/L)，与其他储氢材料如甲醇、氨硼烷、水合肼等相比，具有无毒、价格低廉、挥发性低且不易燃烧，以及便于安全储存和运输等优势。此外，甲酸是生物精炼中的主要副产物[5]，来源广泛；还可将甲酸分解与CO_2加氢反应集成，从而实现氢气的储存、生产、利用的零排放循环过程[6-8]。早在1912年，Sabatier等[9]就报道了甲酸气相分解产氢的反应。甲酸分解过程通常包含两种路径[10,11]，一种为脱氢（$HCOOH \longrightarrow CO_2+H_2$），另一种为脱水（$HCOOH \longrightarrow CO+H_2O$）。脱水路径产生的CO可以使燃料电池催化剂中毒，应该避免此反应的发生。均相催化剂通常具有很高的甲酸分解催化活性[12-15]，但也存在着一些不足，例如难以分离与循环使用，且重金属离子及配体的毒性对环境污染较为严重，一定程度上限制了其实际应用。因此，设计与开发高效非均相催化剂对于甲酸分解的应用十分必要[16]。在催化工业生产中，非均相催化剂占有很大一部分比重。非均相催化剂具有成本较低、循环使用率较高等优点。甲酸制氢用非均相催化剂通常为单一贵金属或含贵金属的合金以及核壳型纳米催化剂，或负载有贵金属成分的负载型催化剂。甲酸制氢使用的贵金属有Pt、Pd、Ru、Rh、Ir和Au等，其中，Pd的研究最为广泛。催化剂使用的载体有金属氧化物（Al_2O_3、ZrO_2、TiO_2和MgO等）、多孔碳材料（AC和GO)、分子筛和金属有机骨架材料（MOF）等，目前国内关于甲酸制氢催化剂的研究，主要集中于制备具有核壳结构、镶嵌结构或金属粒子均匀分散在载体表面的负载型催化剂。目前甲酸分解的高活性金属催化剂，活性组分可分为单金属、双金属和三元金属3类。

8.1.1 单金属催化剂

单金属钯被认为是甲酸分解制氢最有前景的催化剂，但纯钯催化剂活性较低，容易在

CO 中毒时发生活性衰减。因此，Pd 的调制对其在甲酸分解制氢中的应用至关重要。Wang 等[17] 以金属有机骨架（ZIF-8）为前驱体，采用湿化学法制备了分散良好的 N 掺杂多孔碳负载钯纳米粒子（NPs）。得益于 N 掺杂和碳材料的多孔结构，最终的 Pd 纳米粒子具有高分散性且粒径减小，且 Pd 与 N 掺杂碳之间出现了净电子转移，导致表面 Pd^{2+} 含量增加，其电子结构的调整有利于催化甲酸分解（FAD）。研究结果表明制备的 $Pd/C_{ZIF-8-950}$ 催化剂表现出较好的催化性能和 FAD 选择性，TOF 值在 30℃ 时高达 1166mL/(g_{cat} · h)。特别地，催化剂也表现出高的产氢选择性，且在最终的气体产物中没有检测到 CO 的存在。受益于金属-载体相互作用的启发，Wei 等[18] 设计了一种将约 2.1nm±0.3nm 的 Pd 纳米颗粒锚定在氨基吡啶聚合物（APPNs）上的 Pd/APPNs 催化剂。通过 X 射线光电子能谱分析，证实了胺-吡啶单元中 Pd 和 N 之间的强相互作用。说明 N 与 Pd 之间存在电子转移，从而降低了 Pd 的 D 带中心，从而有效提高了 FAD 的催化性能。初始 FAD 的 TOF 值达到了 $512h^{-1}$，活化能（E_a）仅为 22.1kJ/mol，催化剂的催化活性得到了显著增强。催化稳定性分析结果表明第 3 次运行仍表现出 $442h^{-1}$ 的 TOF。此外，用气相色谱法对产物进行分析，也没有检测到 CO 物种的存在。在 Pd 型催化剂中，呈碱性或可提供电子的金属氧化物作为常见的催化剂载体备受青睐[19,20]。Akbayrak 课题组[21] 将等量的 Pd 负载于不同的金属氧化物上得到多种非均相的甲酸制氢催化剂。在他们这次研究中，选用的载体有 CeO_2、ZrO_2、TiO_2、Al_2O_3 和 HfO_2，结果表明，在这五种金属氧化物合成的催化剂中，Pd/CeO_2 对甲酸分解制氢的催化活性是最高的。在 Pd/CeO_2 催化下，使用甲酸/甲酸钠（摩尔比 1∶9）混合溶液作为原料，即使反应温度是室温，1.5mmol 甲酸也能完全转化成 H_2 和 CO_2，对应的 TOF（反应前 1min）值高达 $1400h^{-1}$。但是，Pd/CeO_2 也存在一定的缺陷：其一，其优异的催化活性只有在大量甲酸钠存在的条件在才能呈现，相同条件下，若使用只有甲酸的原料液，反应 1h 体系仅释放 27mL 气体；其二，催化剂的稳定性不足，由于活性组分团聚，Pd/CeO_2 二次使用时，甲酸转化率在室温下减半。

众所周知，块体金催化剂在甲酸分解反应中通常较为惰性。然而金纳米颗粒对 FAD 反应具有较高的活性且对氢表现出高选择性。Chen 等[22] 证明了 Au_{18} 对甲酸（FA）的分解具有很高的活性和选择性，并对其活性位点和反应机理进行了详细揭示。研究结果表明 Au_{18} 上可能的活性位为配位数为 5 的三角形原子团。尽管 Au_{18} 上有两个配位数为 5 的活性位点，但一次只能脱去一个甲酸分子。这是因为一旦一个甲酸分子解离，两个活性位点同时被一对 H 和 HCOO 吸附。需要进一步解离的 HCOO 会短暂占据活性位点，因此在动力学上禁止下一个 HCOOH 分子的吸附并解离。Au_{18} 作为是一种双位点准分子催化剂通过动力学上相互隔离 FA 的转化从而提供了出色的催化选择性。这是第一个由团簇通过一次聚集一个分子进行多相催化的例子。相比较而言，负载型金纳米颗粒被认为是甲酸分解中最有前途的催化剂之一。然而，催化剂载体对反应选择性的影响仍然存在争议。Sobolev 等[23] 考察了典型金催化剂 Au/TiO_2、Au/SiO_2 和 Au/Al_2O_3 对 FA 分解的催化活性，并与相应载体的催化活性进行了比较。氧化载体（无论是 TiO_2、Al_2O_3 还是 SiO_2）均不影响金纳米粒子的电子状态，金纳米粒子以金属状态存在。然而，氧化物载体对 FA（分子式为 HCOOH）分解制氢的选择性有显著影响。由于载体的酸碱性质，目标反应（HCOOH ⟶ H_2 + CO_2）与 FA 的脱水反应的竞争关系强弱顺序为：TiO_2 > Al_2O_3 ≈ SiO_2。Zacharska[24] 将 Al_2O_3、ZrO_2、CeO_2、La_2O_3、MgO 负载的 Au 催化剂的活性和选择性进行了详细的比较，结果表明负载后催化剂的催化活性随载体中金属离子的电负性变化呈现火山形分布，且由 Al_2O_3 负载的 Au 催化剂的催化活性最高。

8.1.2 双金属催化剂

Gu 等[25] 成功制备的首批高活性 MOF 负载的双金属 Au-Pd 纳米颗粒催化剂，可在适宜的温度下将甲酸完全转化为高质量的氢，以进行化学氢存储。具有强双金属协同作用的 Au-Pd 纳米颗粒与单金属 Au 和 Pd 相比，表现出更高的甲酸分解制氢催化活性和对 CO 中毒更高的耐受性。Metin 等[26] 制备了一种成分可控的 4nm 单分散金钯合金（Au-Pd）纳米颗粒。通过改变初始金属前驱体的比例来控制 Au-Pd 合金纳米颗粒的组成。合金纳米颗粒沉积在碳载体上并用乙酸处理，并在 50℃的水中测试其催化 FA 脱氢。对 4 种不同 Au-Pd 合金进行了 FA 脱氢测试，C-$Au_{41}Pd_{59}$ NPs 表现出最高的活性，初始的 TOF 稳定在 230h^{-1}，其表观活化能为（28±2）kJ/mol。这是迄今为止报道的非均相催化剂的最低值。研究结果为设计用于 FA 脱氢和制氢的合金纳米颗粒催化剂提供了新的思路。通过对合金纳米颗粒的成分、尺寸、形状和金属成分的控制，可以合理地调整这些合金纳米颗粒以达到最佳的电子/应变效应水平，从而使其 FA 脱氢的催化潜力最大化。

Dai 等[27] 通过简单的液相浸渍法成功地在金属有机骨架（ZIF-8）上沉积了不同组成成分的高度分散的双金属 Ag-Pd 纳米粒子。催化剂的组成与甲酸脱氢活性有直接关联，其中 $Ag_{18}Pd_{82}$@ZIF-8 具有极高的催化活性，其转换频率（TOF）为 580h^{-1}，在 353K 时氢的选择性为 100%。表 8-1 给出了 Pd 系列合金催化剂应用于甲酸脱氢领域的比较值。Bulut 等[28] 提出一个新的多相催化系统，由胺接枝二氧化硅负载的双金属 Pd-Ag 合金和 MnO_x 纳米粒子的复合物，在没有任何添加剂作用下，在室温下催化甲酸分解表现出优异的催化活性和选择性（>99%）。通过一系列结构和功能表征实验，阐明了这种独特的催化体系具有异常高的催化活性、选择性和稳定性的机理来源。这种新的催化体系在抗团聚、浸出和 CO 中毒方面表现出优异的稳定性，使其具有高度的可回收性和可重复利用性。

表 8-1 甲酸/甲酸钠制氢催化剂活性的比较

催化剂	T/K	TOF/h^{-1}	E_a/(kJ/mol)	数据来源
$Ag_{18}Pd_{82}$@ZIF-8	353	580	51.38	[27]
Pd-Au-Eu/C	365	387	84.2	[29]
Ag@Pd	293	125	30	[30]
Ag-Pd 合金	293	144	30	[30]
$Ag_{42}Pd_{58}$/C	323	382	22	[31]
$Ni_{18}Ag_{24}Pd_{58}$/C	323	85	22.5	[32]
Pd-Au/C	365	45	138.6	[33]

注：TOF 值为反应前 5min 计算的初始值。

在 Pd 纳米颗粒中加入 Ag 产生的 Pd-Ag 合金，能降低 CO 的吸附强度，提高 CO 的耐受性，抑制吸附质（即 CO）诱导 Pd 纳米颗粒的重构和分解/浸出。MnO_x 为 CO 物种提供了共锚位点，促使其进一步形成碳酸盐。在较长时间内 Pd-Ag 合金催化剂都可用于 FA 的脱氢。这种具有独特活性、选择性和可重复使用的催化剂在实际技术应用中有很强的开发潜力。

8.2 甲醇水蒸气重整制氢催化剂

用于甲醇水蒸气重整制氢（SRM）反应的催化剂主要可分为 Pt 以及 Pd 等较贵的金属合成出来的贵金属（Pd/ZnO）催化材料、由廉价的金属氧化铜合成出的 Cu 基催化材料（$CuO/ZnO/Al_2O_3$ 和 $CuO/ZnO/ZrO_2$ 等）、非铜基 Zn-Cr 催化材料。与贵金属催化剂相比，铜基催化剂的低温重整活性较好，在适宜的条件下可高选择性地生成氢气和二氧化碳，因此广泛地被应用于甲醇水蒸气重整制氢反应中。

8.2.1 Cu 基催化剂

铜的存在状态影响着铜基催化剂的性能。更具体地说，高的铜分散度和金属表面积，以及小的颗粒尺寸，是生产高活性催化剂的目标。铜基催化剂的制备方法在文献中有很多种，即常规共沉淀法[34-36] 和湿浸渍法[37-39]。为了提高合成的催化剂的催化活性和选择性，一些研究人员提出了新的制备方法或改进了传统的制备方法。为了增强铜的分散性，研究人员比较并提出了不同的催化剂制备方法。Yao 等[40] 发现草酸凝胶共沉淀法是制备铜分散度高、铜颗粒微晶尺寸小的 Cu/ZrO_2 催化剂最有效的方法。与通过浸渍法制备的结果相比，铜的面积约高了 18 倍，进一步其催化活性增加近 30 倍。另一方面，在 Shishido 等[41,42] 的研究中，尿素水解均相沉淀法是较好的制备方法。该方法能够形成具有大金属铜表面积和高度分散铜金属物种的 Cu/ZnO 和 $Cu/ZnO/Al_2O_3$ 催化剂。

催化剂的性能不仅与它的铜表面积以及铜的分散性和粒度有关，而且本体结构中的缺陷、微观应变和结构无序也会对催化活性产生影响。Kniep 等[43] 研究了铜催化剂的活性与其相结构之间的关系。在共沉淀法制备催化剂的过程中，沉淀在一定温度的母液中老化。在此期间发生结构变化，无定形沉淀物转变为结晶沉淀物。通过延长老化时间，催化剂具有更高的铜表面积、更均匀的微观结构和更小的 Cu 和 ZnO 晶体尺寸，并且 Cu 和 ZnO 界面得到改善。纳米结构的 Cu 颗粒具有较大的微观应变，这有助于提高催化剂的活性。

8.2.2 Zn-Cr 催化剂

Zn-Cr 催化剂因其具有良好的稳定性和抗碳沉积能力被广泛应用于甲醇水蒸气重整领域。中国科学院大连化学物理研究所亓爱笃等[44] 以速分解法制备了 Zn-Cr 氧化物颗粒催化剂，实验表明在相同的温度下，Pd催化剂、$ZnO-Cr_2O_3$催化剂和Cu基催化剂相比，活性、选择性以及氢产率都表现为Cu＞Zn-Cr＞Pd。其中，Cu基催化剂在低温时表现出良好的活性和选择性。而Zn-Cr催化剂在高温下表现出良好的活性和选择性，并且Zn-Cr催化剂的热稳定性较好。

Hong等[45] 采用尿素-硝酸盐燃烧法成功制备了Zn-Cr催化剂以及掺杂Cu的Zn-Cr催化剂。研究了高、低Cu负载量Zn-Cr-Cu催化剂上甲醇水蒸气重整制氢反应的催化性能。考察了反应温度和催化剂配比对活性、选择性和稳定性的影响。在催化剂行为方面，不含铜的Zn-Cr催化剂具有最高的稳定性。在Zn-Cr催化剂中加入少量的Cu，形成Zn-Cr-Cu氧化物固溶体，显著提高了催化剂的活性，抑制了CO的生成。然而，高负载量Zn-Cr-Cu催化剂由于铜的烧结行为易快速失活。低Cu负载量的Zn-Cr-Cu催化剂，尤其是$ZnCrCu_{2.5}$催化剂，在甲醇水蒸气重整中表现出最佳的转化性能，且生产气中CO含量小于1%，在623K下具有良好的稳定性。

8.2.3 贵金属催化剂

除了非贵金属催化剂外，近年来，钯、铂、锗等贵金属催化剂也被广泛应用于甲醇水蒸气重整制氢反应体系。贵金属催化剂具有较好的热稳定性，在较高的反应温度下亦不易失活，催化过程中不易到受外界影响，但是依然有一定缺陷。例如催化活性不如铜系催化剂，重整反应过程中CO的生成量相对比较高。

Iwasa等[46-50] 研究了Ni、Pd、Pt和Rh等催化剂上甲醇水蒸气重整制氢反应活性，发现催化剂的性能与反应过程中形成的甲醛物种的反应性能密切相关，其中Pd/ZnO和Pt/ZnO的催化活性最高。不同载体的贵金属催化剂上甲醇重整性能差别很大，以ZnO[51-53]、Ga_2O_3[54,55] 和In_2O_3[56-58] 负载的Pd和Rh催化剂表现出了较好的催化活性，通过X射线衍射和程序升温还原等表征手段，发现这些催化剂在还原过程中形成了Pd-Zn、Pd-Ga、Pd-In、Pt-Zn、Pt-Ga和Pt-In合金相。在这些合金上，反应过程中形成的甲醛物种能够有效地捕获H_2O，进一步转化成CO_2和H_2。相反，在非合金的贵金属催化剂上甲醛物种会分解生成CO和H_2O。Iwasa等[59] 进一步的研究揭示了添加锌对其他一系列负载型钯催化剂的影响。经过Zn改性的Pd催化剂具有显著提高的选择性，尤其是负载在CeO_2或活性炭上时更为明显，活性也得到了较大的提升。除Zn外，Cd、In、Pb、Bi、Sn、Cu和Ga等其他金属也被添加到Pd/CeO_2催化剂中。结果表明，对于氢的生成，Zn和Ga的产氢速率最高。特别地，Cd基催化剂具有较高的选择性，甚至高于Zn基催化剂，含In的催化剂与含Zn的催化剂相比具有相同的选择性。这些结果都归因于Cd与In和Ga与Pd之间的合金形成。

关于载体表面积对催化性能的影响也有大量的报道。例如，Xia等[60] 成功制备了氧化铝负载型催化剂。研究结果表明，$Pd/ZnO/Al_2O_3$（氧化铝比表面积=$230m^2/g$）与Cu基催化剂相比具有相当的催化活性。此外，Conant等[61] 证明了氧化铝负载型Pd/ZnO催化剂的长期稳定性优于$Cu/ZnO/Al_2O_3$催化剂，且活性值与$Cu/ZnO/Al_2O_3$催化剂相近。在60h寿命测试中，$Pd/ZnO/Al_2O_3$催化剂的甲醇转化率由100%下降到80%，而商业催化剂的甲醇转化率由 100%下降到 60%。

最近，Ahn 等[62] 报道了 $Cu/ZnO/Al_2O_3$ 和 Pt/Al_2O_3 协同作用催化剂用于甲醇水蒸气重整制氢反应，实验结果表明，$Cu/ZnO/Al_2O_3$ 催化剂对于甲醇水蒸气重整反应有着较高的低温活性，Pt/Al_2O_3 虽然对甲醇水蒸气重整反应的活性较低，但是对于一氧化碳转化却有着较高的反应活性，当 $Cu/ZnO/Al_2O_3$ 和 Pt/Al_2O_3 两种催化剂协同使用时，甲醇分解反应和水蒸气变换反应几乎在催化剂上同时发生，甲醇分解反应是吸热反应，水蒸气变换反应是放热反应，在两种催化剂的作用下热量很容易进行交换，进而增强了催化剂的活性，降低了 CO 的产生量。

参考文献

[1] Jiang H L，Singh S K，Yan J M，et al. Liquid-phase chemical hydrogen storage：Catalytic hydrogen generation under ambient conditions [J]. ChemSusChem，2010，3：541-549.

[2] Grasemann M，Laurenczy G. Formic acid as a hydrogen source-recent developments and future trends [J]. Energy & Environmental Science，2012，5：8171-8181.

[3] Petit J F，Miele P，Demirci U B. Ammonia borane H_3N-BH_3 for solid-state chemical hydrogen storage：Different samples with different thermal behaviors [J]. International Journal of Hydrogen Energy，2016，41：15462-15470.

[4] Du Y，Su J，Wei L，et al. Graphene-supported nickel-platinum nanoparticles as efficient catalyst for hydrogen generation from hydrous hydrazine at room temperature [J]. ACS Applied Materials & Interfaces，2015，7：1031-1034.

[5] 柳翔，李舒爽，刘永梅，等. 利用多功能、多用途的可再生甲酸实现化学品的绿色与可持续合成 [J]. 催化学报，2015，36：1461-1475.

[6] Gabor L. Hydrogen storage and delivery：The carbon dioxide-formic acid couple [J]. Chinese International Journal for Chemistry，2011，65：663-666.

[7] Enthaler S. Carbon dioxide-the hydrogen-storage material of the future? [J] ChemSusChem，2008，1：801-804.

[8] Singh A K，Singh S，Kumar A. Hydrogen energy future with formic acid：A renewable chemical hydrogen storage system [J]. Catalysis Science & Technology，2015，6：12-40.

[9] Sabatier P，Mailhe A. Catalytic decomposition of formic acid [J]. Comptrend，1912，152：1212-1215.

[10] Trillo J M，Munuera G，Criado J M. Catalytic decomposition of formic acid on metal oxides [J]. Catalysis Reviews，1972，1：51-86.

[11] Blake P G，Davies H H，Jackson G E. Dehydration mechanisms in the thermal decomposition of gaseous formic acid [J]. Journal of the Chemical Society B：Physical Organic，1971，1923-1925.

[12] Guerriero A，Bricout H，Sordakis K，et al. Hydrogen production by selective dehydrogenation of HCOOH catalyzed by ru-biaryl sulfonated phosphines in aqueous solution [J]. ACS Catalysis，2014 (4)：3002-3012.

[13] Fukuzumi S，Kobayashi T，Suenobu T. Unusually large tunneling effect on highly efficient generation of hydrogen and hydrogen isotopes in pH-selective decomposition of formic acid catalyzed by a heterodinuclear iridium-ruthenium complex in water [J]. Journal of the American Chemical Society，2010，132：1496-1497.

[14] Bertini F，Mellone I，Ienco A，et al. Iron (Ⅱ) complexes of the linear *rac*-tetraphos-1 ligand as efficient homogeneous catalysts for sodium bicarbonate hydrogenation and formic acid dehydrogena-

tion [J]. ACS Catalysis, 2015, 5: 1254-1265.
[15] Montandon-Clerc M, Dalebrook A F, Laurenczy G. Quantitative aqueous phase formic acid dehydrogenation using iron (Ⅱ) based catalysts [J]. Journal of Catalysis, 2016, 343: 62-67.
[16] Yang X, Xu Q. Gold-containing metal nanoparticles for catalytic hydrogen generation from liquid chemical hydrides [J]. Chinese Journal of Catalysis, 2016, 37: 1594-1599.
[17] Wang X, Meng Q, Gao L, et al. Metal organic framework derived nitrogen-doped carbon anchored palladium nanoparticles for ambient temperature formic acid decomposition [J]. International Journal of Hydrogen Energy, 2019, 44: 28402-28408.
[18] Wei R L, Huang M, Lan B, et al. Efficient decomposition of formic acid into hydrogen on Pd nanoparticles anchored in amine-pyridine polymer networks without extra additives at ambient condition [J]. International Journal of Hydrogen Energy, 2021, 46: 8469-8476.
[19] Wang J, Tan H Y, Jiang D, et al. Enhancing HZ evolution by optimizing H adatom combination and desorption over Pd nanocatalyst [J]. Nano Energy, 2017, 33: 410-417.
[20] Hattori M, Einaga H, Daio T, et al. Efficient hydrogen production from formic acid using TiO_2-supported AgPd@Pd nanocatalysts [J]. Journal of Materials Chemistry A, 2015, 3: 4453-4461.
[21] Akbayrak S, Tonbul Y, Ozkar S. Nanoceria supported palladium (0) nanoparticles: Superb catalyst in dehydrogenation of formic acid at room temperature [J]. Applied Catalysis B: Environmental, 2017, 206: 384-392.
[22] Chen B W J, Stamatakis M, Mavrikakis M. Kinetic isolation between turnovers on Au_{18} nanoclusters: Formic acid decomposition one molecule at a time [J]. ACS Catalysis, 2019, 9: 9446-9457.
[23] Sobolev V, Asanov I, Koltunov K. The role of support in formic acid decomposition on gold catalysts [J]. Energies 2019, 12: 4198.
[24] Zacharska M, Chuvilin A L, Kriventsov V V, et al. Support effect for nanosized Au catalysts in hydrogen production from formic acid decomposition [J]. Catalysis Science & Technology, 2016, 6: 6853-6860.
[25] Gu X J, Lu Z H, Jiang H L, et al. Synergistic catalysis of metal-organic framework-immobilized Au-Pd nanoparticles in dehydrogenation of formic acid for chemical hydrogen storage [J]. Journal of The American Chemical Society, 2011, 133: 11822-11825.
[26] Metin O, Sun X L, Sun S H. Monodisperse gold-palladium alloy nanoparticles and their composition-controlled catalysis in formic acid dehydrogenation under mild conditions [J]. Nanoscale, 2013, 5: 910-912.
[27] Dai H M, Xia B Q, Wen L, et al. Synergistic catalysis of AgPd@ZIF-8 on dehydrogenation of formic acid [J]. Applied Catalysis B: Environmental, 2015, 165: 57-62.
[28] Bulut A, Yurderi M, Karatas Y, et al. MnO_x-promoted PdAg alloy nanoparticles for the additive-free dehydrogenation of formic acid at room temperature [J]. ACS Catalysis, 2015, 5: 6099-6110.
[29] Zhou X, Huang Y, Liu C, et al. Available hydrogen from formic acid decomposed by rare earth elements promoted Pd-Au/C catalysts at low temperature [J]. ChemSusChem, 2010, 3: 1379-1382.
[30] Tedsree K, Li T, Jones S, Chan C W A, et al. Hydrogen production from formic acid decomposition at room temperature using a Ag-Pd core-shell nanocatalyst [J]. Nature Nanotechnology, 2011, 6: 302-307.
[31] Zhang S, Metin O, Su D, et al. Monodisperse AgPd alloy nanoparticles and their superior catalysis for the dehydrogenation of formic acid [J]. Angewandte Chemie International Edition, 2013, 52: 3681-3684.
[32] Yurderi M, Bulut A, Zahmakiran M, et al. Carbon supported trimetallic PdNiAg nanoparticles as highly active, selective and reusable catalyst in the formic acid decomposition [J]. Applied Catalysis B: Environmental, 2014, 160-161: 514-524.

[33] Zhou X, Huang Y, Xing W, et al. High-quality hydrogen from the catalyzed decomposition of formic acid by Pd-Au/C and Pd-Ag/C [J]. Chemical Communications, 2008, 3540-3542.

[34] Jeong H, Kimb K I, Kimb T H, et al. Hydrogen production by steam reforming of methanol in a micro-channel reactor coated with Cu/ZnO/ZrO_2/Al_2O_3 catalyst [J]. Journal of Power Sources, 2006, 159: 1296-1299.

[35] Liu Y, Hayakawa T, Suzuki K, et al. Highly active copper/ceria catalysts for steam reforming of methanol [J]. Applied Catalysis A: General, 2002, 223: 137-145.

[36] Udani P P C, Gunawardana P V D S, Lee H C, et al. Steam reforming and oxidative steam reforming of methanol over CuO-CeO_2 catalysts [J]. International Journal of Hydrogen Energy, 2009, 34: 7648-7655.

[37] Jones S D, Hagelin-Weaver H E. Steam reforming of methanol over CeO_2-and ZrO_2-promoted Cu-ZnO catalysts supported on nanoparticle Al_2O_3 [J]. Applied Catalysis B: Environmental, 2009, 90: 195-204.

[38] Lindström B, Pettersson L J, Menon P G. Activity and characterization of Cu/Zn, Cu/Cr and Cu/Zr on γ-alumina for methanol reforming for fuel cell vehicles [J]. Applied Catalysis A: General, 2002, 234: 111-125.

[39] Patel S, Pant K K. Activity and stability enhancement of copper-alumina catalysts using cerium and zinc promoters for the selective production of hydrogen via steam reforming of methanol [J]. Journal of Power Sources, 2006, 159: 139-143.

[40] Yao C Z, Wang L C, Liu Y M, et al. Effect of preparation method on the hydrogen production from methanol steam reforming over binary Cu/ZrO_2 catalysts [J]. Applied Catalysis A: General, 2006, 297: 151-158.

[41] Shishido T, Yamamoto Y, Morioka H, et al. Active Cu/ZnO and Cu/ZnO/Al_2O_3 catalysts prepared by homogeneous precipitation method in steam reforming of methanol [J]. Applied Catalysis A: General, 2004, 263: 249-253.

[42] Shishido T, Yamamoto Y, Morioka H, et al. Production of hydrogen from methanol over Cu/ZnO and Cu/ZnO/Al_2O_3 catalysts prepared by homogeneous precipitation: Steam reforming and oxidative steam reforming [J]. Journal of Molecular Catalysis A: Chemical, 2007, 268: 185-194.

[43] Kniep B L, Girgsdies F, Ressler T. Effect of precipitate aging on the microstructural characteristics of Cu/ZnO catalysts for methanol steam reforming [J]. Journal of Catalysis, 2005, 236: 34-44.

[44] 亓爱笃，洪学伦，王树东，等. 甲醇氧化重整催化剂的研究 [J]，现代化工，2000，20：37-39.

[45] Hong X, Ren S. Selective hydrogen production from methanol oxidative steam reforming over Zn-Cr catalysts with or without Cu loading [J]. International Journal of Hydrogen Energy, 2008, 33: 700-708.

[46] Takezawa N, Iwasa N. Steam reforming and dehydrogenation of methanol: Difference in the catalytic functions of copper and group Ⅷ metals [J]. Catalysis Today, 1997, 36: 45-56.

[47] Iwasa N, Takezawa N. Steam reforming of methanol over Ni, Co, Pd and Pt supported on ZnO [J]. Reaction Kinetics and Catalysis Letters, 1995, 55: 349-353.

[48] Iwasa N, Takezawa N. Steam reforming of methanol over Pd/ZnO: Effect of the formation of PdZn alloys upon the reaction [J]. Applied Catalysis A: General, 1995, 125: 145-157.

[49] Iwasa N, Takezawa N. New catalytic functions of Pd-Zn, Pd-Ga, Pd-In, Pt-Zn, Pt-Ga and Pt-in alloys in the conversions of methanol [J]. Catalysis Letters, 1998, 54: 119-123.

[50] Iwasa N, Takezawa N. Highly selective supported Pd catalysts for steam reforming of methanol [J]. Catalysis Letters, 1993, 19: 211-216.

[51] Agrell J, Germani G. Production of hydrogen by partial oxidation of methanol over ZnO-supported palladium catalysts prepared by microemulsion technique [J]. Applied Catalysis A: General, 2003,

242: 233-245.

[52] Cubeiro M L, Fierro J L G. Selective production of hydrogen by partial oxidation of methanol over ZnO-supported palladium catalysts [J]. Journal of Catalysis, 1998, 179: 150-162.

[53] Takahashi T, Inoue M, Kai T. Effect of metal composition on hydrogen selectivity in steam reforming of methanol over catalysts prepared from amorphous alloys [J]. Applied Catalysis A: General, 2001, 218: 189-195.

[54] Penner S, Lorenz H, Jochum W, et al. Pd/Ga_2O_3 methanol steam reforming catalyst: Part I. Morphlogy, composition and structural aspects [J]. Applied Catalysis A: General, 2009, 358: 193-202.

[55] Lorenz H, Penner S, Jochum W, et al. $PdGa_2O_3$ methanol steam reforming catalyst: Part Ⅱ. Catalytic selectivity [J]. Applied Catalysis A: General, 2009, 358: 203-210.

[56] Lorenz H, Jochum W, Klotzer B, et al. Novel methanol steam reforming activity and selectivity of pure In_2O_3 [J]. Applied Catalysis A: General, 2008, 347: 34-42.

[57] Men Y, Kolb G, Zapf R, et al. Methanol steam reforming over bimetallic Pd-In/Al_2O_3 catalysts in a microstructured reactor [J]. Applied Catalysis A: General, 2010, 380: 15-20.

[58] Lorenz H, Turner S, Lebedev O L, et al. Pd-In_2O_3 interaction due to reduction in hydrogen: Consequences for methanol steam reforming [J]. Applied Catalysis A: General, 2010, 374: 180-188.

[59] Iwasa N, Mayanagi T, Nomura W, et al. Effect of Zn addition to supported Pd catalysts in the steam reforming of methanol [J]. Applied Catalysis A: General, 2003, 248: 153-160.

[60] Xia G, Holladay J D, Dagle R A, et al. Development of highly active Pd-ZnO/Al_2O_3 catalysts for microscale fuel processor applications [J]. Chemical Engineering & Technology 28, 2005, 28: 515-519.

[61] Conant T, Karim A M, Lebarbier V, et al. Stability of bimetallic Pd-Zn catalysts for the steam reforming of methanol [J]. Journal of Catalysis, 2008, 257: 64-70.

[62] Ahn S H, Kwon O J, Choi L, et al. Synergetic effect of combined use of Cu/ZnO/Al_2O_3 and Pt/Al_2O_3 for the steam reforming of methanol [J]. Catalysis Communications, 2009, 10: 2018-2022.

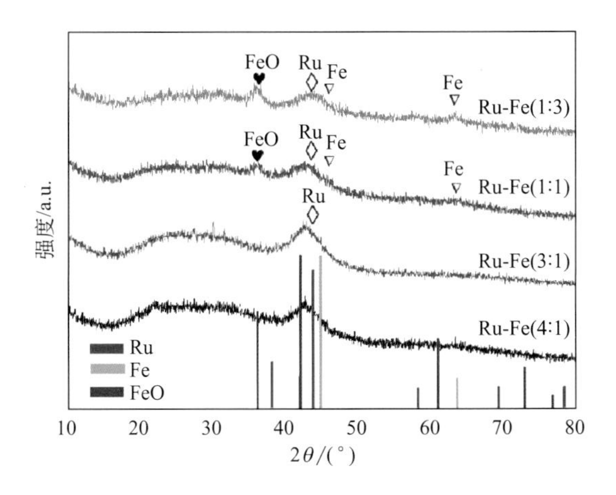

图 3-24 Ru-Fe 双金属纳米晶 XRD 谱图

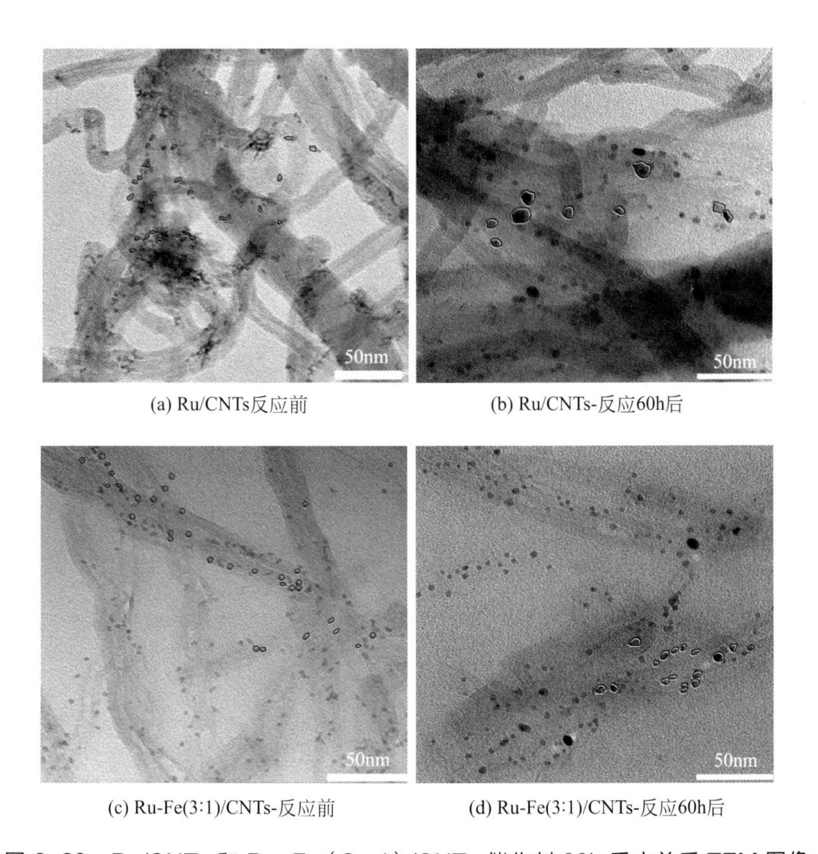

(a) Ru/CNTs反应前

(b) Ru/CNTs-反应60h后

(c) Ru-Fe(3:1)/CNTs-反应前

(d) Ru-Fe(3:1)/CNTs-反应60h后

图 3-29 Ru/CNTs 和 Ru-Fe（3∶1）/CNTs 催化剂 60h 反应前后 TEM 图像

图 4-20　棒状 FeOOH、Fe_2O_3 和 Fe_2N 样品图片

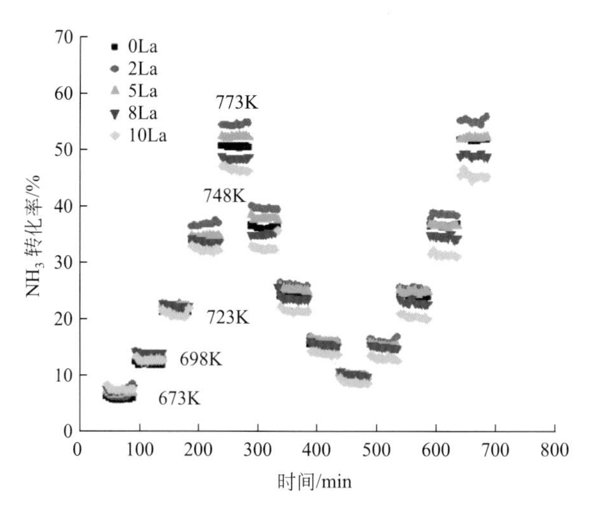

图 4-59　La 改性 Co/CNTs 催化剂稳定性评价

[100mg 催化剂，纯氨进料，温度 673~773K，压力 0.1MPa，空速 6000mL/(g_{cat}·h)]

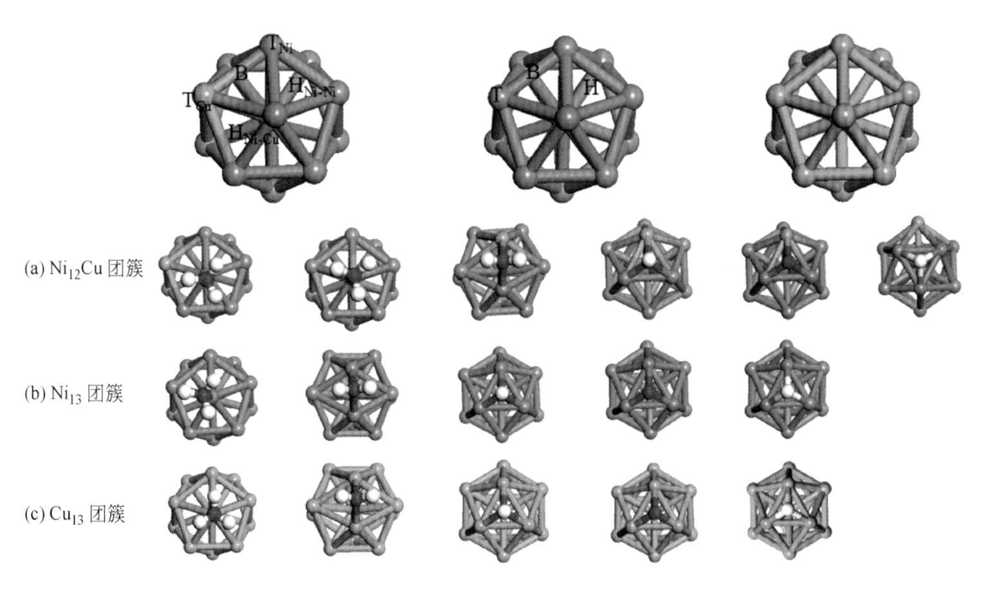

图 4-64　吸附中间体在 $Ni_{12}Cu$、Ni_{13}、Cu_{13} 团簇上最稳定的吸附位置

（蓝颜色原子代表 N 原子，白色原子代表 H 原子）

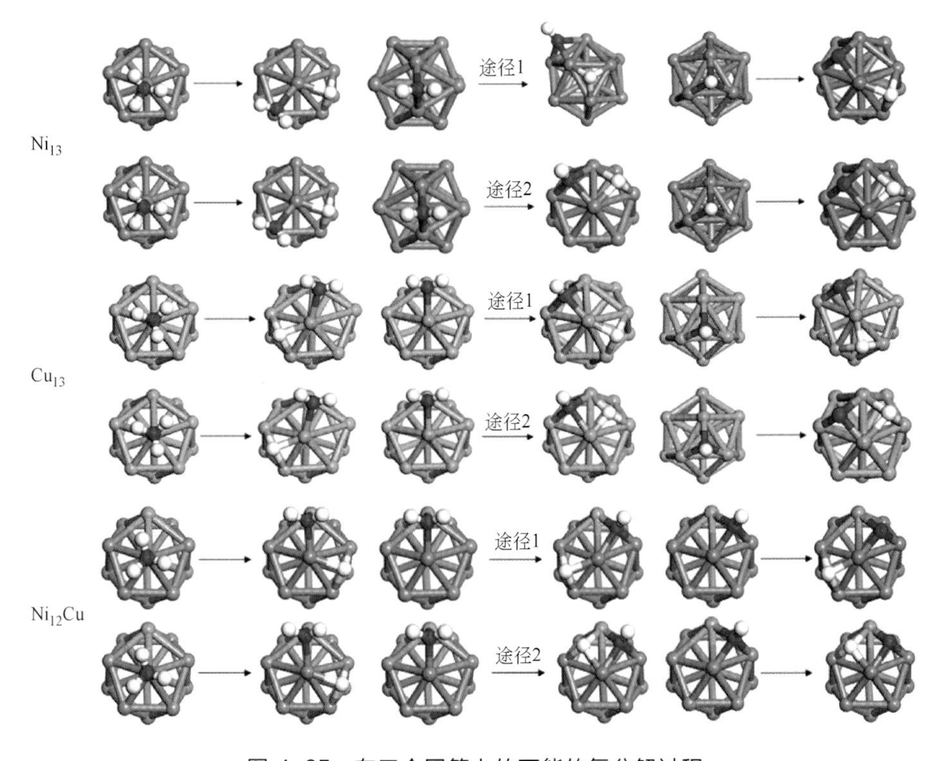

图 4-65　在三个团簇上的可能的氨分解过程

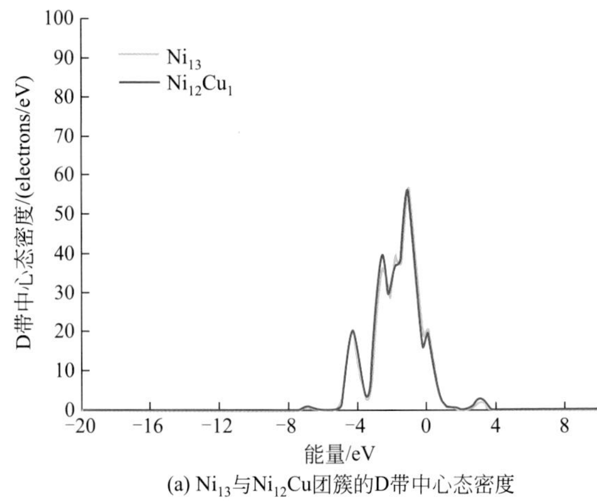

(a) Ni_{13}与$Ni_{12}Cu$团簇的D带中心态密度

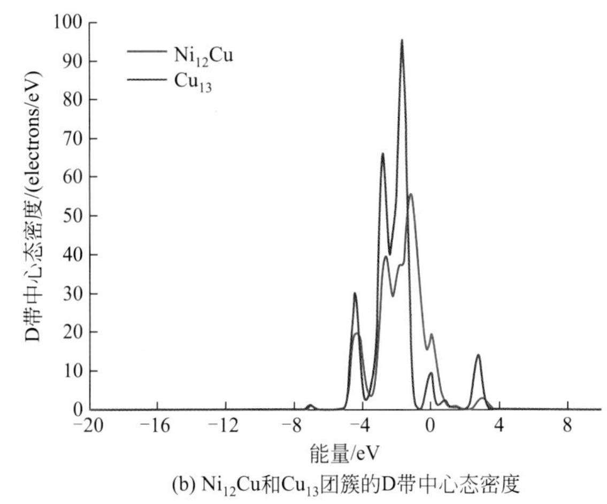

(b) $Ni_{12}Cu$和Cu_{13}团簇的D带中心态密度

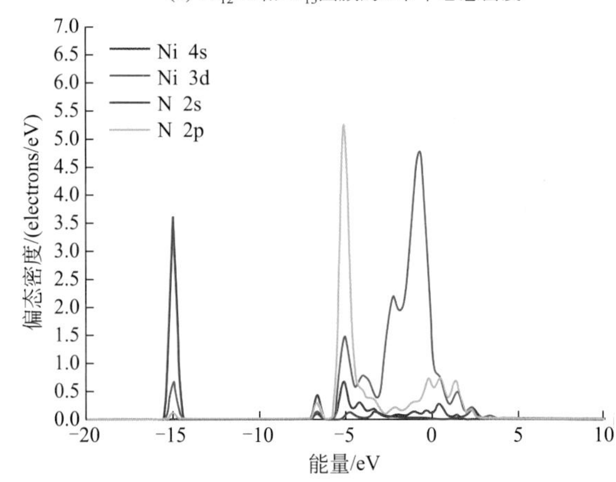

(c) 吸附的N原子与最邻近的Ni原子在Ni_{13}团簇上的偏态密度

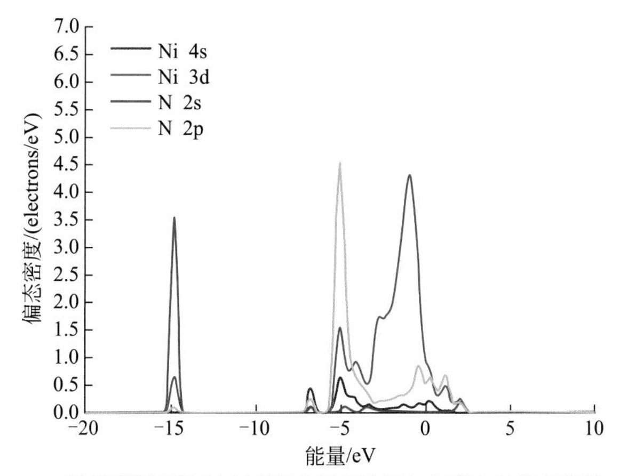

(d) 吸附的N原子与最邻近的Ni原子在Ni_{13}团簇上的偏态密度

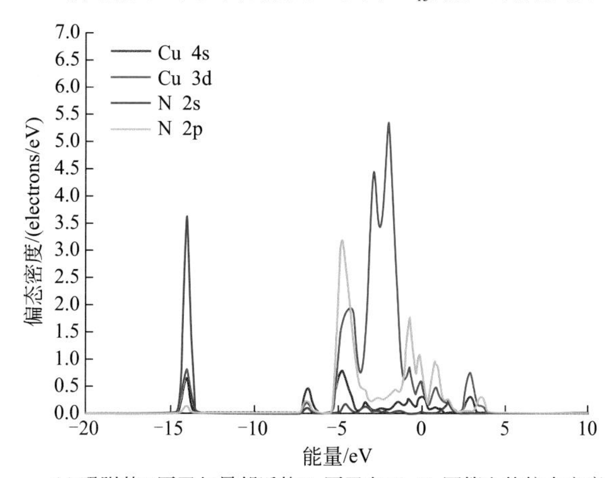

(e) 吸附的N原子与最邻近的Cu原子在$Ni_{12}Cu$团簇上的偏态密度

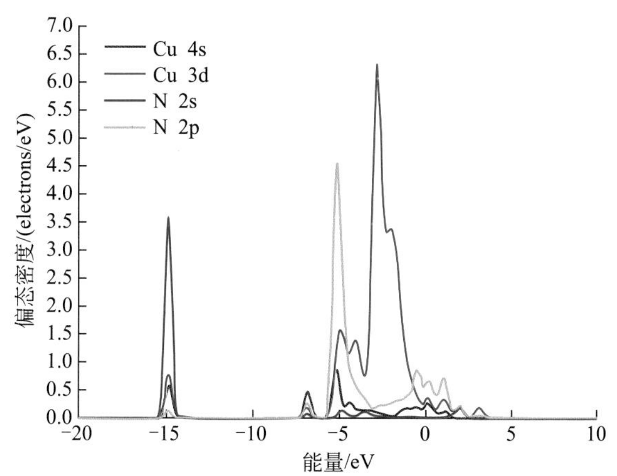

(f) 吸附的N原子与最邻近的Cu原子在$Ni_{12}Cu$团簇上的偏态密度

图 4-67 Ni_{13}、Cu_{13}、$N_{12}Cu$ 团簇的 D 带中心态密度及吸附的 N 原子与最邻近的 Ni（Cu）原子在其上的偏态密度

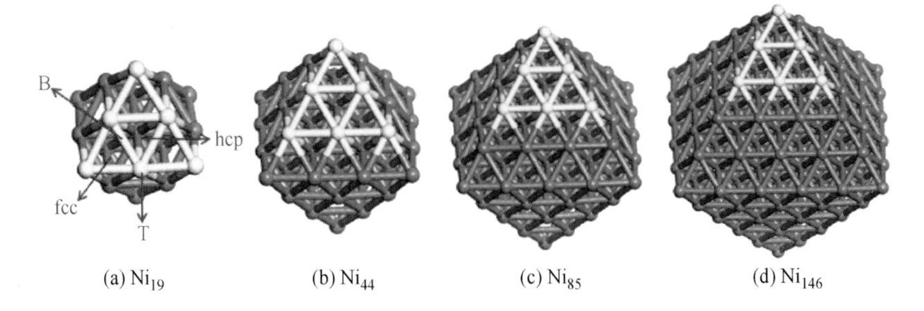

图 4-70　在四种不同尺寸的镍纳米颗粒上吸附中间体可能稳定的吸附位置

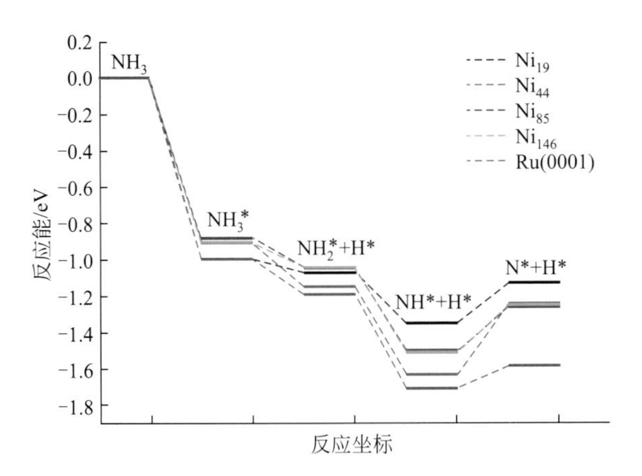

图 4-73　在 Ni_{19}、Ni_{44}、Ni_{85} 和 Ni_{146} 团簇上氨分解过程的热力学性质并与 Ru（0001）面比较[33]

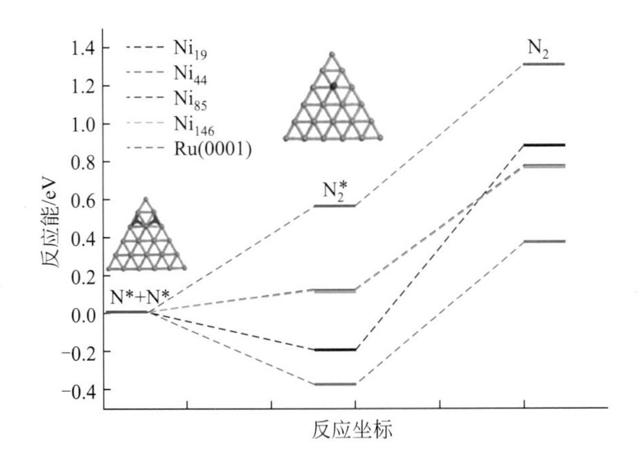

图 4-74　在 Ni_{19}、Ni_{44}、Ni_{85} 和 Ni_{146} 团簇上 N_2 脱附过程的热力学性质并与 Ru（0001）面比较[33]

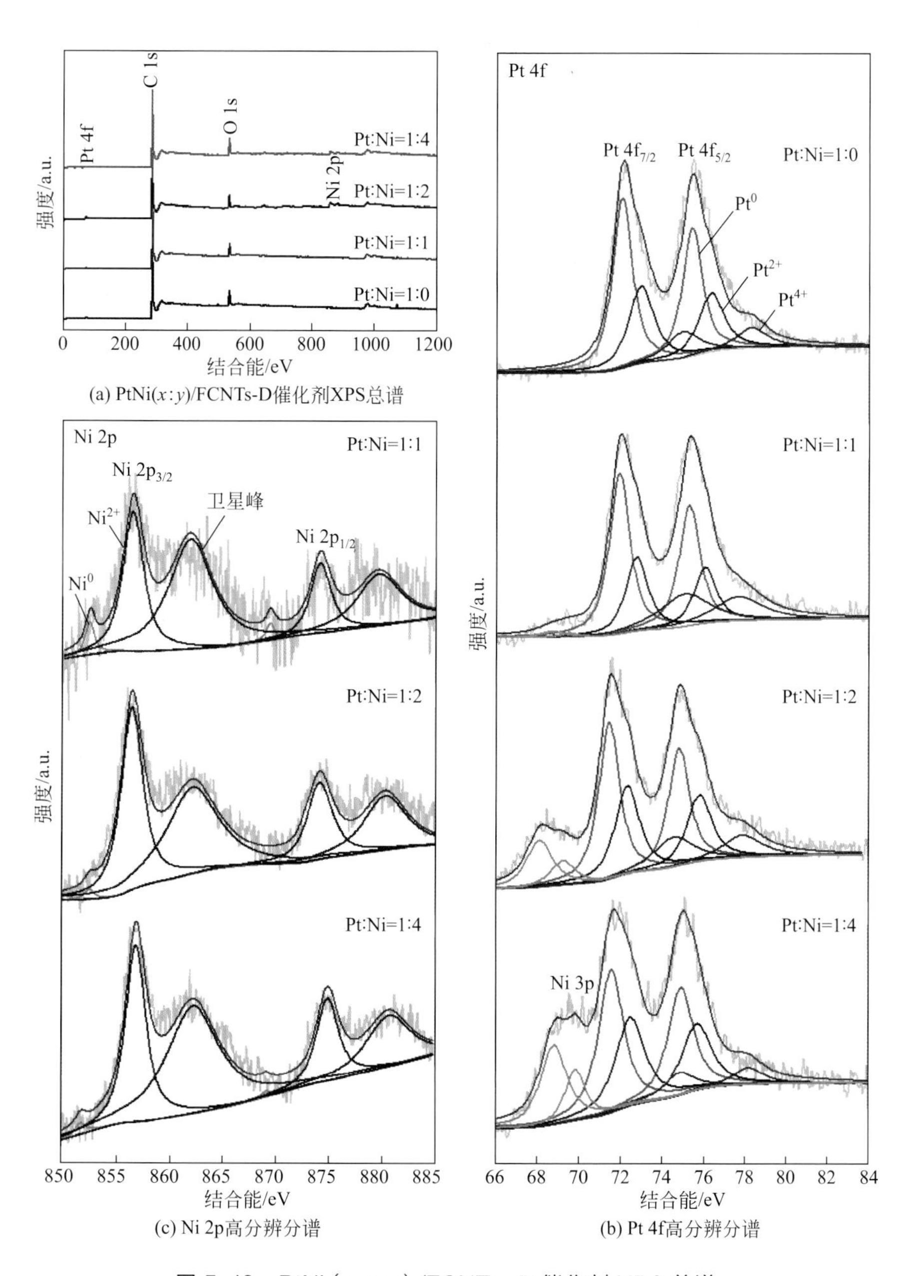

图 5-19　PtNi（x：y）/FCNTs-D 催化剂 XPS 总谱、Pt 4f 高分辨谱和 Ni 2p 高分辨谱

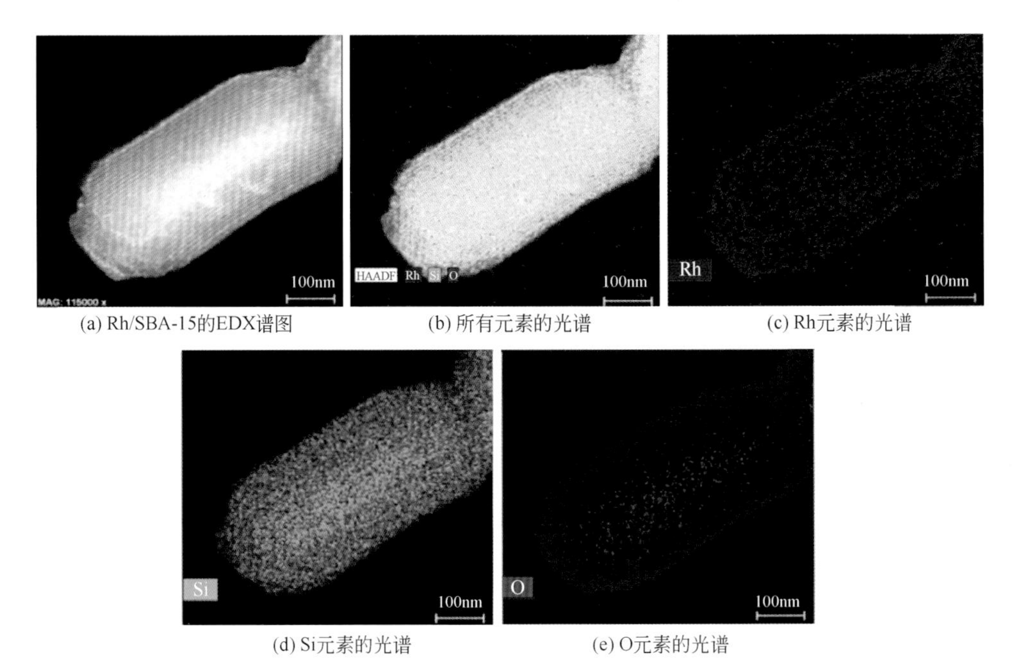

(a) Rh/SBA-15的EDX谱图　(b) 所有元素的光谱　(c) Rh元素的光谱

(d) Si元素的光谱　(e) O元素的光谱

图 5-55　Rh/SBA-15 催化剂的 EDX 谱图及所有元素、Rh、Si、O 元素的光谱

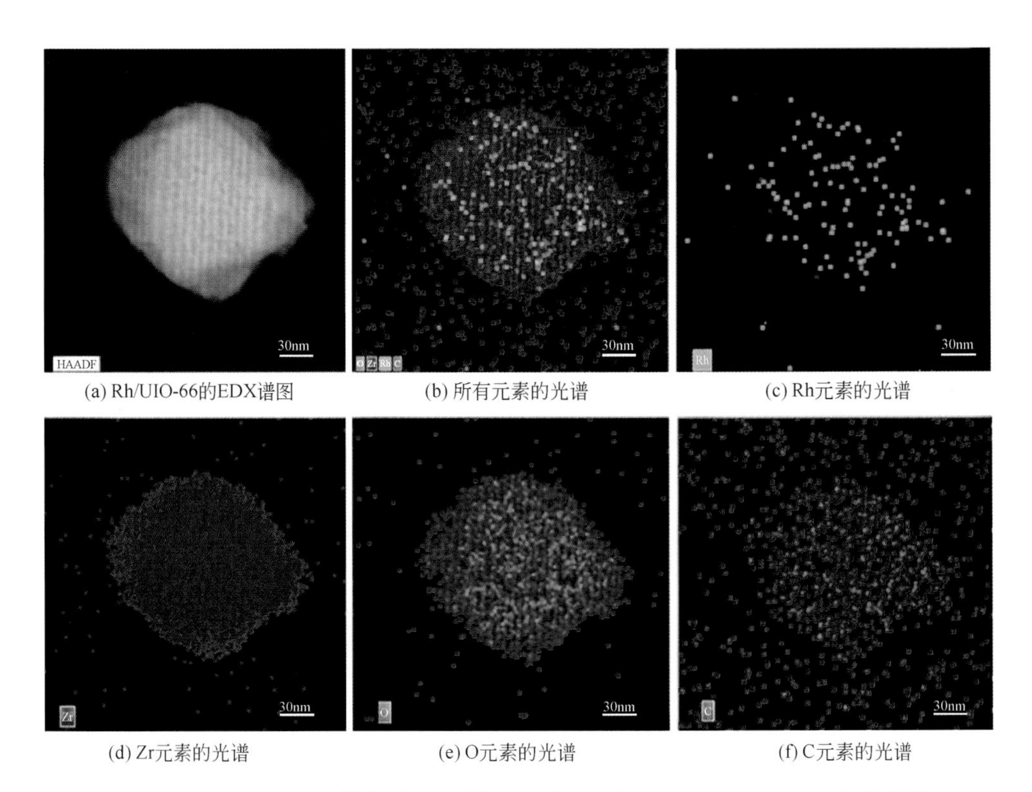

(a) Rh/UIO-66的EDX谱图　(b) 所有元素的光谱　(c) Rh元素的光谱

(d) Zr元素的光谱　(e) O元素的光谱　(f) C元素的光谱

图 5-56　Rh/UIO-66 催化剂 EDX 谱图及所有元素、Rh、Zr、O、C 元素的光谱

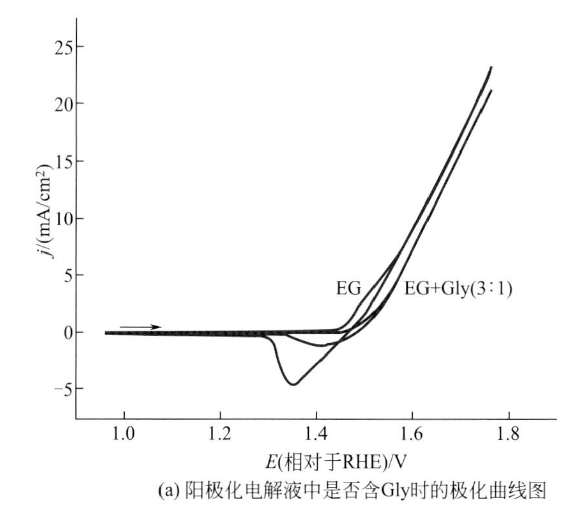

(a) 阳极化电解液中是否含Gly时的极化曲线图

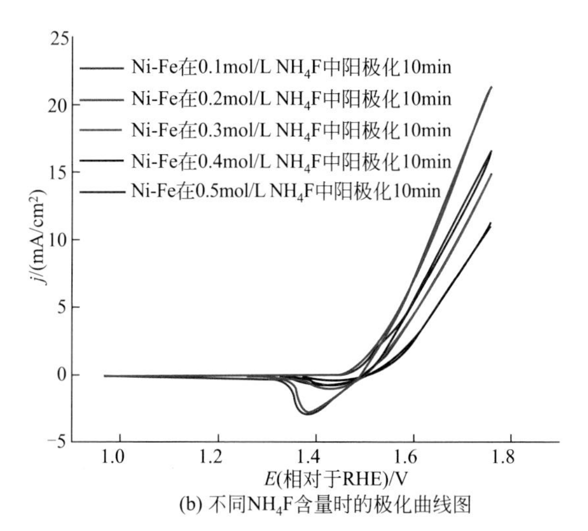

(b) 不同NH_4F含量时的极化曲线图

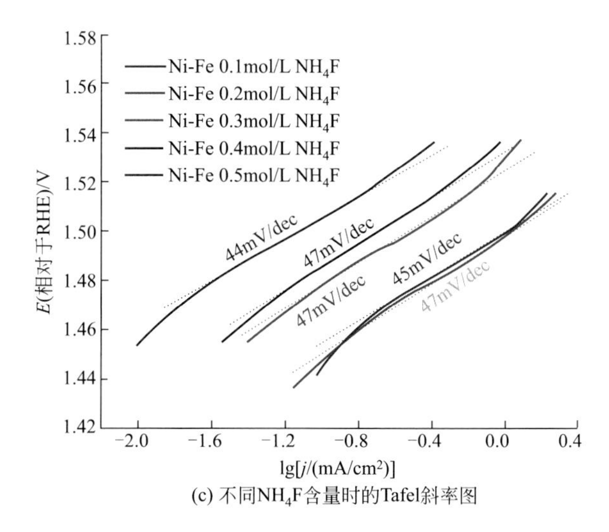

(c) 不同NH_4F含量时的Tafel斜率图

图 7-2

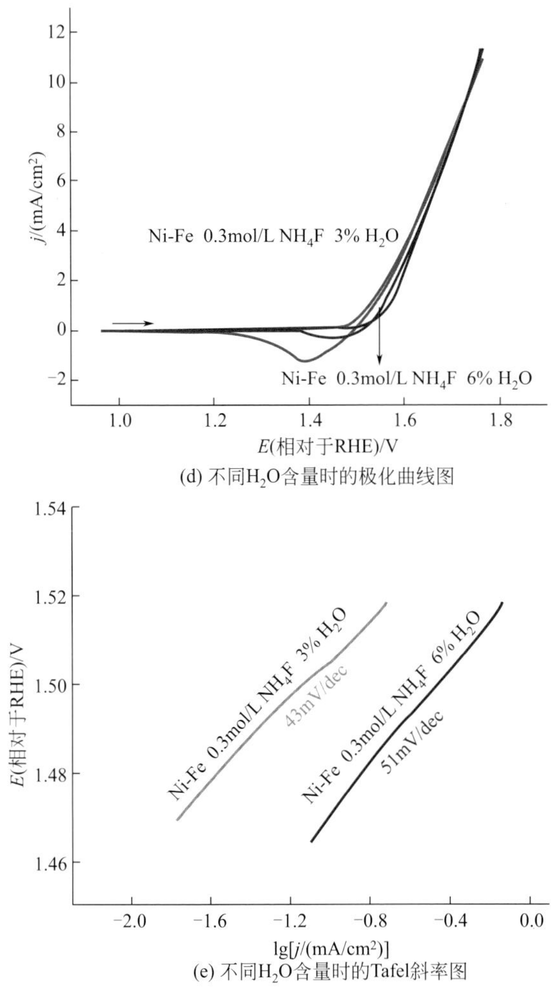

(d) 不同H_2O含量时的极化曲线图

(e) 不同H_2O含量时的Tafel斜率图

图 7-2　阳极化电解液中是否含 Gly、不同 NH_4F 含量及不同 H_2O 含量对最终 OER 结果的影响

（阳极化过程条件：在室温施加 50V 电压持续 10min；OER 活性分析：在 1mol/L KOH 中以 20mV/s 的扫速进行）

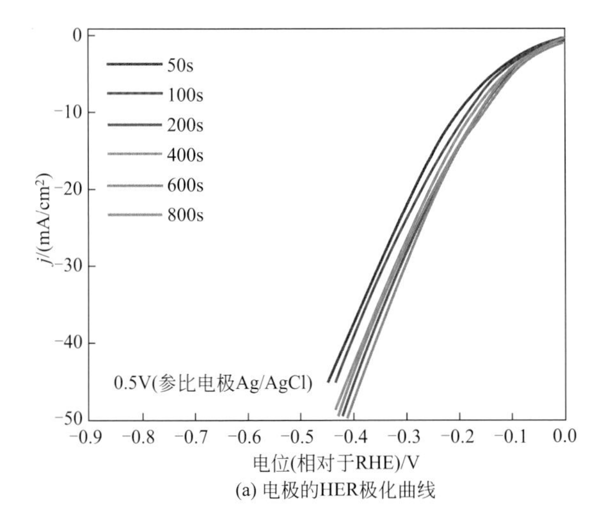

(a) 电极的HER极化曲线

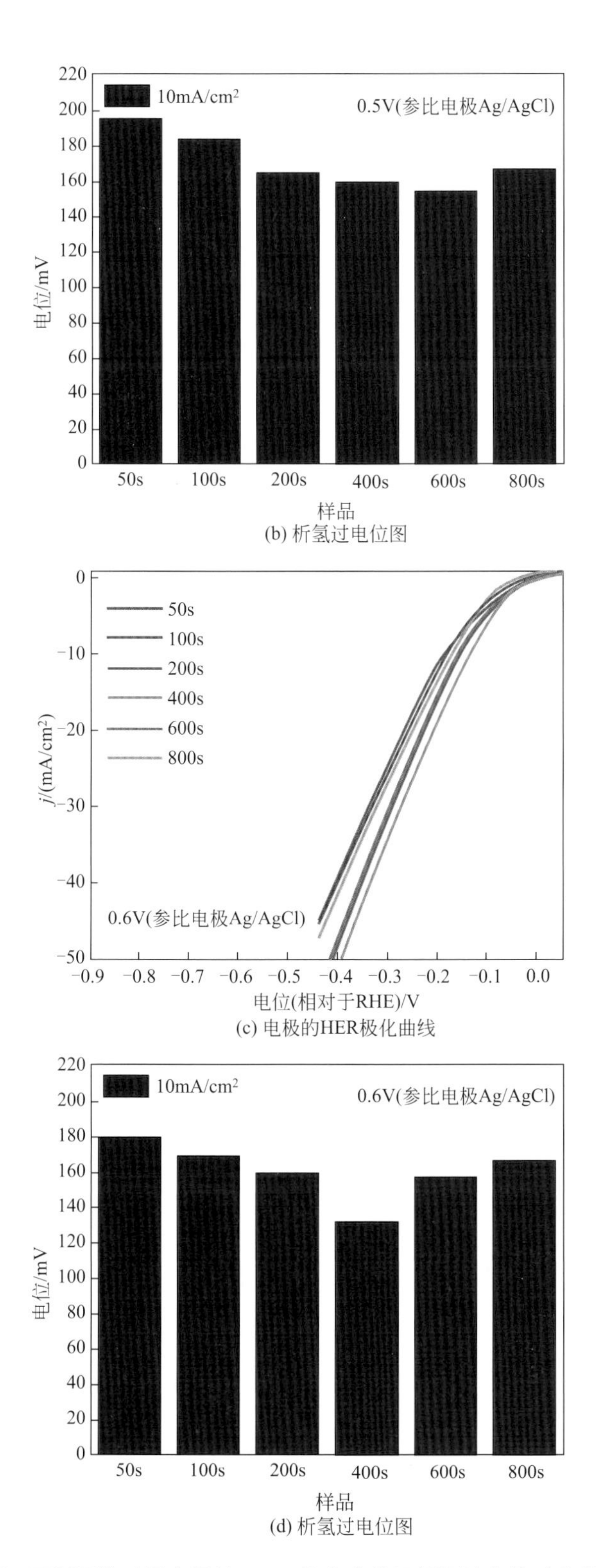

(b) 析氢过电位图

(c) 电极的HER极化曲线

(d) 析氢过电位图

图 7-21　不同活化时间电极的 HER 极化曲线及析氢过电位对应的直观图

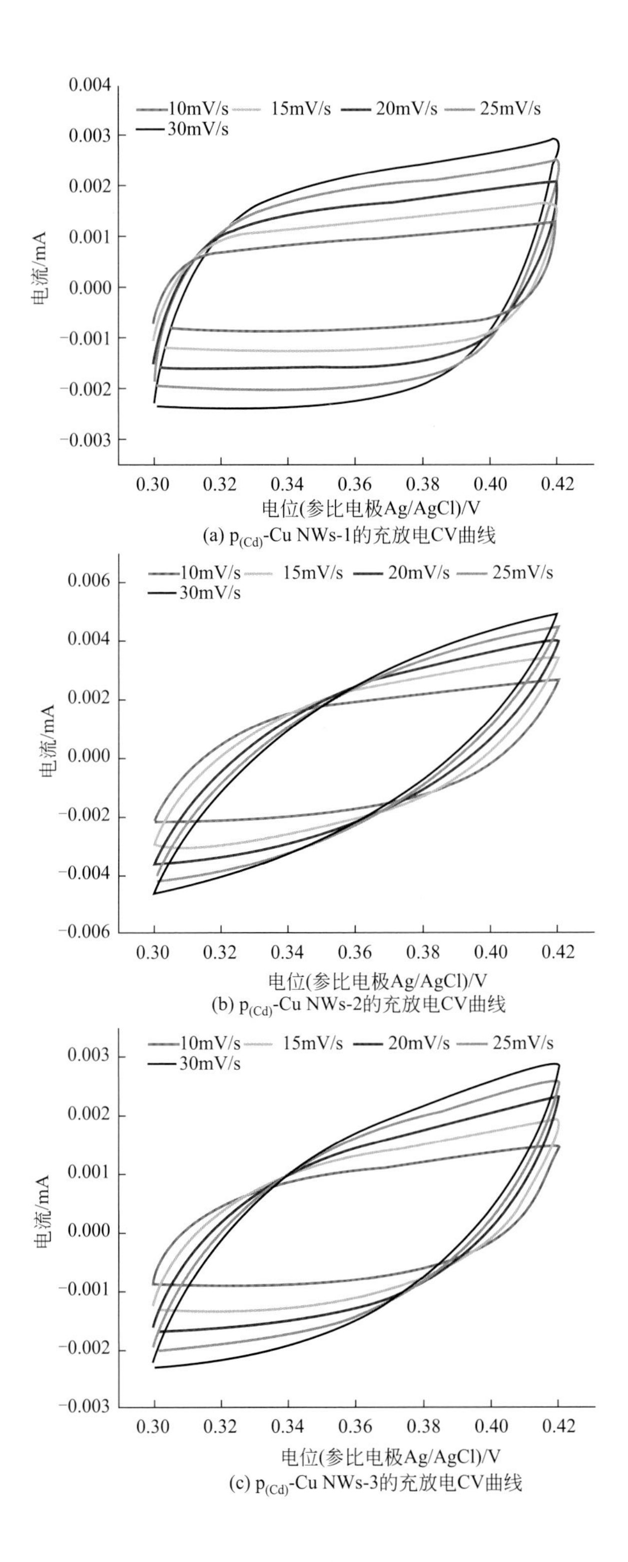

(a) $p_{(Cd)}$-Cu NWs-1的充放电CV曲线

(b) $p_{(Cd)}$-Cu NWs-2的充放电CV曲线

(c) $p_{(Cd)}$-Cu NWs-3的充放电CV曲线

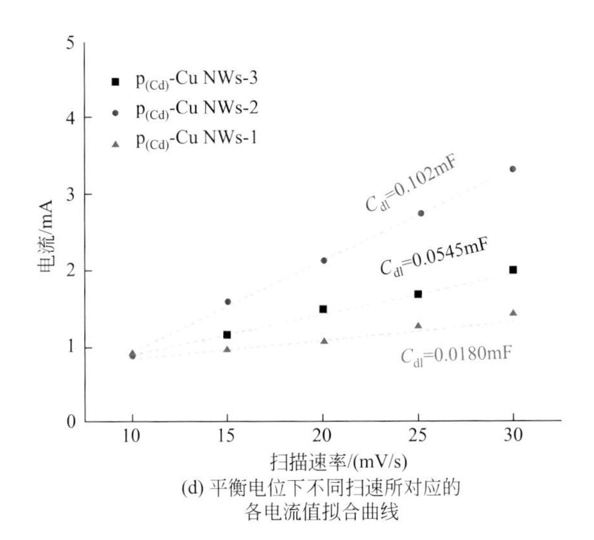

(d) 平衡电位下不同扫速所对应的各电流值拟合曲线

图 7-46 $p_{(Cd)}$-Cu NWs 样品的 ECSA 测试

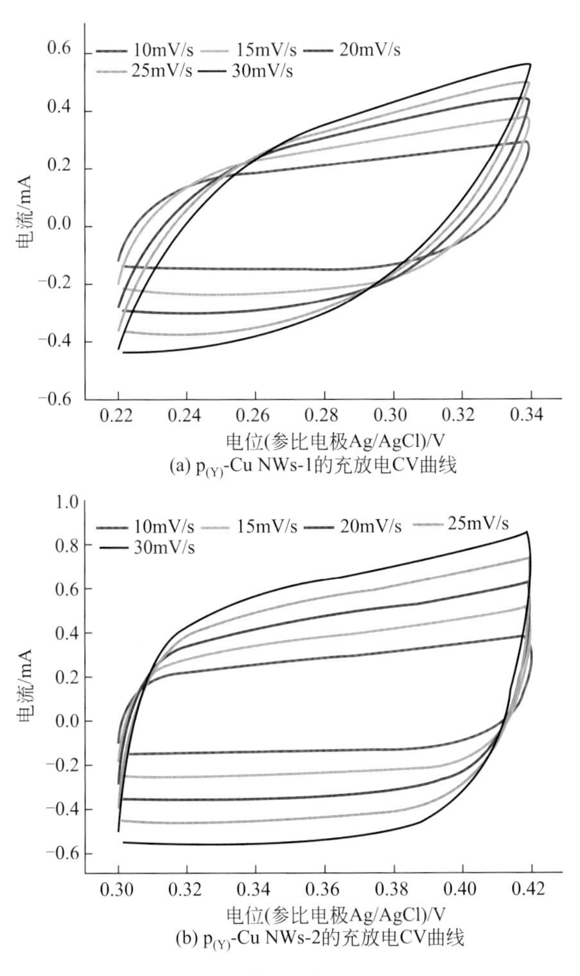

(a) $p_{(Y)}$-Cu NWs-1的充放电CV曲线

(b) $p_{(Y)}$-Cu NWs-2的充放电CV曲线

图 7-47

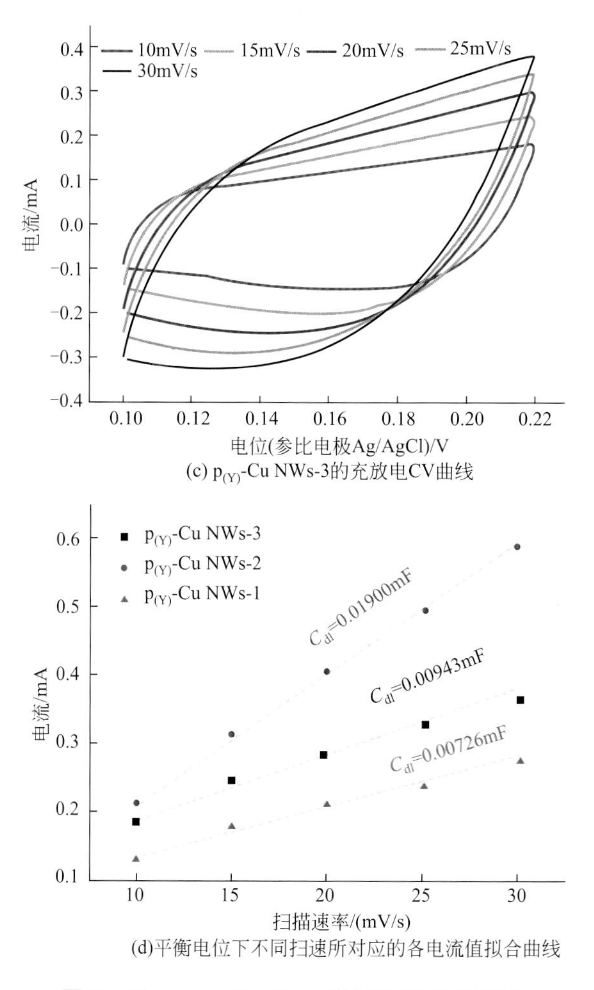

(c) $p_{(Y)}$-Cu NWs-3的充放电CV曲线

(d)平衡电位下不同扫速所对应的各电流值拟合曲线

图 7-47 $p_{(Y)}$-Cu NWs 样品的 ECSA 测试

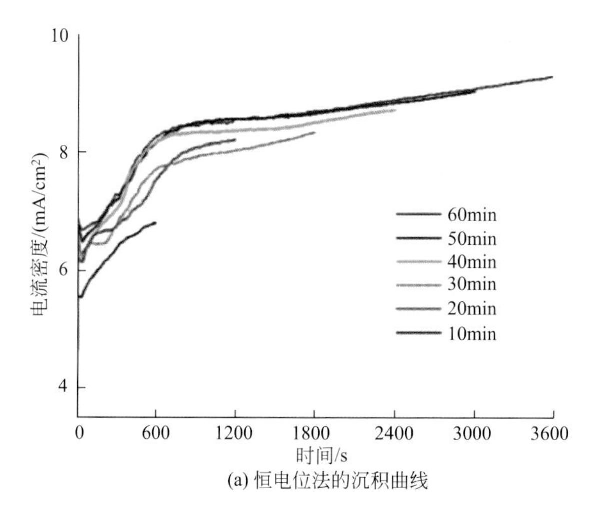

(a) 恒电位法的沉积曲线

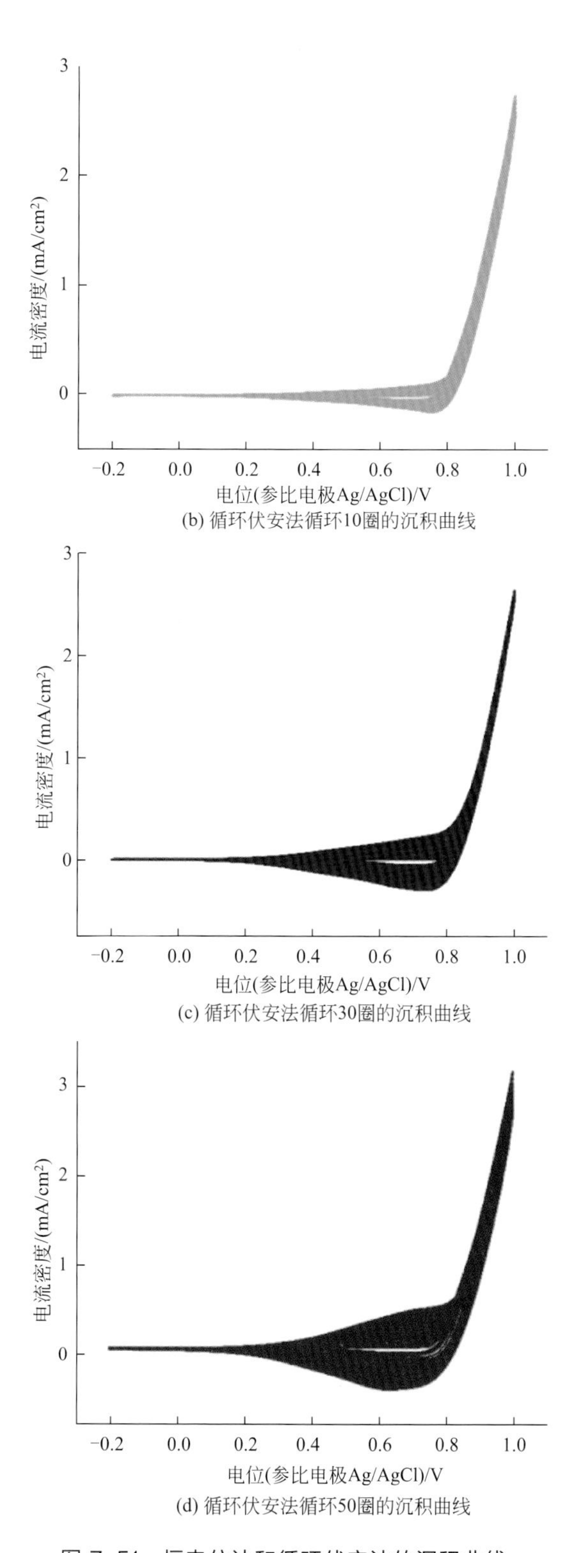

(b) 循环伏安法循环10圈的沉积曲线

(c) 循环伏安法循环30圈的沉积曲线

(d) 循环伏安法循环50圈的沉积曲线

图 7-51　恒电位法和循环伏安法的沉积曲线

图 7-52 前驱体溶液变化图

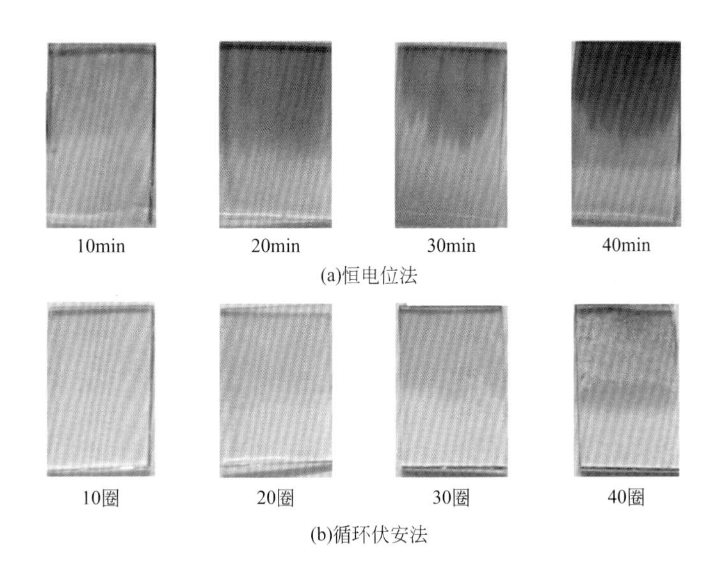

图 7-53 恒电位法、循环伏安法制备 CuO/ITO 样品图

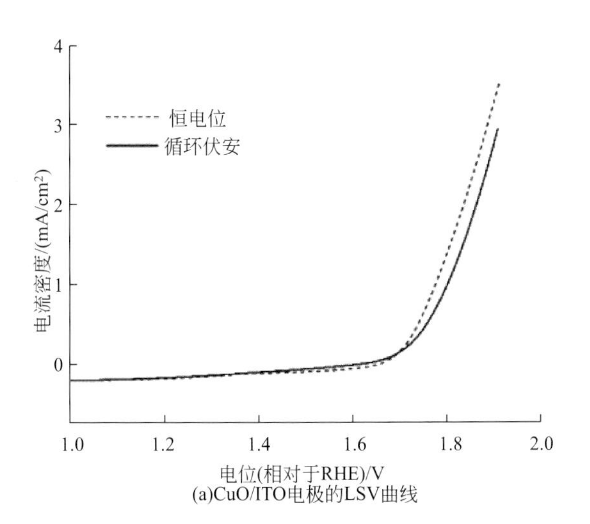

(a)CuO/ITO电极的LSV曲线

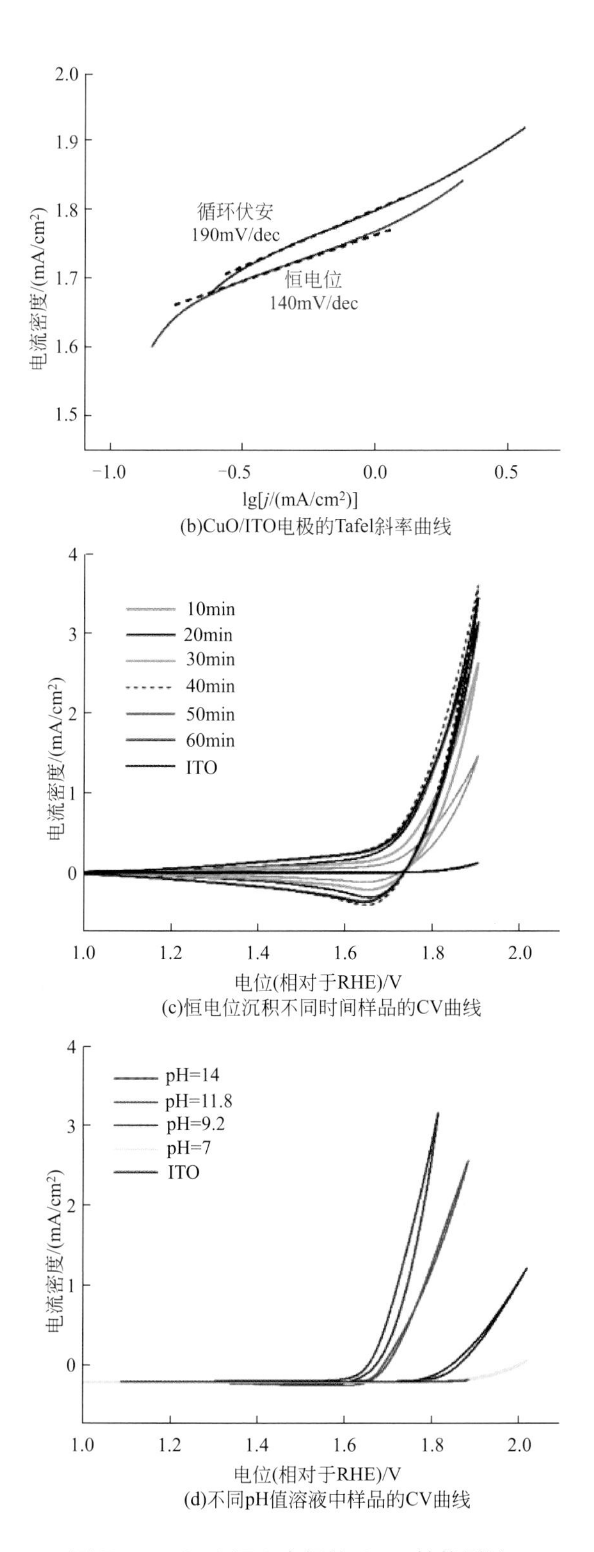

(b)CuO/ITO电极的Tafel斜率曲线

(c)恒电位沉积不同时间样品的CV曲线

(d)不同pH值溶液中样品的CV曲线

图 7-57　CuO/ITO 电极的 OER 性能测试

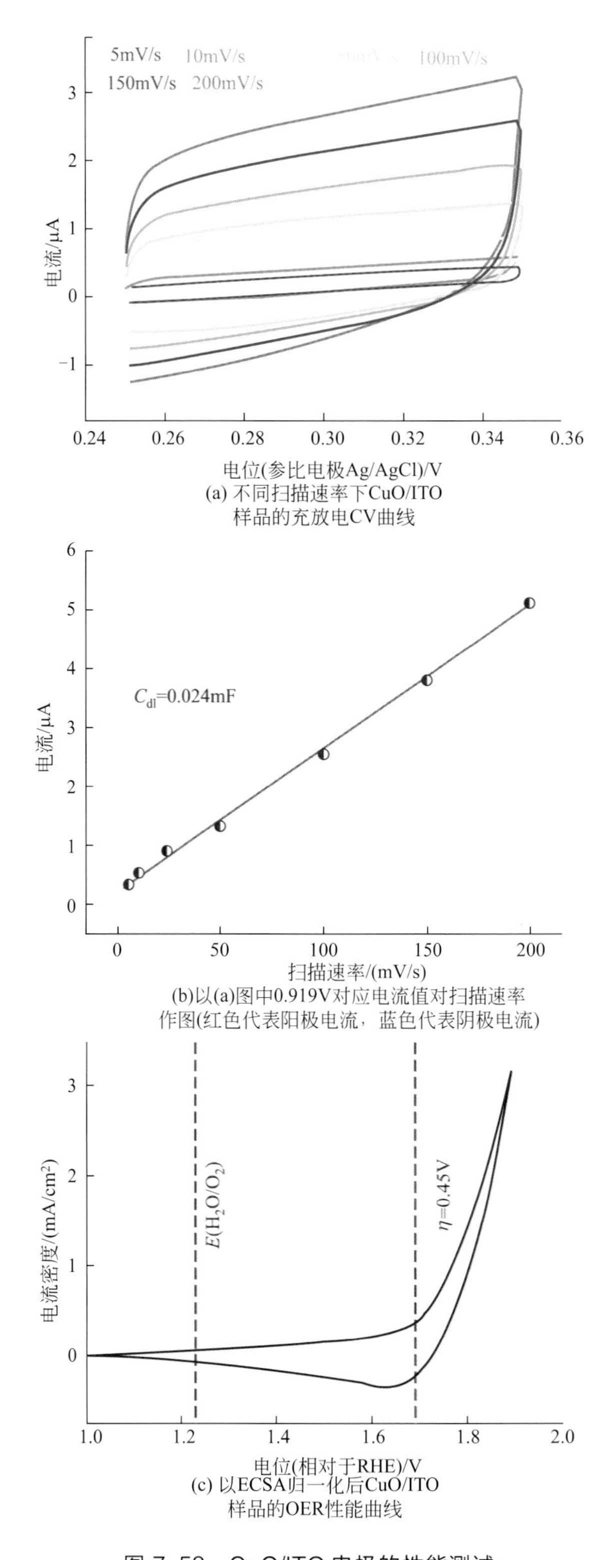

图 7-58　CuO/ITO 电极的性能测试

（均在 1mol/L Na_2CO_3 溶液中进行测试）

图 7-61　配制 Ni-Co 系列薄膜催化剂的前驱体溶液的光学照片

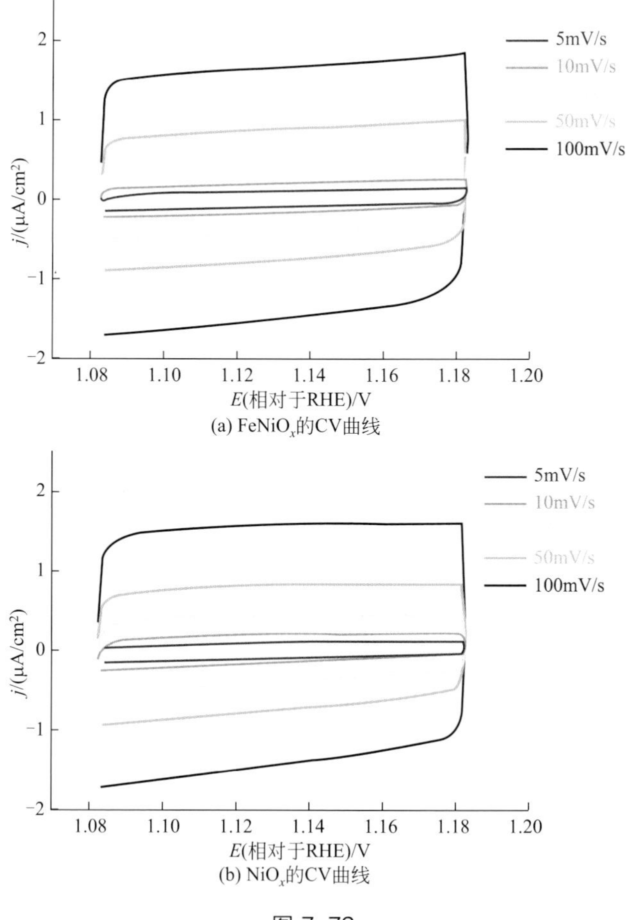

图 7-72

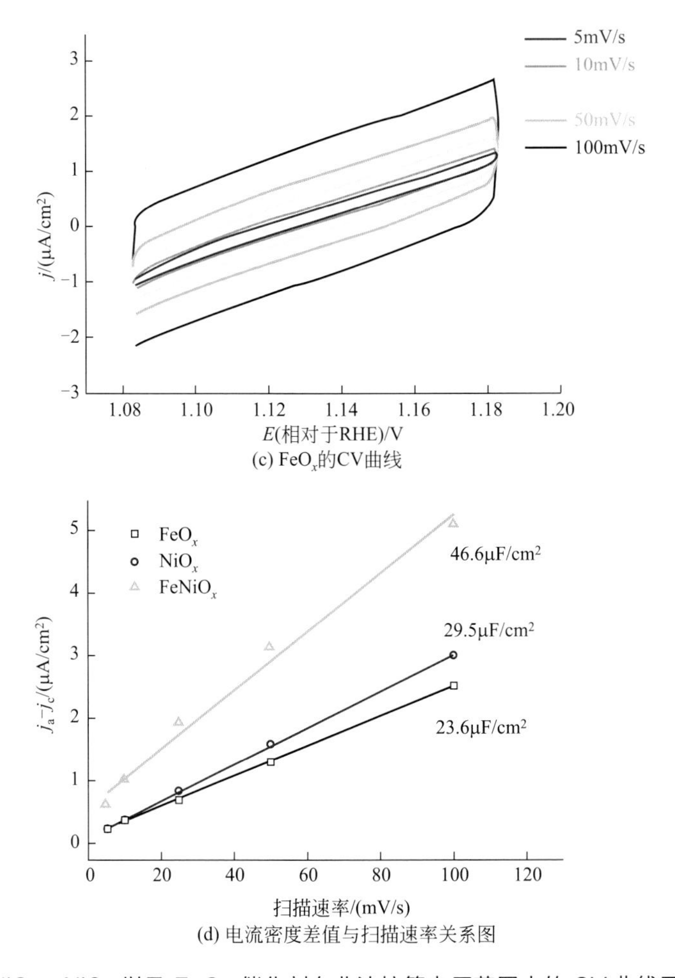

(c) FeO$_x$的CV曲线

(d) 电流密度差值与扫描速率关系图

图 7-72 FeNiO$_x$、NiO$_x$ 以及 FeO$_x$ 催化剂在非法拉第电压范围内的 CV 曲线及充电电流密度差值（$j_a - j_c$）与扫描速率的关系图（所有测试均在 1mol/L KOH 中进行）

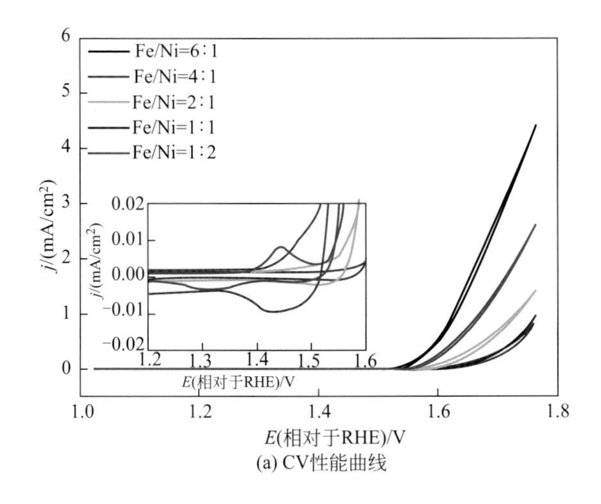

(a) CV性能曲线

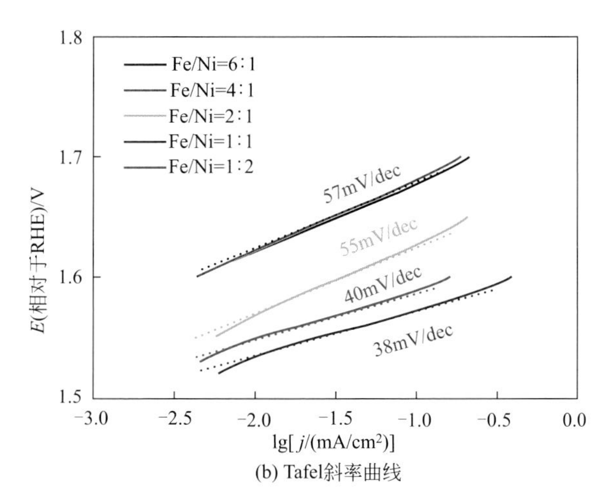

(b) Tafel斜率曲线

图 7-73 不同 Fe/Ni 比例的前驱体溶液中沉积所得的 $FeNiO_x$/ITO 在 0.1mol/L KOH 中的 CV 性能曲线（扫速：10mV/s）及相应的 Tafel 斜率曲线

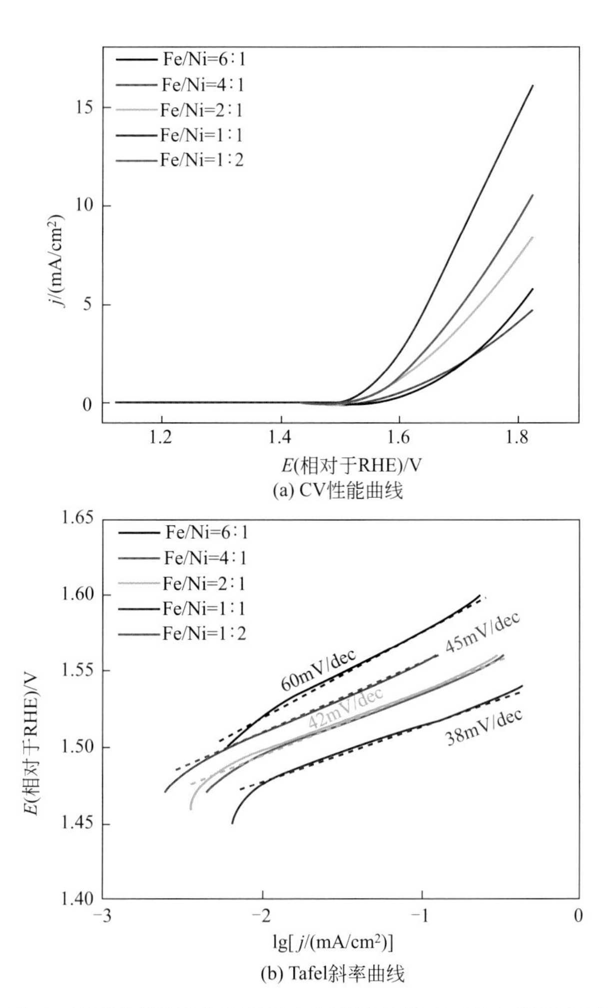

(a) CV性能曲线

(b) Tafel斜率曲线

图 7-74 不同 Fe/Ni 比例的前驱体溶液中沉积所得的 $FeNiO_x$/ITO 在 1mol/L KOH 中的 CV 性能曲线（扫速：10mV/s）及相应的 Tafel 斜率曲线

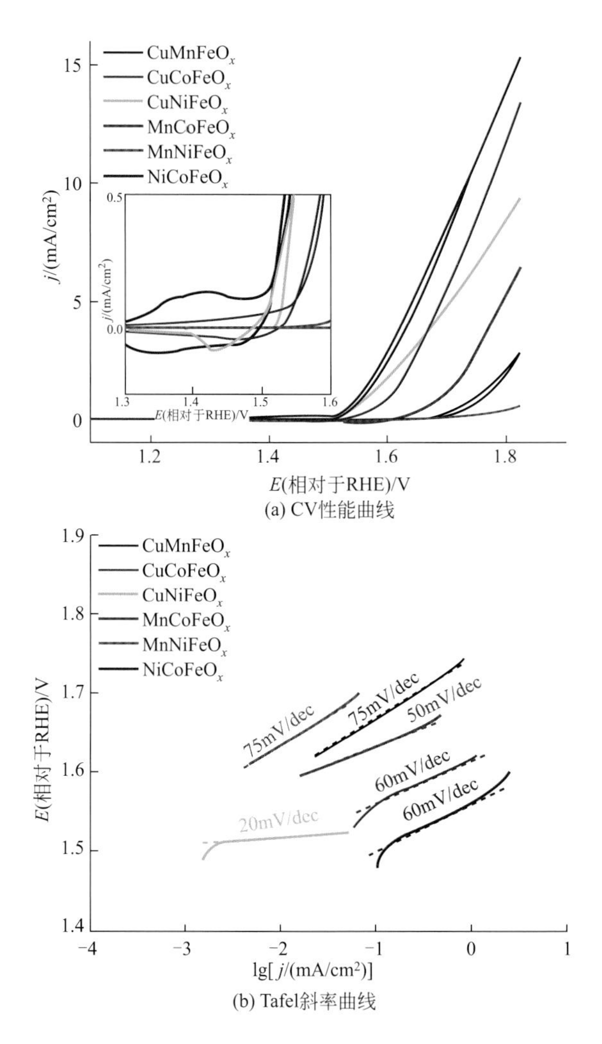

图 7-82　Fe 基三元金属氧化物的 CV 性能曲线及相应的 Tafel 斜率曲线